燕山大学知名学者学术文库

刘宏民 王东城 著

刘宏民文集（上卷）

——板形理论计算和实验研究

燕山大学出版社
·秦皇岛·

图书在版编目(CIP)数据

刘宏民文集. 上卷，板形理论计算和实验研究/刘宏民，王东城著. —秦皇岛：燕山大学出版社，2021.9

(燕山大学知名学者学术文库)

ISBN 978-7-5761-0104-1

Ⅰ. ①刘… Ⅱ. ①刘…②王… Ⅲ. ①轧制—文集 Ⅳ. ①TG33-53

中国版本图书馆 CIP 数据核字(2020)第 263033 号

刘宏民文集(上卷)——板形理论计算和实验研究

刘宏民 王东城 著

总 策 划：陈 玉

责任编辑：孙志强 李 冉

封面设计：吴 波

出版发行：燕山大学出版社 YANSHAN UNIVERSITY PRESS

地 址：河北省秦皇岛市河北大街西段 438 号

邮政编码：066004

电 话：0335-8387555

印 刷：中国标准出版社秦皇岛印刷厂

经 销：全国新华书店

开 本：787 mm×1092 mm 1/16　**印 张**：26.5　**字 数**：543 千字

版 次：2021 年 9 月第 1 版　**印 次**：2021 年 9 月第 1 次印刷

书 号：ISBN 978-7-5761-0104-1

定 价：119.00 元

作者简介

刘宏民，男，汉族，1959年6月出生，河南省民权县人。燕山大学教授，博士，博士生导师。1976年8月参加工作，1986年5月加入中国共产党。1978年3月至1988年3月，在东北重型机械学院（燕山大学前身）冶金机械专业读本科和研究生，分别于1982年1月、1985年3月、1988年5月获工学学士、硕士、博士学位。1988年3月博士研究生毕业后留校，在燕山大学机械工程学院、研究生部、国家冷轧板带装备及工艺工程技术研究中心从事教学、科研和管理工作。历任机械工程学院轧机研究所副所长，研究生部主任，国家工程技术研究中心主任，副校长和校长。

刘宏民教授长期从事板带轧机板形理论、测控技术和工程应用的研究，一直坚持科学技术工程一体化，把成果写在中国制造上的科研道路。创造性地解决了一系列科学技术难题：一、创建以条元法为特色的板形控制理论模型体系和工程设计软件，实现高精度高速度板形控制工艺设备设计。二、提出通道解耦理论模型，研制冷带轧机整辊无线智能型板形仪，实现高精度板形检测。三、提出解耦控制策略和动态解耦控制模型，研制冷带轧机机理智能板形控制系统，实现高精度高速度板形控制。四、研发带钢平整关键技术和成套装备，实现高精度延伸率和板形控制。五、提出冷轧带钢及其深加工项目并进行工程设计，将冷轧带钢、带钢镀铜、双层卷焊管等先进技术系统集成，推动企业转型升级。六、创建国家冷轧板带装备及工艺工程技术研究中心。将创新成果应用于我国40多套钢带、铝带、铜带轧机上，取得国际先进水平的技术效果和重大经济、社会效益，为提高我国板带轧制质量和工艺装备智能化水平，打破国外垄断，消除"卡脖子"隐患，作出了重大贡献。获得国家科技进步二等奖2项，省部级一等奖10项、二等奖3项，发明专利30项，计算机软件著作权30项，中国科学技术协会优秀论文1篇，中国机械工程学会优秀论文1篇，主持制定国家标准2项，发表论文200多篇，出版专著5部。

刘宏民教授是国家百千万人才工程人选，国务院特殊津贴专家，全国五一劳动奖章获得者，全国优秀科技工作者，全国学生喜爱大学校长。河北省高端人才，省管优秀专家，燕赵学者，"巨人计划"领军人才，杰出专业技术人才。曾任中国金属学会专家委员会委员和冶金设备分会副主任委员，中国高等教育学会学习科学研究分会理事长，中国机械工业教育协会副理事长，《机械工程学报》《钢铁》《钢铁研究学报》《工程力学》等期刊编委，中国人民政治协商会议河北省第十届、第十一届、第十二届委员会委员。

总　　序

这是一所底蕴深厚的高等学府，在全国各类大学排行榜中均名列百强，学府的工程学、材料科学两个学科进入ESI全球排名前1%。她出身名门，历经九十余载的风风雨雨，两次白手起家，从荆棘中走出了一条属于自己的高水平大学建设之路。她，就是燕山大学。

燕山大学源于哈尔滨工业大学，始建于1920年。1958年哈尔滨工业大学重型机械系及相关专业成建制迁至工业重镇齐齐哈尔市富拉尔基区，组建了哈尔滨工业大学重型机械学院。1960年独立办学，定名为东北重型机械学院，1978年被确定为全国重点高等院校。1985年开始在河北省秦皇岛市创办分校，1997年学校整体南迁到秦皇岛。1997年1月经国家教委批准，更名为燕山大学。1998年，由机械工业部划转到河北省，实行中央与地方共建，以河北省管理为主. 2006年，国防科工委和河北省共建燕山大学。2010年，国家国防科工局和河北省共建燕山大学。2014年，河北省、教育部、工信部和国家国防科工局四方共建燕山大学。

不论是在松花江畔的哈尔滨，嫩江红岸的齐齐哈尔，还是在渤海之滨的秦皇岛，燕大人一直用自己的勤劳和智慧践行着"厚德、博学、求是"的校训精神，推动学校实现了跨越式发展。艰苦奋斗、知难而上、不畏艰辛、勇于创新的拓荒精神在燕大人中代代相传，这是学校历经九十余载而生生不息、发展壮大的根本原因，是燕大人倍感骄傲、弥足珍贵的精神财富，是学校各项事业快速发展的力量源泉。

大学之大，不在于大楼，而在于大师。燕大严谨治学品格的养成，依赖于我校知名学者的身体力行、言传身教. 他们崇尚学术、追求真理、潜心育人的敬业精神，对科学孜孜以求的探索历程，已成为燕大人宝贵的精神财富，对青年师生的成长极具启迪意义，并将永远激励着一代又一代的燕大人为建设特色鲜明的一流大学奋勇前进。

鉴往知新。为了牢记传承，弘扬燕大精神，展现成果，燕山大学出版社策划了《燕山大学知名学者学术文库》系列图书，作为燕山大学建设一流大学文化的重要组成部分，先期邀请了我校十余位知名学者将他们几十年来厚积薄发的学术思想及人生感悟、代表性学术论文编撰成系列文集，付梓出版，冀望以此启迪来者，激励后人，在学术与人生道路上立志向学，诚意为学，孜孜拳拳，奋进有成。

燕山大学校长 [signature]

2017年3月12日

前　言

一

我 1959 年出生于河南省民权县，上高中以前是在民权县农村度过的。农村学校虽然条件不能与县城学校相比，教师学历也大多不高，但德智体美劳教育开展得比较全面，课外活动特别是思政教育和劳动锻炼较多。我背诵了很多毛主席语录，特别是反复学习背诵毛主席著作“老三篇”。学唱了一系列革命歌曲和样板戏选段，特别是《下定决心不怕牺牲》、《三大纪律八项注意》和李玉和、杨子荣、郭建光的唱段。学习了雷锋、王杰、董存瑞等一大批英雄模范人物的事迹，参加了很多忆苦思甜、访贫问苦、做好人好事、校园劳动、运肥播种、犁地耙地、挖河筑堤活动。课堂教学中师生互动频繁，学生表现活跃，课堂练习较多，当堂做完当堂讲解。老师经常提问学生，学生踊跃举手发言。课堂上，有的同学走到讲台上面对同学朗诵课文和作文，有的在黑板上做题讲解和示范。课业负担不重，基本在课堂上或学校里就可以完成，极少有把作业带回家做的情况。早自习雷打不动，下午放学回家后还可以下地放羊割草，玩跳马、摔跤等不需要器材的体育活动。晚上明月当空，和同学们在农家院里大唱革命歌曲，在村里的胡同中捉迷藏，倍感豪爽快乐。当时，特别羡慕崇拜文章写得好的老师、记忆力和口才好的说书人。由于语文老师的启发和鼓励，在作文上下的功夫较大，也经常请求老师指点提高。农村晚会上的说书人，居然可以连续一个多小时甚至两个小时声情并茂、绘声绘色地讲述双枪老太婆和华子良的革命故事，真是太有才了！有偶像，就想模仿。找来《林海雪原》《平原枪声》《敌后武工队》等小说，把最感兴趣的故事多看几遍，然后跑到村外的庄稼地里，一个人自言自语地反复练习，后来竟然发现自己也能连续讲故事半小时以上了，很有成就感。现在来看，青少年的成长，特别需要榜样的激励。教育最重要的是启迪心灵智慧，塑造人格情怀，激发求知欲望，培养兴趣爱好，点燃心中火把，引导前进方向，使学生系好人生的第一粒扣子，垫好成长的第一块基石。

1974 年秋，我来到兰考县一所农村新办高中读书。第二年春，转到兰考县第一中学——焦裕禄中学。县城中学的条件好多了，不仅教育教学设施好，更重要的是，教师的学历和水平高。有郑州大学毕业的老师，也有复旦大学毕业的老师，有从工厂技术人员转行过来的老师，还有从报社记者编辑转行过来的老师。学校还聘请了一批工厂、农场的技术人员，报社、广播站的记者编辑，革命前辈和英雄模范人物作为兼职教师。当时，学校进行教育教学改革，特别重视教育教学与生产劳动相结合，在实践教学、项目式教学中让学生提高觉悟、掌握知识、锻炼能力。思政项目，到焦裕禄事迹展览馆和焦裕禄烈士陵园学习他“心里装着全体人民，唯独没有他自己”的为民情怀。到农村和知青点与贫下中农和下乡知识青年同吃、同住、同劳动，学习他们撸起袖子加油干、改变农村面貌的奋斗精神。参加英模事迹报告会，观看电影《英雄儿女》和《闪闪的红星》，大唱主题曲《英雄赞歌》和《红星照我去战斗》，学习英模人物不怕困难、不怕牺牲的英雄品质。语文项目，参加赛诗会和朗诵会，到工厂、农村、知青点搞调查研究采访，学习写作消息、通讯、调查报告，好的稿件可被县广播站录用或再向上推荐。数学项目，在校门口的一条小河上设计建造了一座圆弧拱桥，到县机械厂设计直角弯管放样图并制作出一个直角弯管。物理项目，在校办工厂学习装配电脉冲治疗仪。化学项目，在校办工厂学习制作肥皂，到县化肥厂了解化肥生产。农业项目，到县西关农场学习棉花育苗、移栽和护理技术。在兰考县焦裕禄中学一年半的高中学习，使我开阔了视野和胸怀，提升了境界和品位，锻炼了能力和意志。现在来看，立德树人，学校教育要与社会教育相结合，要形成全员、全程、全方位的育人格局体系。锻炼能力，要通过项目式实践教学，让学生在“做中学”“干中练”。但是，“做”和“干”要有度，不能影响基本知识结构的学习，而且要以合理的知识结构为基础。

1976 年 8 月，高中毕业后的我回到民权县本村一所新办中学担任民办教师。学校设施简陋，教师短缺，仪器设备极少。一个教师需要担任不同年级多门课程的教学任务，我教过初中的语文、数学和高中的政治、化学，担任过初中二年级的班主任。学生就近入学，没有入学考试选拔，水平差别较大，教学和管理有一定难度。但教师们大多年轻，干劲很足，累并快乐着。工作加班加点，周末和假期不休息，是常有的事儿。师生的精神面貌、工作学习状态和教育教学效果，得到乡亲们的认可。每个民办教师的待遇，除了正常记工分外，每个月还有 5 块钱的生活补贴，这在当时当地相当不错了。一年半的民办教师经历，不但使我巩固拓宽了知识，锻炼了教学能力，而且培养了热爱教育的情怀。1977 年秋，国家恢复高校招生考试制度。经过两个月的准备，我顺利成为恢复高考后的第一届大学生。那一年，我们学校有两位年轻教师考入大学。后来多年，本村和周围几个村，陆续又有好多孩子考上了大学和中专。现在来看，确实是穷则思变，困境激发斗志，美好激励追求，追求创造未来。通过高考上大学，可以改变个人命运，为国家和社会作出不一样的贡献。有积累和准备，就可以抓住机遇。从今天扶贫扶智的角度看，农村的基础教育太需要加强，教育资源不均衡的状况太需要改善了。

二

1978 年 3 月，我作为 1977 级大学生进入东北重型机械学院轧钢机械专业学习，从此开始了 4 年本科生、3 年硕士生、3 年博士生，共 10 年的攻读深造。

1977 级大学生由很多届高中生考取，年龄差别很大。有俗称“老三届”的 1966、1967、1968 届高中生，也有 1977 年的应届高中生，还有高中没毕业的学生。年龄大的 30 多岁，已结婚生子，年龄小的十五六岁，还有孩童气质和习惯。知识水平差别也很大，除了“老三届”，大部分学生的理科知识比较薄弱，尤其是数学。学校在摸底考试评估后，为我们补了大约一个月的中学数学课。学生食堂的主食经常是高粱米饭、玉米发糕、大碴子粥，副食主要是土豆、白菜、豆腐、咸菜。每个月的伙食费，9 块钱就够了，12 块钱算高水平。由于多年读书深造的愿望得以实现，大家的学习热情非常高涨。不但在课堂上、教室里认真用功，连走路、排队都有很多人背外语单词或练习外语对话。晚自习常常学到 11 点以后，有的甚至到后半夜。学校担心学生的身体，晚上查教室劝说并催促学生回寝室睡觉。当时，著名作家徐迟的一篇报告文学《哥德巴赫猜想》，在全国特别是在青年学生中引起强烈轰动。数学家陈景润攻关世界难题、勇摘“皇冠明珠”的动人故事，激发了我们学习钻研高等数学的热情。大家做了大量的数学习题，是老师布置作业的好几倍。有的不但做完了工科数学习题集，而且学习综合大学数学专业的教材，做数学专业的习题集。大家相互交流启发，以解出数学难题，考验智力水平和攻关勇气。现在来看，虽然有些过度，但体现了刻苦钻研的精神和勇攀高峰的胆量。不但数学，其他的公共基础课，如外语、物理、力学、机械设计等，大家做的习题也都比老师布置的作业多。东重的基础教学扎实严格，如金属工艺学、机械制图、机械原理、机械零件课的项目式大作业和电工课的抽题式考试，都要求面试，老师问得细、问得深、问得宽，过关难度大。专业教学紧密结合工业生产和世界先进技术，从认识实习、生产实习到毕业实习、毕业设计，层层递进提高，锻炼学生解决复杂工程问题的能力。我的毕业设计内容是 1700 mm 四辊冷连轧机轧制规程和主机设计，是在学习武钢引进的世界先进技术的基础上完成的，至今对我的教学科研仍起作用。本科四年，使我适应了大学高难度的学习和高强度的训练，具备了坚实的理论基础和系统的专业知识，完成了工程师的初步训练。本科是塑造职业毛坯的阶段，在人的成长发展中，具有基础性和关键性的重要作用。因此，办好大学，首先要办好本科。

从 1982 年到 1988 年，虽然分为硕士生和博士生两个阶段，但我的研究课题是在导师连家创教授的精心指导下一鼓作气连续完成的。研究生虽然需要进一步学习高等课程，但重点是研究和创新。当时，板带轧制板形控制是国际前沿研究热点。连老师是我国著名板形控制专家，正在主持板形控制技术国家项目，还被邀请参加国际会议宣读论文。他为我布置的研究课题是板形计算理论模型，属于国际难题。传统的二维变形模型，计算板形比实际板形大几倍甚至十几倍，不能用于预报和控制。三维变形研究方法有变分法、差分法、有限元法，都存在计算精度和稳定性不高的问题。导师启发我另辟蹊径，研究分条计算的方法。我在导师前期工作变分法解析模型的基础上，想出了一个分条离散的数值计算方法，避免了解析模型的过度简化，计算结果与实测结果吻合较好。导师预测说，这将开辟一个新的研究途径，产生一批新的研究成果。1984 年，学校获得第一个博士点——冶金机械博士点，连老师成为学校第一位博士生导师——国务院学位委员会批准的博士生导师。得益于时代提供的机遇和导师的垂青，我成为学校招收的第一名博士研究生。1985 年读博后，连老师鼓励我进一步研究分条离散模型，将计算内容从横向位移和张力分布拓展到轧制压力和摩擦力的分布，以及非对称轧制问题。同时进行实验研究，找到客观规律，验证理论计算结果。在导师的指导下，我相继提出了计算板带轧制三维变形特别是板形的常条元法和线性条元法，理论模型进一步完善。在段振勇老师和左大伟、华中明、华中新等几位实验老师的指导帮助下，研制了测量轧制压力和摩擦力分布的万能式测量工作辊，采用分段式板形辊测量张力分布，在学校的 300 mm 四辊冷带轧机上完成了难度很高的实验研究。博士学位论文《四辊轧机冷轧带材压力摩擦力张力横向分布的理论和实验研究》获得校内外一致好评。北京科技大学和东北大学的评阅专家认为，是一篇“构思新颖”“突出创造性”“自成一家”的优秀论文，一项“系统完整、我国为数不多的领先于国际的重大研究成果”。1988 年 3 月，我顺利通过博士论文答辩，5 月获得学校颁发的博士学位证书，成为我校培养的第一名博士。

回想自己 6 年研究生的经历，有以下几点体会：第一，导师经常对学生进行面对面的指导，不仅指导专业，而且指导人生，非常必要和有效。第二，导师为研究生布置一个有挑战性的课题，有可能会取得突破性成果。第三，导师高深的学问、精湛的技术、严谨的学风，对学生是不言自明的激励和要求。第四，以一位导师为主，指导小组集体指导，是提高研究生培养质量的有效方法。第五，研究生要充满激情，坚定自信，积极进取，敢于挑战，聚精会神搞研究，不被外界所诱惑。第六，研究生要特别重视向导师学习创新精神和思维方法，要经常反思为什么导师能够提出高大上、新奇特、深细严的问题和方法，自己应该如何努力提高提出问题、解决问题的能力和水平。

三

1988 年 3 月，我结束在富拉尔基的学生时代，在东重秦皇岛分校即燕山大学完成博士论文答辩，留在燕大工作。当时学校初建，没有专门的图书馆，图书资料中心设在材料系的第三层楼里。教学楼不够用，有些毕业设计在临建的平房里进行。教职工住房很少，许多年轻教师在学校周围的村子里租房住，我租住在学校对面的山东堡村。除了教学科研工作，还会参加校园绿化和实验室建设活动。尽管条件艰苦，但有东重培养的艰苦奋斗的精神作风，大家仍然充满激情和信心地工作。

工作后，需要过两关：第一是教学关，要通过教学实践，做一个称职合格的教师。第二是科研关，要能够自主选择和主持研究课题或方向。根据东重的传统和专业的要求，我立即投入教学和实验室工作。对科研，我根据自己的基础和兴趣以及当时国内外的情况，选择以条元法为特色的板形理论和板形控制为研究内容，以使其技术化和工程化为目的，作为努力方向。

前 6 年，教学工作为本科生主讲“轧钢设备及工艺——钢板轧机”，指导生产实习、毕业实习和毕业设计；为研究生主讲“板形理论和板形控制”，组织学位论文答辩。这些工作使我进一步夯实拓宽了自己的专业知识，锻炼了教学能力。特别是连续 4 年带领学生去武钢、鞍钢进行生产实习和毕业实习，使我对钢铁生产的品种、工艺和设备有了比较全面深入的认识和理解，为教学科研和管理工作奠定了坚实基础，积累了鲜活案例。现在来看，产教融合培养人才确实必要有效，但需要建立一套运行机制，发挥企业和学校的积极性。科研工作，提出模拟板带轧制三维变形的三次样条函数条元法，进一步完善提高了板形理论模型。参加完成西南铝加工厂高性能特薄铝板开发，对引进的 1850 mm 四辊冷轧铝带轧机板形板厚控制技术进行学习研发。主持完成西安带钢厂 400 mm 四辊冷轧机组成套设备研制，西安带钢厂易地搬迁冷轧带钢及其深加工项目可行性研究与工程设计，弥补了工程技术和项目管理的短板。同时，加强英语学习，通过国家水平考试，进入北京语言学院出国部学习了一年意大利语。

1993 年 10 月至 1994 年 9 月，赴意大利罗马大学和国家材料研究中心访学研究一年。其间，完成了带钢变形与轧辊变形的耦合计算，提出了板形判别的条元法模型，开发了板形设定控制计算软件，为工程应用奠定了基础。感受了意大利古老灿烂的文化，对历史古迹保护的重视，对中国文化的赞赏推崇和对中国人民的尊重友好。但由于文化的不同，又客居异国他乡，心常常回到国内。回校后，我作了一场“出国是进行爱国主义教育的好方式”的报告，以亲身经历和体会告诉大家，中外经济技术和生活水平的差别不像传说的那么大，要找到主人的感觉，心灵的归宿，作出更好体现价值和内心满足的成果和贡献，还是回国好。

1994 年 9 月回国后，在前期积累成长和国内外学习提高的基础上，适应学校和国家社会快速发展的需要，抓住时代提供的机遇和组织提供的平台，我集中精力开展了一系列重要的科技创新和人才培养工作。

在科技创新方面，主持完成政府科研项目 20 多项，如国家科技支撑计划项目、国家高技术研究发展(863)计划项目、国家科技重大专项项目、国家自然科学基金项目，教育部和河北省的项目。主持完成企业科研项目 30 多项，如宝钢、鞍钢、河钢、马钢、凌钢等钢铁生产企业的项目，一重、中冶赛迪等钢铁技术装备设计制造企业的项目。这些项目，有基础理论研究，有工程技术研发，还有成套装备研制。主要创新是：一、创建以条元法为特色的板形控制理论模型体系和工程设计软件，实现高精度高速度板形控制工艺设备设计。二、提出通道解耦理论模型，研制冷带轧机整辊无线智能型板形仪，实现高精度板形检测。三、提出解耦控制策略和动态解耦控制模型，研制冷带轧机机理智能板形控制系统，实现高精度高速度板形控制。四、研发带钢平整关键技术和成套装备，实现高精度延伸率和板形控制。五、创建国家冷轧板带装备及工艺工程技术研究中心，打造一个“顶天立地”的科技创新平台。将创新成果应用于我国 40 多套钢带、铝带、铜带轧机上，取得国际先进水平的技术效果和重大经济社会效益，为提高我国板带轧制质量和工艺装备智能化水平，打破国外垄断，消除“卡脖子”隐患，作出了贡献。标志性成果“板带轧机板形控制的理论体系、数学模型、仿真软件及其应用”获 2004 年国家科技进步二等奖和中国机械工业十大科技进展，“冷轧板形控制核心技术自主研发与工业应用”获 2011 年国家科技进步二等奖，“带钢平整关键技术和成套装备”获 2009 年河北省科技进步一等奖，“带钢冷轧机整辊式板形仪和板形控制系统”获 2015 年河北省技术发明一等奖，“带钢平整设备工艺及控制关键技术”获 2009 年中国机械工业科技进步一等奖，“整辊镶块智能型冷轧带钢板形仪”获 2010 年中国机械工业技术发明一等奖。研究成果还获得一批发明专利和计算机软件著作权，发表了大量的学术论文，获中国科学技术协会优秀论文奖和中国机械工程学会优秀论文奖。主持制定国家标准 2 项，出版专著 5 部。

科研工作的主要体会是：一、根据三个面向选题，即面向科技前沿，面向国家需求，面向社会需要，都可成为科研的出发点和归宿地。二、兴趣与热爱，使命与责任，都可以成为工作的动力。三、专注一个方向坚持数年，终会形成特色优势，与时俱进交叉融合，定能不断丰富提高。四、科学、技术、工程一体化，以基础研究为先导，以技术创新为关键，以工程应用为目的，形成完整的链条，是值得重视践行的科研道路，也是切实提高科技实力的研发模式。五、项目、基地、成果一体化，以科研项目为载体，以基地建设为平台，以创新成果为目的，实现协同发展多方共赢。六、科研应追求解决问题，把成果用起来，把效益创出来。科研应追求简单，使成果便于理解表达和应用。

在人才培养方面，结合科技创新和成果转化，培养了30多名博士研究生和一批硕士研究生，为本科生主讲了"板带轧机计算机控制数学模型"和"板形检测与控制"。结合学校管理工作，为全校学生和青年教师做了大量的讲话、谈话和致辞。在指导的博士研究生中，郑振忠提出了模拟冷轧带材三维变形的流线条元法与条元变分法，彭艳、王东城建立了板形设定控制模型软件和快速精准算法，张秀玲、何海涛和单修迎建立了板形控制的影响矩阵模型、动态矩阵方法和机理智能模型，王英睿提出了模拟热轧板带三维变形的条层法与流面条元法，杜国君、申延智、孙建亮和郑永江建立了板带轧机扭转振动、混沌分叉、垂直振动和空间振动模型，贾春玉建立了板形控制的模糊神经模型，华云松、杨利坡、李兴东、刘云飞和高朋研发了热轧板带辊型在线检测技术、热力耦合模型、辊型控制技术、组织性能预报和高压水除磷模型，马庆龙研发了带钢平整关键技术，于斌、王义栋研发了带钢局部凸起和断面控制技术，于丙强发明了整辊镶块式和无缝式板形仪，陈英杰、孙亚波提出了薄板弯曲回弹变分法和板形判别降阶模型，兰兴昌、陈素文建立了模拟热轧管材和筒节三维变形的条元法模型，吴海淼、李荣民建立了板形检测辊优化设计和误差补偿模型，马晓宝研发了硅钢边降控制的辊型优化新技术，于华鑫发明了板形检测无线式信号传输装置和信号解耦方法，秦大伟研发了带钢热镀锌镀层厚度控制技术。彭艳成长为国家"万人计划"领军人才和国家工程技术研究中心主任，王义栋成为鞍钢股份公司总经理，其他博士成为高等学校、研究机构和大中型企业的骨干人才。

人才培养的主要体会是：一、教学相长，教育学生同时也提高教师的能力和水平，学生提出的问题，可以促进科研深入和提高，甚至开辟新的研究方向。二、教学科研相辅相成，深度融合一体化，既是教师的职责要求，也是科研工作的应有之义。三、要把研究生当成人才培养，而不是当成劳动力使用。四、统筹研究工作需要和研究生基础兴趣，为研究生选择具有一定难度和意义的课题。五、项目、成果、人才一体化，以项目为研究任务，以成果为关键标志，以人才为教育目的，让研究生在科研实战中锻炼提高，实现科研发展和人才培养的双丰收。

四

作为一名高校教师，如果有机会做管理工作，还需要过第三关——管理关。要通过管理的学习和实践，锻炼提高规划安排分管工作和协调各方面关系的能力，做一名合格的学校管理工作者。

我从1988年年末开始，任轧机研究所副所长7年，主管专业教学和研究生培养工作，锻炼了制定培养方案、教学计划和进行课程教材建设、学科专业建设的能力，对学科专业的运行和管理有了深切的体验。从1996年年初开始，担任研究生部主持工作的副主任和主任4年，进一步规范了学位管理与研究生教育工作，新增了一批博士点、硕士点、博士后流动站，扩大了研究生规模，在齐齐哈尔、大庆、酒泉等地开辟了一批校外培养基地，积累了学科建设和研究生教育的经验。从1999年9月开始，担任副校长4年，主管本科和研究生教育。在全校开展教风、学风、校风大讨论，加强了“三风”建设。狠抓外语和计算机教学及水平考试，提高了通过率。严格学籍管理和毕业要求，保证和提高了毕业生质量。通过本科教学评估，总结了办学经验和特色，加强了教学建设。新增一批博士点、硕士点、博士后流动站，机械设计及理论学科成为我校第一个国家重点学科。积极参加全国高等教育学术会议，特别是在国家教育行政学院学习三个月，提高了高等教育理论水平，学习了办学治校先进经验，升华了对于大学的理解和追求。

2003 年 9 月至 2019 年 4 月，担任校长 16 年，加强顶层设计，提升办学实力。提出燕山大学校训、十大建设工程、面向工程和深化实践的工程教育理念模式、科学技术工程一体化科研模式、发展繁荣文科战略，主研提出燕山大学精神。主持制定“双一流”建设中长期规划，实现河北省、教育部、工信部、国家国防科技工业局四方共建燕山大学，加入北京高科大学联盟。形成以工为主、八个学科门类协同发展、层次结构不断优化的多科性大学，综合办学实力和科技竞争力提升 20 名。

掀起创业高潮，化解巨额债务。着力推进西校区建设，增加校园建筑面积 65 万平方米，教职工住房及房地产开发面积 50 万平方米。通过房地产开发、零散校区出售、政府化债等方式，筹措建设经费 13 亿元，稳妥化解巨额债务。学校固定资产总值由 10 亿元增加到 40 亿元，年度运行经费由 2 亿元增加到 13 亿元，仪器设备总值由 1.6 亿元增加到 8.3 亿元，科技研发经费由 2 亿元增加到 4.5 亿元。办学规模扩大 1 倍，一本学生由 17 756 人扩大到 23 546 人，研究生由 1320 人扩大到 8322 人，留学生由 29 人扩大到 200 多人，学生结构不断优化。在美国托利多大学开办孔子学院，与澳大利亚科廷大学合作举办本科和硕士项目。将里仁学院办出品牌，学生规模从 16 000 名缩减到 5000 名，承担学校部分债务，为学院转设做好准备。将里仁学院招生指标调整到校本部，扩大一本和研究生规模，为学校发展贡献里仁力量。

强化战略管理，打造特色亮点。推进人才强校战略，实现中国科学院院士、国家自然科学基金创新研究群体、国家“万人计划”领军人才、国家 973 和 863 计划项目首席科学家、教育部长江学者创新团队、国防科技工业创新团队等重大突破，长江学者、国家杰青、千人专家、国家百千万人才工程人选等成倍增加。加强本科工程教育，作为教育部选定的两所高校之一，工程专业国家认证接受《华盛顿协议》国际专家的观摩考察，支撑我国正式加入《华盛顿协议》国际工程教育组织。11 个专业通过工程教育专业认证，进入全球第一方阵。强化学科专业建设，国家重点学科增加 4 个，一级学科博士点增加 11 个，实现工程博士专业学位点突破，博士后流动站增加 8 个，国防特色学科突破增加到 5 个，工程、材料、化学三个学科进入 ESI 全球排名前 1%，机械工程在国家第四轮学科评估中取得 A 类成绩，国家一流本科专业突破到 13 个。在河北省“双一流”建设评估中，取得学校第一名，机械、材料两个学科第一、第二名的好成绩。进行学科专业调整优化，撤销、转移、增列一批博士、硕士、学士学科专业，设立人工智能与机器人学院。提高科技创新和教学创新能力水平，获国家科学技术奖 18 项，国家教学成果奖 1 项，中国科学十大进展 2 项，陈嘉庚科学奖 1 项，全国百篇优秀博士论文 2 篇。面向国际科技前沿和国家社会重大需求，新建国家创新创业平台 12 个，包括国家重点实验室、国家工程技术研究中心、国防重点学科实验室、国家创新人才培养基地、国际科技合作基地、国家众创空间、国家技术转移示范机构、国家专业技术人员继续教育基地、燕山大学出版社等。推进校院两级管理体制改革，深化人事分配制度改革，实行领军人才和拔尖优秀人才年薪制，不断提高师生工资待遇。实行精细化管理和专业化服务，不断提高管理服务水平。顺应新时代新要求，面向新科技新产业，规划新兴研究领域和研究方向，促进学科交叉融合和协同发展，设立三个研究院和三个研究中心，即人工智能与机器人研究院、海洋科学与工程研究院、康养产业技术研究院，高压科学研究中心、纳米能源材料研究中心、特种运载装备研究中心。

2011 年至 2015 年，兼任国家工程技术研究中心主任 4 年，获得 1 项国家科技进步二等奖，承担完成 1 项国家科技支撑计划项目，工程中心顺利通过科技部验收，成为河北省首批协同创新中心，教育部首批省部共建协同创新中心，河北省“巨人计划”创新团队。

在担任校长期间，建立了学校与杰出校友丁薛祥的联系。2008 年秋，经计划安排，在从上海浦东机场至秦皇岛山海关机场的飞机上，拜访了来校参加东重锻压 1978 级 30 年同学会、时任上海市委常委和秘书长的丁薛祥校友及夫人，并应邀到其邻近空座交流。随后，在燕山大学看望招待了丁薛祥夫妇和锻压 1978 级的校友们，并参加他们的同学会活动。2013 年丁薛祥校友从上海到中央工作后，安排学校办公室通过电话与丁薛祥办公室联系，表达了代表学校去北京看望问候的愿望。2017 年 10 月，丁薛祥当选中央政治局委员后，立即与孟卫东书记联名代表学校致函祝贺，报告学校情况，并留下学校办公室联系电话。丁办人员告知校办，领导收到贺信。这些工作，为丁薛祥校友后来与学校联系奠定了基础。

管理工作的主要体会是：一、管理是更大的使命和责任，要利用更多资源和机会，实现快速健康发展。二、管理服务他人，拓宽领域视野，扩大人生格局，提升人生境界。三、要敢于在危机中孕育新机，爬坡过坎，滚石上山。四、要善于听取意见，发挥众人所长，具有独立见解，敢于拍板负责。五、理想信念和顶层设计要落实到真抓实干、深耕细作，才能取得实效。六、管理具有专业性和复杂性，需要认真学思践悟，才能不负职责使命。七、一代人有一代人的机遇，一代人有一代人的使命，一代人有一代人的挑战，一代人有一代人的创造。八、办学育人是个慢功夫，需要时间和耐心，要久久为功，压茬推进。端正先进的校风和文化，是学校持续健康发展的软实力。九、既要有事在人为、敢于取胜的决心，又要有谋事在人、成事在天的理性。既要有功成不必在我的胸怀，又要有功成必定有我的担当。十、坚持党的领导，维护领导班子团结和学校大局稳定，是有效开展工作的前提和保障。

五

得益于上述成果贡献和组织的信任培养，个人相继获得国家百千万人才工程人选、国务院特殊津贴专家、全国五一劳动奖章获得者、全国优秀科技工作者、全国学生喜爱的大学校长、河北省高端人才、省管优秀专家、燕赵学者、“巨人计划”领军人才、杰出专业技术人才等荣誉称号。

在燕山大学学习工作43年，研究板形理论和控制技术38年，从事教学科研和管理工作33年，回国工作26年，一路上也看过其他的风景，但还是觉得燕山大学好，板形控制有干头，教育教学有意义。一个人的成长和发展，要感恩时代提供的机遇、老师给予的培养、组织提供的平台、同志们给予的支持，个人要努力做好接住机遇的准备。顺利时，要积极努力工作，多出成绩多贡献；不顺时，要深度思考充电，准备再度出发。人生需有理想信念和原则，不能随风起舞缺乏定力。激情燃烧的奋斗，当然精彩动人，宁静深思的时光，也是美妙境界。人生没有模板，每个人都有不同的机遇过往和感受觉悟，别人的经验只能借鉴参考。从管理岗位上退下来，专心致志地学习研究和培养学生，这是我在新时代的使命和责任，也是兴趣与热爱。

本文真实记录个人有意义的经历和感悟，是为本书前言。

本书的撰写、编辑和出版，为我提供了总结提炼自己教学、科研、管理工作的好机会。本书上卷和中卷收录了有代表性的专业技术研究论文，感谢研究团队的老师、同志和研究生们的指导、合作和支持，感谢王东城博士带领宋明明、张帅、徐扬欢3名博士研究生和10多名硕士研究生对这些论文的搜集整理和阅读校对工作。本书下卷收录了有关高校研究和学校建设的论文、报告、报道和总结，感谢学校领导和同志们的支持和帮助，感谢蒋中伟、张振华、甄红军、陆军、姜文超、刘效园等同志对本书第七篇有关讲话和工作报告所做的工作。感谢燕山大学出版社的积极热情支持和辛勤高效工作。对本书存在的错误缺点和不足之处，恳请读者批评指正。

刘宏民

2020年6月于燕山大学

目　录

第一篇　板带轧制三维变形的条元法模型和板形预报

第二篇　板带轧机轧辊变形模型和板形控制性能分析

第一篇　板带轧制三维变形的条元法模型和板形预报

分条离散法求解带材轧制时的前张力横向分布①

刘宏民，连家创，段振勇
（东北重型机械学院）

摘　要：本文在文献[2,3]能量法的基础上，采用分条离散法，将连续变化的各参数在横向上离散。根据最小能量原理，求解带材轧制时辊缝中金属的横向流动和前张力的横向分布。计算表明，本方法简单而实用，为板形分析和板形控制提供了依据。

一、前言

带材轧后板形的质量决定于轧制时前张力的横向分布，而此张力分布又与金属在辊缝中的横向流动有着极为密切的关系[1,2]。因此，研究辊缝中金属的横向流动以确定前张力的横向分布，对于从理论上准确地进行板形分析，建立板形控制的数学模型，保证带材的精度，具有十分重要的意义。

国内对这一问题的最早研究[2,3]是运用变分原理，求得宽展和出口横向位移。但由此模型求得的前张力横向分布与实验结果相差很远，横向前张力差的误差达好几倍。继之，又用三维解析法进行了研究[4]，结果是前张力横向分布与实验吻合较好，但存在需由经验确定修正系数的问题。在国外，日本名古屋大学的户泽康寿教授等人，在用三维解析法求解这一问题上做了大量工作。他们曾先后提出过仅考虑轧件变形的三维全理论式解，把轧件变形与轧辊变形联立起来处理的三维半理论式解和全理论式解[5]，在此基础上提出了改进解[6]。用这些解析法求得的出口横向位移和前张力横向分布与实验结果相比，规律接近，但数量上相差较大，其中宽展的误差大约是40%～50%。

确定前张力横向分布的关键，在于准确确定变形区出口的横向位移。本文在上述能量法基础上，考虑了中性点位置、金属纵向流动速度沿横向的变化，辊缝中的带材厚度、压下量沿横向的变化等因素。为了避免由复杂的欧拉微分方程，求解出口横向位移所遇到的难以解决的数学上的困难，采用分条离散法，由非线性方程组迭代后求得出口横向位移，进而确定前张力的横向分布。

二、带材的分条离散模型

1. 条元分割说明

对于图1所示的变形区几何形状，采用图2所示的方法，将位于几何变形区内的带宽的一半分为 n 个条元，每一条元上的各参数认为沿条宽是不变的，仅沿纵向（x 方向）变化。在每一条元上选一个代表点 y_i（$i=1,2,\cdots,n$），称为节点。每条宽度用 S_i 表示。条元上的出口横向位移用 u_i 表示。其导数用 u'_i 表示。规定

$$y_1=0, y_n=\frac{B}{2} \tag{1}$$

① 冶金设备（轧机装备文集），1985(1)：1-12.

$$\begin{cases} S_1 = \dfrac{1}{2}(y_2 - y_1) \\ S_i = \dfrac{1}{2}(y_{i+1} - y_{i-1}) \\ \quad (i = 2, 3, \cdots, n-1) \\ S_n = \dfrac{1}{2}(y_n - y_{n-1}) \end{cases} \tag{2}$$

$$\begin{cases} u'_1 = (u_2 - u_1)/(y_2 - y_1) \\ u'_i = (u_{i+1} - u_{i-1})/(y_{i+1} - y_{i-1}) \\ \quad (i = 2, 3, \cdots, n-1) \\ u'_n = (u_n - u_{n-1})/(y_x - y_{n-1}) \end{cases} \tag{3}$$

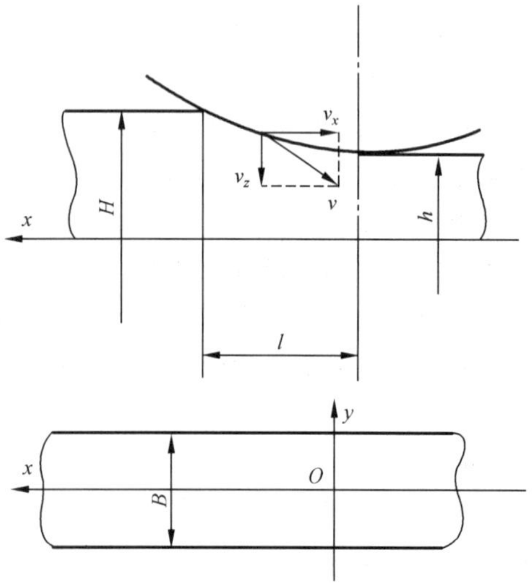

图 1　变形区几何尺寸

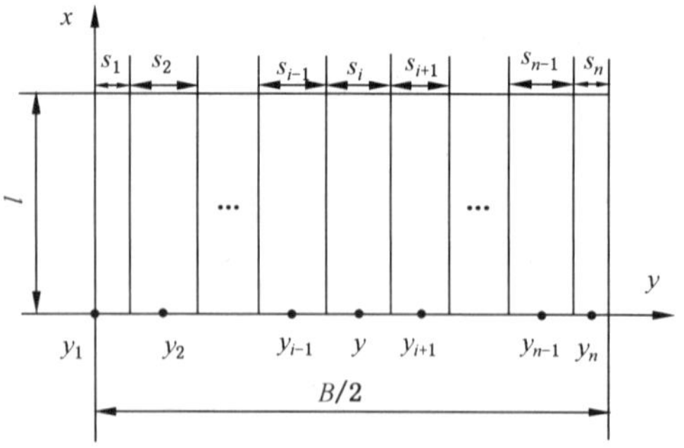

图 2　变形区条元分割图示

2. 条元上金属的变形速度和张力

变形区内金属的横向位移采用文献[2]的函数形式，所不同的是将其中沿横向不变的带材厚度改为沿横向变化的厚度。忽略厚度函数对 y 的导数，又考虑到条元上的各参数仅与 x 和 y_i 有关，沿条宽不变，故可得到条元上金属的变形速度为[7]

$$\begin{cases} \xi_{x_i} = \left(\dfrac{u'_i}{\Delta h_i} - \dfrac{1}{h_{x_i}}\right)\dfrac{\mathrm{d}h_{xi}}{\mathrm{d}t} \\ \xi_{y_i} = -\dfrac{u'_i}{\Delta h_i}\dfrac{\mathrm{d}h_{xi}}{\mathrm{d}t} \\ \xi_{z_i} = \dfrac{1}{h_{x_i}}\dfrac{\mathrm{d}h_{yi}}{\mathrm{d}t} \end{cases} \tag{4}$$

式中 ξ_{xi}、ξ_{yi}、ξ_{zi}——条元上 x 方向、y 方向、高度方向的应变速度；

$h_{xi} = h_x(y_i)$——条元上任一横截面处厚度；

$\Delta h_i = \Delta h(y_i)$——条元上的压下量。

根据文献[2，3]给出的张力分布模型，得到条元上前、后张力 σ_{1i} 和 σ_{0i} 的表达式为

$$\begin{cases} \sigma_{1i} = \overline{\sigma}_1 + F_{1i} + \dfrac{E}{1-\nu^2}\left(u'_i - \dfrac{2u_n}{B}\right) \\ \sigma_{0i} = \overline{\sigma}_0 + F_{0i} \end{cases} \tag{5}$$

其中 $\overline{\sigma}_1 = T_1/(Bh)$，$\overline{\sigma}_0 = T_0/(BH)$　(6)

$$\begin{cases} F_{1i} = \dfrac{E}{1-\nu^2}\left(1 + \dfrac{h_i}{h} - \dfrac{H_i}{H} - \dfrac{L_i}{L}\right) \\ F_{0i} = \dfrac{E}{1-\nu^2}\left(1 - \dfrac{L_i}{L}\right) \end{cases} \tag{7}$$

式中 T_1、T_0——前、后张力；

B、E、ν——带材宽度、弹性模量、泊松系数；

h_i、H_i、L_i——条元上出口厚度、来料厚度、来料长度；

h、H、L——整个带宽的平均出口厚度、平均来料厚度、平均来料长度。

在来料板形良好的情况下，$F_{0i} = 0$。

3. 条元上金属的纵向流动速度

忽略剪力的作用，条元上中性角 γ_i 的计算公式为

$$\gamma_i=\frac{1}{2}\sqrt{\frac{\Delta h_i}{R'}}\left\{1-\frac{1}{2\mu}\left[\sqrt{\frac{\Delta h_i}{R'}}-\frac{(\sigma_{1i}h_i-\sigma_{0i}H_i)S_i}{p_i}\right]\right\} \tag{8}$$

式中 R'——轧辊压扁后的接触弧半径；

p_i——条元上的轧制压力；

μ——轧辊和轧件间的摩擦系数。

为简化计算，按轧制压力 P 沿带宽均匀分布 $p_i=\dfrac{PS_i}{B}$，并把式(5)的第一式代入式(8)，经整理有

$$\gamma_i=\zeta_i+\eta_i(u'_i-2u_n/B) \tag{9}$$

式中

$$\zeta_i=\frac{1}{2}\sqrt{\frac{\Delta h_i}{R'}}\left[1-\frac{1}{2\mu}\left(\sqrt{\frac{\Delta h_i}{R'}}+\frac{BH_i}{P}\sigma_{0i}\right)\right]+\frac{Bh_i}{4\mu P}\sqrt{\frac{\Delta h_i}{R'}}(\overline{\sigma_1}+F_{1i}) \tag{10}$$

$$\eta_i=\frac{BEh_i}{4\mu P(1-v^2)}\sqrt{\frac{\Delta h_i}{R'}} \tag{11}$$

条元上的前滑系数 ϕ_i 的计算公式为

$$\phi_i=(R'/h_i-0.5)v_i^2 \tag{12}$$

条元上出口处的金属纵向流动速度 V_{x1i} 为

$$V_{x1i}=V_r(1+\phi_i) \tag{13}$$

式中 V_r——轧辊的圆周线速度。

条元上任一位置金属的纵向流动速度 V_{xi} 为

$$V_{xi}=h_iV_{x1i}/h_{xi}=V_rh_i(1+\phi_i)/h_{xi} \tag{14}$$

金属相对辊面纵向水平滑动速度 V_{si} 为

$$V_{si}=V_{xi}-V_r\cos\alpha_x \tag{15}$$

考虑到带材轧制时 $\cos\alpha_x\approx1$，利用式(14)，则有

$$V_{si}=V_r\left[\frac{h_i}{h_{xi}}(1+\phi_i)-1\right] \tag{16}$$

4. 条元上金属的横向流动速度

根据文献[2]的横向位移函数，条元上金属的横向流动速度 V_{yi} 为[7]

$$V_{yi}=-\frac{u_i}{\Delta h_i}\frac{dh_{xi}}{dt} \tag{17}$$

假定变形区轧件的厚度为

$$h_{xi}=h_i+\Delta h_i\left(\frac{x}{l}\right)^2 \tag{18}$$

式中 l 为变形区长度，则有

$$\frac{dh_{xi}}{dt}=\frac{2\Delta h_ix}{l^2}\left(\frac{dx}{dt}\right)_i \tag{19}$$

对于图 1 选定的坐标系有 $\left(\dfrac{dx}{dt}\right)_i=-V_{xi}$（$V_{xi}$ 正方向取为与 x 轴的正方向相反），将式(19)代入式(17)，并考虑到 $\left(\dfrac{dx}{dt}\right)_i=-V_{xi}$ 及式(14)，得

$$V_{yi}=\frac{2V_rh_iu_ix}{l^2h_{xi}}(1+\phi_i) \tag{20}$$

5. 条元上金属相对辊面的水平滑动速度

为了计算摩擦功率并使计算简化，现确定几个速度参数。

水平纵向滑动速度 V_{si} 之绝对值的积分平均值 $\overline{V}_{si}$ 为

$$\overline{V}_{si}=\frac{1}{l}\int_0^l|V_{si}|dx \tag{21}$$

将式(16)代入上式，并利用式(18)，得

$$\overline{V}_{si}=\frac{V_r}{l}\left\{\int_0^{x_{ni}}\left[\frac{l^2h_i(1+\phi_i)}{l^2h_i+\Delta h_ix^2}-1\right]dx+\int_{x_{ni}}^{l}\left[1-\frac{l^2h_i(1+\phi_i)}{l^2h_i+\Delta h_ix^2}\right]dx\right\} \tag{22}$$

式中 x_{ni} 是中性点坐标，由秒流量相等条件 $V_r\cos\gamma_ih_{ni}=V_r(1+\phi_i)h_i$ 及中性点厚度表达式 $h_{ni}=h_i+\Delta h_i\left(\dfrac{x_{ni}}{l}\right)^2$，又考虑到 $\cos\gamma_i\approx1$，得

$$x_{ni}=l\sqrt{\frac{h_i}{\Delta h_i}\phi_i} \tag{23}$$

将式(23)代入积分式(22)，整理后得

$$\overline{V}_{si}=V_r\left[d_i(1+\phi_i)(2\arctan\sqrt{\phi_i}-\arctan e_i)-2d_i\sqrt{\phi_i}+1\right] \tag{24}$$

式中

$$d_i=\sqrt{\frac{h_i}{\Delta h_i}}\quad e_i=\sqrt{\frac{\Delta h_i}{h_i}} \tag{25}$$

水平横向滑动速度 V_{yi} 之积分平均值 $\overline{V}_{yi}$ 为

$$\overline{V}_{yi}=\frac{1}{l}\int_0^l V_{yi}\mathrm{d}x \tag{26}$$

将式(20)代入上式，并利用式(18)可得

$$\overline{V}_{yi}=\left(\frac{v_r h_i}{l\Delta h_i}-\ln\frac{H_i}{h_i}\right)u_i(1+\phi_i) \tag{27}$$

将$\overline{V}_{si}$ 和$\overline{V}_{yi}$ 合成，并令

$$f_i=\left(\frac{h_i}{l\Delta h_i}\ln\frac{H_i}{h_i}\right)^2 \tag{28}$$

得

$$\sqrt{\overline{V}_{si}^2+\overline{V}_{yi}^2}=V_r\sqrt{\left[d_i(1+\phi_i)(2\arctan\sqrt{\phi_i}-\arctan e_i)-2d_i\sqrt{\phi_i}+1\right]^2+f_iu_i^2(1+\phi_i)^2} \tag{29}$$

三、带材轧制时的总变形功率

带材轧制时的总变形功率 N 等于变形区内力所做功率 N^b、接触表面摩擦功率 N^m 和轧后张力积蓄的弹性功率 N^w 三部分之和[2]，即

$$N=N^b+N^m+N^w \tag{30}$$

同理，条元上的变形功率也为三部分之和

$$N_i=N_i^b+N_i^m+N_i^w \tag{31}$$

1. 条元上的塑性变形功率 N_i^b

$$N_i^b=k\int_0^l H_i h_{xi}S_i\mathrm{d}x \tag{32}$$

式中 $k=0.577\sigma_s$。忽略剪切变形，并利用 $\xi_{xi}+\xi_{yi}+\xi_{zi}=0$ 的条件，剪应变速度强度 H_i 为

$$H_i=2\sqrt{\xi_{xi}^2-\xi_{yi}\xi_{zi}} \tag{33}$$

将式(4)代入上式，并注意到$\frac{\mathrm{d}h_{xi}}{\mathrm{d}t}$为负，有

$$H_i=2\sqrt{\left(\frac{u'_i}{\Delta h_i}-\frac{1}{h_{xi}}\right)^2+\frac{u'_i}{\Delta h_i h_{xi}}}\cdot\left(-\frac{\mathrm{d}h_{xi}}{\mathrm{d}t}\right) \tag{34}$$

因为$\frac{\mathrm{d}h_{xi}}{\mathrm{d}t}=\frac{\mathrm{d}h_{xi}}{\mathrm{d}x}\left(\frac{\mathrm{d}x}{\mathrm{d}t}\right)_i=\frac{\mathrm{d}h_{xi}}{\mathrm{d}x}(-V_{xi})$，故在利用式(14)后有

$$H_i=2V_rh_i(1+\phi_i)\frac{1}{h_{xi}}\sqrt{\left(\frac{u'_i}{\Delta h_i}-\frac{1}{h_{xi}}\right)^2+\frac{u'_i}{\Delta h_i h_{xi}}}\frac{\mathrm{d}h_{xi}}{\mathrm{d}x} \tag{35}$$

将上式代入式(32)有

$$N_i^b=2V_rkS_ih_i(1+\phi_i)\int_{h_i}^{H_i}\sqrt{1-u'_i\frac{h_{xi}}{\Delta h_i}+\left(u'_i\frac{h_{xi}}{\Delta h_i}\right)^2}\frac{\mathrm{d}h_{xi}}{h_{xi}} \tag{36}$$

为简化计算，将上式中的 h_{xi} 用厚度积分平均值 h_{mi} 来代替，则得到

$$N_i^b=V_ra_i(1+\phi_i)\sqrt{1-b_iu'_i+b_i^2u'^2_i} \tag{37}$$

式中

$$a_i=2kS_ih_i\Delta h_i/h_{mi},\ b_i=h_{mi}/\Delta h_i,\quad h_{mi}=(H_i+2h_i)/3 \tag{38}$$

2. 条元上接触表面摩擦功率 N_i^m

$$N_i^m=2ts_i\int_0^l\sqrt{V_{si}^2+V_{yi}^2}\mathrm{d}x \tag{39}$$

式中 t——整个接触表面的平均摩擦力。

将上式中的 V_{si} 和 V_{yi} 分别用 $\overline{V}_{si}$ 和 $\overline{V}_{yi}$ 来代替，为简化计算，即把式(29)代入上式，得

$$N_i^m=V_rc_i\sqrt{\left[d_i(1+\phi_i)(2\arctan\sqrt{\phi_i}-\arctan e_i)-2d_i\sqrt{\phi_i}+1\right]^2+f_iu_i^2(1+\phi_i)^2} \tag{40}$$

式中 $$c_i = 2tS_i l \tag{41}$$

3. 条元上的弹性功率 N_i^w

$$N_i^w = \frac{1-\nu^2}{2E} V_{x1i} h_i S_i \sigma_{1i}^2 \tag{42}$$

$$N_i^w = V_r g_i (1+\phi_i) \sigma_{1i}^2 \tag{43}$$

式中 $$g_i = \frac{1-\nu^2}{2E} h_i S_i \tag{44}$$

4. 带材轧制时的总变形功率 N

将式(13)代入上式可得

$$N = \sum_{i=1}^{n} N_i = \sum_{i=1}^{n} (N_i^b + N_i^m + N_i^w) = V_r \sum_{i=1}^{n} \{ a_i (1+\phi_i) \sqrt{1 - b_i u'_i + b_i^2 u'^2_i} + c_i \sqrt{[d_i (1+\phi_i)(2\arctan\sqrt{\phi_i} - \arctan e_i) - 2d_i \sqrt{\phi_i} + 1]^2 + f_i u_i^2 (1+\phi_i)^2} + g_i (1+\phi_i) \sigma_{1i}^2 \} \tag{45}$$

上式中的 a_i、b_i、c_i、d_i、e_i、f_i、g_i 对于一定的条元皆为与横向位移 u_i 无关的常数，而 ϕ_i 和 σ_{1i} 是横向位移的导数 u'_i 和横向位移 u_n 的函数。因为 u'_i 可由式(3)来表示，故上式可写成如下形式

$$N = N(u_2, u_3, \cdots, u_n) \tag{46}$$

因为考虑对称情况，$u_1 = 0$ 为已知，故在上式中没写出 u_1。式(46)表明，总变形功率 N 是 u_2 到 u_n 这 $n-1$ 个出口横向位移的函数。

四、变分法确定出口横向位移和前张力横向分布

1. 基本原理

根据最小能量原理，真实的出口横向位移应使总能量 N 为最小，即真实的 u_2 到 u_n 这 $n-1$ 个的值应使泛函 $N(u_2, u_3, \cdots, u_n)$ 的值取最小，故有

$$Z_i = \frac{\partial N}{\partial u_i} = 0 \quad (i = 2, 3, \cdots, n) \tag{47}$$

式(47)表示一组关于 u_2 到 u_n 这 $n-1$ 个出口横向位移的非线性方程[7]，由这 $n-1$ 个非线性方程可解出 u_2 到 u_n 的值，进而可由式(5)确定前张力的横向分布。

2. 计算方法

在合理设定初值的条件下，可由上述非线性方程组求得满足一定精度要求的出口横向位移值，进而根据前张力横向分布模型确定其横向分布。计算步骤如下：

(1) 用希赤柯克公式求出轧辊压扁后的接触弧半径 R'。用斯通轧制压力公式反求变形抗力 k。按轧制压力均匀分布，可由库仑摩擦定律求得平均摩擦力 t（总轧制压力、前后总张力、来料和出口平均厚度由实测得到）；

(2) 求解非线性方程组，得到 u_2 到 u_n 的值；

(3) 求前张力 σ_{1i} 的分布。

上述(2)和(3)两步是交替进行的，把它们放在一起来计算。

五、计算和实验的结果对比

在东北重型机械学院 300 mm 四辊冷轧机上进行了轧制铝带的试验，带材规格为 0.42 mm×250 mm。测定了三个部位的总轧制压力、前后总张力、来料和出口的横向厚度分布(用精度为 0.001 mm 的测厚仪测)、前张力的横向分布(由多辊式分段张力检测装置测)。由实测横向厚度分布值，求得了平均厚度；按二次加四次函数的数学模型进行回归，得到了带材的横向厚度分布函数。回归效果是显著的，复相关系数均在 0.9 以上。表 1 给出了轧制这三个部位的已知数据。

根据上述的计算方法，对来料板形良

好($F_{0i}=0$)的这三个部位分割为 $n=26$ 个条元,在 DJS-033 微型机上进行了数值计算。计算精度取为 3×10^{-3}。

图 3 示出了出口横向位移的计算曲线。图 4 示出了前张力横向分布的计算曲线和实测曲线,由图可见,计算结果和实验结果是基本一致的。二者之间的误差在理论上来说可能是由于下面三个因素造成。

(1) 实验时出现了一定程度的不对称轧制,而理论计算模型要求严格的对称轧制;

(2) 来料板形并非绝对良好,而实际计算时认为是良好的;

(3) 计算模型中没有考虑轧制力、摩擦力沿横向的变化,这种变化与金属在辊缝中的纵向延伸和横向流动有关,因而与前张力的横向分布也有关。尽管计算与实验之间存在一些差别,但理论计算基本上还是反映了前张力的横向分布规律。这些前张力横向分布的计算和实测结果与文献[5]的分布规律也是基本一致的。这种前张力横向分布的曲线形状,对应于带材中浪情况。

此外,对文献[4]中轧制黄铜的两个部位也进行了计算。带材规格为 0.65 mm×150 mm,条元分割为 16 个,计算精度同上。表 2 给出了已知数据。图 5 和图 6 分别示出了出口横向位移和前张力横向分布的计算曲线,同时还示出了文献[4]的三维解析法得到的两种计算曲线和用文献[3]的能量法得到的出口横向位移计算曲线,以便进行比较。计算表明,按文献[3]的出口横向位移求得的前张力横向分布与本文方法、三维解析法求得的结果相差很远。由于在图 6 的坐标网格中无法画出张力差很大的前张力横向分布,故本文没有给出其结果。由图 5 和图 6 可见,本文的分条法与文献[4]的三维解析法求得的出口横向位移和前张力横向分布是接近的,规律是一致的。两种方法求得的前张力横向分布曲线所对应的平均张力稍有不同,这是由于两种方法在进行差分计算时所选用的步长不同造成的。轧制黄铜的这种前张力横向分布的曲线形状,对应于带材边浪的情况。

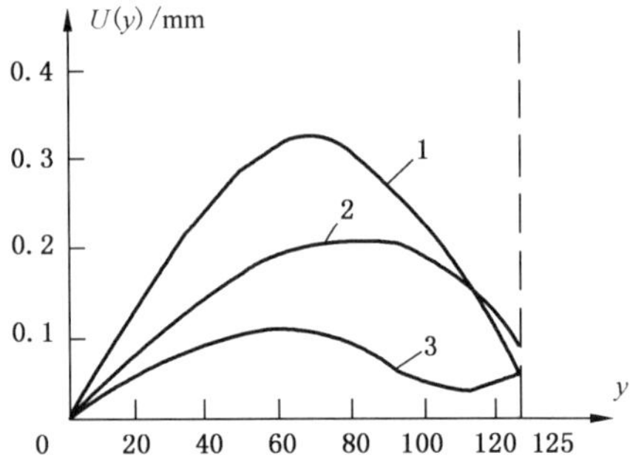

图 3　轧制铝带出口横向位移计算曲线

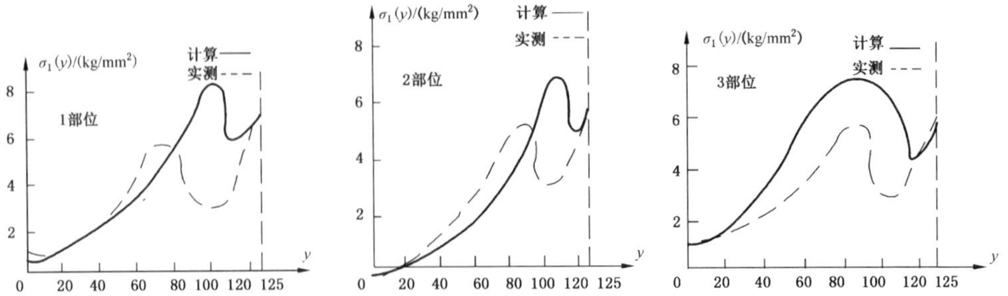

图 4　轧制铝带前张力横向分布曲线

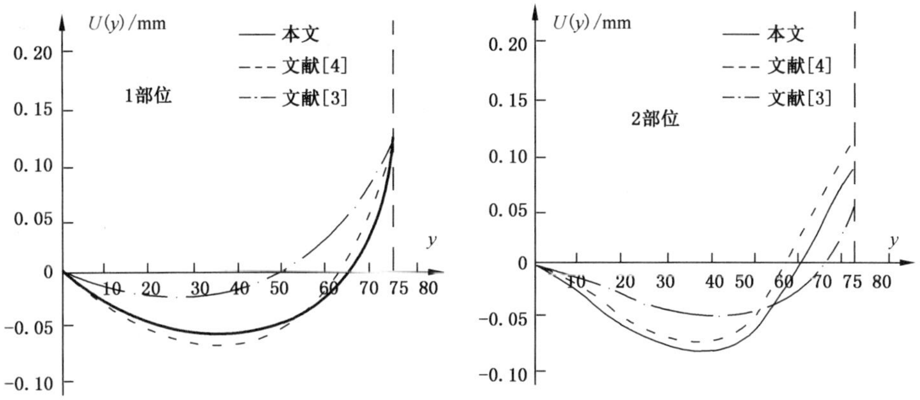

图5　轧制黄铜出口横向位移计算曲线

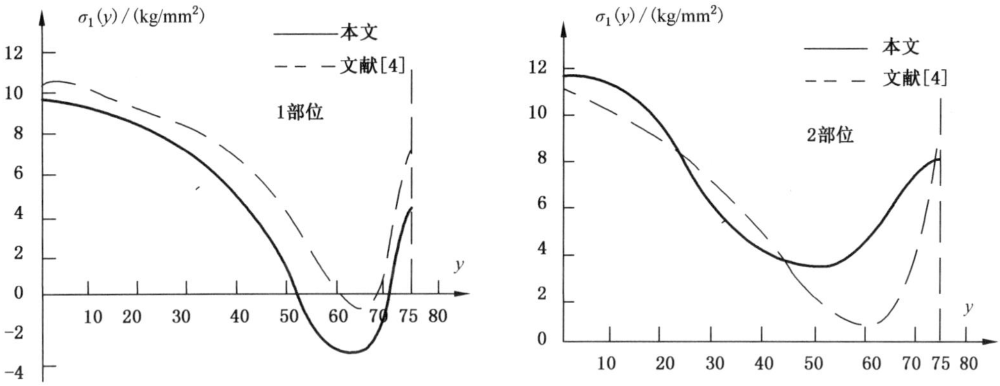

图6　轧制黄铜前张力横向分布计算曲线

表1　轧制铝带已知数据

参数	部位		
	1	2	3
R'/mm	70.225	69.127	72.632
B/mm	250	250	250
H/mm	0.424	0.422	0.420
h/mm	0.410	0.406	0.404
μ	0.1	0.1	0.1
ν	0.33	0.33	0.33
E/(kg/mm^2)	7143	7143	7143
P/kg	2289	2412	2871
T_0/kg	243.13	199.66	208.24
T_1/kg	273.56	247	252.95
l/mm	1.005	1.052	1.082
t/(kg/mm^2)	0.911	0.917	1.061
k/(kg/mm^2)	5.269	5.107	5.762

续表

部位	来料和出口横向厚度分布函数 H(y)和 h(y)	
1	$H(y)$	$0.427-8.639\times10^{-3}\left(\frac{2y}{B}\right)^2+4.134\times10^{-3}\left(\frac{2y}{B}\right)^4$
	$h(y)$	$0.409+4.481\times10^{-3}\left(\frac{2y}{B}\right)^2-1.486\times10^{-3}\left(\frac{2y}{B}\right)^4$
2	$H(y)$	$0.425-0.011\left(\frac{2y}{B}\right)^2+6.160\times10^{-3}\left(\frac{2y}{B}\right)^4$
	$h(y)$	$0.407-5.219\times10^{-3}\left(\frac{2y}{B}\right)^2+5.123\times10^{-3}\left(\frac{2y}{B}\right)^4$
3	$H(y)$	$0.421-8.958\times10^{-3}\left(\frac{2y}{B}\right)^2+0.010\left(\frac{2y}{B}\right)^4$
	$h(y)$	$0.404+8.566\times10^{-4}\left(\frac{2y}{B}\right)^2+1.983\times10^{-4}\left(\frac{2y}{B}\right)^4$

表 2　轧制黄铜已知数据

参数	部位		参数	部位	
	1	2		1	2
R'/mm	75.524	77.479	P(kg)	32800	34100
B/mm	150	150	T_0(kg)	243.5	405.8
H/mm	0.613	0.644	T_1(kg)	348.7	348.7
h/mm	0.424	0.462	l/mm	3.779	3.761
μ	0.1	0.1	t(kg/mm^2)	5.786	6.044
ν	0.365	0.365	k(kg/mm^2)	21.692	23.407
E/(kg/mm^2)	10 000	10 000			

部位	来料和出口横向厚度分布函数 $H(y)$和 $h(y)$	
1	$H(y)$	$0.614+0.003\left(\frac{2y}{B}\right)^2-0.008\left(\frac{2y}{B}\right)^4$
	$h(y)$	$0.427-0.002\left(\frac{2y}{B}\right)^2-0.008\left(\frac{2y}{B}\right)^4$
2	$H(y)$	$0.645+0.002\left(\frac{2y}{B}\right)^2-0.005\left(\frac{2y}{B}\right)^4$
	$h(y)$	$0.465-0.010\left(\frac{2y}{B}\right)^2-0.0002\left(\frac{2y}{B}\right)^4$

六、结论

1. 本文在文献[2,3]的基础上，提出了求解辊缝中金属横向流动前张力横向分布的分条离散法。通过计算和实验的结果对比，证明本理论计算基本上反映了金属在辊缝中的横向流动规律，前张力横向分布的计算结果是可信的，至少对于宽厚比不超过 500 的带材是如此。

2. 对于求前张力横向分布而言，本文

的分条法较之三维解析法计算简单。与文献[4]的三维解析法相比，本方法还具有不需要根据不同的轧制条件由经验确定修正系数的优点。

3. 本文的分条离散法在文献[2,3]的基础上，求出了更为符合实测结果的前张力横向分布，这说明用本方法求出的出口横向位移更符合实际情况。

4. 在本文计算模型的基础上，若能考虑不对称轧制情况，后张力横向不均匀分布情况，轧制力、摩擦力沿横向的变化等因素，前张力横向分布的计算结果可能会与实际情况更加吻合。

参考文献

[1] 连家创. 板形控制的理论基础. 中国金属学会冶金设备学术委员会论文集(二)，1980.

[2] 连家创. 变分法求解辊缝中金属横向流动问题——板带材横向张力分布的确定. 东北重型机械学院学报，1980，1.

[3] Jiachuang Lian, Zhenyong Duan. Research on the Lateral Spread of Rolled Stock, The Paper for "2nd International Conference on Steel Rolling 1983", North-east Heavy Machinery Institute, Fulaerji, Heilongjiang, China，1982. 1.

[4] 连家创，段振勇，叶星. 三维解析法求解辊缝中金属横向流动问题，轧钢理论文集（下），中国金属学会轧钢学术委员会基础理论组编，1983. 10.

[5] 户泽康寿，等. 关于薄板的3元轧制理论，东北重型机械学院轧钢教研室申光宪等译，1982. 9.

[6] 户泽康寿，石川孝司，岩田德利. 薄板压延の3次元变形れ対る改良し左解析，塑性と加工，1982. 12.

[7] 刘宏民. 有限条法求解带材轧制时的前张力横向分布，东北重型机械学院硕士研究生论文，1984. 11.

研究冷轧带材金属横向流动和张力横向分布的线性条元法①

刘宏民，连家创
（燕山大学）

摘 要：本文提出了分析冷轧带材金属横向流动和前、后张力横向分布的线性条元法，并用简明的矩阵形式来表示。由于本方法使横向位移在整个变形区处处连续，保证了条元间的横向位移协调，进一步发展了条元法的理论。前、后张力横向分布的计算结果与实验结果吻合较好。

关键词：冷轧钢带；线性条元法；金属流动；张力

Linear Strip Element Method For Analysing Lateral Flow of Metal and Transveres Distributions of Tension Stresses of Cold Rolled Strip

Liu Hongmin, Lian Jiachuang
(Yanshan University)

Abstract: In this paper, a linear strip element method for analysing the lateral flow of metal and the transverse distributions of tension stresses is put forward and expressed concisely in terms of matrixing function. Because this method makes the lateral displacement function continuous in deformed zone, the coordination of lateral displacements between strips is ensured and the theory of strip element method is further developed. The computed results of the transverse distributions of front and back tension stresses coincide well with the experimental results.

Key words: Cold rolled strip; Liner strip element method; Metal flow; Tension stress

1 前言

求解带材轧制时金属的横向流动和前、后张力的横向分布，无论对于板形分析和板形控制，还是对于建立更完备的三维轧制理论，都具有重要的意义。虽然户泽康寿教授等用三维解析法求出了前、后张力的横向分布[1-3]，但未与实测值对比。本文作者曾提出将各参数沿条元宽度视为常量处理的常条元法[4-5]，使前、后张力的横向分布计算结果与实验结果基本一致。在此基础上，作者又提出将横向位移函数沿条元宽度用线性插值函数表示的线性条元法，并用简明的矩阵形式来表示。本方法使横向位移函数在整个变形区处处连续，满足了条元间横向位移的协调条件，使条元上的其他几何和力参数沿

① 钢铁研究学报，1992，4(3)：37-44.

条元宽度不再是常量，从而进一步发展了条元法理论，使其更接近实际。本方法的提出，为进一步研究冷轧带材三维应力和变形问题奠定了良好基础。

2　横向位移模式与基本假设

对图1所示的坐标系，用图2所示的方法将带宽一半分为 $n-1$ 个条元。每个条元宽度为 $b=\dfrac{0.5B}{n-1}$，条元节线横向坐标用 y_1 表示，节线上的出口横向位移用 u_i 表示，为待定参数。考虑关于带宽 B 中心的对称轧制情况，$u_1=0$ 为已知。条元上的横向位移函数 U 用式(1)表示。

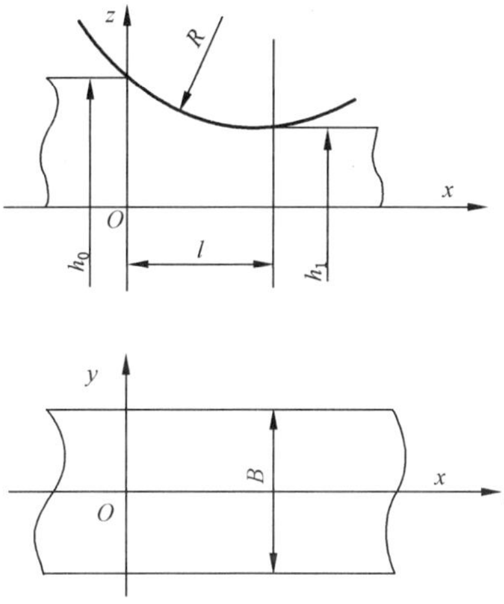

图1　变形区几何尺寸

Fig. 1　Deformation zone geometry

$$U(x,y)=[3(x/l)^2-2(x/l)^3]\left[u_i+\frac{u_j-u_i}{b}(y-y_i)\right] \quad (1)$$

式中 l——变形区长度。

即在整个变形区，U 沿 x 方向用三次函数表示，沿 y 方向用分段线性插值函数表示。可见，条元间横向位移协调。

令 $f(x)=3\left(\dfrac{x}{l}\right)^2-2\left(\dfrac{x}{l}\right)^3$，$\bar{y}=y-y_i$　(2)

则　$U=f\left(u_j+\dfrac{u_j-u_i}{b}\bar{y}\right)$　(3)

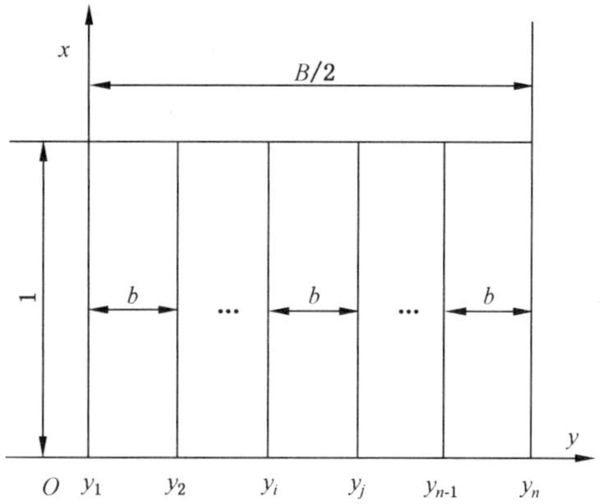

图2　条元分割模型

Fig. 2　Strip element division

变形区内的轧件厚度 h 为

$$h(x,y)=h_1(y)+[h_0(y)-h_1(y)](x/l-1)^2 \quad (4)$$

入、出口轧件厚度 $h_0(y)$，$h_1(y)$ 可用四次函数拟合

$$\begin{bmatrix}h_0\\h_1\end{bmatrix}=\begin{bmatrix}B_0 & B_2 & B_4\\b_0 & b_2 & b_4\end{bmatrix}\begin{bmatrix}1\\(2y/B)^2\\(2y/B)^4\end{bmatrix} \quad (5)$$

式中 $B_0\sim B_4$，$b_0\sim b_4$——系数。

本计算模型基于以下几个基本假设：

(1) 轧制过程为稳定轧制过程，且关于 xOy 面和 xOz 面对称；

(2) 带材在辊缝内部为刚塑性材料，在辊缝外考虑其弹性变形；

(3) 带材和轧辊的接触表面上存在库仑摩擦，且摩擦系数在全域内不变；

(4) 应力、应变速度和流动速度等参数在轧件高度方向不变，且不考虑剪应力 τ_{xy}、τ_{yz}。

3　流动速度与应变速度

在张力足以把出口带材拉平的条件下，轧制方向上的出口流动速度 v_1 沿横坐标 y 方向均匀分布，为一常量，即

$$v_1=v_r(1+S) \quad (6)$$

式中v_r——轧辊表面线速度，

S——前滑移系数。

在任意横坐标处，取单位入口宽度的变形区一流带，考虑金属的横向流动，根据秒流量相等原理，得金属的纵向流动速度 v_x 为

$$v_x = v_1 h_1 (1+U'_{y|x=1})/h(1+U'_y) \tag{7}$$

横向流动速度 v_y 为

$$v_y = \mathrm{d}U/\mathrm{d}t = U'_x v_x \tag{8}$$

将式(2)、(3)代入式(7)和(8)，有

$$\begin{Bmatrix} v_x \\ v_y \end{Bmatrix} = \frac{v_1 h_1}{h} \frac{b+u_j-u_i}{b+f(u_j-u_i)} \begin{Bmatrix} 1 \\ f' \dfrac{b u_i + (u_i - u_i)\bar{y}}{b} \end{Bmatrix} \tag{9}$$

为求接触表面摩擦功率的需要，确定金属相对辊面的滑动速度。以下辊面为例。图 3 为速度矢量图。由于 $\tan a_x = -\frac{1}{2}h'_x$，$\tan a_y = -\frac{1}{2}h'_y$（$a_x$，$a_y$ 分别为辊面上金属的纵、横切向滑动速度与 x、y 方向的夹角）所以，纵切向滑动速度 v_{sx} 和横切向滑动速度 v_{sy} 为

$$\begin{bmatrix} v_{sx} \\ v_{sy} \end{bmatrix} = \frac{1}{2} \begin{bmatrix} v_x \sqrt{4+h'^2_x} \\ v_y \sqrt{4+h'^2_y} \end{bmatrix} - \begin{bmatrix} v_r \\ 0 \end{bmatrix} \tag{10}$$

金属相对辊面的合成滑动速度 v_s 为

$$v_s = \sqrt{v_{sx}{}^2 + v_{sy}{}^2} \tag{11}$$

变形区内的应变速度由式(12)确定。

$$\begin{Bmatrix} \xi_x \\ \xi_y \\ \eta_{xy} \end{Bmatrix} = \begin{Bmatrix} \dfrac{\partial v_x}{\partial x} \\ \dfrac{\partial v_y}{\partial y} \\ \dfrac{\partial v_x}{\partial y} + \dfrac{\partial v_y}{\partial x} \end{Bmatrix} \tag{12}$$

利用 $\xi_x + \xi_y + \xi_z = 0$ 的条件（$\xi_z = -(\xi_x + \xi_y)$），推得剪应变速度强度 H 为

$$H = 2\sqrt{\xi_x^2 + \xi_y^2 + \xi_x \xi_y + \frac{1}{4}\eta_{xy}^2} \tag{13}$$

式(12)、(13)中，ξ_x、ξ_y、ξ_x——x、y、z 方向的正应变速度；η_{xy}——xOy 平面内的剪应变速度。

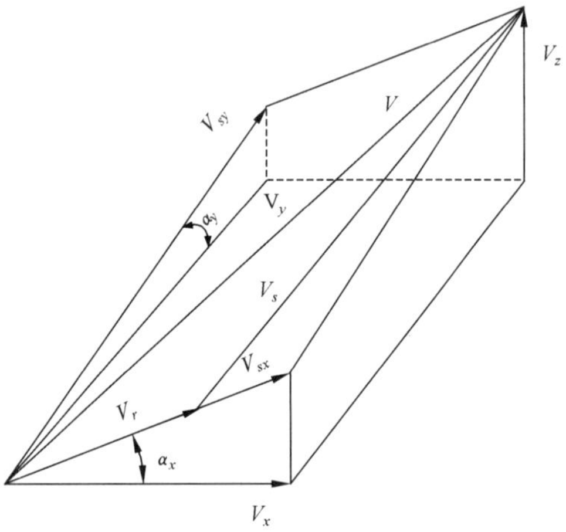

图 3　下辊面上速度图示

Fig. 3　Velocity vectors on the lower roll surface

4　张力横向分布模型

前、后张力 σ_1、σ_0 的横向分布模型为

$$\begin{bmatrix} \sigma_1 \\ \sigma_0 \end{bmatrix} = \begin{bmatrix} \dfrac{T_1}{B\bar{h}_1} \\ \dfrac{T_0}{B\bar{h}_0} \end{bmatrix} + \begin{bmatrix} \sigma_{00} \\ \sigma_{00} \end{bmatrix} + \frac{E}{1-\nu^2} \begin{Bmatrix} \dfrac{h_1}{\bar{h}_1} - \dfrac{h_0}{\bar{h}_0} + \dfrac{u_j - u_i}{b} - \dfrac{2u_n}{B} \\ \dfrac{B\bar{h}_0 h_1 (b+u_j-u_i)}{b\bar{h}_1 h_0 (B+2u_n)} - 1 \end{Bmatrix} \tag{14}$$

式中T_1、T_0——前、后总张力；

E、ν——带材的弹性模量和泊松比；

$\overline{h_0}$、$\overline{h_1}$——入、出口带材厚度沿整个带宽的平均值；

σ_{00}——来料纵向残余应力。

式(14)的 σ_1 可根据轧制前、后的体积不变条件推得[6]。

后张力的横向分布受来料纵向残余应力(板形)和入口纵向流速横向分布不均两种因素的影响。在距入口足够远的地方，金属的纵向流速沿横向为一常量 $\overline{v_0}$，张力的横向分布仅与来料纵向残余应力有关，可表示为

$$\sigma_0^*(y)=\frac{T_0}{Bh_0}+\sigma_{\infty}(y) \tag{15}$$

式中 σ_0^*——入口前足够远处的张应力。

在此，取长为 dL 的微段带材，当它运动到入口时，平均速度仍为 $\overline{v_0}$，在 dt 时间内进入辊缝，则 $dL=\overline{v_0}dt$。但横向各微段纤维进入辊缝的速度不同。在任意位置 y 处，速度为 $v_0(y)$，在 dt 时间内进入辊缝的纤维长度为 $v_0(y)dt$。这意味着原长为 dL 的微段纤维被伸长或缩短为 $v_0(y)dt$，由此引起的附加应力为

$$\Delta\sigma_0(y)=\frac{E}{1-\nu^2}\left[\frac{v_0(y)}{\overline{v_0}}-1\right] \tag{16}$$

式中 $\Delta\sigma_0$——从足够远处到入口处带材中张应力的改变量。

将 σ_0^* 与 $\Delta\sigma_0$ 迭加，并考虑到 $v_0=v_{x|x=0}=\frac{v_1h_1[1+(u_j-u_i)/b]}{h_0}$ 和 $\overline{v_0}=v_1\overline{h_1}(1+2u_n/B)/\overline{h_0}$，则可得到式(14)的第二式。

来料纵向残余应力根据实测值(测量方法见文献[7])，按式(17)回归

$$\sigma_{00(y)}=a_0+a_2(2y/B)^2+a_4(2y/B)^4+a_5\cos(4\pi y/B) \tag{17}$$

式中 $a_0\sim a_5$——回归系数。

5　节线出口横向位移的确定

上述的流动、应变速度和张应力都是节线出口横向位移的函数。节线出口横向位移($u_2,u_3,\cdots,u_n$)根据刚塑性变分原理确定。

带材轧制时的能量(功率)泛函 N 为

$$N=\int_V kH\mathrm{d}V+\int_{F_c}\mu pv_s\mathrm{d}F+\int_{F_0}\sigma_0v_0\mathrm{d}F-\int_{F_1}\sigma_1v_1\mathrm{d}F \tag{18}$$

式中，第一项为变形区塑性变形功率；第二项为接触表面摩擦功率；第三项为后张力的功率；第四项为前张力的功率；p 为单位轧制压力(具体确定方法可参见文献[7])；μ 为摩擦系数；k 为剪切抗力，$k=0.557\sigma_s$，σ_s 为带材屈服极限；V 为变形区金属体积；F 为带材横断面积；F_0、F_1 为入、出口带材横断面面积；F_c 为带材与轧辊接触摩擦面面积。

能量泛函是节线出口横向位移的函数，根据刚塑性变分原理，满足式(19)的 $u_2,u_3,\cdots,u_n$，应为本问题的正确解。

$$N_{\min}=N(u_2,u_3,\cdots,u_n) \tag{19}$$

这是一个优化问题，可由优化方法求解。本文选用变尺度法。能量积分按 Gauss-Legender 数值积分公式分条进行，然后求和。变形区长度按 Hitchcock 公式计算。

6　实测与计算结果对比

实验在 300 mm 四辊可逆式冷轧机上进行。该轧机工作辊半径为 50 mm，支持辊半径为 100 mm，辊身长度为 300 mm，可实行工作辊弯辊和支持辊弯辊。轧机前后装备有多辊式分段(15 段)张力板形仪各一台，以测量前、后张力和来料纵向残余应力的横向分布。轧制带

材为工业纯铝冷轧带卷，宽度 250 mm，原始厚度 0.7 mm。由拉伸实验得到的变形抗力模型为

$$\sigma_s = 50.4 + 64.02\varepsilon^{0.445} \tag{20}$$

式中，ε——变形程度。

表 1 列出四个不同轧制部位与本计算有关的实测数据和回归系数。轧制前、后带材厚度和来料纵向残余应力横向分布的回归效果显著，复相关系数均>0.95。根据上述数据，并取 $E=7\times10^4$ MPa，$\nu=0.33$，$\mu=0.1$，计算这四个部位的前、后张力横向分布和出口横向位移。实验和计算结果见图 4～7。

由图 4～7 可知，前、后张力横向分布的计算结果与实验结果吻合较好。来料纵向残余应力沿横向变化很小，说明来料板形基本良好。在此情况下，前、后张力的横向分布规律类似。根据实验观察可知，图 4、5 的张力分布，分别对应明显的轧后边浪和中浪（张力释放后），而图 6、7 分别对应不明显的轧后边浪和中浪。

表 1　计算需要的实测数据

Tab. 1　Data needed for calculaion

参数	部位			
	1	2	3	4
T_0/N	1639.1	1745.5	3125.5	1886.1
T_1/N	4329.2	2820.3	6003.2	5558.0
$\overline{h_0}$/mm	0.377 226 6	0.373 259 1	0.685 083 3	0.636 229 4
$\overline{h_1}$/mm	0.336 107 2	0.345 615 8	0.616 455	0.609 849 7
B_0	0.376 506 1	0.372 666 5	0.683 979 3	0.636 087 5
B_2	$3.186\ 67\times10^{-3}$	$7.027\ 433\times10^{-4}$	$1.592\ 104\times10^{-3}$	$9.522\ 057\times10^{-3}$
B_4	$-1.708\ 629\times10^{-3}$	$1.791\ 797\times10^{-3}$	$2.866\ 488\times10^{-3}$	$5.506\ 08\times10^{-4}$
b_0	0.335 908 1	0.344 586 3	0.616 160 2	0.608 841 1
b_2	$2.335\ 949\times10^{-3}$	$1.664\ 995\times10^{-3}$	$5.094\ 379\times10^{-4}$	$2.182\ 613\times10^{-1}$
b_4	$-2.898\ 034\times10^{-3}$	$2.372\ 252\times10^{-3}$	$6.249\ 423\times10^{-4}$	$1.405\ 714\times10^{-3}$
a_0	−0.288 645	−0.310 701 0	0.050 503 02	0.241 227 0
a_2	−0.272 492 4	1.192 844	−2.476 664	−4.841 973
a_4	1.897 378	−0.434 567 4	3.875 259	6.863 819
a_3	−0.319 689 2	−0.398 912 7	−0.388 812 1	−0.731 981 5

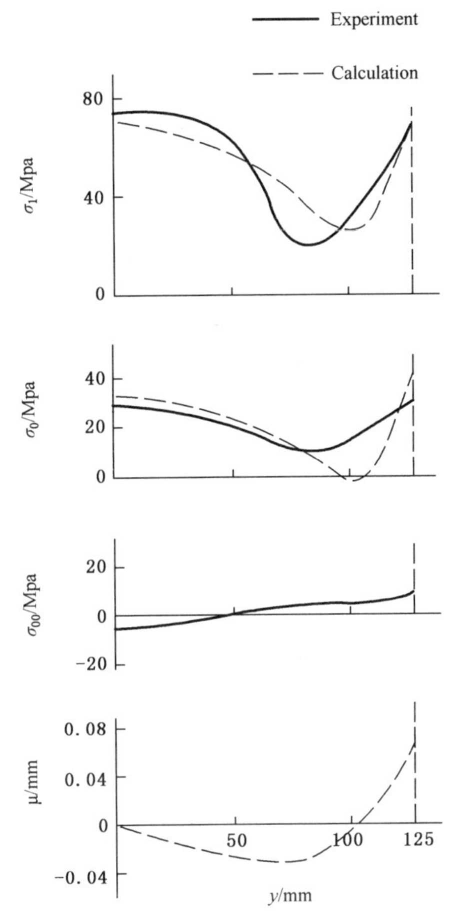

图 4　1 部位实测与计算结果

Fig. 4　The experimental and calculated results at the position 1

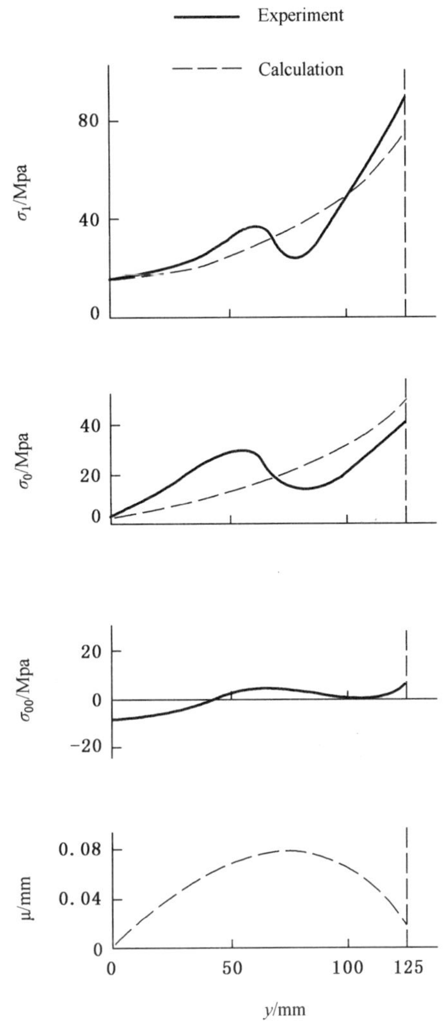

图 5　2 部位实测与计算结果

Fig. 5　The experimental and calculated results at the position 2

7　结论

（1）作者提出的线性条元法，使条元横向满足完备性（刚体位移和常应变）和协调性的收敛条件，且条元上的几何和力参数沿条宽为变量并用简明的矩阵形式表示，从而发展了由作者提出的条元法理论，使计算模型更加接近实际。

（2）与有限元法相比，本方法所要确定的未知数大大减少（仅为条元节线上的出口横向位移），因而可大大降低计算费用。其计算精度可满足工程实际要求，可望发展成为一种模拟冷轧带材轧制过程的工程实用方法。本方法计算的轧件宽厚比$\left(\frac{B}{h_0}\right)$已达 650。

（3）在来料板形基本良好的条件下，前、后张力具有类似的分布规律。

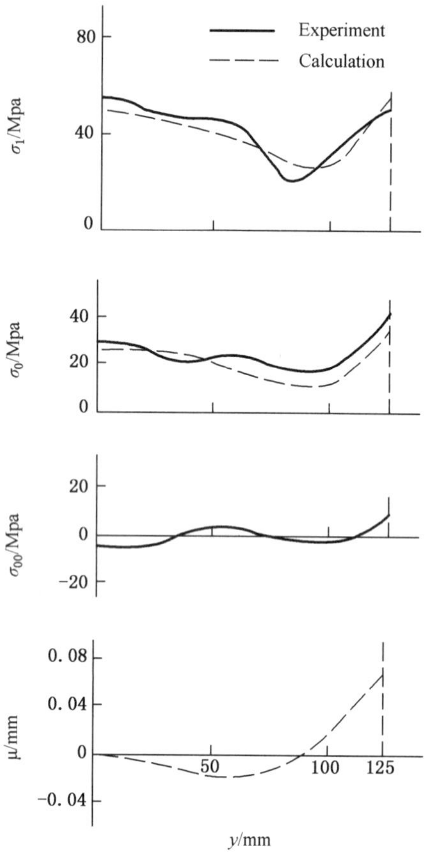

图 6　3 部位实测与计算结果

Fig. 6　The experimental and calculated results at the position 3

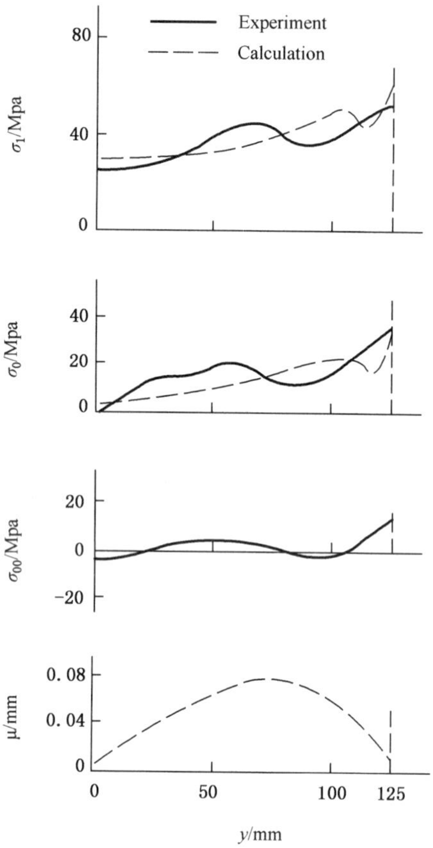

图 7　4 部位实测与计算结果

Fig. 7　The experimental and calculated results at the position 4

参考文献

[1] 户泽康寿 ほか,塑性と加工,1976,17(180):37-44.

[2] 石川孝司 ほか,塑性と加工,1980,21(237):902-908.

[3] 户泽康寿 ほか,塑性と加工,1982,23(263):1181-1187.

[4] 刘宏民,连家创,段振勇,冶金设备,1985(1):1-12.

[5] 刘宏民,连家创,段振勇,重型机械,1989(4):12-20.

[6] 连家创,段振勇,叶星,东北重型机械学院学报,1984(3):1-9.

[7] 刘宏民. 四辊轧机冷轧带材压力摩擦力张力横向分布的理论与实验研究. 东北重型机械学院博士论文,1988.

四辊轧机冷轧带材各力参数的实验研究①

刘宏民，段振勇，连家创
（燕山大学）

摘　要：在轧件宽厚比从 15 到 625 的较大范围内，对轧制铝带时的压力、两向摩擦力和前后张力的横向分布进行了比较全面的研究，考察了弯辊力、前后总张力变化的作用效果，给出了不同板形状态下的各力参数横向分布规律，对实际生产有指导意义。

关键词：弯辊力；张力的横向分布

Experimental Study on Mechanical Parameters of Cold Strip Rolled on 4 High Mill

Liu Hongmin, Duan Zhenyong, Lian Jiachuang
(Yanshan University)

Abstract: A comprehensive study on transverse distributions of rolling pressure, two directional frictions and front and back tensions of cold aluminium strip rolling is carried out in the range of 15-620 of width/thickness, The influences of bending force and total tensions on them are investigated. The transverse distributions of the mechanical parameters of different flatnesses are obtained. The study provides a guidence for real production of cold strip rolling.

Key words: Bending force; Transverse distributions of tensi on stresses

引言

板带材轧制时轧制压力、摩擦力以及前后张力的横向分布，是当前轧制理论研究的前沿课题。对于冷轧带材单位轧制压力和摩擦力在变形区内的分布，人们已进行了大量的实验研究[1-5]。但迄今实验都是在轧件宽厚比较小（小于 150）、不施加和不改变弯辊力的条件下进行的，而且没有研究张力的横向分布，关于摩擦力横向分布的研究也较少。

本文在具有弯辊功能的四辊冷带轧机上，在宽厚比从 15 到 625 的较大范围内，实验研究了冷轧铝带时单位轧制压力、两向单位摩擦力及前后张力的横向分布规律，考察了弯辊力变化（轧后不同板形状态）和前后总张力变化对上述力参数横向分布的影响。为建立冷轧带材的三维轧制理论模型和板形控制模型提供了依据。尤其是对于大宽厚比的研究结果，由于实验条件接近冷轧窄带材轧机的实际工作情况，对众多类似轧机的实际轧制生产和板形控制具有指导意义。

---

① 钢铁，1992，27(6)：31-35，41.

1 实验条件和实验方法

1.1 轧机

在东北重型机械学院单机座四辊可逆式冷轧机上实验。该轧机工作辊直径100 mm,支承辊直径200 mm,辊身长度300 mm。工作辊传动,并可实现弯辊以调节板形。有前后卷取机,可实现张力调节。轧机前后有多辊式板形仪,以测量前后张力的横向分布。

1.2 实验装置

在上工作辊辊身长度为232 mm的范围内,以29 mm的间距沿轴向对称共布置9个万能测量装置(图1)。通过薄壁筒的拉伸变形测量单位轧制压力,通过悬臂梁的弯曲变形测量两向单位摩擦力。测压针头直径1 mm,针头突出辊面10 μm,针头与轧辊小孔之间的间隙为0.1 μm。测量信号由拉线式滑环输出。

测压针头突出量的合理性和各个针头突出量的一致性对保证测量结果的准确性极为重要。本实验由以下三个条件使其得到保证:①测得的单位轧制压力在变形区内的积分值与实测总轧制力(在轧机两侧的压下螺丝下面放置压头测量)的误差小于5%。②轧后带材表面光滑,测压针头处无凸凹痕迹,实测厚度横向分布与同样轧制条件下实际轧辊轧制的一致(图2)。③用一组宽为10 mm,厚为0.5 mm的铝片,在9个不同的测压针处分别进行轧制,测压针头位于轧件宽度中心,压下率均为2%,每个测压针测得的单位轧制压力沿变形区长度的积分值,相互之间的最大误差小于5%。

用1982年经国家鉴定的多辊式分段张力检测板形仪测量前后张力的横向分布。该板形仪沿300 mm的辊身长度,可测得15路连续张力信号。

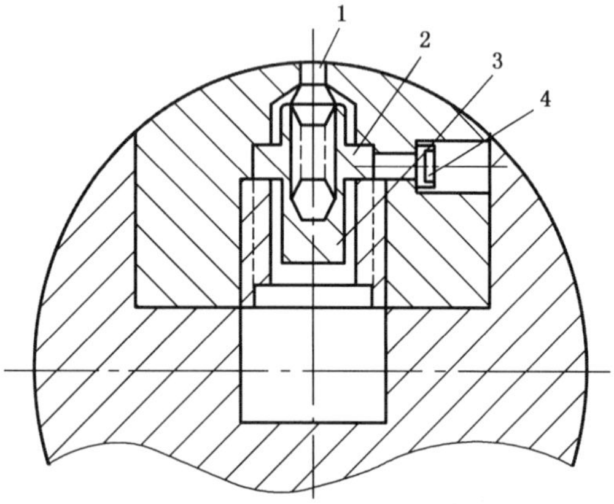

图1 万能测量装置

1—测压针;2—悬臂梁(4个);
3—薄壁筒;4—螺钉(环向固定)

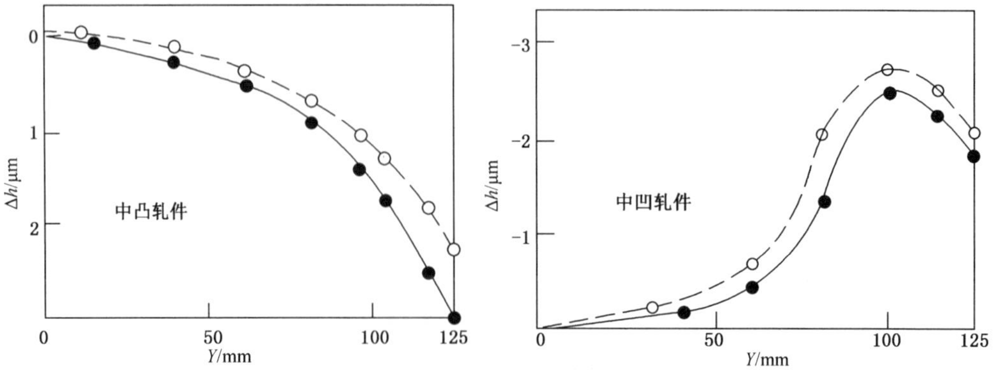

图2 轧后带材横向厚差分布实测对比

[No. 4, $\Delta h = h(0) - h(Y)$]

●—测量辊轧制;○—实际辊轧制

1.3　测量仪器

单位轧制压力、两向单位摩擦力的27(9×3)个信号由PS-85计算机采样，通过PT-220打印机打印结果。采样结果可存入软盘，可在屏幕上显示图形，或通过FP-5301型 X-Y 绘图机绘成彩图。前张力的15个信号由SC-16光线示波器记录。后张力的15个信号由MC-6809计算机采样，通过HEALTH-14打印机打印结果。工作辊弯辊油压由精密压力表显示。轧件厚度横向分布由接触式精密测厚仪测量，该测厚仪分辨率为0.5 μm。

1.4　轧制条件与测量方法

实验料为冷轧铝板、带卷(表1)。为使轧件平直光洁，轧前首先对其进行了平整。轧制时有润滑。每种情况都实测了五次以上。

表1　试料规格、轧制条件及测量方法

	厚度 $\overline{H}$/mm	宽度 B/mm	宽厚比 $B/\overline{H}$	压下率 ε/%	轧速 v/(m/s)	弯辊油压 F/(N/mm^2)	轧制、测量方法
1	2	30	15	15	1	0	单片，横移轧件
2	2	100	50	15	1	4	同上
3	1	250	250	20	1	4,8,11	单片，多点同时
4	0.4	250	625	6	1	4,8,11	成卷，多点同时

注：① 测量方法指单位轧制压力、摩擦力测量方法；
② $\overline{H}$ 为试料厚度 H 沿整个宽度的积分平均值；
③ 压下率为横向平均压下率。

2　实验结果

由测压针测得的单位轧制压力 p、纵向(轧制方 x)单位摩擦力 τ_x、横向(宽度方向 y)单位摩擦力 τ_y 沿变形区长度的分布见图3。τ_y 沿变形区长度方向不变，但横向不同位置的 τ_y 方向可能不同。

单位宽度轧制压力 P_t、纵向摩擦力 T_{x1}、横向摩擦力 T_{y1} 由(1)式确定

$$P_1=\int_0^l P\,\mathrm{d}x\text{；}T_{x1}=\int_0^l|\tau_r|\,\mathrm{d}x\text{；}$$

$$T_{y1}=\int_0^l \tau_y\,\mathrm{d}x \qquad (1)$$

式中的 l 为变形区长度。

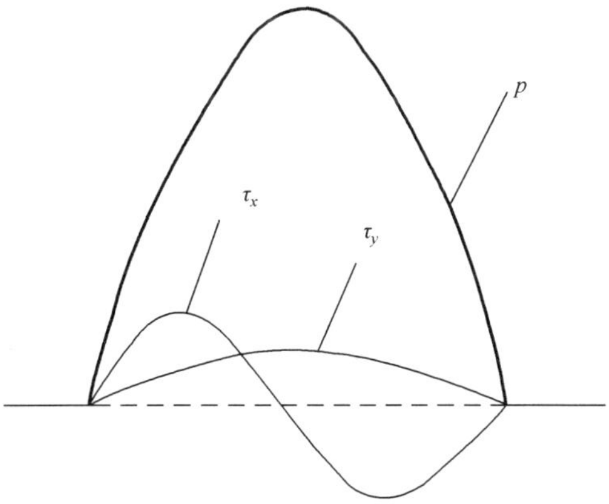

图3　单位轧制压力、摩擦力沿变形区长度分布

2.1　不同宽厚比条件下各力参数的横向分布(轧后轻微边浪)

此种情况下各力参数的横向分布及

轧制前后的轧件厚度（H、h）横向分布如图 4 所示。由图可见，在轧后产生边浪时，压下量（$H-h$）从轧件宽度中心到边部由小到大。需说明，图中所示的轧件厚度横向分布曲线系根据实测值按二次加四次函数回归得到，复相关系数均在 0.95 以上，说明回归效果显著（同图 5）。

在图 4a 的条件下，轧制压力、纵向摩擦力从板宽中心到板边下降，这是由于中心处于平面应变状态，板边处于平面应力状态。横向摩擦力均为负值（规定轧件受指向板边的摩擦力为正），其绝对值从中心到板边增大，说明金属全部向外流动。

在图 4b 的条件下，轧制压力和纵向摩擦力在中部变化较小，在板边附近有一峰值。横向摩擦力在中部大部分区域为正，说明金属向内流动；边部区域为负，说明金属向外流动；板边附近有一零值点，此处金属没有横向流动，轧件近于平面应变状态，从而使轧制压力在此处出现峰值。

在图 4c 的条件下，轧制压力和纵向摩擦力除在板边附近有一峰值外，向板宽中心已有增加趋势，横向摩擦力分布规律与图 4b 类似。当宽厚比增加到图 4d 时，轧制压力和纵向摩擦力除在板边附近有一峰值外，在中心位置也明显出现一个蜂值，横向摩擦力的分布与图 4b、c 类似。

可见，随着轧件宽厚比的增加，轧制压力和摩擦力的横向分布规律变得较为复杂。

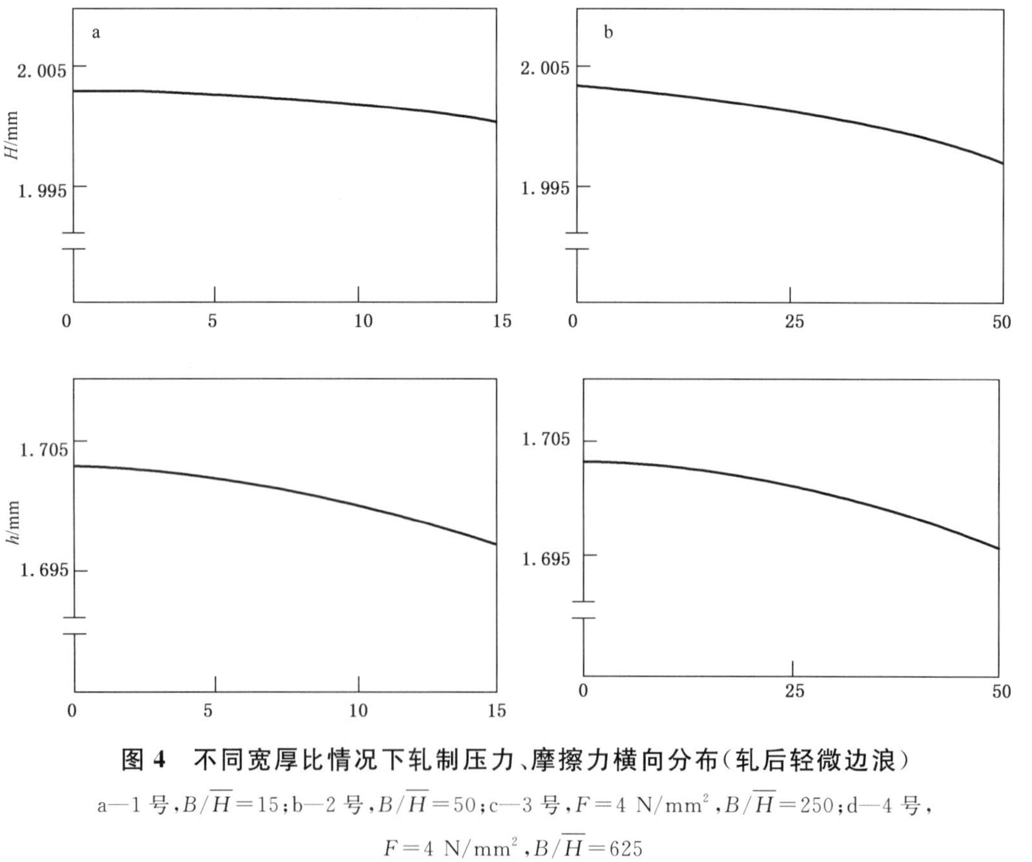

图 4　不同宽厚比情况下轧制压力、摩擦力横向分布（轧后轻微边浪）

a—1 号，$B/\overline{H}=15$；b—2 号，$B/\overline{H}=50$；c—3 号，$F=4\ \mathrm{N/mm^2}$，$B/\overline{H}=250$；d—4 号，$F=4\ \mathrm{N/mm^2}$，$B/\overline{H}=625$

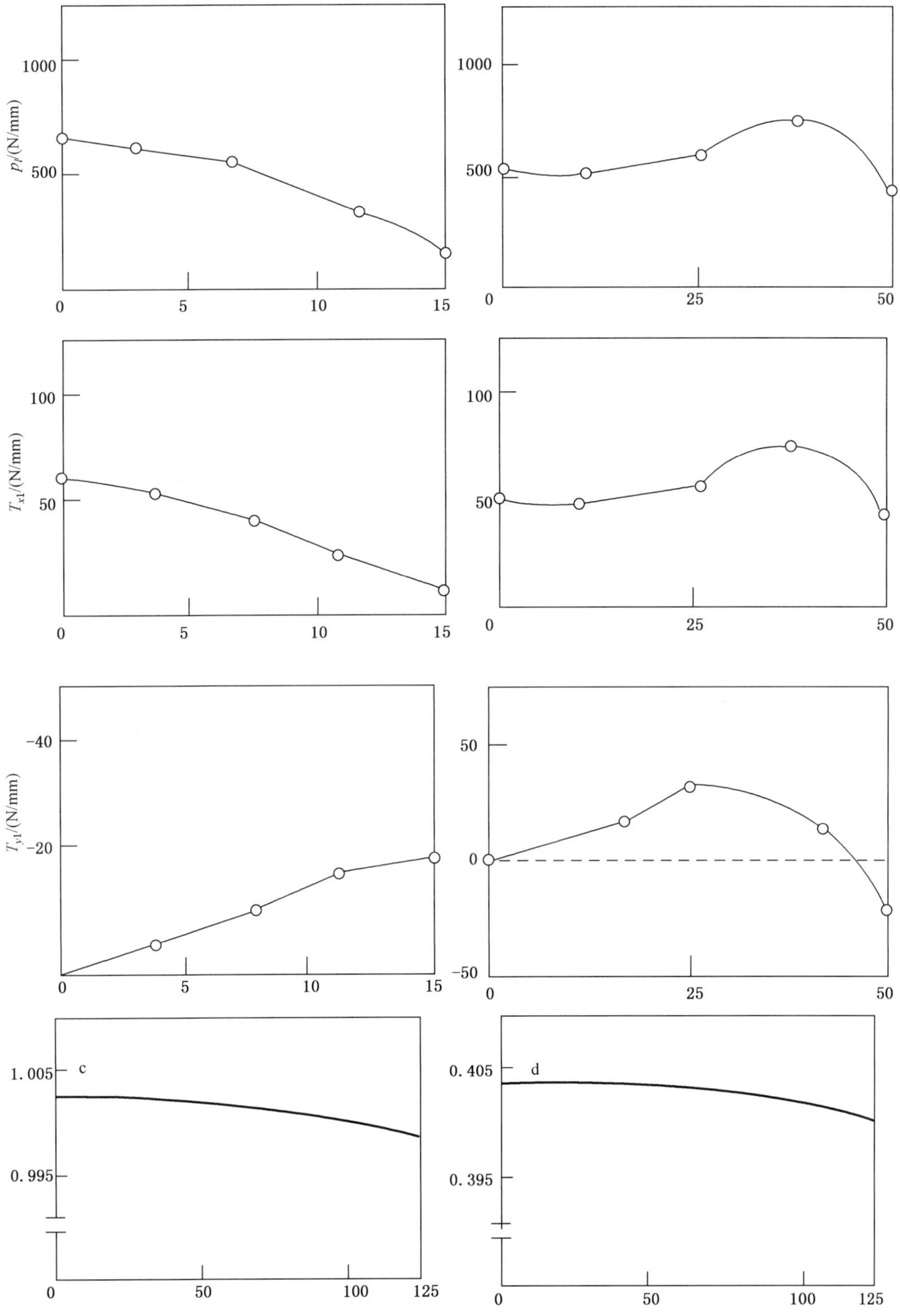
1000
500
p_l/(N/mm)
0
5
10
15
1000
500
0
25
50
100
50
T_{x1}/(N/mm)
0
5
10
15
100
50
0
25
50
-40
-20
T_{y1}/(N/mm)
0
5
10
15
50
0
-50
0
25
50
1.005
0.995
c
0
50
100
125
0.405
0.395
d
0
50
100
125
图 4(续)

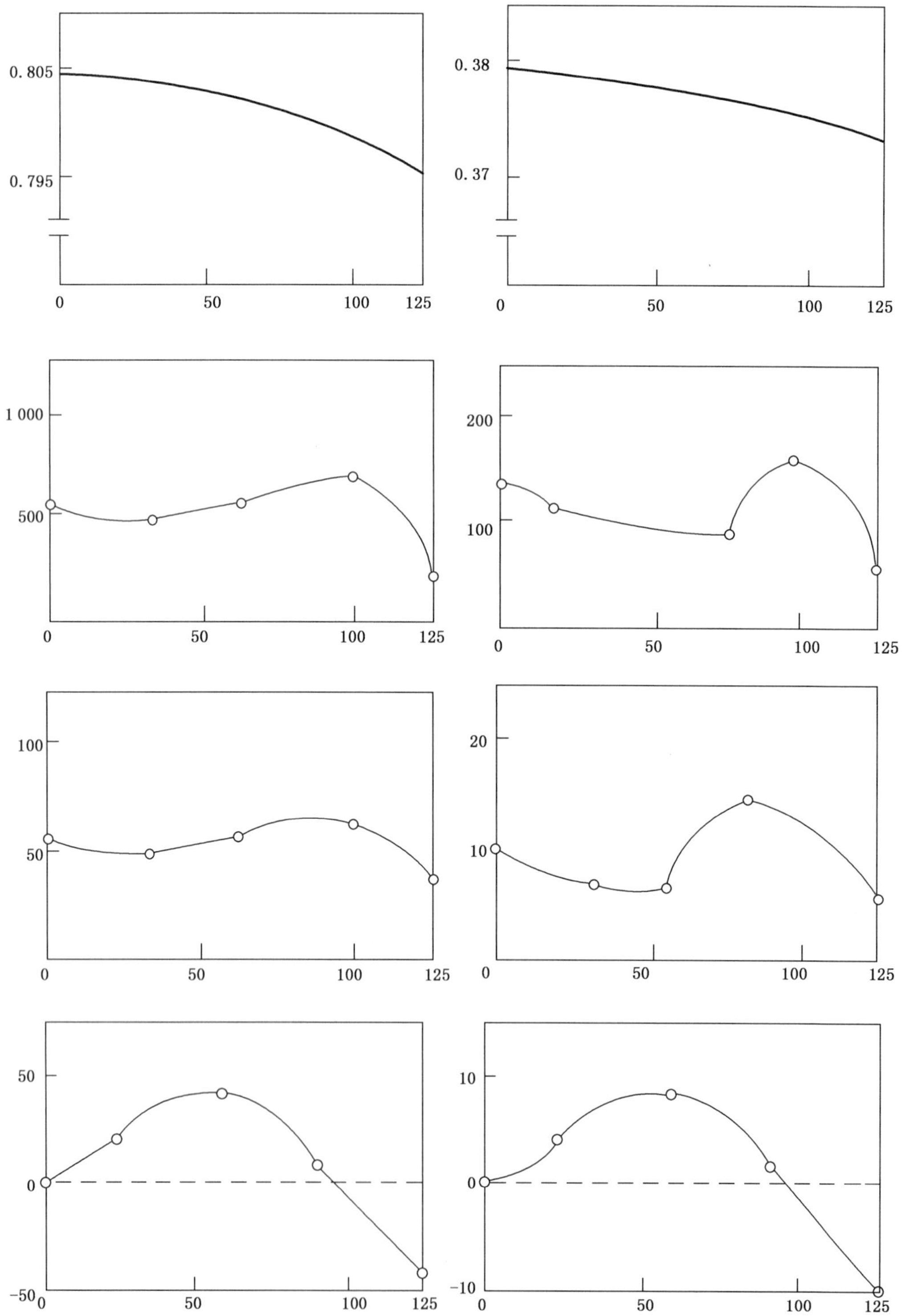
0.805
0.795
0
50
100
125
0.38
0.37
0
50
100
125
1 000
500
0
50
100
125
200
100
0
50
100
125
100
50
0
50
100
125
20
10
0
50
100
125
50
0
−50
0
50
100
125
10
0
−10
0
50
100
125

图 4(续)

2.2　弯辊力（轧后板形）变化对各力参数横向分布的影响（3号，4号）

在工作辊弯辊油压 $F=4,8,11\ \mathrm{N/mm^2}$ 时，对应的轧后板形状态分别是轻微边浪、板形良好、轻微中浪。三种不同情况下的各力参数横向分布及轧制前后的轧件厚度横向分布如图5所示。可见，弯辊力（轧后板形）的变化对各力参数的横向分布影响很大。边浪时，前后张力（σ_1,σ_0）的横向分布规律类似，中部大，板边附近有一谷值，此处轧制压力出现峰值。板形良好时，压下量沿横向变化较小，轧制前后轧件横断面形状相似，各力参数横向分布较为均匀。中浪时，压下量从中部到边部由大到小；轧制压力和纵向摩擦力从中心到板边降低；横向摩擦力均为负值，说明金属全部向外流动；前后张力横向分布规律类似，中部小而边部大。需说明，带张力轧制时，出口带材板形平直，张力释放后，才有可能出现轻微板形不良。

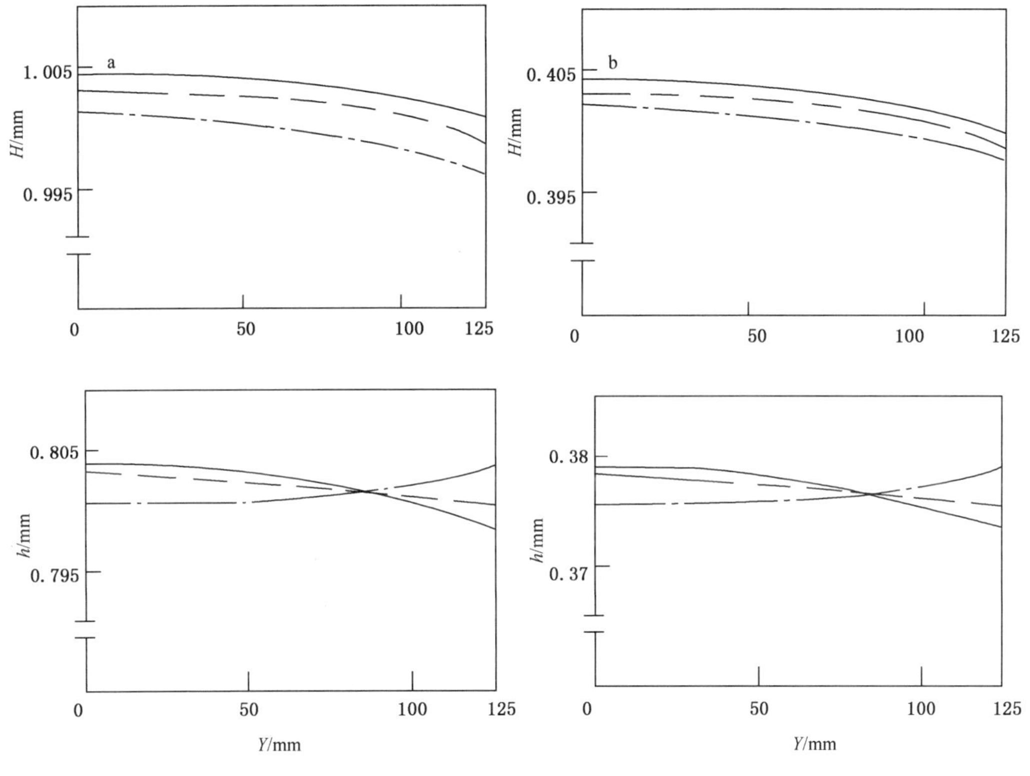

图5　弯辊力变化对各力参数横向分后的影响

●及实线—$F=4\ \mathrm{N/mm^2}$，边浪；

①及虚线—$F\approx 8\ \mathrm{N/mm^2}$，板形良好；

○及点化线—$F=11\ \mathrm{N/mm^2}$，中浪。

a—3号，$B/\overline{H}=250$；b—4号，$B/\overline{H}=625$

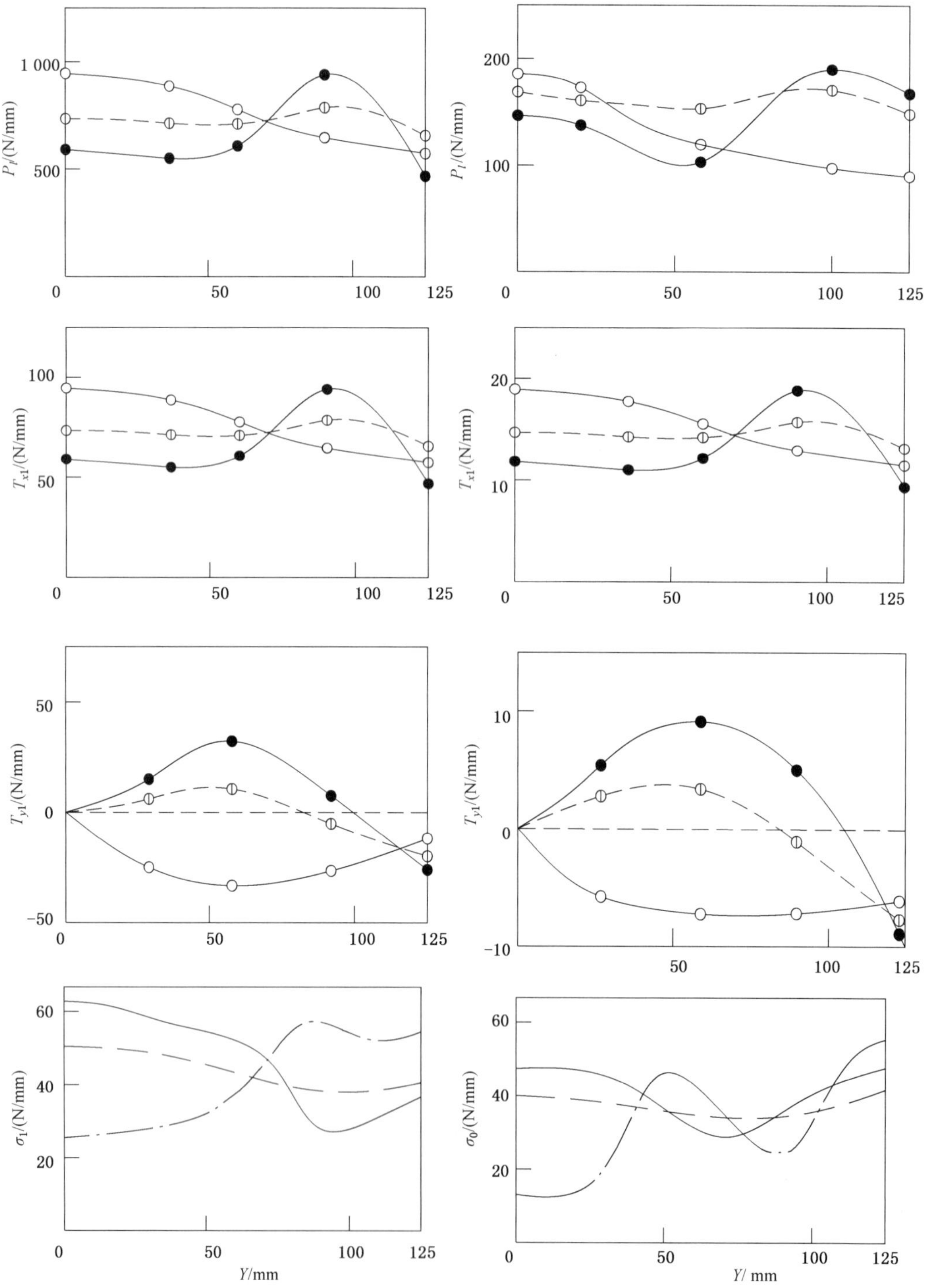

P_l/(N/mm)
1 000
500
0
50
100
125
P_l/(N/mm)
200
100
0
50
100
125
T_{x1}/(N/mm)
100
50
0
50
100
125
T_{x1}/(N/mm)
20
10
0
50
100
125
T_{y1}/(N/mm)
50
0
-50
0
50
100
125
T_{y1}/(N/mm)
10
0
-10
50
100
125
σ_1/(N/mm)
60
40
20
0
50
100
125
Y/mm
σ_0/(N/mm)
60
40
20
0
50
100
125
Y/ mm

图 5(续)

2.3　前后总张力变化对各力参数横向分布的影响(4 号)

由图 6 可见，当前后总张力加大时，轧制压力和两向摩擦力减小，其横向分布较为均匀；前后张力增加，而其横向分布较为均匀。这说明，加大前后总张力，有利于减少轧辊磨损不均和改善板形。

3　结论

3.1　轧件宽厚比是影响轧制压力、摩擦力横向分布的一个重要参数，随着宽厚比的增加，其横向分布规律变得比较复杂。

3.2　弯辊力(轧后板形或压下量横向分布)的变化对轧制压力、摩擦力和前后张力的横向分布规律影响很大，板形良好时，其横向分布较为均匀。

3.3　前后总张力加大时，轧制压力和摩擦力减小，前后张力加大，各力参数横向分布趋于均匀，板形趋于良好。这说明，加大张力有利于减少轧辊磨损不均和改善板形。

3.4　在试料板形良好的条件下，前后张力的横向分布规律类似。

3.5　宽厚比为 15、50 条件下的实验结果与现有文献实验结果一致。宽厚比为 250、625 条件下的综合实验研究结果为本文首次得到，对于窄带材冷轧机的实际轧制生产和板形控制有指导意义。

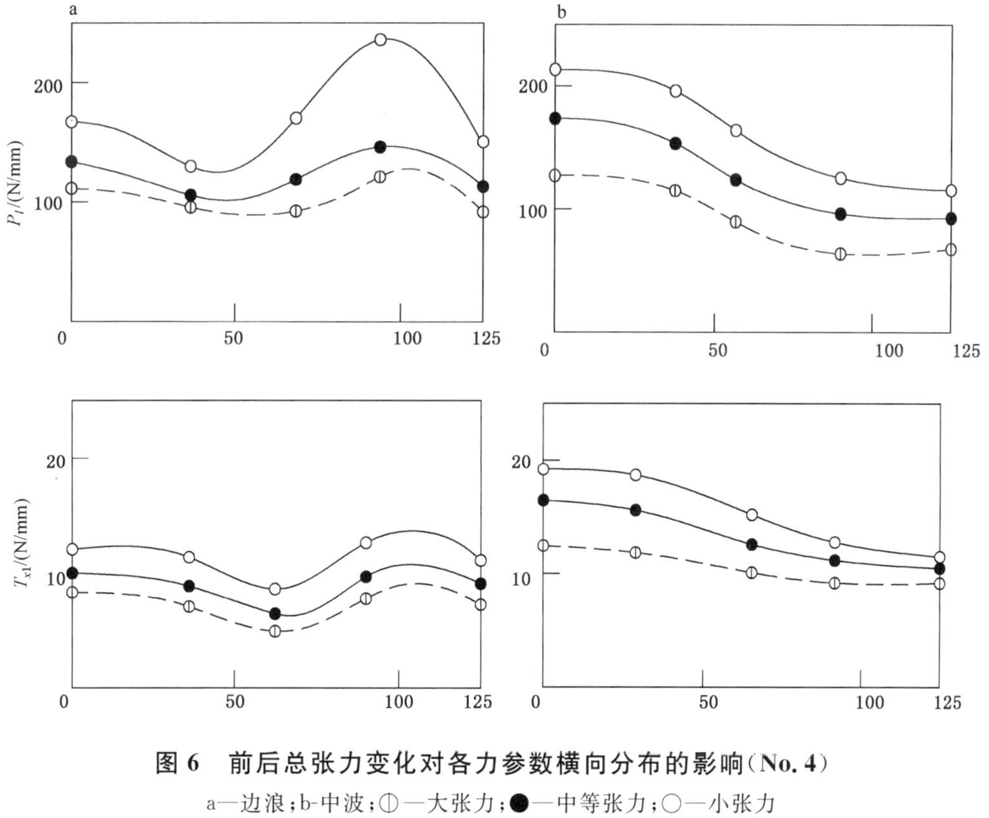

图 6　前后总张力变化对各力参数横向分布的影响(No. 4)

a—边浪；b-中波；⦶—大张力；●—中等张力；○—小张力

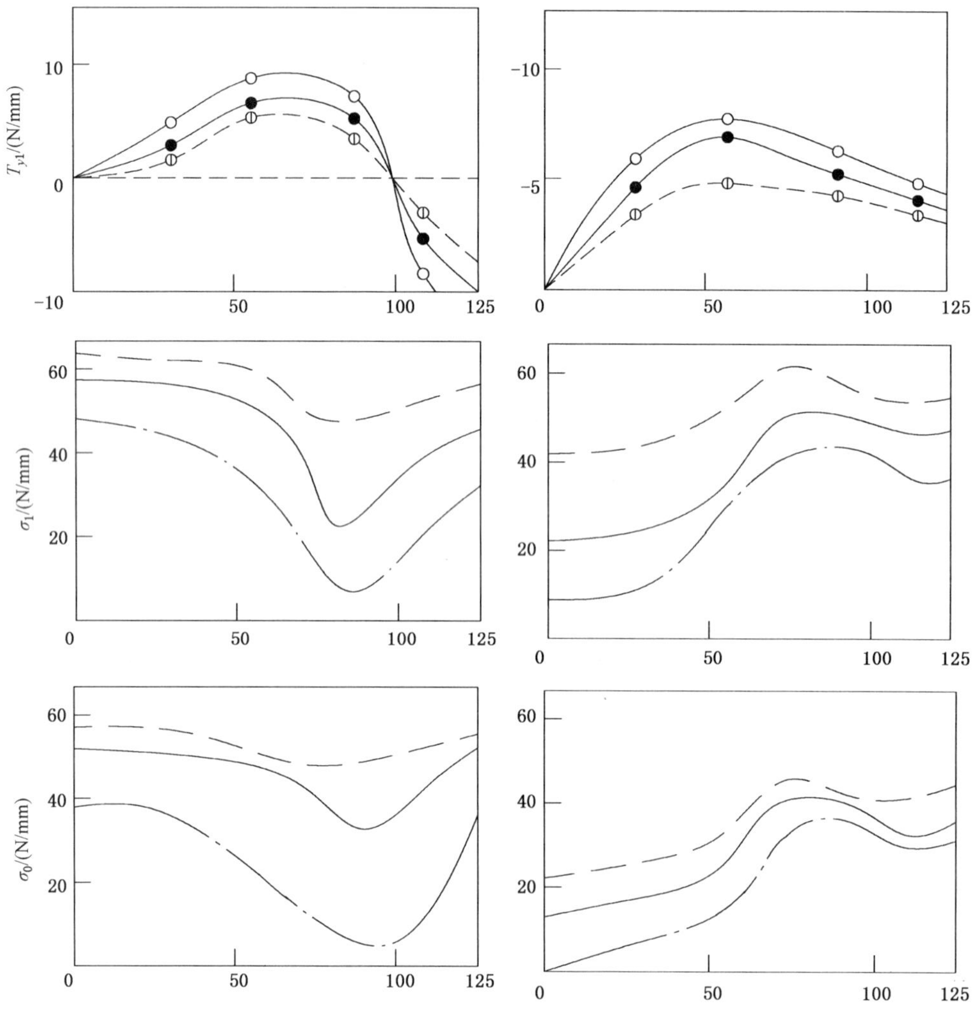

图 6(续)

参考文献

[1] Siebel, E. & Lueg, W., Mitt, Kais. Wilh, Inst. Eisenf., 15(1933), 1-6.

[2] 加藤隆ほか,塑性と加工,21(1980), No. 236, 800-806.

[3] 户泽康寿ほか, 塑性と加工,21(1980), No. 238, 999-1005.

[4] 石川孝司ほか,塑性と加工,22(1981), No. 247,816-822.

[5] 松浦佑次ほか,塑性と加工,9(1968), No. 86, 173-177.

[6] 刘宏民. 四辊轧机冷轧带材压力摩擦力张力横向分布的理论与实验研究. 东北重型机械学院博士论文,1987,22-35.

研究带材轧制过程金属横向流动的一个新方法①

刘宏民，连家创
（燕山大学）

摘　要：根据实测两向单位摩擦力，提出了确定带材轧制过程金属横向位移的新方法。用该方法对冷轧铝带不同宽厚比、轧后边浪和中浪的情况进行了研究。研究结果与已有的试验和理论研究结果相一致。

关键词：摩擦力；横向位移；轧制理论

A New Method Studing the Lateral Flow of Metal in Strip Rolling Process

Liu Hongmin，Lian Jiachuang
（Yanshan University）

Abstract：This paper puts forward a new method with which the lateral displacement of metal in strip rolling process is determined through measuring frictional stresses in two directions. With the method，the lateral displacements of metal of cold aluminium strip rolling are studied in different width to thickness ratios and different flatnesses of edge wave and central wave after rolling. The studied results are close to the experimental result and the theoretical result obtained before.

Key words：Frictional stress；Lateral displacement；Rolling theory

0　引言

研究板带材轧制过程中金属的横向流动，对三维轧制理论和板形理论的建立以及板形控制都具有重要意义。近十多年来，人们已用不同的方法对此进行了研究。理论方法有：三维差分法[1-2]、变分法[3]、条元法[4]、有限元法[5]等。试验方法常采用传统的网格法。目前，理论研究居多，而试验研究则很少。

由于冷轧带材时金属的横向位移很小（微米级），因此传统的网格法已无能为力。探索新的，有效的确定金属横向流动的实验研究方法，已成当务之急。为此，本文提出根据实测轧制过程中的两向单位摩擦力来确定辊缝中金属的横向位移。

1　根据摩擦力确定横向位移的方法

本方法是一种试验方法。由于两向单位摩擦力的测量已有现成的实验方法[6]，故本文重点研究从摩擦力到横向位移的转换问题。

如图 1 所示，金属相对轧辊的纵切向滑

① 材料科学与工艺，1993，1(1)，88-92.

动速度记为 v_{sx}，横切向滑动速度记为 v_{sy}，轧辊对轧件的纵向单位摩擦力记为 τ_x，横向单位摩擦力记为 τ_y。它们的关系为

$$\left|\frac{V_{sx}}{V_{sy}}\right| = \left|\frac{\tau_x}{\tau_y}\right| \quad (1)$$

此关系式在滑动区和停滞区均成立。由于 τ_y 与 v_{sy} 的方向相反，故上式可改写为：

$$V_{sy} = \left|\frac{\tau_y}{\tau_x}\right| \cdot |V_{sx}| \cdot [-\mathrm{sign}(\tau_y)] \quad (2)$$

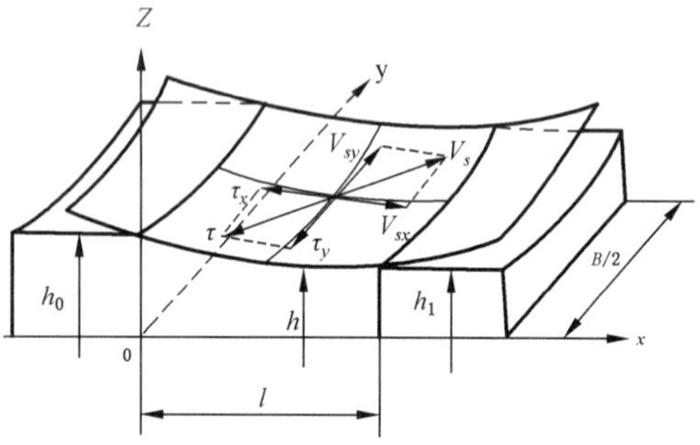

图 1　变形区摩擦力与滑动速度的关系

式中 $\mathrm{sign}(\tau_y)$ 表示取 τ_y 的符号。规定与坐标轴正向一致的滑动速度和摩擦力为正。由于[4]

$$\begin{cases} V_{sx} = V_x\sqrt{1+\frac{1}{4}h'^2_x} - V_r \\ V_{sy} = V_y\sqrt{1+\frac{1}{4}h'^2_y} \end{cases} \quad (3)$$

且 $V_r = V_1/(1+s)$，故代入式(2)有

$$V_y = \left|\frac{\tau_y}{\tau_x}\right| \frac{\left|V_x\sqrt{1+\frac{1}{4}h'^2_x} - V_t/(1+s)\right|}{\sqrt{1+\frac{1}{4}h'^2_y}} [-\mathrm{sign}(\tau_y)] \quad (4)$$

式中：V_x、V_y——金属在 x 和 y 方向的流动速度；

V_r——轧辊表面线速度；

V_s——带材出口速度；

s——前滑系数；

h——变形区带材厚度，可用下式表示

$$h(x,y) = h_1(y) + [h_0(y) - h_1(y)]\left(\frac{x}{L}-1\right)^2 \quad (5)$$

式中：h_0，h_1——入、出口带材厚度；

l——变形区长度。

变形区金属的横向位移记为 $U(x, y)$，则金属的横向流动速度为：

$$V_y = \frac{\mathrm{d}U}{\mathrm{d}t} = \frac{\partial U}{\partial x}\frac{\mathrm{d}x}{\mathrm{d}t} = \frac{\partial U}{\partial x}V_x \quad (6)$$

根据秒流量相等原理，得纵向流动速度为：

$$V_x = \frac{V_1 h_1 (1 + U'_y l_{x=L})}{h(1+U'_y)} \quad (7)$$

将式(4)和式(7)代入式(6)，注意到对于薄带轧制情况，h'^2_x、h'^2_y 和 U'_y 与 1 相比很小，可以忽略，则简化后有：

$$\frac{\partial U}{\partial x} = \left|\frac{\tau_y}{\tau_x}\right| \cdot \left|1 - \frac{h}{(1+s)h_1}\right| \cdot [-\mathrm{sign}(\tau_y)] \quad (8)$$

对横向某一位置，沿 x 方向的差分计算格式为：

$$\Delta U = \left|\frac{\tau_y}{\tau_x}\right| \cdot \left|1 - \frac{h}{(1+s)h_1}\right| \cdot \Delta x \cdot [-\mathrm{sign}(\tau_y)] \quad (9)$$

入口横向位移的边界条件为：

$$U(0, y) = 0 \quad (10)$$

可见，根据在变形区横向多个位置实测的两向单位摩擦力 τ_x 和 τ_y 沿 x 方向的分布，由式(9)和(10)可以差分计算出变形区内横向位移 U 的分布（横向位移场）。

2　算例及分析

对表 1 所给出的三种轧制条件进行了研究。试验在东北重型机械学院 300 mm 四辊可逆式冷轧机上进行。轧件为工业纯

铝板和带卷。试验方法见文献[6]。两向单位摩擦力的试验结果及由此确定的金属横向位移曲线见图 2。图中虚线为用本文作者提出的条元法[4]计算出的出口($x=l$)横向位移,它与试验结果吻合较好。

表 1　轧制条件　　单位:N,mm

<table>
<tr><td>No.</td><td colspan="8">参数</td><td>备注</td></tr>
<tr><td rowspan="2">1</td><td>$B/\overline{h_0}$</td><td>B</td><td>$\overline{h_0}$</td><td>$\overline{h_1}$</td><td>p</td><td>T_0</td><td>T_1</td><td>μ</td><td rowspan="2">单片轧制
边浪趋势</td></tr>
<tr><td>15</td><td>30</td><td>2</td><td>1.7</td><td>18 100</td><td>0</td><td>0</td><td>0.1</td></tr>
<tr><td rowspan="3">2</td><td>$B/\overline{h_0}$</td><td>B</td><td>$\overline{h_0}$</td><td>$\overline{h_1}$</td><td>p</td><td>T_0</td><td>T_1</td><td>μ</td><td rowspan="3">成卷轧制
轧后边浪
(轻微)</td></tr>
<tr><td>672</td><td>250</td><td>0.372</td><td>0.348</td><td>32 100</td><td>3531</td><td>3944</td><td>0.1</td></tr>
<tr><td colspan="8">$h_0(y)=0.371+0.003\,5\cdot(2y/B)^2-0.001\,0\cdot(2y/B)^4$
$h_1(y)=0.347+0.002\,6\cdot(2y/B)^2-0.001\,8\cdot(2y/B)^4$</td></tr>
<tr><td rowspan="3">3</td><td>$B/\overline{h_0}$</td><td>B</td><td>$\overline{h_0}$</td><td>$\overline{h_1}$</td><td>p</td><td>T_0</td><td>T_1</td><td>μ</td><td rowspan="3">成卷轧制
轧后中浪
(轻微)</td></tr>
<tr><td>625</td><td>250</td><td>0.400</td><td>0.377</td><td>28 100</td><td>3200</td><td>4500</td><td>0.1</td></tr>
<tr><td colspan="8">$h_0(y)=0.399+0.002\,4\cdot(2y/B)^2-0.000\,1\cdot(2y/B)^4$
$h_1(y)=0.375+0.003\,9\cdot(2y/B)^2+0.000\,1\cdot(2y/B)^4$</td></tr>
</table>

注:1. B、P、T_0、T_1、μ——带宽、总轧制力、总后张力、总前张力和摩擦系数;

2. $\overline{h_0}$、$\overline{h_1}$——h_0 和 h_1 沿整个带宽的积分平均值;

3. $h_0(y)$、$h_1(y)$系根据实测值回归得到。

图 2 三种情况的共同点为:(1)纵向单位摩擦力 τ_x 沿 x 方向在后滑区为正,前滑区为负,在中间的停滞区基本按线性规律变化。(2)横向单位摩擦力 τ_y 在入、出口处为零,沿 x 方向其符号(方向)不变,分布形状呈下凹形。(3)横向位移 U 在入口处为零且 $U'_x(0,y)=0$,在出口处达到极值,$U'_x(l,y)=0$。沿 x 方向,U 的绝对值曲线先呈上凹状,后呈下凹状。

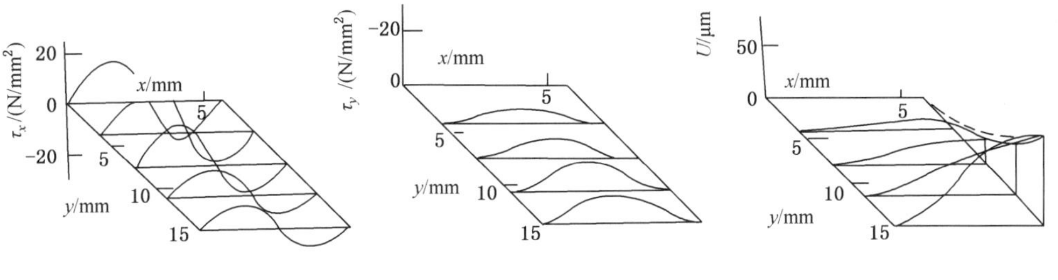

a—No.1,　$B/\overline{h_0}$=15, 边浪趋势

图 2　摩擦力及横向位移分布

实线—实验结果;虚线—条元法[4]计算结果

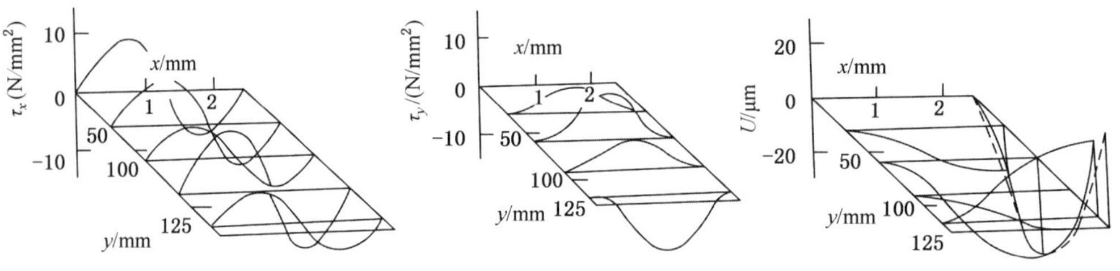

b—No.2, $B/\overline{h_0}$=672, 轻微边浪

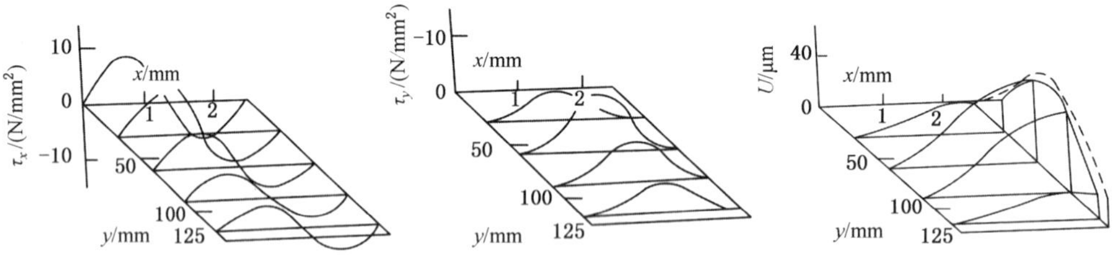

c—No.3, $B/\overline{h_0}$=625, 轻微中浪

图 2(续)

不同点为：当轧件宽厚比（$B/\overline{h_0}$）较小时（图 2a），横向位移均为正（金属全部向外流动），从宽度中心（$y=0$）到边部单调增加，这与已有文献的理论及试验研究结果相一致。当轧件宽厚比很大且轧后带材呈边浪时（图 2b），横向位移在带宽中心大部分区域为负（金属向里流动），在边部区域为正（金属向外流动）。当宽厚比很大且轧后带材呈中浪时（图 2c），横向位移均为正（金属全部向外流动），从宽度中心到边部先增大，后减小。

3　结论

（1）本文提出的新方法在不同的轧制条件下被证明是行之有效的，为发展三维轧制理论找到了一个新的研究途径。

（2）本方法尤其适合于大宽厚比冷轧薄带材和极薄带材金属横向位移的研究。在这种情况下，由于金属的横向位移很小（微米级），直接测量的纯几何试验方法难以凑效，而通过测量比较容易测到的两向单位摩擦力，可以很方便地得到横向位移。对本文大宽厚比的情况，压下率仅为6%左右，且轧件为变形抗力小的铝带，尚能明显地测到两向单位摩擦力，对变形抗力大的铜带、钢带，而且压下率较大时，摩擦力的测量会更容易。

（3）轧件的宽厚比和轧后的板形状态是影响金属横向流动的两个重要因素，即随着宽厚比的增加和板形状态的变化，横向位移沿轧件宽度方向的分布规律将发生很大变化。

参考文献

[1] 户泽康寿ほか. 薄板压延の3次元变形に对する改良し左解析. 塑性と加工，1982，23(263)：1181-1187.

[2] 连家创等. 三维解析法求解辊缝中金属横向流动问题. 东北重型机械学院学报，1984，8(3)：1-9.

[3] 连家创. 变分法求解辊缝中金属横向流动问题. 东北重型机械学院学报，1980，4(1)：1-8.

[4] 刘宏民，连家创. 研究冷轧带材金属横向流动和张力横向分布的线性条元法. 钢铁研究学报，1992，4(3)：37-44.
[5] 刘才等. 薄板连轧过程的变形和应力场. 机械工程学报，1992，28(1)：104-108.
[6] 刘宏民等. 四辊轧机冷轧带材压力摩擦力张力横向分布的实验研究. 钢铁，1992，27(6)：31-35，41.

模拟带材轧制过程的条元法①

刘宏民，连家创，段振勇
（燕山大学）

摘　要：本文介绍了模拟带材轧制过程三维应力与变形的一个新的工程实用方法——条元法。本方法对于四辊轧机冷轧带材单位轧制压力、两向单位摩擦力在变形区内的分布以及前、后张力横向分布的计算结果与实验结果吻合较好，证明用本方法模拟材轧制过程是可行的。与三维差分法、三维有限元法及三维边界元法相比，本方法具有计算简便、经济和实用的特点。

关键词：冷轧带材；条元法；轧制压力；摩擦力；张力

Strip-element Method for Simulating Strip Rolling Process

Liu Hongmin, Lian Jiachuang, Duan Zhenyong
(Yanshan University)

Abstract: This paper presents a new engineering utility method (strip element method) simulating 3-dimensional stresses and strain rates of strip rolling. For cold strip rolling on a 4-h mill, the computed results of the rolling pressure , the 2-directional friction stresses and the front and back tension stresses by the method are close to the experimental results, which proves that it is feasible using the method to simulate strip rolling process. Compared with 3-dimensional finite difference method, finite element method and boundary element method, the method has the merits of computing simplicity, economy and utility.

Key words: Cold strip rolling; Strip-elemen method ;Rolling pressure; Friction;Tension

0　前言

近10多年来，人们为了建立板形控制的数学模型，对板带轧制过程的三维应力与变形进行了比较深入的研究。提出的主要理论研究方法有：三维差分法[1,2]，三维有限元法[3,4]和三维边界元法[5]。目前，这些方法只把单位宽度轧制压力或前、后张力横向分布的计算结果与实验结果进行了对比，而关于两向单位摩擦力横向分布的计算结果均未与实验结果对比。因此，上述方法中，目前还没有一种方法能够做到关于各力参数的数值模拟结果与实验结果均相吻合。而且，这些方法计算大宽厚比的带材轧制过程，目前还存在较大困难。

针对上述问题，本文作者提出一个模拟带材轧制过程的新的工程实用方

① 机械工程学报，1993，29(4)：36-43.

法——条元法。对小宽厚比和大宽厚比的轧制过程，都取得了与实验结果吻合较好的、令人满意的计算结果。

1　理论模型

1.1　横向位移模式与基本假设

变形区如图1所示，假设横向位移函数 U 为

$$U(x,y)=f(x)u(y) \tag{1}$$

式中：$u(y)$——出口（$x=l$ 处，l 为变形区长度）横向位移函数；

$f(x)$——描述 U 沿 x 方向变化的函数。

$$f(x)=3\left(\frac{x}{l}\right)^2-2\left(\frac{x}{l}\right)^3 \tag{2}$$

实验证明[6]，式（2）能较好地反映实际情况。

采用数值法求 $u(y)$。将带宽B的一半分为 n 个条元（图1），第 i 条宽度为 s_i，条元节线横坐标为 y_i，节线出口横向位移为 $u_i=u(y_i)$。考虑关于带宽中心对称的轧制情况，$u_1=0$ 为已知。假设出口横向位移沿条宽恒定，取其节线上的值。u 对 y 的导数按差商公式计算。因此，求 $u(y)$ 转化为求 $u_2,u_3,\cdots,u_n$。

变形区内的带材厚度 h 可用式（3）表示

$$h(x,y)=h_1(y)+[h_0(y)-h_1(y)]\left(\frac{x}{l}-1\right)^2 \tag{3}$$

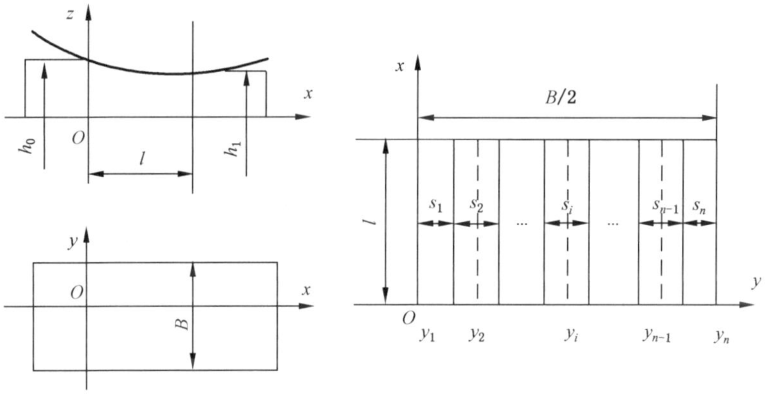

图1　变形区几何尺寸及条元分割

入口厚度 h_0 和出口厚度 h_1 可用四次函数表示

$$\begin{bmatrix}h_0\\h_1\end{bmatrix}=\begin{bmatrix}B_0 & B_2 & B_4\\b_0 & b_2 & b_4\end{bmatrix}\begin{bmatrix}1\\(2y/B)^2\\(2y/B)^4\end{bmatrix} \tag{4}$$

式中：$B_0\sim B_4$，$b_0\sim b_4$——回归系数。

本文的基本假设如下。

（1）轧制过程为稳定轧制过程，且关于 xOy 平面和 xOz 平面对称。

（2）带材在辊缝中为刚塑性材料。

（3）应力和应变速度等参数沿 z 方向不变，且忽略剪应力 τ_{xz} 和 τ_{yz}。

（4）条元上所有参数沿条宽不变，取其节线上的值。

1.2　流动速度和应变速度

变形区金属的纵向（x 方向）流动速度 v_x 横向流动速度 v_y 为[7]

$$\begin{bmatrix}v_x\\v_y\end{bmatrix}=\frac{v_1h_1}{h}\frac{1+u'}{1+fu'}\begin{bmatrix}1\\f'u\end{bmatrix} \tag{5}$$

式中：v_1——带材出口速度。

金属相对辊面的纵切向滑动速度 v_{sx}、横切向滑动速度 v_{sy}，及合成滑动速度

v_s，为[7]

$$\begin{Bmatrix} v_{sx} \\ v_{sy} \\ v_s \end{Bmatrix} = \begin{Bmatrix} \frac{1}{2} v_x \sqrt{4+h'^2_x} \\ \frac{1}{2} v_y \sqrt{4+h'^2_y} \\ \sqrt{v_{sx}^2 + v_{sy}^2} \end{Bmatrix} - \begin{Bmatrix} v_y \\ 0 \\ 0 \end{Bmatrix} \tag{6}$$

式中：v_r——工作辊表面线速度。

正应变速度 ξ_x、ξ_v 和剪应变速度 η_{xy} 可根据式(7)导出。

$$[\xi_x\ \ \xi_y\ \ \eta_{xy}]^{\mathrm{T}} = \left[\frac{\partial v_x}{\partial_x}\ \ \frac{\partial v_y}{\partial_y}\ \ \frac{\partial v_x}{\partial_y} + \frac{\partial v_y}{\partial_x}\right]^{\mathrm{T}} \tag{7}$$

根据体积不变条件 $\xi_x + \xi_y + \xi_z = 0$，得剪应变速度强度 H 为

$$H = 2\sqrt{\xi_x^2 + \xi_y^2 + \xi_x \xi_y + \frac{1}{4}\eta_{xy}^2} \tag{8}$$

1.3　前、后张力和摩擦力

前张力 σ_1 和后张力 σ_0 的数学模型为[7]

$$\begin{bmatrix} \sigma_1 \\ \sigma_0 \end{bmatrix} = \begin{bmatrix} \dfrac{T_1}{Bh_1} \\ \dfrac{T_0}{Bh_0} \end{bmatrix} + \begin{bmatrix} \sigma_{00} \\ \sigma_{00} \end{bmatrix} + \frac{E}{1-\nu^2} \begin{bmatrix} \dfrac{h_1}{\overline{h_1}} - \dfrac{h_0}{\overline{h_0}} + u' - \dfrac{2u_n}{B} \\ \dfrac{\overline{h_0} h_1 (1+u')}{\overline{h_1} h_0 (1+2u_n/B)} - 1 \end{bmatrix} \tag{9}$$

式中：T_1，T_0——前、后总张力；

$\overline{h_0}$，$\overline{h_1}$——h_0，h_1 沿整个带宽的积分平均值；

E，ν——带材弹性模量和泊松比。

来料纵向残余应力 σ_{00} 可以根据实测值，按式(10)回归

$$\sigma_{00}(y) = a_0 + a_2\left(\frac{2y}{B}\right)^2 + a_4\left(\frac{2y}{B}\right)^4 + a_5 \cos\frac{4\pi y}{B} \tag{10}$$

式中：$a_0 \sim a_5$——回归系数。

规定与坐标轴正向一致的摩擦力为正，则纵向单位摩擦力 τ_x 和横向单位摩擦力 τ_y，可表示为

$$\begin{bmatrix} \tau_x \\ \tau_y \end{bmatrix} = p \begin{bmatrix} \pm \mu_x \\ -\mu_y \operatorname{sign}(v_y) \end{bmatrix} \tag{11}$$

x，y 方向的摩擦系数 μ_x、μ_y 按式(12)确定

$$\begin{bmatrix} \mu_x \\ \mu_y \end{bmatrix} = \min\left\{\mu, \frac{k}{p}\right\} \frac{1}{v_s} \begin{bmatrix} |v_{sx}| \\ |v_{sy}| \end{bmatrix} \tag{12}$$

式中：μ——接触表面摩擦系数；

p——单位轧制压力；

k——剪切抗力。

1.4　三向应力与单位轧制压力

由 Levy-Mises 塑性流动方程和 Von. Mises 塑性条件，考虑到 z 方向正应力 $\sigma_z = -p$，得到变形区 x，y 方向正应力 σ_x，σ_y 和剪应力 τ_{xy} 为

$$\begin{bmatrix} \sigma_x \\ \sigma_y \\ \tau_{xy} \end{bmatrix} = -\begin{bmatrix} p \\ p \\ 0 \end{bmatrix} + \frac{k}{H} \begin{bmatrix} 2(2\xi x + \xi y) \\ 2(2\xi y + \xi x) \\ \eta_{xy} \end{bmatrix} \tag{13}$$

p 根据平衡微分方程导出。纵向平衡微分方程为

$$\frac{\mathrm{d}}{\mathrm{d}x}(\sigma_x h) + 2\tau_x + ph'_x = 0 \tag{14}$$

令

$$a = (2\xi_x + \xi_y)/H \tag{15}$$

则式(13)的第一式可写为

$$\sigma_x = 2ka - p \tag{16}$$

本方法目前重点解决板形控制技术所关心的轧制压力的横向分布问题，暂不追求其纵向分布的计算精度。为简化计算，用 $\bar{a} = \frac{1}{l}\int_0^1 a\,\mathrm{d}x$ 近似代替 a，然后将式(16)代入式(14)，并注意到 $\tau_x = \pm\mu_x p$，则有

$$\mathrm{d}[(p - 2k\bar{a})h] = p(\mathrm{d}h \pm 2\mu_x \mathrm{d}x) \tag{17}$$

采用 D. R. Bland 和 H. Ford 的假设[8] $\mathrm{d}(2kh) = 0$，将式(17)简化后积分

$$\ln \frac{p}{2k\bar{a}} = \ln h \pm 2\int \mu_x \frac{dx}{h} \quad (18)$$

为简化计算，用 $\bar{\mu}_x = \frac{1}{l}\int_0^l \mu_x dx$ 近似代替 μ_x，并将式(3)代入式(18)积分，根据边界条件

$$\begin{bmatrix} p \\ p \end{bmatrix} = \begin{bmatrix} 2k_0\bar{a} - \sigma_0 \\ 2k_l\bar{a} - \sigma_l \end{bmatrix} \begin{matrix} (x=0) \\ (x=l) \end{matrix} \quad (19)$$

确定积分常数，得到条元上 p 的表达式

$$\frac{p}{2k\bar{a}} = \left(1-\frac{\sigma_0}{2k_0\bar{a}}\right)\frac{h}{h_0}\exp\left\{\frac{2\bar{\mu}_x l}{\sqrt{(h_0-h_1)h_1}}\left[\arctan\sqrt{\frac{h_0-h_1}{h_1}}\left(\frac{x}{l}-1\right)^2+\arctan\sqrt{\frac{h_0-h_1}{h_1}}\right]\right\}\text{(后滑区)}$$

$$\frac{p}{2k\bar{a}} = \left(1-\frac{\sigma_1}{2k_1\bar{a}}\right)\frac{h}{h_1}\exp\left\{\frac{2\bar{\mu}_x l}{\sqrt{(h_0-h_1)h_1}}\arctan\sqrt{\frac{h_0-h_1}{h_1}}\left(1-\frac{x}{l}\right)^2\right\}\text{(前滑区)} \quad (20)$$

式中：k_0，k_1——入、出口处的剪切抗力。

单位宽度轧制压力 P_l、纵向擦摩力 T_{xl} 和横向擦摩力 T_{yl} 由式(21)确定

$$[P_l \quad T_{xl} \quad T_{yl}]^T = \left[\int_0^l p dx \quad \int_0^l |\tau_x| dx \quad \int_0^l \tau_x dx\right]^T \quad (21)$$

1.5　节线出口横向位移的确定

板带轧制时的能量泛函为

$$\varphi = \int_V kH dV + \int_{F_c} \sqrt{\mu_x^2+\mu_y^2}\, p v_s df + \int_{F_0} \sigma_0 v_0 dF - \int_{F_1} \sigma_1 v_1 dF \quad (22)$$

式中第一至第四项分别为塑性变形功率、接触表面摩擦功率、后张力的功率和前张力的功率。v_0 为入口纵向流速。根据刚塑性变分原理，节线出口横向位移(u_2，u_3，…，u_n)的正确解应满足式(23)

$$\min\varphi = \varphi(u_2, u_3, \cdots, u_n) \quad (23)$$

这是一个优化问题，本文选用变尺度法求解。

2　计算结果与实验结果的对比

2.1　实验与计算条件

在东北重型机械学院 300 mm 四辊可逆式冷轧机上进行了轧制铝带实验。该轧机工作辊直径 100 mm，支持辊直径 200 mm，辊身长度 300 mm。轧机前、后装备有两台多辊式板形仪，以测量前、后张力和来料纵向残余应力的横向分布。采用多点同时测试装置测量单位轧制压力和两向单位摩擦力在变形区内的分布。用精密测厚仪(分辨率为 0.5 μm)测量入、出口带材厚度横向分布。实验方法见文献[6,9]。

表 1　计算条件

参数	单片轧制	张力轧制	参数	单片轧制	张力轧制
宽厚比 $B/\bar{h}_0$	15	650	系数 B_4	—	-9.6×10^{-4}
摩擦系数 μ	0.1	0.1	系数 b_0	—	0.347 0
宽度 B/mm	30	250	系数 b_2	—	2.63×10^{-3}
总后张力 T_0/N	0	3532	系数 b_4	—	-1.82×10^{-3}
总前张力 T_1/N	0	3944	系数 a_0	—	0.072 9
入口平均厚度 $\bar{h}_0$/mm	2	0.372 2	系数 a_2	—	−1.151 2
出口平均厚度 $\bar{h}_1$/mm	1.7	0.347 5	系数 a_4	—	2.283 6
系数 B_0	—	0.371 3	系数 a_5	—	0.750 8
系数 B_2	—	3.45×10^{-3}	变形抗力 σ_s/MPa	$48.6+60.05\varepsilon^{0.43}$	$50.4+64.02\varepsilon^{0.46}$

注：ε 为变形程度。

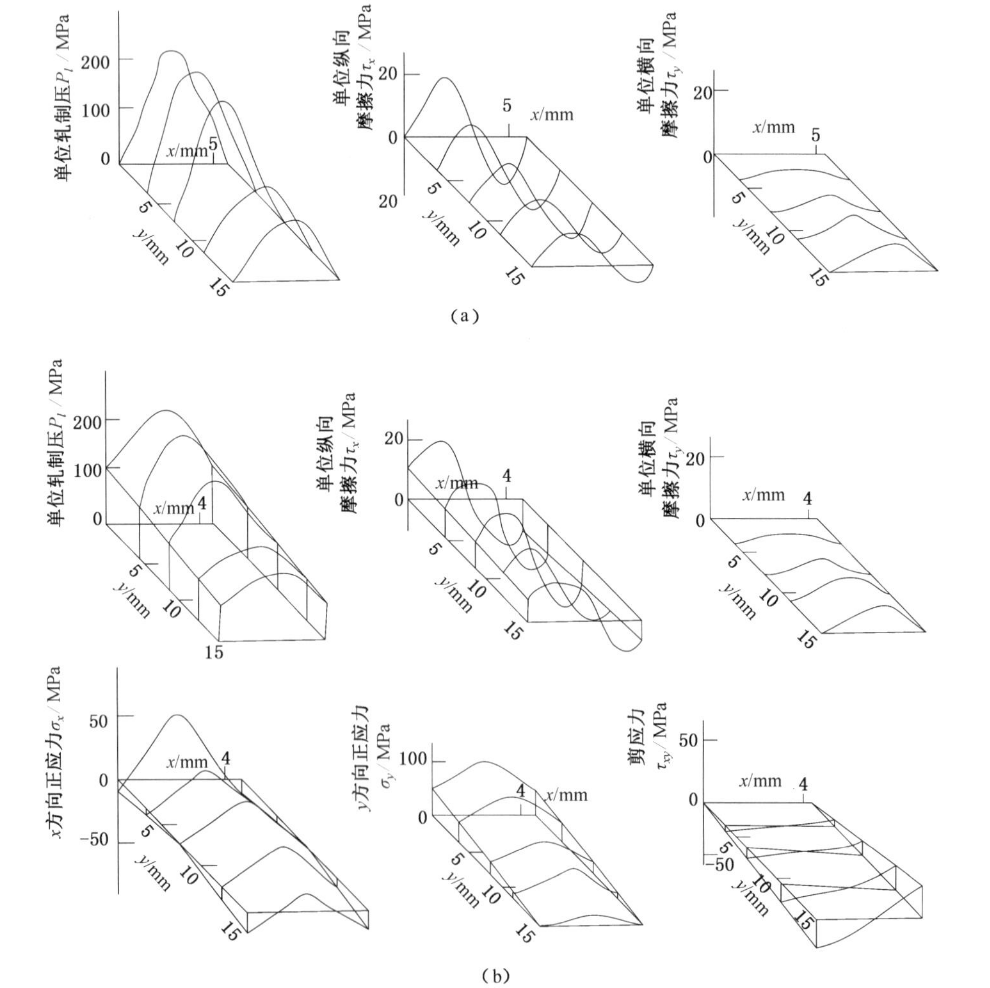

(a)实验；(b)计算；(c)横向分布的对比(————实验--------计算)

图 2　单片轧制的结果对比

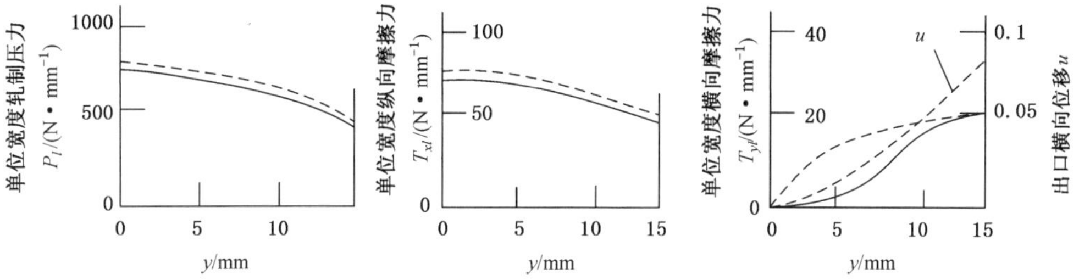

(c)

图 2(续)

对单片轧制和成卷轧制的两种情况进行了研究。表 1 列出计算需要的数据，这些数据均由实验得出。其中变形抗力 σ_s 的模型由拉伸实验得到。在计算中，取 $E=70$ GPa，$\nu=0.33$；对宽厚比（$B/\overline{h}_0$）较小（15∶1）的单片轧制情况，取 $n=16$ 条；对宽厚比较大（650∶1）带张力轧制情况，取 $n=26$ 条。由于小宽厚比情况的轧件宽度窄，计算中没有考虑厚度的横向变化。

2.2 结果对比与分析

小宽厚比单片轧制的结果对比如图 2 所示。接触表面各力参数（p、τ_x、τ_y、P_l、T_{xl}、T_{yl}）的分布，计算结果与实验结果吻合较好。轧制压力从宽度中心到边部下降，这是由于中心处于平面应变状态，边部处于平面应力状态。纵向摩擦力的横向分布与轧制压力的类似。横向摩擦力均为负值，说明金属全部向外流动（u 为正值）。纵向正应力 σ_x 从中心到边部，由压应力变为拉应力。横向正应力 σ_y，从中心到边部，压应力减小。剪应力 τ_{xy} 从中心到边部，基本按线性规律变化，从入口到出口改变方向。上述结果与现有文献实验或理论研究结果相一致。

大宽厚比带张力轧制 P_l、T_{xl}、T_{yl}、σ_1 和 σ_0 等横向分布的结果对比见图 3，计算结果与实验结果吻合良好。此种情况对应轧后带材产生轻微边浪（张力释放后）。轧制压力和纵向摩擦力在中心和边部附近都分别有峰值。横向摩擦力在中心大部分区域为正，说明金属向内流动（u 为负值）；在边部区域为负，说明金属向外流动（u 为正值）；在边部附近有一零值点，此处金属没有横向流动（$u=0$），轧件近于平面应变状态，从而使轧制压力在此处出现峰值。前、后张力在边部附近都有谷值，也导致轧制压力在此处有峰值。

3 结论

(1) 本文作者提出的模拟带材轧制过程的条元法，关于各力参数横向分布的计算结果与实验结果吻合较好，证明本文模型是接近实际的，从而为模拟带材轧制过程提供了一个新的数值方法。

(2) 本方法根据带材轧制的特点（轧件薄），把应力与变形速度沿带厚视为常量，将三维问题化为二维问题，利用康托洛维奇法构造位移函数，将其化为一维问题求解，因而大大减少了计算量。与三维差分法、有限元法和边界元法相比，本方法具有计算简便、经济和实用的特点。

(3) 对大宽厚比带张力轧制的研究结果，属本文首次得到。由于轧制条件接近冷轧窄带材的实际轧制情况、因而本文的研究结果对众多类似轧机的轧制生产和板形控制有指导意义。

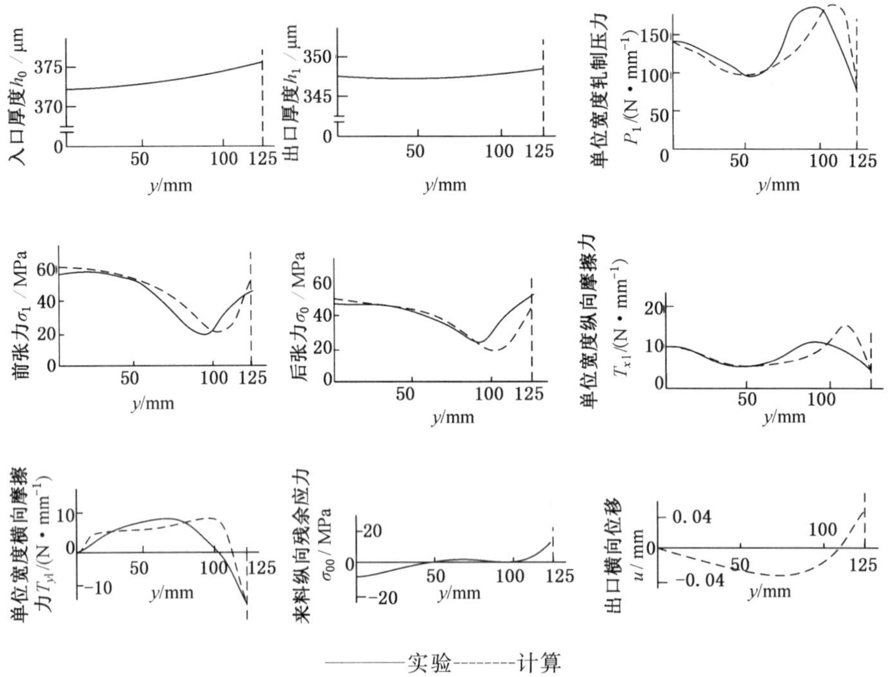

图 3　单片轧制的结果对比

参考文献

[1] 户泽康寿ほか，薄板压延の3次元变形に対かふ改良した解析．塑性と加工，1982，3(263)：1181-1187.

[2] 连家创，段振勇，叶星．三维解析法求解辊缝中金属横向流动问题．东北重型机械学院学报，1984，8(3)：1-10.

[3] 刘才．三维弹塑性有限元法对轧制过程的模拟．东北重型机械学院学报，1987，6(3)：66-74.

[4] 刘才，杜凤山，连家创．薄板连轧过程的变形和应力场，机械工程学报，1992，28(1)：104-108.

[5] 肖宏．三维弹塑性边界元法模拟板带轧制过程的研究：[博士学位论文]．东北重型机械学院，1991.

[6] 刘宏民．四辊轧机冷轧带材压力摩擦力张力横向分布的研究：[博士学位论文]．东北重型机械学院，1988.

[7] 刘宏民，连家创，段振勇．带材轧制前后张力横向分布的研究．重型机械，1989(4)：12-20.

[8] 曹鸿德．塑性变形力学基础与轧制原理．北京：机械工业出版社，1987.

[9] 刘宏民，段振勇，连家创．冷轧带材力参数综合实验研究．东北重型机械学院学报，1987，6(4)：1-7.

应用预位移原理求解冷轧板带接触表面摩擦力①

边宇虹，刘宏民

摘　要：本文对轧制过程的摩擦理论进行了简要述评，应用预位移原理研究了冷轧板带材接触摩擦问题，提出了确定变形停滞区长度的理论方法。关于两向摩擦力的计算结果与实验结果吻合较好。

关键词：冷轧；带材；摩擦力；预位移

Solving the Contact Friction in Cold Sheet and Strip Rolling by Using Prepartory Displacement Principle

Bian Yuhong, Liu Hongmin

Abstract: This paper briefly reviews the friction theories of rolling process, studies the contact friction of cold sheet and strip rolling using preparatory displacement principle, and proposes a theory method for determining the length of deformation stagnation zone. The computation results of 2-directional frictions are close to experimental results.

Key words: Cold rolling; Strip; Friction; Preparatory displacement

1　前言

为了模拟轧制过程，以便进行板形分析和板形控制，关于板带材轧制金属三维应力与变形的研究已愈来愈受到人们的高度重视。为了获得精确的计算结果，除采用精确的计算方法外，还必须采用精确的边界条件。其中，轧辊与轧件间的接触摩擦力就是一个很重要的边界条件。

目前，对接触表面摩擦力的处理主要有以下几种方法：1）滑动摩擦（库仑摩擦）理论[1,2]。该理论在停滞区与实际差别太大，在中性点造成摩擦力间断；2）流体润滑摩擦理论[3]。在中性点附近需采用修正式，存在如何确定修正系数的问题；3）混合摩擦理论[4]。如何准确确定具有不同摩擦性质的各区域长度仍是一个难点；4）预位移——滑动摩擦理论[5]。在停滞区按预位移原理确定摩擦力，但关于停滞区长度的确定还只依赖经验方法；5）附加摩擦层法[6]。假想在轧件接触表面上附加一摩擦层，根据摩擦层的变形确定摩擦力。由于增加了一层单元，使计算内存和计算量相应增加。

可见，寻求更理想、理论更完善的摩擦模型，仍是轧制理论中的一个重要研究

---

① 钢铁研究学报，1994，6(1)：29-35.

课题。本文对预位移——滑动摩擦理论作了进一步研究，提出了确定停滞区长度的理论方法，两向摩擦力的计算结果与实验结果吻合较好。

2　变形分析

2.1　横向位移函数

研究板带材轧制金属三维变形问题，首先需要确定金属的横向位移。

对图 1 所示的变形区和坐标系，按康托洛维奇法构造辊缝中金属的横向（y 方向）位移函数 U_y

$$U_y(x,y)=f(x)u(y) \tag{1}$$

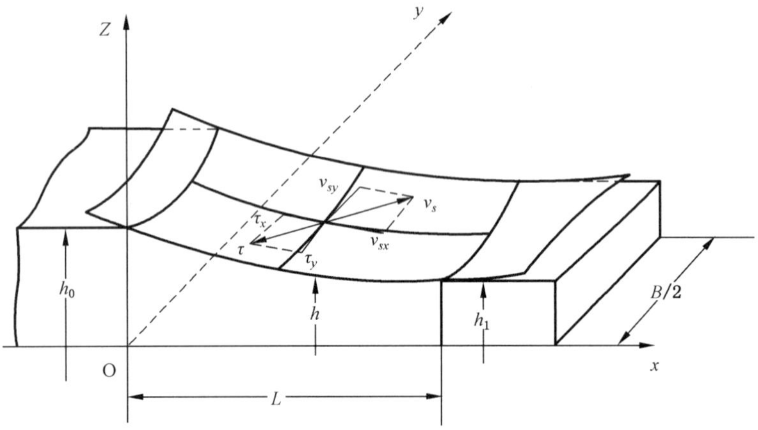

图 1　变形区几何尺寸

Fig. 1　Geometry of deformation zone

式中：$f(x)$——关于 x 的三次函数[7]；

$u(y)$——出口（$x=L$）横向位移，待定函数。按三次样条函数求解[7]。

变形区内轧件厚度 h 沿 x 方向按抛物线处理，沿 y 方向可用四次函数表示[7]。

2.2　流动速度、滑动位移和应变速度

变形区金属的纵向（x 方向）流动速度 v_x 和横向流动速度 v_y 为[7]

$$\begin{bmatrix} v_x \\ v_y \end{bmatrix}=\frac{v_1 h_1}{h}\frac{1+u'(y)}{1+fu'(y)}\begin{bmatrix} 1 \\ f'(x)u \end{bmatrix} \tag{2}$$

式中：v_1——出口流动速度；

h_1——出口厚度。

金属相对辊面的纵切向滑动速度 v_{sx}、横切向滑动速度 v_{sy} 及合成滑动速度 v_s 为[7]

$$\begin{bmatrix} v_{sx} \\ v_{sy} \\ v_s \end{bmatrix}=\begin{bmatrix} \frac{1}{2}v_x\sqrt{4+h'^2_x} \\ \frac{1}{2}v_y\sqrt{4+h'^2_y} \\ \sqrt{v_{sx}{}^2+v_{xy}{}^2} \end{bmatrix}-\begin{bmatrix} v_r \\ 0 \\ 0 \end{bmatrix} \tag{3}$$

式中：v_r——工作辊表面线速度。

根据

$$\begin{bmatrix} U_{sx} \\ U_{sy} \end{bmatrix}=\begin{bmatrix} \int_{t_n}^{t} v_{sx}\,\mathrm{d}t \\ \int_{0}^{t} v_{sy}\,\mathrm{d}t \end{bmatrix} \tag{4}$$

及 $\mathrm{d}x=v_x\mathrm{d}t$，得到金属相对辊面的纵切向滑动位移 U_{sx}、横切向滑动位移 U_{sy} 及合成滑动位移 U_s 为

$$\begin{bmatrix} U_{sx} \\ U_{sy} \\ U_s \end{bmatrix} = \begin{bmatrix} \int_{x_n}^{x} \frac{v_{sx}}{v_x} \mathrm{d}x \\ \int_{0}^{x} \frac{v_{sy}}{v_x} \mathrm{d}x \\ \sqrt{U_{sx}^2 + U_{sy}^2} \end{bmatrix} \tag{5}$$

式(4)，(5)中：t——时间，$x=0$ 时，$t=0$；

t_n——金属位于中性点($x=x_n$)处的时间；

x_n——中性点纵坐标。

变形区金属的正应变速度 ξ_x，ξ_y，和剪应变速度 η_{xy} 可按式(6)导出

$$[\xi_x \quad \xi_y \quad \eta_{xy}]^{\mathrm{T}} = \left[\frac{\partial v_x}{\partial x} \quad \frac{\partial v_y}{\partial y} \quad \frac{\partial v_x}{\partial y} + \frac{\partial v_y}{\partial x}\right]^{\mathrm{T}} \tag{6}$$

根据体积不变条件 $\xi_x + \xi_y + \xi_z = 0$，得剪应变速度强度 H 为

$$H = 2\sqrt{\xi_x^2 + \xi_y^2 + \xi_x \xi_y + \frac{1}{4}\eta_{xy}^2} \tag{7}$$

3　摩擦力分析

3.1　预位移原理简述

由预位移原理可知，两个相互压紧的物体在作宏观相对滑动前，就产生了一定量的微观相对位移，此位移称为预位移或初始位移。当此预位移达到接触物体间的极限预位移时，物体间就开始作相对滑动。产生相对滑动的区域称为滑动区，相对位移小于极限预位移的预位移区称为停滞区或粘着区。因此，轧辊与轧件间的接触面可分为滑动摩擦区和停滞区（见图2）。滑动区位于入口区和出口区，停滞区则位于中性点(线)附近两侧。对滑动区，摩擦力按库仑摩擦定律计算；对停滞区，则按预位移原理来确定。

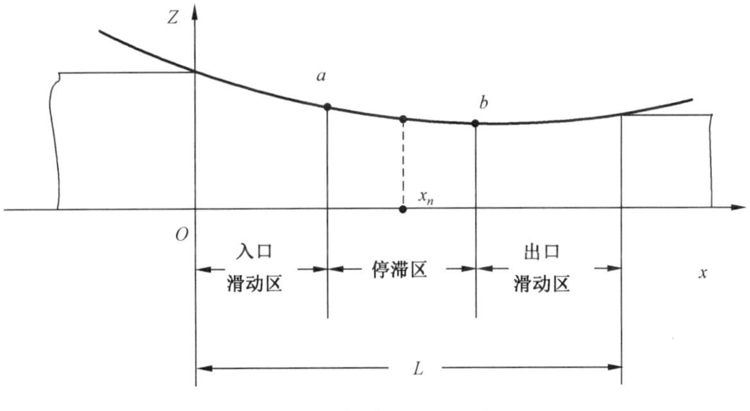

图2　摩擦区域划分

Fig. 2　Division of friction zones

3.2　单位摩擦力模型

规定与坐标轴正向一致的摩擦力为正，则纵向单位摩擦力 τ_x、横向单位摩擦力 τ_y 和合成单位摩擦力 τ 可表示为

$$\begin{bmatrix} \tau_x \\ \tau_y \\ \tau \end{bmatrix} = \begin{bmatrix} \pm \mu_x p \\ -\mu_y p \,\mathrm{sign}(v_y) \\ \sqrt{\tau_x^2 + \tau_y^2} \end{bmatrix} \tag{8}$$

式中，$\mathrm{sign}(v_y)$表示取 v_y 的符号。

在滑动区 x，y 向的摩擦系数 μ_x，μ_y 按式(9)确定

$$\begin{bmatrix} \mu_x \\ \mu_y \end{bmatrix} = \min\left\{\mu, \frac{k}{p}\right\} \frac{1}{v_s} \begin{bmatrix} |v_{sx}| \\ |v_{sy}| \end{bmatrix} \quad (U_s > \Delta) \tag{9}$$

式中：μ——接触表面滑动摩擦系数；

p——单位轧制压力；

k——金属的剪切变形抗力，$k=0.577\sigma s$；

σ_s——金属的屈服极限或变形抗力。

根据大量实验研究结果可知，在停滞区，摩擦力与相对位移（预位移）近似呈线性关系。因此，停滞区的摩擦系数可表示为

$$\begin{bmatrix}\mu_s\\ \mu_y\end{bmatrix}=\min\left\{\mu,\frac{k}{p}\right\}\begin{bmatrix}|U_{sx}|/\Delta\\ |U_{sy}|/\Delta\end{bmatrix}\quad(U_s\leqslant\Delta)\tag{10}$$

式中：Δ——极限预位移。

3.3　极限预位移与停滞区长度的确定

将轧辊与轧件的接触视为刚性微凸体压入理想塑性材料的情况，根据文献[8]，极限预位移可由式(11)来表示

$$\Delta\approx1.45d\tag{11}$$

式中：d——轧辊表面的接触斑点直径。

$$d=2\sqrt{2(rR_{\max}\alpha/\beta)}\tag{12}$$

$$\alpha=\left(\frac{p_c}{c\sigma_s\lambda}\right)^{1/\beta}\tag{13}$$

式中：c——取决于轧辊表面微凸体形状的系数，对球状微凸体 $c\approx3$；

β,λ——轧辊表面形貌参数；

r——轧辊表面微凸体顶端曲率半径；

$R_{\max}$——微凸体最大高度；

p_c——接触表面轮廓压力，对轧制情况，根据文献[9]，可取 $p_c=p_0$。

取轧辊表面的粗糙度等级为8级，有关形貌参数值取为[8]：$\beta=1.95$，$\lambda=0.9$，$r=0.012$ mm，$R_{\max}=0.003$ mm。

假定 a，b 两点为停滞区与滑动区的分界点（见图2），则 a，b 两点的合成滑动位移 U_s^a，U_s^b 分别达到其极限预位移 Δ_a，Δ_b 即

$$U_s^a=\Delta_a;U_s^b=\Delta_b\tag{14}$$

停滞区长度 L_n 为

$$L_n(y)=x_b(y)-x_a(y)\tag{15}$$

3.4　关于计算的简要说明

单位轧制压力的确定方法见文献[2]，其中考虑了前、后张力横向分布的影响。前、后张力分布的计算方法见文献[7]。

上述流动速度、应变速度、应力和相对位移等参数，都是出口横向位移的函数。根据刚塑性变分原理确定出口位移[7]。

单位宽度轧制压力 p_L，单位宽度纵向摩擦力 T_{XL}，单位宽度横向摩擦力 T_{YL} 按式(16)确定

$$p_L=\int_0^L p\,\mathrm{d}x;T_{XL}=\int_0^L|\tau_X|\,\mathrm{d}x;T_{YL}=\int_0^L|\tau_Y|\,\mathrm{d}x\tag{16}$$

4　计算结果与实验结果的对比

4.1　实验与计算条件

在东北重型机械学院300 mm四辊可逆式冷轧机上进行了轧制铝带力参数综合实验研究。该轧机工作辊直径100 mm，支承辊直径200 mm，辊身长度300 mm。采用多点测试装置测量 p，τ_x 和 τ_y 在变形区内的分布。前、后张力横向分布用安装在轧机前、后的两台板形仪来测量。入、出口厚度 h_0，h_1 的横向分布用精密测厚仪测量。实验方法见文献[10]。

对单片轧制和成卷带张力轧制的两种情况进行了研究。表1列出实验得到的计算条件。其中，T_1 和 T_0 分别为前、后总张力，$\overline{h}_0$ 和 $\overline{h}_1$ 分别为 h_0，h_1 沿整个带宽的积分平均值，对宽厚比（$B/\overline{h}_0$）较小(15)的单片轧制情况，由于轧件窄，计算中未考虑其厚度的横向变化。

4.2　结果对比与分析

表 1　计算条件

Table 1　Computation conditions

参数	单片轧制	张力轧制
$B/\overline{h}_0$	15	650
μ	0.1	0.1
B/mm	30	250
T_c/N	0	3532
T_1/N	0	3944
$\overline{h}_0$/mm	2	0.372 2
$\overline{h}_1$/mm	1.7	0.347 5

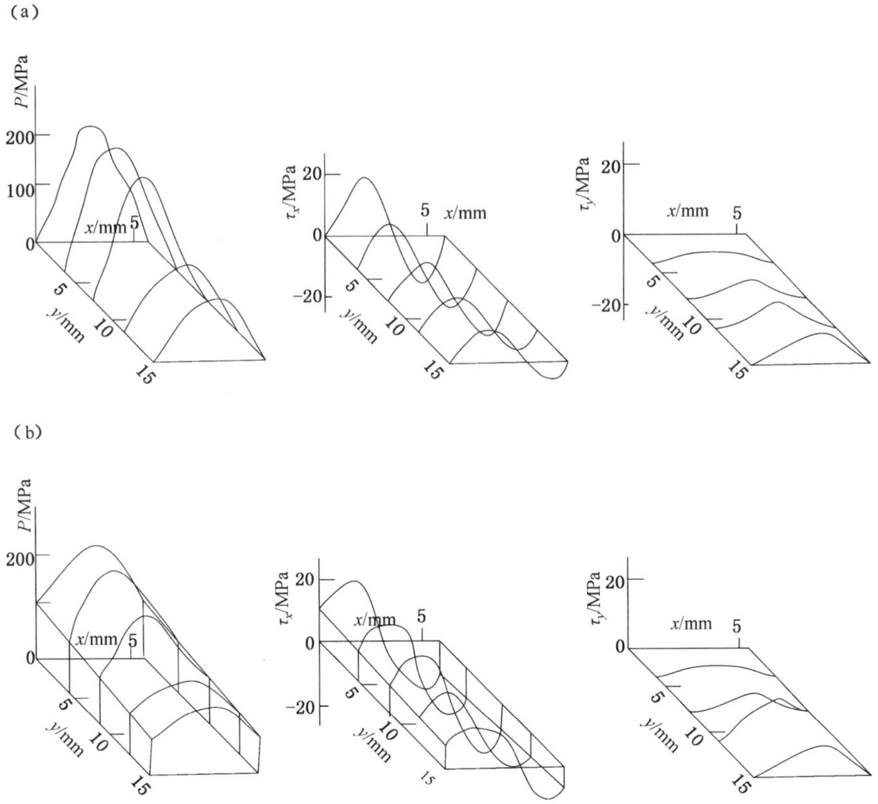

(a)实验结果；(b)计算结果；(c)横向分布对比

图 3　单片轧制的结果对比

Fig. 3　Result comparision of single rolling

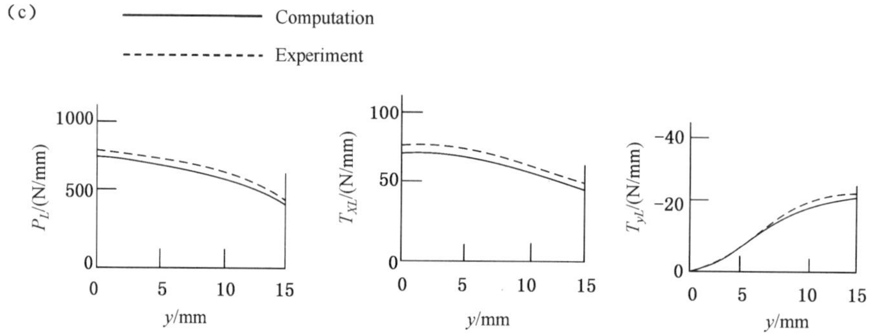

图 3(续)

两种情况的结果对比分别示于图 3 和图 4。由图 3、图 4 可见，计算结果与实验结果吻合较好，尤其是 p_L，T_{XL} 和 T_{YL} 横向分布的吻合程度更令人满意。τ_x 沿 x 方向在后滑区为正，前滑区为负，在停滞区基本按线性规律变化。τ_y 在入、出口处为零，沿 x 方向其符号(方向)不变，分布形状呈“山包形”。由于在停滞区采用了预位移原理计算摩擦力，使在横向任何位置计算得到的 τ_x 沿 x 方向都不发生间断，这是滑动摩擦理论无法做到的。计算的 p，τ_x 在入、出口处不为零，是由于计算中采用刚塑性假设所致。

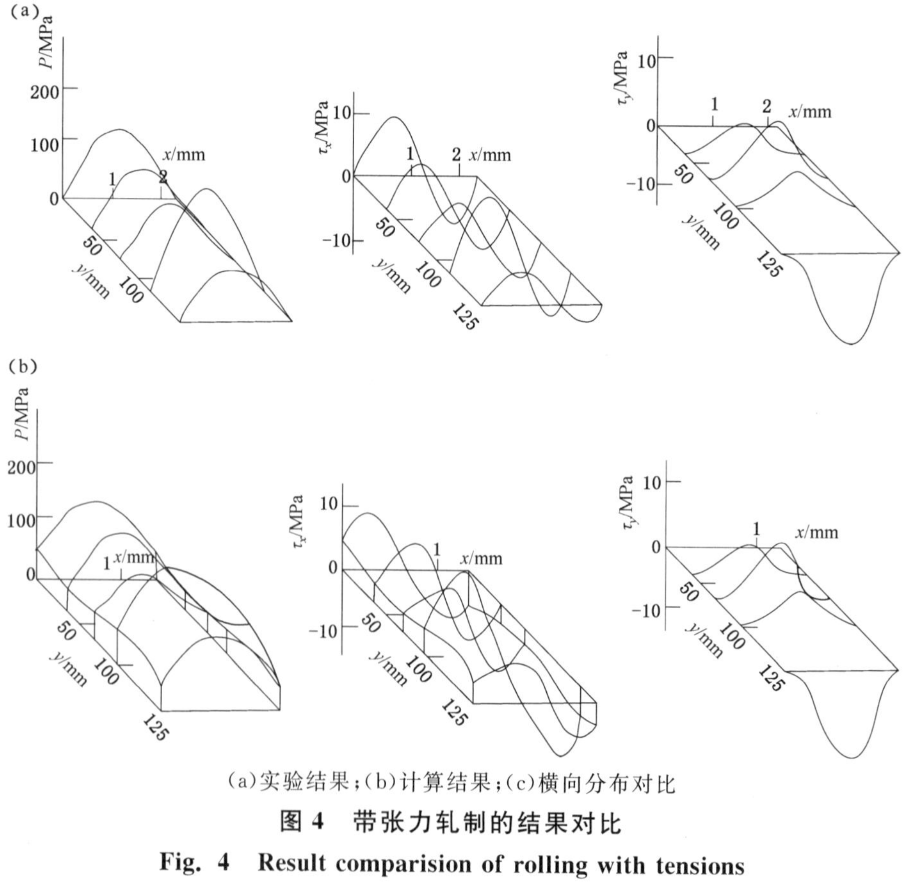

(a)实验结果；(b)计算结果；(c)横向分布对比

图 4　带张力轧制的结果对比

Fig. 4　Result comparision of rolling with tensions

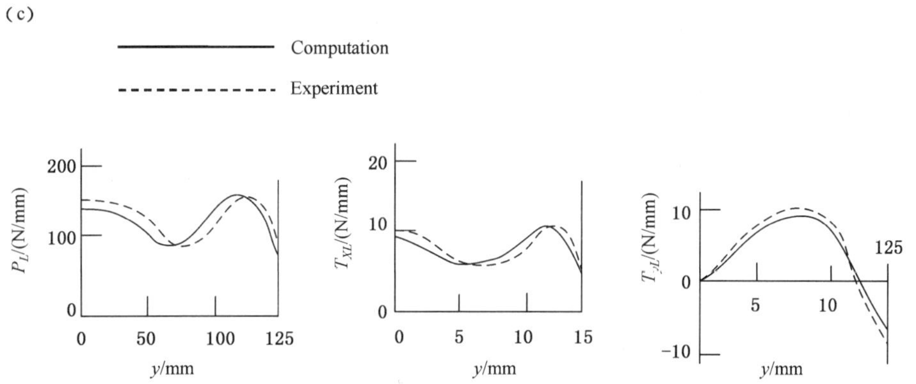

图 4(续)

当轧件宽厚比较小时(见图 3),轧制压力(p,p_L)从宽度中心到边部逐渐下降,这是由于中心处于平面应变状态,边部处于平面应力状态。纵向摩擦力(τ_x,T_{XL})的横向分布与轧制压力类似,这说明纵向摩擦力主要受轧制压力的影响。横向摩擦力(τ_Y,T_{YL})均为负,说明金属在横向上全部向外流动。横向摩擦力的绝对值从宽度中心到边部逐渐增加,这说明其主要受金属横向流动的影响。

当轧件宽厚比达到 650 时(见图 4),轧制压力和纵向摩擦力在中心和边部附近都有峰值。横向摩擦力在中部大部分区域为正,这说明金属在横向上向内流动;边部区域为负,说明金属在横向上向外流动;边部附近有一零值点.此处金属没有横向流动,轧件近于平面应变状态,从而使轧制压力在此处出现峰值。

5　结论

(1) 用预位移——滑动摩擦理论计算了冷轧板带材接触表面摩擦力,计算结果与实际符合较好,避免了在横向位移为零处纵向单位摩擦力沿 x 方向在中性点的间断。

(2) 本文为研究冷轧板带材接触摩擦问题提供了一个新的理论方法。

参考文献

[1] 户泽康寿 ほか. 塑性と加工,1982,23(263):1181-1187.

[2] 刘宏民,等. 工程力学上册. 北京:科学技术出版社,1992:286-293.

[3] 肖宏. 三维弹性边界元法模拟板带轧制过程的研究,东北重型机械学院博士论文,1991.

[4] 玉野敏隆,柳本左门. 塑性と加工,1975,16(168):87-92.

[5] 连家创,等. 东北重型机械学院学报,1984,8(3):1-9.

[6] Liu C, et al. Proceedings of the 2nd International Conference on Numerical Methods in Industrial Forming Process. Gothenburg, Sweden, 1986: 231-237.

[7] Liu Hongmin, Lian Jiachuang. Chin. J. Met. Sci. Technol., 1992, 8(6): 427-434.

[8] Kragelsky I V. Friction and Wear Calculation Methods. Oxford: Pergamon Press, 1982: 64-89, 151-153.

[9] A Π 格鲁捷夫,等编,焦明山,等译. 金属压力加工中的摩擦和润滑手册. 北京:航空工业出版社,1990.

[10] 刘宏民,等. 钢铁,1992,27(6):31-35,41.

大宽厚比冷轧带材压力摩擦力张力横向分布的研究①

刘宏民，边宇虹，连家创

（燕山大学）

摘　要：在轧件宽厚比为625的条件下，用三次样条函数有限条法研究了冷轧带材轧制压力、两向摩擦力和前、后张力的横向分布问题。获得了轧后边浪、中浪和板形良好等三种不同板形条件下这些力参数的横向分布规律。计算结果与试验结果吻合良好，对板形控制技术的发展有指导意义。在计算中，用预位移原理计算停滞区的摩擦力，提高了计算精度。

关键词：冷轧带材；轧制压力；摩擦力；张力；板形

Study On the Transverse Distributions of the Pressure, Frictions and Tensions of Cold Strip Rolling under Large Width to Thickness Ratio

Liu Hongmin, Bian Yuhong, Lian Jiachuang

(Yanshan University)

Abstract: Under the width to thickness ratio 625 of strip, the transverse distributions of the rolling pressure, the 2-directional friction stresses and the front and back tension stresses of cold strip rolling are studied by using 3-power spline function finite strip method. The transverse distributions of above mentioned force parameters are obtained in 3 cases of edge wave, center wave and good flatness of rolled strip. The computed results tally with experimental results well. This paper is of great importance to guiding the shape control. The frictional stresses of stagnation zone are computed by using preliminary displacement principle and the computing precision is improved.

Key words: Cold strip rolling; Rolling pressure; Friction; Tension; Shape

符号

B——带材宽度

l——变形区长度

h——变形区内带材厚度

h_0, h_1——入、出口带材厚度

$\bar{h}_0, \bar{h}_1$——h_0 和 h_1 沿带宽的积分平均值

U——横向位移

u——出口横向位移

v_x, v_y——x 和 y 方向的位移速度

v_0, v_1——入、出口处在 x 方向的位移速度

v_r——轧辊表面线速度

① 机械工程学报，1994，30(增刊)：9-14，20.

v_{sx}, v_{sy}——金属相对辊面在 x 和 y 方向的滑动速度

v_s——金属相对辊面的合成滑动速度

W_{sx}, W_{sy}——金属相对辊面在 x 和 y 方向的滑动位移

W_s——金属相对辊面的合成滑动位移

ξ_x, ξ_v, η_{xy}——x 和 y 方向的正应变速度和剪应变速度

H——剪应变速度强度

σ_1, σ_0——前、后张力

T_1, T_0——前、后总张力

E, ν——带材的弹性模量和泊松系数

σ_{00}——来料在 x 方向的残余应力

τ_x, τ_y——x 和 y 方向的单位摩擦力

μ_x, μ_y——x 和 y 方向的摩擦系

$\sigma_x, \sigma_y, \tau_{xy}$——$x$ 和 y 方向的正应力和剪应力

p——单位轧制压力

P_l, T_{xl}, T_{yl}——单位宽度轧制压力、纵向摩擦力和横向摩擦力

k——剪切抗力

μ——摩擦系数

0　前言

板形控制技术的迅速发展，使关于板带材轧制金属三维变形理论的研究出现了空前的活跃场面。人们已用差分法[1-2]、有限元法[3-4]和边界元法[5]等不同方法对冷轧板带材的三维应力与变形问题进行了研究。但目前这些方法计算的轧件宽厚比均较小(＜300)，尚未解决大宽厚比轧制过程的计算问题。

由于冷轧带材的轧件宽厚比较大，因此对板形控制而言，研究大宽厚比的轧制问题更具有实际意义。而且，研究金属三维变形最重要的目的，乃是解析轧制压力和前、后张力的横向分布。这是因为轧制压力的横向分布直接影响与轧后板形有密切关系的辊缝形状；前张力的横向分布直接反映和决定了轧后的板形；前、后张力的横向分布而影响辊缝形状。在研究上述问题时，摩擦力的横向分布也是必须考虑的重要因素和当代轧制理论研究的前沿内容。

基于上述考虑，本文采用三次样条函数有限条法，对大宽厚比(达到 625)冷轧带材、轧后不同板形状态条件下上述各力参数的横向分布进行了研究，取得了许多新的研究结果。

1　理论模型

1.1　基本假设

(1) 轧制过程为稳定轧制过程，且关于 xOy 平面和 xOz 平面对称(图 1)。

(2) 带材在辊缝内部为刚塑性材料。

(3) 应力和应变速度沿带厚视为常量(因轧件很薄)。

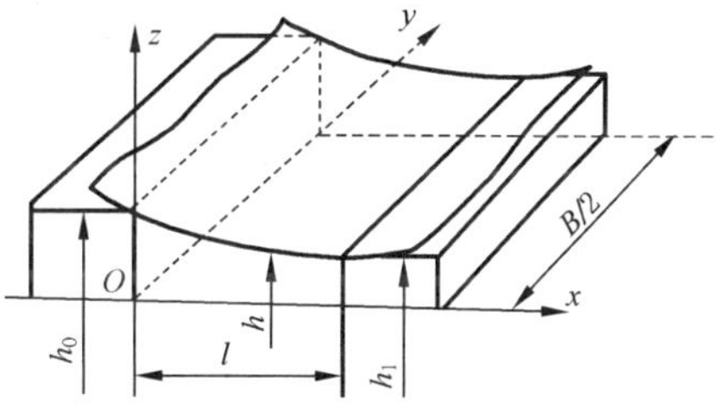

图 1　变形区几何尺寸

1.2　横向位移模式和位移速度

研究轧制带材三维变形问题，首先需要确定金属的横向(y 方向)位移。横向位移 U 用式(1)表示

$$U = f(x)u(y) \tag{1}$$

式中

$$f(x) = 3\left(\frac{x}{l}\right)^2 - 2\left(\frac{x}{l}\right)^3 \tag{2}$$

采用本文作者在文献[6]中提出的条元法求解出口横向位移 u。u 用三次样条

函数表示

$$u(y)=\{\varphi_i\}^{\mathrm{T}}[A][\delta_i] \tag{3}$$

式中：$\{\varphi_i\}$——三次 B 样条函数列阵；

$[A]$——插值矩阵；

δ_i——节线出口横向位移列阵。

位移速度为[6]

$$\begin{bmatrix} v_x \\ v_y \end{bmatrix}=\frac{v_1 h_1}{h}\frac{1+u'}{1+fu'}\begin{bmatrix} 1 \\ f'u \end{bmatrix} \tag{4}$$

金属相对辊面的滑动位移速度为[6]

$$\begin{bmatrix} v_{sx} \\ v_{sy} \\ v_s \end{bmatrix}=\begin{bmatrix} \frac{1}{2}v_x\sqrt{4+\left(\frac{\partial h}{\partial x^2}\right)^2} \\ \frac{1}{2}v_y\sqrt{4+\left(\frac{\partial h}{\partial y}\right)^2} \\ \sqrt{v_{sx}^2+v_{sy}^2} \end{bmatrix}-\begin{bmatrix} v_r \\ 0 \\ 0 \end{bmatrix} \tag{5}$$

金属相对辊面的滑动位移为

$$\begin{bmatrix} W_{sx} \\ W_{sy} \\ W_s \end{bmatrix}=\begin{bmatrix} \int_{x_n}^{x}\frac{v_{sx}}{v_x}\mathrm{d}x \\ \int_0^x\frac{v_{sy}}{v_x}\mathrm{d}x \\ \sqrt{W_{sx}^2+W_{sy}^2} \end{bmatrix} \tag{6}$$

式中：x_n——x 方向中性点坐标。

应变速度可根据其位移速度的关系和体积不变条件导出。

1.3　应力模型和边界条件

前、后张力[6]

$$\begin{bmatrix} \sigma_1 \\ \sigma_0 \end{bmatrix}=\begin{bmatrix} \frac{T_1}{B\bar{h}_1} \\ \frac{T_0}{B\bar{h}_0} \end{bmatrix}+\begin{bmatrix} \sigma_{00} \\ \sigma_{00} \end{bmatrix}+$$

$$\frac{E}{1-v^2}\begin{bmatrix} \frac{h_1}{\bar{h}_1}-\frac{h_0}{\bar{h}_0}+u'-\frac{2u_n}{B} \\ \frac{\bar{h}_0 h_1(1+u')}{\bar{h}_1 h_0(1+2u_n/B)}-1 \end{bmatrix} \tag{7}$$

式中：u_n——第 n 条节线（$y=B/2$）上的出口横向位移。

规定与坐标轴正向一致的摩擦力为正，则两向单位摩擦力为

$$\begin{bmatrix} \tau_x \\ \tau_y \end{bmatrix}=p\begin{bmatrix} \pm\mu_x \\ -\mu_y\sin(v_y) \end{bmatrix} \tag{8}$$

在滑动区，摩擦力按库仑摩擦定律计算，则两向摩擦系数为

$$\begin{bmatrix} \mu_x \\ \mu_y \end{bmatrix}=\min\left\{\mu,\frac{k}{p}\right\}\frac{1}{v_s}\begin{bmatrix} |v_{sx}| \\ |v_{sy}| \end{bmatrix}(w_s>\Delta) \tag{9}$$

式中：Δ——极限预位移。

在停滞区，摩擦力按预位移原理计算，则有

$$\begin{bmatrix} \mu_x \\ \mu_y \end{bmatrix}=\min\left\{\mu,\frac{k}{p}\right\}\frac{1}{v_s}\begin{bmatrix} |W_{sx}|/\Delta \\ |W_{sy}|/\Delta \end{bmatrix}(W_s\leqslant\Delta) \tag{10}$$

将轧辊与轧件的接触表面视为刚性微凸体压入理想塑性材料的情况，则极限预位移 Δ 可按文献[7]中的方法计算。

三向应力

$$\begin{bmatrix} \sigma_x \\ \sigma_y \\ \tau_{xy} \end{bmatrix}=-\begin{bmatrix} p \\ p \\ 0 \end{bmatrix}+\frac{k}{H}\begin{bmatrix} 2(2\xi_x+\xi_y) \\ 2(2\xi_y+\xi_x) \\ \eta_{xy} \end{bmatrix} \tag{11}$$

x 方向的平衡微分方程为

$$\frac{\partial}{\partial x}(\sigma_x h)+\frac{\partial}{\partial y}(\tau_{xy}h)+2\tau_x+p\frac{\partial h}{\partial x}=0 \tag{12}$$

将式(8)的第一式和式(11)的第一式与式(12)联立，并利用边界条件

$$\begin{bmatrix} \sigma_x|_{x=0} \\ \sigma_x|_{x=l} \end{bmatrix}=\begin{bmatrix} \sigma_0 \\ \sigma_1 \end{bmatrix} \tag{13}$$

对式(12)进行差分计算，可得到 P 的分布。

单位宽度轧制压力和两向摩擦力按式(14)确定。

$$[P_l\ T_{xl}\ T_{yl}]^{\mathrm{T}}=$$

$$\left[\int_0^l P\mathrm{d}x\ \int_0^l|\tau_x|\mathrm{d}_x\int_0^l|\tau_y|\mathrm{d}x\right]^{\mathrm{T}} \tag{14}$$

1.4　优化求解出口横向位移

能量泛函为

$$N=\int_V kH\,\mathrm{d}V+\int_{F_e}\sqrt{\mu_x^2+\mu_y^2}\,pv_s\,\mathrm{d}F+\int_{F_0}\sigma_0 v_0\,\mathrm{d}F-\int_{F_1}\sigma_1 v_1\,\mathrm{d}F \tag{15}$$

式中第一至第四项分别为塑性变形功率、摩擦功率、后张力的功率和前张力的功率。

根据刚塑性变分原理，节线出口横向位移列阵$\{\delta_i\}$的正确解应使总变形功率P为最小。这是一个优化问题，本文选用Powell方法求解。

2　计算结果与试验结果的对比

2.1　试验与计算条件

在300 mm四辊可逆式冷轧机上进行了轧制铝带的实验。该轧机工作辊直径100 mm，支持辊直径200 mm，辊身长度300 mm。轧机装备有工作辊液压弯辊装置，可以调节轧后板形；轧机前、后有板形仪两台，以测量前、后张力和来料在x方向的残余应力的横向分布。采用多点万能测试装置测量单位轧制压力和两向摩擦力在变形区内的分布，用精密测厚仪（分辨率为0.5 μm）测量入、出口带材厚度的横向分布。试验方法见文献[8]。

轧制的铝带规格为：来料平均厚度$\bar{h}_0=0.4$ mm，宽度$B=250$ mm，宽厚比$B/\bar{h}_0=625$。压下率约为6%，轧制有润滑。

在计算中，取$E=70$ GPa，$\nu=0.33$，$\mu=0.1$。入、出口带材厚度h_0和h_1的横向分布表达式，根据实测值按四次多项式回归得到。变形区内带材厚度h沿x方向的变化规律按抛物线处理。来料在x方向的残余应力σ_{00}横向分布表达式按四次多项式加余弦函数回归得到。实测表明，由于来料板形良好，σ_{00}沿横向变化很小，即沿横向均近于零，故本文不再给出其分布图形。

通过改变工作辊液压弯辊力的大小，人为地造成轧后边浪，中浪和板形良好等三种不同的板形状态，对这三种情况下的轧制压力、两向摩擦力和前、后张力的横向分布进行了试验与计算。需说明，带张力轧制时，出口板形平直，张力释放后，才出现板形不良。

2.2　结果对比与分析

三种不同情况下的结果对比如图2所示。可见，计算结果与试验结果吻合良好，令人满意。

对于轧后边浪情况，压下量(h_0-h_1)或压下率$(h_0-h_1)/h_0$从宽度中心$(y=0)$到边部$(y=B/2=125\ \text{mm})$增大。轧制压力和纵向（x方向）摩擦力在中心和边部附近都有峰值。横向摩擦力在中心大部分区域为正，说明金属向内流动（u为负）；在边部区域为负，说明金属向外流动（u为正）；在边部区域有一零值点，此处金属没有横向流动（$u=0$），轧件近于平面应变变形状态，从而使轧制压力在此处出现峰值。前、后张力在边部附近都有谷值，这也是导致轧制压力在此处有峰值的原因之一。轧制压力在中心有峰值是由于中心处金属近于平面应变状态。

对于轧后中浪情况，压下量（或压下率）从中心到边部减小。轧制压力和纵向摩擦力从中心到边部也随之减小。横向摩擦力均为负，说明金属全部向外流动（u为正）。前、后张力从中心到边部的总体规律是增大（在边部附近有波动），从而导致轧制压力从中心到边部减小。

对于轧后板形良好情况，压下量（或压下率）从中心到边部近于均布。轧制压力、两向摩擦力和前、后张力等横向分布也较之前两种情况的均匀。横向位移较小。由于在试验中找到了一种板形绝对良好($\sigma_1 \equiv 0$)的情况是极其困难的，所以图 2b 实际是一种有潜在边浪特征的情况。

可见，轧制大宽厚比带材时，各力参数的横向分布有与小宽厚比情况明显不同的规律。

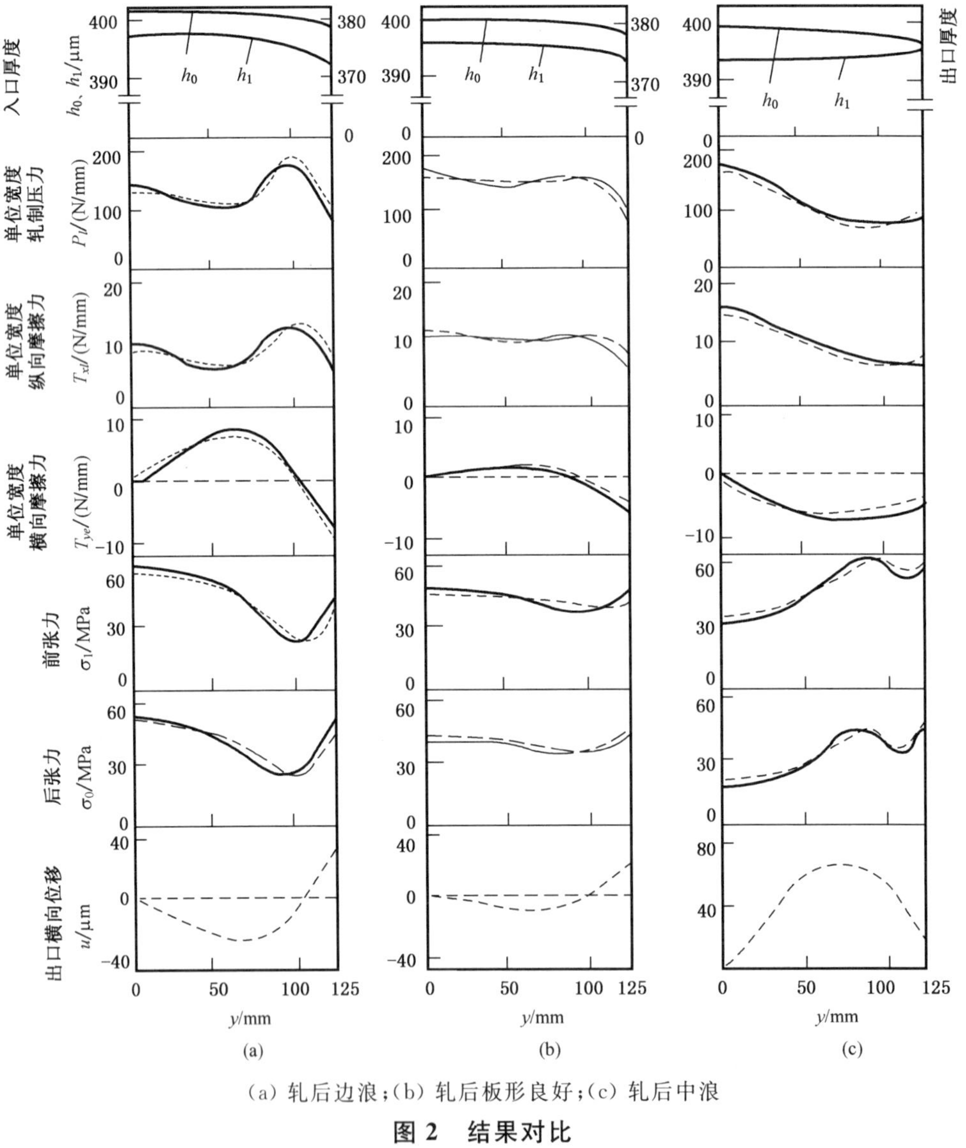

(a) 轧后边浪；(b) 轧后板形良好；(c) 轧后中浪

图 2　结果对比

——试验　------计算

3　结论

(1) 采用三次样条函数有限条法，研究大宽厚比冷轧带材不同板形状态条件下压力、摩擦力和张力的横向分布，取得了与试验结果吻合良好的计算结果，证明了这一方法是模拟带材轧制过程的一个可行的、能适用于宽带计算的工程实用方法，为板形控制的理论分析提供了一个新的手段。

（2）轧制大宽厚比的带材时，仍然存在不可忽略的金属横向流动。按平面应变问题处理的传统做法，将会造成较大误差。

（3）轧后不同板形状态下压力、摩擦力和张力的横向分布规律是大不相同的。将轧制压力沿带宽按均布或按抛物线处理的做法，与实际情况都有较大差别。在进行板形控制设计时，应精确分析轧件的三维变形，以便为辊系变形的计算提供精确的力边界条件。

（4）轧后板形良好不但提高板形质量，而且由于各力参数横向分布趋于均匀，还有助于改善轧辊磨损不均和减少断带事故。

参考文献

[1] 户泽康寿，石川孝司，岩田德利．薄板圧延の3次元变形に对する改良した解析〔薄板圧延の3次元变形に関する解析的研究-5-〕(板圧延のクラウン及び形状特集号)．塑性と加工，1982，23(263)：1181-1187.

[2] 连家创，段振勇，叶星．三维解析法求解辊缝中金属横向流动问题．东北重型机械学院学报，1984，8(3)：1-9.

[3] 刘才．三维弹塑性有限元法对轧制过程的模拟．东北重型机械学院学报，1987，6(3)：66-74.

[4] 刘才，杜凤山，连家创．薄板连轧过程的变形和应力场．机械工程学报，1992，28(1)：104-108.

[5] 肖宏．三维弹塑性边界元法模拟板带轧制过程的研究：[博士学位论文]．东北重型机械学院，1991.

[6] 刘宏民，连家创．研究冷轧带材金属横向流动和张力横向分布的线性条元法．钢铁研究学报，1992，4(3)：37-44.

[7] Kragelsky I V. Friction and wear calculation methods. Oxford: Pergamon Press，1982.

[8] 刘宏民，段振勇，连家创．四辊轧机冷轧带材压力摩擦力张力横向分布的实验研究．钢铁，1992，27(6)：31-35，41.

求解冷轧带材金属横向流动和前张应力横向分布的一种新型条元变分法①

郑振忠，彭　艳，刘宏民
（燕山大学机械工程学院，秦皇岛，066004）

摘　要：将变形区划分为许多纵向条元，根据最小能量原理，通过对单个条元的变分，由欧拉微分方程求得条元上的出口横向位移函数模式，再通过对整个变形区的变分，由一组线性方程直接求得条元节线上的出口横向位移值，进而确定前张应力的横向分布。冷轧窄带和宽带的前张应力横向分布的计算结果与实验结果吻合较好，证明了该理论模型的正确性。

关键词：冷轧带材；横向流动；张力分布；条元；变分

A New Strip Element Variation Method for Analysing Lateral Flow of Metal and Transverse Distribution of Front Tension Stress of Cold Rolled Strip

Zheng Zhenzhong, Peng Yan, Liu Hongmin
(School of Mechanical Engineering, Yanshan University, Qinhuangdao, 066004)

Abstract: The deformation zone is divided into many longitudinal strip elements. Exit lateral displacement function on the element is derived from Euler differential equation by means of variation of single element. Then the exit lateral displacement values on element nodes are directly solved by a group of liner equations by means of variation of whole deformation zone. Therefore the transverse distribution of front tension stress is determined. The values calculated on the transverse distribution of front tension stress are in agreement with the measured values of the experiments on narrow and wide cold rolled strips, which proves the theory model correct.

Key words: Cold rolled strip; Lateral flow; Tension distribution; Strip element; Variation

求解带材轧制金属的横向流动和前张应力的横向分布，对于建立三维轧制理论，进行板形预报和板形控制都具有重要意义。变形区金属横向流动的求解精度对于前张应力横向分布的计算精度影响很大。文献[1,2]用变分法解析求解了金属的横向流动，但在欧拉微分方程的通解中忽略了带材厚度和压下量横向变化的影响，给计算结果造成较大误差。文献[3,4]提出研究这一问题的条元法，最终

① 钢铁研究学报，1999，11(5)：21-25.

归结为一个非线性优化问题，优化迭代计算量大且计算结果对于初值的依赖性强。本文作者将变分法和条元法结合起来，通过对单个条元的变分，由欧拉微分方程求得条元上的出口横向位移函数模式，再通过对整体带材的变分，由一组线性方程直接求得条元节线上的出口横向位移值，从而解决了金属横向流动和前张应力横向分布的一次求解问题。

1　理论模型和求解方法

1.1　变形区条元划分和横向位移模式

如图1所示，将整个带宽划分为 m 个宽度不等的纵向条元。节线横向坐标用 $y_i(i=0,1,\cdots,m)$ 表示，节线上的出口横向位移用 $u_i=u(y_i)$ 表示，m 为奇数。单元宽度 $S_i=y_i-y_{i-1}(i=1,2,\cdots,m)$。

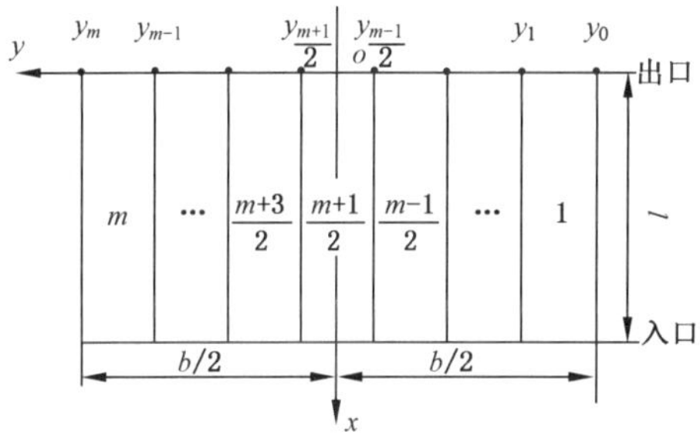

图1　变形区条元划分

Fig. 1　Strip element division in deformation zone

条元上金属横向位移 W 的模型为[1]：

$$W_i(x,y)=\left(1-\frac{h_i-h_{1i}}{h_{0i}-h_{1i}}\right)u(y)\quad(i=1,2,\cdots,m)\tag{1}$$

式中：h_{0i},h_{1i}——条元的入口和出口厚度（取条元宽度中点值）；

h_i——变形区条元厚度$[h_i=h_{1i}+(h_{0i}-h_{1i})(x/l)^2]$；

$u(y)$——条元上的出口横向位移函数（待定）。

1.2　变分法求解条元上的出口横向位移函数

条元的总变形功率 N_{zi} 为[1]：

$$N_{zi}=\bar{v}_1\,\bar{h}_1\int_{y_{i-1}}^{y_i}F_i[y,u(y),u'(y)]\mathrm{d}y\quad(i=1,2,\cdots,m)\tag{2}$$

而

$$F_i[y,u(y),u'(y)]=2k\frac{\Delta h_i}{h_{ci}}\sqrt{1-u'(y)\frac{h_{ci}}{\Delta h_i}+\left[u'(y)\frac{h_{ci}}{\Delta h_i}\right]^2}+2f\int_0^1\frac{c_i}{h_{1i}+\Delta h_ih^2}\cdot\sqrt{(h_n^2-h^2)^2+4h^2\left[\frac{u(y)}{c_i}\right]^2}\mathrm{d}h+\frac{1-\nu^2}{2E}e_{1i}^2(y)\tag{3}$$

条元上前张应力 $e_{1i}(y)$ 的模型为[1]：

$$e_{1i}(y)=\bar{e}_1+\frac{E}{1-\nu^2}\times\left[1+\frac{h_{1i}}{\bar{h}_1}-\frac{h_{0i}}{\bar{h}_0}-\frac{l_{0i}}{\bar{l}_0}+u'(y)-\frac{u_m-u_0}{b}\right]\quad(i=1,2,\cdots,m)\tag{4}$$

式中：$\bar{v}_1$——带材出口横向平均速度；

k——材料的剪切变形抗力；

f——变形区接触面平均摩擦应力；

Δh_i——条元的压下量（$\Delta h_i=h_{0i}-h_{1i}$）（取条元宽度中点值）；

$\bar{e}_1$——带材横向平均前张应力；

E,ν——带材的弹性模量和泊松比；

$\bar{h}_0,\bar{h}_1,\bar{l}_0$——带材入口、出口厚度和来料长度的横向平均值；

l_{0i}——条元来料长度（取单元宽度中点值）；

b——带材宽度；

$h_{ci}=\frac{h_{0i}+h_{1i}}{2};c_i=\frac{\Delta h_i l}{h_{ni}};h=\frac{x}{l}$;

$h_n=\frac{x_n}{l}$;

h_{ni}——条元中性点厚度(取条元宽度中点值);

x_n——中性点坐标。

根据最小能量原理,轧制时条元的总变形功率应最小,$u(y)$必须满足欧拉微分方程,即:

$$\frac{\partial F_i}{\partial u}-\frac{\mathrm{d}}{\mathrm{d}y}\left(\frac{\partial F_i}{\partial u}\right)=0\quad(i=1,2,\cdots,m)\tag{5}$$

将式(3)和式(4)代入式(5),根据文献[1]的简化方法,并考虑到 h_{0i},h_{1i} 和 l_{0i} 沿条宽不变,则欧拉方程变为一个二阶齐次线性微分方程:

$$u''-K_i^2u=0\quad(i=1,2,\cdots,m)\tag{6}$$

式中:$K_i^2=\frac{8fh_{ni}(1-\nu^2)}{Eh_{ci}\Delta h_i lY_i}$;

$Y_i=1+\frac{3kh_{ci}(1-\nu^2)}{2E\Delta h_i}$。

根据边界条件有:

$$y=y_{i-1},u=u_{i-1};y=y_i,u=u_i\quad(i=1,2,\cdots,m)\tag{7}$$

得到式(6)的通解为:

$$u(y)=\mathrm{csch}(K_is_i)\{\mathrm{sh}[K_i(y_i-y)]u_{i-1}+\mathrm{sh}[K_i(y-y_{i-1})]u_i\}\quad(i=1,2,\cdots,m)\tag{8}$$

1.3 条元节线上的出口横向位移值的确定

带材轧制时的总变形功率 N_z 为:

$$N_z=\sum_{i=1}^{m}N_{zi}=\bar{v}_1\bar{h}_1\sum_{i=1}^{m}\int_{y_{i-1}}^{y_i}F_i[y,u(y),u'(y)]\mathrm{d}y\tag{9}$$

其中:

$$u'(y)=\mathrm{csch}(K_is_i)K_i\{-\mathrm{ch}[K_i(y_i-y)]u_{i-1}+\mathrm{ch}[K_i(y-y_{i-1})]u_i\}\quad(i=1,2,\cdots,m)\tag{10}$$

将式(8)和式(10)代入式(9),得到:

$$N_z=\bar{v}_1\bar{h}_1\sum_{i=1}^{m}\int_{y_{i-1}}^{y_i}F_i[y,u_{i-1},u_i]\mathrm{d}y=N_z(u_0,u_1,u_2,\cdots,u_m)\tag{11}$$

即带材轧制的总变形功率是条元节线上的出口横向位移 $u_0,u_1,u_2,\cdots,u_m$ 共 $m+1$ 个待定参数的函数。

根据总变形功率为最小的条件,有:

$$\frac{\partial N_z}{\partial u_j}=0\quad(j=0,1,2,\cdots,m)\tag{12}$$

即:

$$\sum_{i=1}^{m}\int_{y_{i-1}}^{y_i}\frac{\partial F_i}{\partial u_j}\mathrm{d}y=0\quad(j=0,1,2,\cdots,m)\tag{13}$$

由式(3)和式(4)得到:

$$\frac{\partial F_i}{\partial u_j}=[-k+\bar{e}_1+c_i-e_0(u_m-u_0)]\frac{\partial u'(y)}{\partial u_j}+\left[\frac{2kh_{ci}}{\Delta h_i}+\frac{E}{1-\nu^2}\right]u'(y)\frac{\partial u'(y)}{\partial u_j}+\frac{8fh_{ni}}{h_{ci}\Delta h_i l}u(y)\frac{\partial u(y)}{\partial u_j}-\frac{e_{1i}(y)}{b}\left[\frac{\partial u_m}{\partial u_j}-\frac{\partial u_0}{\partial u_j}\right]\quad(i=1,2,3,\cdots,m;j=0,1,2,\cdots,m)\tag{14}$$

由式(8)和式(10)又得到:

$$\frac{\partial u'(y)}{\partial u_j}=\mathrm{csch}(K_is_i)K_i\left\{-\mathrm{ch}[K_i(y_i-y)]\frac{\partial u_{i-1}}{\partial u_j}+\mathrm{ch}[K_i(y-y_{i-1})]\frac{\partial u_i}{\partial u_j}\right\}$$

$$\frac{\partial u(y)}{\partial u_j}=\operatorname{csch}(K_is_i)\left\{\operatorname{sh}[K_i(y_i-y)]\frac{\partial u_{i-1}}{\partial u_j}+\operatorname{sh}[K_i(y-y_{i-1})]\frac{\partial u_i}{\partial u_j}\right\}$$

$$(i=1,2,3,\cdots,m;j=0,1,2,\cdots,m) \tag{15}$$

将式(14)和式(15)代入式(13)，整理得到：

$$\sum_{i=1}^{m}\left[(-k+e_1+c_i+e_bu_0-e_bu_m)\left(-\frac{\partial u_{i-1}}{\partial u_j}+\frac{\partial u_i}{\partial u_j}\right)+\left(T_i\frac{\partial u_{i-1}}{\partial u_j}+U_i\frac{\partial u_i}{\partial u_j}\right)u_{i-1}+\right.$$

$$\left.\left(U_i\frac{\partial u_{i-1}}{\partial u_j}+T_i\frac{\partial u_i}{\partial u_j}\right)u_i\right]-e_1\left(\frac{\partial u_m}{\partial u_j}-\frac{\partial u_0}{\partial u_j}\right)=0\quad(j=0,1,2,\cdots,m) \tag{16}$$

式中：$T_i=Z_i\operatorname{cth}(K_is_i)+\lambda_i\dfrac{K_is_i}{\operatorname{sh}^2(K_is_i)}$；

$U_i=-\lambda_i\dfrac{K_is_i\operatorname{ch}(K_is_i)}{\operatorname{sh}^2(K_is_i)}-Z_i\dfrac{1}{\operatorname{sh}(K_is_i)}$；

$e_b=\dfrac{E}{1-\nu^2}\dfrac{1}{b}$；

$c_i=\dfrac{E}{1-\nu^2}\left(1+\dfrac{h_{1i}}{\overline{\overline{h_1}}}-\dfrac{h_{0i}}{\overline{\overline{h_0}}}-\dfrac{l_{0i}}{\overline{\overline{l_0}}}\right)$；

$Z_i=\dfrac{kh_{ci}K_i}{\Delta h_i}+\dfrac{4fh_{ni}}{h_{ci}\Delta h_ilK_i}+\dfrac{EK_i}{2(1-\nu^2)}$；

$\lambda_i=\dfrac{kh_{ci}K_i}{\Delta h_i}-\dfrac{4fh_{ni}}{h_{ci}\Delta h_ilK_i}+\dfrac{EK_i}{2(1-\nu^2)}$。

因为$\dfrac{\partial u_i}{\partial u_j}=\begin{cases}1 & j=j\\0 & i\neq j\end{cases}$，所以由式(16)可得到 $m+1$ 个线性方程，即：

$$\begin{cases}(T_1-e_b)u_0+U_1u_1+e_bu_m=-k+C_1\\U_ju_{j-1}+(T_j+T_{j+1})u_j+U_{j+1}u_{j+1}=c_{j+1}-c_j\quad(j=1,2,\cdots,m-1)\\e_bu_0+U_mu_{m-1}+(T_m-e_b)u_m=k-c_m\end{cases} \tag{17}$$

求解线性方程组(17)，可得到节线上的出口横向位移 $u_0,u_1,u_2,\cdots,\mu_m$，将其代入式(10)和式(4)可计算出前张应力的横向分布。

2　计算结果与实验结果的对比

对 300 mm 四辊轧机冷轧工业纯铝带(窄带)和 1850 mm 六辊 CVC 轧机冷轧铝合金带(宽带)的变形区金属横向流动和前张应力横向分布进行了计算。在计算中根据实测数据将带材入口厚度和出口厚度的横向分布按下式回归，即：

$$\begin{cases}h_0(y)=B_0+B_2\left(\dfrac{2y}{b}\right)^2+B_4\left(\dfrac{2y}{b}\right)^4+B_6\left(\dfrac{2y}{b}\right)^6+B_{12}\left(\dfrac{2y}{b}\right)^{12}\\h_1(y)=b_0+b_2\left(\dfrac{2y}{b}\right)^2+b_4\left(\dfrac{2y}{b}\right)^4+b_6\left(\dfrac{2y}{b}\right)^6+b_{12}\left(\dfrac{2y}{b}\right)^{12}\end{cases}$$

式中：$B_0\sim B_{12}$ 和 $b_0\sim b_{12}$ 为回归系数。

冷轧窄带($b=250$ mm)的计算条件[5,6]如表 1 所示。两个轧制部位出口横向位移的计算结果及前张应力横向分布计算结果与实验结果的对比情况如图 2 所示。其中部位 1 对应轧后的边浪情况，前张应力分布计算值与实测值的吻合情况较好；部位 2 对应轧后的中浪情况，前张应力分布计算值与实测值的基本趋势是一致的。

冷轧宽带($b=1040$ mm，1101 mm)的计算条件见表 1。两个轧制部位轧后边浪和中浪条件下的研究结果如图 3 所示。两种情况下前张应力分布的计算结果均与实验结果吻合较好。

表 1　冷轧窄带和宽带的轧制计算条件

Table 1　Calculation conditions for cold rolled narrow and wide strip

参数	工业纯铝带(b=250 mm)		1235 合金带(b=1040 mm)	1145 合金带(b=1101 mm)
	部位 1	部位 2	部位 1	部位 2
p/N	32 100	28 000	3631×10^3	2100×10^3
T_0/N	3531.7	3159.6	6600	26 200
T_1/N	3944.4	4434.9	6320	26 200
$\overline{h_0}/mm$	0.372 238 7	0.420 491 2	0.347 632	1.388 005
$\overline{h_1}/mm$	0.347 522 6	0.396 461 6	0.191 226 3	0.703 708 8
B_0	0.371 249 9	0.419 663 9	0.349 038 5	1.388 579 2
B_2	$3.542\,09\times10^{-3}$	$2.551\,887\times10^{-3}$	$-8.416\,918\,2\times10^{-3}$	$-4.913\,299\,9\times10^{-3}$
B_4	$-9.597\,82\times10^{-4}$	$-1.161\,99\times10^{-4}$	$-6.686\,620\,8\times10^{-3}$	$4.985\,553\,2\times10^{-3}$
B_6	0	0	$3.447\,173\,5\times10^{-2}$	$1.354\,889\times10^{-2}$
B_{12}	0	0	$2.844\,501\,4\times10^{-2}$	$-2.430\,127\times10^{-2}$
b_0	0.347 009 8	0.395 076 7	0.191 704 8	0.704 014 3
b_2	$2.631\,297\times10^{-3}$	$4.070\,621\times10^{-3}$	$-4.178\,718\times10^{-3}$	$-2.175\,431\times10^{-3}$
b_4	$-1.821\,064\times10^{-3}$	$1.402\,726\times10^{-4}$	$-7.577\,908\times10^{-3}$	$6.348\,727\times10^{-3}$
b_6	0	0	$2.420\,09\times10^{-2}$	$-1.246\,345\times10^{-3}$
b_{12}	0	0	$-1.886\,124\times^{-2}$	$-4.739\,778\times10^{-3}$

注：p——总轧制压力；T_1，T_0——前、后总张力

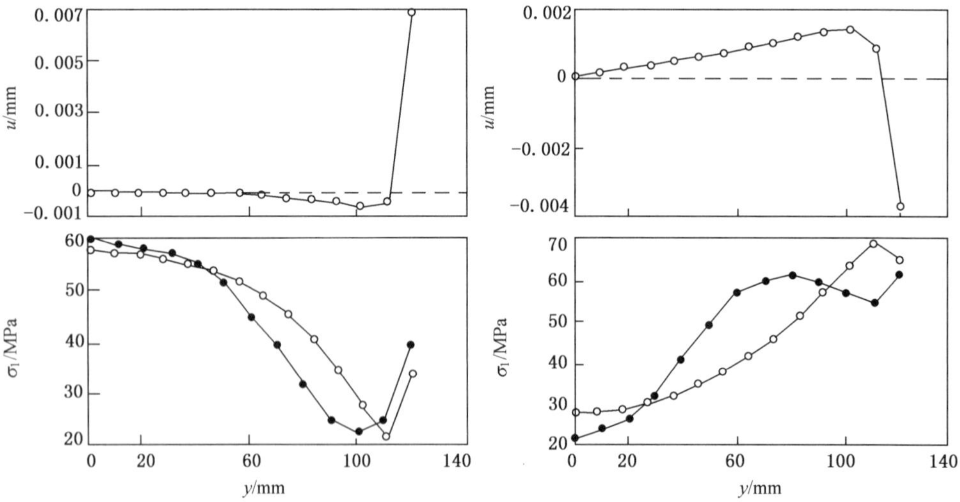

○—计算结果；●—实验结果

左—部位 1(边浪)；右—部位 2(中浪)

图 2　冷轧窄带(b=250 mm)的出口横向位移(上)和前张应力横向分布(下)的计算与实验结果

Fig. 2　Calculated and experimental results of cold rolled narrow strip(b=250 mm)

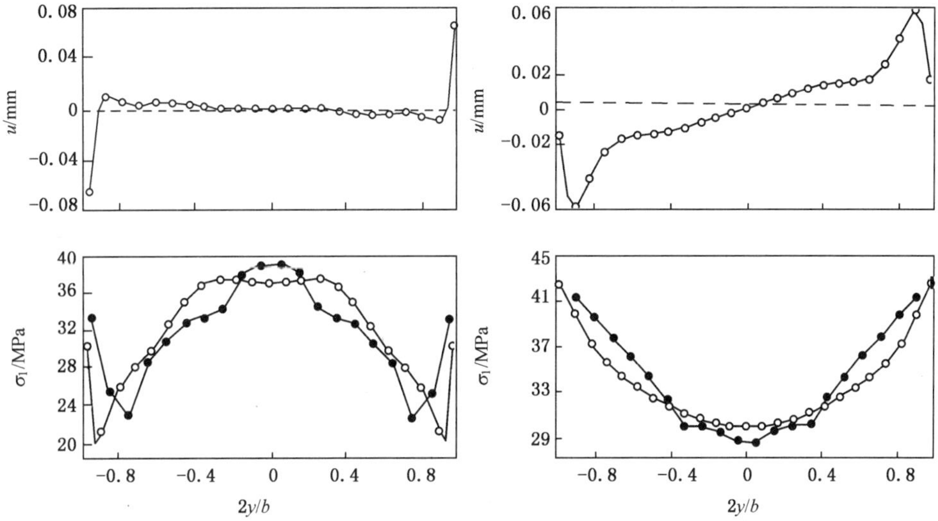

○—计算结果；●—实验结果

左—部位 1(边浪)，b=1040 mm；右—部位 2(中浪)，b=1101 mm

图 3　冷轧宽带的出口横向位移(上)和前张应力横向分布(下)的计算与实验结果

Fig. 3　Calculated and experimental results of cold rolled wide strip

3　结论

(1) 用变分法与条元法相结合的新条元变分方法对单个条元变分首先确定金属的横向位移模式，再通过对整体带材的变分由线性方程组一次解出节线横向位移值，进而确定前张应力的横向分布。该计算方法简便快捷。

(2) 用新条元变分法计算的冷轧窄带和宽带轧后不同板形情况下前张应力横向分布的计算结果与实测结果均吻合较好，证明本方法是实用可靠的。

(3) 新条元变分法考虑了板厚和压下量横向分布的影响，因而提高了计算精度另外，由于避免了原有条元法所要求的迭代计算，大大提高了计算速度。

(4) 新条元法为板形预报和控制及研究三维轧制理论，提供了一种新的实用有效的理论工具。

参考文献

[1] Lian Jiachuang. Analysis of Profile and Shape Control in Flat Rolling. In Proceedings of the First International Conference on Steel Rolling. Tokyo，1980：713.

[2] 王宏旭，连家创，陈淑云. 钢铁研究学报，1996，8(1)：16.

[3] Liu Hongmin，Lian Jachuang. Chin J Met Sci Technol，1992，8(6)：427.

[4] 刘宏民，连家创. 钢铁研究学报，1993，4(3)：37.

[5] 刘宏民. 四辊轧机冷轧带材压力摩擦力张力横向分布的理论和实验研究：[学位论文]. 北京：北京图书馆，1988.

[6] 刘宏民，段振勇，连家创. 钢铁，1992，27(6)：31.

模拟热轧板带三维变形的条层法及仿真实例①

刘宏民，王英睿，金　丹
（燕山大学机械工程学院）

摘　要：提出一种模拟板带轧制过程三维变形的新的数值方法——条层法。首先沿高向将变形区均匀地划分为若干层，然后再沿着金属的流动轨迹将变形区内的每层带材划分为若干流线条元，为了方便分析和计算，又将流线条元映射为矩形条元。横向位移的纵向分布被构造为四次曲线，横向分布用三次样条插值函数表示，高向分布用二次曲线拟合。根据塑性力学流动理论，分析推导了变形区三维变形和应力的数学模型。与本文作者曾经提出的流线条元法相比，考虑了应力与变形沿高向的不均匀分布，实现了精确的三维分析和计算。关于热带钢连轧和厚板轧制的仿真实例表明，提出的方法和模型符合实际，为板带轧制过程的三维力学仿真提供了一个新的实用工程数值方法。

关键词：板带轧制；三维分析；条层法；单位轧制压力；张应力；板形

Strip Layer Method for Simulation of the Three-dimensional Deformations of Hot Plate and Strip Rolling

Liu Hongmin，Wang Yingrui，Jin Dan
（School of Mechanical Engineering，Yanshan University）

Abstract：A new method called the strip layer method（SLM）for simulating the three-dimensional deformations of plate and strip rolling process is presented. The rolling deformation zone is divided evenly into a number of layers along the altitudinal direction of plate or strip，every layer plate（strip）is divided into a number of stream line strip elements along metal flow traces，and the streamline strip elements are mapped into the corresponding rectangle strip elements for analysis and computation. The longitudinal distribution model of the metal lateral displacement is constructed to be a quartic curve，its lateral distribution is expressed as the third-power spline function，and its altitudinal distribution is fitted to be a parabolic curve. From the flow theory of plastic mechanics，the three-dimensional deformations and stresses of the deformation zone are analysed and formulated. Compared with the streamline strip element method（SSEM）that the first author of this paper has put forward，the strip layer method considers the uneven distributions of stresses and deformations along altitudinal direction，and realizes the precise analysis and computation. The simulation examples of hot steel strip continuous rolling and thick plate rolling indicate that the method and the model accord with facts，and provide a new reliable engineering-computation method for the three-dimensional mechanics simulation of plate and strip rolling process.

Key words：Plate and strip rolling；Three-dimensional analysis；Strip layer method；Unit rolling pressure；Tension stress；Shape

① 冶金设备，2003（1）：1-8.

1　引言

板形和板凸度是板带轧制的重要质量指标，板形控制是板带轧机的关键技术。随着板形控制技术的发展，板形理论越来越受到人们的重视，并逐步得到深入的研究。板带轧制的三维变形理论是板形理论研究的重点和难点。传统板带轧制理论以平面应变变形假设为基础，忽略金属的横向变形，并认为高向变形为均匀变形，所以它不能准确地分析影响轧后板形的关键要素——轧制压力和前后张应力的横向分布。因此，金属三维变形理论研究被提到日程上来。

近二十年来，为了模拟板带轧制的三维变形，人们提出了许多数值计算方法。常用的方法有，有限差分法(FDM)[1,2]，有限元法(FEM)[3-5]，边界元法(BEM)[6,7]，矩形条元法(RSEM)和流线条元法(SSEM)[8-11]。前三种方法目前只对轧件宽厚比较小(<300)的情况进行了研究，没有解决大宽厚比(500～1000及以上)板带轧制的计算问题，因此难以指导板形控制技术的发展。后两种方法虽然能够计算大宽厚比的问题，但由于它假设应力与变形沿高向(厚度方向)均匀分布，对于轧制较厚的板带会造成较大误差。为了克服上述方法的缺点，本文提出一种新的数值方法——条层法(SLM)，来模拟板带轧制过程的三维变形。条层法考虑了应力与应变沿高度的不均匀分布，实现了精确的三维分析和计算。

2　变形区条层划分与横向位移函数模型

2.1　基本假设

1）轧制过程为稳定轧制过程，且关于 xoy 和 xoz 平面对称(图1和图2)；

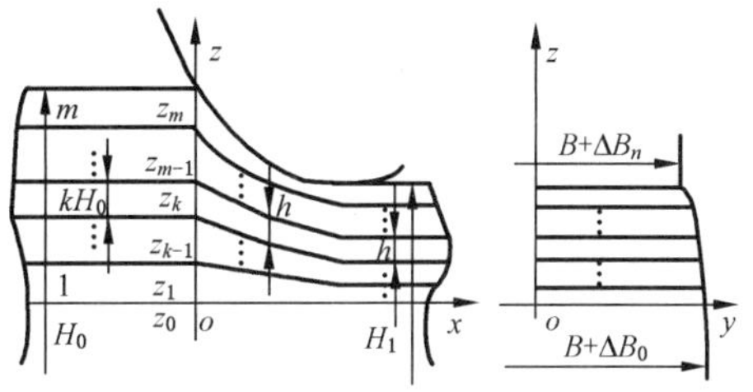

图1　变形区分层示意图

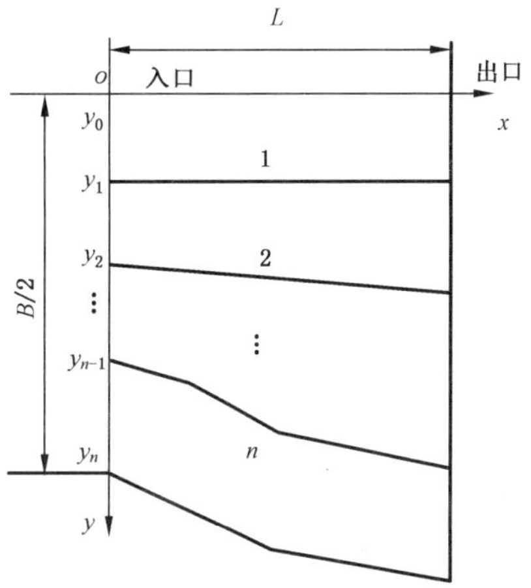

图2　变形区流线条元划分图

2）轧件在辊缝中为刚塑性体，在辊缝外为弹性体；

3）纵向流动速度沿高度方向不变。

2.2　条层的划分及映射

根据基本假设1)，取变形区的四分之一为研究对象。按照图1所示的方法，将变形区均匀的划分为 m 层，图中 H_0 和 H_1 分别是带材的入口和出口厚度，h_0 和 h_1 分别是每层带材的入口和出口厚度，是变形区内每层带材的厚度。再按照图2所示的方法，沿着金属的流动轨迹将变形区内的每一层又划分为 n 个流线条元。在入口处($x=0$)，条元节线的横向坐标为 y_i($i=0,1,2,\cdots,n$)，在纵向其他位置，条元节线的横向坐标是未知的。

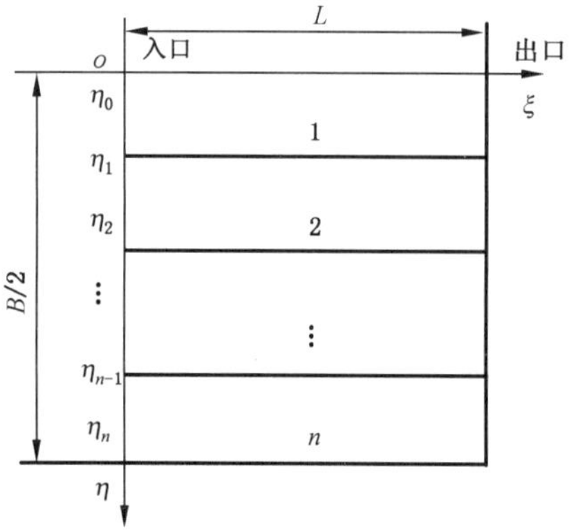

图 3 映射坐标系下变形区条元模型

条元节线是未知流动曲线，给分析和计算带来困难。为便于数值分析和计算，如图 3 所示，将 x-y-z 坐标系下的曲线条元映射为 ξ-η-λ 坐标系下的矩形条元。两坐标系之间映射关系为

$$\begin{aligned}x&=\xi\\y&=\eta+W(\xi,\eta,\lambda)\\z&=\lambda\end{aligned}\tag{1}$$

式中：W——横向位移函数。

在变形区入口处，有

$$W(\xi,\eta,\lambda)=0,\quad \eta=y,(x=\xi=0)\tag{2}$$

2.3 雅可比矩阵及其逆矩阵

设有一函数 $G(x,y,z)$ 其中 x、y 和 z 又是 ξ、η 和 λ 的函数，那么存在下列关系：

$$\begin{bmatrix}\dfrac{\partial G}{\partial \xi}\\\dfrac{\partial G}{\partial \eta}\\\dfrac{\partial G}{\partial \lambda}\end{bmatrix}=[J]\begin{bmatrix}\dfrac{\partial G}{\partial x}\\\dfrac{\partial G}{\partial y}\\\dfrac{\partial G}{\partial z}\end{bmatrix},\quad \begin{bmatrix}\dfrac{\partial G}{\partial x}\\\dfrac{\partial G}{\partial y}\\\dfrac{\partial G}{\partial z}\end{bmatrix}=[J]^{-1}\begin{bmatrix}\dfrac{\partial G}{\partial \xi}\\\dfrac{\partial G}{\partial \eta}\\\dfrac{\partial G}{\partial \lambda}\end{bmatrix}\tag{3}$$

式中雅可比矩阵$[J]$根据式(1)求出

$$[J]=\begin{bmatrix}\dfrac{\partial x}{\partial \xi}&\dfrac{\partial y}{\partial \xi}&\dfrac{\partial z}{\partial \xi}\\\dfrac{\partial x}{\partial \eta}&\dfrac{\partial y}{\partial \eta}&\dfrac{\partial z}{\partial \eta}\\\dfrac{\partial x}{\partial \lambda}&\dfrac{\partial y}{\partial \lambda}&\dfrac{\partial z}{\partial \lambda}\end{bmatrix}=\begin{bmatrix}1&\dfrac{\partial W}{\partial \xi}&0\\0&1+\dfrac{\partial W}{\partial \eta}&0\\0&\dfrac{\partial W}{\partial \eta}&1\end{bmatrix}\tag{4}$$

矩阵$[J]$的逆矩阵为

$$[J]^{-1}=\frac{1}{1+\dfrac{\partial W}{\partial \eta}}\begin{bmatrix}1+\dfrac{\partial W}{\partial \eta}&-\dfrac{\partial W}{\partial \xi}&0\\0&1&0\\0&-\dfrac{\partial W}{\partial \lambda}&1+\dfrac{\partial W}{\partial \eta}\end{bmatrix}\tag{5}$$

微分体积 $\mathrm{d}x\mathrm{d}y\mathrm{d}z$ 与微分体积 $\mathrm{d}\xi\mathrm{d}\eta\mathrm{d}\lambda$ 之间的转换关系为

$$\mathrm{d}x\mathrm{d}y\mathrm{d}z=|J|\mathrm{d}\xi\mathrm{d}\eta\mathrm{d}\lambda=\left(1+\frac{\partial W}{\partial \eta}\right)\mathrm{d}\xi\mathrm{d}\eta\mathrm{d}\lambda\tag{6}$$

2.4 横向位移函数

在变形区内，金属的横向位移函数可假定为

$$W(\xi,\eta,\lambda)=f(\xi)u(\eta,\lambda)\tag{7}$$

根据文献[11]有

$$f(\xi)=1+4\left(\frac{\xi}{L}-1\right)^3+3\left(\frac{\xi}{L}-1\right)^4\tag{8}$$

u 为出口横向位移函数。式(7)和式(8)满足入口和出口处的位移边界条件

$$W(0,\eta,\lambda)=0,W(L,\eta,\lambda)=u(\eta,\lambda)\tag{9}$$

条元上的出口横向位移函数沿横向采用三次样条插值函数拟合，沿高向假设为抛物线，则有

$$u(\eta,\lambda)=[\beta(\eta,\lambda)]^{\mathrm{T}}[U]\tag{10}$$

式中：

$$[U]=\begin{Bmatrix}u_{(i-1,0)}\\u_{(i-1,m)}\\u_{(i,0)}\\u_{(i,m)}\\u'_{\eta(i-1,0)}\\u'_{\eta(i-1,m)}\\u'_{\eta(m,0)}\\u'_{\eta(i,m)}\end{Bmatrix},[\beta(\eta,\lambda)]=\begin{Bmatrix}\alpha_1(\eta)\varphi_0(\lambda)\\\alpha_1(\eta)\varphi_m(\lambda)\\\alpha_2(\eta)\varphi_0(\lambda)\\\alpha_2(\eta)\varphi_m(\lambda)\\\alpha_3(\eta)\varphi_0(\lambda)\\\alpha_3(\eta)\varphi_m(\lambda)\\\alpha_4(\eta)\varphi_0(\lambda)\\\alpha_4(\eta)\varphi_m(\lambda)\end{Bmatrix} \tag{11}$$

$$\left.\begin{aligned}\alpha_1(\eta)&=\frac{(\eta_i-\eta)^2}{b_i^3}[3b_i-2(\eta_i-\eta)]\\\alpha_2(\eta)&=\frac{(\eta-\eta_{i-1})^2}{b_i^3}[3b_i-2(\eta-\eta_{i-1})]\\\alpha_3(\eta)&=\frac{(\eta_i-\eta)^2}{b_i^2}[b_i-(\eta_i-\eta)]\\\alpha_4(\eta)&=-\frac{(\eta-\eta_{i-1})^2}{b_i^2}[b_i-(\eta-\eta_{i-1})]\end{aligned}\right\} \tag{12}$$

$$\varphi_0(\lambda)=1-\left(\frac{\lambda}{H_1/2}\right)^2,\varphi_m(\lambda)=\left(\frac{\lambda}{H_1/2}\right)^2 \tag{13}$$

式中：$u_{(i,j)}=u(\eta_i,\lambda_j)$，$u'_{(i,j)}=\frac{\partial u}{\partial\eta}(\eta_i,\lambda_j)$，分别为节线上的出口横向位移及其对 η 的偏导数。这里 $i=0,1,2,\cdots,n$；$j=0,m$；$\lambda=0,\lambda_m=H_1/2$。式(10)至式(13)满足出口横向位移及其一阶和二阶导数均连续的条件。式中的 $u'_{\eta(i,j)}(i=0,1,2,\cdots,n;j=0,m)$，由第二类边界条件通过递推方法确定。所以，需要求解的待定参数为 $2(n+1)$ 个：$u_{(i,j)}(i=0,1,2,\cdots,n;j=0,m)$ 。

3　流动速度

在坐标系 x-y-z 下，对在入口处宽为 $\mathrm{d}y$ 的一流动微带进行分析。为了简化计算，近似地认为纵向流动速度沿高向不变，并取高向坐标为 $H/4$ 处的宽展值作为计算纵向流动速度的宽展值。根据秒流量相等原理，可得变形区内金属的纵向流动速度为 v_x 为

$$v_x=\frac{H_n\left[1+\left(\frac{\partial W}{\partial\eta}\right)_{\xi=x_n,\lambda=H_n/4}\right]}{H\left[1+\left(\frac{\partial W}{\partial_\eta}\right)_{\lambda=H/4}\right]}v_r\cos\gamma_n \tag{14}$$

式中 H 为变形区带材厚度，x_n 和 H_n 分别是中性面的纵坐标和带材厚度，γ_n 是中性角，v_r 是工作辊表面的线速度。

横向流动速度为[9]

$$v_y=\frac{\partial W}{\partial\xi}v_x \tag{15}$$

接触表面质点的高向流动速度为：

$$(v_z)_{\lambda=H/2}=\frac{1}{2}v_x\frac{\partial H}{\partial x}\frac{1}{2}(v_\lambda)_{\lambda=H/2}\frac{\partial_H}{\partial y}=\frac{1}{2}v_x\left[\frac{\partial H}{\partial x}+\frac{\partial H}{\partial y}\left(\frac{\partial W}{\partial\xi}\right)_{\lambda=H/2}\right] \tag{16}$$

由于在高向上是均匀分层，因此高向流动速度 v_z 沿高向呈线性分布

$$v_z=\frac{\lambda}{H/2}(v_z)_{\lambda=H/2}=\frac{\lambda}{H}(v_x)\left[\frac{\partial H}{\partial x}+\frac{\partial H}{\partial y}\left(\frac{\partial W}{\partial\xi}\right)_{\lambda=H/2}\right] \tag{17}$$

根据流动速度与应变速度的几何关系，求得正应变速度 $\dot{\varepsilon}_x,\dot{\varepsilon}_y,\dot{\varepsilon}_z$ 和剪应变速度 $\dot{\varepsilon}_{xy},\dot{\varepsilon}_{vz},\dot{\varepsilon}_{xz}$。

4　应力模型

4.1　三维应力模型

根据列维—米塞斯塑性流动方程、米塞斯屈服条件和体积不变条件 $\dot{\varepsilon}_x+\dot{\varepsilon}_y+\dot{\varepsilon}_z=0$，可得到变形区三维应力模型。

$$\sigma_x=\sigma_z+\frac{2k_s}{\Gamma}(2\dot{\varepsilon}_x+\dot{\varepsilon}_y)$$

$$\sigma_y = \sigma_z + \frac{2k_s}{\Gamma}(\dot{\varepsilon}_x + 2\dot{\varepsilon}_y)$$

$$\tau_{xy} = \frac{k_s}{\Gamma}\dot{\varepsilon}_{xy}$$

$$\tau_{yz} = \frac{k_s}{\Gamma}\dot{\varepsilon}_{yz}$$

$$\tau_{xz} = \frac{k_s}{\Gamma}\dot{\varepsilon}_{xz} \tag{18}$$

式中σ_x、σ_y、σ_z、τ_{xy}、τ_{yz}、τ_{xz}分别是x、y、z方向的正应力和剪应力，k_s是剪应力屈服强度，$k_s = 0.577\sigma_s$，σ_s为变形抗力，Γ为剪应变速度强度。

4.2 力平衡微分方程

由于各层厚度较薄，可以认为各应力分量沿该层高向保持不变，并取σ_z等于该层上、下表面正应力之和的一半，即

$$\sigma_z = -\frac{1}{2}(p_k + p_{k-1}) \quad (k = 1, 2, \cdots, m) \tag{19}$$

式中p_k和p_{k-1}分别是第k层上、下表面的压应力。

表面层（第m层）的纵向、横向和高向平衡微分方程为

$$\frac{\partial}{\partial x}(\sigma_x h) + \frac{\partial}{\partial y}(\tau_{xz} h) + \tau_x - \tau_{xy} + \frac{1}{2}p_m\frac{\partial H}{\partial x} = 0$$

$$\frac{\partial}{\partial y}(\sigma_y h) + \frac{\partial}{\partial x}(\tau_{xy} h) + \tau_y - \tau_{yz} + \frac{1}{2}p_m\frac{\partial H}{\partial y} = 0$$

$$p_{m-1} - p_m + \frac{\partial(\tau_{xz}h)}{\partial x} + \frac{\partial \tau_{yz}h}{\partial y} + \frac{1}{2}\frac{\partial H}{\partial x}\tau_x + \frac{1}{2}\frac{\partial H}{\partial y}\tau_y = 0 \tag{20}$$

式中和τ_x和τ_y分别为接触表面上的纵切向摩擦应力和横切向摩擦应力。

根据式(3)和式(5)，将式(20)映射到ξ-η-λ坐标系下，得到映射坐标系下的平衡微分方程，再与式(18)和式(19)联立，用σ_z替换掉σ_x和σ_y，用p_m和p_{m-1}替换掉σ_z并消去$\dfrac{\partial(p_m h)}{\partial \eta}$，可得到纵向和高向的平衡微分方程：

$$\begin{aligned}
\frac{\partial p_m}{\partial \xi} = {} & p_m \frac{1}{h}\left(\frac{1}{2}\frac{\partial H}{\partial \xi} - \frac{\partial h}{\partial \xi}\right) + \frac{k_s}{h}\left\{\frac{\partial(\alpha_x h)}{\partial \xi} + \frac{\dfrac{\partial W}{\partial \xi}}{1+\dfrac{\partial W}{\partial \eta}}\left[\frac{\partial(\alpha_y h)}{\partial \eta} - \frac{\partial \alpha_x h}{\partial \eta}\right]\right\} + \\
& \frac{1}{2h}\frac{\partial h}{\partial \xi}\left[\frac{\partial(\tau_{xz}h)}{\partial \xi} - \frac{\partial(\tau_{xz}h)}{\partial \eta}\frac{\dfrac{\partial W}{\partial \xi}}{1+\dfrac{\partial W}{\partial \eta}} + \frac{\dfrac{\partial(\tau_{yz}h)}{\partial \eta}}{1+\dfrac{\partial W}{\partial \eta}} + \frac{1}{2}\frac{\partial H}{\partial x}\tau_x + \frac{1}{2}\frac{\partial H}{\partial y}\tau_y\right] + \\
& \frac{1}{h}\left\{\frac{\partial W}{\partial \xi}\frac{\partial(\tau_{xy}h)}{\partial \xi} + \frac{\dfrac{\partial(\tau_{xy}h)}{\partial \eta}}{1+\dfrac{\partial W}{\partial \eta}}\left[1 - \left(\frac{\partial W}{\partial \xi}\right)^2\right]\right\} + \frac{1}{h}\left[\tau_x - \tau_{xz} + \frac{\partial W}{\partial \xi}(\tau_y - \tau_{yz})\right] + \\
& \frac{1}{2h}\left[\frac{\partial^2(\tau_{xz}h)}{\partial \xi^2} - \frac{\dfrac{\partial^2(\tau_{xz}h)}{\partial \xi \partial \eta}\dfrac{\partial W}{\partial \xi} + \dfrac{\partial(\tau_{xz}h)}{\partial \eta}\dfrac{\partial^2 W}{\partial \xi^2} - \dfrac{\partial^2(\tau_{yz}h)}{\partial \xi \partial \eta}}{1+\dfrac{\partial W}{\partial \eta}} + \frac{\dfrac{\partial(\tau_{xz}h)}{\partial \eta}\dfrac{\partial W}{\partial \xi}\dfrac{\partial^2 W}{\partial \xi \partial \eta} - \dfrac{\partial(\tau_{yz}h)}{\partial \eta}\dfrac{\partial^2 W}{\partial \xi \partial \eta}}{\left(1+\dfrac{\partial W}{\partial \eta}\right)^2}\right] + \\
& \frac{1}{4}\left[\tau_x \frac{\partial\left(\dfrac{\partial H}{\partial x}\right)}{\partial \xi} + \frac{\partial H}{\partial x}\frac{\partial \tau_x}{\partial \xi} + \frac{\partial H}{\partial y}\frac{\partial \tau_y}{\partial \xi} + \tau_y \frac{\partial\left(\dfrac{\partial H}{\partial y}\right)}{\partial \xi}\right]
\end{aligned} \tag{21}$$

$$p_m - p_{m-1} = \frac{\partial(\tau_{xz}h)}{\partial\xi} - \frac{\partial(\tau_{xz}h)}{\partial\eta}\frac{\dfrac{\partial W}{\partial\xi}}{1+\dfrac{\partial W}{\partial\eta}} + \frac{\dfrac{\partial(\tau_{yz}h)}{\partial\eta}}{1+\dfrac{\partial W}{\partial\eta}}\frac{1}{2}\frac{\partial H}{\partial x}\tau_x + \frac{1}{2}\frac{\partial H}{\partial y}\tau_y \tag{22}$$

式中：

$$a_x = \frac{2}{\Gamma}(2\dot{\varepsilon}_x + \dot{\varepsilon}_y), a_y = \frac{2}{\Gamma}(\dot{\varepsilon}_x + 2\dot{\varepsilon}_y) \tag{23}$$

内部各层的高向平衡微分方程为：

$$p_{k-1} - p_k + \frac{\partial(\tau_{xz}h)}{\partial x} + \frac{\partial(\tau_{yz}h)}{\partial y} = 0 \quad (k = 1,2,3,\cdots,m-1) \tag{24}$$

根据式(3)和式(5)，可得：

$$p_{k-1} = p_k - \left[\frac{\partial(\tau_{xz}h)}{\partial\xi} - \frac{\partial(\tau_{xz}h)}{\partial\eta}\frac{\dfrac{\partial W}{\partial\xi}}{1+\dfrac{\partial W}{\partial\eta}} + \frac{\dfrac{\partial(\tau_{yz}h)}{\partial\eta}}{1+\dfrac{\partial W}{\partial\eta}}\right] (k = 1,2,3,\cdots,m-1) \tag{25}$$

4.3　单位轧制压力

变形区入口和出口的应力边界条件为：

$$\sigma_z = \sigma_0 - \alpha_x k_s (X = \xi = 0)$$

$$\sigma_z = \sigma_1 - \alpha_x k_s (X = \xi = L) \tag{26}$$

式中 σ_1 和 σ_0 分别是前后张应力。由式(19)和式(22)，可得接触表面入、出口应力边界条件：

$$p_m = \frac{1}{2}\left[\frac{\partial(\tau_{xz}h)}{\partial\xi} - \frac{\partial(\tau_{xz}h)}{\partial\eta}\frac{\dfrac{\partial W}{\partial\xi}}{1+\dfrac{\partial W}{\partial\eta}} + \frac{\dfrac{\partial(\tau_{yz}h)}{\partial\eta}}{1+\dfrac{\partial W}{\partial\eta}} + \frac{1}{2}\frac{\partial H}{\partial x}\tau_x + \frac{1}{2}\frac{\partial H}{\partial y}\tau_y\right] + (\alpha_x k_x - \sigma_0)(x = \xi = 0)$$

$$p_m = \frac{1}{2}\left[\frac{\partial(\tau_{xz}h)}{\partial\xi} - \frac{\partial(\tau_{xz}h)}{\partial\eta}\frac{\dfrac{\partial W}{\partial\xi}}{1+\dfrac{\partial W}{\partial\eta}} + \frac{\dfrac{\partial(\tau_{yz}h)}{\partial\eta}}{1+\dfrac{\partial W}{\partial\eta}} + \frac{1}{2}\frac{\partial H}{\partial x}\tau_x + \frac{1}{2}\frac{\partial H}{\partial y}\tau_y\right] + (\alpha_x k_x - \sigma_l)(x = \xi = L) \tag{27}$$

利用式(27)和差分法由式(21)可求出接触表面上的单位轧制压力 p_m，再由式(22)和式(25)便可得到内部各层上下表面上的单位轧制压力 p_k 和 p_{k-1}($k=1,2,3,\cdots,m-1$)。合成摩擦应力在滑动区按库伦干摩擦定律计算，在制动区等于 k_s，在停滞区认为其按线性规律变化。

5　前后张应力、带材厚度及出口横向位移的确定

带材前张应力 $\sigma_1(\eta,\lambda)$ 和后张应力 $\sigma_0(\eta,\lambda)$ 的求法与文献[11]中的求法类似，不同的是本文将前后张应力的求解方程从一维扩展到了二维，可以根据各层的宽展和位移求解每一层的前后张应力。带材的入口厚度 $H_0(\eta)$ 和出口厚度 $H_1(\eta)$ 可表示成多项式函数，变形区内的带材厚度 $H(\xi,\eta)$ 沿 ξ 方向用抛物线表示，沿 η 方向与 $H_0(\eta)$ 和 $H_1(\eta)$ 一致。

板带轧制时的总变形功率 N 等于变形区内金属塑性变形功率 N_p，入口速度间断面上的功率 N_k，轧辊与轧件之间的摩擦功率 N_f，前张力所做功率 N_F，后张力所做功率 N_B 和轧后前张力积蓄的弹

性功率 N_E 六部分之和，即

$$N = N_p + N_k + N_f - N_F + N_B + N_E \quad (28)$$

这六部分功率的求法与文献[11]的求法类似。根据总势能最小原理，节线出口横向位移 $u_{(i,0)}$ 和 $u_{(i,m)}$ $(i=0,1,2,\cdots,n)$ 的真实值应满足下式：

$$\min N = N(u_{(0,0)}, u_{(1,0)}, \cdots, u_{(n,0)}; u_{(0,m)}, u_{(1,m)}, \cdots, u_{(n,m)}) \quad (29)$$

这是一个优化问题，可采用 Powell 优化方法求解。

6　板带轧制仿真及与实验对比

6.1　热带钢连轧仿真及对比

表 1　1450 mm 六机架热带钢连轧机轧制条件

Table 1 Calculation conditions for cold rolled narrow and wide strip

机座号	F1	F2	F3	F4	F5	F6
出口厚度/mm	15.2	10.58	7.74	5.58	4.65	4.19
轧制速度/(m/s)	1.45	2.15	3.03	4.00	5.00	5.64
摩擦系数	0.281	0.254	0.215	0.171	0.125	0.130
变形抗力/MPa	187.5	198.6	204.9	228.1	212.2	192.1
轧件温度/℃	954	931	910	890	870	860

表 1 给出 1450 mm 六机架热带钢连轧机轧制宽为 1100 mm、厚为 4.19 mm 带钢产品的轧制条件，轧件材质为 Q215B，来料厚度为 24.7 mm，工作辊直径为 650 mm。图 4 示出各道次出口板凸度和单位宽度轧制压力(p_l)的横向分布，以及第一、第三和第五道次出口横向位移(u)、前张应力(σ_1)和后张应力(σ_0)的横向分布，其中虚线代表最外层的计算结果，实线代表最内层的计算结果。由图 4 可见，带钢最外层出口横向位移小于最内层出口横向位移，表明轧后带钢侧面呈鼓形，这与实际情况是一致的。最外层的前张应力和后张应力与最内层的相差不多，表明在轧制宽薄带钢时，前后张应力沿厚度方向变化很小。各道次的后张应力与前张应力有类似的分布规律，这与文献[8-11]的研究结果相一致。图 5 示出各架总轧制压力计算值和实测值的对比，可见二者很接近。

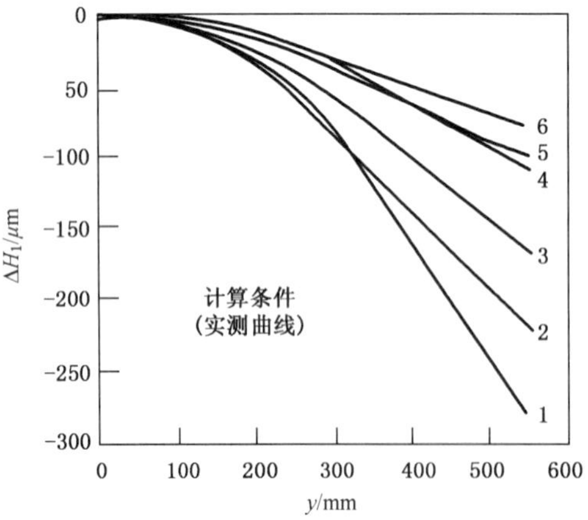

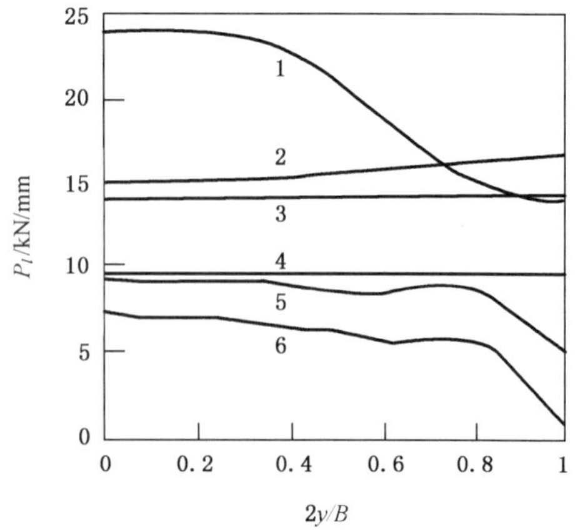

图 4　热带钢连轧计算结果

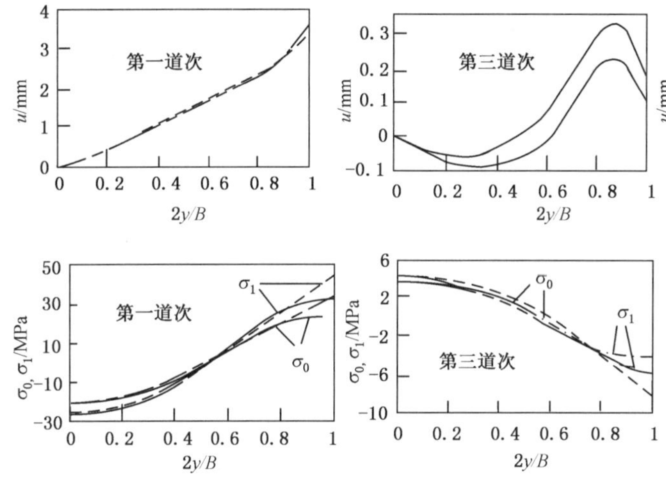

续图 4

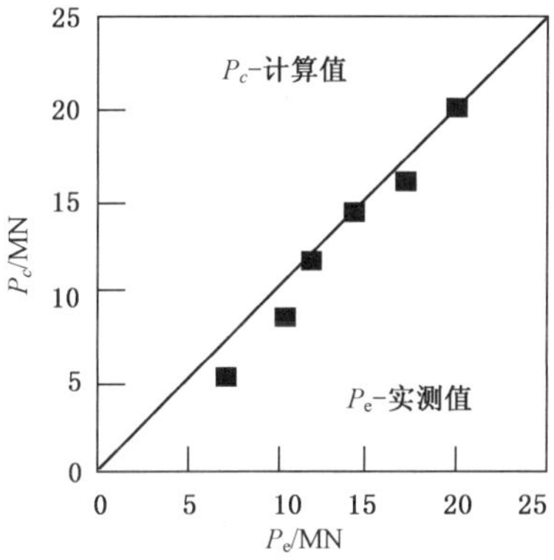

图 5　热带钢连轧总轧制压力计算值与实测值对比

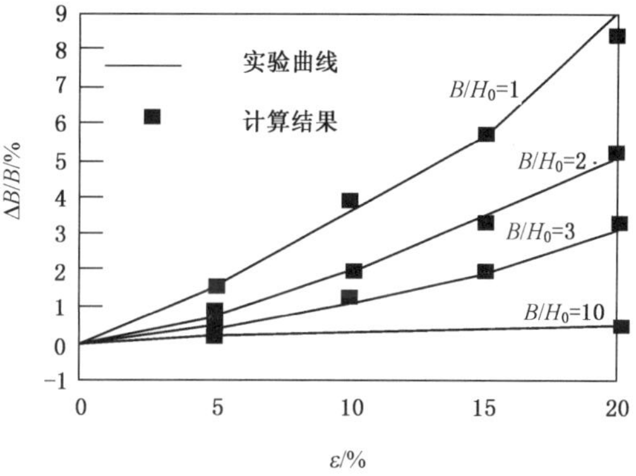

图 6　厚板轧制宽展量计算结果与实验规律的对比

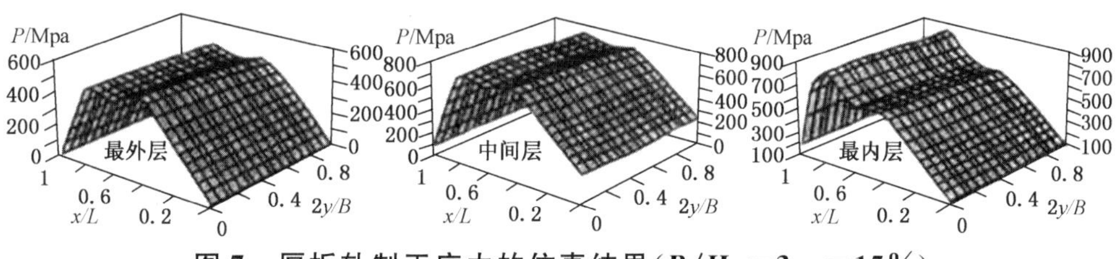

图 7　厚板轧制正应力的仿真结果($B/H_0=3, \varepsilon=15\%$)

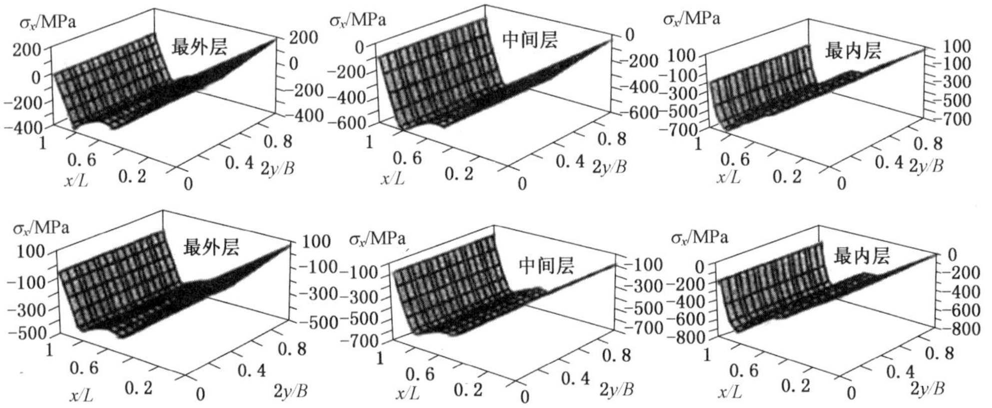

续图 7

6.2 厚板轧制仿真及对比

对平辊轧制矩形件(厚板)问题进行了仿真。轧件材质为中碳钢,来料宽度分别为 25.4 mm,50.8 mm,76.2 mm 和 254.0 mm,来料厚度(高度)均为 25.4 mm,宽厚比(B/H_0)分别为 1,2,3 和 10,压下率(ε)分别为 5%,10%,15% 和 20%。图 6 给出宽展计算结果与实验规律[4]的对比,二者吻合良好。随着轧件宽厚比的增大,宽展率($\Delta B/B$)减小。图 7 示出宽厚比为 3,压下率为 15%时的最外层、中间层和最内层单位轧制压力、x 方向正应力和 y 方向正应力的分布。单位轧制压力沿横向从宽度中心到边部均是减小的,但变化不大;沿纵向在中性面附近均有两个峰值,这与有限元计算所得的单位轧制压力分布规律[4,5]是相同的;沿高度方向,由外到内两个峰值的差逐渐增大,在内层已趋于单峰,类似于薄板轧制单位轧制压力的分布情况。σ_x 和 σ_y 与 p 有类似的分布规律。图 8 表示宽厚比为 1,压下率分别为 10%和 20%时横断面在不同轧制阶段的单元网格变形情况。随着轧制的进行,侧面逐渐外凸,形成腰鼓形,而轧件中心区域的网格变形仍然很小。压下率增大,单元网格的变形也随之增大。

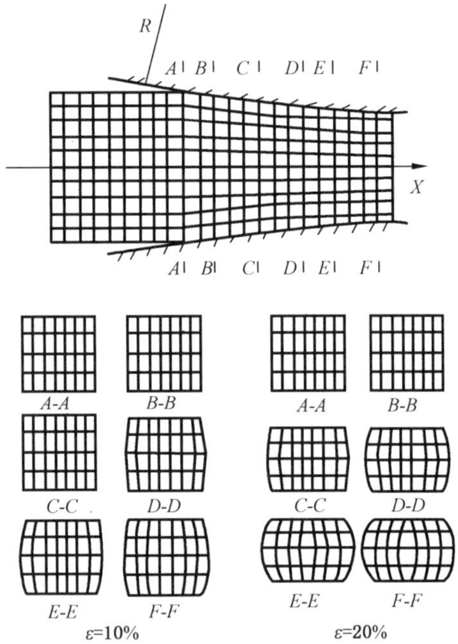

图 8　厚板轧制轧件横截面网格变形

7　结论

本文在流线条元法的基础上,提出了一种模拟板带轧制过程三维变形的新的数值方法——条层法。条层法在流线条元法将变形区沿横向划分为若干流线条的基础上,又将变形区沿高向分成若干层,考虑了应力和应变沿高向的不均匀分布。对热带钢连轧和厚板轧制的仿真分析结果表明，条层法不但适用于大宽厚比轧件，对小宽厚比轧件的计算精度也较高，是一种应用范围广的、实用的工程数值方法。

参考文献

[1] 户泽康寿，石川孝司，岩田德利. 薄板压延の3次元变形にわゐ对改良た解析[J]. 塑性と加工，1982，23 (263)：1181-1187.

[2] 连家创，段振勇，叶星. 三维解析法求解辊缝中金属横向流动问题[J]. 东北重型机械学院学报，1984(3)：1-9.

[3] Oh S I, Kobayashi S. An approximate method for a three dimensional analysis of rolling [J]. International Journal of Mechanical Sciences, 1975, 17(4): 293-305.

[4] Liu C, Hartley P, Sturgess C E N, Rowe G W. Finite-element modeling of deformation and spead in slab rolling [J]. International Journal of Mechanical Sciences, 1987, 29(4): 271-283.

[5] Kim N, Kobayashi S. Three-dimensional simulation of gap controlled plate rolling by the finite element method [J]. International Journal of Machine Tools & Manufacture, 1990, 30: 269-281.

[6] 肖宏，申光宪，连家创. 弹塑性有限变形问题的边界元法模拟轧制过程[J]. 机械工程学报，1994，30(增刊)：40-45.

[7] Huang Qingxue, Shen Guangxian, Xiao Hong. Analysis of rolling by elastoplastic finite deformation contact boundary element method [J]. Chinese Journal of Mechanical Engineering, 1997, 10(4): 289-294.

[8] 刘宏民，连家创. 研究冷轧带材金属横向流动和张力横向分布的线性条元法[J]. 钢铁研究学报，1992，4(3)：37-44.

[9] Liu Hongmin, Lian Jiachuang. Transver distributions of front and back tension stresses in cold strip rolling [J]. Chinese Journal of Metal Science and Technology, 1992, 8(6): 427-434.

[10] Liu Hongmin, Lian Jiachuang, Peng Yan. Third-power spline function strip element method and its simulation of the three-dimensional stresses and deformations of cold strip rolling [J]. Journal of Materials Processing Technology, 2001, 116 (2/3): 235-243.

[11] Liu Hongmin, Zheng Zhenzhong, Peng Yan. Streamline strip element method for analysis of the three-dimensional stresses and deformations of strip rolling [J]. International Journal for Numerical Methods in Engineering, 2001, 50: 1059-1076.

模拟板带轧制三维变形的流面条元法①

刘宏民，王英睿
（燕山大学机械工程学院）

摘　要：提出模拟板带轧制过程三维变形的一种新的数值方法——流面条元法。沿着金属的流动轨迹，将变形区划分为若干流面（曲面）条元，为方便分析和计算，又将其映射为平面条元。横向位移和高向位移的纵向分布被分别构造为四次曲线和二次曲线，其横向分布均用三次样条插值函数表示，高向分布均用二次曲线拟合。根据塑性力学流动理论，分析推导了变形区三维变形和应力的数学模型。与曾经提出的流线条元法相比，考虑了应力与变形沿高向的不均匀分布，实现了精确的三维分析和计算。仿真实例表明，该方法和模型符合实际，为板带轧制过程的三维力学仿真提供了一个新的实用工程数值方法。

关键词：板带轧制；三维分析；流面条元法；轧制压力；摩擦应力；张应力

Stream Surface Strip Element Method For Simulation of the Three-dimensional Deformations of Plate and Strip Rolling

Liu Hongmin，Wang Yingrui
（School of Mechanical Engineering，Yanshan University）

Abstract：A new method-the stream surface strip element method（SSSEM）for simulating the three-dimensional deformations of plate and strip rolling process is put forward. The rolling deformation zone is divided into a number of stream surface（curved surface）strip elements along metal flow traces，and the stream surface strip elements are mapped into the corresponding plane strip elements for analysis and computation. The longitudinal distributions of the lateral displacement and the altitudinal displacement of metal are respectively constructed to be a quartic curve and a quadratic curve，the lateral distributions of them are expressed as the third-power spline function，and the altitudinal distributions of them are fitted to be the quadratic curve. From the flow theory of plastic mechanics，the three-dimensional deformations and stresses of the deformation zone are analysed and formulated. Compared with the stream line strip element method（SSEM）that is put forward，the stream surface strip element method takes into account the uneven distributions of stresses and deformations along altitudinal direction，and realizes the precise three-dimensional analysis and computation. The simulation examples indicate that the method and the model accord with facts，and provide a new reliable engineering-computation method for the three-dimensional mechanics simulation of plate and strip rolling process.

Key words：Plate and strip rolling；Three-dimensional analysis；Stream surface strip element method；Rolling pressure；Frictions tress；Tension stress

① 机械工程学报，2003，39（7）：94-100.

0　前言

板形和板凸度是板带轧制的重要质量指标，板形控制是板带轧机的关键技术。随着板形控制技术的发展，板形理论越来越受到人们的重视，并逐步得到深入的研究。板带轧制的三维变形理论是板形理论研究的重点和难点。传统板带轧制理论以平面应变变形假设为基础，忽略金属的横向变形，并认为高向变形为均匀变形，所以它不能准确的分析影响轧后板形的关键要素——轧制压力和前后张应力的横向分布。因此，金属三维变形理论研究被提到日程上来。

近 20 年来，为了模拟板带轧制的三维变形，人们提出了许多数值计算方法。常用的方法有：有限差分法（FDM）[1,2]，有限元法（FEM）[3-5]，边界元法（BEM）[6,7]，矩形条元法（RSEM）和流线条元法（SSEM）[8-11]。前 3 种方法目前只对轧件宽厚比较小（<300）的情况进行了研究，没有解决大宽厚比（500～1000 及以上）板带轧制的计算问题，因此难以指导板形控制技术的发展。后两种方法虽然能够计算大宽厚比的问题，但由于它假设应力与变形沿高向（厚度方向）均匀分布，对于轧制较厚的板带会造成较大误差。为了克服上述方法的缺点，提出一种新的数值方法——流面条元法（SSSEM），来模拟板带轧制过程的三维变形。流面条元法考虑了应力与应变沿高度的不均匀分布，实现了精确的三维分析和计算。

1　变形区条元划分与位移函数模型

1.1　基本假设

（1）轧制过程是稳定的，且相对于平面 Oxy 对称（图 1）。所以，后面的分析和计算只考虑对称面的上半部分。

（2）轧件在辊缝中为刚塑性体，在辊缝外为弹性体。

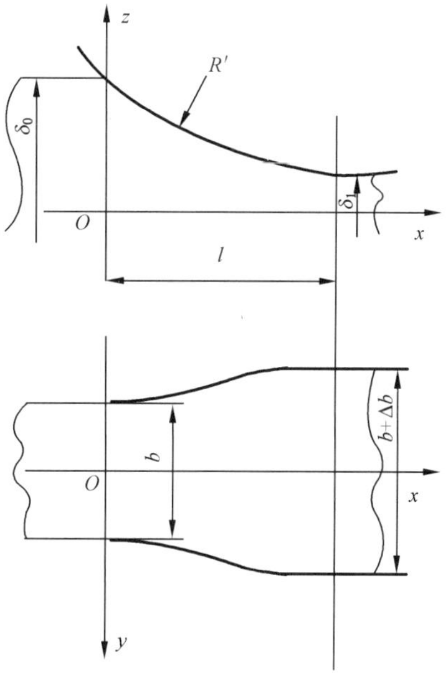

图 1　变形区示意图

R'—工作辊压扁半径；l—变形区长度；
δ_0—带钢入口厚度；δ_1—带钢出口厚度；
b—带钢入口宽度；Δb—宽展

1.2　流面条元划分及映射

对于图 1 所示的变形区，按照图 2 所示的方法，沿着金属的流动轨迹，将变形区划分为 n 个流面（曲面）条元。在入口处（$x=0$），条元节面的横向坐标为 y_i（$i=0,1,2,\cdots,n$），在纵向其他位置，条元节面的横向坐标是未知的。

金属质点的流动轨迹是未知曲线，条元节面是未知流动曲面，给分析和计算带来困难。为便于数值分析和计算，如图 3 所示，将 $Oxyz$ 坐标系下的曲面条元映射为 $O\xi\eta\lambda$ 坐标系下的平面条元（条元侧面和底面为平面，上表面为柱面）。两坐标系之间的映射关系为

$$x=\xi,\ y=\eta+w_y(\xi,\eta,\lambda),$$
$$z=\lambda+w_z(\xi,\eta,\lambda) \tag{1}$$

式中 w_y, w_z——横向和高向位移函数。

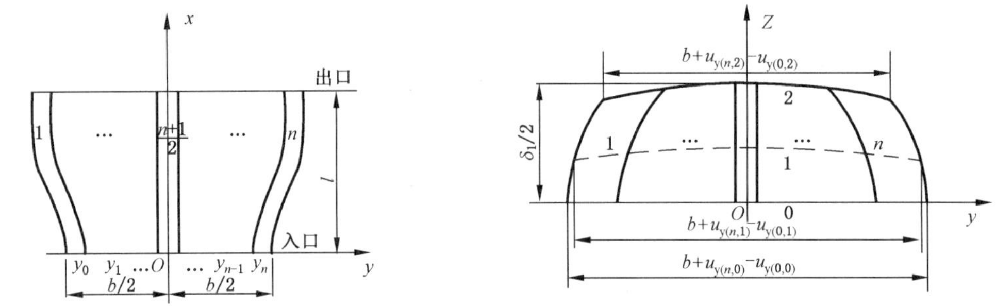

图 2　变形区流面条元划分

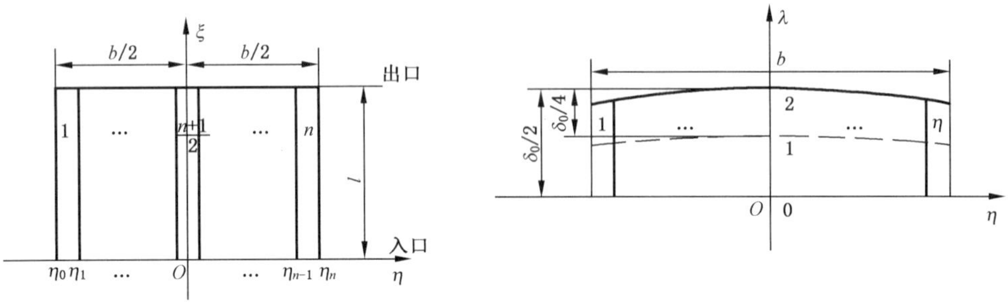

图 3　映射坐标系下变形区条元模型

在变形区入口处，有

$$w_y(\xi,\eta,\lambda)=0, w_z(\xi,\eta,\lambda)=0,$$
$$\eta=y, \lambda=z, x=\xi=0 \tag{2}$$

在映射坐标系下的条元(映射)宽度为

$$b_i=\eta_i-\eta_{i-1}=y_i-y_{i-1}\quad i=1,2,\cdots,n \tag{3}$$

1.3　雅可比矩阵及其逆矩阵

有一函数 $G(x,y,z)$，其中 x、y 和 z 又是 ξ、η 和 λ 的函数，那么存在下列关系

$$\begin{bmatrix}\frac{\partial G}{\partial \xi}\\ \frac{\partial G}{\partial \eta}\\ \frac{\partial G}{\partial \lambda}\end{bmatrix}=\boldsymbol{J}\begin{bmatrix}\frac{\partial G}{\partial x}\\ \frac{\partial G}{\partial y}\\ \frac{\partial G}{\partial z}\end{bmatrix},\quad \begin{bmatrix}\frac{\partial G}{\partial x}\\ \frac{\partial G}{\partial y}\\ \frac{\partial G}{\partial z}\end{bmatrix}=\boldsymbol{J}^{-1}\begin{bmatrix}\frac{\partial G}{\partial \xi}\\ \frac{\partial G}{\partial \eta}\\ \frac{\partial G}{\partial \lambda}\end{bmatrix} \tag{4}$$

式中雅可比矩阵 $\boldsymbol{J}$ 根据式(1)求出

$$\boldsymbol{J}=\begin{bmatrix}\frac{\partial x}{\partial \xi} & \frac{\partial y}{\partial \xi} & \frac{\partial z}{\partial \xi}\\ \frac{\partial x}{\partial \eta} & \frac{\partial y}{\partial \eta} & \frac{\partial z}{\partial \eta}\\ \frac{\partial x}{\partial \lambda} & \frac{\partial y}{\partial \lambda} & \frac{\partial z}{\partial \lambda}\end{bmatrix}=\begin{bmatrix}1 & \frac{\partial w_y}{\partial \xi} & \frac{\partial w_z}{\partial \xi}\\ 0 & 1+\frac{\partial w_y}{\partial \eta} & \frac{\partial w_z}{\partial \eta}\\ 0 & \frac{\partial w_y}{\partial \lambda} & 1+\frac{\partial w_z}{\partial \lambda}\end{bmatrix} \tag{5}$$

矩阵 $\boldsymbol{J}$ 的行列式为

$$|\boldsymbol{J}|=\left(1+\frac{\partial w_y}{\partial \eta}\right)\left(1+\frac{\partial w_z}{\partial \lambda}\right)-\frac{\partial w_y}{\partial \lambda}\frac{\partial w_z}{\partial \eta} \tag{6}$$

矩阵 $\boldsymbol{J}$ 的逆矩阵为

$$J^{-1}=\frac{1}{|J|}\begin{bmatrix}|J| & \frac{\partial w_y}{\partial \lambda}\frac{\partial w_z}{\partial \xi}-\frac{\partial w_y}{\partial \xi}\left(1+\frac{\partial w_z}{\partial \lambda}\right) & \frac{\partial w_y}{\partial \xi}\frac{\partial w_z}{\partial \eta}-\frac{\partial w_z}{\partial \xi}\left(1+\frac{\partial w_y}{\partial \lambda}\right)\\ 0 & 1+\frac{\partial w_z}{\partial \lambda} & -\frac{\partial w_z}{\partial \eta}\\ 0 & -\frac{\partial w_y}{\partial \lambda} & 1+\frac{\partial w_y}{\partial \eta}\end{bmatrix} \tag{7}$$

微分体积 $dxdydz$ 与微分体积 $d\xi d\eta d\lambda$ 之间的转换关系为

$$dxdydz=|J|d\xi d\eta d\lambda \tag{8}$$

因为 $dx=d\xi$，所以，由式(8)又可得到微分面积 $dydz$ 与微分面积 $d\eta d\lambda$ 之间的转换关系

$$dS=dydz=|J|d\eta d\lambda \tag{9}$$

1.4　横向和高向位移函数

在变形区内，金属的横向和高向位移函数可假定为

$$w_y(\xi,\eta,\lambda)=f(\xi)u_y(\eta,\lambda)$$
$$w_z(\xi,\eta,\lambda)=g(\xi)u_z(\eta,\lambda) \tag{10}$$

式中，u_y、u_z——出口横向和高向位移函数。

根据文献[11,12]有

$$f(\xi)=1+4\left(\frac{\xi}{l}-1\right)^3+3\left(\frac{\xi}{l}-1\right)^4$$
$$g(\xi)=1-\left(\frac{\xi}{l}-1\right)^2 \tag{11}$$

式(10)和式(11)满足入口和出口处的位移边界条件

$$w_y(0,\eta,\lambda)=0, w_y(l,\eta,\lambda)=u_y(\eta,\lambda)$$
$$w_z(0,\eta,\lambda)=0, w_z(l,\eta,\lambda)=u_z(\eta,\lambda) \tag{12}$$

根据基本假设(1)的对称条件和接触表面的约束条件，出口高向位移函数 u_z 应满足下面的边界条件

$$u_z(\eta,0)=0$$
$$u_z(\eta,\delta_0/2)=\frac{1}{2}[\delta_1(\eta)-\delta_0(\eta)] \tag{13}$$

条元上的出口横向和高向位移函数，沿横向采用三次样条插值函数拟合；沿高向假设为二次曲线，如图 3 所示，用沿高向分布的第 0,1,2 条线上的位移插值求解，则有

$$u_y(\eta,\lambda)=[\beta_y(\eta,\lambda)]^T\boldsymbol{u}_y \tag{14}$$

$$u_z(\eta,\lambda)=[\beta_z(\eta,\lambda)]^T\boldsymbol{u}_z+\frac{1}{2}[\delta_1(\eta)-\delta_0(\eta)]\varphi_2(\lambda) \tag{15}$$

式中

$$\boldsymbol{u}_z=\begin{bmatrix}u_{z(i-1,1)}\\u_{z(i,1)}\\u'_{z,\eta(i-1,1)}\\u'_{z,\eta(i,1)}\end{bmatrix}, \boldsymbol{\beta}_z(\eta,\lambda)=\varphi_1(\lambda)\begin{Bmatrix}\alpha_1(\eta)\\\alpha_2(\eta)\\\alpha_3(\eta)\\\alpha_4(\eta)\end{Bmatrix} \tag{16}$$

$$\boldsymbol{u}_y=\begin{bmatrix}u_{y(i-1,0)}\\u_{y(i-1,1)}\\u_{y(i-1,2)}\\u_{y(i,0)}\\u_{y(i,1)}\\u_{y(i,2)}\\u'_{y,\eta(i-1,0)}\\u'_{y,\eta(i-1,1)}\\u'_{y,\eta(i-1,2)}\\u'_{y,\eta(i,0)}\\u'_{y,\eta(i,1)}\\u'_{y,\eta(i,2)}\end{bmatrix}, \boldsymbol{\beta}_y(\eta,\lambda)=\begin{Bmatrix}\alpha_1(\eta)\varphi_0(\lambda)\\\alpha_1(\eta)\varphi_1(\lambda)\\\alpha_1(\eta)\varphi_2(\lambda)\\\alpha_2(\eta)\varphi_0(\lambda)\\\alpha_2(\eta)\varphi_1(\lambda)\\\alpha_2(\eta)\varphi_2(\lambda)\\\alpha_3(\eta)\varphi_0(\lambda)\\\alpha_3(\eta)\varphi_1(\lambda)\\\alpha_3(\eta)\varphi_2(\lambda)\\\alpha_4(\eta)\varphi_0(\lambda)\\\alpha_4(\eta)\varphi_1(\lambda)\\\alpha_4(\eta)\varphi_2(\lambda)\end{Bmatrix} \tag{17}$$

$$\begin{cases}\alpha_1(\eta)=\dfrac{(\eta_i-\eta)^3}{b_i^3}[3b_i-2(\eta_i-\eta)]\\ \alpha_2(\eta)=\dfrac{(\eta-\eta_{i-1})^2}{b_i^3}[3b_i-2(\eta-\eta_{i-1})]\\ \alpha_3(\eta)=\dfrac{(\eta_i-\eta)^2}{b_i^2}[b_i-(\eta_i-\eta)]\\ \alpha_4(\eta)=-\dfrac{(\eta-\eta_{i-1})^2}{b_i^2}[b_i-(\eta-\eta_{i-1})]\end{cases} \tag{18}$$

$$\begin{cases}\varphi_0(\lambda)=1-3\left(\dfrac{\lambda}{\delta_0/2}\right)+2\left(\dfrac{\lambda}{\delta_0/2}\right)^2\\ \varphi_1(\lambda)=4\left[\dfrac{\lambda}{\delta_0/2}-\left(\dfrac{\lambda}{\delta_0/2}\right)^2\right]\\ \varphi_2(\lambda)=-\dfrac{\lambda}{\delta_0/2}+2\left(\dfrac{\lambda}{\delta_0/2}\right)^2\end{cases} \tag{19}$$

式中，$u_{y(i,j)}=u_y(\eta_i,\lambda_j)$，$u_{z(i,1)}=u_z(\eta_i,\lambda_1)$，$u'_{y,\eta(i,j)}=\dfrac{\partial u_y}{\partial\eta}(\eta_i,\lambda_j)$，$u'_{z,\eta(i,1)}=\dfrac{\partial u_z}{\partial\eta}(\eta_i,\lambda_1)$分别为节面上的出口横向和高向位移及其对 η 的偏导数。这里 $i=0,1,2,\cdots,n$；$j=0,1,2$；$\lambda_0=0$，$\lambda_1=\delta_0/4$，$\lambda_2=\delta_0/2$。式(14)～(19)满足条元节面上出口横向和高向位移及其一阶和二阶导数均连续的条件，也满足式(13)表示的高向位移边界条件。式中的 $u'_{y,\eta(i,j)}$ 和 $u'_{z,\eta(i,1)}$($i=0,1,2,\cdots,n$；$j=0,1,2$)，由第二类边界条件通过递推方法确定。所以，需要求解的待定参数为 $4(n+1)$个：$u_{y(i,j)}$和 $u_{z(i,1)}$($i=0,1,2,\cdots,n$；$j=0,1,2$)。

2　流动速度

如图 4 所示，在坐标系 $Oxyz$ 下，对在入口处宽为 $\mathrm{d}y$、厚为 $\mathrm{d}z$ 的一流面微条元进行分析。根据流动体积不变原理，可得变形区内金属的纵向流动速度

$$v_x=\frac{\mathrm{d}S_n}{\mathrm{d}S_x}v_n=\frac{|\boldsymbol{J}|_{\xi=x_n}}{|\boldsymbol{J}|}v_n \tag{20}$$

因为式(6)中的 $\dfrac{\partial w_y}{\partial\lambda}\dfrac{\partial w_z}{\partial\eta}$ 远远小于 $\left(1+\dfrac{\partial w_y}{\partial\eta}\right)\left(1+\dfrac{\partial w_z}{\partial\lambda}\right)$，可将其忽略掉，则有

$$v_x=\frac{\left[\left(1+\dfrac{\partial w_y}{\partial\eta}\right)\left(1+\dfrac{\partial w_z}{\partial\lambda}\right)\right]_{\xi=x_n}}{\left(1+\dfrac{\partial w_y}{\partial\eta}\right)\left(1+\dfrac{\partial w_z}{\partial\lambda}\right)}v_n \tag{21}$$

式中，v_n 是中性面上的纵向流动速度，可表示为

$$v_n=v_r\cos\gamma_n \tag{22}$$

式中：v_r——工作辊表面的线速度；

γ_n——中性角。

横向流动速度 v_y 和高向流动速度 v_z 分别为

$$v_y=\frac{\partial w_y}{\partial\xi}v_x,\quad v_z=\frac{\partial w_z}{\partial\xi}v_x \tag{23}$$

根据流动速度与应变速度的几何关系，可求得正应变速度 $\dot{\varepsilon}_x,\dot{\varepsilon}_y,\dot{\varepsilon}_z$ 和切应变速度 $\dot{\gamma}_{xy},\dot{\gamma}_{yz},\dot{\gamma}_{xz}$。

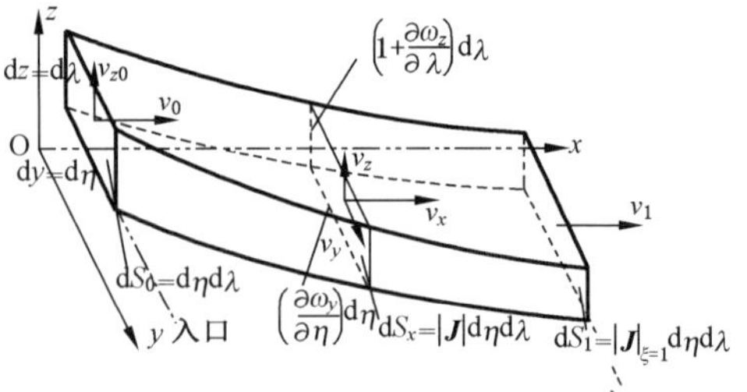

图 4　变形区内金属流动示意图

3　应力模型

3.1　三维应力模型

根据列维—米塞斯塑性流动方程、米塞斯屈服条件和体积不变条件，可得到变形区三维应力模型

$$\sigma_x=\sigma_z+\frac{2\tau_s}{\dot{\gamma}_{eq}}(\dot{\varepsilon}_x-\dot{\varepsilon}_z)$$

$$\sigma_y=\sigma_z+\frac{2\tau_s}{\dot{\gamma}_{eq}}(\dot{\varepsilon}_y-\dot{\varepsilon}_z)$$

$$\tau_{xy}=\frac{\tau_s}{\dot{\gamma}_{eq}}\dot{\gamma}_{xy}\quad \tau_{yz}=\frac{\tau_s}{\dot{\gamma}_{eq}}\dot{\gamma}_{yz}\quad \tau_{xz}=\frac{\tau_s}{\dot{\gamma}_{eq}}\dot{\gamma}_{xz} \tag{24}$$

式中：$\sigma_x,\sigma_y,\sigma_z,\tau_{xy},\tau_{yz},\tau_{xz}$——$x,y,z$ 方向的正应力和切应力；

$\dot{\gamma}_{eq}$——等效切应变速度；

τ_s——抗剪屈服点；

$\tau_s=0.577\sigma_s$；

σ_s——屈服点。

3.2　力平衡微分方程

$Oxyz$ 坐标系下的平衡微分方程为

$$\begin{aligned}
&\frac{\partial\sigma_x}{\partial x}+\frac{\partial\tau_{xy}}{\partial y}+\frac{\partial\tau_{xz}}{\partial z}=0\\
&\frac{\partial\tau_{xy}}{\partial x}+\frac{\partial\sigma_y}{\partial y}+\frac{\partial\tau_{yz}}{\partial z}=0\\
&\frac{\partial\tau_{xz}}{\partial x}+\frac{\partial\tau_{yz}}{\partial y}+\frac{\partial\sigma_z}{\partial z}=0
\end{aligned} \tag{25}$$

根据式(4)和式(7)，将式(25)映射到 $O\xi\eta\lambda$ 坐标系下，得到映射坐标系下的平衡微分方程。再联立式(24)，利用 σ_z 替换掉 σ_x 和 σ_y，并消去 $\partial\sigma_z/\partial\eta$，可得到 $\partial\sigma_z/\partial\xi$ 和 $\partial\sigma_z/\partial\lambda$ 的计算公式。

3.3　单位轧制压力和摩擦应力

根据基本假设(1)，可得在 $z=0(\lambda=0)$ 平面上的应力边界件

$$\tau_{xz}=0\quad \tau_{yz}=0\quad (z=0) \tag{26}$$

在接触面上的应力边界条件假定为

$$\sigma_z=-p\quad \tau_{xz}=\tau_x\quad \tau_{yz}=\tau_y \tag{27}$$

再根据入、出口应力边界条件

$$\begin{aligned}
&\sigma_z=\sigma_0-\alpha_x\tau_s\quad (x=\xi=0)\\
&\sigma_z=\sigma_1-\alpha_x\tau_s\quad (x=\xi=l)
\end{aligned} \tag{28}$$

可利用差分法由 $\partial\sigma_z/\partial\xi$ 和 $\partial\sigma_z/\sigma\lambda$ 的计算公式求出变形区接触表面的单位轧制压力 p。式中 τ_x 和 τ_y 分别为接触表面上的纵切向摩擦应力和横切向摩擦应力，σ_0 和 σ_1 分别是后张应力和前张应力，α_x 为变形状态系数，$\alpha_x=2(\dot{\varepsilon}_x-\dot{\varepsilon}_z)/\Gamma$。$\tau_x$、$\tau_y$ 的合成摩擦应力在滑动区按库伦干摩擦定律计算，在制动区等于 τ_s，在停滞区认为其按线性规律变化。

3.4　前、后张应力

考虑轧前长为 l_0 的微条元，轧后长度变为 l_1，由图 4 和体积不变条件得

$$l_1=l_0/|\boldsymbol{J}|_{\xi=l} \tag{29}$$

前张应力 σ_1 的数学模型为[8,9]

$$\sigma_1(\eta,\lambda)=\bar{\sigma}_1+\frac{E}{1-\nu^2}\frac{\bar{l}_1-l_1(\eta,\lambda)}{\bar{l}_1} \tag{30}$$

式中

$$\begin{aligned}
&\bar{l}_1=\frac{1}{S_1}\iint_{S_1}l_1\,\mathrm{d}S=\frac{2}{S_1}\int_{-\frac{b}{2}}^{\frac{b}{2}}\int_0^{\frac{\delta_0(\eta)}{2}}l_1|\boldsymbol{J}|_{\xi=l}\,\mathrm{d}\lambda\,\mathrm{d}\eta=\frac{2}{S_1}\int_{-\frac{b}{2}}^{\frac{b}{2}}\int_0^{\frac{\delta_0(\eta)}{2}}l_0\,\mathrm{d}\lambda\,\mathrm{d}\eta=\frac{S_0}{S_1}\bar{l}_0\\
&S_1=\iint_{S_1}\mathrm{d}S=2\int_{-\frac{b}{2}}^{\frac{b}{2}}\int_0^{\frac{\delta_0(\eta)}{2}}|\boldsymbol{J}|_{\xi=l}\,\mathrm{d}\lambda\,\mathrm{d}\eta\\
&S_0=\iint_{S_1}\mathrm{d}S=2\int_{-\frac{b}{2}}^{\frac{b}{2}}\int_0^{\frac{\delta_0(\eta)}{2}}\mathrm{d}\lambda\,\mathrm{d}\eta
\end{aligned} \tag{31}$$

$\bar{l}_1$ 是 l_1 沿整个出口截面的积分平均值，$\bar{l}_0$ 是 l_0 沿整个入口截面的积分平均值，S_1 是出口截面的截面积，S_0 是入口截面的截面积，$\bar{\sigma}_1$ 是平均前张应力，E 和 ν 分别是带材的弹性模量和泊松比。

根据参考文献[13]，l_0 与来料纵向残余应力 σ_{00} 有关，可表示为

$$l_0(\eta,\lambda)=\bar{l}_0\left[1-\frac{1-\nu^2}{E}\sigma_{00}(\eta,\lambda)\right] \tag{32}$$

将式(29)、(31)、(32)代入式(30)，并注意到式(6)和式(12)，忽略$|\boldsymbol{J}|$中的高阶小量，可得到

$$\sigma_1(\eta,\lambda)=\bar{\sigma}_1+\frac{E}{1-\nu^2}\left[1-\frac{S_1\left(1-\frac{1-\nu^2}{E}\sigma_{00}\right)}{S_0\left(1+\frac{\partial u_y}{\partial\eta}\right)\left(1+\frac{\partial u_z}{\partial\lambda}\right)}\right] \tag{33}$$

$\sigma_{00}(\eta,\lambda)$可以表示为多项式函数，当来料板形良好时，$\sigma_{00}(\eta,\lambda)=0$。

后张应力σ_0受来料纵向残余应力σ_{00}和入口纵向流动速度v_0的影响[8,9]，其数学模型为

$$\sigma_0(\eta,\lambda)=\bar{\sigma}_0+\sigma_{00}(\eta,\lambda)+\frac{E}{1-\nu^2}\left[\frac{v_0(\eta,\lambda)}{\bar{v}_0}-1\right] \tag{34}$$

式中：$\bar{v}_0$——v_0沿整个入口截面的积分平均值；

$\bar{\sigma}_0$——平均后张应力。

根据式(12)和式(21)可得

$$v_0(\eta,\lambda)=v_x(0,\eta,\lambda)=\left[\left(1+\frac{\partial w_y}{\partial\eta}\right)\left(1+\frac{\partial w_z}{\partial\lambda}\right)\right]_{\xi=x_n}v_n \tag{35}$$

根据流动体积不变条件，可得到

$$\bar{v}_0=\frac{S_n}{S_0}v_n \tag{36}$$

式中：S_n——中性面面积。

将式(35)和式(36)代入式(34)得到

$$\sigma_0(\eta,\lambda)=\bar{\sigma}_0+\sigma_{00}(\eta,\lambda)+\frac{E}{1-\nu^2}\left[\frac{S_0}{S_n}\left(\left(1+\frac{\partial w_y}{\partial\eta}\right)\left(1+\frac{\partial w_z}{\partial\lambda}\right)\right)_{\xi=x_n}-1\right] \tag{37}$$

4　板带厚度及节面出口位移的确定

板带材的入口厚度$\delta_0(\eta)$和出口厚度$\delta_1(\eta)$可表示成多项式函数，变形区内的板带材厚度$\delta(\xi,\eta)$沿ξ方向用抛物线表示，沿η方向与$\delta_0(\eta)$和$\delta_1(\eta)$一致。

板带轧制时的总变形功率P等于变形区内金属塑性变形功率，入口速度间断面上的功率，轧辊与轧件之间的摩擦功率，前张力所做功率，后张力所做功率和轧后前张力积蓄的弹性功率六部分之和。这六部分功率的求法与参考文献[11]的求法类似。根据总势能最小原理，节面上出口位移$u_{y(i,0)}$ $u_{y(i,1)}$，$u_{y(i,2)}$和$u_{z(i,1)}$ $(i=0,1,2,\cdots,n)$的真实值应满足下式

$$\min P=P\left[u_{y(i,0)},u_{y(i,1)},u_{y(i,2)},u_{z(i,1)}\right]\quad i=0,1,2,\cdots,n \tag{38}$$

这是一个优化问题，可采用 Powell 优化方法求解。

5　仿真实例

对平辊轧制矩形件(厚板)问题进行了仿真。轧件材质为中碳钢，来料宽度分别为 25.4 mm，50.8 mm，76.2 mm 和 254.0 mm，来料厚度(高度)均为 25.4 mm，宽厚比($b/\bar{\delta}_0$，$\bar{\delta}_0$为δ_0的横向积分平均值)分别为 1，2，3 和 10，压下率(ε)分别为 5%，10%，15%和 20%。图 5 给出宽展(Δb)计算结果与试验规律[4]的对比，二者吻合良好。随着轧件宽厚比的增大，宽展率($\Delta b/b$)减小。图 6 示出压下率为 10%，宽厚比分别为 1 和 10 时接触表面单位轧制压力(p)、$z=0$平面z向正应力(σ_{z0})、前张应力(σ_1)和后张应力(σ_0)的分布。单位轧制压力(p)的波动范围比正应力(σ_{z0})的小，但是p的分布形状比σ_{z0}的形状复杂得多，这是由于p受到切应力斜率$\partial\tau_{xz}/\partial y$和$\partial\tau_{yz}/\partial y$影响的缘

故。σ_{z0} 的分布与薄板轧制情况下的单位轧制压力的分布相似，沿纵向均是在中性面附近达到极值。随着宽厚比的增加，张应力沿高向的变化减小，沿横向的变化增大。这表明随着宽厚比的增加，变形和应力沿高向趋于均匀；沿横向，由于横向摩擦切应力 τ_y 的作用宽度增加，使变形和应力更加不均。所以，当轧制厚度很薄、宽度很大（如冷轧）的带材时，变形和应力沿高向可以认为是均匀的。

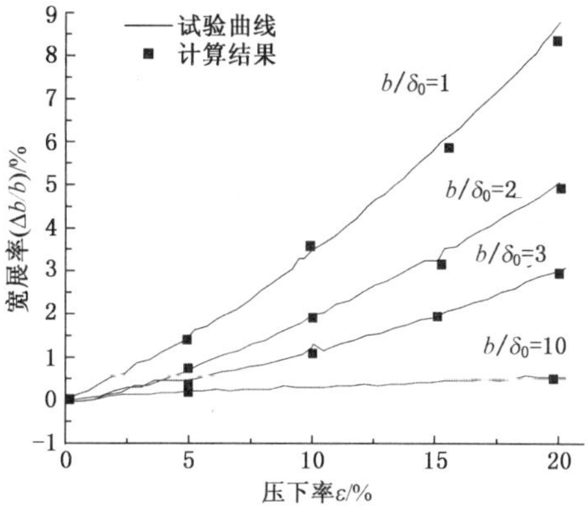

图 5　宽展量计算结果与试验规律的对比

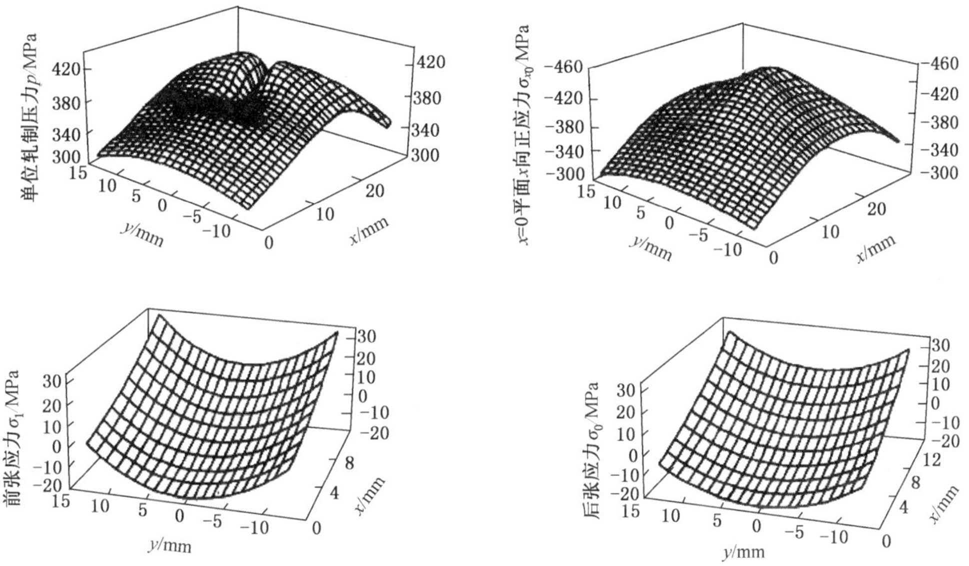

(a) $b/\overline{\delta}_0=1$

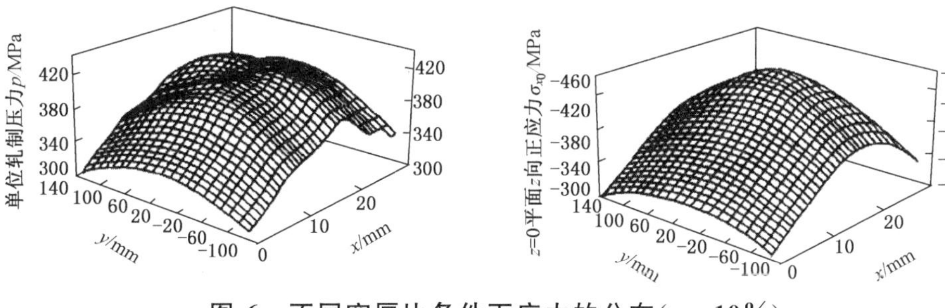

图 6　不同宽厚比条件下应力的分布（ε＝10%）

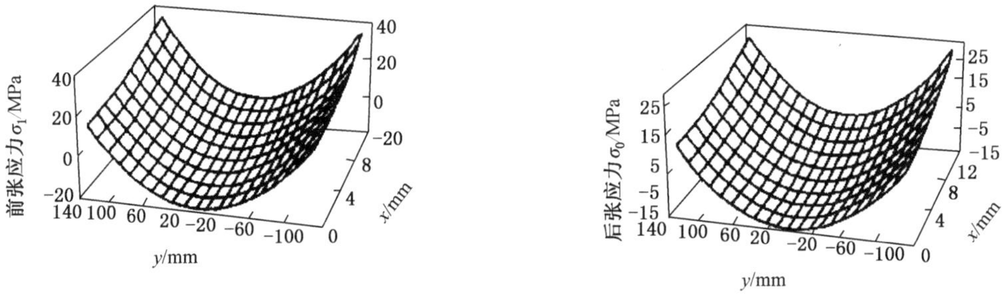

(b) $b/\overline{\delta}_0=10$

续图 6

6　结论

在流线条元法的基础上，提出了一种模拟板带轧制过程三维变形的新的数值方法——流面条元法。流面条元法将变形区沿着金属的流动轨迹划分为若干流面条元，考虑了应力和应变沿高向的不均匀分布。对厚板轧制的仿真分析结果表明，流面条元法符合实际，与试验规律相一致，是一种应用范围广的、实用的工程数值方法。

参考文献

[1] 户泽康寿，石川孝司，岩田德利. 薄板压延の3次元变形にかふ对改良た解析. 塑性と加工，1982，23(263)：1181-1187.

[2] 连家创，段振勇，叶星. 三维解析法求解辊缝中金属横向流动问题. 东北重型机械学院学报，1984(3)，1-9.

[3] Oh S I，Kobayashi S. An approximate method for a three dimensional analysis of rolling. International Journal of Mechanical Sciences，1975，17(4)：293-305.

[4] Liu C，Hartley P，Sturgess C E N，et al. Finite-element modeling of deformation and spead in slab rolling. International Journal of Mechanical Sciences，1987，29(4)：271-283.

[5] Kim N，Kobayashi S. Three-dimensional simulation of gap controlled plate rolling by the finite element method. International Journal of Machine Tools &Manufacture，1990，30：269-281.

[6] 肖宏，申光宪，连家创. 弹塑性有限变形问题的边界元法模拟轧制过程. 机械工程学报，1994，30(增刊)：40-45.

[7] Huang Q X，Shen G X，Xiao H. Analysis of rolling by elastoplastic finite deformation contact boundary element method. Chinese Journal of Mechanical Engineering，1997，10(4)：289-294.

[8] 刘宏民，连家创. 研究冷轧带材金属横向流动和张力横向分布的线性条元法. 钢铁研究学报，1992，4(3)：37-44.

[9] Liu H M，Lian J C. Transver distributions of front and back tension stresses in cold strip rolling. Chinese Journal of Metal Science and Technology，1992，8(6)：427-434.

[10] Liu H M，Lian J C，Pen Y. Third-power spline function strip element method and its simulation of the three-dimensional stresses and deformations of cold strip rolling. Journal of Materials Processing Technology，2001，116(2/3)：235-243.

[11] Liu H M，Zheng Z Z，Peng Y. Streamline strip element method for analysis of the three-dimensional stresses and deformations of strip rolling. International Journal for Numerical Methods in Engineering，2001(50)：1059-1076.

[12] 连家创，刘宏民. 板厚板形控制. 北京：兵器工业出版社，1996.

[13] 刘宏民. 三维轧制理论及其应用. 北京：科学出版社，1999.

精确接触边界条件下热轧带钢轧制力的仿真研究①

王英睿，刘宏民
（燕山大学机械工程学院，秦皇岛，066004）

摘　要：在流面条元法基础上，将带钢与轧辊的接触面视为三维曲面，结合塑性力学中斜面上应力的求解法，给出了接触表面上的精确应力边界条件，建立了单位轧制压力与变形区内部应力的关系，实现了对板带轧制三维应力和变形的精确分析和计算。热轧带钢轧制力的仿真研究结果表明，新算法（改进算法）的计算精度高于旧算法。

关键词：热轧带钢；流面条元法；边界条件；轧制压力；仿真

Simulation of Rolling Force for Hot Strip Rolling under Accurate Contact Boundary

Wang Yingrui, Liu Hongmin
(School of Mechanical Engineering, Yanshan University, Qinhuangdao, 066004)

Abstract: On the basis of the stream surface strip element method, based on the incline stress model in plastic mechanics, considering the interface between strip and rolls as a three-dimensional curved surface, and combining with the solution of the incline stress in plastic mechanics, the three-dimensional accurate stress boundary condition at the interface and the relationship between rolling pressure and internal stresses of deformation zone were obtained. The accurate analysis and computation for three-dimensional deformation and stress of plate and strip rolling have been carried out. The simulation of the rolling force of hot steel strip rolling indicates that the computation accuracy of the new method (the improved method) is higher than that of the former one.

Key words: Hot steel strip rolling; Stream surface strip element method; Boundary condition; Rolling pressure; Simulation

符号总表

B——带材入口宽度；

h——带材在变形区内的厚度；

h_0，h_1——带材的入口和出口厚度；

l——变形区长度；

P——总轧制力；

p——单位轧制压力；

p_b——单位长度轧制压力；

S_l——接触表面的面积；

S_n——微分单元体斜面上的全应力；

S_{xn}，S_{yn}，S_{zn}——S_n 在 3 个方向上的分量；

① 钢铁研究学报，2004，16(1)：34-39.

s_x, s_y, s_z, s_n——微分单元体的 4 个面；
$u_y(i,j)$——条元上的出口横向位移；
W_y, W_z——金属在横向和高向的位移函数；
Γ——剪应变速度强度；
$\dot{\varepsilon}_x, \dot{\varepsilon}_y, \dot{\varepsilon}_z$——$x$、$y$、$z$ 方向的正应变速度；
$\dot{\varepsilon}_{xy}, \dot{\varepsilon}_{yz}, \dot{\varepsilon}_{xz}$——$x$、$y$、$z$ 方向的剪应变速度；
k_s——剪应力屈服强度；
σ_n——斜面(接触面)上的法向应力；
$\sigma_x, \sigma_y, \sigma_z$——$x$、$y$、$z$ 方向的正应力；
σ_s——变形抗力；
σ_z——厚度方向的正应力；
τ_x, τ_y——接触面上的纵切向和横切向摩擦应力；
$\tau_{xy}, \tau_{yz}, \tau_{xz}$——$x$、$y$、$z$ 方向的剪应力。

板形和板凸度是板材及带材的重要质量指标，板形控制是板带轧机的关键技术。轧制压力的仿真对轧制力的预报和控制以及板形控制技术的研究和发展具有重要的意义。文献[1～4]采用有限元法对板带轧制的轧制力进行了研究，由于不能准确求出前后张应力的横向分布，所以无法精确求解轧制压力及其在接触面上的分布。文献[5～7]采用半解析半数值的方法对热带钢连轧进行了研究，由于没有考虑金属横向流动对变形区形状的影响，并认为变形和应力沿厚度方向均匀分布，故不能准确分析接触面上轧制压力的分布。文献[8,9]采用条元法对冷轧和热轧带材的轧制过程进行了研究，由于近似地认为接触面为水平面，接触面上的单位轧制压力等于该处厚度方向的正应力，所以也不能精确地计算轧制压力及其在接触面上的分布。笔者在流面条元法基础上，将接触面视为三维曲面，结合塑性力学中斜面上应力的求解法，给出了带钢与轧辊接触表面上的精确应力边界条件，实现了对板带轧制三维应力和变形的精确分析，并对四辊热轧带钢轧机的轧制力进行了仿真研究。

1　流面条元法简介

1.1　流面条元的划分及位移函数模型

按照图 1 所示的方法，沿着金属的流动轨迹，将变形区划分为 n 个流面(曲面)条元。在入口处($x=0$)条元节面的横向坐标为 $y_i(i=0,1,2,\cdots,n)$。在纵向其他位置，条元节面的横向坐标是未知的。

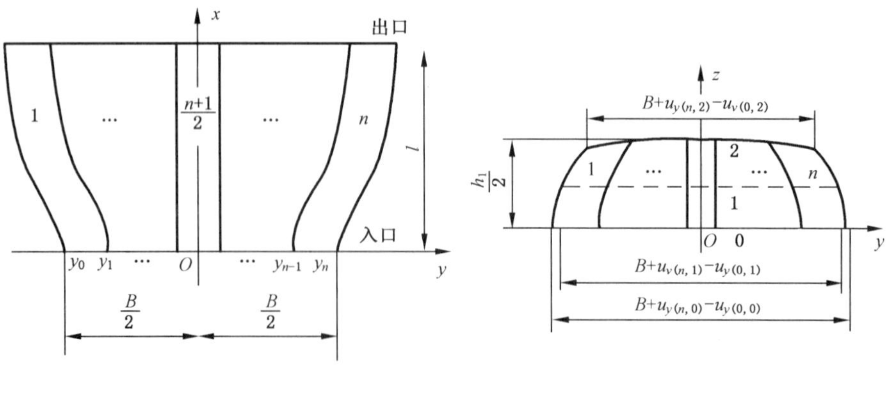

图 1　变形区流面条元的划分

Fig. 1　Division of stream surface strip element in deformation zone

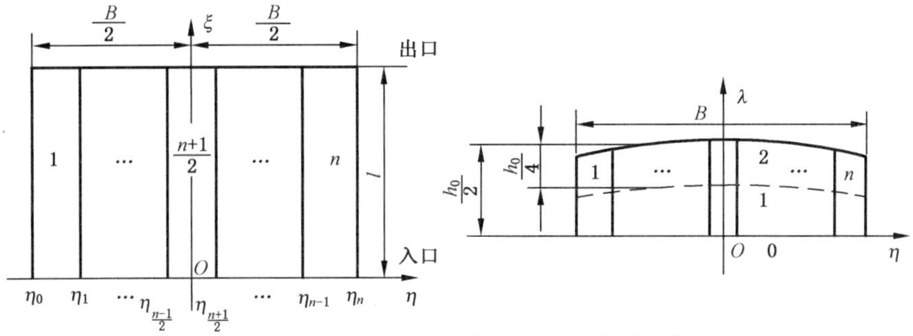

图 2　映射坐标系下变形区条元模型

Fig. 2　Strip element model in mapping coordinate system

金属质点的流动轨迹是未知曲线，条元节面是未知流动曲面，给分析和计算带来困难。为了便于数值分析和计算，按图 2 所示的方法，将 x-y-z 坐标系下的曲面条元(图 1)映射为 ξ-η-λ 坐标系下的平面条元(条元侧面和底面为平面，上表面为柱面)。两坐标系之间的映射关系为：

$$x=\xi,y=\eta+W_y(\xi,\eta,\lambda),\quad z=\lambda+W_z(\xi,\eta,\lambda) \tag{1}$$

在变形区内，金属在横向和高向的位移函数可假定为：

$$W_y(\xi,\eta,\lambda)=f(\xi)u_y(\eta,\lambda)$$
$$W_z(\xi,\eta,\lambda)=g(\xi)u_z(\eta,\lambda) \tag{2}$$

其中，$f(\xi)$和 $g(\xi)$分别为沿着纵向的 4 次和 2 次函数[9,10]；$u_y(\eta,\lambda)$和 $u_z(\eta,\lambda)$分别为条元上的出口横向位移函数和出口高向位移函数。$u_y(\eta,\lambda)$和 $u_z(\eta,\lambda)$为沿横向采用 3 次样条插值函数的拟合，沿高向假设为二次曲线。需要求解的待定参数为 $4(n+1)$个：$u_y(i,j)$和让 $u_z(i,1)$($i=0,1,2,\cdots,n$；$j=0,1,2$)，可根据最小势能原理利用优化方法求解。

1.2　应力模型

根据列维-米塞斯塑性流动方程、米塞斯屈服条件和体积不变的条件，可得到变形区三维应力模型，即：

$$\sigma_x=\sigma_z+\frac{2k_s}{\Gamma}(\dot{\varepsilon}_x-\dot{\varepsilon}_z),$$
$$\sigma_y=\sigma_z+\frac{2k_s}{\Gamma}(\dot{\varepsilon}_y-\dot{\varepsilon}_z),$$
$$\tau_{xy}=\frac{k_s}{\Gamma}\dot{\varepsilon}_{xy},\tau_{yz}=\frac{k_s}{\Gamma}\dot{\varepsilon}_{yz},\tau_{xz}=\frac{k_s}{\Gamma}\dot{\varepsilon}_{xz} \tag{3}$$

其中，$k_s=0.577\sigma_s$。

x-y-z 坐标系下的平衡微分方程为：

$$\frac{\partial\sigma_x}{\partial x}+\frac{\partial\tau_{xy}}{\partial y}+\frac{\partial\tau_{xz}}{\partial z}=0$$
$$\frac{\partial\tau_{xy}}{\partial x}+\frac{\partial\sigma_y}{\partial y}+\frac{\partial\tau_{yz}}{\partial z}=0$$
$$\frac{\partial\tau_{xz}}{\partial x}+\frac{\partial\tau_{yz}}{\partial y}+\frac{\partial\sigma_z}{\partial z}=0 \tag{4}$$

接触面上的应力边界条件为：

$$p=-\sigma_z \tag{5}$$

将式(4)映射到 ξ-η-λ 坐标系下，得到映射坐标系下的平衡微分方程。再联立式(3)，用 σ_z 替换 σ_x 和 σ_y，并消去$\frac{\partial\sigma_z}{\partial\eta}$项。根据接触面上的应力边界条件及变形区入口和出口处的张应力边界条件，利用差分法便可求得单位轧制压力的分布。

2　接触面上精确应力边界条件的建立

通常，带钢与轧辊的接触表面为三维曲面，所以式(5)给出的接触面应力边界条件是不精确的。特别是在热轧条件下，由于压下量较大时接触表面的斜度较大，采用式(5)所示的接触应力边界条件将会引起更大的误差，所以需要建立精确的接触应力边界条件。

在带钢与轧辊的接触表面上，任取一微分单元体进行研究，其形状及受力状态如图 3 所示。接触面的曲面方程为：

$$z=\frac{1}{2}h(x,y) \tag{6}$$

单元体上斜表面外法线 n 的方向余弦为：

$$\alpha_x=-\frac{h'_x}{2\sqrt{1+\frac{1}{4}h'^2_x+\frac{1}{4}h'^2_y}}$$

$$\alpha_y=-\frac{h'_y}{2\sqrt{1+\frac{1}{4}h'^2_x+\frac{1}{4}h'^2_y}}$$

$$\alpha_z=-\frac{1}{2\sqrt{1+\frac{1}{4}h'^2_x+\frac{1}{4}h'^2_y}} \tag{7}$$

其中，$h'_x=\frac{\partial h}{\partial x}$，$h'_y=\frac{\partial h}{\partial y}$。

根据文献[11]，可得到下列 4 个方程：

$$\sigma_n=S_{xn}\alpha_x+S_{yn}\alpha_y+S_{zn}\alpha_z$$
$$S_{xn}=\sigma_x\alpha_x+\tau_{xy}\alpha_y+\tau_{xz}\alpha_z$$
$$S_{yn}=\tau_{xy}\alpha_x+\sigma_y\alpha_y+\tau_{yz}\alpha_z$$
$$S_{zn}=\tau_{xz}\alpha_x+\tau_{yz}\alpha_y+\sigma_z\alpha \tag{8}$$

联立方程组(8)，可得到接触表面上单位轧制压力的数学表达式，即：

$$p=-\sigma_n=-(\sigma_x\alpha_x+\tau_{xy}\alpha_y+\tau_{xz}\alpha_z)\alpha_x-(\tau_{xy}\alpha_x+\sigma_y\alpha_y+\tau_{yz}\alpha_z)\alpha_y-(\tau_{xz}\alpha_x+\tau_{yz}\alpha_y+\sigma_z\alpha_z)\alpha_z \tag{9}$$

将单位轧制压力和摩擦应力在接触面上积分，便可得到总轧制力，即：

$$P=\int_{S_I}(p\alpha_z+\tau_x\alpha_{zx}+\tau_y\alpha_{zy})\mathrm{d}S_I \tag{10}$$

其中

$$\alpha_{zx}=-\frac{h'_x}{2\sqrt{1+\frac{1}{4}h'^2_x}},$$

$$\alpha_{zy}=-\frac{h'_y}{2\sqrt{1+\frac{1}{4}h'^2_y}} \tag{11}$$

至于 τ_x 和 τ_y 的合成摩擦应力，在滑动区可按库伦干摩擦定律计算，在制动区则等于 k_s，在停滞区认为其按线性规律变化。

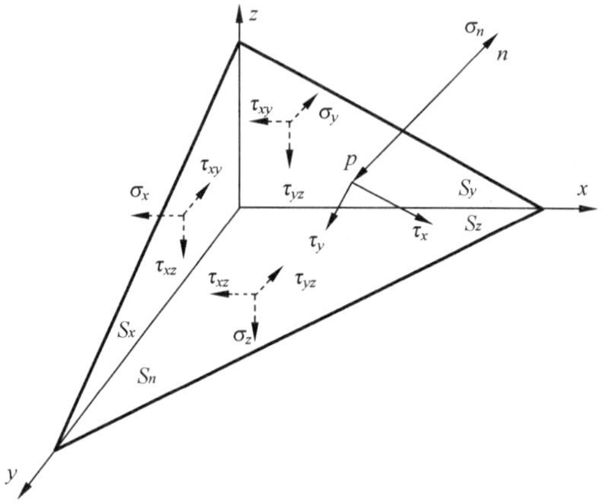

图 3　接触面微元受力示意图

Fig. 3　Infinitesimal stress status at interface

3　仿真实例

表 1 给出了用 1450 mm 6 机架热带钢连轧机轧制宽 1100 mm、厚 4.19 mm 带钢产品时的轧制条件。轧件材质为 Q215B，来料厚度为 24.7 mm，工作辊直径为 650 mm。图 4 示出各轧制道次出口处板凸度[$\Delta h_1(y)=h_1(y)-h_1(0)$]的实测曲线，并以此为边界条件展开计算。图 5 为精确接触边界条件下第 2、第 4 和第 6 道次接触表面单位轧制压力的计算结果。随着带钢宽厚比的增加(道次增加，轧件变薄)，单位轧制压力的横向分布由中峰(第 2、4 道次)逐渐向双边峰(第 6 道次)

转变。

表 1　热带钢连轧机的轧制条件

Table 1　Rolling conditions of hot steel strip continuous mills

	机架号					
	F1	F2	F3	F4	F5	F6
出口厚度/mm	15.2	10.58	7.74	5.58	4.65	4.19
轧制速度/(m·s^{-1})	1.450	2.150	3.030	4.000	5.000	5.640
摩擦系数	0.281	0.254	0.215	0.171	0.125	0.130
平均前张力/MPa	3.621	3.773	4.625	5.654	6.133	3.563
轧件温度/℃	954	931	910	890	870	860

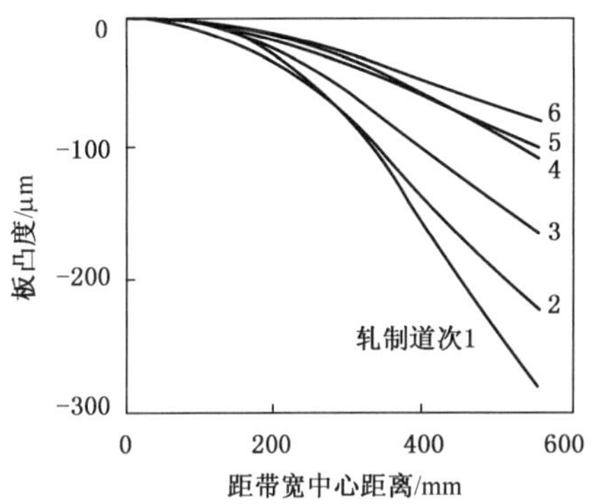

图 4　各轧制道次出口的板凸度

Fig. 4　Outlet profile of strip for each pass

表 2 给出各道次总轧制力的实测值、用老算法和新算法获得的计算值以及两种算法相对实测值的误差。图 6 示出用老算法和新算法计算出的不同道次单位长度轧制压力(单位轧制压力沿板宽的积分)的纵向分布。从表 2 和图 6 可知，当轧制厚度和压下量较大而导致咬入角增大时，两种算法的差异较大。例如第 1 道次咬入角为 9.84°时，新算法的计算精度比老算法高 1.86%。当轧制厚度和压下量较小而导致咬入角减小时，两种算法的差异较小(如后续道次)，但此时新算法的计算精度仍高于老算法。随着轧制厚度和压下量的减小，单位长度轧制压力的分布逐渐由双峰变为单峰(这与有限元计算所得出的规律[1,2]是一致的)；并且中性面逐渐由靠近出口侧向变形区中心转移。

另外，笔者还对 1660 mm 7 机架热带钢连轧第 1 道次的轧制力进行了仿真研究。带钢的入口厚度为 38.677 mm，出口厚度为 20.064 mm，宽度为 1100 mm，工作辊直径为 723 mm，咬入角为 13.1°。实测总轧制力为 13.09 MN。用老算法计算出的总轧制力为 12.22 MN，计算误差为 6.65%。用新算法计算出的总轧制力为 12.86 MN，计算误差为 1.76%。新算法的计算精度比老算法提高了约 5%。可见，随咬入角的增大，新算法比老算法的计算精度更高。这表明新算法对厚板轧制更有意义。

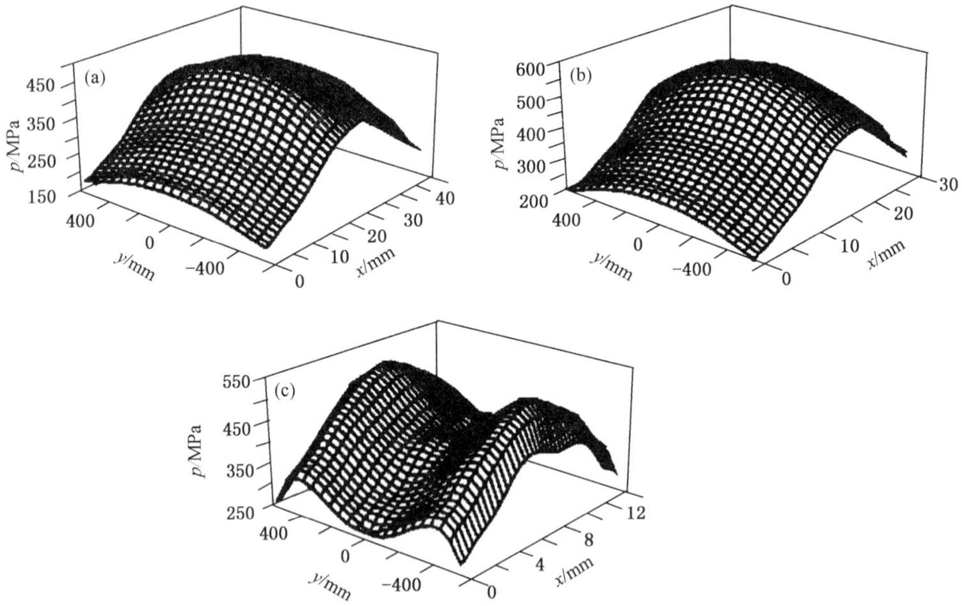

(a) 第2道次；(b) 第4道次；(c) 第6道次

图 5　单位轧制压力的计算结果

Fig. 5　Computed results of rolling pressure

表 2　总轧制力的计算值和实测值

Table 2　Calculated and measured result of rolling force

		机架号					
		F1	F2	F3	F4	F5	F6
	实测值/MN	19.86	16.80	14.21	11.70	10.36	6.86
老算法	计算值/MN	19.35	15.88	13.52	12.59	9.69	6.21
	误差/%	2.57	5.48	4.86	7.61	6.47	9.48
新算法	计算值/MN	19.72	16.06	13.74	12.63	9.78	6.25
	误差/%	0.71	4.40	3.31	7.95	5.60	8.89

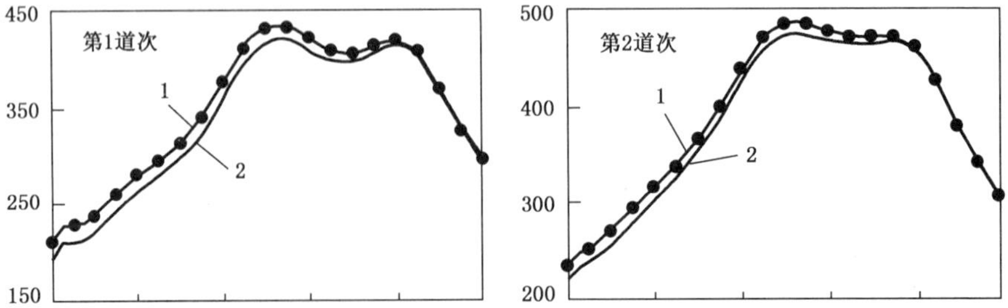

图 6　两种算法求出的单位长度轧制压力的比较

Fig. 6　Comparison of unit length rolling pressures obtained by new method and former method

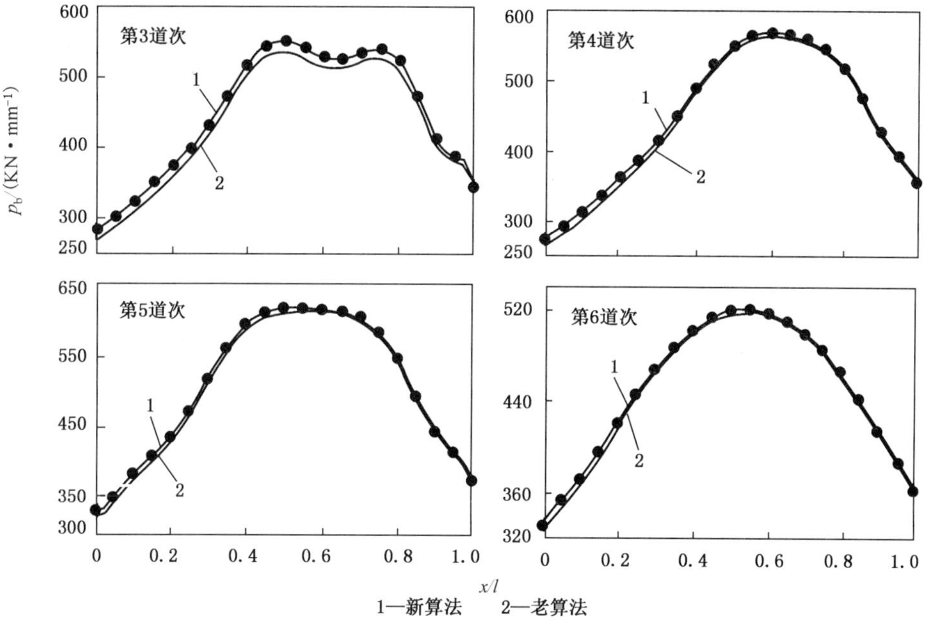

续图 6

4　结论

在流面条元法基础上，将带钢与轧辊的接触面视为三维曲面，结合塑性力学中斜面上应力的求解法，给出了带钢与轧辊接触表面上的精确应力边界条件，实现了对板带轧制三维应力和变形的精确分析和计算。对热轧带钢轧制力的仿真结果表明，在轧件较厚、压下量较大的情况下，新算法的计算精度明显高于老算法。因此，所建立的模型计算厚板（尤其是特厚板）轧制时的轧制压力是非常必要的。

参考文献

[1] Liu C, Hartley P, Sturgess CEN, et al. Finite-element modeling of deformation and speed in slab rolling[J]. International Journal of Mechanical Sciences, 1987, 29(4): 271-283.

[2] Kim N, Kobayashi S. Three-dimensional simulation of gap controlled plate rolling by the finite element method[J]. International Journal of Machine Tools & Manufacture, 1990, 30: 269-281.

[3] 刘才，崔振山. 板材热轧热力耦合有限元模拟[J]. 机械工程学报，1998，34(4)：35-39.

[4] 杜凤山，周维海，臧新良. 板材热连轧过程的计算仿真[J]. 机械工程学报，2001，37(12)：67-69.

[5] 郭剑波，连家创. PC 带钢热连轧机力能参数研究之一——轧制力的计算[J]. 钢铁研究学报，1998，10(1)：23-26.

[6] 郭剑波，连家创. 热带钢连轧机精机组板凸度仿真与实验研究[J]. 钢铁，1999，34(5)：42-46.

[7] 刘宏民，Sanfilippo F，Dolci F. 热带钢连轧机板形设定控制数学模型[J]. 钢铁，1996，31(10)：30-34.

[8] Liu Hong-min, Lian Jia-chuang, Peng Yan. Third-power spline function strip element method and its simulation of three-dimensional stresses and deformations of cold strip rolling[J]. Journal of Materials Processing Technology, 2001, 116(2-3): 235-243.

[9] Liu Hong-min, Zheng Zhen-zhong, Peng Yan. Streamline strip element method for analysis of

three-dimensional stresses and deformations of strip rolling[J]. International Journal for Numerical Methods in Engineering, 2001, 50: 1059-1076.

[10] 刘宏民. 三维轧制理论及其应用[M]. 北京：科学出版社，1999.

[11] 曹鸿德. 塑性变形力学基础与轧制原理[M]. 北京：机械工业出版社，1981.

板形标准曲线的理论计算方法①

刘宏民[1]，丁开荣[1]，李兴东[1]，江光彪[2]
（1. 燕山大学轧制设备及成套技术教育部工程研究中心，秦皇岛，066004；
2. 宝山钢铁股份有限公司宝钢分公司，上海，200941）

摘　要：联立板形预报模型和板形判别模型，提出板带轧机板形标准曲线的理论计算方法。该理论计算方法的思路和原则是最大限度地消除板凸度并同时兼顾板形良好，最终使板形趋于最好，这种计算方法的目标是实现板形和板凸度的综合最优控制。以 1220 mm 五机架带钢冷连轧机和 900 mm 单机架带钢冷轧机 5 道次轧制为例，分别对轧制中凸板和中凹板的情况进行计算，计算结果证实了理论分析计算的正确性。这种板形标准曲线的理论计算方法为进一步从理论上定量研究板形标准曲线模型奠定了良好的理论基础。

关键词：板带轧制；板形；凸度；板形标准曲线；板形预报；板形判别；条元法

Theoretical Computational Method of Shape Standard Curve

Liu Hongmin[1], Ding Kairong[1], Li Xingdong[1], Jiang Guangbiao[2]
(1. Engineering Research Center of Rolling Equipment and Complete Technology of Ministry of Education, Yanshan University, Qinhuangdao, 066004;
2. Baosteel Branch, Baoshan Iron & Steel Co. Ltd., Shanghai, 200941)

Abstract: The theoretical computational method of the shape standard curve of strip mills is proposed by using the shape forecast model and the shape discrimination model. The idea or principle of this method is that the strip crown is eliminated furthest, the good shape is obtained simultaneously and the final pass shape closes to the best also, the whole aim is the realization of the comprehensive optimum control of shape and crown. Taking 1220 mm five-stand cold strip rolling tandem mills and five-pass rolling of 900 mm single stand cold strip rolling mill as examples, the rolling computations of convex strip and concave strip are done respectively, the computational results prove the validity of the theoretical analysis and the computation. This theoretical computational method of the shape standard curve can lay the foundation for the theoretically quantitative research on shape standard curve.

Key words: Strip rolling; Shape; Crown; Shape standard curve; Shape forecast; Shape discrimination; Strip element method

---

① 机械工程学报，2008，44(8)：137-142.

0　前言

板带钢是最主要的钢材产品，板带钢生产技术水平标志着一个国家冶金工业、机械工业及控制技术的水平。板形（平直度）是板带材的重要质量指标，板形控制是板带轧机的关键技术和高难度技术。近年来，用户对板形精度的要求越来越高，成为推动板形控制技术发展的动力。目前，制约板形控制技术水平提高的瓶颈和关键是关于板形理论和控制数学模型的研究滞后于技术的发展，缺乏先进适用的板形控制模型。因此，全面深入地研究板形控制理论和数学模型，已成为板形控制技术发展的必然要求。

从研究的原理和方法看，板形控制数学模型主要有基于轧机基本理论的机理模型和基于经验和数据的智能模型。机理模型具有坚实的理论基础和强大的分析预测能力，但模型庞大复杂，计算时间长，适用于离线仿真和预设定控制。智能模型自适应和自学习能力强，模型简单，计算时间短，适用于在线控制。

板形控制的机理模型是研究开发新型板形控制轧机和技术，研究开发具体的先进适用板形控制模型基础，这种研发工作具有学术性强、难度高、工作量大和研究周期长等特点，对研发板形在线控制模型具有支撑和指导作用。最基本的板形控制机理模型，包括以下 8 个方面：① 轧件三维塑性变形模型。② 辊系弹性变形（包括热变形）模型。③ 轧件和轧辊的温度场模型。④ 辊系磨损模型。⑤ 板形良好判别模型。⑥ 板形偏差模型识别（分解）模型。⑦ 板形标准曲线模型。⑧ 板形控制策略模型。这 8 个模型都具有相对独立的理论基础、研究方法和功能，而又互相联系。只有将这些模型有机地结合起来，才能很好地分析和解决板形问题。在这 8 个基本模型的基础上，可以研究出多种具体的板形控制模型和技术，如板形离线仿真技术，辊型优化模型和技术，弯辊模型和技术，轧辊横移模型和技术，轧辊分段冷却模型和技术，边部减薄控制模型和技术，以及板形在线控制模型和技术。

板形标准曲线模型是板形控制的基本模型之一，是板形控制的目标模型，在板形控制中具有重要的作用。近十几年来，我国引进的先进板形控制系统，由于种种原因，只引进了可供选择使用的板形标准曲线，没有引进制定和选择板形标准曲线的原理、方法和模型，这给轧制操作特别是新产品的开发造成了很大困难。从发表的文献看，目前国内外对板形标准曲线的研究很少，只停留在一般的概念和生产经验描述上[1,2]，缺乏深入的理论分析，没有提出具体的确定板形标准曲线模型的原理、方法和步骤，无法应用于工业生产。这是板形基础理论研究中最薄弱、最欠缺的环节。本文将机理分析和生产实际经验相结合，研究提出了确定板形标准曲线模型的理论方法，并给出了计算实例。

1　板形标准曲线的概念和作用

板形标准曲线也称板形目标曲线，它是板形控制的目标。控制时，将实际的板形曲线控制到标准曲线上，尽可能消除两者之间的差值。所谓板形标准曲线，实质上就是在线轧后带材内部残余应力的横向分布曲线或前张力横向分布曲线中的不均匀成分，它代表轧后带材的板形状况。在早期板形控制的概念中，认为只要轧后带材的残余应力横向分布为一条零直线或前张力横向分布为一条非零直线（假设总张力为非零值），那么轧后带材的板形就是良好的。按照这种观点，板形标准曲线就是一条直线（残余应力横向分布零直线或前张力横向分布非零直线）。近十几年来，一些先进的板形控制系统，采用残余应力横向分布的非零曲线（或前张力横向分布的非均匀曲线），作为板形标准曲线，使板形控制具有更大的灵活性，这就引出了新的板形标准曲线概念和板形控制策略，对于板形理论研究和生产实践都具有重要意义。

新的板形标准曲线在板形控制中具有以下作用[1-2]。

（1）补偿板形测量误差。用板形检测辊通过测量张力横向分布进行板形测量时，由于机械系统的误差，如卷取机与测量辊轴线不平行、测量辊挠曲变形等，会引起板形测量误差。在板形标准曲线中，通过设定值的修正，可消除测量误差对板形控制效果的影响。

（2）补偿在线板形离线后发生变化。生产实践表明，在线板形与离线板形之间总有一定差别，轧制时好的板形，经卷取、冷却、卸卷后又变坏了。引起这种变化的主要原因是：轧后带材温度横向分布不均，造成温度应力；带材厚度横向分布不均（带材凸度），在卷取过程中造成附加应力，卸卷后不能完全消失。为了消除这些因素的影响，需要在轧制时有意使板形有一定程度的不良（即采用对应一定板形缺陷的标准曲线），以达到离线最终板形良好的目的。

（3）更有效地控制板凸度。当轧制条件一定时，一定的板形标准曲线不但对应着一定的板形，而且对应着一定的板凸度。选用不同的标准曲线，将会得到不同的板形和板凸度。为了实现板形和板凸度的综合优化控制，就需要更好地选择标准曲线。根据轧制过程金属的变形特点，一般在前几个道次选择能最大限度消除板凸度，而又不致使板形太坏的板形标准曲线，后两个道次选择使板形尽可能好的标准曲线，即前几个道次以控制凸度为主，兼顾板形，后两个道次全力控制板形。

（4）满足轧制及后步工序对板形的特殊要求。如轧制时使带材产生微双边浪，即采用所谓松边轧制方案，以防止由于边部裂纹造成断带事故；轧制后的罩式炉退火也希望带材具有微双边浪，以防止带卷粘结，这样也要求采用松边轧制方案；连续退火线希望带材具有微中浪，要求采用紧边轧制方案。轧制时选用不同的板形标准曲线，就可以满足对轧后板形的不同要求。

综上所述，制定和选择板形标准曲线，须要综合考虑来料凸度、板形和板凸度综合控制效果、板形测量误差、在线板形离线后的变化、轧制工艺要求和退火工艺要求等因素，是一个复杂艰难的理论和技术问题。特别是测量误差和板形离线变化对板形标准曲线的影响，需要根据具体工况做深入细致的理论分析计算，难度更大。本文综合考虑来料凸度、板形控制和板凸度控制等因素，按照最大限度消除板凸度，使最终板形最好的原则，研究板形标准曲线的理论计算方法。

2　制定板形标准曲线的模型和方法

2.1　制定板形标准曲线的思路和模型

目前我国引进的先进的板形控制系统，只引进了一些可供选择的板形标准曲线，而没有引进制定板形标准曲线的模型和方法，这是技术的源头和秘密，难以引进。在实际生产中如何选择板形标准曲线，也只有根据大量的操作经验，逐步摸索，属经验性选择，缺少理论分析计算，这对于轧制新产品是很不利的。

本文制定板形标准曲线的思路是：给定来料板凸度，前几个道次以轧后带材不失稳（板形良好）为限制条件，尽量减小板凸度，后两个道次集中控制板形，最后使板形尽可能最好，即前几个道次以控制板凸度为主，同时兼顾板形，后两个道次以控制板形为主，最后使板形达到最好，实现板形和板凸度的综合控制。

按照上述思路制定板形标准曲线，须要用到板形预报模型（即轧件三维塑性变形模型）和板形良好判别模型（即轧后带材失稳判别模型）。板形预报模型的作用是，在考虑金属横向流动的基础上，分析计算变形区金属的三维应力与变形分布，得到前张力的横向分布，再提取出前张力分布中的不均匀成分，进而得到残余应力的横向分布（在线板形），为板形良好判别提供依据。板形良好判别模型的作用是，根据残余应力的横向分布，判别带材是否失稳或板形良好程度，从而决定如何进一步调整板凸度和板形。联立上述两个模型反复计算，最后得到每一个道次满足板形要求的板凸度和残余应力横向分布，此残余应力横向分布曲线即为板形标准曲线，其数学模型即为板形标准曲线模型。

目前，研究板形预报模型的方法主要有：变分法、差分法、有限元法和边界元法。条元法是由作者提出的一种有效的数值方法[3-5]。这种方法的优点是，使问题降维，计算量较小，计算精度较高，适用带宽范围较宽，适合工程应用。条元法与传统有限元（条）法的区别是：传统有限元（条）法根据变分原理导出刚度方程，最后由刚度方程求解节线位移参数；而条元法是通过对整个变形区（所有条元）使用变分原理，由优化方法直接搜索使总功率为最小的节线位移参数，从而避免了变分求导运算、形成节线载荷和单刚及总刚的运算，概念简明清晰，运算更为简便。因此，有限元（条）法对变形区是物理离散，条元法对变形区是数学离散。本文采用条元法进行轧件三维变形的分析计算。

关于板形良好判别模型的研究方法主要有：解析法、有限元法、有限条法和条元法。条元法是由作者提出的一种有效的数值方法[6,7]。这种方法与解析法比较，具有较好的通用性；与有限元法和有限条法比较，计算速度比较快，是一种实用的工程计算方法。本文采用条元法进行板形良好判别的计算。条元法的基本原理是，将轧后带材离散为若干纵向条元，用三次样条函数和正弦函数构造挠度模式，应用薄板的小挠度理论和最小势能原理，进行带材失稳判别的计算。若失稳，则认为板形不好；若不失稳，则认为板形可以接受，比较好。本文认为板形最好的标准是残余应力横向分布均为零，带材没有失稳的趋势。条元法用一个判别因子 ξ 判断板形状况[6,7]，如式(1)所示：

$$\begin{cases} \xi < 1 & \text{带材失稳屈曲，板形坏} \\ \xi = 1 & \text{带材处于临界失稳状态，板形不良} \\ \xi > 1 & \text{带材平直，不失稳，板形良好} \end{cases} \tag{1}$$

2.2 制定形标准曲线的方法和步骤

定义带材横断面凸度 C 为带材宽度中间厚度减去带材边部厚度。C 为正值时表示中凸横断面，C 为负值时表示中凹横断面。轧件厚度横向分布用 $\delta(y)$ 表示，它与凸度有密切关系，轧后残余应力横向分布用 $\sigma(y)$ 表示，这里 y 表示横向（带材宽度方向）坐标。以冷轧带材 5 个道次为例，如图 1 所示的程序框图，说明制定板形标准曲线的方法和步骤。

（1）给定轧制工艺参数，来料凸度 C_0 和厚度分布 $\delta_0(y)$。

（2）第 1 道次计算：设定轧后凸度 C_1，$|C_1|<|C_0|$，得到轧后厚度 $\delta_1(y)$，用板形预报模型计算轧后残余应力 $\sigma_1(y)$，用板形判别模型计算判别因子 ξ_1。若 $\xi_1\in[1.05,1.25]$，认为轧后板形满足要求，转向下一道次计算；若 $\xi_1<1.05$，说明凸度消除过多，带材接近失稳，板形不能接受，应使 $|C_1|$ 增加，再计算 δ_1，σ_1 和 ξ_1，直到 $\xi_1\in[1.05,1.25]$；若 $\xi_1>1.25$，说明凸度消除不够，带材离失稳状态较远，板形条件还允许进一步消除凸度，应使 $|C_1|$ 减小，再计算 δ_1，σ_1 和 ξ_1，直到 $\xi_1\in[1.05,1.25]$。满足 $\xi_1\in[1.05,1.25]$ 的 $\sigma_1(y)$ 的表达式即为第 1 道次板形标准曲线的数学模型。

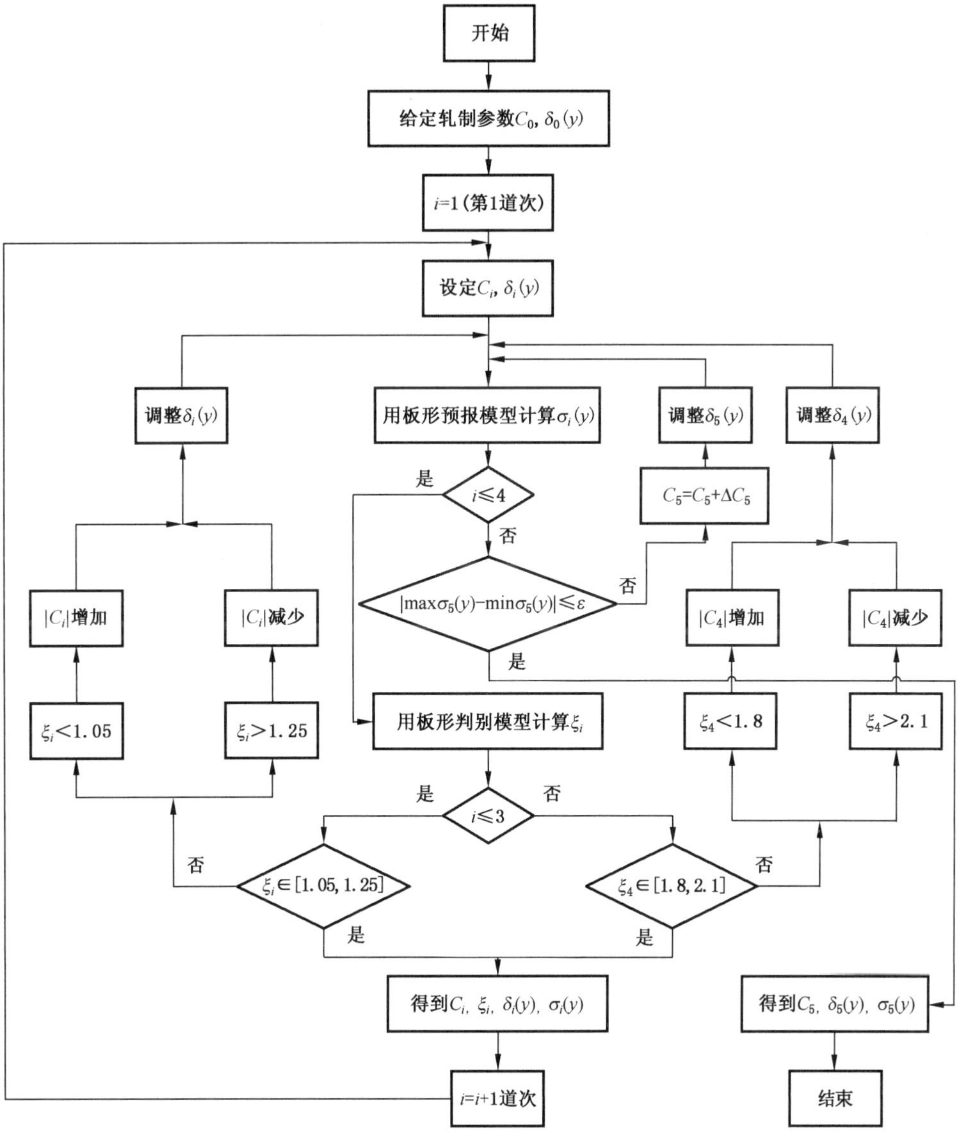

图 1　制定板形标准曲线的程序框图

(3) 第 2、3 道次计算：设定轧后凸度 C_2 和 C_3，$|C_2|<|C_1|$，$|C_3|<|C_2|$，计算 δ_2，σ_2，ξ_2 和 δ_3，σ_3，ξ_3 的方法和步骤同第 1 道次。

(4) 第 4 道次计算：设定轧后凸度 C_4，$|C_4|<|C_3|$，得到 $\delta_4(y)$，用与第 1 道次相同的模型和方法计算 σ_4，ξ_4。按 $\xi_4\in[1.8,2.1]$的要求调整 C_4：若 $\xi_4<1.8$，说明凸度消除过多，板形不够好，应使 $|C_4|$ 增加；若 $\xi_4>2.1$，说明凸度消除不够，板形条件还允许进一步消除凸度，应使 $|C_4|$ 减小，再计算 δ_4，σ_4，和 ξ_4，直到 $\xi_4\in[1.8,2.1]$。此时 $\sigma_4(y)$的表达式即为第 4 道次板形标准曲线的数学模型。

(5) 第 5 道次计算：按理想的板形最好条件，规定 $\sigma_5(y)=0$ 为第 5 道次板形标准曲线模型。制定轧制工艺和实际控制时，很难得到精确满足此条件的轧后凸度 C_5。可先按比例设定 C_5，计算 δ_5，σ_5，然后按 $|\max\sigma_5(y)-\min\sigma_5(y)|\leqslant\varepsilon$ 的要求调整 C_5 和 δ_5，这里 ε 为很小的正数。最后得到的 $\sigma_5(y)$的表达式即为第 5 道次的板形标准曲线的数学模型。

按照上述方法步骤制定板形标准曲线，体现的控制思想是：① 第 1～3 道次轧制，尽可能消除板凸度，同时兼顾板形较好，带材邻近失稳状态而又不失稳。② 第 4 道次轧制，在板形比前 3 个道次要求高、远离失稳的条件下，进一步消除板凸度，即板形控制的分量加重，凸度控制的分量减弱。③ 第 5 道次，按板形最好条件轧制，凸度顺其自然。

来料为中凸断面时，各道次轧后凸度和板形标准曲线的变化情况，如图 2 所示，正凸度逐渐减小，板形标准曲线为中浪型曲线，残余应力差值(横向波动值)$\Delta\sigma$ 逐渐减小，板形向好的方向变化，最后道次的残余应力差值趋于零，板形趋于最好状态。来料为中凹断面时，各道次凸度和板形标准曲线的变化情况，如图 3 所示，负凸度逐渐减小，板形标准曲线为双边浪型曲线，板形向好的方向变化，最后道次趋于最好状态。

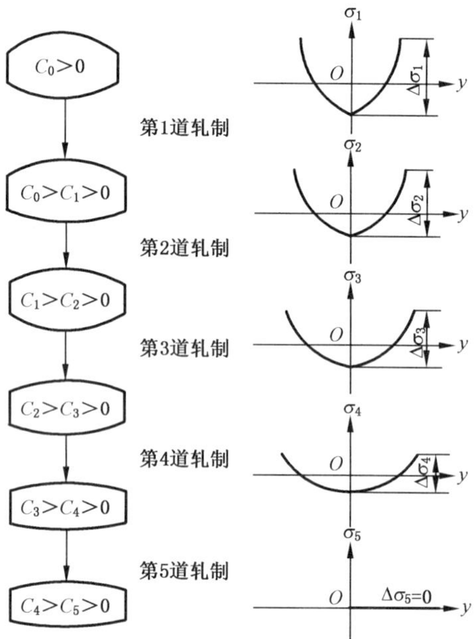

图 2　轧制中凸板时凸度与板形标准曲线变化趋势

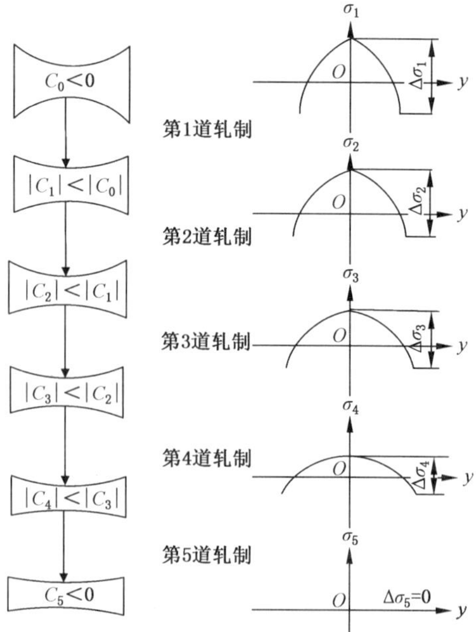

图 3　轧制中凹板时凸度与板形标准曲线变化趋势

3　板形标准曲线的计算实例

3.1　1220 mm 带钢冷连轧机的计算结果

来料宽度为 1003 mm，厚度为 2.75 mm，凸度分别为 30 μm（中凸断面）和－30 μm（中凹断面）。成品厚度为 0.6 mm。带钢弹性模量和泊松比分别为 210 GPa 和 0.3。各道次轧后厚度（带宽中间厚度）和总前张力如表 1 所示。在计算中，厚度横向分布（凸度横向分布）数学模型按二次抛物线构造。所以，在已知凸度 $C_i(i=0,1,2,3,4,5)$ 的条件下，可以得到厚度横向分布 $\delta_i(y)(i=0,1,2,3,4,5)$ 的表达式。轧后残余应力横向分布数学模型——板形标准曲线模型，根据残余应力的计算结果，按对称分布的 4 次多项式拟合，即

$$\sigma_i(y)=a_0+a_2y^2+a_4y^4 \quad i=1,2,3,4,5 \tag{2}$$

表 1　1220 mm 轧机主要轧制参数和计算结果

轧制参数		道次					
		0(来料)	1	2	3	4	5
轧后厚度 δ/mm		2.750	1.980	1.373	0.977	0.732	0.600
总前张力 F/kN		—	263.3	234.1	154.9	108.2	37.3
中凸	凸度 C/μm	30.0	21.0	13.5	8.5	5.5	4.5
断面	判别因子 ξ	—	1.122 5	1.234 6	1.087 3	1.961 4	—
中凹	凸度 C/μm	−30.0	−15.0	−7.5	−4.1	−2.0	−1.6
断面	判别因子 ξ	—	1.082 2	1.061 7	1.145 3	2.016 7	—

各道次轧后凸度和板形判别因子的计算结果如表 1 所示。可见，轧制中凸断面时，凸度从来料的 30 μm 逐步消除到最后的 4.5 μm，前 3 个道次凸度消除的较多；轧制中凹断面时，凸度从来料的－30 μm 逐步消除到最后的－1.6 μm，仍是前 3 个道次消除的较多。两种情况各道次轧后凸度（厚度）横向分布曲线和板形标准曲线的计算结果，分别如图 4 和图 5 所示。可见，凸度（厚度）分布逐渐均匀，板形在第 4 和第 5 两个道次得到显著改善，最后趋于最好状态。轧制中凸板的残余应力分布计算结果（图 4）与理论预测的分布规律（图 2）完全一致；轧制中凹板的残余应力分布计算结果（图 5）与理论预测的分布规律（图 3）大体一致，在边部差别较大，这是由于边部金属横向流动较大，导致计算的残余应力翘起。

3.2　900 mm 单机架带钢冷轧机的计算结果

来料宽度为 662 mm，厚度为 2.2 mm，凸度分别为 20 μm 和－20 μm，成品厚度为 0.247 mm。带钢弹性模量和泊松比分别为 210 GPa 和 0.3。主要轧制参数和计算结果如表 2 所示。可见，轧制中凸板时，凸度从来料的 20 μm 逐步消除到最后的 1.68 μm，前 3 个道次消除的较多；轧制中凹板时，凸度从来料的－20 μm 逐步消除到最后的－0.9 μm，仍是前 3 个道次消除的较多。两种情况下计算得到的厚度横向分布曲线和板形标准曲线的变化规律分别与图 4 和图 5 类似。

两台轧机的计算结果与图 2 和图 3 理论预测的规律相一致，从而证明了理论分析和计算的正确性。

上述关于板形标准曲线理论计算的两种类型与工业生产中应用的情况相一

致。具体的定量验证和工业应用，还有待进一步的工作。

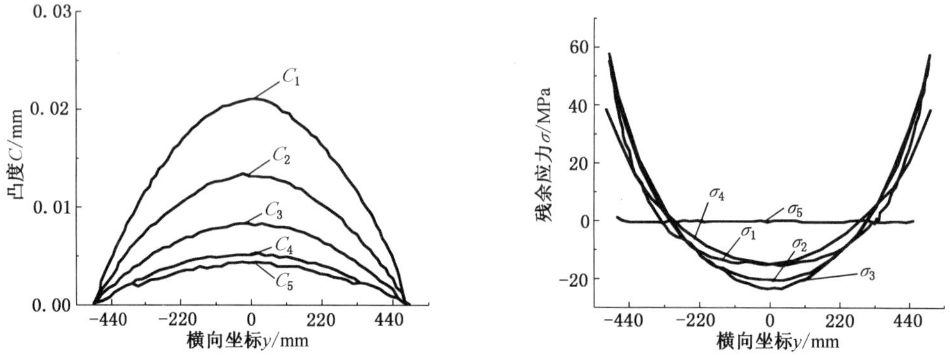

图 4　1220 mm 轧制中凸板的计算曲线

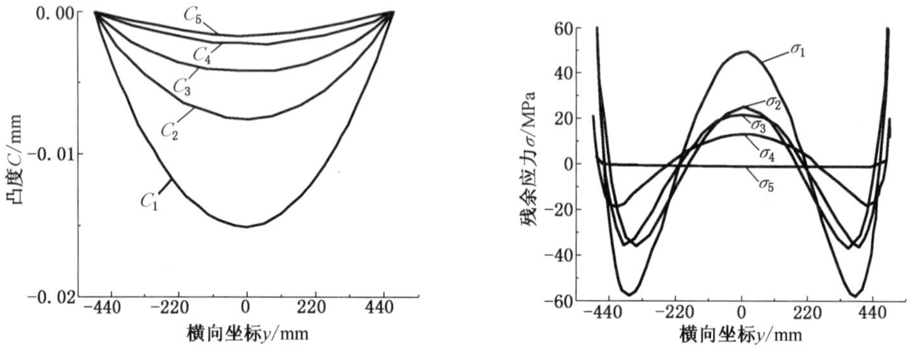

图 5　1220 mm 轧制中凹板的计算曲线

表 2　900 mm 轧机主要轧制参数和计算结果

轧制参数		道次					
		0(来料)	1	2	3	4	5
轧后厚度 δ/mm		2.200	1.270	0.735	0.440	0.280	0.247
总前张力 F/kN		—	29.0	47.5	51.5	40.5	29.2
中凸	凸度 C/μm	20.00	11.00	6.00	3.20	1.90	1.68
断面	判别因子 ξ	—	1.111 7	1.119 2	1.151 1	1.978 9	—
中凹	凸度 C/μm	−20.00	−8.60	−4.10	−2.00	−1.10	−0.90
断面	判别因子 ξ	—	1.116 1	1.139 2	1.151 2	1.805 5	—

4　结论

(1) 本文联立板形预报模型——预报轧后残余应力的轧件三维塑性变形模型和板形判别模型——轧后带材稳定状态的判别模型，综合考虑来料凸度、板形和板凸度控制等因素，按照前几个道次最大限度消除板凸度，同时保证带材不失稳(板形良好)，后两个道次集中控制板形，最后使板形趋于最好的思路和原则，研究提出了制定板形标准曲线的理论计算方法。

(2) 以 1220 mm 五机架带钢冷连轧机和 900 mm 单机架带钢冷轧机 5 道次轧制为例，分别对轧制中凸来料和中凹来料的情况进行了计算，计算结果与理论分析的结果相一致，从而证明了理论分析和计算的正确性。

（3）按照本文提出的计算方法制定板形标准曲线，可使板凸度控制取得非常显著的效果，同时使前些道次板形较好，最终道次得到尽可能好的板形，实现板形和板凸度的综合最优控制。

（4）按照本文计算方法制定的板形标准曲线，对于轧制中凸板情况，前些道次的残余应力横向分布呈中浪型（但并不失稳起浪）；对于轧制中凹板情况，前些道次的残余应力横向分布呈边浪型（也不失稳起浪）；两种情况下最终道次的残余应力横向分布均趋于零。

参考文献

[1] 连家创，刘宏民. 板厚板形控制[M]. 北京：兵器工业出版社，1996.
LIAN Jiachuang, LIU Hongmin. Thickness and Shape Control of Plate and Strip Rolling [M]. Beijing: Weapon Industry Press, 1996.

[2] 林振波. ABB板形测量和控制系统及板形标准曲线[J]. 轧钢，1994(4)：20-24.
LIN Zhenbo. ABB shape measurement-control system and shape standard curve[J]. Steel Rolling, 1994 (4): 20-24.

[3] 郑振忠，彭艳，刘宏民. 求解冷轧带材金属横向流动和前张力横向分布的一种新型条元变分法[J]. 钢铁研究学报，1999，11(5)：21-25.
ZHENG Zhenzhong, PENG Yan, LIU Hongmin. A new strip element variation method for analysing lateral flow of metal and transverse distribution of front tension stress of cold rolled strip[J]. Journal of Iron and Steel Research, 1999, 11(5): 21-25.

[4] 刘宏民. 三维轧制理论及其应用[M]. 北京：科学出版社，1999.
LIU Hongmin. Three-dimensional rolling theory and its applications[M]. Beijing: Science Press, 1999.

[5] LIU Hongmin, ZHENG Zhenzhong, PENG Yan. Streamline strip element method for analysis of the three-dimensional stresses and deformations of strip rolling[J]. International Journal for Numerical Methods in Engineering, 2001, 50(5): 1059-1076.

[6] LIU Hongmin, PENG Yan, CHU Yupeng, et al. Strip element method for shape discrimination of strip rolling[J]. Communications in Numerical Methods in Engineering, 2004, 20(9): 709-720.

[7] 刘宏民，彭艳，褚宇鹏. 板带轧制板形判别的条元法[J]. 燕山大学学报，2002，26(2)：95-98.
LIU Hongmin, PENG Yan, CHU Yupeng. Strip element method for shape discrimination of strip rolling[J]. Journal of Yanshan University, 2002, 26(20): 95-98.

板带轧制板形判别的降阶模型①

孙亚波[1,2]，刘宏民[1,2]，彭　艳[1,2]

（1. 燕山大学轧制设备及成套技术教育部工程研究中心，河北，秦皇岛 066004；
2. 燕山大学亚稳材料制备技术与科学国家重点实验室，河北，秦皇岛 066004）

摘　要：在提出的板形判别条元法的基础上，引入节线二阶导数连续和自由边的力边界条件，导出挠度函数的改进模型，使挠度函数及其一阶和二阶导数都可以仅用节线挠度表示，而不必再用节线挠度及其一阶导数表示，从而使未知数减少一半。根据静力学最小势能原理，导出板形判别的计算模型，使特征矩阵从原来的 $2(n+1)$ 阶降低到目前的 $(n+1)$ 阶，提高了计算速度。又从动力学原理出发，推导得到相同的计算模型，进一步证明了计算模型的正确性，最后用实际算例验证了模型。

关键词：板带轧制；板形判别；降阶模型；静力学；动力学；特征矩阵

Reduced Order Model for Shape Discrimination of Strip Rolling

Sun Yabo[1,2], Liu Hongmin[1,2], Peng Yan[1,2]

(1. Engineering Research Center of Rolling Equipment and Complete Technology, Ministry of Education, Yanshan University, Qinhuangdao, Hebei, 066004;
2. Sate Key Laboratory of Metastable Materials Science & Technology, Yanshan University, Qinhuangdao, Hebei, 066004)

Abstract: The improved model of deflection function is established by inducting the conditions of second derivatives continuity on the nodal lines and the force boundary conditions of free sides on the basis of the strip element method for shape discrimination proposed by authors. The deflection function and its first and second derivatives can be expressed only by the deflections of the nodal lines, not by the deflections of the nodal lines and their first derivatives. So the unknowns are reduced by half. According to the statics minimum potential energy principle, the calculation model for shape discrimination is established, the orders of characteristic matrix are reduced from $2(n+1)$ to $(n+1)$, and hence the computing efficiency is increasing. The same calculation model is also established based on the dynamics principle, which further proves that the calculation model is correct. Finally, the model is validated by practical examples.

Key words: Strip rolling; Shape discrimination; Reduced order model; Statics; Dynamics; Characteristic matrix

---

① 工程力学，2009，26(12)：204-210.

在板带轧制过程中，由于金属的变形不均，造成轧后的带材中存在纵向残余应力。当残余压应力超过一定限度时，将使轧后带材产生失稳屈曲变形，称之为板形不良或板形缺陷。这给带材的后续加工造成困难并降低产品质量。在板形控制的数学模型[1]中，一个很重要的模型就是板形判别模型。板形判别模型的任务是，根据带材中纵向残余应力的分布（实测或计算得到），判别板形是否良好——带材是否失稳。控制系统根据板形判别的结果，决定是否对板形进行调节。

板形判别的早期研究，是在大大简化的力学模型条件下得到的半理论半经验的准则模型，其应用的局限性很大。随着板形控制技术的发展，人们对板形判别的理论模型进行了深入研究。文献[2-4]分别用解析法、有限元法和有限条法研究了轧后板带材的失稳屈曲变形。解析法需要对各种不同的板形缺陷分别假定不同的挠度函数，方法不具有一般性和通用性，实际应用困难。有限元法和有限条法的计算量大。文献[5]提出的静力学能量法比有限元法和有限条法简单，且具有一般性和通用性，但其特征矩阵阶数较高，是 $2(n+1)$ 阶矩阵，矩阵元素表达式复杂。本文对板带挠度函数模式进行了改进，推导得到 $n+1$ 阶的特征矩阵，实现了矩阵降阶，且矩阵元素表达式简单，易于编程，计算快速、稳定。本文又从动力学能量法[6]出发，推导得出了相同于静力学能量法的特征矩阵，从动力学角度验证了模型的正确性与严密性。

1　力学模型的建立

板带轧制时，前张应力的横向分布一般是不均匀的。去除张力后，原张应力横向分布中的不均匀成分将转化为残余应力 σ_x，此残余应力横向分布的离散值可通过实测或计算得到，然后按照三次样条插值原理[7]拟合为分布函数。拟合后的分布曲线应满足残余应力自相平衡的条件：

$$\int_{-b/2}^{b/2} \sigma_x(y)\mathrm{d}y = 0 \tag{1}$$

式中：b 为板带宽度。

板带材在残余应力作用下的屈曲浪形，沿 x 方向（板带长度方向）一般为周期的近似正弦波形，沿 y 方向（宽度方向）未必构成一个波长，这取决于 σ_x 沿板宽的分布情况。

如图 1 所示，假想在板带材中沿 x 方向截取长为 a（半波长）的一段进行研究。

其力学模型为两对边（$x=0$，$x=a$）简支，其余两对边（$y=-b/2$，$y=b/2$）自由的简支矩形板。在两简支边受有大小相等、方向相反、分布规律相同的纵向载荷——残余应力 σ_x。为了判别 σ_x 是否引起板带失稳，按文献[2]的方法，将其乘上一判别因子 ξ，得到一新的残余应力 $\sigma_x{}^*$

$$\sigma_x{}^*(y) = \xi\sigma_x(y) \tag{2}$$

使 $\sigma_x{}^*$ 恰好对应于临界失稳状态。

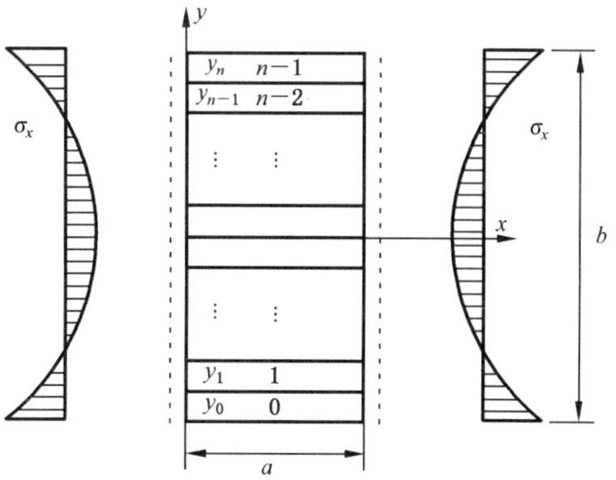

图 1　板形判别力学模型

Fig. 1　The mechanical model of the shape discrimination

稳定性判别因子 ξ 的数值，表明板带

材的残余应力 σ_x 对应于不同的稳定平衡状态：

$$\begin{cases}\xi>1\text{：稳定平衡状态}\\ \xi=1\text{：临界失稳状态}\\ \xi<1\text{：屈曲失稳状态}\end{cases}$$

所以问题转化为求解临界失稳时的 ξ 值问题。

2　挠度函数模式

2.1　文献[5]的挠度函数模式

如图1所示，将板宽划分为 n 个宽度相等的纵向条元，条元宽度为 s。对第 i 个条元，设挠度函数为

$$w(x,y)=\sum_{m=1}^{r}w_m(y)\sin\frac{m\pi}{a}x \tag{3}$$

式中，w_m 为第 m 阶正弦波形幅值。

条元节线横向坐标为 $y_i(i=0,1,2,\cdots,n)$，各节线上的挠度幅值为 $w_m(y_i)=w_{mi}$。$w_m(y)$ 在节线 y_i 处的导数值为 $w'_m(y_i)=w'_{mi}$。

由三次样条插值原理，$w_m(y)$ 在 $[y_i,y_{i+1}]$ 上的表达式为

$$w_m(y)=[c_1\quad c_2\quad c_3\quad c_4]\cdot[w_{mi}\quad w_{m(i+1)}\quad w'_{mi}\quad w'_{m(i+1)}]^{\mathrm{T}} \tag{4}$$

式中：$c_1=\dfrac{(y-y_{i+1})^2[s+2(y-y_i)]}{s^3}$；

$c_2=\dfrac{(y-y_i)^2[s+2(y_{i+1}-y)]}{s^3}$；

$c_3=\dfrac{(y-y_{i+1})^2(y-y_i)}{s^2}$；

$c_4=\dfrac{(y-y_i)^2(y-y_{i+1})}{s^2}$。

$w_m(y)$ 在 $[y_i,y_{i+1}]$ 上的一阶及二阶导数为

$$w'_m(y)=[c'_1\quad c'_2\quad c'_3\quad c'_4]\cdot[w_{mi}\quad w_{m(i+1)}\quad w'_{mi}\quad w'_{m(i+1)}]^{\mathrm{T}} \tag{5}$$

式中：$c'_1=\dfrac{6(y_{i+1}-y)}{s^3}[(y_{i+1}-y)-s]$；

$c'_2=\dfrac{-6(y-y_i)}{s^3}[(y-y_i)-s]$；

$c'_3=\dfrac{(y_{i+1}-y)}{s^2}[3(y_{i+1}-y)-2s]$；

$c'_4=\dfrac{(y-y_i)}{s^2}[3(y-y_i)-2s]$。

$$w''_m(y)=[c''_1\quad c''_2\quad c''_3\quad c''_4]\cdot[w_{mi}\quad w_{m(i+1)}\quad w'_{mi}\quad w'_{m(i+1)}]^{\mathrm{T}} \tag{6}$$

式中：$c''_1=\dfrac{-6(y_i+y_{i+1}-2y)}{s^3}$；

$c''_2=\dfrac{6(y_i+y_{i+1}-2y)}{s^3}$；

$c''_3=\dfrac{6y-2y_i-4y_{i+1}}{s^2}$；

$c''_4=\dfrac{6y-4y_i-2y_{i+1}}{s^2}$。

2.2　挠度函数模式的改进

根据函数 $w_m(y)$ 在 $\left[-\dfrac{b}{2},\dfrac{b}{2}\right]$ 上二阶导数连续，在节线 $y_i(i=1,2,\cdots,n-1)$ 处应满足连续性条件

$$w''_m(y_i+0)=w''_m(y_i-0) \tag{7}$$

将式(6)代入式(7)化简得到

$$\frac{1}{2}w'_{m(i-1)}+2w'_{mi}+\frac{1}{2}w'_{m(i+1)}=\frac{3}{2s}w_{m(i+1)}-\frac{3}{2s}w_{m(i-1)}\ (i=1,2,\cdots,n-1) \tag{8}$$

求得关于未知数 $w'_{mi}(i=1,2,\cdots,n-1)$ 的 $n-1$ 个方程。

挠度函数 $w(x,y)$ 必须要满足矩形板的边界条件。在简支边界上各点挠度和弯矩为零，得到矩形板简支边的混合边界条件[8]为

$$\begin{cases}w_{x=0,a}=0\\ \left(\dfrac{\partial^2 w}{\partial x^2}\right)_{x=0,a}=0\end{cases} \tag{9}$$

挠度函数 $w(x,y)$ 恒满足式(9)。

在自由边界上各点的弯矩、扭矩、剪力均为零，得到矩形板自由边的静力边界条件[8]

$$\begin{cases}\left(\dfrac{\partial^2 w}{\partial y^2}+\nu\dfrac{\partial^2 w}{\partial x^2}\right)_{y=-b/2,b/2}=0\\\left(\dfrac{\partial^3 w}{\partial y^3}+(2-\nu)\dfrac{\partial^3 w}{\partial x^2\partial y}\right)_{y=-b/2,b/2}=0\end{cases}\tag{10}$$

式中，ν 为板带的泊松比。

将式(3)至式(6)代入式(10)化简得到

$$\nu\left[\frac{2}{s}-(2-\nu)s\left(\frac{m\pi}{a}\right)^2\right]w'_{m0}+\frac{4}{s}w'_{m1}=\left(\nu\left(\frac{m\pi}{a}\right)^2-\frac{6}{s^2}\right)w_{m0}+\frac{6}{s^2}w_{m1}\tag{11}$$

$$\frac{8}{s}w'_{m(n-1)}+\left[\frac{10}{s}-(2-\nu)s\left(\frac{m\pi}{a}\right)^2\right]w'_{mn}=-\frac{18}{s^2}w_{m(n-1)}+\left(\nu\left(\frac{m\pi}{a}\right)^2+\frac{18}{s^2}\right)w_{mn}\tag{12}$$

由式(8)、式(11)和式(12)得到一个$(n+1)$维方程组

$$[\boldsymbol{A}_m][\boldsymbol{w}'_m]^{\mathrm{T}}=[\boldsymbol{B}_m][\boldsymbol{w}_m]^{\mathrm{T}}\tag{13}$$

式中：$[\boldsymbol{w}'_m]^{\mathrm{T}}=[w'_{m0}\quad w'_{m1}\quad\cdots\quad w'_{mn}]^{\mathrm{T}}$；$[\boldsymbol{w}_m]^{\mathrm{T}}=[w_{m0}\quad w_{m1}\quad\cdots\quad w_{mn}]^{\mathrm{T}}$；$[\boldsymbol{A}_m]$和$[\boldsymbol{B}_m]$为系数矩阵。

求解得到

$$[\boldsymbol{w}'_m]^{\mathrm{T}}=\begin{Bmatrix}w'_{m0}\\w'_{m1}\\\vdots\\w'_{mn}\end{Bmatrix}=\begin{bmatrix}k_{m00}&k_{m01}&\cdots&k_{m0n}\\k_{m10}&k_{m11}&\cdots&k_{m1n}\\\vdots&\vdots&&\vdots\\k_{mn0}&k_{mn1}&\cdots&k_{mnn}\end{bmatrix}\begin{Bmatrix}w_{m0}\\w_{m1}\\\vdots\\w_{mn}\end{Bmatrix}=[\boldsymbol{K}_m][\boldsymbol{w}_m]^{\mathrm{T}}\tag{14}$$

式中，$[\boldsymbol{K}_m]$为系数矩阵。

将式(14)代入式(4)化简得到在区间$[y_i,y_{i+1}]$上 $w_m(y)$的表达式

$$w_m(y)=c_1w_{mi}+c_2w_{m(i+1)}+c_3[k_{mi0}\quad k_{mi1}\quad\cdots\quad k_{min}]\cdot\begin{Bmatrix}w_{m0}\\w_{m1}\\\vdots\\w_{mn}\end{Bmatrix}+c_4[k_{m(i+1)0}\quad k_{m(i+1)1}\quad\cdots\quad k_{m(i+1)n}]\begin{Bmatrix}w_{m0}\\w_{m1}\\\vdots\\w_{mn}\end{Bmatrix}=[\boldsymbol{\alpha}][\boldsymbol{w}_m]^{\mathrm{T}}=\sum_{j=0}^{n}\alpha_jw_{mj}\tag{15}$$

式中：

$$\alpha_j=\begin{cases}c_2+c_3k_{mij}+c_4k_{m(i+1)j} & j=j+1\\c_1+c_3k_{mij}+c_4k_{m(i+1)j} & j=i\\c_3k_{mij}+c_4k_{m(i+1)j} & \text{其他}\end{cases}$$

同理，在区间$[y_i,y_{i+1}]$上 $w_m(y)$的一阶及二阶导数为

$$w'_m(y)=[\boldsymbol{\beta}][\boldsymbol{w}_m]^{\mathrm{T}}=\sum_{j=0}^{n}\beta_jw_{mj}\tag{16}$$

式中：

$$\beta_j=\begin{cases}c'_2+c'_3k_{mij}+c'_4k_{m(i+1)j} & j=i+1\\c'_1+c'_3k_{mij}+c'_4k_{m(i+1)j} & j=i\\c'_3k_{mij}+c'_4k_{m(i+1)j} & \text{其他}\end{cases}$$

$$w''_m(y)_i=[\boldsymbol{\gamma}][\boldsymbol{w}_m]^{\mathrm{T}}=\sum_{i=0}^{n}\gamma_jw_{mj}\tag{17}$$

式中：

$$\gamma_j=\begin{cases}c''_2+c''_3k_{mij}+c''_4k_{m(i+1)j} & j=i+1\\c''_1+c''_3k_{mij}+c''_4k_{m(i+1)j} & j=i\\c''_3k_{mij}+c''_4k_{m(i+1)j} & \text{其他}\end{cases}$$

通过用节线挠度来表示其一阶导数(式(14))，消除了挠度函数及其一阶和二阶导数表达式中的节线挠度一阶导数，使未知数个数由 $2(n+1)$个$[w_{mi},w'_{mi}(i=0,1,2,\cdots,n)]$降低到 $n+1$ 个$[w_{mi}(i=0,1,2,\cdots,n)]$。

3　静力学能量法求解

3.1　势能泛函

设横向张应力 $\sigma_y=0$ 和剪应力 $\tau_{xy}=0$，板带处于临界失稳状态时的总势能 Π 为弯曲变形能与外力势能（外力所做的负功）之和[9]，可表示为

$$\Pi=\frac{D}{2}\int_0^a\int_{-b/2}^{b/2}\left\{(\nabla^2 w)^2-2(1-\nu)\left[\frac{\partial^2 w}{\partial x^2}\frac{\partial^2 w}{\partial y^2}-\left(\frac{\partial^2 w}{\partial x\partial y}\right)^2\right]\right\}\mathrm{d}x\,\mathrm{d}y+\xi\frac{h}{2}\int_0^a\int_{-b/2}^{b/2}\sigma_x\left(\frac{\partial w}{\partial x}\right)^2\mathrm{d}x\,\mathrm{d}y \tag{18}$$

式中：D 为板的抗弯刚度，$D=\frac{Eh^3}{12(1-\nu^2)}$；$\nabla^2$ 为拉普拉斯算子，$\nabla^2=\frac{\partial^2}{\partial x^2}+\frac{\partial^2}{\partial y^2}$；$b,h$ 分别为板带宽度、厚度；E,ν 分别为板带的弹性模量、泊松比。

将式(3)代入到式(18)，并利用三角函数正交性质

$$\int_0^a\sin\frac{m\pi}{a}x\cdot\sin\frac{k\pi}{a}x\,\mathrm{d}x=\begin{cases}0 & (m\neq k)\\ \frac{a}{2} & (m=k)\end{cases}$$

$$\int_0^a\cos\frac{m\pi}{a}x\cdot\cos\frac{k\pi}{a}x\,\mathrm{d}x=\begin{cases}0 & (m\neq k)\\ \frac{a}{2} & (m=k)\end{cases}$$

则有

$$\Pi=\frac{Da}{4}\int_{-b/2}^{b/2}\left\{\sum_{m=1}^{r}\left[\left(\frac{m\pi}{a}\right)^2w_m(y)-w''_m(y)\right]^2+2(1-\nu)\sum_{m=1}^{r}\left(\frac{m\pi}{a}\right)^2\left[w_m(y)w''_m(y)+(w'_m(y))^2\right]\right\}\mathrm{d}y+\xi\frac{ha}{4}\int_{-b/2}^{b/2}\sigma_x\sum_{m=1}^{r}\left[\left(\frac{m\pi}{a}\right)^2w_m^2(y)\right]\mathrm{d}y \tag{19}$$

分条计算总势能

$$\Pi=\sum_{i=0}^{n-1}\Pi_i=\frac{\pi^2}{4a}\sum_{i=0}^{n-1}\Pi_i^* \tag{20}$$

式中：

$$\Pi_i^*=D\int_{y_i}^{y_{i+1}}\left\{\sum_{m=1}^{r}\left[\left(\frac{m^2\pi}{a}\right)w_m(y)-\frac{a}{\pi}w''_m(y)\right]^2+2(1-\nu)\sum_{m=1}^{r}m^2\left[w_m(y)w''_m(y)+(w'_m(y))^2\right]\right\}\mathrm{d}y+\xi h\int_{y_i}^{y_{i+1}}\sigma_x\sum_{m=1}^{r}m^2(w_m(y))^2\mathrm{d}y \tag{21}$$

3.2　板形判别因子的求解

根据最小势能原理，有

$$\frac{\partial\Pi}{\partial[\boldsymbol{w}_m]^{\mathrm{T}}}=\sum_{i=0}^{n-1}\frac{\partial\Pi_i^*}{\partial[\boldsymbol{w}_m]^{\mathrm{T}}}=0\quad(m=1,2,\cdots,r) \tag{22}$$

注意到 $\frac{\partial[\boldsymbol{w}_p]^{\mathrm{T}}}{\partial[\boldsymbol{w}_q]^{\mathrm{T}}}=\begin{cases}1 & (p=q)\\ 0 & (p\neq q)\end{cases}$ $(p,q=1,2,\cdots,r)$，将式(21)代入式(22)化简得到

$$\sum_{i=0}^{n-1}D\int_{y_i}^{y_{i+1}}\left\{2\left[\frac{m^2\pi}{a}w_m(y)-\frac{a}{\pi}w''_m(y)\right]\cdot\left[\frac{m^2\pi}{a}\frac{\partial w_m(y)}{\partial[\boldsymbol{w}_m]^{\mathrm{T}}}-\frac{a}{\pi}\frac{\partial w''_m(y)}{\partial[\boldsymbol{w}_m]^{\mathrm{T}}}\right]+2(1-v)m^2\left[w''_m(y)\frac{\partial w_m(y)}{\partial[\boldsymbol{w}_m]^{\mathrm{T}}}+w_m(y)\frac{\partial w''_m(y)}{\partial[\boldsymbol{w}_m]^{\mathrm{T}}}+2w'_m(y)\frac{\partial w'_m(y)}{\partial[\boldsymbol{w}_m]^{\mathrm{T}}}\right]\right\}\mathrm{d}y+\sum_{i=0}^{n-1}\xi h\int_{y_i}^{y_{i+1}}2m^2\sigma_x(y)w_m(y)\frac{\partial w_m(y)}{\partial[\boldsymbol{w}_m]^{\mathrm{T}}}\mathrm{d}y=0\ (m=1,2,\cdots,r) \tag{23}$$

由文献[6]可知，在区间$[y_i, y_{i+1}]$上$\frac{\partial w_m(y)}{\partial[\boldsymbol{w}_m]^{\mathrm{T}}}$、$\frac{\partial w'_m(y)}{\partial[\boldsymbol{w}_m]^{\mathrm{T}}}$、$\frac{\partial w''_m(y)}{\partial[\boldsymbol{w}_m]^{\mathrm{T}}}$的表达式为

$$\frac{\partial w_m(y)}{\partial[\boldsymbol{w}_m]^{\mathrm{T}}}=[\alpha_0 \quad \alpha_1 \quad \cdots \quad \alpha_n]^{\mathrm{T}}=[\boldsymbol{\alpha}]^{\mathrm{T}},\frac{\partial w'_m(y)}{\partial[\boldsymbol{w}_m]^{\mathrm{T}}}=[\beta_0 \quad \beta_1 \quad \cdots \quad \beta_n]^{\mathrm{T}}=[\boldsymbol{\beta}]^{\mathrm{T}},$$

$$\frac{\partial w''_m(y)}{\partial[\boldsymbol{w}_m]^{\mathrm{T}}}=[\gamma_0 \quad \gamma_1 \quad \cdots \quad \gamma_n]^{\mathrm{T}}=[\boldsymbol{\gamma}]^{\mathrm{T}}(m=1,2,\cdots,r) \tag{24a,b,c}$$

将式(15)、式(16)、式(17)、式(24a)~式(24c)代入式(23)，化简得到

$$\sum_{i=0}^{n-1} D\int_{y_i}^{y_{i+1}}\left\{2\left[\frac{m^2\pi}{a}[\boldsymbol{\alpha}]^{\mathrm{T}}-\frac{a}{\pi}[\boldsymbol{\gamma}]^{\mathrm{T}}\right]\left[\frac{m^2\pi}{a}[\boldsymbol{\alpha}]-\frac{a}{\pi}[\gamma]\right]+2(1-v)m^2\left[[\boldsymbol{\alpha}]^{\mathrm{T}}[\boldsymbol{\gamma}]+[\boldsymbol{\gamma}]^{\mathrm{T}}[\boldsymbol{\alpha}]+2[\boldsymbol{\beta}]^{\mathrm{T}}[\boldsymbol{\beta}]\right]\right\}\mathrm{d}y[\boldsymbol{w}_m]^{\mathrm{T}}+\sum_{i=0}^{n-1}\xi h\int_{y_i}^{y_{i+1}}2m^2\sigma_x(y)[\boldsymbol{\alpha}]^{\mathrm{T}}[\boldsymbol{\alpha}]\mathrm{d}y[\boldsymbol{w}_m]^{\mathrm{T}}=0(m=1,2,\cdots,r) \tag{25}$$

转换为矩阵表达式为

$$\begin{bmatrix} f_{m00} & f_{m01} & \cdots & f_{m0n} \\ f_{m10} & f_{m11} & \cdots & f_{m1n} \\ \vdots & \vdots & & \vdots \\ f_{mn0} & f_{mn1} & \cdots & f_{mnn} \end{bmatrix}\begin{bmatrix} w_{m0} \\ w_{m1} \\ \vdots \\ w_{mn} \end{bmatrix}-\xi\begin{bmatrix} g_{m00} & g_{m01} & \cdots & g_{m0n} \\ g_{m10} & g_{m11} & \cdots & g_{m1n} \\ \vdots & \vdots & & \vdots \\ g_{mn0} & g_{mn1} & \cdots & g_{mnn} \end{bmatrix}\begin{bmatrix} w_{m0} \\ w_{m1} \\ \vdots \\ w_{mn} \end{bmatrix}=0 \tag{26}$$

式中：$f_{mjk}=\sum_{i=0}^{n-1} f_{mjk,i}$　(27)　　$g_{mjk}=\sum_{i=0}^{n-1} g_{mjk,i}$　(28)

$$f_{mjk,i}=2D\left[\left(\frac{m^2\pi}{a}\right)^2\int_{y_i}^{y_{i+1}}\alpha_j\alpha_k\mathrm{d}y-vm^2\int_{y_i}^{y_{i+1}}\alpha_j\gamma_k\mathrm{d}y-vm^2\int_{y_i}^{y_{i+1}}\gamma_j\alpha_k\mathrm{d}y+\left(\frac{a}{\pi}\right)^2\int_{y_i}^{y_{i+1}}\gamma_i\gamma_k\mathrm{d}y+2m^2(1-v)\int_{y_i}^{y_{i+1}}\beta_j\beta_k\mathrm{d}y\right] \tag{29}$$

$$g_{mjk,i}=-2hm^2\int_{y_i}^{y_{i+1}}\sigma_x(y)\alpha_j\alpha_k\mathrm{d}y$$

$$(m=1,2,\cdots,r;i=0,1,2,\cdots,n-1;j,k=0,1,2,\cdots,n) \tag{30}$$

式(26)可以写为下面的形式

$$([\boldsymbol{G}_m]^{-1}[\boldsymbol{F}_m]-\xi\boldsymbol{I})[\boldsymbol{w}_m]^{\mathrm{T}}=0 \quad (m=1,2,\cdots,r) \tag{31}$$

式中，$\boldsymbol{I}$为$n+1$阶单位矩阵。

特征矩阵$[\boldsymbol{G}_m]^{-1}[\boldsymbol{F}_m]$为$n+1$阶矩阵，与文献[5]的$2(n+1)$阶特征矩阵相比，实现了矩阵的降阶，有利于提高计算速度。

为使齐次线性方程组式(31)有非零解，其系数行列式的值应为零，得到求解板形判别因子ξ的特征方程

$$|[\boldsymbol{G}_m]^{-1}[\boldsymbol{F}_m]-\xi\boldsymbol{I}|=0 \quad (m=1,2,\cdots,r) \tag{32}$$

这样求解判别因子ξ的问题便转化为经典的特征值—特征向量问题，求解出式(32)中特征矩阵$[\boldsymbol{G}_m]^{-1}[\boldsymbol{F}_m]$的最小特征值$\xi_m(m=1,2,\cdots,r)$再从$r$个最小特征值中找出最小值，即为板形判别因子$\xi$。

4　动力学能量法求解

4.1　理论基础

动力学准则表述如下：用n个广义坐标$q_i(i=0,1,2,\cdots,n)$描述的某一弹性体系的初始平衡位置为$q_i=\alpha_i$，系统受到干扰后，在其平衡位置附近运动，其坐标为$\bar{q}_i=q_i-\alpha_i$，新的广义坐标$\bar{q}_i$随时间改变

的速度为 $\dot{q}_i$，如果系统是稳定的，那么总可以选择这样的初始值 $\bar{q}_i^0$、$\dot{\bar{q}}_i^0$，使今后系统的运动始终有 $|\bar{q}_i|$、$|\dot{\bar{q}}_i|$，决不越出某些预先给定的与基本平衡位置 $q_i=\alpha_i$ 任意接近的界限。

动力学准则指出，杆件或体系在载荷作用下处于平衡状态时，对其施加微小扰动，使之绕平衡位置做自由振动，若运动是有界的，则初始平衡状态是稳定的，否则是不稳定的。根据动力学准则分析体系稳定问题的方法称为动力学能量法。解决的问题是：在载荷取什么值时，无缺陷的体系在其平衡位置邻近的最一般的自由振动不再有界。

4.2 基本变分方程

变分方程。根据弹性体动力学的哈密尔顿原理[10]，在薄板情况下变分方程为

$$\delta\int_{t_0}^{t_1}(T-\Pi)\mathrm{d}t=0 \tag{33}$$

设位移振型函数为

$$W(x,y,t)=w(x,y)\sin(\omega t+\phi) \tag{34}$$

式中：$w(x,y)$ 为板带挠度函数；ω 为板带振动固有频率。

将式(34)代入式(33)，并沿一周期积分，即得求解平板固有频率与振型的位移变分原理。

在满足位移边界条件的所有位移振型的几何可能解中，真正挠度函数 $w(x,y)$ 满足

$$\delta[\Pi-\omega^2T]=0 \tag{35}$$

挠度函数 $w(x,y)$ 采用式(3)的模式，板带沿横向分为 n 段，因此总势能 Π 以及总动能 T 可表示为 n 段之和

$$\Pi=\sum_{i=0}^{n-1}\Pi_i=\frac{\pi^2}{4a}\sum_{i=0}^{n-1}\Pi_i^* \tag{36}$$

$$T=\sum_{i=0}^{n-1}T_i \tag{37}$$

式中：Π_i^* 按式(21)计算。

$$T_i=\frac{\rho ha}{4}\int_{y_i}^{y_{i+1}}\sum_{m=1}^{r}(w_m(y))^2\mathrm{d}y \tag{38}$$

式中，ρ 为板带的质量密度。

4.3 板形判别因子的求解

将式(36)、式(37)代入式(35)得到

$$\delta\left[\frac{\pi^2}{4a}\sum_{i=0}^{n-1}\Pi_i^*-\omega^2\sum_{i=0}^{n-1}T_i\right]=0 \tag{39}$$

进行变分运算得到

$$\left[\frac{\pi^2}{4a}\sum_{i=0}^{n-1}\frac{\partial\Pi_i^*}{\partial[\boldsymbol{w}_m]^{\mathrm{T}}}-\omega^2\sum_{i=0}^{n-1}\frac{\partial T_i}{\partial[\boldsymbol{w}_m]^{\mathrm{T}}}\right]\cdot\delta[\boldsymbol{w}_m]^{\mathrm{T}}=0 \tag{40}$$

由于 $\delta[\boldsymbol{w}_m]^{\mathrm{T}}$ 任意，得到

$$\frac{\pi^2}{4a}\sum_{i=0}^{n-1}\frac{\partial\Pi_i^*}{\partial[\boldsymbol{w}_m]^{\mathrm{T}}}-\omega^2\sum_{i=0}^{n-1}\frac{\partial T_i}{\partial[\boldsymbol{w}_m]^{\mathrm{T}}}=0 \tag{41}$$

可求得 m 阶近似固有振动频率 ω_m 为

$$\omega_m^2=\frac{\pi^2}{4a}\sum_{i=0}^{n-1}\frac{\partial\Pi_i^*}{\partial[\boldsymbol{w}_m]^{\mathrm{T}}}\Big/\sum_{i=0}^{n-1}\frac{\partial T_i}{\partial[\boldsymbol{w}_m]^{\mathrm{T}}} \tag{42}$$

板带处于临界失稳状态时有 $\omega_m=0$，得到

$$\sum_{i=0}^{n-1}\frac{\partial\Pi_i^*}{\partial[\boldsymbol{w}_m]^{\mathrm{T}}}=0(m=1,2,\cdots,r) \tag{43}$$

按照静力学能量法中特征方程的推导过程，得到求解板形判别因子 ξ 的特征方程

$$|[\boldsymbol{G}_m]^{-1}[\boldsymbol{F}_m]-\xi\boldsymbol{I}|=0\quad(m=1,2,\cdots,r) \tag{44}$$

式中：

$$f_{mjk}=\sum_{i=0}^{n-1}f_{mjk,i} \tag{45}$$

$$g_{mjk}=\sum_{i=0}^{n-1}g_{mjk,i} \tag{46}$$

$$f_{mjk,i}=2D\left[\left(\frac{m^2\pi}{a}\right)^2\int_{y_i}^{y_{i+1}}\alpha_j\alpha_k\mathrm{d}y-\nu m^2\int_{y_i}^{y_{i+1}}\alpha_j\gamma_k\mathrm{d}y-\upsilon m^2\int_{y_i}^{y_{i+1}}\gamma_j\alpha_k\mathrm{d}y\right.$$
$$\left.+\left(\frac{a}{\pi}\right)^2\int_{y_i}^{y_{i+1}}\gamma_i\gamma_k\mathrm{d}y+2m^2(1-\nu)\int_{y_i}^{y_{i+1}}\beta_j\beta_k\mathrm{d}y\right](j,k=0,1,2,\cdots,n) \tag{47}$$

$$g_{mjk,i}=-2hm^2\int_{y_i}^{y_{i+1}}\sigma_x(y)\alpha_j\alpha_k\mathrm{d}y(j,k=0,1,2,\cdots,n) \tag{48}$$

动力学能量法的特征方程(式(44))与静力学能量法的特征方程(式(32))相同,特征矩阵$[\boldsymbol{G}_m]^{-1}[\boldsymbol{F}_m]$都是$n+1$阶矩阵。从动力学角度证明了板形判别因子$\xi$求解的正确性。

5 有关参数的确定

5.1 半波数 m 的确定

工程测量表明,轧后板形不良沿板带长度方向的表现接近正弦波形。本文的计算也表明,m的变化对ξ影响很小。所以,实际计算时可取$m=1(r=1)$,即按一次波形(基波)计算。

动力学能量法中也指出,最小临界载荷对应于最低固有频率ω_1,因而本文取半波数$m=1$,即带材失稳时在长度方向只形成一个半波。

5.2 最容易失稳时的板带长度 a

矩形板模型中板长a的确定应能满足使临界应力最小的极值条件。

本文选择一个屈曲半波长作为板长。采用黄金分割法来搜索最容易失稳时的板带长度a。

6 算例与对比

对文献[2]中的实例进行了计算。板带的材质和规格为,钢带:$h=0.5$ mm,$b=260$ mm;铝带:$h=0.45$ mm,$b=250$ mm。该实验是在300 mm四辊冷带轧机上完成的。表1给出了本文计算结果和文献[2]的实验结果。

对于钢3和钢4两例,无论是文献[2]还是本文计算的判别因子ξ均大于1或在1附近,说明他的板形状态较好,而实际观察到的也正是如此;其他的判别因子ξ都远远小于1,说明这些残余应力对应的变形状态远远超过临界状态,而这些试件实际上都有明显的单边浪或中浪,因此,判别因子用作稳定性判据是可靠的。

在板带划分条元数目相同的情况下(取16条),分别采用文献[5]中板形判别的条元法和本文的降阶模型对同一算例进行了计算,计算时间从6.156 s降低到了2.734 s,可见降阶模型的计算速度提高了一倍。

表1 计算结果对比

Table 1 The results of simulation and experiment

板带	板形判别因子ξ		屈曲半波长a/mm		板形状态
	本文计算值	文献[2]计算值	本文	实验	
钢2	0.149 370	0.115 85	108.2	125.0	屈曲,不良
钢3	1.120 500	0.980 16	—	—	平直,良好
钢4	1.827 176	1.162 56	—	—	平直,良好
铝1	0.138 657	0.118 27	84.6	89.0	屈曲,不良
铝2	0.149 357	0.118 10	94.0	118.0	屈曲,不良

7 结论

(1) 在挠度函数模式中，通过引入节线二阶导数连续和自由边力边界条件，可使未知数减少一半，使板形判别计算模型——特征矩阵，从 $2(n+1)$ 阶降低到 $n+1$ 阶。

(2) 从动力学原理出发，推导得出与静力学能量原理相同的板形判别计算模型，进一步证明了计算模型的正确性。

(3) 实际计算证明，改进降阶后的计算模型稳定性好，速度提高一倍。

参考文献

[1] 彭艳. 基于条元法的六辊 HC 轧机板形控制策略及预设定控制模型的研究[D]. 秦皇岛：燕山大学，2000.
Peng Yan. Theoretical studies and engineering application of shape preset control for HC cold mill based on strip element method [D]. Qinhuangdao: Yanshan University, 2000. (in Chinese)

[2] Lian Jiachuang, Duan Zhenyong, Lu Shengjiang. Study on the large deflection buckling deformation for rolled strip losing stability[C]//The Science and Technology of Flat Rolling, Proceedings of the 4th International Steel Rolling Conference. Deauville, France, 1987.

[3] Ishikawa T, Yukawa N, Tozawa Y. Analytical approach to occurrence and suppression of flatness defect in strip rolling[C]//The Science and Technology of Flat Rolling, Proceedings of the 4th International Steel Rolling Conference. Deauville, France, 1987.

[4] 林振波，张波，连家创，段振勇. 冷轧带材板形判别模型的分析与讨论[J]. 钢铁，1995，30(8)：39-43.
Lin Zhenbo, Zhang Bo, Lian Jiachuang, Duan Zhenyong. Analysis and discussion on the shape discrimination model of cold rolled strip[J]. Iron and Steel, 1995, 30(8): 39-43. (in Chinese)

[5] Liu Hongmin, Peng Yan, Chu Yupeng, Wang Yingrui. Strip element method for shape discrimition of strip rolling [J]. Communications in Numerical Methods in Engineering, 2004, 20(9): 709-720.

[6] 黄克智. 板壳理论[M]. 北京：清华大学出版社，1987.
Huang Kezhi. Theory of plates and shells [M]. Beijing: Tsinghua University Press, 1987. (in Chinese)

[7] 李庆扬，王能超，易大义. 数值分析[M]. 武汉：华中科技大学出版社，2001.
Li Qingyang, Wang Nengchao, Yi Dayi. Numerical analysis[M]. Wuhan: Huazhong University of Science and Technology Press, 2001. (in Chinese)

[8] 刘鸿文. 板壳理论[M]. 杭州：浙江大学出版社，1986.
Liu Hongwen. Theory of plates and shells [M]. Hangzhou: Zhejiang University Press, 1986. (in Chinese)

[9] 徐芝纶. 弹性力学[M]. 北京：人民教育出版社，1980.
Xu Zhilun. Elastic mechanics[M]. Beijing: People's Education Press, 1980. (in Chinese)

[10] 曹志远. 板壳振动理论[M]. 北京：中国铁道出版社. 1988.
Cao Zhiyuan. Vibration theory of plates and shells[M]. Beijing: China Railway Publishing House, 1988. (in Chinese)

冷轧带钢平整机高精度高速度轧制力模型开发①

王东城，彭　艳，刘宏民
（燕山大学轧制设备及成套技术教育部工程研究中心，秦皇岛，066004；
燕山大学亚稳材料制备技术与科学国家重点实验室，秦皇岛，066004）

摘　要：与普通冷轧相比，平整轧制压下量很小，轧件的弹性变形和工作辊的弹性压扁对轧制压力分布有较大影响，通常的圆弧形轧辊轮廓假设不再合理。本文推导了分段二次曲线分布压力作用下轧辊弹性压扁量的计算模型，考虑轧制速度对变形抗力的影响，采用卡尔曼理论计算轧件的弹塑性变形，研究开发了冷轧带钢平整机轧制压力模型。轧制力计算值与实测值吻合精度高，计算速度快，表明本模型可以用作平整轧机的轧制力设定模型。

关键词：平整机；轧制力；弹性压扁；影响函数法

A High-resolution High-speed Rolling Force Model for Cold Strip Temper Rolling Mill

Wang Dongcheng, Peng Yan, Liu Hongmin
(Engineering Research Center of Rolling Equipment and Complete Technology, Ministry of Education, Yanshan University; Qinhuangdao, 066004;
State Key Laboratory of Metastable Materials Science and Technology, Yanshan University, Qinhuangdao, 066004)

Abstract: Compared to common cold rolling condition, the reduction of temper rolling is very small, so the elastic deformation of strip and the roll flattening have great influence on the distribution of rolling pressure, and the conventional assumption of circular arc roll shape become no more appropriate. An analytic model is deduced to calculate roll flattening for stepwise quadratic distributed pressure, and Karman's theory is adopted to calculate the elastic-plastic deformation of strip, a rolling force model for cold strip temper rolling mill is developed considering the effects of rolling velocity on deformation resistance. The calculated results show good agreement with the measured data, and the speed is high, which prove that the model can be used as a pre-setting roll force model for cold strip temper rolling mill

Key words: Temper rolling mill; Rolling force; Roll flattening; Influence function method

引言

燕山大学为凌源钢铁公司研制的900 mm四辊冷轧带钢平整机已正式投产稳定运行。为提高延伸率的设定控制精度，研究开发了一套高精度、高速度的平整

① 塑性工程学报，2008，15(1)：172-177.

轧制压力设定模型。提高轧制力设定模型的精度，对于精确设定弯辊力和轧辊辊型，提高板形控制精度，也具有重要意义。

目前求解轧制过程的理论方法很多，如工程法、滑移线法、能量法、有限元法、边界元法、条元法等[1]，各有特点。有限元法、边界元法、条元法等均已将轧制过程视为三维变形过程，其计算精度高于二维轧制理论，但计算时间较长，一般需几十分钟甚至几十小时。相对而言，二维轧制理论求解时间较短，其计算精度经自适应修正后一般能满足工程需要，适用于在线控制模型。

平整轧制与普通冷轧相比存在特殊性，最大差别在于平整轧制的压下量很小，只有微米级。用测厚仪几乎测不出平整带材出口侧与入口侧的厚度差，因此采用测量带钢延伸率的方法作为测量其厚度变化的等效值[2]。采用常规的二维冷轧理论求解平整轧制力，其计算值与实测值往往偏差较大。普通冷轧条件下，由于压下量较大，轧件的弹性变形相对于塑性变形很小，忽略轧件的弹性变形对轧制力的整体计算精度影响很小。此外，轧辊的轮廓仍近似于圆弧形。而平整轧制时，由于塑性变形量很小，轧件的弹性压缩与弹性回复对轧制力有很大影响，因此，轧件的弹性变形必须加以考虑。此外，由于压下量及接触长度很小，轧辊的接触轮廓已不再是圆弧形，因此通常的圆弧形轧辊轮廓假设不再合理。

非圆弧轧辊理论的研究，最早可追溯到早期 Orowan 的实验工作[3]。Orowan 发现，在某些轧制条件下，接触弧的中间部位存在一个“扁平区”，在此区域内的压下增量几乎为零。随后 Johnson 与 Bentall 对这一现象进行了研究，Fleck 与 Johnson[4] 延续了他们的研究工作，形成一套理论用于求解冷轧箔材时的轧制压力及轧辊变形。随后这一理论被用于求解平整轧制压力[5]。该理论的最大特点是根据轧制变形区的特征将轧制条件分为 3 种，针对每种轧制条件采用各自的算法。即计算某一特定轧制条件下的轧制压力，需先确定此轧制条件属于哪一种情况，这就需要一定经验，使求解过程变得烦琐。另外，在某些条件下，迭代过程容易发散，使求解结果不稳定[6]。为解决这些问题，Le 与 Sutcliffe[7] 认为，在中性区轧辊的轮廓不是绝对的“扁平”，采用 Hook 定律求解中性区轧制压力的分布，并将 3 种轧制情况统一考虑，不论轧制条件属于哪种情况，都采用统一的方法计算，使算法的强壮性与通用性得到显著提高。

本文采用非圆弧轧辊理论，并在轧辊弹性压扁计算及求解策略上进行了明显改进，不同于已有算法。已有算法均将轧制压力分布视为分段线性函数，采用影响函数法求解轧辊的弹性压扁量。为使结果足够精确，一般须将变形区沿轧制方向划分为 100～500 段。如将变形区划分为 200 段，对于特定的轧辊轮廓，采用卡尔曼理论只需沿变形区分别计算每个节点处的轧制压力，计算次数为 200 次，但采用影响函数法计算新的轧辊轮廓时，每一节点处轧辊的弹性压扁量均需计算 200 次，总的计算次数达 4 万次，使总体求解时间显著增加。本文采用分段的二次曲线拟合轧制压力沿轧制方向的分布，将弹性变形区、塑性变形区、中性区的交界点以及轧制压力曲线的拐点作为二次曲线的边界，推导了轧辊弹性压扁量的计算模型。如将变形区同样划分 200 段，由于只需采用 7 段二次曲线就可使拟合得到轧制压力很好地吻合于真实值，故采用本文模型计算轧辊的弹性压扁变形量只需计算 7×200=1400 次，计算次数显著减少。将其与卡尔曼理论相结合，计算平整机的轧制力，时间只需零点几秒，可以用作平整机轧制力的在线设定模型。

求解策略上本文首先从轧件出口侧向入口侧求解轧制压力，然后判断在轧辊轮廓最低点（出口弹性区与出口塑性压下区的交界点）处是否满足屈服条件，如果不满足，则给整个轧辊轮廓在轧件厚度方向施加刚性位移，进行迭代计算，直到满足为止。此时的轧辊轮廓满足所有边界条件，按其求解即可得到特定轧辊轮廓下的轧制压力分布。由于出口弹性区相对整个变形区较短，因此上述迭代过程所需计算时间很少；此外，本文直接根据摩擦应力来判断中性区与塑性压下区的交界点，不需迭代计算，这也使计算时间显著降低。

1　基本方程

平整轧制时，带材的宽厚比较大，压下量较小，带材的宽展几乎为零，采用平面变形假设，变形区轮廓如图 1 所示。取轧件厚度对称线作为 x 轴，轧辊中心连线作为 z 轴。变形区分为五部分：入口弹性变形区、入口塑性压下区、中性区、出口塑性压下区、出口弹性回复区[6-7]。

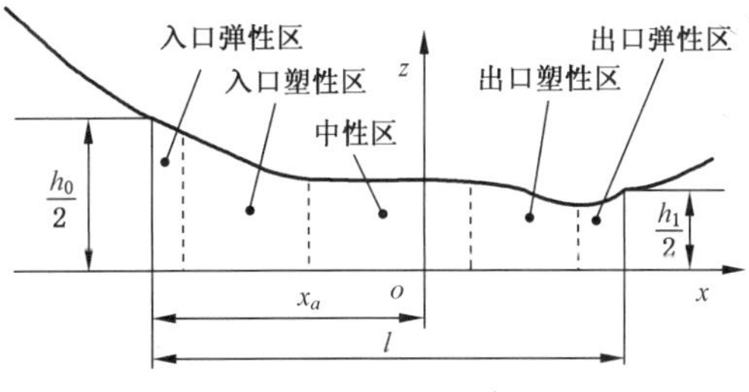

图 1　变形区轮廓图

Fig. 1　Sketch of the deformation zones in the roll gap

1.1　轧件平衡微分方程

采用卡尔曼均匀变形理论，轧件的平衡微分方程为[4,7]

$$h\frac{\mathrm{d}\sigma}{\mathrm{d}x}+(p+\sigma)\frac{\mathrm{d}h}{\mathrm{d}x}+2\tau=0 \tag{1}$$

式中：h——轧件厚度；

p——轧辊与轧件之间的法向应力，亦称单位轧制压力；

σ——轧制方向的法向应力；

τ——为轧辊与轧件之间的切向应力。

1.1.1　入口与出口弹性滑动区

根据 Hook 定律，在入口与出口弹性区轧件 z 方向弹性应变 ε_S^{ze} 可表示为

$$\varepsilon_S^{ze}=\ln[h/h_i]=-\frac{1-\nu_S^2}{E_S}\left[p+\frac{\nu_S}{1-\nu_S}(\sigma-\sigma_i)\right] \tag{2}$$

式中：E_S、ν_S——轧件的弹性模量、泊松比；

h_i、σ_i——轧件的入口、出口侧厚度、入口、出口侧张应力。

式(2)两边对 x 求导，并与式(1)联立，得到

$$\frac{\mathrm{d}p}{\mathrm{d}x}=-\frac{E_S}{(1-\nu_S^2)h}\frac{\mathrm{d}h}{\mathrm{d}x}+\frac{\nu_S}{1-\nu_S}\frac{2\tau}{h}+\frac{\nu_S}{1-\nu_S}\frac{(\sigma+p)}{h}\frac{\mathrm{d}h}{\mathrm{d}x} \tag{3}$$

采用库仑摩擦定律，切应力 τ 与法应力 p 之间的关系为

$$\tau=\pm\mu p \tag{4}$$

式中，μ 为摩擦系数。

1.1.2　入口与出口塑性压下区

在塑性压下区，采用 Mises 屈服准则，有

$$p+\sigma=\frac{2}{\sqrt{3}}\sigma_S \tag{5}$$

式中：σ_S——平均变形抗力。

联立式(5)与式(1)得到

$$\frac{\mathrm{d}p}{\mathrm{d}x}=\frac{2}{\sqrt{3}}\frac{\sigma_S}{h}\frac{\mathrm{d}h}{\mathrm{d}x}+\frac{2\tau}{h} \tag{6}$$

1.1.3　中性区

在中性区，轧辊与轧件之间无相对滑动，因此有[8]

$$\varepsilon_R^x-\varepsilon_S^x=\xi \tag{7}$$

式中：ξ——常数；

ε_R^x、ε_S^x——轧辊、轧件在 x 方向的总应变量。

根据弹性半平面理论[8]，可得

$$\varepsilon_R^x=-\frac{p(1-2\nu_R)(1+\nu_R)}{E_R}-\frac{2(1-\nu_R^2)}{\pi E_R}\int_{-x_a}^{1-x_a}\frac{\tau}{x-s}\mathrm{d}s \tag{8}$$

式中：E_R、ν_R——轧辊的弹性模量、泊松比。

对于平面变形，根据体积不变条件，轧件 x 方向与 z 方向的塑性应变和为零，因此[7]

$$\varepsilon_S^x=\frac{1-\nu_S^2}{E_S}\left(\sigma+\frac{\nu_S}{1-\nu_S}p\right)+\varepsilon_S^{xp} \tag{9}$$

$$\varepsilon_S^z=-\frac{1-\nu_S^2}{E_S}\left(p+\frac{\nu_S}{1-\nu_S}\sigma\right)-\varepsilon_S^{xp} \tag{10}$$

式中：ε_S^z——轧件在 z 方向上的总应变量；

ε_S^{xp}——轧件在 x 方向上的塑性应变量。

由式(9)、式(10)得到

$$\varepsilon_S^x=-\varepsilon_S^z+\frac{(1-2\nu_S)(1+\nu_S)}{E_S}(\sigma-p) \tag{11}$$

忽略式(8)中切应力 τ 的影响，将式(8)、式(11)代入式(7)，对 x 求导

$$\frac{1-2\nu_R}{1-\nu_R}\frac{E_S}{E_R}\frac{\mathrm{d}p}{\mathrm{d}x}+\frac{1-2\nu_S}{1-\nu_S}\left(\frac{\mathrm{d}\sigma}{\mathrm{d}x}-\frac{\mathrm{d}p}{\mathrm{d}x}\right)=\frac{E_S}{(1-\nu_S^2)h}\frac{\mathrm{d}h}{\mathrm{d}x} \tag{12}$$

考虑到带材满足屈服条件，有

$$\frac{\mathrm{d}\sigma}{\mathrm{d}x}+\frac{\mathrm{d}p}{\mathrm{d}x}=0 \tag{13}$$

联立式(12)与式(13)得到

$$\frac{\mathrm{d}p}{\mathrm{d}x}=\frac{C}{h}\frac{\mathrm{d}h}{\mathrm{d}x} \tag{14}$$

式中，

$$C=-\frac{E_S}{1-\nu_S^2}\left(\frac{2-4\nu_S}{1-\nu_S}-\frac{1-2\nu_R}{1-\nu_R}\frac{E_S}{E_R}\right)^{-1}。$$

将式(5)、式(13)、式(14)与式(1)联立得到

$$\tau=\left(\frac{C}{2}-\frac{\sigma_S}{\sqrt{3}}\right)\frac{\mathrm{d}h}{\mathrm{d}x} \tag{15}$$

求解微分方程式(3)、式(6)和式(14)可得变形区单位轧制压力 p 的分布。切向应力 τ 按式(4)和式(15)计算。对 p 沿变形区长度积分，并乘以带材宽度，可得总轧制压力 P。

1.2　轧辊的弹性压扁及轮廓方程

变形轧辊轮廓的基本方程为[4,7]

$$h=h_0+2\sqrt{R^2-x_a^2}-2\sqrt{R^2-x^2}+\delta \tag{16}$$

式中：h_0——轧件入口侧厚度，R 为轧辊半径；

x_a——轧件入口至 z 轴距离；

δ——轧制压力造成的轧辊弹性压扁变形量。

假设轧制压力沿变形区长度为分段二次曲线分布，总段数为 n，第 i 段曲线可表示为

$$p_i(x)=a_ix^2+b_ix+c_i\quad(x_{i1}\leqslant x\leqslant x_{i2}) \tag{17}$$

式中：a_i、b_i、c_i——二次曲线系数；

x_{i1}、x_{i2}——该段曲线的边界点。

根据弹性半平面理论，忽略切应力，第 i 段单位压力 p_i 在任意位置 x 处引起的位移 δ_i 为[8]

$$\delta_i(x)=\int\left(-\frac{2(1-\nu_R^2)}{\pi E}\int_{x_{i1}}^{x_{i2}}\frac{p_i(s)}{x-s}\mathrm{d}s\right)\mathrm{d}x \tag{18}$$

将式(17)代入式(18)积分得到二次

分布压力作用下轧辊位移的解析表达式

$$\delta_i(x)=\frac{(x_{i2}-x_{i1})(1-\nu_R^2)}{3\pi E_R}2a_ix^2+\frac{(x_{i2}-x_{i1})(1-\nu_R^2)}{3\pi E_R}(3b_i+a_i(x_{i2}+x_{i1}))x-\frac{(1-\nu_R^2)}{6\pi E_R}(2a_i(x^3-x_{i1}^3)+3b_i(x^2-x_i^2)+6c_i(x-x_{i1}))\ln(x-x_{i1})^2-\frac{(1-\nu_R^2)}{6\pi E_R}(2a_i(x_{i2}^3-x^3)+3b_i(x_{i2}^2-x^2)+6c_i(x_{i2}-x))\ln(x_{i2}-x)^2+c \quad (19)$$

式中：c——常数。

所有段分布力对任意位置 x 处造成的压扁量为

$$\delta(x)=\sum_{i=1}^{n}\delta_i(x)-\sum_{i=1}^{n}\delta_i(-x_a) \quad (20)$$

2　求解步骤

2.1　轧制压力的分段拟合

本文采用分段的二次曲线拟合变形区的轧制压力分布，即将入口、出口弹性区与入口、出口塑性区的轧制压力分布各采用一条二次曲线拟合，在中性区由于轧制压力分布曲线存在拐点，因此采用两条二次曲线拟合。

图 2 为轧制压力拟合前后的对比图，其中曲线 1、2 分别为存在中性区与不存在中性区时轧制压力拟合前后的对比情况。由图 2 可见，无论是否存在中性区，采用分段的二次曲线拟合得到的轧制压力分布曲线均与原曲线相当接近，为轧辊变形轮廓的计算提供了正确的前提条件。

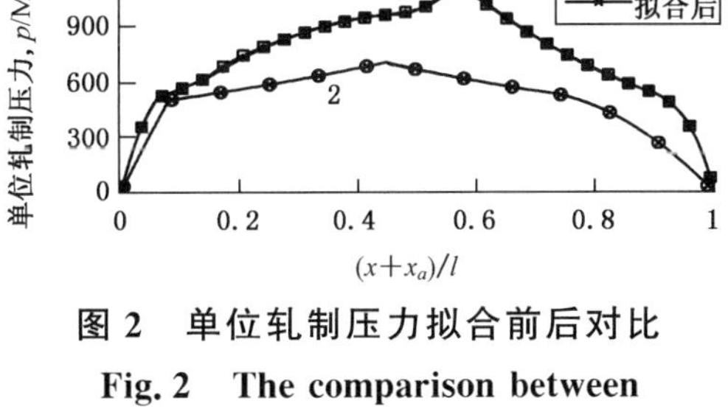

图 2　单位轧制压力拟合前后对比

Fig. 2　The comparison between the fitting curves and original curves

2.2　轧件变形与轧辊变形迭代计算

图 3 为计算流程图，基本思想为迭代求解轧制压力与轧辊的变形，直至收敛。

首先，假设轧辊轮廓为圆弧形，根据轧辊轮廓及轧件的入口侧与出口侧厚度求得 x_a 与 l。根据轧件弹性区的轧制压力微分方程式(3)，采用 5 阶 Runge-Kutta 算法，由轧件的出口侧向变形区内部计算出口弹性区的轧制压力及水平方向正应力的分布，直至轧辊轮廓的最低点（出口弹性区与出口塑性压下区的交界点），判断此处是否满足屈服条件，如果不满足，则给整个轧辊轮廓在 z 方向施加刚性位移，直至满足为止。然后，由轧件的入口侧向变形区内部计算入口弹性区的轧制压力分布及水平正应力的分布，直至满足屈服条件。根据轧辊轮廓判断是否存在中性区，如果轧辊轮廓在 z 轴左侧存在极小值，则存在中性区。采用式(6)与式(14)联合求解塑性区与中性区的轧制压力分布，并将摩擦应力作为中性区与塑性区交界点的判别准则，即分别采用式(4)与式(15)计算摩擦应力，式(15)计算值小于式(4)计算值处即为中性区与塑性区交界点。如果轧辊轮廓在 z 轴左侧无极小值，则不存在中性区，只需采用式(6)求解轧制压力分布即可。至此，已求解出指定轧辊轮廓下的轧制压力分布。采用求解得到的轧制压力计算轧辊的变形轮廓，然后采用新的轧辊轮廓求解轧制压力，如此循环迭代，直至收敛。计算中需要注意的是，当存在中性区时，由于轧制压力对轧辊轮廓非常敏感，如果直接采用新的轧辊轮廓计算轧制压力分布使计算不收敛，可以采用松弛法解决这一问题。上述方法求解时间只需零点几秒。而文献[7]中的算法最长时间达 20 min，所以本文的求解方法使计算时间显著减少，适于用作轧制力的在线设定模型。

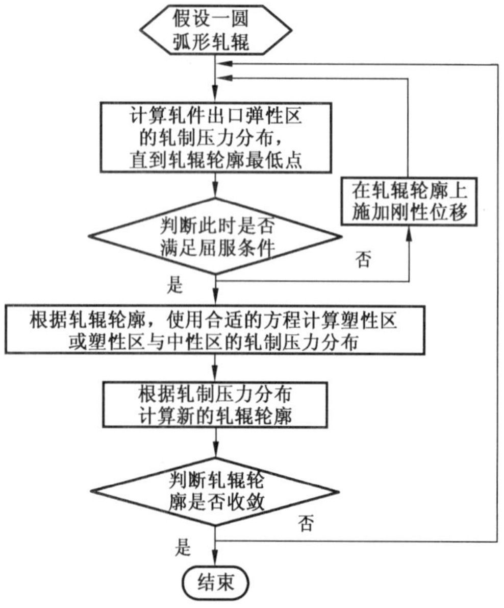

图 3　计算流程图

Fig. 3　Flow chart of the numerical scheme

3　仿真计算及验证

3.1　轧制速度对轧制压力的影响

实测结果表明，轧制速度对轧制力有很大影响，图 4 为实测的轧制力与轧制速度关系图。图中离散点为轧制力实测值，曲线为拟合值。由图 4 可知，实测值与拟合值存在一定的相对误差。这是由于现场轧制同一规格带材时，各卷带材的来料情况不尽相同所致，为获得良好的板形，延伸率也相应存在一定的波动。

对于干平整而言，轧制速度对摩擦系数影响较小，但对轧件的变形抗力影响很大，因此将轧制速度对轧制力的影响归结为对变形抗力的影响。本文采用式(21)计算轧件的变形抗力[9]

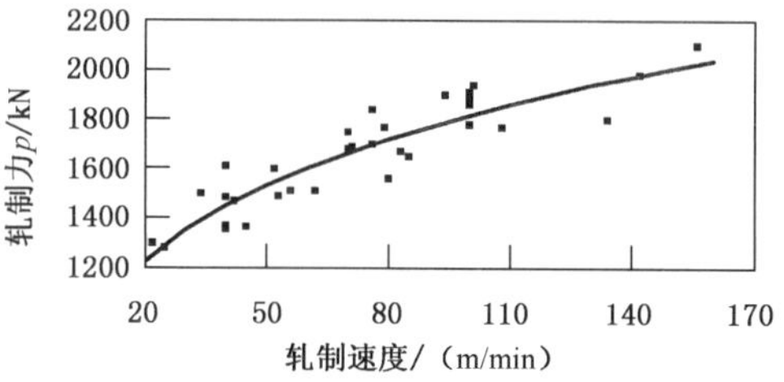

图 4　轧制速度对轧制力的影响

Fig. 4　Effect of rolling speed on rolling force

$$\sigma_S = \sigma_0 (1 + a v^b) \tag{21}$$

式中：v——轧制速度；

σ_0——变形速度接近于零时的变形抗力；

a、b——回归系数。

3.2　仿真结果分析及其与实测值对比

根据上述理论，采用凌钢 900 mm 平整机实际参数计算了平整轧制力。本文给出其中 5 个算例，这 5 个算例涵盖了该平整机的主要来料规格，具体参数及计算结果如表 1 所示。

图 5～图 8 分别给出了五个算例的单位轧制压力及轧辊轮廓沿变形区的分布曲线。由图 5 可见，当轧件较厚、延伸率较大时(算例 d)，不存在中性区，此时轧制压力呈现“山坡式”分布，轧辊的轮廓基本上呈圆弧形。但这并不意味着轧辊变形计算是多余的，由于轧辊变形的影响，变形区的长度显著增加，因而对轧制力的计算结果有较大影响。当轧件较薄、延伸率较小时(算例 a)，轧制压力的“山峰”明显提高，而轧辊轮廓也偏离了圆弧形，即在中间部位出现了轻微“凹陷”。当轧件的厚度很薄、延伸率很小时(算例 b、c、e)，存在明显的中性区。在中性区，轧辊轮廓变得相当“扁平”，而轧制压力在中性区附近

的分布也呈现出椭圆形，即接近于 Hertzian 分布。

为进一步验证模型的计算精度，计算了 110 卷钢卷的轧制压力，并与实测值进行了对比，结果如图 9 所示。由图 9 可见，计算值与实测值吻合较好，误差基本在 7%以内，证明本文模型可以用于冷轧带钢平整机轧制力的预设定计算。

表 1　900 mm 平整机轧制参数

Tab. 1　Rolling parameters of 900 mm temper rolling mill

算例	a	b	c	d	e
材质	Q195	Q195	Q195	Q235	Q235
规格/mm	1.0×680	0.6×700	0.5×700	1.8×610	0.6×650
延伸率	0.020	0.012	0.008	0.025	0.012
入口张力/kN	22	30	30	30	28
出口张力/kN	25	35	35	45	30
轧制速度/(m/min)	98	80	90	37	21
轧制力实测值/kN	2480	2440	2640	1770	2800
轧制力计算值/kN	2365	2490	2570	1820	2700
计算时间/s	0.5	0.7	0.8	0.4	0.7

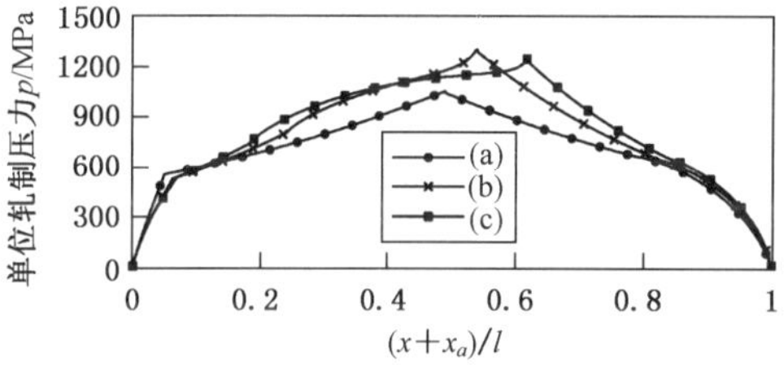

图 5　算例 a～c 的单位轧制压力分布

Fig. 5　Unit rolling pressure distribution of examples a～c

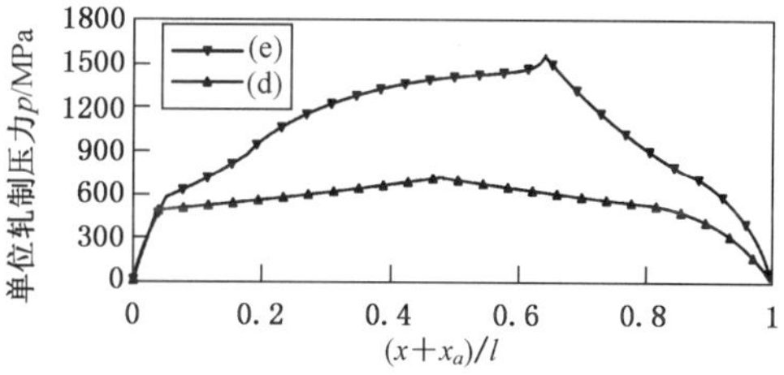

图 7　算例 d、e 的单位轧制压力分布

Fig. 7　Unit rolling Pressure distribution of examples d, e

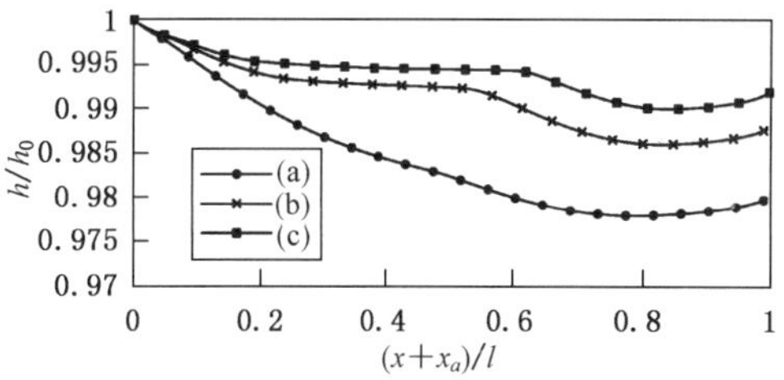

图 6　算例 a～c 的轧辊轮廓分布

Fig. 6　Roll shape of examples a-c

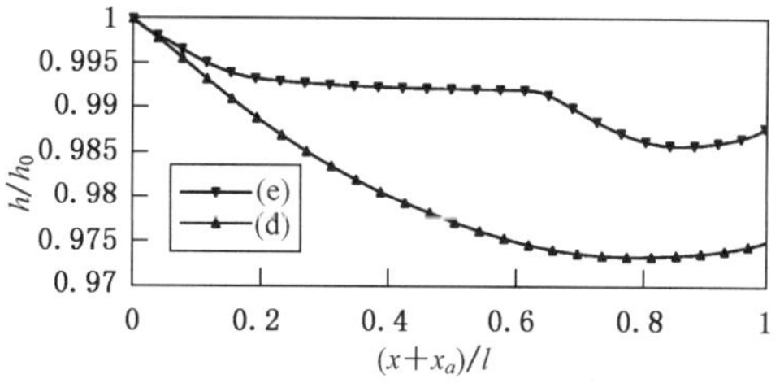

图 8　算例 d、e 的轧辊轮廓分布

Fig. 8　Roll shape of examples d, e

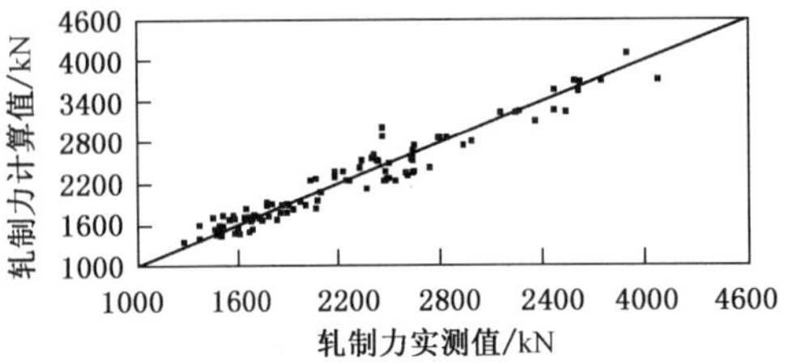

图 9　轧制力计算值与实测值对比

Fig. 9　Roll force measured and predicted

4　结论

(1) 本文推导了分段二次曲线分布压力作用下轧辊弹性压扁量的计算模型，考虑轧制速度对变形抗力的影响，采用卡尔曼理论计算轧件的弹塑性变形，研究开发了冷轧带钢平整机轧制压力模型。轧制力计算值与实测值吻合精度高，误差基本在 7%以内。计算速度快，计算时间为零点几秒。完全可用于平整轧机的轧制力设定模型。

(2) 计算结果表明，轧件较厚、延伸率较大时，不存在中性区，轧制压力呈“山坡”形分布，轧辊轮廓呈圆弧形；轧件较薄、延伸率较小时，轧辊轮廓出现“凹陷”；当轧件很薄、延伸率很小时，存在中性区，中性区附近轧制压力呈现 Hertzian 分布，轧辊轮廓存在明显的“扁平”区。

参考文献

[1] 刘相华. 刚塑性有限元及其在轧制中的应用[M]. 北京：冶金工业出版社，1994：1-15.

[2] 丁修堃. 轧制过程自动化[M]. 北京：冶金工业出版社，2005.

[3] Orowan E. Graphical calculation of roll pressure with the assumption of homogenrous compression and slipping fiction [J]. Proc Inst Mech Eng，1943(150)：141.

[4] Fleck N A，Johnson K L. Cold Rolling of Foil [J]. Proc Inst Mech Eng，1992 (206)：119-131.

[5] Domanti S A，Edwards W J. Application of foil rolling models to thin steel strip and temper rolling [C]. 6th International Rolling Conference，Dusseldorf，1994.

[6] Yuli LIU，Won-ho LEE. Mathematical model for the thin strip cold rolling and temper rolling process with the influence function method [J]. ISIJ International，2005，45(8)：1173-1178.

[7] H R Le，M P F Sutcliffe. A robust model for rolling of thin strip and foil [J]. International Journal of Mechanical Sciences，2001 (43)：1405-1419.

[8] Johnson K L. Comtact mechanics [M]. Cambridge：Cambridge University Press，1985.

[9] 日本钢铁协会. 板带轧制理论与实践[M]. 王国栋，吴国良，等译. 北京：中国铁道出版社，1990：240-247.

冷轧薄带钢板形失稳快速判别模型①

赵章献[1]，王东城[1,2]，刘宏民[1,2]，王鹏飞[1]

（1. 燕山大学国家冷轧板带装备及工艺工程技术研究中心，秦皇岛，066004；

2. 亚稳材料制备技术与科学国家重点实验室，秦皇岛，066004）

摘　要：采用四次多项式和正弦函数拟合带钢的失稳挠度，依据最小势能原理建立了带钢板形失稳快速判别模型。以常见的双边浪和中间浪形式的残余应力为例，比较了快速判别法与降阶模型法的差异性，并采用快速判别法分析了带钢厚度、宽度对判别因子的影响。计算结果表明，在计算结果相近的情况下，快速判别法较降阶模型法计算速度更快，计算时间在0.5 s以内，满足在线使用应用；板形判别因子随着带钢厚度的增加而增加，随着带钢宽度的增加而减小；在带钢厚度、宽度及残余应力幅值相等的情况下，双边浪比中间浪更容易失稳。

关键词：冷轧带钢；板形判别；挠度函数；判别因子

Shape Instability Fast Discrimination Model of Thin Cold-rolled Strip

Zhao Zhangxian[1]，Wang Dongcheng[1,2]，Liu Hongmin[1,2]，Wang Pengfei[1]

（1. National Engineering Research Center for Equipment and Technology of Cold Rolling Strip，Yanshan University，Qinhuangdao，066004；

2. State Key Laboratory of Metastable Materials Science and Technology，Qinhuangdao，066004）

Abstract：In order to quickly and dynamically establish the accurate shape control target of cold-rolled strip，accurate and high-speed shape discrimination model is needed to be established. For the sake of speedy and steady to discriminate the stability of special residual stress，the quartic polynomial and sine function are adopted to fit the strip deflection. The shape discrimination model is developed based on principle of minimum potential energy. Taking the residual stresses of middle and bilateral wave as an example，this model is compared with the reduced order model. The influence of the width，thickness of strip on the discriminant factor is analyzed. The results show this model has faster calculation speed. The fast discrimination model whose calculation time is under 0.5 s，satisfies online application condition compared with the reduced order model；with the increase of the thickness of strip，the discriminant factor gets bigger，while with the increase of the width of strip，the discriminate factor gets smaller. The bilateral wave is easier to form than the middle wave，when the strip has the same width，thickness and absolute binomial coefficient of residual stress.

Key words：Cold-rolled strip；Shape discrimination；Deflection function；Discriminant factor

① 塑性工程学报，2015，22(3)：133-137.

引言

通常，在轧制过程中，薄带钢的不均匀变形，会导致其内部存在一定的残余应力。当此残余应力超过一定值时，就会导致带钢失稳，产生明显的板形缺陷如中间浪、双边浪、单边浪及其他复杂浪形。而一旦带钢表面出现明显的浪形，会显著增大后续生产工序的难度[1]。为了提高冷轧带钢的板形精度，需要通过板形失稳判别模型确定带钢临界失稳的残余应力值。

冷轧带钢板形失稳判别模型是板形控制理论中的基本模型之一，是建立板形控制目标的理论基础。正确的设定板形失稳的临界条件是精确建立带钢的板形目标曲线及正确的板形调节机构预设定值的基础。J. G. Wistreich 等[2]将板形失稳问题归结为弹性薄板的稳定性问题，并假设残余应力为均布的压缩应力，结合经典稳定理论，提出了板形失稳临界应力的求解公式。连家创等[3]根据薄板的大挠度理论分析了轧后带钢的屈曲变形状态及单边浪临界失稳的判别条件，提出了判别因子的概念。张清东等[4,5]结合薄板稳定理论给出了复杂浪形的屈曲临界值并给出了残余应力超过临界值后的屈曲路径；王澜等[6,7]采用有限元法建立了薄带钢的临界失稳模型，计算了不同的约束条件时，带材的临界失稳值。Bush 等[8]将带钢沿板宽方向划分等宽的 n 个条元，采用解析法建立了含有 $4n$ 个未知数的方程，进而求得带钢的临界失稳值。林振波等将带钢沿板宽方向划分 n 个条元的方法，分别采用不同的函数拟合带钢的挠度函数，结合经典的屈曲理论[9,10]求得了带钢临界失稳的残余应力，但该方法计算速度慢，很难实现在线应用。而孙亚波等在板形失稳判别条元法的基础上，提出了板形判别的降阶模型，在一定程度上提高了计算速度，减少了计算时间[11]。

目前在线动态设定板形目标曲线时，通常是一边调节，一边通过经验判断所设的目标曲线是否会导致板形缺陷，存在很大的盲目性，因此迫切需要一种快速判断所设定的目标板形是否会导致带钢失稳及板形良好程度的方法。而传统的板形失稳判别模型在计算速度、计算稳定性及灵活性方面仍存在亟待解决的问题，因此在前人研究的基础上，本文采用四次多项式和正弦函数拟合带钢失稳时的挠度函数，基于最小势能原理建立带钢板形失稳判别模型，并通过与降阶模型比较，分析了模型的计算速度；同时分析了带钢厚度、宽度对失稳判别因子的影响及离线应用效果。

1　带钢板形失稳判别数学模型

在冷轧带钢的过程中，若轧机的辊缝形状与来料带钢的表面形貌不相匹配，就会导致带钢经过轧制区时沿宽度方向纵向延伸不均匀，轧制区外的带钢内部就会产生沿宽度分布不均的残余应力。当带钢中部的纵向延伸较大时，带钢中部的残余应力为压应力，边部为拉应力。图 1 为残余应力的分布，其中 b 为带钢的宽度，x 方向为轧制方向，$\sigma_x(y)$为残余应力。

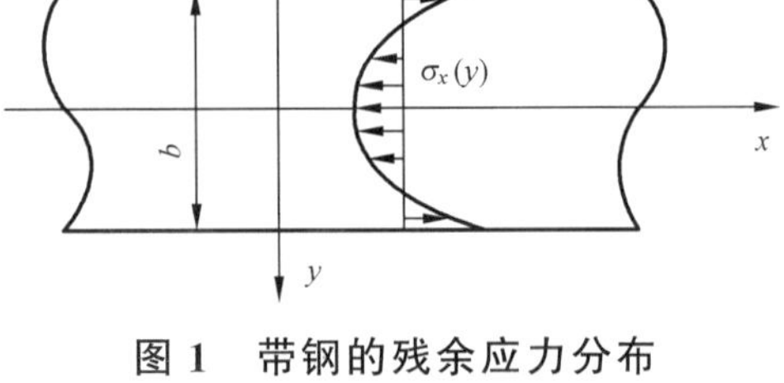

图 1　带钢的残余应力分布

Fig. 1　The residual stress distribution of strip

判别带钢失稳的研究思路为，首先假定带钢临界失稳的位移形态，即挠度函数，该挠度函数应与带钢发生失稳后的浪形及约束条件相一致；然后根据最小势能原理求得带钢临界失稳的位移形态；最后确定带钢临界失稳的残余应力及失稳程度。

1.1　残余应力的设定

以实际生产中常见的对称双边浪和对称中间浪形式的残余应力为例进行分析，根据残余应力自相平衡的条件[10]，即：

$$\int_{\frac{-b}{2}}^{\frac{b}{2}} \sigma_x(y)\mathrm{d}y = 0 \qquad (1)$$

设残余应力的基本形式[12]为：

$$\sigma_x(y) = \pm N_0\left[\frac{3}{2}\left(\frac{2y}{b}\right)^2 - \frac{1}{2}\right] \qquad (2)$$

其中，“＋”代表中间浪，“－”代表双边浪，N_0 为残余应力的幅值。y 的取值范围为 $[-b/2, b/2]$。

为确定带钢临界失稳时的残余应力 $\sigma_x^*(y)$，引入比例系数 k[3]，也称判别因子，可得：

$$\sigma_x^*(y) = k\sigma_x(y) \qquad (3)$$

判别因子 k 的作用是：使 $\sigma_x(y)$ 放大或者缩小一个倍数，从而使 $\sigma_x^*(y)$ 对应不同的稳定平衡状态，即：

$$\begin{cases} k>1 & \text{带钢平直状态} \\ k=1 & \text{临界失稳状态} \\ k<1 & \text{带钢屈曲状态} \end{cases}$$

1.2　挠度函数的设定

带钢的浪形函数可取为沿轧制方向和宽度方向挠度函数乘积的形式。其中，带钢的浪形沿轧制方向近似为周期的正弦波形式，沿宽度方向的分布则取决于残余应力的分布形式[13]。由此可知，不同形式的目标曲线对应不同的浪形，需要分别假定对应的带钢失稳挠度函数。

对称中间浪的挠度函数设为：

$$w(x,y) = \begin{cases} u(y)\sin\dfrac{\pi x}{l} & -l_1 \leqslant y \leqslant l_1 \\ 0 & \text{其他} \end{cases} \qquad (4)$$

对称双边浪的挠度函数设为：

$$w(x,y) = \begin{cases} u(y)\sin\dfrac{\pi x}{l} & \dfrac{-b}{2} \leqslant y \leqslant -l_1 \\ & l_1 \leqslant y \leqslant \dfrac{b}{2} \\ 0 & \text{其他} \end{cases} \qquad (5)$$

式中，l 为带钢沿轧制方向的半波长，l_1 为板宽方向挠度的起始点，与带钢受压部分的宽度有关，$u(y)$ 为挠度函数沿板宽的形状函数，表达式为：

$$u(y) = b_0 + b_2\left(\frac{2y}{b}\right)^2 + b_4\left(\frac{2y}{b}\right)^4 \qquad (6)$$

式中，b_0，b_2，b_4 为形状函数 $u(y)$ 的系数。

1.3　求解判别因子 *k*

由式(4)、式(5)可得：

$$w_x = \frac{\partial w(x,y)}{\partial x} = u(y)\frac{\pi}{l}\cos\frac{\pi x}{l} \qquad (7)$$

$$w_y = \frac{\partial w(x,y)}{\partial y} = u(y)\sin\frac{\pi x}{l} \qquad (8)$$

$$w_{xx} = \frac{\partial^2 w(x,y)}{\partial x^2} = -\frac{\pi^2}{l^2}u(y)\sin\frac{\pi x}{l} \qquad (9)$$

$$w_{yy} = \frac{\partial^2 w(x,y)}{\partial y^2} = u''(y)\sin\frac{\pi x}{l} \qquad (10)$$

$$w_{xy} = \frac{\partial^2 w}{\partial x \partial y} = u'(y)\frac{\pi}{l}\cos\frac{\pi x}{l} \qquad (11)$$

式(7)～(11)中，$u'(y) = \dfrac{4b_2}{b}\left(\dfrac{2y}{b}\right) + \dfrac{8b_4}{b}\left(\dfrac{2y}{b}\right)^3$，$u''(y) = \dfrac{8b_2}{b^2} + \dfrac{48b_4}{b^2}\left(\dfrac{2y}{b}\right)^2$。

带钢开始失稳时，弯曲变形远小于厚度 h，可以认为是小挠度薄板。小挠度薄板理论指出带钢内的薄膜力为零，即 $\tau_{xy}=0$。由实际情况知：带钢沿轧制方向

分布的张应力 $\sigma_y=0$，带钢只有沿宽度方向分布的残余应力 $\sigma_x(y)$。按照弹性范围内的小挠度理论[14]，可得带钢由平衡状态到临界失稳状态的弯曲形变能为：

$$U=\frac{D}{2}\int_{\frac{-b}{2}}^{\frac{b}{2}}\int_{0}^{l}\left\{\begin{array}{l}(w_{xx}+w_{yy})^2\\-2(1-v)[w_{xx}w_{yy}-w_{xy}^2]\end{array}\right\}\mathrm{d}x\mathrm{d}y \tag{12}$$

式中，D 为带钢的抗弯刚度，$D=\frac{Eh^3}{12(1-\nu^2)}$，$E$ 为弹性模量，ν 为泊松比，h 为带钢厚度。

$\sigma_x^*(y)$ 在上述变化过程中所做的功 V 为：

$$V=-\frac{h}{2}\int_{\frac{-b}{2}}^{\frac{b}{2}}\int_{0}^{l}\sigma_x^*(y)w_x^2\mathrm{d}x\mathrm{d}y \tag{13}$$

根据能量守恒原理，可知：

$$U=V \tag{14}$$

将式(3)、式(12)、式(13)代入式(14)，可得：

$$k=\frac{-4lU}{\pi^2h\int_{\frac{-b}{2}}^{\frac{b}{2}}\sigma_x(y)u^2(y)\mathrm{d}y} \tag{15}$$

根据最小势能原理可得，在所有可能的带钢挠度变形中，真实的挠度使带钢的总势能最小[12]。因此对式(15)求偏导数取极值，即：

$$\frac{\partial k}{\partial l}=0;\frac{\partial k}{\partial b_0}=0;\frac{\partial k}{\partial b_2}=0;\frac{\partial k}{\partial b_4}=0 \tag{16}$$

采用 Newton-Raphson 法结合牛顿下山法[15]求得方程组(16)中 l、b_0、b_2 和 b_4 值，然后代入式(15)中，即可求得判别因子 k。将判别因子 k 代入式(3)可求得临界残余应力。

2 算例与对比

为验证模型的正确性，与文献[11]中的降阶模型进行比较。计算实例的主要参数为：带钢的厚度 $h=0.5$ mm，宽度 $b=1000$ mm，弹性模量 $E=210$ GPa，泊松比 $\nu=0.3$，残余应力形式分别为中间浪和双边浪，幅值 $N_0=30$ MPa。板形判别因子的计算值如表 1 所示。

表 1 判别因子计算值

Tab. 1 The results of discriminant factor

	中间浪	双边浪
降阶模型法	0.413 8	0.240 0
本文模型	0.317 6	0.185 3

将表 1 中计算结果代入式(3)中，可求得中间浪和双边浪形式的残余应力对应的临界应力。中间浪和双边浪对应的临界残余应力沿带钢宽度方向的分布如图 2 和图 3 所示。

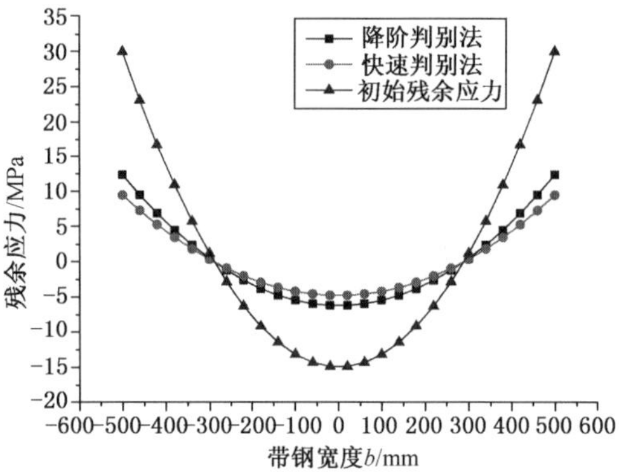

图 2 中间浪临界残余应力分布

Fig. 2 The critical residual stress distribution of middle wave in the strip

由图 2 和图 3 可知，快速判别法计算的结果和降阶判别法比较接近。验证了本模型的准确性。

针对上述算例，从计算速度可知，快速判别法计算中间浪和双边浪的时间分别为 0.28 s 和 0.24 s，而降阶模型(划分 26 个单元)的计算时间分别为 37.11 s 和 19.22 s。可见，本模型计算速度得到了明显的提高。

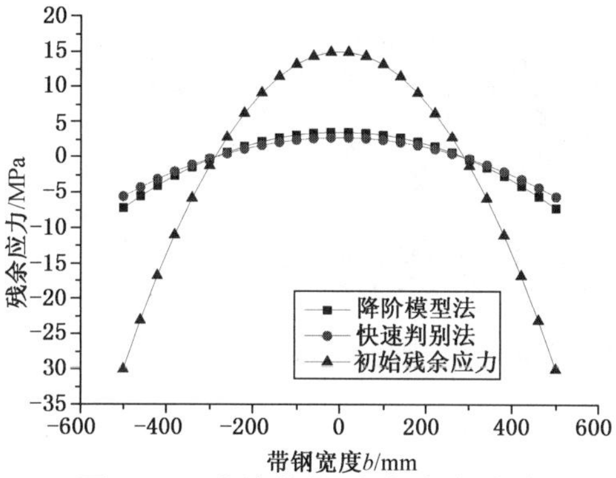

图 3 双边浪临界残余应力分布

Fig. 3 The critical residual stress distribution of bilateral wave in the strip

3 分析及讨论

3.1 带钢厚度对判别因子 k 的影响

当带钢的宽度 $b=900$ mm，残余应力幅值 $N_0=20/3$ MPa 时，带钢厚度对判别因子的影响规律如图 4 所示。

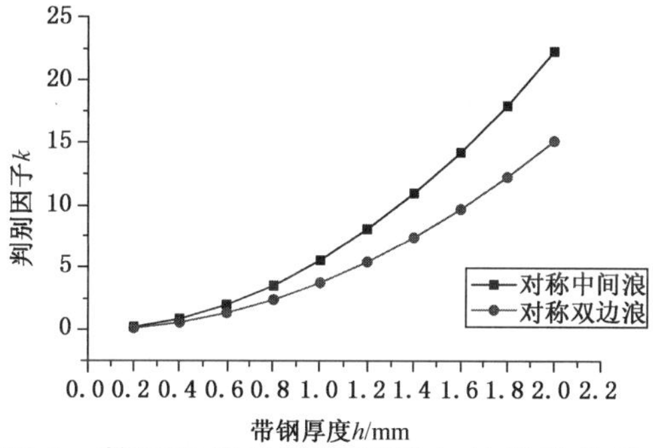

图 4 带钢厚度对判别因子 k 的影响曲线

Fig. 4 The influence curve of the strip thickness on the discriminant factor k

由图 4 可知，随着带钢厚度的增加，板形判别因子增大，即板形失稳的临界值增大；且当厚度相同时，对称双边浪比中间浪更容易失稳。

3.2 带钢宽度对判别因子 k 的影响

当带钢厚度 $h=1.2$ mm，残余应力幅值 $N_0=10$ MPa 时，带钢宽度对判别因子的影响规律如图 5 所示。

由图 5 可知，随着带材宽度的增加，板形判别因子减小，即板形失稳的临界值减小；且当带材宽度相同时，对称双边浪比中间浪形式的残余应力更容易失稳。

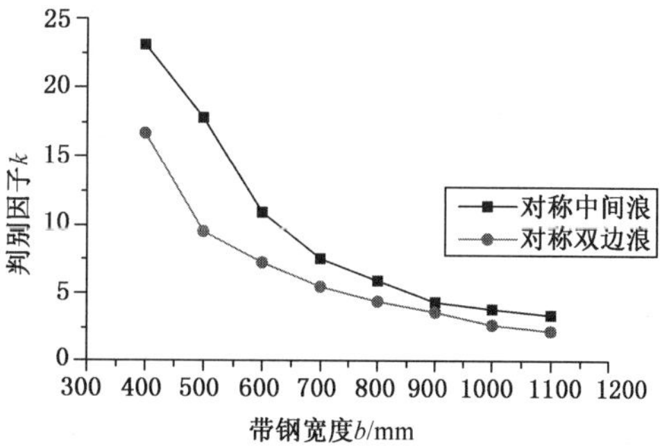

图 5 带钢宽度对判别因子 k 的影响曲线

Fig. 5 The influence curve of the strip width on the discriminant factor k

3.3 模型离线应用

为了进一步验证板形失稳快速判别模型的正确性，从某冷轧机的板形数据采集系统的 PDA 记录文件中，提取在线设定的一组板形目标曲线，如图 6 所示。轧制后的带钢宽度为 1250 mm，厚度为 0.97 mm。采用上述模型对其计算，得到板形判别因子 $k=2.09$。将轧后带卷摊开置于离线检查台上，实物板形照片如图 7 所示。通过图 7 可以看出，带钢表面未出现明显的浪形，表面平整，即轧后的带钢板形良好。这也证明了本文模型的正确性。

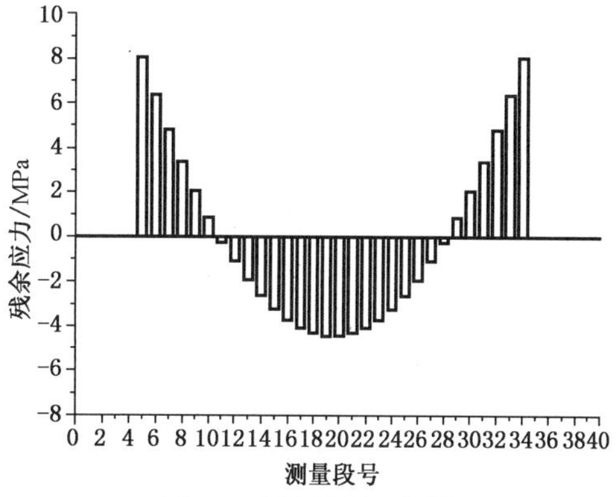

图 6 板形目标曲线

Fig. 6 Shape target curve

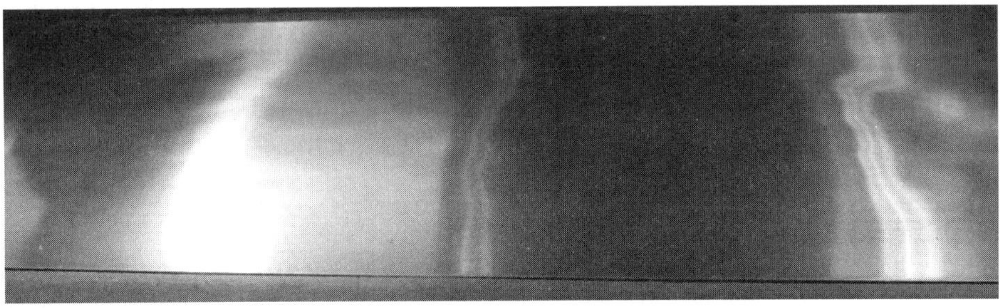

图7 带钢实物板形

Fig. 7 Strip flatness photo

4 结论

1）采用四次多项式和正弦函数拟合带钢失稳的挠度函数，依据最小势能原理建立了带钢板形失稳快速判别模型，求得了带钢临界失稳的残余应力。

2）与降阶模型法相比较，快速判别模型在不降低计算精度的前提下，计算速度在0.5 s以下，满足了在线应用的条件。

3）以带钢板形失稳判别快速数值模型基础，分析了带钢宽度、厚度对判别因子k的影响。计算结果表明，随着带钢厚度的增加，板形判别因子增大；随着带钢宽度的增加，板形判别因子减小。离线应用表明，快速判别法对现场板形目标曲线的动态设定有一定的指导作用。

参考文献

[1] Abdelkhalek S, Montmitonnet P, Legrand N, et al. Coupled approach for flatness prediction in cold rolling of thin strip[J]. International Journal of Mechanicol Sciences, 2011, 53(6): 661-675.

[2] Wistreich J G. Control of strip shape during cold rolling [J]. Journal of the Iron and Steel Institute, 1968, 206(12): 1203-1206.

[3] 连家创，段振勇，芦盛江. 带材轧后失稳大挠度屈曲变形的研究[J]. 东北重型机械学院学报，1985(2)：1-10.

[4] 张清东，卢兴福，张晓峰，等. 冷轧薄宽带钢局部型中浪瓢曲变形行为研究[J]. 工程力学，2013(11)：298-304.

[5] 张清东，戴杰涛. 带钢板形翘曲变形行为的仿真[J]. 北京科技大学学报，2011，33(8)：1006-1012.

[6] 王澜，曹建国，贾生晖，等. 冷轧带钢板形屈曲变形失稳限的有限元分析[J]. 中南大学学报(自然科学版)，2007，38(6)：1157-1161.

[7] 江桂云，王勇勤，严兴春. 冷轧板带残余应力求解分析[J]. 钢铁研究学报，2010，22(3)：16-18.

[8] Bush A, Nicholls R, Tunstall J. Stress levels for elastic buckling of rolled strip and plate [J]. Ironmaking & Steelmaking, 2001, 28 (6): 481-484.

[9] 林振波，连家创. 冷轧带材板形判别模型的有限条分析[J]. 东北重型机械学院学报，1996，20(3)：207-210.

[10] Liu H M, Peng Y, Chu Y P, et al. Strip element method for shape discrimition of strip rolling [J]. Communications in Numerical Methods in Engineering, 2004, 20 (9): 709-720.

[11] 孙亚波，刘宏民，彭艳. 板带轧制板形判别的降阶模型[J]. 工程力学，2009(12)：204-210.

[12] Kim J, Pattnaik S, Kim J. Prediction of formation of wavy surfaces in rolled plates by

post-buckling analysis[J]. Journal of Applied Mechamics-Transactins ASME,2010,77:1-8.

[13] 杨荃,张清东,陈先霖. 冷轧带钢翘曲形状分析与浪形函数[J]. 钢铁,1993,28(6):41-45.

[14] 刘鸿文. 板壳理论[M]. 杭州:浙江大学出版社,1987,148-185.

[15] 何光渝. Visual C++常用数值算法集[M]. 北京:科学出版社,2002.

Transverse Distributions of Front and Back Tension Stresses in Cold Strip Rolling①

Liu Hongmin, Lian Jiachuang
(Yanshan University, Qinhuangdao, Hebei Province, 066004, China)

Abstract: In this paper, such a new lateral displacement function is proposed that the lateral flow velocity is continuous at the entry and the exit of deformation zone. A new kind of finite strip method—the third power B-spline finite strip method—is put forward to simulate strip rolling process. Front and back tension stresses are formulated. The computed results of the transverse distributions of the front and back tension stresses are close to the experimental results. The paper lays a foundation for further analysing the three-dimensional stresses and deformations of strip rolling.

Key words: Cold strip rolling; Front and back tension stresses; Third power B-spline function; Finite strip method

1 Introduction

Analysing the lateral flow of metal and the transverse distributions of the front and back tension stresses of strip rolling is of great importance to both developing more perfectly the three-dimensional theory of strip rolling and analysing and controlling strip flatness. Yasuhisa Tozawa analysed the transverse distributions of the front and back tension stresses using finite difference method [1-3], but his calculated result was not compared with experimental result.

Because the deformation energy of the third power spline function is minimum, the third power B-spline finite strip method is used to analyse the lateral flow of metal and the transverse distributions of the front and back tension stresses of strip rolling. In this paper, a new lateral displacement function, which makes lateral flow velocity continuous at the entry and the exit of deformation zone, is suggested. The front and back tension stresses are formulated. The computed results of the transverse distributions of the front and back tension stresses are close to the experimental results.

2 Lateral displacement function and third power B-spline finite strip method

As shown in Fig. 1, the lateral (the y direction) displacement function is assumed to be

$$U(x,y)=f(x)u(y) \quad (1)$$

where

① Chinese. Journol of Metal Science and Technology, 1992, 8(6): 427-434.

$$f(x)=3\left(\frac{x}{l}\right)^2-2\left(\frac{x}{l}\right)^3 \qquad (2)$$

$u(y)$—the lateral displacement function at the exit and to be determined later on;

l—the length of the deformation zone

Experiments have proved that the function $f(x)$ describes the changing of U along the x direction well[4]. The lateral displacement function $U(x, y)$ makes the boundary conditions to be satisfied: $U(0,y)=0$, $U(l,y)=u(y)$.

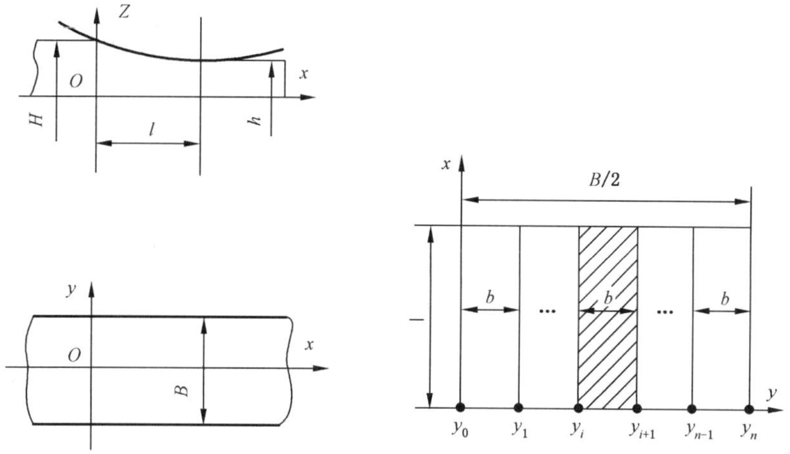

Fig. 1 Deformation zone geometry and strip element division

A half of the width B of rolled strip is divided into n strips (Fig. 1), the width of each strip is b. The transverse coordinate of nodal line of strip element is expressed by $y_i\,(i=0,1,\cdots,n)$, the lateral displacement at the exit in nodal line is expressed by $u_i\,(i=0,1,\cdots,n)$. As a result of symmetry, $u_0=0$ is known. The exit lateral displacement function $u(y)$ is expressed as follows

$$u(y)=\{\varphi_j\}^{\mathrm{T}}[A]^{-1}\{\delta_j\} \qquad (3)$$

where $\{\varphi_j\}$—the array of third power B-spline function

$[A]$—the interpolating matrix

$\{\delta_j\}$—the array of exit lateral displacements in nodal lines

Equation (3) is derived from boundary conditions $u''(y_0)=u''_0=0$ and $u''(y_n)=u''_n=0$ [5].

The thickness h of strip in the deformation zone can be expressed as

$$h(x,y)=h_1(y)+[h_0(y)-h_1(y)](x/l-1)^2 \qquad (4)$$

The thickness h_0 at the entry and the thickness h_1 at the exit can be expressed in terms of the 4-th power function.

$$\begin{bmatrix} h_0 \\ h_1 \end{bmatrix}=\begin{bmatrix} B_0 & B_2 & B_4 \\ b_0 & b_2 & b_4 \end{bmatrix}\begin{bmatrix} 1 \\ (2y/B)^2 \\ (2y/B)^4 \end{bmatrix} \qquad (5)$$

where $B_0 \sim B_4$ and $b_0 \sim b_4$ are regression coefficients.

3 Flow velocities and strain rates

At transverse coordinate y, considering the lateral flow of metal and according to the principle of constant flow volume, we derive the longitudinal flow velocity v_x of metal

$$v_x = v_1 h_1 (1 + U'_{y|x=1}) / h(1 + U'_y) \quad (6)$$

where v_1, the flow velocity in x direction at the exit, is constant.

The lateral flow velocity v_y is

$$v_y = \mathrm{d}U/\mathrm{d}t = U'_x v_x \quad (7)$$

Substituting Eqs. (1)-(2) into Eqs. (6) and (7), we have

$$\begin{bmatrix} v_x \\ v_y \end{bmatrix} = \frac{v_1 h_1}{h} \frac{1+u'}{1+fu'} \begin{bmatrix} 1 \\ f'u \end{bmatrix} \quad (8)$$

Because $f'(0) = f'(l) = 0$, the lateral flow velocity is continuous at the entry and the exit, that is $v_{y|x=0} = v_{y|x=l} = 0$.

In order to calculate the frictional power at the interface of roll and strip, the sliding velocities between metal and roll must be determined. The sliding velocity v_{sx} at longitudinal tangent and the sliding velocity v_{sy} at lateral tangent are[4]

$$\begin{bmatrix} v_{sx} \\ v_{sy} \end{bmatrix} = \frac{1}{2} \begin{bmatrix} v_x \sqrt{4 + h'^2_x} \\ v_y \sqrt{4 + h'^2_y} \end{bmatrix} - \begin{bmatrix} v_r \\ 0 \end{bmatrix} \quad (9)$$

where v_r—the linear velocity of roll The resultant sliding velocity is

$$v_s = \sqrt{v_{sx}^2 + v_{sy}^2} \quad (10)$$

The strain rates in the deformation zone are derived from the following equation

$$[\xi_x \quad \xi_y \quad \eta_{xy}]^{\mathrm{T}} = \left[\frac{\partial v_x}{\partial x} \quad \frac{\partial v_y}{\partial y} \quad \frac{\partial v_x}{\partial y} + \frac{\partial v_y}{\partial x}\right]^{\mathrm{T}} \quad (11)$$

According to the condition $\xi_x + \xi_y = 0$, we derive shearing strain rate strength

$$H = 2\sqrt{\xi_x^2 + \xi_y^2 + \xi_x \xi_y + \frac{1}{4}\eta_{xy}^2} \quad (12)$$

4 Front and back tension stresses

The mathematical models of the transverse distributions of the front and back tension stresses are

$$\begin{bmatrix} \sigma_1 \\ \sigma_0 \end{bmatrix} = \begin{bmatrix} \dfrac{T_1}{b\bar{h}_1} \\ \dfrac{T_0}{B\bar{h}_0} \end{bmatrix} + \begin{bmatrix} \sigma_{00} \\ \sigma_{00} \end{bmatrix} + \frac{E}{1-\nu^2} \begin{bmatrix} \dfrac{h_1}{\bar{h}_1} - \dfrac{h_0}{\bar{h}_0} + u' - \dfrac{2u_n}{B} \\ \dfrac{\bar{h}_0 h_1 (1+u')}{\bar{h}_1 h_0 (1 + 2u_n/B)} - 1 \end{bmatrix} \quad (13)$$

where,

T_1 and T_0—total front and back stretching forces;

E and ν—the modulus of elasticity and the Poisson coefficient of strip;

σ_{00}—the residual stress in x direction of strip before rolling;

$\bar{h}_0$ and $\bar{h}_1$—the integral averages of h_0 and h_1, across the whole width of strip.

The front tension stress σ_1 can be derived from the condition that the volume of strip before rolling is equal to that of strip after rolling. At transverse place y, we consider a strip with thickness $h_0(y)$, length $l_0(y)$, width 1 unit before rolling. After it is rolled, its thickness is $h_1(y)$, length $l_1(y)$, width $[1 + u'(y)]$. According to the condition of constant volume, we have

$$h_0(y) l_0(y) = h_1(y) l_1(y) [1 + u'(y)] \quad (14)$$

Taking differential

$$\frac{\mathrm{d}h_0}{h_0(y)} + \frac{\mathrm{d}l_0}{l_0(y)} = \frac{\mathrm{d}h_1}{h_1(y)} + \frac{\mathrm{d}h_1}{l_1(y)} + \frac{\mathrm{d}u'}{1+u'(y)}$$

using $\bar{h}_0, \bar{l}_0, \bar{h}_1$ and $\bar{l}_1$ approximately to take the place of h_0, l_0, h_1 and l_1 and considering $u'(y)\ll 1$, , we have

$$\frac{dh_0}{\bar{h}_0}+\frac{dl_0}{\bar{l}_0}=\frac{dh_1}{\bar{h}_1}+\frac{dl_1}{\bar{l}_1}+du'$$

where $\bar{l}_0$, $\bar{l}_1$—the integral averages of l_0 and l_1 across the whole width of strip

Taking indefinite integral and then taking definite integral from $y=0$ to $y=B/2$ to determine integral constant, we derive the relative length difference after rolling

$$\frac{\bar{l}_1-l_1(y)}{\bar{l}_0}=1+\frac{h_1(y)}{\bar{h}_1}-\frac{h_0(y)}{\bar{h}_0}-\frac{l_0(y)}{\bar{l}_1}+u'(y)-\frac{2u\left(\frac{B}{2}\right)}{B}\qquad(15)$$

Assuming that the elastic deformations of strip by the stretching forces are plane strain deformations and considering $u(B/2)=u_n$ and

$$\sigma_{00}(y)=\frac{E}{1-\nu^2}\left[1-\frac{l_0(y)}{\bar{l}_0}\right]\qquad(16)$$

we have the $\sigma_1(y)$ in Eq. (13).

The back tension stress σ_0 is influenced by two factors which are the residual stress σ_{00} and the transverse unevenness of v_x at the entry. At some place which is far away from the entry, the longitudinal flow velocity is constant in lateral direction and is expressed as $\bar{v}_0$, the tension stress is only related to the residual stress σ_{00} and can be expressed as follows

$$\sigma_0^*(y)=\frac{T_0}{B\bar{h}_0}+\sigma_{00}(y)\qquad(17)$$

A small segment strip dL is considered, when it moves to the entry, its average flow velocity is still $\bar{v}_0$ and it moves into the roll gap within time dt, that is $dL=\bar{v}_0dt$. But different segment fibers move into the roll gap with different velocities. At transverse coordinate y, the velocity is $v_0(y)$, the length of fiber moving into the roll gap within dt is $v_0(y)dt$, which means that the fiber whose initial length is dL is stretched or compressed to $v_0(y)dt$, therefore the additional stress in the fiber is

$$\Delta\sigma_0(y)=\frac{E}{1-\nu^2}\left[\frac{v_0(y)}{\bar{v}_0}-1\right]\qquad(18)$$

Adding the additional stress $\Delta\sigma_0$ to $\sigma_0^*(y)$ and considering $v_0=v_{x|x=0}=v_1h_1(1+u')/h_0$ and $\bar{v}_0=v_1\bar{h}_1(1+2u_n/B)/\bar{h}_0$, we can derive the $\sigma_0(y)$ in Eq. (13).

The residual stress σ_{00} is regressed as follows from the measured values of it

$$\sigma_{00}(y)=a_0+a_2(2y/B)^2+a_4(2y/B)^4+a_5\cos(4\pi y/B)\qquad(19)$$

where $a_0\sim a_5$—regression coefficients

5　Determination of the lateral displacements at the exit in nodal lines

The energy function of strip rolling is

$$\Phi=\int_V kH\,dV+\int_{Fc}\mu p v_s\,dF+\int_{F0}\sigma_0v_0\,dF-\int_{F1}\sigma_1v_1\,dF\qquad(20)$$

where the first term to the 4-th term are the power of plastic deformation in the deformation zone, the frictional power on the interfaces of rolls and strip, the power of the back tension stress and the power of the front tension stress respectively. p is rolling pressure, μ is frictional coefficient between roll and strip, and k is the yield strength of shearing stress, $k=0.577\sigma_s$.

From the rigid-plastic variation principle, the correct solution of $u_1, u_2, \cdots, u_n$ should satisfy the following equation

$$\min \Phi = \Phi(u_1, u_2, \cdots, u_n) \qquad (21)$$

This is an optimum problem that is solved by using the DFP optimum method. The length of the deformation zone is calculated by Hitchcock formula.

6 Comparison of calculations and experiments

The experiment of strip rolling is carried out on a 4-h reversing cold rolling mill in Yanshan University. The diameter of work roll is 100 mm, the diameter of backup roll is 200 mm and the length of roll body is 300 mm. The mill is equipped with the bending equipment of work rolls and two flatness meters which measure the transverse distributions of the front and back tension stresses and the residual stress of strip. The rolled strip is cold and coiled pure aluminium strip with width of 250 mm, initial thickness 0.7 mm. The experimental method is published in the reference [4].

Table 1 gives main data measured of 4 rolled positions. Taking $\mu = 0.1$, $n = 25$, $E = 7001$ MPa and $\nu = 0.33$, the lateral displacements at the exit in nodal lines and the transverse distributions of the front and back tension stresses of these positions are calculated. The results of the computation and the experiment are given in Figs. 2 to 5.

It is seen that the computed results of the tension stresses are close to the experimental results. The residual stress σ_{00} changes slightly in y direction, which means that initial flatness is basically good. On this condition, the transverse distribution of the back tension stress is similar to that of the front tension stress. The results of Figs. 2 and 3 respond to the evident edge wave and center wave of rolled strip respectively after the front stretching force is released. The Figs. 4 and 5 respond to the slight edge wave and center wave respectively. On the condition of edge wave (Figs. 2 and 4), the lateral displacement is negative in the central area of the width of strip and positive in the edge area, which indicates that the metal flows inward in the central area and outward in the edge area. On the condition of center wave (Figs. 3 and 5), the metal flows outward in the whole area.

Table 1　Main measured data

Parameters	Position 1	Position 2	Position 3	Position 4
T_0/N	1639.1	1745.5	3125.5	1886.1
T_1/N	4329.2	2820.3	6003.2	5558.0
$\bar{h}_0$/mm	0.377	0.373	0.685	0.636
$\bar{h}_1$/mm	0.336	0.346	0.617	0.610

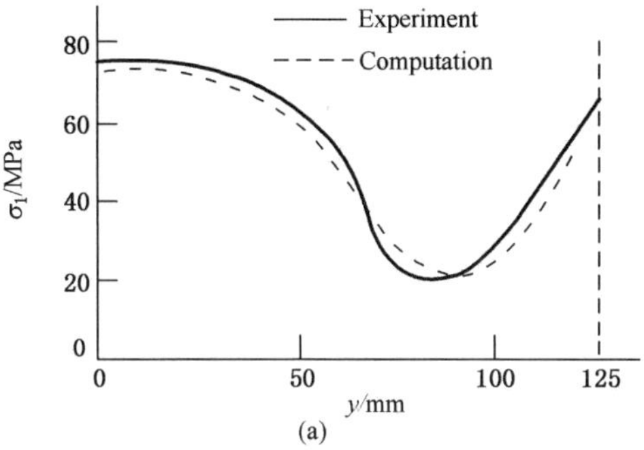

(a)

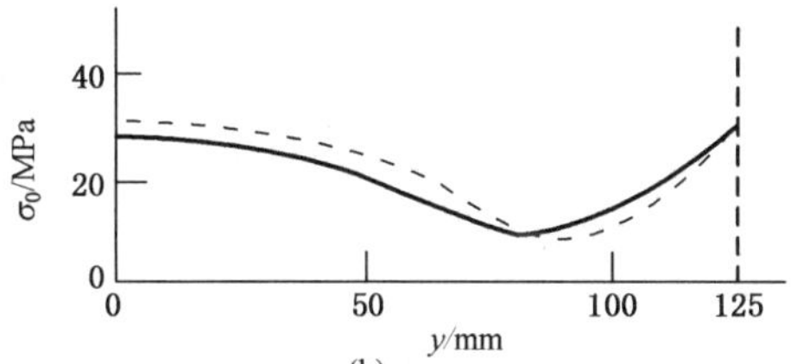

(b)

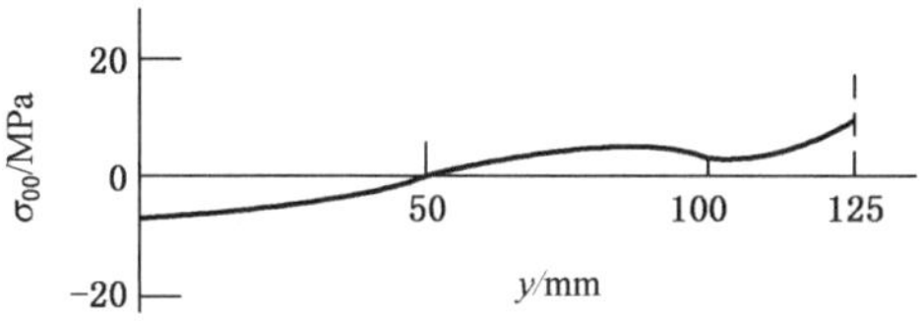

(c)

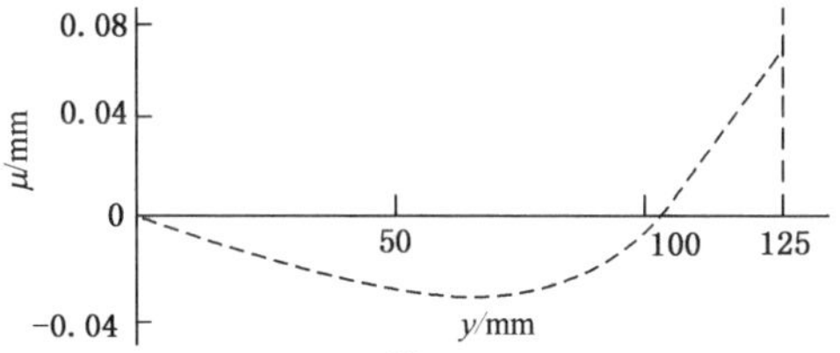

(d)

Fig. 2　Results of the position 1
(evident edge wave)

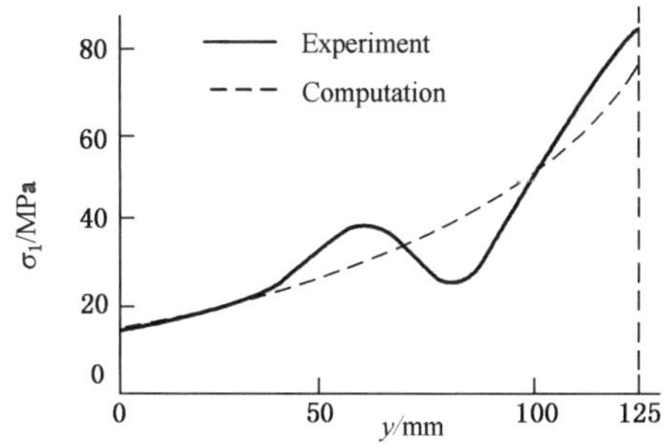

(a)

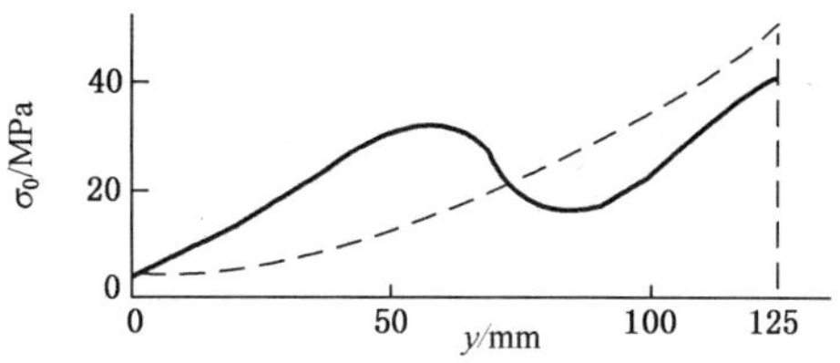

(b)

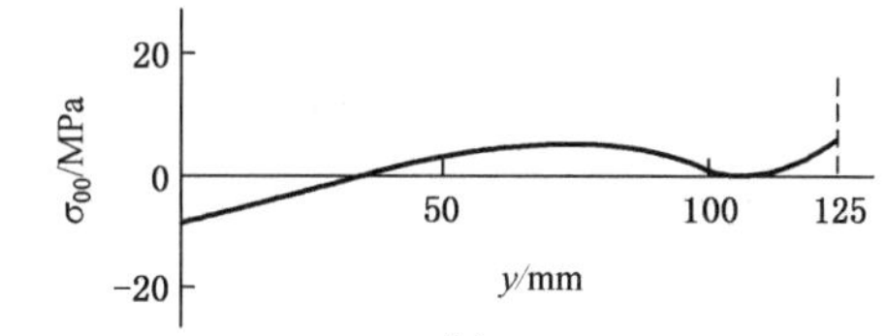

(c)

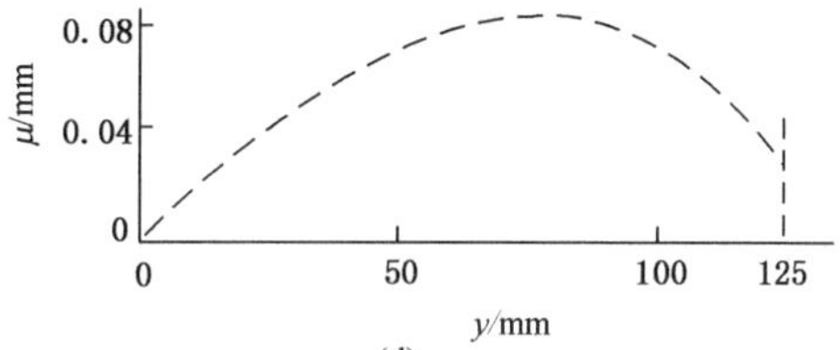

(d)

Fig. 3　Results of the position 2
(evident center wave)

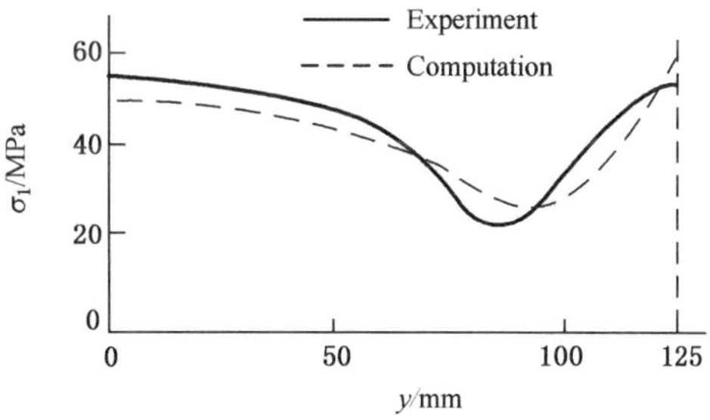

(a)

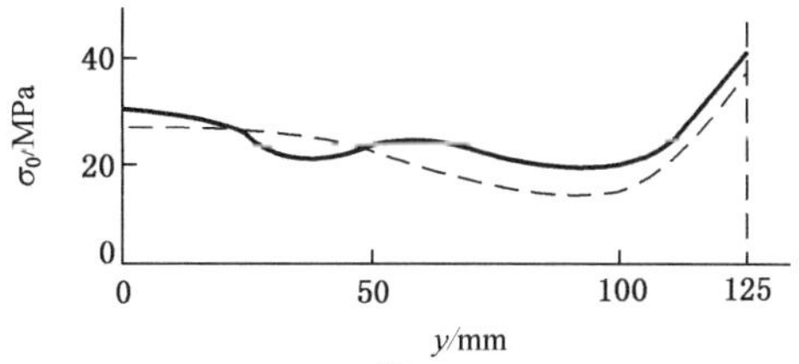

(b)

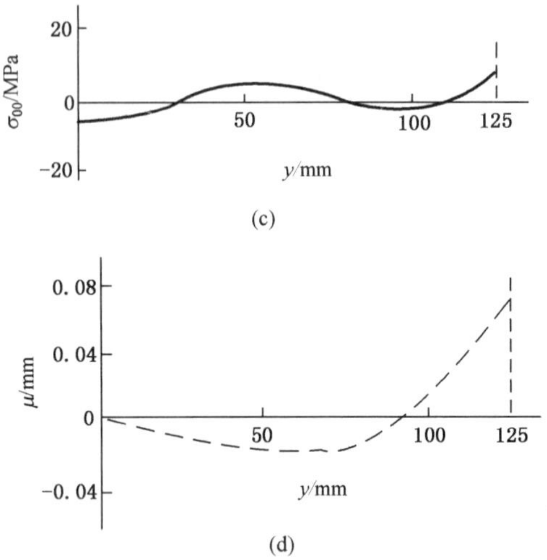

Fig. 4　Results of the position 3 (slight edge wave)

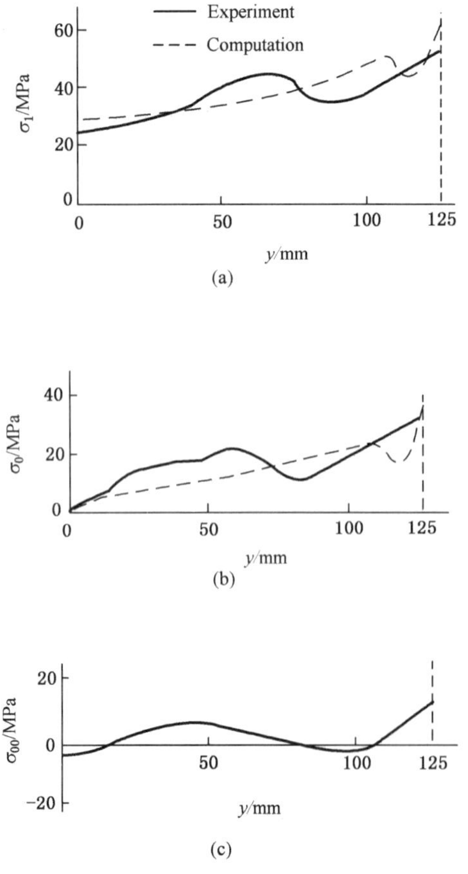

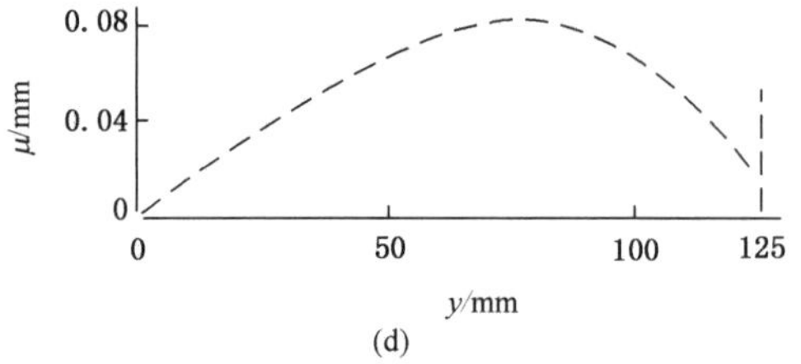

Fig. 5　Results of the position 4 (slight center wave)

7　Conclusions

(1) The third power B-spline finite strip method for analysing the lateral flow of the metal and the transverse distributions of the front and back tension stresses of strip rolling was put forward. The method is simple and effective and could be further developed into a new kind of method simulating the process of strip rolling.

(2) The computed results of the transverse distributions of the front and back tension stresses are close to the experimental results, which proves that the front and back tension stress formulas derived by this paper are correct. The paper lays a foundation for further analysing the three dimensional stresses and deformations of cold strip rolling.

(3) On the condition of good flatness of strip before rolling, the transverse distributions of the front and back tension stresses are similar.

References

[1] Y. Tozawa, T. Ishikawa and N. Iwata: J. Jpn. Soc. Tech. Plast., 1982, 23(12), 263.

[2] T. Ishikawa, M. Nakamura and Y. Tozawa: J. Jpn. Soc. Tech. Plast., 1980, 21(10), 237.

[3] T. Ishikawa, M. Nakamura and Y. Tozawa: J. Jpn. Soc. Tech. Plast., 1981, 22(3), 242.
[4] LIU Hongmin: Doctoral Thesis, Yanshan University, 1988. (in Chinese).
[5] LI Yuesheng and HUANG Youqian: Numerical Approach, Press of People Education, 1987. (in Chinese).

Comprehensive Experiment Study of the Force Parameters of Cold Strip Rolling on a 4-H Mill①

Liu Hongmin, Duan Zhenyong, Lian Jiachuang
(Yanshan University)

Abstract: A Comprehensive measurement on the force parameters of cold aluminium strip rolling has been carried out on a 300 mm 4-h reversible cold rolling mill. In the measurement, the width / thickness of rolled pieces is from 15 to 620. The rolling pressure and the two directional friction stresses in deformation zone are measured by nine universal measuring devices arranged along the axial direction of work roll and a sampling computer. Meanwhile, the transverse distributions of front and back tension stresses are measured by two flatness meters. The influence of bending roll force (the flatness of rolled strip) on above mentioned force parameters is investigated. The experiment provides objective basis for the development of the 3-dimensional theory model of cold strip rolling.

Key words: Cold strip rolling; Rolling pressure; Friction stress; Tension stress

0 Intoduction

For a long time, people have carried out a lot of experimental studies on the rolling pressure, the friction stresses in the deformation zone for sheet rolling[1-6]. The number of measurement point along the axial direction of roll is increased from one to several, the oscillograph recording experimental result is replaced by sampling and data handling computer, and so on. The experimental method is constantly improved, the experimental equipment is more and more modernized. These studies are of great importance to us understanding the force law of sheet rolling, examining and developing the 3-dimensional force model of sheet rolling.

However, up to now, not only the experiments have been carried out on the condition of small width / thickness (not greater than 150) of piece and not bringing bending force to bear on roll, but also the transverse distributions of front and back tension stresses have not been studied, the transverse distributions of two directional friction stresses have also been studied very little.

Modernization mills of cold strip rolling generally work on the condition of great width / thickness, having tension forces and bending roll force. The mills must have the function of controlling the

① Chinese Journal of Mechanical Engineering, 1993, 6(2): 106-112.

flatness of rolled strip. In order to simulate the rolling process, analyse and control the flatness of strip, studying and developing the 3-dimensional theory model of cold strip rolling is a very important task confronting people. In order to provide experimental basis for the theoretical study, this paper have carried out a comprehensive experiment study on the force parameters of cold aluminium strip rolling in the range of 15～620 of the width/ thickness. On the condition of different bending roll forces, the distributions of the rolling pressure and the two directional friction stresses in the deformation zone and the transverse distributions of the front and back tension stresses are all measured.

1　Experiment condition and method

1.1　Mill

The experiment are carried out on a 300 mm 4-h reversible cold rolling mill, Fig. 1. The work roll's diameter of the mill is 100 mm, the backup roll's diameter is 200 mm and the roll body's length is 300 mm. The mill is equipped with the work roll bending equipment adjusting the flatness of strip, the front and back coilers adjusting the front and back tension forces, and two flatness meters measuring the transverse distributions of the front and back tension stresses.

1.2　Measuring devices

In the range of the roll body's length 232 mm, nine universal measuring devices are symmetrically fixed into the upper work roll's body with the span 29 mm between devices, Fig. 2. The rolling pressure are measured by means of the stretching deformations of thin wall barrels, the two directional friction stresses are measured by means of the bending deformations of the cantilever beams. The diameters of the measuring pin heads are 1 mm, the pin heads stick out the surface of the work roll for 10 μm, and the spaces between the head and the hole wall are 0. 1 mm. The measured signals are transported by means of sliding rings.

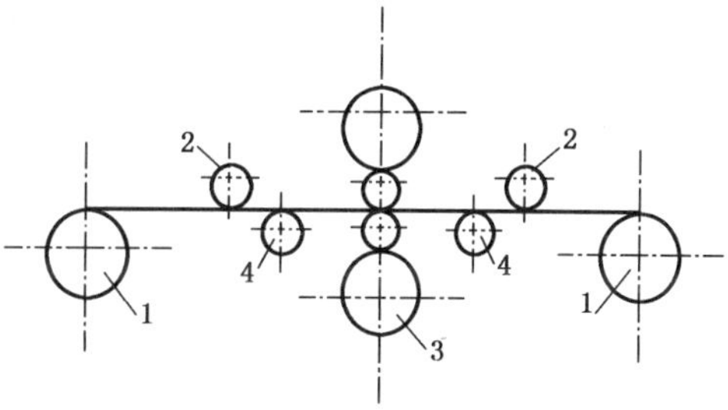

Fig. 1　Experimental mill

1. Coilers 2. Guiding rollers 3. Mill 4. Flatness meters

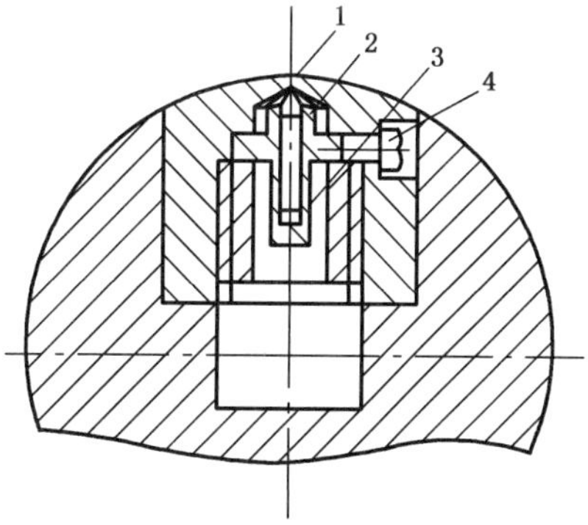

Fig. 2　Universal measuring device

1. Measuring pressure pin 2. Cantilever beam 3. Thin wall barrel 4. Screw

The transverse distributions of the front and back tension stresses are measured by two flatness meters each of which can measure 15 different positions' tension stresses in the range of width 300 mm.

1.3 Measuring system and instruments

The whole measuring system consists of 3 sub-systems, Fig. 3, two subsystems of which measure the front and back tension stresses, the third sub-system measures the rolling pressure and two directional friction stresses.

The oil pressure bending work roll is measured by a precision pressure meter. The transverse distributions of strip's thickness at the entry and the exit are measured by two contact type precision gauge meters resolving power of which is 0.5 μm.

1.4 Rolling condition and measuring method

The materials used for the experiment are aluminium sheet and coiled strip. The pieces' specification, the rolling condition and the measuring method are seen in Table 1.

Table 1 Rolling condition and measuring method

Parameters	No. 1	No. 2	No. 3	No. 4
H(Thickness)/mm	2.0	2.0	1.0	0.4
B(Width)/mm	30	100	250	250
B/H	15	50	250	620
η(Percent reduction)/%	15	15	20	6
v(Rolling velocity)/($m\cdot s^{-1}$)	1	1	1	1
F(Oil pressure bending work rolls)/MPa	0	4	4	4,8,11
Rolling and measuring method	Method 1		Method 2	Method 3

Note: Method 1—Singles rolling, shifting pieces laterally

Method 2—Singles rolling, several points simultaneous measuring

Method 3—Coiled strip rolling, several points simultaneous measuring

The measuring methods are the measuring methods of the rolling pressure and the friction stresses.

2 Experiment results

The rolling pressure, the longitudinal (the rolling direction x) friction stress and the lateral (the piece's width direction y) friction stress are expressed by p, τ_x and τ_y respectively. The unit width rolling pressure P_l, the unit width longitudinal friction force T_{xl} and the unit width lateral friction force T_{yl} are determined by the following equation

$$P_l = \int_0^l p \mathrm{d}x, T_{xl} = \int_0^l |\tau_x| \mathrm{d}x,$$
$$T_{yl} = \int_0^l \tau_y \mathrm{d}x$$

Where the l is the length of the deformation zone.

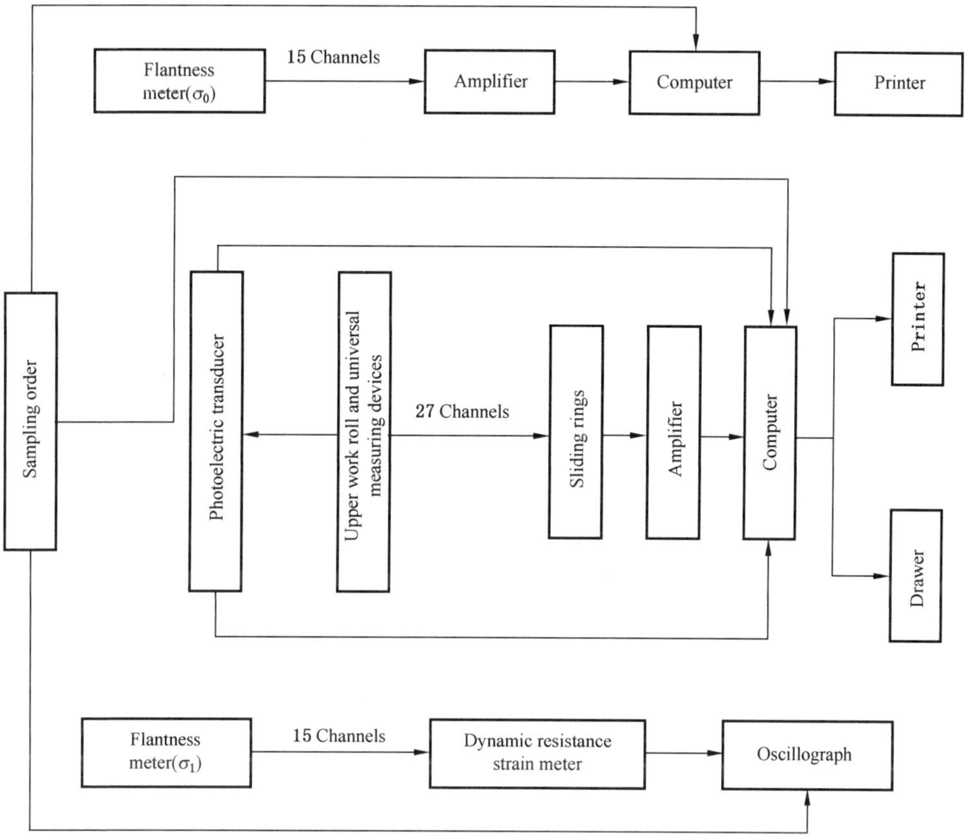

Fig. 3　Measuring system

2.1　The distributions of the force parameters on the conditions of different width/thickness and the light edge wave of rolled pieces

The case of the edge wave of rolled piece responds to that the percent reduction increases from the center to the edge of the piece's width.

When the width/thickness is 15 (No. 1), Fig. 4, the P_l (or p) and the T_{xl} (or τ_x) decrease from the center to the edge of the piece's width. The T_{yl} (or τ_y) is always negative (stipulating that the positive direction of T_{yl} or τ_y faces toward the edge), which means that all the metal of the deformation zone flows toward the edge.

When the width / thickness is 50 (No. 2), Fig. 5, the P_l and the T_{xl} change lightly in the center area, and have a peak near the edge respectively. The T_{yl} is positive in the center area, but negative in the edge area, which means that the metal in the center area flows toward the center, but the metal in the edge area flows toward the edge. The value of the T_{yl} is zero at a place near the edge, which means that, at the place, the metal does not flow laterally and the deformation of the piece is close to the plane strain state, so the P_l has a peak.

When the width/thickness increases to 250 (No. 3), Fig. 6, the P_l and the T_{xl} have evidently increasing tendencies toward the center, besides having a peak near the edge respectively. The transverse distribution of the T_{yl} is similar to that of the T_{yl} in the Fig. 5.

When the width / thickness increases to 620 (No. 4, $F=4$ MPa), Fig. 7, the P_l and the T_{xl} have a evident peak at the center respectively, besides having a peak near the edge respectively. The distribution of the T_{yl} is similar to that of the T_{yl} in the Fig. 5 or the Fig. 6.

2.2 The influence of bending roll force (the flatness of rolled strip) on the transverse distributions of the force parameters (No. 4)

When the F (the oil pressure of bending work rolls) is 4, 8 and 11 MPa, the flatness of rolled strip is light edge wave, good and light center wave respectively. For the three cases, the transverse distributions of the force parameters, and the strip's thickness H at the entry and the strip's thickness h at the exit are seen in Fig. 8. It is thus clear that the change of the bending roll force has a great influence on the transverse distributions of the various force parameters. When the flatness is the edge wave, the transverse distributions of the front tension stress σ_1 and the back tension stress σ_0 are similar, the σ_1 and the σ_0 have a valley point near the edge respectively, so the P_l (or p) has a peak near the edge. When the flatness is good, the reduction (H-h) changes lightly in the direction y, and the transverse distributions of the various force parameters are evener. When the flatness is the center wave, the reduction decreases from the center to the edge, and the P_l and the T_{xl} decreases from the center to the edge. The T_{yl} is always negative, which means that all the metal flows toward the edge. The transverse distributions of the σ_1 and the σ_0 are similar, the tension stresses increase from the center to the edge by and large. It is necessary to explain that when the strip is being rolled, the flatness is good, the light flatness defects appear after the front tension is removed.

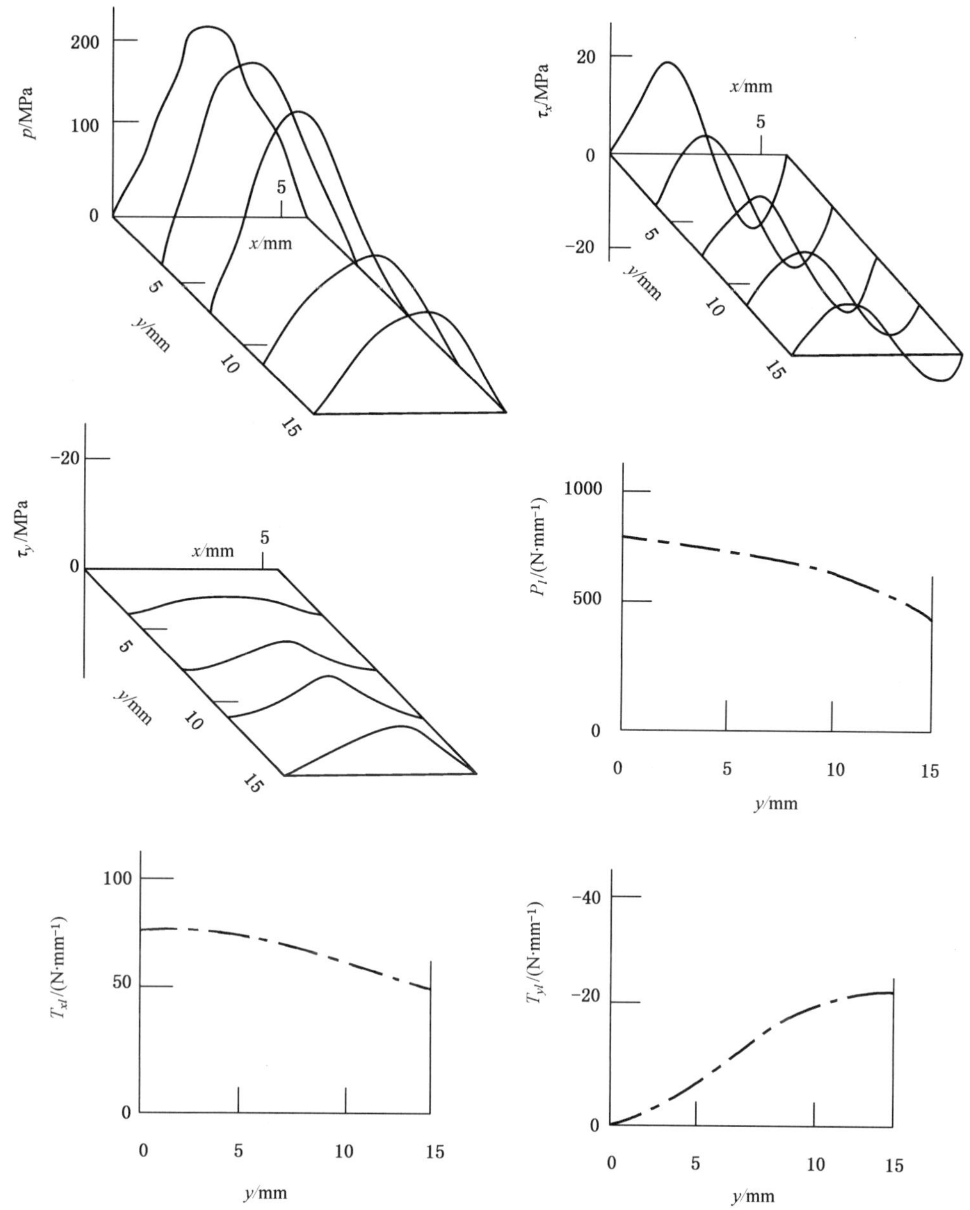

Fig. 4　The experimental result of No. 1($B/H=15$)

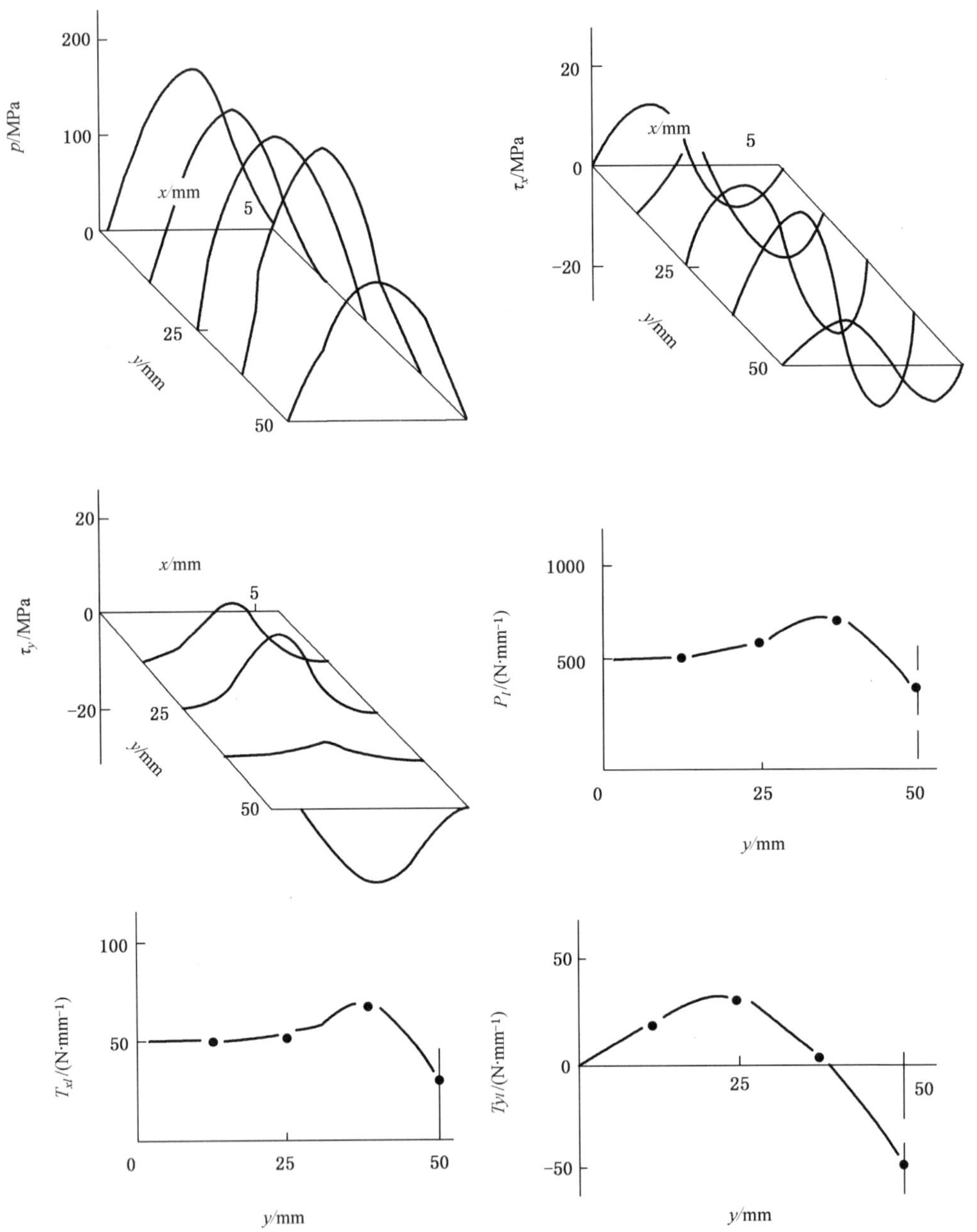

Fig. 5　The experimental result of No. 2($B/H=50$)

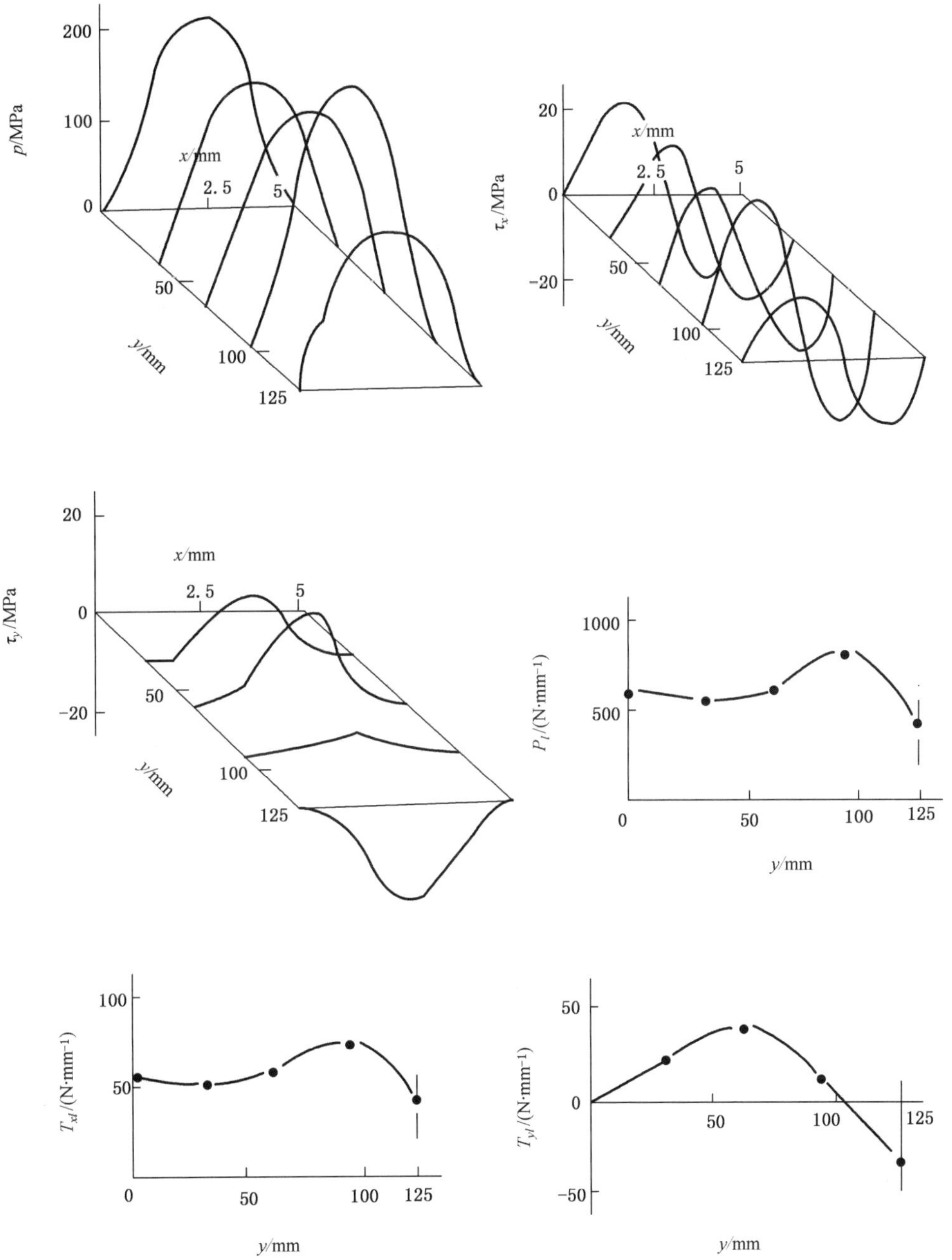

Fig. 6　The experimental result of No. 3($B/H=250$)

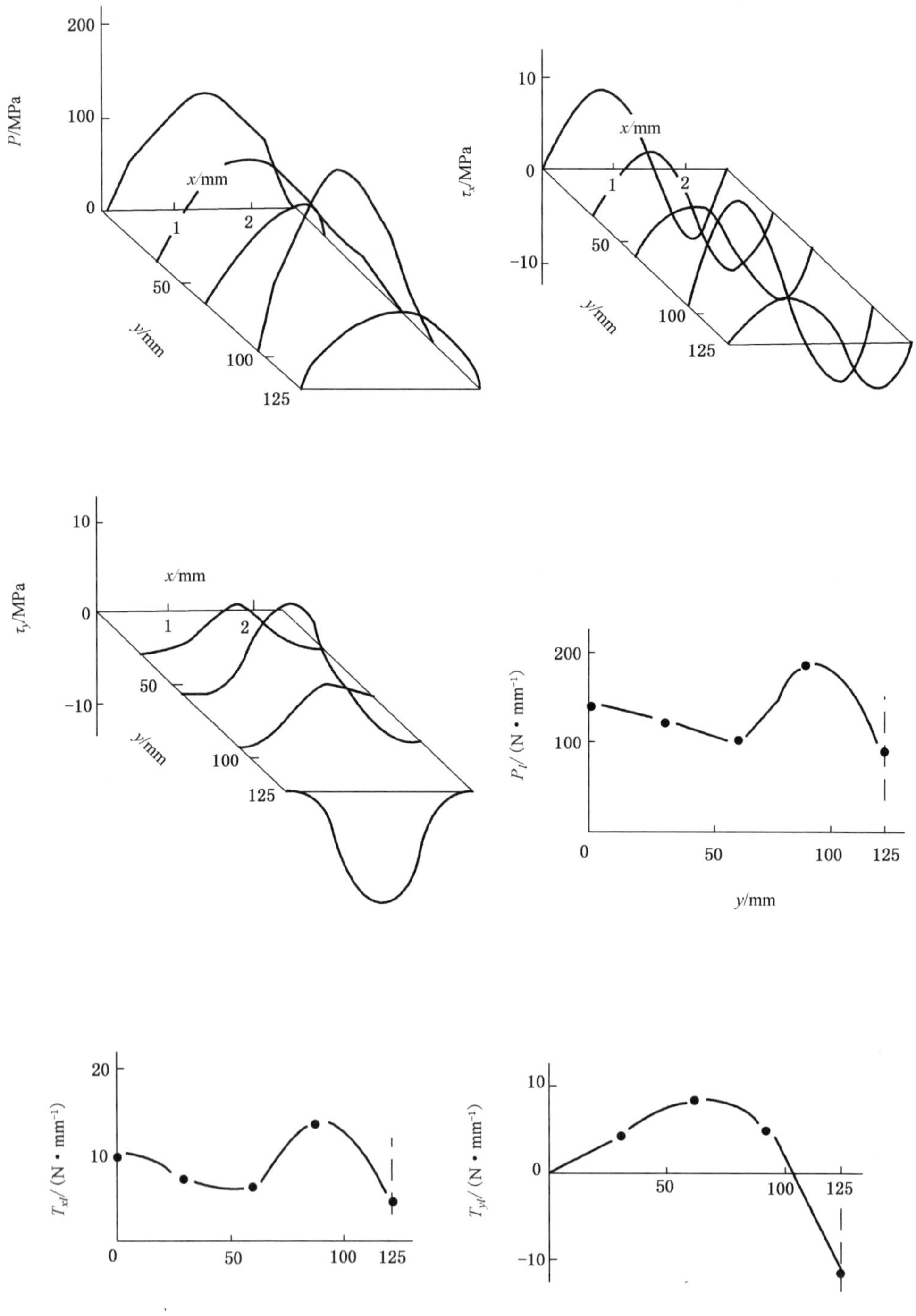

Fig. 7　The experimental result ofNo. 4（*B*/*H*=620，*F*=4MPa）

3 Conclusions

(1) The piece's width/thickness has a great influence on the transverse distributions of the rolling pressure and the friction stresses. With the increase of the width/thickness, the transverse distributions of them become more complex.

(2) The change of the bending roll force has a great influence on the transverse distributions of the rolling pressure, the friction stresses and the tension stresses. When the flatness after rolling is good, the transverse distributions of them are evener.

(3) When the flatness before rolling is good, the transverse distribution of the back tension stress is similar to that of the front tension stress.

(4) When the width / thickness is 15 and 50, the experimental results of this paper are consistent with those of existing relative papers. The experimental results of the width / thickness 250, 620 are first provided by this paper. The experimental results of large width / thickness are of great importance to directing the rolling production and the flatness controlling of cold strip rolling mill.

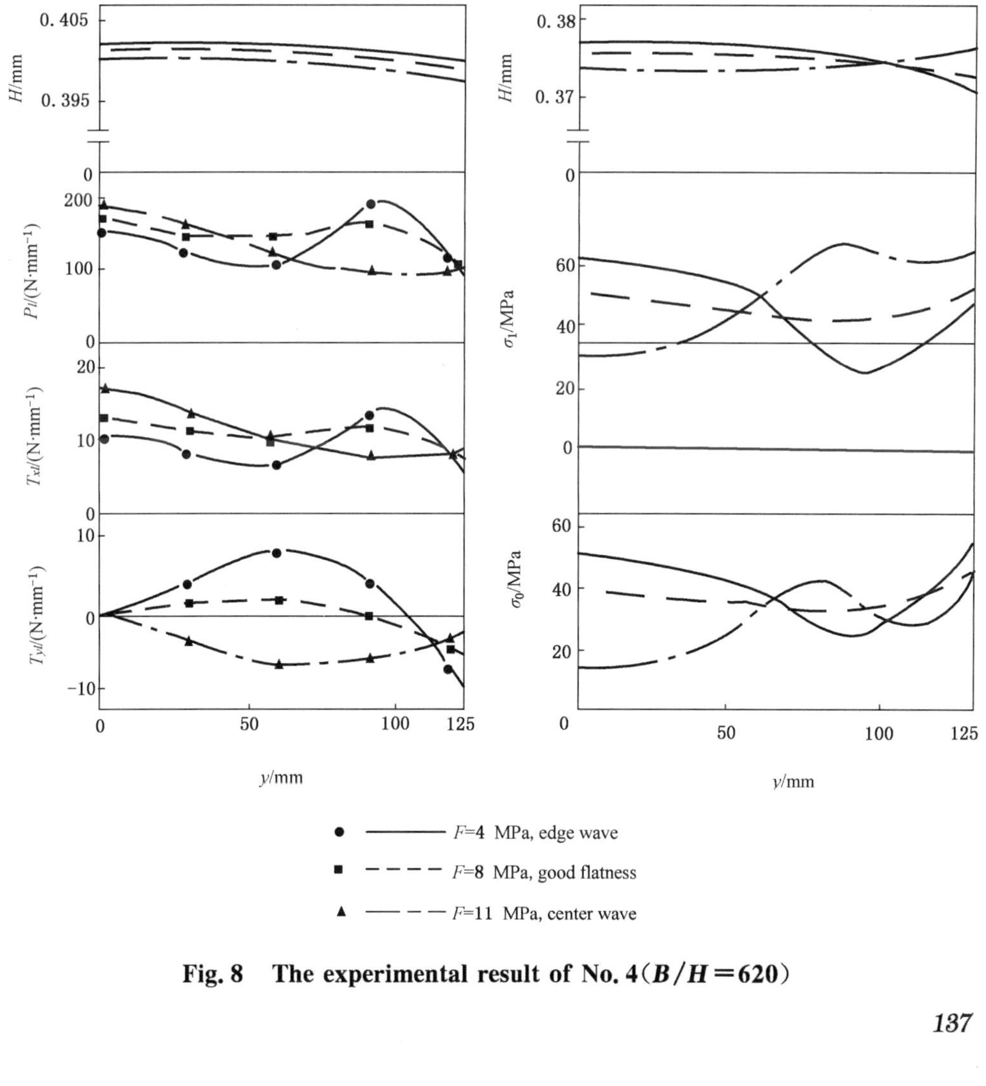

Fig. 8 The experimental result of No. 4($B/H=620$)

References

[1] Takashi kato, Yasuhisa Tozawa, Masao Nakamura, et al. Development of multi-channel synchronously measuring system of rolling pressure. J. Jap. Soc. Tech. Plast. 1980, 21 (9): 800-806.

[2] Yasuhisa Tozawa, Masao Nakamura, Takashi Kato, et al. Condition of measuring the rolling pressure by the pin method. J. Jap. Soc. Tech. Plast. 1980, 21(11): 999-1005.

[3] Takashi Ishikawa, Yasuhisa Tozawa, Masao Nakamura, et al. Distribution of rolling pressure measured under various rolling conditions. J. Jap. Soc. Tech. Plast. 1981, 22(8): 816-822.

[4] Yoshio watanabe. Influences of strip tensions on the distributions of roll pressure, tangential shear stress and friction coefficient in the roll Gap. J. Jap. Soc. Tech. Plast. 1969, 10 (11): 781-792.

[5] Yuji Matsuura, Mitsugu Motomura. Variation of coefficient of friction along the arc of contact, and the length of the arc. J. Jap. Soc. Tech. Plast. 1968, 9(3): 173-177.

[6] Yuji Matsuura, Mitsugu Motomura, Hiroyoshi Terada. Rolling pressure distribution in width direction. J. Jap. Soc. Tech. Plast. 1969, 10(7): 535-541.

Study on the Asymmetrical Cold Rolling of Strip under Large Width to Thickness Ratio①

Liu Hongmin, Lian Jiachuang, Duan Zhenyong
(Yanshan University, Qinhuangdao, 066004, China)

On the condition of the width to thickness ratio 625 of rolled strip, the asymmetrical cold strip rolling process about the width center is studied by using computer numerical simulation method and experimental method. The simulated results of the transverse distributions of the rolling pressure, the 2-directional frictions and the front and back tensions agree with the experimental results well. It is an important discovery that the rolling pressure has three peak values across the strip width on the condition of large width to thickness ratio.

1 Introduction

For a long time, the 3-dimensional plasticity deformation and stress of the metal sheet and strip rolling theory and the shape theory of strip. For the shape control, the 3-dimensional deformation study of the metal is aimed at revealing the transverse (the width direction) distribution laws of force parameters. Now, many studies are limited to the symmetrical rolling problems about the width center of strip with the smaller width to thickness ratio (< 300) of strip[1-3], so they are not enough to guide the shape control of strip. The papers studied the symmetrical rolling problems with the large width to thickness ratio. The study on asymmetrical rolling problem has not been reported. The actual rolling processes of strip are generally asymmetrical, and the automatic control systems of the shape of strip are designed according to asymmetrical condition. The symmetrical rolling of strip is only a kind of ideal condition. Therefore, studying asymmetrical rolling process has universal and actual significance.

2 Theoretical models

2.1 Displacement function

The deformation zone of strip rolling is shown in Fig. 1(a). The deformations and stresses of the metal in the deformation zone are analyzed by using the Third Power Spline Function Strip Element Method(TPSFSEM)[4,5], proposed by the authors of this paper. The strip element method is a new numerical method simulating the rolling process of strip. It is especially suitable for calculating the transverse distributions of the rolling pressure

① Journal of Materials Science & Technology, 1996, 12(3): 232-234.

and the front and back tensions of strip rolled under the condition of large width to thickness ratio, so it has practical value for the shape control of strip. The strip element division model of the deformation zone is shown in Fig. 1(b).

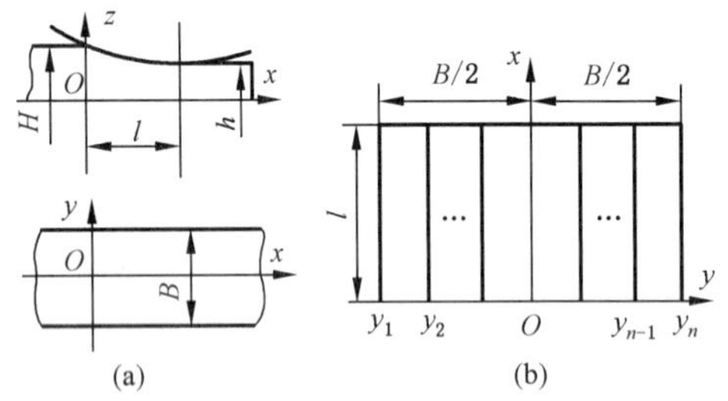

Fig. 1 Deformation zone geometry and strip element division model

The lateral displacement U of the metal in the deformation zone is expressed by the Eq. (1)

$$\begin{cases} U=f(x)u(y) \\ u(y)=\{\varphi_i\}^{\mathrm{T}}[A]\{u_i\} \end{cases} \tag{1}$$

where $f(x)$—the third power function of x[4], $\{\varphi_i\}$—the array of third power B-spline function, $u(y)$—the exit lateral displacement function, $[A]$—the interpolating matrix, $\{u_i\}$—the array of the exit lateral displacements in nodal lines.

The entry thickness H and the exit thickness h of rolled strip can be expressed as

$$\begin{cases} H=\sum\limits_{i=0}^{4} A_i\left(\dfrac{2y}{B}\right)^i \\ h=\sum\limits_{i=0}^{4} a_i\left(\dfrac{2y}{B}\right)^i \end{cases} \quad (i\neq 3) \tag{2}$$

where, A_i, a_i—the coefficients, B—the width of strip.

The linear term in Eq. (2) is asymmetrical term.

Then, the 3-dimensional deformations of the metal in the deformation zone can be analyzed[5].

2.2 Stress models

According to the method of the literature[4], the mathematical models of the front tension σ_1 and the back tension σ_0 can be derived.

$$\begin{cases} \sigma_1=\dfrac{T_1}{B\bar{h}}+\sigma_{00}+\dfrac{E}{1-\nu^2}\left(\dfrac{h}{\bar{h}}-\dfrac{H}{\bar{H}}+u'-\dfrac{u_n-u_1}{B}\right) \\ \sigma_0=\dfrac{T_0}{B\bar{H}}+\sigma_{00}+\dfrac{E}{1-\nu^2}\left[\dfrac{\bar{H}h(1+u')}{\bar{h}H(1+(u_n-u_1)/B)}-1\right] \end{cases} \tag{3}$$

where, T_1, T_0—the total front and back tension forces, E, ν—the modulus of elasticity and the Poisson coefficient of strip, $\bar{H}$, $\bar{h}$—the integral averages of H and h across the width of strip, u_1, u_n—the exit lateral displacements in the first and the n-th nodal lines.

The initial residual stress σ_{00} in the x direction can be expressed as

$$\sigma_{00}=\sum_{i=0}^{4}\alpha_i\left(\frac{2y}{B}\right)^i+\alpha_5\cos\frac{4\pi y}{B} \tag{4}$$

where $\alpha_0\sim\alpha_5$ are the coefficients.

The linear term and the third power term in Eq. (4) are asymmetrical terms.

The 3-dimensional stresses in the deformation zone are derived from Levy-Mises plasticity flow equation and Von. Mises plasticity condition[6].

The rolling pressure p is calculated from the differential equation of equilibrium in the x direction

$$\frac{\partial}{\partial x}(\sigma_x h^*)+\frac{\partial}{\partial y}(\tau_{xy}h^*)+2\tau_x+p\frac{\partial h^*}{\partial x}=0 \quad (5)$$

and the tension conditions of the entry and the exit, and by using the finite difference method, where σ_x—the normal stress in the x direction, τ_{xy}—the shear stress, τ_x— the friction stress in the x direction, h^*—the thickness of the strip in the deformation zone.

The friction stresses between the rolls and the strip are determined from the Coulomb's law of friction in the sliding zone and the preliminary displacement principle in the stagnation zone[5].

Table 1　Computation conditions

E/GPa	70	a_0	0.347
friction coefficient	0.1	a_1	5.03×10^{-4}
T_1/N	3 944	a_2	2.64×10^{-3}
T_0/N	3 531	a_4	-1.83×10^{-3}
$\overline{H}$/mm	0.372	α_0	0.04
$\overline{h}$/mm	0.348	α_1	0.72
A_0	0.371	α_2	−5.28
A_1	6.95×10^{-4}	α_3	−2.08
A_2	3.72×10^{-3}	α_4	8.58
A_4	-1.12×10^{-3}	α_5	−0.92

The exit lateral displacements u_i ($i=1,2,\cdots,n$) in nodal lines in Eq. (1) are determined from the minimum energy principle.

3　Experimental study

3.1　Experimental conditions

The rolling experiment of cold strip is carried out on a 300 mm 4-h reversible cold rolling mill. The diameter of the work roll of the mill is 100 mm, the diameter of the work roll of the backup roll is 200 mm and the length of the roll body is 300 mm. The mill is equipped with the work roll bending equipment adjusting the shape of strip.

The rolling material for the experiment is coiled aluminium strip. The specifications of strip are $\overline{H}=0.4$ mm, $B=$ 250 mm and the width to thickness ratio $B/\overline{H}\approx625$. The percent reduction is about 6% and the rolling velocity is 1 m/s. The strip is rolled under the conditions of the front and back tensions and lubrication. When the strip is being rolled, the exit shape is good. After the front tension is removed, the light edge waves appear.

3.2　Experimental method[7]

Nine universal measuring devices, which measure the rolling pressure and the 2-directional (the x and y directional) friction stresses, are symmetrically fixed into the upper work roll body in the axial direction of the roll. The transverse distributions of the front and back tensions are measured by two flatness meters each of which can measure the tensions of 15 different positions in the range of length 300 mm.

The transverse distributions of the entry thickness and the exit thickness of strip are measured by two contact type precision gauge meters, then are regressed in terms of Eq. (2).

The transverse distribution of the initial residual stress σ_{00} is measured by a fatness meter and regressed in terms of

Eq. (4).

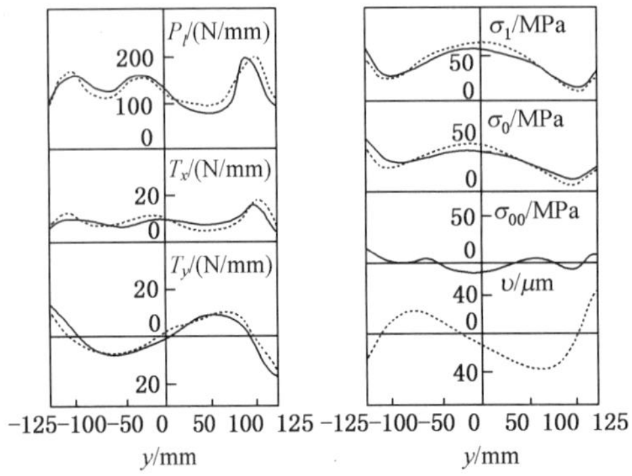

Fig. 2　Numerical simulated results (—) and experimental results (—)

4　Results of the numerical simulation and the experimental study

The computational conditions for the numerical simulation are shown in Table 1. The results of the numerical simulation and the experimental study are shown in Fig. 2, the simulated results agree with the experimental results well.

Under the condition of that the shapes of the exit strip are edge waves, the unit width rolling pressure P_l has three peak values across the width of strip, which are respectively near the width center and the two edges of strip. Because of the asymmetrical rolling about the width center, the middle peak value departs from the width center. This transverse distribution of the rolling pressure differs from that (one or two peak values) of the rolling pressure under small width to thickness ratio. The transverse distribution of the x directional friction T_x (the integration of $|\tau_x|$ along the length of the deformation zone) per unit width is similar to that of P_l. The lateral friction T_y per unit width changes its direction from the center area to the edge areas, which indicates the lateral flow direction of the metal changes from the center to the edges. This can be seen from the computed curve of the exit lateral displacement u. The initial residual stress σ_{00} changes slightly across the width of strip, which means that the initial shape of strip is basically good. The transverse distribution of the front tension is similar to that of the back tension.

5　Conclusions

(1) The important discovery of this study is that the rolling pressure has three peak values across the width of strip under the condition of large width to thickness ratio. For the calculation of the shape control of wide strip, it is necessary considering this kind of transverse distribution of the rolling pressure.

(2) It is successful that the asymmetrical rolling problem is studied by using the Strip Element Method (SEM) proposed by the authors of this paper, which means that SEM has wider uses.

References

[1] Y. Tozawa, T. Ishikawa and N. Iwata: J. JSTP, 1982, 23(12), 1181. (in Japanese)

[2] Cai LIU, Fengshan DU and Jiachuang LIAN: Chin. J. Mech. Eng, 1992, 28(1), 104. (in Chinese)

[3] Xianghua LIU, Zhengyi JIANG and Guodong WANG: Advanced Technology of Plasticity, Proc. 4th ICTP, ed. Zhongren WANG

and Yuxin HE, 1993, 2, 717.

[4] Hongmin LIU and Jiachuang LIAN: Chin. J. Met. Sci. Technol., 1992, 8(6), 427.

[5] Hongmin LIU, Yuhong BIAN and Jiachuang LIAN: Chin. J. Mech. Eng., 1994, 7(2), 91.

[6] Hongmin LIU, Jiachuang LIAN and Zhenyong DUAN: Advanced Technology of Plasticity, Proc. 4th ICTP, ed. Zhongren WANG and Yuxin HE, 1993, 2, 868.

[7] Hongmin LIU, Zhenyong DUAN and Jiachuang LIAN: Chin. J. Mech. Eng., 1993, 6(2), 106.

Third-power Spline Function Strip Element Method and Its Simulation of the Three-dimensional Stresses and Deformations of Cold Strip Rolling①

Liu HongMin, Lian JiaChuang, Peng Yan
(School of Mechanical Engineering, Yanshan University, Qinhuangdao, Hebei Province, 066004, PR China)

Abstract: A new method called the third-power spline function strip element method for simulating the three-dimensional stresses and deformations of cold strip rolling is presented. The rolling deformation zone is divided into a number of strip elements. The transverse distribution model of the lateral displacement on the strip element is constructed to be third-power spline function, and the longitudinal distribution model of it is reconstructed to be a quartic plus cubic function. The three-dimensional stresses and deformations in the deformation zone are formulated. The frictional stresses are calculated from the Coulomb friction law in the sliding zones and from preliminary displacement theory in the adhesion zone. On the conditions of a width to thickness ratio of 625 of strip and different rolled strip shapes, the three-dimensional mechanics behavior of the cold strip rolling on a 4-high mill is simulated by this method, the simulated results agreeing with the experimental ones well. The work of this paper is of great importance to the development of the three-dimensional rolling theory of strip, the shape theory and the shape control technology of strip.

Key words: Third-power spline function; Strip element method; Cold strip rolling; Three-dimensional analysis

1 Introduction

The shape control of rolled strip is the key technology of strip mills. With the development of shape control technology, shape theory is paid attention to day by day and studied deeply. In shape theory, the rolling theory of the strip is an important study content. In strip rolling theory, based on plane-strain deformation, the lateral deformation of metal is not considered, so the transverse distributions of the rolling pressure and the front and back tension stresses, which are related to the flatness of the rolled strip, cannot be analyzed accurately. In order to develop the mathematical model of the shape computation and control of strip rolling, there is a need for the study of the three-dimensional deformation theory

① Journal of Materials Processing Technology, 2001, 116(2): 235-243.

of metal.

For nearly 20 years, people have put forward a number of numerical methods simulating the three-dimensional deformations of sheet and strip rolling, such as the three-dimensional finite difference method[1,2], the three-dimensional finite element method[3-8] and the three-dimensional boundary element method[9-11]. At present, these methods have been only used to analyze sheet and strip rolling on the condition of small width/thickness (<300). There have been few comparisons of the computed results of the transverse distributions of the rolling pressure and the front and back tension stresses with the experimental ones.

Modern strip mills generally roll strips with large width/ thickness, so it is of great importance to study the strip rolling process of large width/thickness. In order to overcome the difficulty of solving the problem of large width/thickness and the shortcoming of a great deal of computation, the authors of this paper have put forward the constant and linear displacement strip element method[12-14] simulating the strip rolling process. The computed results of this method are greatly dependent on the assumed initial values of lateral displacements. In order to improve this method and develop the basic theory of the strip element method, this paper puts forward the third-power spline function strip element method for simulating the three-dimensional stresses and deformations of strip rolling process. For the cold strip rolling on a 4-high mill, the simulated results are satisfactory.

2 Strip element division and lateral displacement model

2.1 Basic assumptions

The analysis of the paper is based on the following basic assumptions:

1. The rolling process is steady and symmetrical about the plane xoy (Fig. 1).

2. The rolled strip is rigid-plastic material in the roll gap, and elastic deformation of the strip is considered outside the roll gap.

3. The stresses, strain rates and flow velocities are constant in the directions z, and the shearing stresses τ_{xz} and τ_{yz} are neglected.

2.2 Strip element division and lateral displacement model

The rolling deformation zone is shown in Fig. 1. According to the method shown in Fig. 2, the deformation zone is divided into n strip elements, the transverse coordinates of the nodal lines of the strip elements are expressed by y_i ($i = 0, 1, 2, \cdots, n$), and the strip element widths s_i are expressed as $s_i = y_i - y_{i-1}$ ($i = 1, 2, \cdots, n$).

In the deformation zone, the lateral displacement function of metal is assumed to be

$$W(x, y) = f(x)u(y) \qquad (1)$$

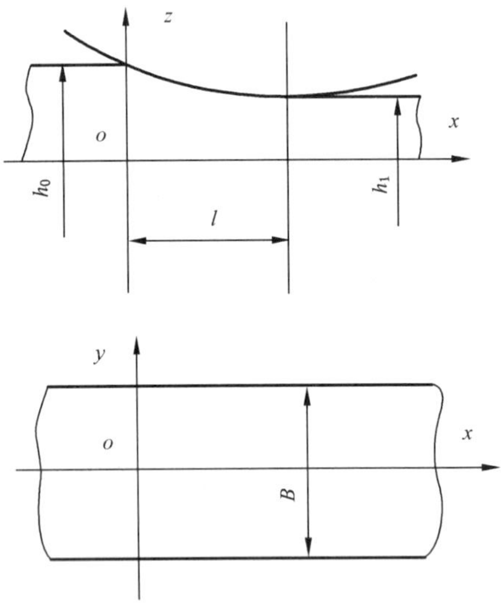

Fig. 1　The geometry of the deformation zone

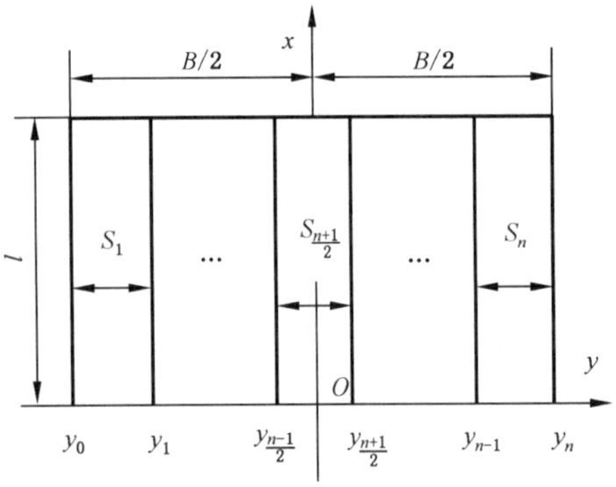

Fig. 2　The strip element division in the deformation zone

where

$$f(x)=1+4\left(\frac{x}{l}-1\right)^3+3\left(\frac{x}{l}-1\right)^4 \quad (2)$$

$u(y)$ is the lateral displacement function at the deformation zone exit ($x=l$), and can be expressed as the third-power spline function:

$$u(y)=\frac{(y_i-y)^2}{s_i^3}[3s_i-2(y_i-y)]u_{i-1}+\frac{(y-y_{i-1})^2}{s_i^3}\times[3s_i-2(y-y_{i-1})]u_i+\frac{(y_i-y)^2}{s_i^2}[s_i-(y_i-y)]u'_{i-1}-\frac{(y-y_{i-1})^2}{s_i^2}[s_i-(y_i-y_{i-1})]u'_i$$

$$(y_{i-1}\leqslant y\leqslant y_i;i=1,2,\cdots,n) \quad (3)$$

where $u'_i=u'(y_i)$ are derived from the boundary conditions $u''(y_0)=u''_0=0$ and $u''(y_n)=u''_n=0$.

The lateral displacement function $W(x,y)$ expressed by Eqs. (1) and (2) satisfies the boundary condition at the entry and the exit:

$$W(0,y)=0, W(l,y)=u(y) \quad (4)$$

where l is the deformation zone length.

In Refs. [12-14], $f(x)$ was constructed to be a cubic plus quadratic function, so that the computed rolling pressure at the exit is very different from experiment. In this paper, $f(x)$ is reconstructed to be a quartic plus cubic function, so that the above shortcoming is overcome.

3　Flow velocities and strain rates

3.1　The metal flow velocities in the deformation zone

At transverse coordinate y, a flow strip with the entry width dy is considered. From the principle of constant flow volume, the longitudinal flow velocity v_x of the deformation zone metal can be derived:

$$v_x=\frac{v_1h_1}{h(1+\partial W/\partial y)}\left[1+\left(\frac{\partial W}{\partial y}\right)_{x=l}\right]=\frac{v_1h_1[1+u'(y)]}{h[1+f(x)u'(y)]} \quad (5)$$

where h is the strip thickness in the deformation zone, h_1 the strip thickness at the exit, v_1 the longitudinal flow velocity at the exit:

$$v_1=v_r(1+\phi) \quad (6)$$

where v_r is the line velocity of roll, and ϕ the forward sliding coefficient.

The lateral flow velocity v_y is

$$v_y=\frac{\partial W}{\partial x}v_x=f'(x)u(y)v_x \tag{7}$$

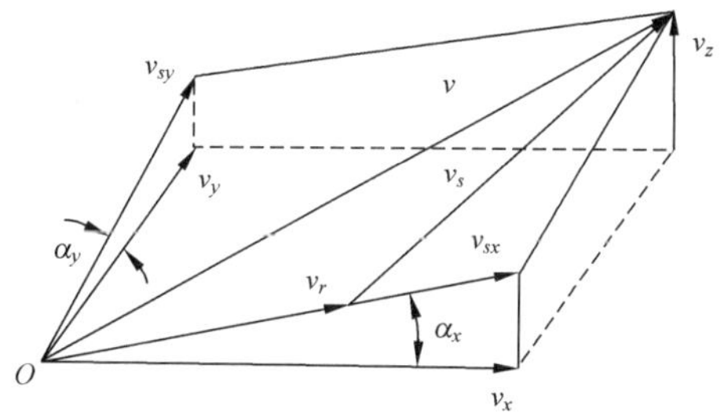

Fig. 3　The velocity vectors of metal flowing on lower roll surface

3.2　The sliding velocities and relative displacements between strip and rolls

In order to calculate the frictional stresses and power on the interfaces of strip and rolls, it is necessary that the sliding velocities and relative displacements between strip and rolls are determined.

The velocity vectors of metal flowing on lower roll surface are shown in Fig. 3. Because $\tan\alpha_x=-(1/2)(\partial h/\partial x)$ and $\tan\alpha_y=-(1/2)(\partial h/\partial y)$:

$$\begin{aligned} v_{sx}&=v_x\sqrt{1+\frac{1}{4}\left(\frac{\partial h}{\partial x}\right)^2}-v_r \\ v_{sy}&=v_y\sqrt{1+\frac{1}{4}\left(\frac{\partial h}{\partial y}\right)^2} \\ v_s&=\sqrt{v_{sx}^2+v_{sy}^2} \end{aligned} \tag{8}$$

where v_{sx} is the longitudinal tangent sliding velocity of the strip in relation to the roll, v_{sy} the lateral tangent sliding velocity of the strip in relation to the roll, and v_s the resultant sliding velocity of the strip in relation to the roll.

The relative displacement W_{sx}, W_{sy} in the direction x, y and their resultant displacement W_s of the strip in relation to the roll are

$$\begin{aligned} W_{sx}&=\int_{t_n}^{t}v_{sx}\,\mathrm{d}t=\int_{x_n}^{x}\frac{v_{sx}}{v_s}\mathrm{d}x \\ W_{sy}&=\int_{0}^{t}v_{sy}\,\mathrm{d}t=\int_{0}^{x}\frac{v_{sy}}{v_s}\mathrm{d}x \\ W_s&=\sqrt{W_{sx}^2+W_{sy}^2} \end{aligned} \tag{9}$$

where t is the time ($x=0, t=0$), t_n the time of metal moving to the neutral point, and x_n the longitudinal coordinate of the neutral point.

3.3　The metal strain rates in the deformation zone

From the principle of constant volume, and Eqs. (5) and(7), the strain rates $\dot{\varepsilon}_x$, $\dot{\varepsilon}_y$, $\dot{\varepsilon}_z$ and the shearing strain rates $\dot{\varepsilon}_{xy}$ in the direction x, y, z are derived as follows:

$$\begin{aligned} \dot{\varepsilon}_x&=\frac{\partial v_x}{\partial x} \\ \dot{\varepsilon}_y&=\frac{\partial v_y}{\partial y}=f'\left(u'v_x+u\frac{\partial v_x}{\partial y}\right) \\ \dot{\varepsilon}_z&=-(\dot{\varepsilon}_x+\dot{\varepsilon}_y) \\ \dot{\varepsilon}_{xy}&=\frac{\partial v_x}{\partial y}+\frac{\partial v_y}{\partial x}=\frac{\partial v_x}{\partial y}+f''uv_x+f'u\frac{\partial v_x}{\partial x} \end{aligned} \tag{10}$$

where

$$\begin{aligned} \frac{\partial v_x}{\partial x}&=-v_x\frac{(\partial h/\partial x)(1+fu')+hf'u'}{h(1+fu')} \\ \frac{\partial v_x}{\partial y}&=v_x\left(\frac{\partial h_1}{\partial y}\frac{1}{h_1}+\frac{u''}{1+u'}-\frac{\partial h}{\partial y}\frac{1}{h}-\frac{fu''}{1+fu'}\right) \end{aligned} \tag{11}$$

The shearing strain rate strength Γ is

$$\Gamma=2\sqrt{\dot{\varepsilon}_x^2+\dot{\varepsilon}_x\dot{\varepsilon}_y+\dot{\varepsilon}_y^2+\frac{1}{4}\dot{\varepsilon}_{xy}^2} \tag{12}$$

4　Stress models

4.1　Front and back tension stresses

From the constant volume condition of the strip before rolling and after rolling, the mathematical model of the front tension stress σ_1 can be derived[12,15]:

$$\sigma_1(y)=\frac{T_1}{B\bar{h}_1}+\sigma_{00}(y)+\frac{E}{1-\nu^2}\left[\frac{h_1(y)}{\bar{h}_1}-\frac{h_0(y)}{\bar{h}_0}+u'(y)-\frac{u_n-u_1}{B}\right] \tag{13}$$

where T_1 is the total front tension, h_0 the entry thickness of strip, $\bar{h}_1$, $\bar{h}_0$ are the integral averages of h_0 and h_1 across the strip width B, E, ν are the elastic modulus and the Poisson coefficient of strip, and σ_{00} is the longitudinal residue stress of initial strip.

The back tension stress σ_0 is influenced by the residue stress σ_{00} and the longitudinal flow velocity at the entry. Its mathematical model is[12,15]:

$$\sigma_0(y)=\frac{T_0}{B\bar{h}_0}+\sigma_{00}+\frac{E}{1-\nu^2}\left[\frac{\bar{h}_0 h_1(y)(1+u')}{\bar{h}_1 h_0(y)(1+(u_n-u_1)/B)}-1\right] \tag{14}$$

where T_0 is the total back tension.

4.2 Three-dimensional stresses

From the plastic flow equation of Levy-Mises, the yield condition of Von-Mises, and the assumption of $\sigma_z=-p$, the three-dimensional stress models in the deformation zone are derived:

$$\sigma_x=-p+\frac{2k}{\Gamma}(2\dot{\varepsilon}_x+\dot{\varepsilon}_y),\sigma_y=-p+\frac{2k}{\Gamma}(2\dot{\varepsilon}_y+\dot{\varepsilon}_x),\tau_{xy}=\frac{k}{\Gamma}\dot{\varepsilon}_{xy} \tag{15}$$

where σ_x, σ_y, τ_{xy} are the normal stresses and the shearing stress in the direction x and y, p the rolling pressure, and k the yield shear stress.

4.3 Rolling pressure and frictional stresses

Stipulating that the positive directions of frictional stresses are consistent with the positive directions of the coordinate axes, the longitudinal friction stress τ_x and the lateral friction stress τ_y are as follows:

$$\tau_x=\pm\mu_x p,\tau_y=-\mu_y p\,\mathrm{sign}(v_y) \tag{16}$$

where μ_x and μ_y are, respectively, the frictional coefficients in the direction x and y.

In the sliding zone, the frictional stresses are calculated from the Coulomb friction law:

$$\mu_x=\min\left\{\mu,\frac{k}{p}\right\}\frac{|v_{sx}|}{v_s},\mu_y=\min\left\{\mu,\frac{k}{p}\right\}\frac{|v_{sy}|}{v_s}\quad (W_s>[W_s]\text{ in the sliding zone}) \tag{17}$$

where μ is the frictional coefficient between the strip and the rolls, and $[W_s]$ the limit of the preliminary displacement of the strip in relation to the rolls.

In the adhesion zone, the friction stresses are calculated from preliminary displacement theory[16]:

$$\mu_x=\min\left\{\mu,\frac{k}{p}\right\}\frac{|W_{sx}|}{[W_s]},\mu_y=\min\left\{\mu,\frac{k}{p}\right\}\frac{|W_{sy}|}{[W_s]}\quad (W_s>[W_s]\text{ in the adhesion zone}) \tag{18}$$

The contact between the roll and the strip is regarded as that many micro rigidity convexities press into the ideal plasticity material, then the limit $[W_s]$ of the preliminary displacement can be determined by the method in Ref. [16].

The differential equation of the longitudinal equilibrium in the deformation zone is

$$\frac{\partial}{\partial x}(\sigma_x h)+\frac{\partial}{\partial y}(\tau_{xy}h)+p\frac{\partial h}{\partial x}+2\tau_x=0 \quad (19)$$

The first equation of Eq. (15) is substituted into Eq. (19), then the differential equation of the solution of the rolling pressure is derived:

$$\frac{\partial}{\partial x}[(p-2k\alpha)h]=\frac{\partial}{\partial y}(\tau_{xy}h)+p\frac{\partial h}{\partial x}+2\tau_x \quad (20)$$

where

$$\alpha=\frac{2}{\Gamma}(2\dot{\varepsilon}_x+\dot{\varepsilon}_y) \quad (21)$$

From the boundary conditions:

$$p=\begin{cases}\alpha k-\sigma_0, x=0\\ \alpha k-\sigma_1, x=l\end{cases} \quad (22)$$

the rolling pressure p in the deformation zone can be calculated using finite difference method.

5 Strip thickness and initial residue stress

The entry thickness $h_0(y)$ and the exit thickness $h_1(y)$ of strip can be expressed in terms of a polynomial function:

$$\begin{aligned}h_0(y)&=\sum_{i=0}^{6}B_i\left(\frac{2y}{B}\right)^i+B_{11}\left(\frac{2y}{B}\right)^{11}+B_{12}\left(\frac{2y}{B}\right)^{12}\\ h_1(y)&=\sum_{i=0}^{6}b_i\left(\frac{2y}{B}\right)^i+b_{11}\left(\frac{2y}{B}\right)^{11}+b_{12}\left(\frac{2y}{B}\right)^{12}\end{aligned} \quad (23)$$

where $B_0\sim B_{12}$ and $b_0\sim b_{12}$ are regression coefficients.

The strip thickness $h(x,y)$ in the deformation zone can be expressed as

$$h(x,y)=h_1(y)+[h_0(y)-h_1(y)]\left(\frac{x}{l}-1\right)^2 \quad (24)$$

The residual stress $\sigma_{00}(y)$ can also be expressed in terms of a polynomial function:

$$\sigma_{00}(y)=\sum_{i=0}^{4}a_i\left(\frac{2y}{B}\right)^i+a_5\cos\frac{4\pi y}{B} \quad (25)$$

where $a_0\sim a_5$ are the regression coefficients. When the shape of the initial strip is good, then $\sigma_{00}(y)=0$.

6 Determination of the lateral displacements at the exit in nodal lines

The energy function of strip rolling is

$$N=\int_V k\Gamma \mathrm{d}V+\int_{F_c}\sqrt{\tau_x^2+\tau_y^2}\,v_s\mathrm{d}F+\int_{F_0}\sigma_0 v_0\mathrm{d}F-\int_{F_1}\sigma_1 v_1\mathrm{d}F+\frac{1-\nu^2}{2E}\int_{F_1}\sigma_1^2 v_1\mathrm{d}F \quad (26)$$

where the first term to the fifth term are respectively the plastic deformation power in the deformation zone, the frictional power on the interfaces of the rolls and the strip, the power of the back tension stress, the power of the front tension stress, and the elastic power accumulated in the rolled strip. The fifth term is considered to be a correction to the rigid-plastic model.

From the energy variation principle, the correct solution of the lateral displacements $u_0, u_1, u_2, \cdots, u_n$ on the strip element nodal lines at the exit should satisfy the following equation:

$$\min N=N(u_0,u_1,u_2,\cdots,u_n) \quad (27)$$

This is an optimum problem that is solved using the Powell optimum method.

7 Result comparisons of computations and experiments

7.1 Experiment and computation conditions

The experiment of strip rolling is carried out on a 4-high cold rolling mill. The work roll diameter is 100 mm, the back-up roll diameter is 200 mm, and the roll body length is 300 mm. The mill is equipped with work roll bending equipment for adjusting the shape of the rolled strip.

The rolling material for the experiment is coiled aluminum strip. The strip specifications are $\bar{h}_0 \approx 0.4$ mm, $B=250$ mm, and the width to thickness ratio $B/\bar{h}_0 \approx 625$. The percent reduction is about 6% and the rolling velocity is 1 m/s. The strip is rolled under the conditions of front and back tensions and lubrication. When the strip is being rolled, the exit shape is good. After the front tension is removed, light edge waves or center waves appear.

Nine universal measuring devices, which measure the rolling pressure and the two-directional friction stresses, are symmetrically fixed into the upper work roll body in the axial direction of the roll[17,18]. The transverse distributions of the front and back tension stresses are measured by two flatness meters each of which can measure the tension stresses of 15 different positions in the range of width 300 mm. The transverse distribution of the initial residue stress is measured by a flatness meter and regressed in terms of Eq. (25). The transverse distributions of the entry thickness and the exit thickness of the strip are measured by two contact type precision gauge meters, and then regressed in terms of Eq. (23).

The symmetrical computation conditions about the strip width center are shown in Table 1, and the asymmetrical computation conditions are shown in Table 2.

Table 1 Symmetrical computation conditions

Parameters	Case1 (light edge waves)	Case2 (light center waves)
$B/\bar{h}_0$	672	595
B/mm	250	250
$\bar{h}_0$/mm	0.372 238 7	0.420 491 2
$\bar{h}_1$/mm	0.347 522 6	0.396 461 6
T_0/N	3531.7	3159.6
T_1/N	3944.4	4434.9
B_0	0.371 249 9	0.419 663 9
B_2	$3.542\ 093\times10^{-3}$	$2.551\ 887\times10^{-3}$
B_4	$-9.597\ 819\times10^{-4}$	$-1.161\ 99\times10^{-4}$
b_0	0.347 009 8	0.395 076 7
b_2	$2.631\ 297\times10^{-3}$	$4.070\ 621\times10^{-3}$
b_4	$-1.821\ 064\times10^{-3}$	$1.402\ 726\times10^{-4}$
a_0	0.072 988 15	1.181 771
a_2	−1.151 185	−12.877 83
a_4	2.283 581	15.554 19
a_5	0.750 827 8	−1.064 985

Table 2　Asymmetrical computation conditions

Parameters	Case1 (light edge waves)	Case2 (light center waves)
$B/\overline{h}_0$	672	595
B/mm	250	250
$\overline{h}_0$/mm	0.372 236 5	0.420 490 3
$\overline{h}_1$/mm	0.347 522 4	0.396 461 0
T_0/N	3531.7	3159.6
T_1/N	3944.4	4434.9
B_0	0.371 224 5	0.419 664 8
B_1	$6.949\ 514\times10^{-4}$	$5.535\ 144\times10^{-4}$
B_2	$3.707\ 366\times10^{-3}$	$2.682\ 545\times10^{-3}$
B_4	$-1.118\ 86\times10^{-3}$	$-2.435\ 519\times10^{-4}$
b_0	0.347 008 7	0.395 074 5
b_1	$5.025\ 265\times10^{-4}$	$7.191\ 626\times10^{-4}$
b_2	$2.637\ 229\times10^{-3}$	$4.080\ 681\times10^{-3}$
b_4	$-1.826\ 562\times10^{-3}$	$1.314\ 195\times10^{-4}$
a_0	0.043 651 82	1.183 466
a_1	0.714 194 2	−0.525 300 7
a_2	−5.276 676	13.510 01
a_3	−2.075 339	−0.799 632 5
a_4	8.576 203	16.599 35
a_5	−0.928 819 1	−1.000 613

7.2　Result comparisons of the symmetrical conditions

The experimental and computed results of case 1 (light edge waves) are shown in Figs. 4 and 5. In Fig. 4, p_1 is the unit width rolling pressure, τ_{x1} the longitudinal friction per unit width (the integral of $|\tau_{x1}|$ along the deformation zone length), and τ_{y1} the lateral friction per unit width. The simulated results of the transverse distributions of p_1, τ_{x1}, τ_{y1}, σ_1 and σ_0 are close to the experimental ones. p_1 and τ_{x1} have a obvious peak value at the center, respectively, besides having a peak value near the edge, respectively. τ_{y1} (or μ) is positive (or negative) in the center area, but negative (or positive) in the edge area, which means that the metal in the center area flows toward the center, and the metal in the edge area, however, flows toward the edge. The transverse distributions of σ_1 and σ_0 are similar, and they have a valley point near the edge, respectively. In Fig. 5, the computations of p, τ_x, and τ_y tally with the experimental values. At the entry and the exit, the computations of p and τ_x are quite different from the experimental values, the reason being the rigid-plastic model used in the computation.

The experimental and computed results of case 2 (light center waves) are shown in Figs. 6 and 7. The computations are close to the experiments. On the conditions of center waves, p_1 and τ_{x1} decrease from the center to the edge. τ_{y1} is always negative, which means that all the metal flows toward the edge. The transverse distributions of σ_1 and σ_0 are similar, the tension stresses increases from the center to the edge by and large.

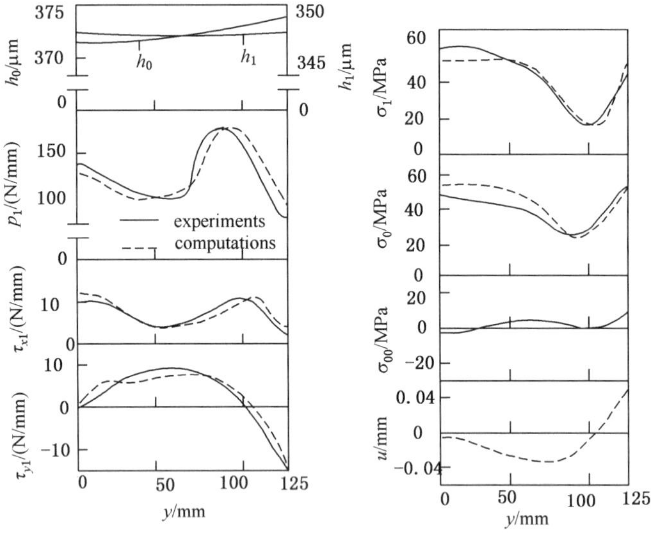

Fig. 4　Transverse distributions of mechanical parameters of case 1 (light edge waves) on symmetrical conditions.

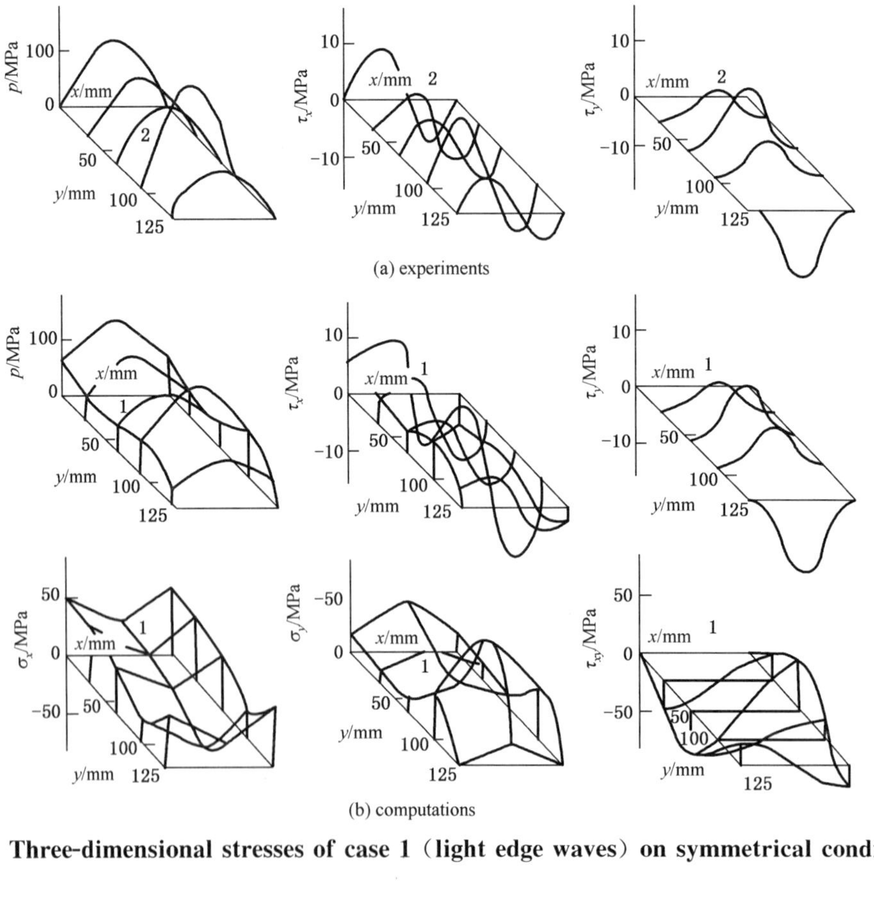

(a) experiments

(b) computations

Fig. 5　Three-dimensional stresses of case 1 (light edge waves) on symmetrical conditions.

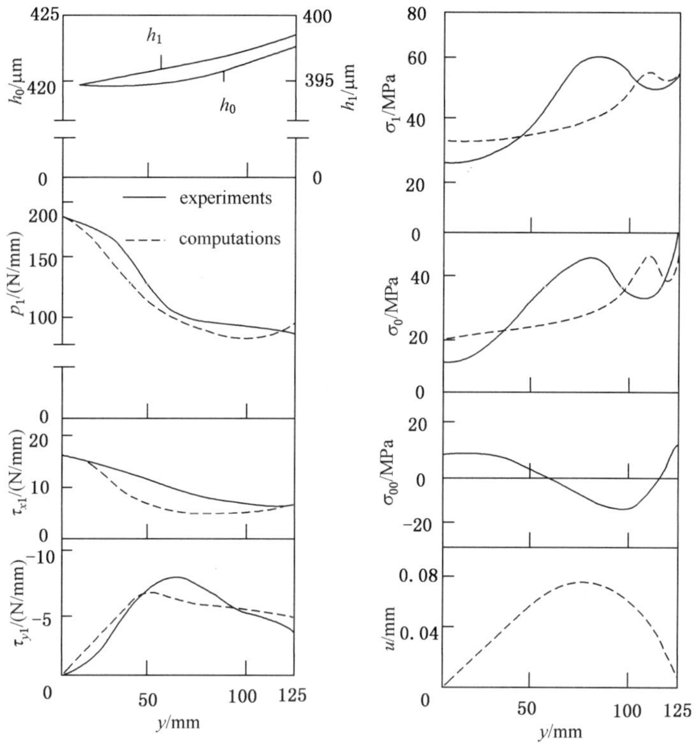

Fig. 6　Transverse distributions of mechanical parameters of case 2 (light center waves) on symmetrical conditions.

7.3　Result comparisons of the asymmetrical conditions

On the conditions of the edge waves and the center waves, the result comparisons of the transverse distributions of the mechanical parameters are shown in Figs. 8 and 9, respectively. The simulated results agree with the experimental ones well. On the condition of the asymmetrical rolling about the strip width center, the zero points of the lateral displacement u and the lateral friction τ_{x1} per unit width deviate from the center.

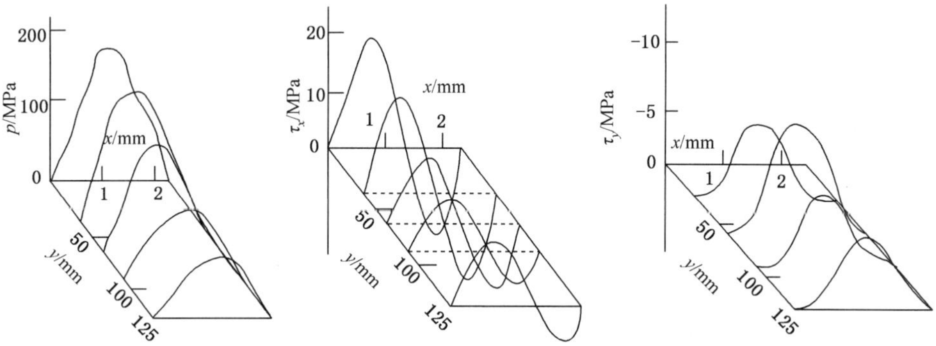

(a) experiments

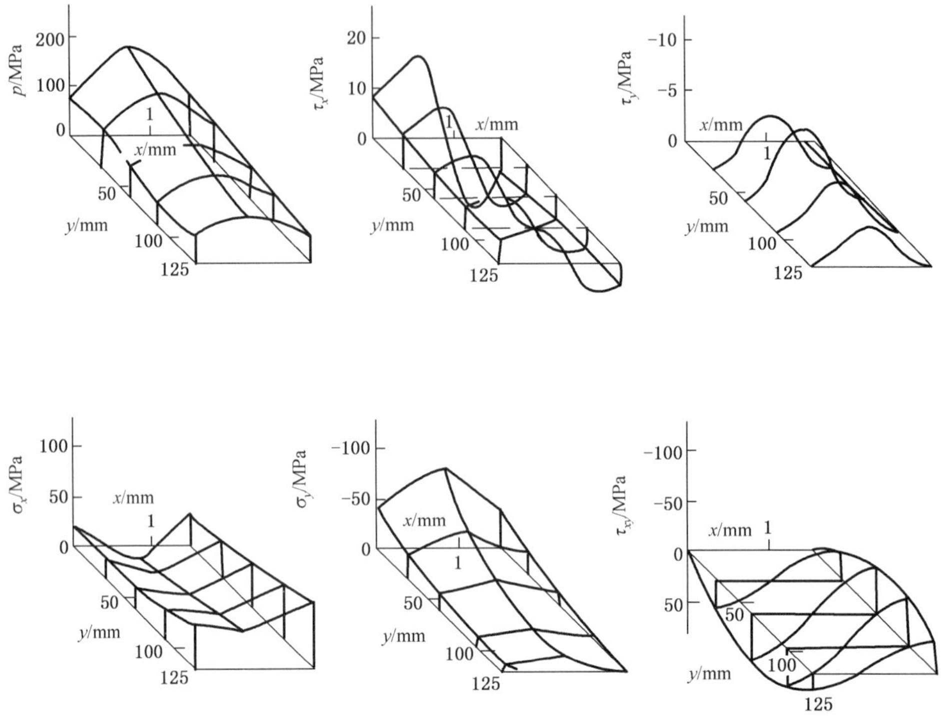

(b) computations

Fig. 7　Three-dimensional stresses of case 2 (light center waves) on symmetrical conditions.

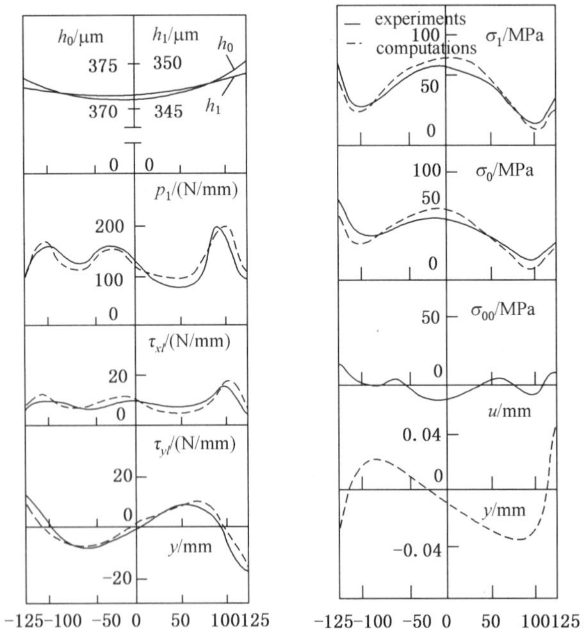

Fig. 8　Transverse distributions of mechanical parameters of case 1 (light edge waves) on asymmetrical conditions.

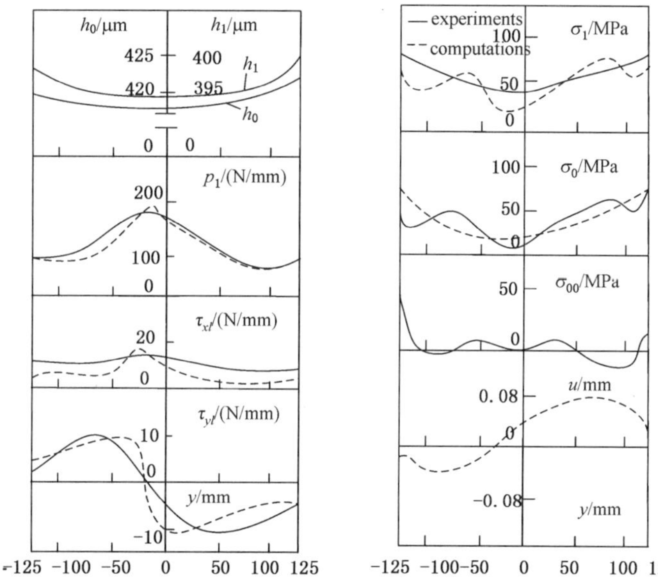

Fig. 9 Transverse distributions of mechanical parameters of case 2 (light center waves) on asymmetrical condition.

8 Conclusions

1. This paper puts forward a third-power spline function strip element method for simulating the three-dimensional stresses and deformations of cold strip rolling. The method decreases computing time greatly and has the merits of simplicity, economy and utility.

2. On the condition of large width to thickness ratio (for example 625), the rolling pressure has three peak values across the strip width when the exit shape is edge waves, and has one peak value in the center area when the exit shape is center waves.

3. On the conditions of different exit shapes, the longitudinal distributions of the mechanical parameters are basically similar, but the transverse distributions of them are very different, so shape control is essentially in the control of the transverse distributions of stresses and deformations.

References

[1] Y. Tozawa, T. Ishikawa, N. Iwata, Improved three-dimensional analysis for strip rolling, J. Jpn. Soc. Technol. Plast. 23 (263) (1982) 1181-1187.

[2] J. Lian, Z. Duan, X. Ye, Analysis of lateral flow of metal in roll gap with three-dimensional finite difference method, J. Northeast Heavy Mach. Inst. 8 (3) (1984) 1-9 (in Chinese).

[3] S. I. Oh, S. Kobayashi, An approximate method for a three dimensional analysis of rolling, Int. J. Mech. Sci. 17 (4) (1975) 293-305.

[4] C. Liu, P. Hartley, C. E. N. Sturgess, G. W. Rowe, Finite-element modeling of deformation and spread in slab rolling, Int. J. Mech. Sci. 29 (4) (1987) 271-283.

[5] C. Liu, P. Hartley, C. E. N. Sturgess, G. W. Rowe, Analysis of stress and strain distributions in slab rolling using an elastic-plastic finite-element method, Int. J. Numer. Met. Eng. 25 (1988) 55-66.

[6] C. Liu, F. Du, J. Lian, The deformation and stress fields of sheet in continuous rolling, Chin. J. Mech. Eng. 28 (1) (1992) 104-108.

[7] N. Kim, S. Kobayashi, Three-dimensional simulation of gap controlled plate rolling by the finite element method, Int. J. Mach. Tools Manuf. 30 (1990) 269-281.

[8] X. Liu, Z. Jiang, G. Wang, Analysis of 3-D deformation for crown strip rolling by rigid—plastic FEM, in: Z. R. Wang, Y. He (Eds.), Advanced Technology of Plasticity, International Academic Publishers, Beijing, 1993, pp. 701-707.

[9] H. Xiao, G. Shen, J. Lian, Simulation of rolling processes by the boundary element method of elastoplastic finite deformation problems, Chin. J. Mech. Eng. 30 (Suppl.) (1994) 40-45.

[10] Q. Huang, G. Shen, H. Xiao, Analysis of rolling by elastoplastic finite deformation contact boundary element method, Chin. J. Mech. Eng. 10 (4) (1997) 289-294.

[11] H. Xiao, G. Shen, J. Lian, Simulation of strip rolling process by three-dimensional elastoplastic boundary element method, Iron Steel 28 (3) (1993) 39-43 (in Chinese).

[12] H. Liu, J. Lian, Linear strip element method for analyzing lateral flow of metal and transverse distributions of tension stresses of cold rolled strip, J. Iron Steel Res. 4 (3) (1992) 37-44 (in Chinese).

[13] H. Liu, J. Lian, Z. Duan, Strip element method analysing the 3-D stresses and deformations of cold strip rolling, in: Z. R. Wang, Y. He (Eds.), Advanced Technology of Plasticity, International Academic Publishers, Beijing, 1993, pp. 868-873.

[14] H. Liu, J. Lian, Z. Duan, Strip element method for simulating strip rolling process, Chin. J. Mech. Eng. 29 (4) (1993) 36-42 (in Chinese).

[15] H. Liu, J. Lian, Transverse distributions of front and back tension stresses in cold strip rolling, Chin. J. Met. Sci. Technol. 8 (6) (1992) 427-434.

[16] I. V. Kragelsky, Friction and Wear Calculation Methods, Pergamon Press, Oxford, 1982.

[17] H. Liu, Z. Duan, J. Lian, Comprehensive experiment study of force parameters of cold strip rolling on a 4-h mill, Chin. J. Mech. Eng. 6 (2) (1993) 106-112.

[18] H. Liu, Z. Duan, J. Lian, Experimental study on mechanical parameters of cold strip rolled on 4-h mill, Iron Steel 27 (7) (1992) 31-35 (in Chinese).

Streamline Strip Element Method for Analysis of the Three-dimensional Stresses and Deformations of Strip Rolling[1]

Liu Hongmin, Zheng Zhenzhong, Peng Yan
(School of Mechanical Engineering, Yanshan University, Qinhuangdao, Hebei Province, 066004, People's Republic of China)

Abstract: This paper puts forward a new method—the streamline strip element method (SSEM) for simulating the three-dimensional stresses and deformations of strip rolling process. The rolling deformation zone is divided into a number of streamline strip elements along metal flow traces, and the streamline strip elements are mapped onto the corresponding rectangle strip elements for computation. The longitudinal distribution model of the metal lateral displacement is constructed to be a quartic plus cubic curve. The three-dimensional deformations and stresses of the deformation zone are formulated. For the cold strip rolling on a 300 mm wide four-high mill, the computed results of the transverse distributions of the rolling pressure and the front and back tension stresses are close to the experimental ones. For the cold strip rolling on a 1850 mm wide six-high CVC mill, the computed results of the transverse distributions of the front tension stress are also close to the experimental ones. This proves that the streamline strip element is a reliable engineering-computation method, and of great importance to developing the mathematical model of the shape control of strip rolling.

Key words: Streamline strip element method; Strip rolling; Three-dimensional analysis; Transverse distributions of tension stress; Transverse distributions of rolling pressure; Strip shape

1 Introduction

Shape or flatness is an important quality index of rolled thin sheet or strip, shape control is the key technology of sheet and strip mills. With the development of shape control technology, shape theory is paid greater attention day by day and studied deeply. In shape theory, the rolling theory of sheet and strip is an important study content. For shape control, the main purpose of the study of the rolling theory is the computation and prediction of the transverse distributions of rolling pressure and front and back tension stresses. The reason for this is that the transverse distribution of rolling pressure influences the roll gap shape related to the shape, the transverse distribution of front tension stress reflects the shape of rolled strip, the transverse distributions of front and back tension stresses also influence the shape of rolled strip by influencing the

[1] International Journal For Numerical Methods In Engineering, 2001, 50(5): 1059-1076.

transverse distribution of rolling pressure.

In strip rolling theory based on plain strain deformation, the lateral deformation of metal is not considered, so the transverse distributions of the rolling pressure and the front and back tension stresses which are related to the flatness of rolled strip cannot be analysed accurately. In order to develop a mathematical model of shape computation and control of strip rolling, there is a need for the study of three-dimensional deformation theory of metal.

For nearly twenty years, people have put forward a number of numerical methods simulating the three-dimensional deformations of sheet and strip rolling, such as the three-dimensional finite difference method (FDM)[1, 2], the three-dimensional finite element method (FEM)[3-8] and the three-dimensional boundary element method (BEM)[9-11]. At present, these methods have only been used to analyse sheet and strip rolling on the condition of small width/thickness (< 300). There have been few comparisons of the computed results of the transverse distributions of the rolling pressure and front and back tension stresses with the experimental ones.

Modern strip mills generally roll strip with large width/thickness, so it is of great importance for us to study the strip rolling process of large width/thickness. In order to overcome the difficulty of solving the problem of large width/thickness and the shortcoming of a great deal of computation, the first author of this paper has put forward the rectangular strip element method (RSEM) [12-17] simulating the strip rolling process. The computed results of this method are greatly dependent on the assumed initial values of lateral displacements. In order to improve this method and develop the basic theory of the strip element method, this paper puts forward the streamline strip element method (SSEM) for simulating the three-dimensional stresses and deformations of the strip rolling process. For the cases of cold narrow strip rolling on a 300 mm four-high mill and cold wide strip rolling on a 1850 mm six-high CVC mill, the computed results are satisfactory.

2 Streamline strip element division and lateral displacement model

2.1 Basic assumptions

The analysis of the paper is based on the following basic assumptions:

(1) The rolling process is steady and symmetrical about the plane xoy (Figure 1).

(2) The rolled strip is rigid-plastic material in the roll gap, the elastic deformation of the strip is considered outside the roll gap.

(3) The stresses, strain rates and flow velocities are constant in the z direction and the shearing stresses τ_{xz} and τ_{yz} are neglected.

(4) Coulomb friction exits between the rolls and the strip.

2.2 Streamline strip element division and the mapping of co-ordinate system

The rolling deformation zone is shown in Figure 1. According to the method shown in Figure 2, the deformation zone is divided into n strip elements along metal flow traces, the lateral co-ordinates of the nodal lines of the strip elements at the entry ($x=0$) are expressed by y_i ($i=0,1,2,\cdots,n$), and the lateral co-ordinates of their nodal lines at the exit ($x=l$) by y_i+u_i ($i=0,1,2,\cdots,n$), where u_i are the lateral displacements of the nodal lines at the exit. The entry strip element width s_{0i} and the exit strip element width s_{1i} are formulated as follows:

$$s_{0i}=y_i-y_{i-1}, s_{1i}=s_{0i}+(u_i-u_{i-1}) \quad (i=1,2,\cdots,n) \tag{1}$$

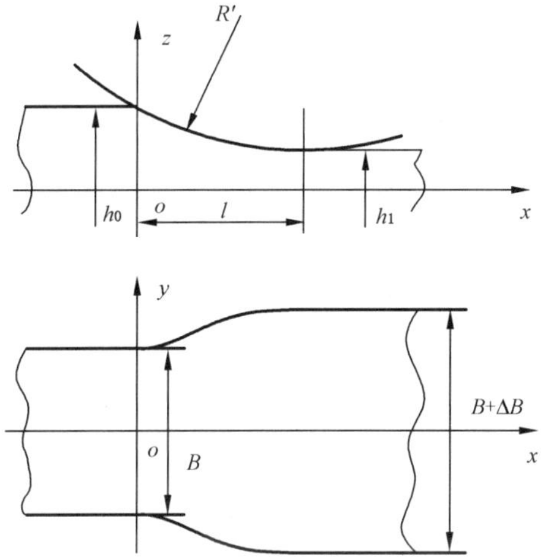

Figure 1　The graphic expression of deformation zone

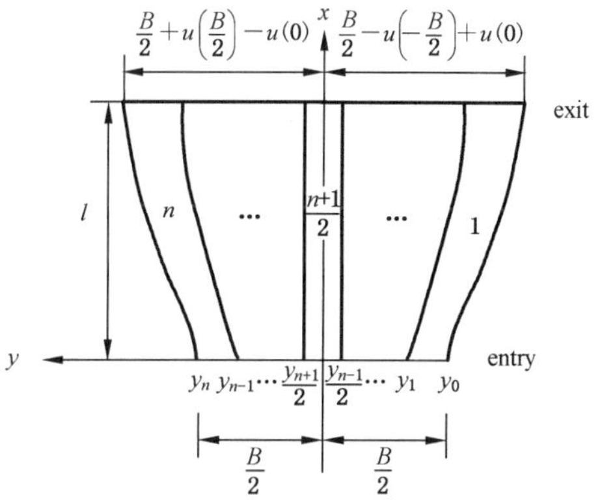

Figure 2　The streamline strip element division in deformation zone

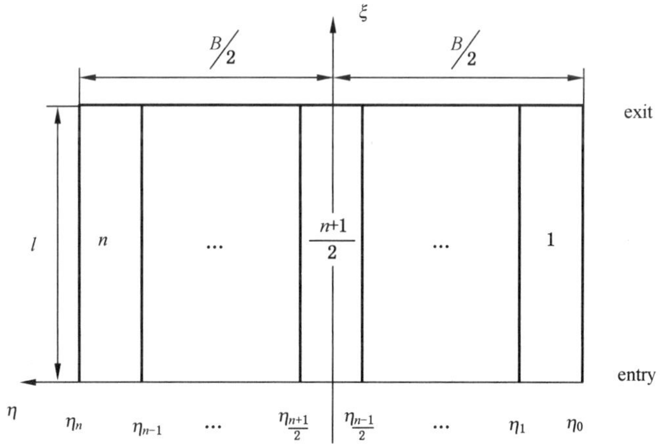

Figure 3　The strip elements in deformation zone under mapping coordinate system

The nodal lines of the streamline strip elements are unknown curves, which causes difficulty for analysis and computation. For the simplification of computation, the streamline strip elements under the co-ordinate system $x-y$ are mapped onto the rectangular strip elements under the co-ordinate system $\xi-\eta$, as shown in Figure 3. Under the co-ordinate system $\xi-\eta$, the lateral co-ordinates of the nodal lines of the strip elements are expressed by $\eta_i\ (i=0,1,2,\cdots,n)$, and the strip element widths are $s_i=\eta_i-\eta_{i-1}$ $(i=0,1,2,\cdots,n)$.

Between the above two co-ordinate systems, the mapping relationship of the co-ordinates is expressed as

$$\begin{cases}\eta_i=y_i\\ s_i=\eta_i-\eta_{i-1}=y_i-y_{i-1}\end{cases}$$

Hereafter, the mechanical computation is first conducted under the co-ordinate system ξ-η, then it is mapped into the co-ordinate system $x-y$.

2.3 Lateral displacement model

In the deformation zone, the lateral displacement function of metal is assumed to be

$$W(\xi,\eta)=f(\xi)u(\eta) \tag{4}$$

$$x=\xi,\ y=\eta+W(\xi,\eta) \tag{2}$$

where W is the lateral displacement of metal and is expressed as a function of ξ,η.

At the entry of the deformation zone, there are $W(\xi,\eta)=0$ and

$$\begin{matrix}(i=0,1,2,\cdots,n)\\(i=0,1,2,\cdots,n)\end{matrix}\quad (x=0) \tag{3}$$

where

$$f(\xi)=1+4\left(\frac{\xi}{l}-1\right)^3+3\left(\frac{\xi}{l}-1\right)^4 \tag{5}$$

$u(\eta)$ is the lateral displacement function at the deformation zone exit, and can be expressed as the third-power spline function

$$u(\eta)=\frac{(\eta_i-\eta)^2}{s_i^3}[3s_i-2(\eta_i-\eta)]u_{i-1}+\frac{(\eta-\eta_{i-1})^2}{s_i^3}[3s_i-2(\eta-\eta_{i-1})]u_i+\frac{(\eta_i-\eta)^2}{s_i^2}\times [s_i-(\eta_i-\eta)]u'_{i-1}-\frac{(\eta-\eta_{i-1})^2}{s_i^2}[s_i-2(\eta_i-\eta_{i-1})]u'_i\ (\eta_{i-1}\leqslant\eta\leqslant\eta_i;\ i=1,2,\cdots,n) \tag{6}$$

where $u'_i=u'(\eta_i)$, they are derived from the boundary conditions $u''(\eta_0)=u''_0=0$ and $u''(\eta_n)=u''_n=0$.

The lateral displacement function $W(\xi,\eta)$ expressed by Equations (4) and (5) satisfies the boundary conditions at the entry and the exit

$$W(0,\eta)=0,W=(l,\eta)=u(\eta) \tag{7}$$

where l is the deformation zone length.

3 Flow velocities and strain rates

3.1 The metal flow velocities in the deformation zone

As shown in Figure 4, a streamline strip with the entry width dy is considered under the co-ordinate system $x-y$. From the principle of constant flow volume, the longitudinal flow velocity v_x of the deformation zone metal can be derived as

$$v_x=\frac{h_n v_n}{h(1+\partial W/\partial\eta)}\left[1+\left(\frac{\partial W}{\partial\eta}\right)_{\xi=x_n}\right] \tag{8}$$

where h is the strip thickness in the deformation zone, h_n the strip thickness at the neutral point and v_n the longitudinal flow velocity at the neutral point.

$$v_n=v_r\cos\gamma_n \tag{9}$$

where v_r is the line velocity of roll and γ_n the neutral angle of the deformation zone.

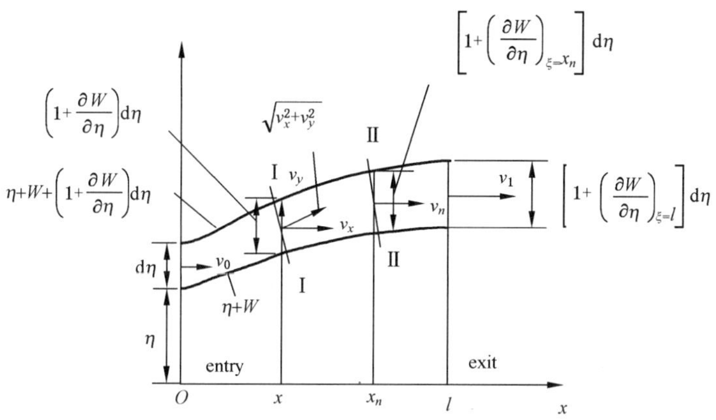

Figure 4　The graphic expression of metal flowing in deformation zone

The lateral flow velocity v_y is

$$v_y=\frac{\partial W}{\partial \xi}v_x \tag{10}$$

3.2　Jacobi matrix and its inverse matrix

A function $G(x, y)$ is considered, where x and y are functions of ξ and η; then there is the following relationship:

$$\begin{bmatrix}\frac{\partial G}{\partial \xi}\\ \frac{\partial G}{\partial \eta}\end{bmatrix}=[J]\begin{bmatrix}\frac{\partial G}{\partial x}\\ \frac{\partial G}{\partial y}\end{bmatrix} \tag{11}$$

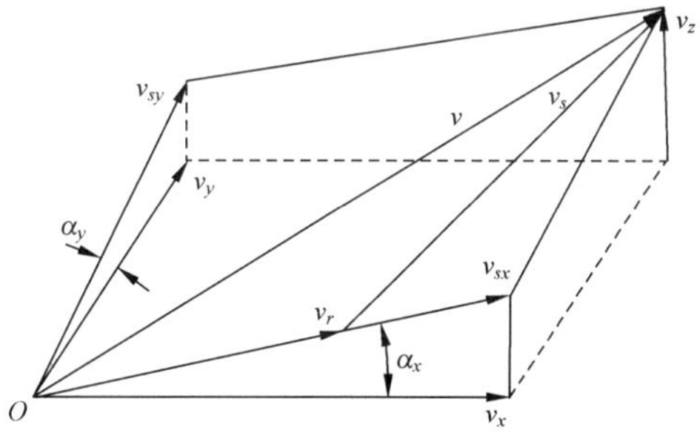

Figure 5　The velocity vectors of metal flowing on the lower roll surface

$$\begin{bmatrix}\frac{\partial G}{\partial x}\\ \frac{\partial G}{\partial y}\end{bmatrix}=[J]^{-1}\begin{bmatrix}\frac{\partial G}{\partial \xi}\\ \frac{\partial G}{\partial \eta}\end{bmatrix} \tag{12}$$

where the Jacobi matrix $[J]$ can be derived from Equation (2)

$$[J]=\begin{bmatrix}\frac{\partial x}{\partial \xi} & \frac{\partial y}{\partial \xi}\\ \frac{\partial x}{\partial \eta} & \frac{\partial y}{\partial \eta}\end{bmatrix}=\begin{bmatrix}1 & \frac{\partial W}{\partial \xi}\\ 0 & 1+\frac{\partial W}{\partial \eta}\end{bmatrix} \tag{13}$$

The inverse matrix of the matrix $[J]$ is

$$[J]^{-1}=\begin{bmatrix}1 & -\frac{\partial W}{\partial \xi}\frac{1}{1+\partial W/\partial \eta}\\ 0 & \frac{1}{1+\partial W/\partial \eta}\end{bmatrix} \tag{14}$$

The transformation relationship between the differential area $dx\,dy$ and the differential area $d\xi\,d\eta$ is

$$dx\,dy=|J|\,d\xi d\eta=\left(1+\frac{\partial W}{\partial \eta}\right)d\xi d\eta \tag{15}$$

3.3　The sliding velocities between strip and roll

The velocity vectors of metal flowing on the lower roll surface are shown in Figure 5. Because $\mathrm{tg}\alpha_x=-(1/2)\partial h/\partial x$ and $\mathrm{tg}\alpha_y=-(1/2)\partial h/\partial y$, there are

$$v_{sx}=v_x\sqrt{1+\frac{1}{4}\left(\frac{\partial h}{\partial x}\right)^2}-v_r$$
$$v_{sy}=v_y\sqrt{1+\frac{1}{4}\left(\frac{\partial h}{\partial y}\right)^2} \tag{16}$$
$$v_s=\sqrt{v_{sx}^2+v_{sy}^2}$$

Where v_{sx} is the longitudinal tangent sliding velocity of the strip in relation to the roll, v_{sy} the lateral tangent sliding velocity of the strip in relation to the roll and v_s the resultant sliding velocity of the strip in relation to the roll.

From Equations (12) and (14), we have

$$
\begin{aligned}
\frac{\partial h}{\partial x} &= \frac{\partial h}{\partial \xi} - \frac{\partial h}{\partial \eta}\frac{\partial W}{\partial \xi}\frac{1}{1+\partial W/\partial \eta} \\
\frac{\partial h}{\partial y} &= \frac{\partial h}{\partial \eta}\frac{1}{1+\partial W/\partial \eta}
\end{aligned}
\tag{17}
$$

3.4 The metal strain rates in the deformation zone

From the principle of constant volume and Equations (10), (12) and (14), the strain rates $\dot{\varepsilon}_x$, $\dot{\varepsilon}_y$, $\dot{\varepsilon}_z$ and the shearing strain rate $\dot{\varepsilon}_{xy}$ in the directions x, y, z are derived as follows:

$$
\begin{aligned}
\dot{\varepsilon}_x &= \frac{\partial v_x}{\partial x} = \frac{\partial v_x}{\partial \xi} - \frac{\partial v_x}{\partial \eta}\frac{\partial W}{\partial \xi}\frac{1}{1+\partial W/\partial \eta} \\
\dot{\varepsilon}_y &= \frac{\partial v_y}{\partial y} = \frac{\partial v_y}{\partial \eta}\frac{1}{1+\partial W/\partial \eta} = \left(\frac{\partial^2 W}{\partial \xi \partial \eta} v_x + \frac{\partial W}{\partial \xi}\frac{\partial v_x}{\partial \eta}\right)\frac{1}{1+\partial W/\partial \eta} \\
\dot{\varepsilon}_z &= -(\dot{\varepsilon}_x + \dot{\varepsilon}_y) \\
\dot{\varepsilon}_{xy} &= \frac{\partial v_x}{\partial y} + \frac{\partial v_y}{\partial x} = \left[1 - \left(\frac{\partial W}{\partial \xi}\right)^2\right]\frac{\partial v_x}{\partial \eta}\frac{1}{1+\partial W/\partial \eta} + \\
&\quad \left(\frac{\partial^2 W}{\partial \xi^2} - \frac{\partial^2 W}{\partial \xi \partial \eta}\frac{\partial W}{\partial \xi}\frac{1}{1+\partial W/\partial \eta}\right) v_x + \frac{\partial W}{\partial \xi}\frac{\partial v_x}{\partial \xi}
\end{aligned}
\tag{18}
$$

where $\partial v_x/\partial \xi$ and $\partial v_x/\partial \eta$ can be derived from Equation (8)

$$
\begin{aligned}
\frac{\partial v_x}{\partial \xi} &= -v_x\left(\frac{\partial h}{\partial \xi}\frac{1}{h} + \frac{\partial^2 W}{\partial \xi \partial \eta}\frac{1}{1+\partial W/\partial \eta}\right) \\
\frac{\partial v_x}{\partial \eta} &= v_x\left[\frac{\mathrm{d}h_n}{\mathrm{d}\eta}\frac{1}{h_n} + \left(\frac{\partial^2 W}{\partial \eta^2}\right)_{\xi=x_n}\frac{1}{1+(\partial W/\partial \eta)_{\xi=x_n}} - \frac{\partial h}{\partial \eta}\frac{1}{h} - \frac{\partial^2 W}{\partial \eta^2}\frac{1}{1+\partial W/\partial \eta}\right]
\end{aligned}
\tag{19}
$$

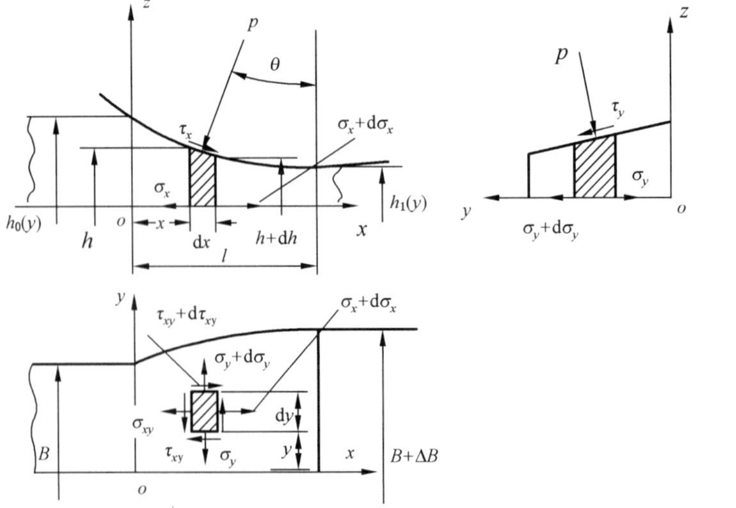

Figure 6 Stress status of element

The shearing strain rate strength Γ is

$$\Gamma=2\sqrt{\dot{\varepsilon}_x^2+\dot{\varepsilon}_x\dot{\varepsilon}_y+\dot{\varepsilon}_y^2+\frac{1}{4}\dot{\varepsilon}_{xy}^2} \quad (20)$$

4 Stress models

4.1 Three-dimensional stresses

From the plastic flow equation of Levy-Mises, the yield condition of Von-Mises, and the assumption of $\sigma_z=-p$, the three-dimensional stress models in the deformation zone are derived as

$$\begin{aligned}\sigma_x&=-p+\frac{2k}{\Gamma}(2\dot{\varepsilon}_x+\dot{\varepsilon}_y)\\ \sigma_y&=-p+\frac{2k}{\Gamma}(2\dot{\varepsilon}_y+\dot{\varepsilon}_x)\\ \tau_{xy}&=\frac{k}{\Gamma}\dot{\varepsilon}_{xy}\end{aligned} \quad (21)$$

where σ_x, σ_y, σ_z, τ_{xy} are the normal stresses and the shearing stress in the direction x, y and z, p the rolling pressure and k the yield strength shearing stress.

4.2 Rolling pressure and friction stresses

The stress status of the element in the deformation zone is shown in Figure 6. The differential equation of the longitudinal equilibrium of the element is

$$\frac{\partial(\sigma_x h)}{\partial x}+\frac{\partial(\tau_{xy}h)}{\partial y}+p\frac{\partial h}{\partial x}+2\tau_x=0 \quad (22)$$

the differential equation of the lateral equilibrium is

$$\frac{\partial(\sigma_y h)}{\partial y}+\frac{\partial(\tau_{xy}h)}{\partial x}+p\frac{\partial h}{\partial y}+2\tau_y=0 \quad (23)$$

where the longitudinal friction stress τ_x and the lateral friction stress τ_y are formulated as follows:

$$\tau_x=\begin{cases}-\mu p\dfrac{v_{sx}}{v_s}(\mu p<k)\\ -k\dfrac{v_{sx}}{v_s}(\mu p\geqslant k)\end{cases} \quad (24)$$

$$\tau_y=\begin{cases}-\mu p\dfrac{v_{sy}}{v_s}(\mu p<k)\\ -k\dfrac{v_{sy}}{v_s}(\mu p\geqslant k)\end{cases} \quad (25)$$

where μ is the frictional coefficient between the strip and the rolls.

From Equations (12) and (14), Equations (22) and (23) can be transformed into

$$\begin{aligned}&\frac{\partial(\sigma_x h)}{\partial\xi}-\frac{\partial(\sigma_x h)}{\partial\eta}\frac{\partial W}{\partial\xi}\frac{1}{1+\partial W/\partial\eta}+\frac{\partial(\tau_{xy}h)}{\partial\eta}\frac{1}{1+\partial W/\partial\eta}+\\ &p\left(\frac{\partial h}{\partial\xi}-\frac{\partial h}{\partial\eta}\frac{\partial W}{\partial\xi}\frac{1}{1+\partial W/\partial\eta}\right)+2\tau_x=0\end{aligned} \quad (26)$$

$$\frac{\partial(\sigma_y h)}{\partial\eta}\frac{1}{1+\partial W/\partial\eta}+\frac{\partial(\tau_{xy}h)}{\partial\xi}-\frac{\partial(\tau_{xy}h)}{\partial\eta}\frac{\partial W}{\partial\xi}\frac{1}{1+\partial W/\partial\eta}+p\frac{\partial h}{\partial\eta}\frac{1}{1+\partial W/\partial\eta}+2\tau_y=0 \quad (27)$$

The first and the second equations of Equation (21) are, respectively, substituted into Equations (26) and (27), and $\partial(ph)/\partial\eta$ is removed, then the differential equation of the solution of the rolling pressure is derived as

$$\begin{aligned}\frac{\partial p}{\partial\xi}=&\frac{k}{h}\left[\frac{\partial(\alpha_y h)}{\partial\eta}-\frac{\partial(\alpha_x h)}{\partial\eta}\right]\frac{\partial W}{\partial\xi}\frac{1}{1+\partial W/\partial\eta}+\frac{1}{h}\frac{\partial(\tau_{xy}h)}{\partial\eta}\left[1-\left(\frac{\partial W}{\partial\xi}\right)^2\right]\frac{1}{1+\partial W/\partial\eta}+\\ &\frac{k}{h}\frac{\partial(\alpha_x h)}{\partial\xi}+\frac{1}{h}\frac{\partial(\tau_{xy}h)}{\partial\xi}\frac{\partial W}{\partial\xi}+\frac{2}{h}\left(\tau_y\frac{\partial W}{\partial\xi}+\tau_x\right)\end{aligned} \quad (28)$$

where

$$\alpha_x = \frac{2}{\Gamma}(2\dot{\varepsilon}_x + \dot{\varepsilon}_y), \alpha_y = \frac{2}{\Gamma}(2\dot{\varepsilon}_y + \dot{\varepsilon}_x) \quad (29)$$

From the boundary conditions

$$\begin{aligned} p &= \alpha_x k - \sigma_0 \quad (x=0) \\ p &= \alpha_x k - \sigma_l \quad (x=l) \end{aligned} \quad (30)$$

the rolling pressure p in the deformation zone can be calculated by using a finite difference method, where σ_1 and σ_0 are, respectively, the front and back tension stresses.

4.3 Front and back tension stresses

From the constant volume condition of the strip before rolling and after rolling, the mathematical model of the front tension stress σ_1 can be derived[12,13] as

$$\sigma_1(\eta) = \frac{T_1}{B\bar{h}_1} + \sigma_{00}(\eta) + \frac{E}{1-\nu^2}\left[\frac{h_1(\eta)}{\bar{h}_1} - \frac{h_0(\eta)}{\bar{h}_0} + u'(\eta) - \frac{u_n - u_1}{B}\right] \quad (31)$$

Where h_1, h_0 are the exit thickness and the entry thickness of strip, T_1 the total front tension, $\bar{h}_1$, $\bar{h}_0$ the integral averages of h_0 and h_1 across the strip width B, E, ν the elastic modulus and the Poisson coefficient of strip and σ_{00} the longitudinal residue stress of initial strip.

The back tension stress σ_0 is influenced by the residue stress σ_{00} and the longitudinal flow velocity $v_0(\eta)$ at the entry. The mathematical model of σ_0 is[12,13]

$$\sigma_0(\eta) = \frac{T_0}{B\bar{h}_0} + \sigma_{00}(\eta) + \frac{E}{1-\nu^2}\left[\frac{v_0(\eta)}{\bar{v}_0} - 1\right] \quad (32)$$

where T_0 is the total back tension and $\bar{v}_0$ the integral average of v_0 across the strip width B.

In Equation (8), the conditions of $h|_{\xi=0} = h_0(\eta)$ and $(\partial W/\partial\eta)_{\xi=0} = 0$ are used, then we obtain

$$v_0(\eta) = v_x(0,\eta) = \frac{h_n v_n}{h_0(\eta)}\left[1 + \left(\frac{\partial W}{\partial \eta}\right)_{\xi=x_n}\right] \quad (33)$$

From the principle of constant flow volume across the whole deformation zone width, $\bar{v}_0$ is derived as follows:

$$\bar{v}_0 = \frac{\bar{h}_n}{\bar{h}_0}\left[1 + f(x_n)\frac{u_n - u_1}{B}\right]v_n \quad (34)$$

where x_n is the neutral point co-ordinate and $\bar{h}_n$ is the integral average of h_n across the whole deformation zone width.

Equations (33) and (34) are substituted into Equation (32), then we have

$$\sigma_0(\eta) = \frac{T_0}{B\bar{h}_0} + \sigma_{00}(\eta) + \frac{E}{1-\nu^2}\left\{\frac{\bar{h}_0 h_n[1 + (\partial W/\partial\eta)_{\xi=x_n}]}{h_0 \bar{h}_n[1 + f(x_n)(u_n - u_1)/B]} - 1\right\} \quad (35)$$

5 Strip thickness and initial residual stress

The entry thickness $h_0(\eta)$ and the exit thickness $h_1(\eta)$ of strip can be expressed in terms of polynomial function as

$$h_0(\eta)=\sum_{i=0}^{6}B_i\left(\frac{2\eta}{B}\right)^i+B_{11}\left(\frac{2\eta}{B}\right)^{11}+B_{12}\left(\frac{2\eta}{B}\right)^{12}$$
$$h_1(\eta)=\sum_{i=0}^{6}b_i\left(\frac{2\eta}{B}\right)^i+b_{11}\left(\frac{2\eta}{B}\right)^{11}+b_{12}\left(\frac{2\eta}{B}\right)^{12} \quad (36)$$

where $B_0 \sim B_{12}$ and $b_0 \sim b_{12}$ are regression coefficients.

The strip thickness $h(\xi,\eta)$ in the deformation zone can be expressed as

$$h(\xi,\eta)=h_1(\eta)+[h_0(\eta)-h_1(\eta)]\left(\frac{\xi}{l}-1\right)^2 \quad (37)$$

The strip thickness $h_n(\eta)$ at the neutral point (or line) is

$$h_n(\eta)=h_1(\eta)+[h_0(\eta)-h_1(\eta)]\left(\frac{x_n}{l}-1\right)^2 \quad (38)$$

The initial residue stress $\sigma_{00}(\eta)$ can be also expressed in terms of polynomial function. When the shape of the initial strip is good, $\sigma_{00}(\eta)=0$.

6　Determination of the lateral displacements at the exit in nodal lines

The energy function of strip rolling consists of the following six parts:

(1) The metal plasticity deformation power N_p in the deformation zone is

$$N_p=\iint k\Gamma h\,\mathrm{d}x\,\mathrm{d}y=\int_{-B/2}^{B/2}\int_0^l k\Gamma h\left(1+\frac{\partial W}{\partial\eta}\right)\mathrm{d}\xi\,\mathrm{d}\eta \quad (39)$$

(2) The frictional power N_f on the interfaces between strip and rolls is

$$N_f=2\int_{-B/2}^{B/2}\int_0^l\sqrt{\tau_x^2+\tau_y^2}\,v_s\sqrt{1+\frac{1}{4}\left(\frac{\partial h}{\partial x}^2\right)+\frac{1}{4}\left(\frac{\partial h}{\partial y}^2\right)}\left(1+\frac{\partial W}{\partial\eta}\right)\mathrm{d}\xi\,\mathrm{d}\eta \quad (40)$$

(3) The shearing power N_k caused by the flow velocity discontinuity on the entry section is

$$N_k=\int_{-B/2}^{B/2}\int_{-h_0/2}^{h_0/2}k\mid v_{z0}\mid\mathrm{d}z\,\mathrm{d}\eta \quad (41)$$

where the flow velocity v_{z0} in the z direction at the entry is

$$v_{z0}=\left(\frac{\partial h}{\partial\xi}\right)_{\xi=0}\frac{z}{h_0}v_0 \quad (42)$$

(4) The power N_F of the front tension stress is

$$N_F=\int_{-B/2}^{B/2}v_1\sigma_1h_1\left[1+\left(\frac{\partial W}{\partial\eta}\right)_{\xi=l}\right]\mathrm{d}\eta \quad (43)$$

where v_1 is the longitudinal flow velocity at the exit, from Equation (8),

$$v_1(\eta)=v_x(l,\eta)=\frac{h_nv_n}{h_1[1+(\partial W/\partial\eta)_{\xi=l}]}[1+(\partial W/\partial\eta)_{\xi=x_n}] \quad (44)$$

(5) The power N_B of the back tension stress is

$$N_B=\int_{-B/2}^{B/2}v_0\sigma_0h_0\,\mathrm{d}\eta \quad (45)$$

(6) The elasticity power N_E saved in the rolled strip is

$$N_E=\frac{1-\nu^2}{2E}\int_{-B/2}^{B/2}v_1\sigma_1^2h_1\left[1+\left(\frac{\partial W}{\partial\eta}\right)_{\xi=l}\right]\mathrm{d}\eta \quad (46)$$

The total power function N is

$$N=N_p+N_f+N_k-N_F+N_B+N_E=N(u_0,u_1,u_2,\cdots,u_n) \tag{47}$$

From the energy variation principle, the correct solution of the lateral displacements $u_0,u_1,u_2,\cdots,u_n$ of the strip element nodal lines at the exit should satisfy the following equation:

$$M \text{ in } N=N(u_0,u_1,u_2,\cdots,u_n) \tag{48}$$

This is an optimum problem that is solved by using the Powell optimum method. The Powell method is a conjugate direction method in which function values are directly used to construct conjugate directions. In the reiterative computation of the Powell method, the conjugate directions are first formed by using a one-dimensional search method, then the minimum point of function is searched along the conjugate directions until the computation precision is met. The derivatives of function are not used in computation, so this method is suitable for the optimum computation of complicate function.

7 Explanation of computation

After the exit lateral displacements on the strip element nodal lines are determined by using the optimum method, the flow velocities, the strain rates and the stresses can be computed in the deformation zone. In the computation, it is necessary for the transverse distributions of the entry thickness and the exit thickness to be known. The transverse distribution of the entry thickness is the initial condition and needs to be measured. The transverse distribution of the exit thickness can be computed by analysing the elastic deformation of rolls. However, this paper does not involve the computation of roll deformation, so the transverse distribution of the exit thickness also needs to be measured. Thus the influence of roll deformation on the exit thickness distribution is reflected in the measurements of the exit thickness.

In this paper, the front and back tension stresses, the unit width rolling pressure and the exit lateral displacement are mainly computed. The reason for this is that the transverse distribution of the front tension stress directly reflects the shape of rolled strip, the transverse distribution of the unit width rolling pressure influences the shape by influencing the roll deformation (that is, the transverse distribution of the exit thickness), the transverse distribution of the back tension stress influences the shape by influencing the transverse distribution of the unit width rolling pressure, and the transverse distribution of the exit lateral displacement influences the shape by influencing the transverse distributions of the front and back tension stresses and the unit width rolling pressure.

8 Result comparison of computation and experiment

8.1 Results of cold narrow strip rolling

The experiment of narrow aluminium strip rolling is carried out on a four-high cold rolling mill. The work roll diameter is 100 mm, the backup roll diameter is 200 mm, and the roll body length is 300 mm. The mill is equipped with the bending work roll equipment adjusting the flatness of strip and two flatness meters which measure the front and back tension stresses. The specifications of the strip are $\overline{h}_0 \approx 0.4$ mm; $B = 250$ mm. The percent reduction is about 6 per cent, the rolling velocity is 1m/s. When the strip is being rolled, the exit strip flatness is good. After the front tension is removed, the light edge wave or centre wave appears. The rolling pressure distributions are measured by nine measuring pins which are fixed into the upper work roll with a span of 29 mm between pins. The diameters of the pin heads are 1 mm. The measured signals are transported by means of sliding rings. The transverse distributions of the front and back tension stresses are measured by two flatness meters each of which can measure 15 different positions' tension stresses in the range of width 300 mm. The transverse distributions of the entry and exit thicknesses are measured by two contact-type precision gauge meters, then they are regressed in terms of Equation (36) for computation. The experimental method is seen in References [18, 19].

Table I gives the computational conditions among which B_0, B_2, B_4 and b_0, b_2, b_4 are regression coefficients determined from the measurements of the transverse distributions of the entry thickness and the exit thickness.

Table Ⅰ　Computational conditions of narrow strip rolling

Parameters	Case1	Case2
B/mm	250	250
T_0/N	3531.7	3159.6
T_1/N	3944.4	4434.9
$\overline{h}_0$/mm	0.372 238 7	0.420 491 2
$\overline{h}_1$/mm	0.347 522 6	0.396 461 6
B_0	0.371 249 9	0.419 663 9
B_2	$3.542\ 093\times10^{-3}$	$2.551\ 887\times10^{-3}$
B_4	$-9.597\ 819\times10^{-4}$	$-1.161\ 99\times10^{-4}$
b_0	0.347 009 8	0.395 076 7
b_2	$2.631\ 297\times10^{-3}$	$4.070\ 621\times10^{-3}$
b_4	$-1.821\ 064\times10^{-3}$	$1.402\ 726\times10^{-4}$

In the range of half-strip width, the computed results of the SSEM and the RSEM and the experimental results of the two cases are, respectively, shown in Figures 7 and 8 in which p_l is the unit width rolling pressure. The computed results of the transverse distributions of the front and back tension stresses and the unit width rolling pressure are close to the experimental ones.

The computed results of the SSEM are more close to the experimental ones than those of the RSEM. Case 1 corresponds to the edge wave after the strip rolled. Because the front tension stress (σ_1) has a valley point near the edge, when total front tension is removed, the longitudinal residue stress is a compressive stress in the edge area and the edge wave will appear. In this case, the front tension stress and the back tension stress (σ_0) have a valley point near the edge, respectively, so the unit width rolling pressure (p_l) has a peak near the edge. The exit lateral displacement (u) is negative in the central area of the strip width and positive in the edge area, which indicates that the metal flows inward in the central area and outward in the edge area. Case 2 corresponds to the centre wave after the strip rolled. In this case, because the front tension stress increases from the centre to the edge, when total front tension is removed, the longitudinal residue stress is compressive stress in the central area and the centre wave will appear. Both the front tension stress and the back tension stress increase from the centre to the edge by and large, so the unit width rolling pressure decreases from the centre to the edge. The exit lateral displacement is always positive, which indicates that the metal flows outward.

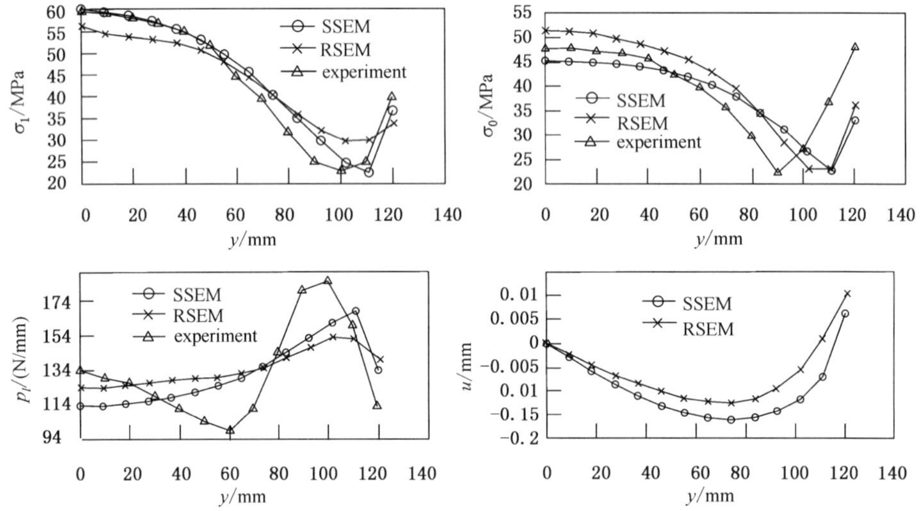

Figure 7　Results of case 1 (edge wave) of narrow strip rolling

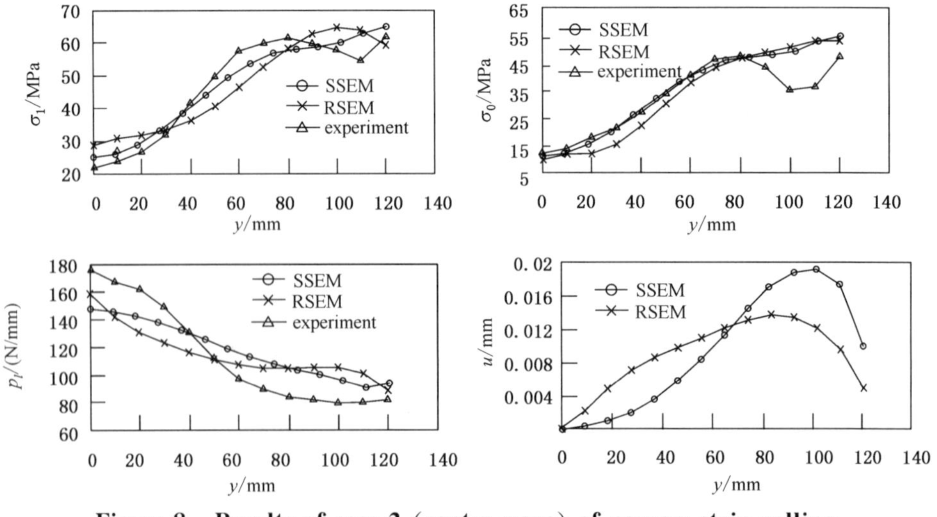

Figure 8　Results of case 2 (centre wave) of narrow strip rolling

8.2 Results of cold wide strip rolling

The experiment of wide aluminium alloy strip rolling is carried out on a 1 850 mm six-high CVC cold rolling mill. The transverse distribution of the front tension stress is measured by one flatness meter. Table Ⅱ gives the computational conditions. In the range of whole strip width, the computed results of the SSEM and the experimental results of the two cases are, respectively, shown in Figures 9 and 10. The computed results of the transverse distributions of the front tension stress are close to the experimental ones. Case 1 corresponds to the edge wave after the strip rolled, for the front tension stress has two valley points near both edges. The unit width rolling pressure has two peaks near both edges, that is mainly caused by small front and back tension stresses near the edges. From the transverse distribution curve of the exit lateral displacement, we know that metal flows inward in the central area and outward in the edge areas. Case 2 corresponds to the centre wave after the strip rolled, for the front tension stress increases from the centre to both edges.

Table Ⅱ　Computational conditions of narrow strip rolling

Parameters	Case1	Case2
B/mm	1040	1101
T_0/N	6600	26200
T_1/N	6320	26200
$\overline{h}_0$/mm	0.347 632	1.388 005
$\overline{h}_1$/mm	0.191 226 3	0.703 708 8
B_0	0.349 038 5	1.388 579 2
B_2	$-8.416\ 918\ 2\times10^{-3}$	$-4.913\ 299\ 9\times10^{-3}$
B_4	$-6.686\ 620\ 8\times10^{-3}$	$4.985\ 553\ 2\times10^{-3}$
B_6	$3.447\ 173\ 5\times10^{-2}$	$1.354\ 889\times10^{-2}$
B_{12}	$2.844\ 502\ 4\times10^{-2}$	$-2.430\ 127\times10^{-2}$
b_0	0.191 704 8	0.704 014 3
b_2	$-4.178\ 718\times10^{-3}$	$-2.175\ 431\times10^{-3}$
b_4	$-7.577\ 908\times10^{-3}$	$6.348\ 727\times10^{-3}$
b_6	$2.420\ 09\times10^{-2}$	$-1.246\ 345\times10^{-3}$
b_{12}	$-1.886\ 112\ 4\times10^{-2}$	$-4.739\ 778\times10^{-3}$

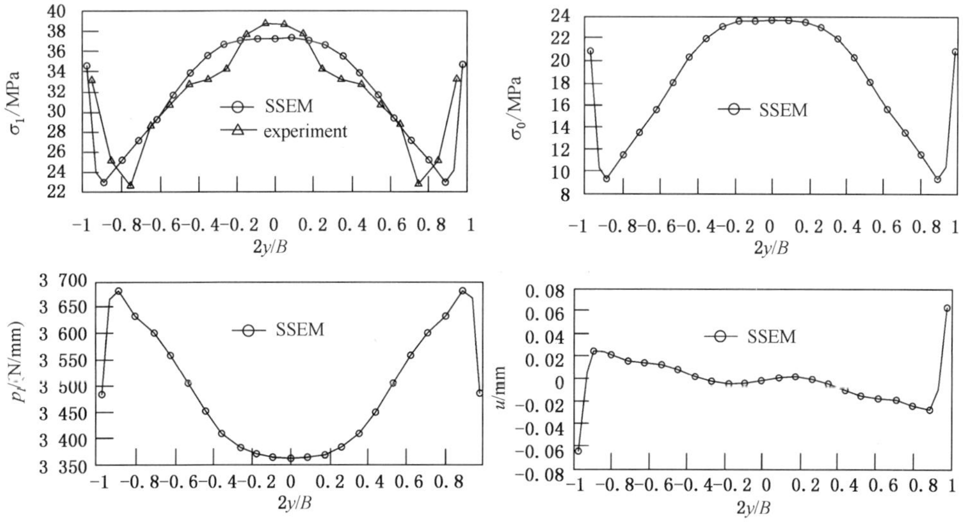

Figure 9　Result of case 1 (edge wave) of wide strip rolling

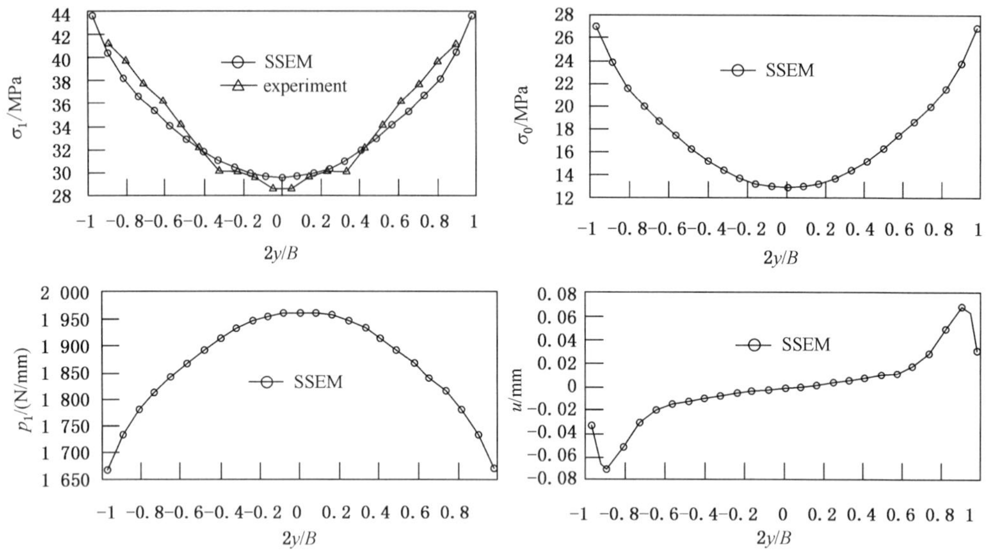

Figure 10　Result of case 2 (centre wave) of wide strip rolling.

The unit width rolling pressure decreases from the centre to both edges, that is mainly caused by small front and back tension stresses in the central area and large front and back tension stresses in the edge areas. From the transverse distribution curve of the exit lateral displacement, we know that the metal flows outward.

9　Conclusion

The streamline strip element method (SSEM) of this paper divides the rolling deformation zone into the streamline strip elements along metal flow traces. In comparison with the rectangular strip element method (RSEM), the SSEM has two main advantages. Firstly, the influence of lateral deformation on the deformation zone form is considered, which makes the theory of strip element method more strict and correspond to reality, whereas the RSEM neglects the influence of lateral deformation on the deformation zone form. Secondly, the SSEM has excellent convergence, and the computed results are little dependent on the assumed initial values of the exit lateral displacements. For assumed several groups of very different initial values of the exit lateral displacements, the differences of the computed results of this method are very little, and the computed results are close to the experimental results. However, for the RSEM, if several groups of the initial values of the exit lateral displacements are very different, then the computed results are also very different. When the assumed initial values are far away from the solution of problem, the computed results are probably far away from the experimental results.

For two typical shapes of rolled strip, the transverse distributions of the front and back tension stresses, the unit width rolling pressure and the lateral flow of metal are studied. The transverse distributions of these parameters are the main factors influencing the shape. On the condition of the edge wave, the front and back tension stresses have valley points near both edges, the unit width rolling pressure has peaks near both edges, and the lateral flow of metal is inward in the central area and outward in both edge areas. On the condition of the centre wave, the front and back tension stresses increase from the centre to the edges, the unit width rolling pressure decreases from the centre to the edges, and the lateral flow of metal is outward.

Appendix: Nomenclature

B—entry strip width

h_0, h_1—entry and exit strip thicknesses

h—strip thickness in deformation zone

h_n—strip thickness at the neutral point

$\overline{h}_0, \overline{h}_1, \overline{h}_n$—integral averages of h_0, h_1 and h_n across the strip width

l—deformation zone length

T_1, T_0—total front and back tensions

E, ν—elastic modulus and Poisson coefficient of the strip

k—yield strength shearing stress of the strip

W—lateral displacement

u—exit lateral displacement

v_x, v_y—longitudinal and lateral flow velocities

v_n—longitudinal flow velocity at the neutral point

v_0, v_1—longitudinal flow velocities at the entry and exit

v_{sx}, v_{sy}—longitudinal and lateral tangent sliding velocities of strip in relation to roll

v_s—resultant velocity of v_{sx} and v_{sy}

$\dot{\varepsilon}_x, \dot{\varepsilon}_y, \dot{\varepsilon}_z, \dot{\varepsilon}_{xy}$—strain rates and shearing strain rate in the directions x, y, z

Γ—shearing strain rate strength

$\sigma_x, \sigma_y, \tau_{xy}$—normal stresses and shearing stress in the directions x, y

τ_x, τ_y—longitudinal and lateral friction stresses

u—frictional coefficient

p, p_l—rolling pressure and unit width rolling pressure

σ_1, σ_0—front and back tension stresses

N—power

Acknowledgements

This work was supported by Natural Science Foundation and Doctoral Foundation of Hebei Province in China.

References

[1] Tozawa Y, Ishikawa T, Iwata N. Improved three-dimensional analysis for strip rolling. *Journal of the Japanese Society for Technology and Plastic* 1982; 23 (263): 1181-1187.

[2] Lian Jiachuang, Duan Zhenyong, Ye Xing. Analysis of lateral flow of metal in roll gap with three-dimensional finite difference method. *Journal of Northeast Heavy Machinery Institute* 1984; 8(4): 1-10 (in Chinese).

[3] Oh S I, Kobayashi S. An approximate meth od for a three dimensional analysis of rolling. *International Journal of Mechanical Sciences* 1975; 17(4): 293-305.

[4] Liu C, Hartley P, Sturgess C E N, Rowe G W. Finite-element modeling of deformation

and spread in slab rolling. *International Journal of Mechanical Sciences* 1987; 29 (4):271-283.

[5] Liu C, Hartley P, Sturgess C E N, Rowe G W. Analysis of stress and strain distributions in slab rolling using an elastic-plastic finite-element method. *International Journal for Numerical Methods in Engineering* 1988; 25:55- 66.

[6] Liu Cai, Du Fengshan, Lian Jiachuang. The deformation and stress fields of sheet in continuous rolling. *Chinese Journal of Mechanical Engineering* 1992;28(1):104-108.

[7] Kim N, Kobayashi S. Three-dimensional simulation of gap controlled plate rolling by the finite element method. *International Journal of Machine Tools & Manufacture* 1990; 30:269-281.

[8] Liu Xianghua, Jiang Zhengyi, Wang Guo dong. Analysis of 3-D deformation for crown strip rolling by rigid-plastic FEM. In *Advanced Technology of Plasticity*, Wang ZR, He Yuxin (eds). International Academic Publishers:Beijing, 1993;701-707.

[9] Xiao Hong, Shen Guangxian, Lian Jiachuang. Simulation of rolling processes by the boundary element method of elastoplastic finite deformation problems. *Chinese Journal of Mechanical Engineering* 1994; 30 (Supp.):40-45.

[10] Huang Qingxue, Shen Guangxian, Xiao Hong. Analysis of rolling by elastoplastic finite deformation contact boundary element method. *Chinese Journal of Mechanical Engineering* 1997; 10 (4): 289-294.

[11] Xiao Hong, Shen Guangxian, Lian Jiachuang. Simulation of strip rolling process by three-dimensional elastoplastic boundary element method. *Iron and Steel* 1993; 28(3):39-43 (in Chinese).

[12] Liu Hongmin, Lian Jiachuang. Linear strip element method for analyzing lateral flow of metal and transverse distributions of tension stresses of cold rolled strip. *Journal of Iron and Steel Research* 1992; 4 (3):37-44 (in Chinese).

[13] Liu Hongmin, Lian Jiachuang. Transverse distributions of front and back tension stresses in cold strip rolling. *Chinese Journal of Metal Science and Technology* 1992;8(6):427-434.

[14] Liu H M, Lian J C. Simulation of cold strip rolling by third power B-spline finite strip method. In *Advances in Engineering Plasticity and its Applications*, Lee W B (ed.). Elsevier Science: Amsterdam, 1993;703-707.

[15] Liu Hongmin, Lian Jiachuang, Duan Zhen yong. Strip-element method for simulating strip rolling process. *Chinese Journal of Mechanical Engineering* 1993;29(4):36-42 (in Chinese).

[16] Liu Hongmin, Lian Jiachuang, Duan Zhen yong. Study on the asymmetrical cold strip rolling under large width to thickness ratio. *Journal of Material Science and Technology* 1996;12(3):232-234.

[17] Liu Hongmin, Hu Guodong. Study on strip and roll deformation coupling of cold strip rolling. *Chinese Journal of Mechanical Engineering* 1997;10(4):268-274.

[18] Liu Hongmin, Duan Zhenyong, Lian Jiachuang. Comprehensive experiment study of force parameters of cold strip rolling on a 4-h mill. *Chinese Journal of Mechanical Engineering* 1993;6(2):106-112.

[19] Liu Hongmin, Duan Zhenyong, Lian Jiachuang. Experimental study on mechanical parameters of cold strip rolled on 4-h mill. *Iron and Steel* 1992; 27(6): 31-35 (in Chinese).

Stream Surface Strip Element Method for Simulation of the Three-dimensional Deformations of Plate and Strip Rolling①

Liu Hongmin, Wang Yingrui

(School of Mechanical Engineering, Yanshan University, Qinhuangdao, Hebei Province, 066004, People's Republic of China)

Abstract: A new method—the stream surface strip element method (SSSEM)—for simulating the three-dimensional deformations of plate and strip rolling process is proposed. The rolling deformation zone is divided into a number of stream surface (curved surface) strip elements along metal flow traces, and the stream surface strip elements are mapped into the corresponding plane strip elements for analysis and computation. The longitudinal distributions of the lateral displacement and the altitudinal displacement of metal are constructed respectively to be a quartic curve and a quadratic curve, the transverse distributions of them are expressed as the third-power spline function, and the altitudinal distributions of them are fitted to be a quadratic curve. Based on the flow theory of plastic mechanics, the three-dimensional deformations and stresses of the deformation zone are analyzed and formulated. Compared with the streamline strip element method, the SSSEM considers the uneven distributions of stresses and deformations along altitudinal direction, and realizes an accurate three-dimensional analysis and computation. The simulation examples indicate that the method and the model of this paper are in accord with facts, and provide a new reliable engineering-computation method for the three-dimensional mechanics simulation of plate and strip rolling process.

Key words: Plate and strip rolling; Three-dimensional analysis; Stream surface strip element method; Rolling pressure; Friction stress; Tension stress; Shape

1 Introduction

Shape and profile are the important quality index of rolled plate and strip, and shape control is the key technology of plate and strip mills. With the development of shape control technology, shape theory is paid greater attention day by day and studied deeply.

In shape theory, the three-dimensional deformation theory of plate and strip rolling is an important and difficult study content. The traditional theory of plate and strip rolling is based on plane strain deformation, ignores the lateral displacement of metal, and thinks that the altitudinal deformation is even, so it cannot accurately analyze the key influ-

① International Journal of Mechanical Sciences, 2003, 45(9): 1541-1561.

encing factors of the exit shape—the transverse distributions of rolling pressure and front and back tension stresses. Therefore, there is a need for the study of three-dimensional deformations of metal.

For nearly 20 years, people have put forward a number of numerical methods simulating the three-dimensional deformations of plate and strip rolling, such as the finite difference method (FDM)[1, 2], the finite element method (FEM)[3-8], the boundary element method (BEM)[9-11], the rectangular strip element method (RSEM) and the streamline strip element method (SSEM)[12-18]. At present, the first three methods have only been used to analyze plate and strip rolling on the condition of small width/thickness (<300), and have not solved the problem of plate and strip rolling when the width/thickness is large (500-1000 and upwards), so they face difficultly in the development of shape control technology. The last two methods can be used to compute the large width/thickness problem, but because they suppose that stresses and deformations are even along the altitudinal direction (the thickness direction), the larger errors may occur for the thicker plate and strip rolling.

At present, many large-scale finite element method softwares, such as ANSYS, DEFORM, IDEAS, MARC, etc. are available. Each of them has its own characteristic. ANSYS is mainly used in the elastic analysis and computation of structure. IDEAS is good at computing the contact problem, and sets up the model very conveniently, but few people use it to solve the three-dimensional deformation problem of plate and strip rolling. DEFORM and MARC are specially used to compute the nonlinear problem. They have the element mesh self-adaptive function, can solve the large plastic deformation problem, and are two of the most widely used softwares in the plastic working of metal at present. But their operations are complicated, the partition of the elements has larger influence on the computation results. And after the partition of the elements comes to a certain degree, the computation accuracy is improved by further partition of the elements with difficulty, the error is still rather large, and the computation time is controlled with difficulty.

To sum up, the existing methods have narrow computation range for width/thickness ratio, the computation amounts are large, and the computation errors too are large, or they need to suppose that the deformations are even along the altitudinal direction, and the accurate analysis of the three-dimensional deformations cannot be accomplished. In order to overcome these disadvantages, this paper, based on the SSEM, considers the uneven distributions of stresses and deformations along the altitudinal direction, and proposes a new numerical method—the stream surface strip element method (SSSEM) to simulate the three-dimensional deformations of plate and strip rolling, and realizes an accurate analysis and computation of the three-dimensional stresses and deformations.

2　Strip element division and displacement model

2.1　Basic assumptions

(1) The rolling process is steady and symmetrical about the plane xoy (Fig. 1). So, the above half of the symmetrical plane xoy only is considered in the following analysis and computation.

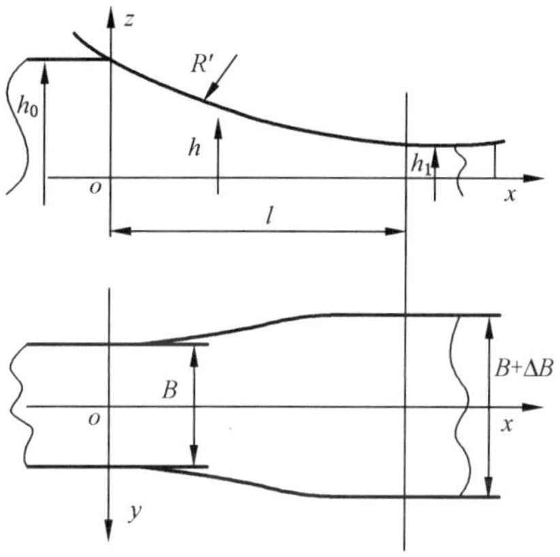

Fig. 1　The graphic expression of deformation zone

(2) The plate (strip) is rigid-plastic material in the roll gap, and elastic material outside the roll gap.

2.2　Stream surface strip element division and the mapping of coordinate system

The rolling deformation zone shown in Fig. 1, according to the method shown in Fig. 2, is divided into n stream surface (curved surface) strip elements along metal flow traces. The lateral coordinates of the nodal sections of the strip elements at the entry ($x=0$) are expressed by y_i ($i=0,1,2,\cdots,n$), and the lateral coordinates of the nodal sections of the strip elements at other longitudinal place are unknown.

Metal flow traces are unknown curves, and the nodal sections of the stream surface strip elements are unknown flow curved surfaces, which causes difficulty for analysis and computation. For the convenience of numerical analysis and computation, as shown in Fig. 3, the stream surface strip elements under the coordinate x-y-z are mapped onto the plane strip elements under the co-ordinate system ξ-η-λ (the side surfaces and the lower surfaces are planes, and the upper surfaces are cylindrical surfaces). Between the above two co-ordinate systems, the mapping relationship of the co-ordinates is expressed as

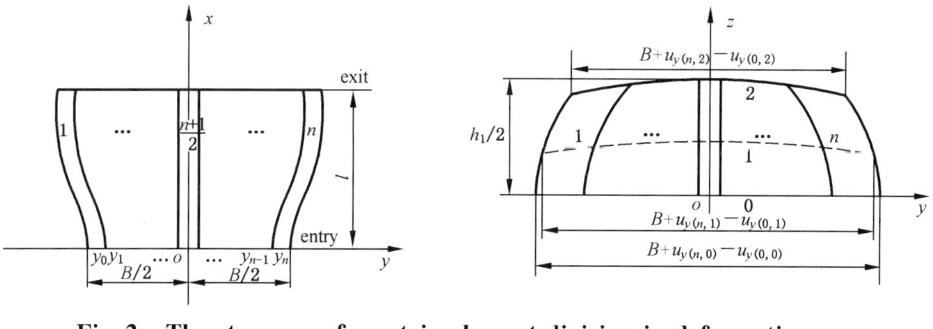

Fig. 2　The stream surface strip element division in deformation zone

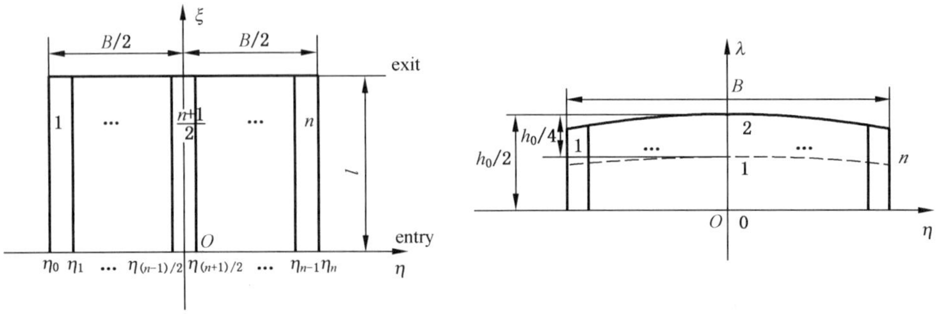

Fig. 3　The strip element model under mapping co-ordinate system

$$x=\xi,\ y=\eta+W_y(\xi,\eta,\lambda),\ z=\lambda+W_z(\xi,\eta,\lambda),\tag{2.1}$$

where W_y and W_z are the lateral displacement and the altitudinal displacement of metal, respectively, and are expressed as the functions of ξ, η, and λ.

At the entry of the deformation zone, there are

$$W_y(\xi,\eta,\lambda)=0,\ W_z(\xi,\eta,\lambda)=0,\ \eta=y,\ \lambda=z\ (x=\xi=0)\tag{2.2}$$

Under the mapping co-ordinate system, the strip element widths b_i are given by

$b_i=\eta_i-\eta_{i-1}=y_i-y_{i-1}\ (i=1,2,\cdots,n)$ (2.3)

2.3　Jacobi matrix and its inverse matrix

A function $G(x,y,z)$ where x, y and z are functions of ξ, η and λ, is considered. Then the following relationships hold:

$$\begin{bmatrix}\dfrac{\partial G}{\partial \xi}\\[2mm]\dfrac{\partial G}{\partial \eta}\\[2mm]\dfrac{\partial G}{\partial \lambda}\end{bmatrix}=[J]\begin{bmatrix}\dfrac{\partial G}{\partial x}\\[2mm]\dfrac{\partial G}{\partial y}\\[2mm]\dfrac{\partial G}{\partial z}\end{bmatrix},\quad \begin{bmatrix}\dfrac{\partial G}{\partial x}\\[2mm]\dfrac{\partial G}{\partial y}\\[2mm]\dfrac{\partial G}{\partial z}\end{bmatrix}=[J]^{-1}\begin{bmatrix}\dfrac{\partial G}{\partial \xi}\\[2mm]\dfrac{\partial G}{\partial \eta}\\[2mm]\dfrac{\partial G}{\partial \lambda}\end{bmatrix}.\tag{2.4}$$

Here the Jacobi matrix $[J]$ can be derived from Eq. (2.1)

$$[J]=\begin{bmatrix}\dfrac{\partial x}{\partial \xi} & \dfrac{\partial y}{\partial \xi} & \dfrac{\partial z}{\partial \xi}\\[2mm]\dfrac{\partial x}{\partial \eta} & \dfrac{\partial y}{\partial \eta} & \dfrac{\partial z}{\partial \eta}\\[2mm]\dfrac{\partial x}{\partial \lambda} & \dfrac{\partial y}{\partial \lambda} & \dfrac{\partial z}{\partial \lambda}\end{bmatrix}=\begin{bmatrix}1 & \dfrac{\partial W_y}{\partial \xi} & \dfrac{\partial W_z}{\partial \xi}\\[2mm]0 & 1+\dfrac{\partial W_y}{\partial \eta} & \dfrac{\partial W_z}{\partial \eta}\\[2mm]0 & \dfrac{\partial W_y}{\partial \lambda} & 1+\dfrac{\partial W_z}{\partial \lambda}\end{bmatrix}.\tag{2.5}$$

The determinant of the Jacobi matrix $[J]$ is

$$|J|=\begin{vmatrix}1 & \dfrac{\partial W_y}{\partial \xi} & \dfrac{\partial W_z}{\partial \xi}\\[2mm]0 & 1+\dfrac{\partial W_y}{\partial \eta} & \dfrac{\partial W_z}{\partial \eta}\\[2mm]0 & \dfrac{\partial W_y}{\partial \lambda} & 1+\dfrac{\partial W_z}{\partial \lambda}\end{vmatrix}=\left(1+\dfrac{\partial W_y}{\partial \eta}\right)\left(1+\dfrac{\partial W_z}{\partial \lambda}\right)-\dfrac{\partial W_y}{\partial \lambda}\dfrac{\partial W_z}{\partial \eta}.\tag{2.6}$$

The inverse matrix of the matrix $[J]$ is

$$[J]^{-1}=\frac{1}{|J|}\begin{bmatrix} |J| & \frac{\partial W_y}{\partial \lambda}\frac{\partial W_z}{\partial \xi}-\frac{\partial W_y}{\partial \xi}\left(1+\frac{\partial W_z}{\partial \lambda}\right) & \frac{\partial W_y}{\partial \xi}\frac{\partial W_z}{\partial \eta}-\frac{\partial W_z}{\partial \xi}\left(1+\frac{\partial W_y}{\partial \eta}\right) \\ 0 & 1+\frac{\partial W_z}{\partial \lambda} & -\frac{\partial W_z}{\partial \eta} \\ 0 & -\frac{\partial W_y}{\partial \lambda} & 1+\frac{\partial W_y}{\partial \eta} \end{bmatrix}. \quad (2.7)$$

The transformation relationship between the differential volume $dxdydz$ and the differential volume $d\xi d\eta d\lambda$ is

$$dxdydz=|J|d\xi d\eta d\lambda \quad (2.8)$$

Because of $dx = d\xi$, the transformation relationship between the differential area $dydz$ and the differential area $d\eta d\lambda$ can be derived from Eq. (2.8) and expressed as

$$dS=dydz=|J|d\eta d\lambda. \quad (2.9)$$

2.4 Lateral and altitudinal displacement functions

In the deformation zone, the lateral displacement function and the altitudinal displacement function of metal are assumed

$$\begin{aligned} W_y(\xi,\eta,\lambda)&=f(\xi)u_y(\eta,\lambda) \\ W_z(\xi,\eta,\lambda)&=g(\xi)u_z(\eta,\lambda) \end{aligned} \quad (2.10)$$

from Refs. [18,19], we have

$$\begin{aligned} f(\xi)&=1+4\left(\frac{\xi}{l}-1\right)^3+3\left(\frac{\xi}{l}-1\right)^4 \\ g(\xi)&=1-\left(\frac{\xi}{l}-1\right)^2, \end{aligned} \quad (2.11)$$

where $u_y(\eta,\lambda)$ and $u_z(\eta,\lambda)$ are the lateral displacement function and the altitudinal displacement function at the deformation zone exit, respectively. Eqs. (2.10) and (2.11) satisfy the boundary conditions at the entry and the exit

$$\begin{aligned} &W_y(0,\eta,\lambda)=0, W_y(l,\eta,\lambda)=u_y(\eta,\lambda), \\ &W_z(0,\eta,\lambda)=0, W_z(l,\eta,\lambda)=u_z(\eta,\lambda). \end{aligned} \quad (2.12)$$

According to the basic assumption (1) and the constraint conditions of the interface, the exit altitudinal displacement function u_z should satisfy the boundary conditions

$$\begin{aligned} &u_z(\eta,0)=0, \\ &u_z(\eta,h_0/2)=\frac{1}{2}[h_1(\eta)-h_0(\eta)]. \end{aligned} \quad (2.13)$$

The exit lateral displacement function $u_y(\eta,\lambda)$ and the exit altitudinal displacement function $u_z(\eta,\lambda)$ are expressed as the third-power spline functions along the lateral direction. They are assumed to be the quadratic curves along the altitudinal direction, and as shown in Fig. 3, are resolved by the interpolation method from the displacements on the 0th line, the 1st line and the 2nd line. Therefore,

$$\begin{aligned} u_y(\eta,\lambda)=&[u_{y(i-1,0)}\alpha_1(\eta)+u_{y(i,0)}\alpha_2(\eta)+u'_{y,\eta(i-1,0)}\alpha_3(\eta)+u'_{y,\eta(i,0)}\alpha_4(\eta)]\varphi_0(\lambda)+ \\ &[u_{y(i-1,1)}\alpha_1(\eta)+u_{y(i,1)}\alpha_2(\eta)+u'_{y,\eta(i-1,1)}\alpha_3(\eta)+u'_{y,\eta(i,1)}\alpha_4(\eta)]\varphi_1(\lambda)+ \\ &[u_{y(i-1,2)}\alpha_1(\eta)+u_{y(i,2)}\alpha_2(\eta)+u'_{y,\eta(i-1,2)}\alpha_3(\eta)+u'_{y,\eta(i,2)}\alpha_4(\eta)]\varphi_2(\lambda), \end{aligned} \quad (2.14)$$

$$u_z(\eta,\lambda)=[u_{z(i-1,1)}\alpha_1(\eta)+u_{z(i,1)}\alpha_2(\eta)+u'_{z,\eta(i-1,1)}\alpha_3(\eta)+u'_{z,\eta(i,1)}\alpha_4(\eta)]\varphi_1(\lambda)+\frac{1}{2}[h_1(\eta)-h_0(\eta)]\varphi_2(\lambda), \tag{2.15}$$

where $u_{y(i,j)}=u_y(\eta_i,\lambda_j)$, $u_{z,(i,1)}=u_z(\eta_i,\lambda_1)$, $u'_{y,\eta(i,j)}=\partial\eta_y/\partial\eta(\eta_i,\lambda_j)$ and $u'_{z,\eta(i,1)}=\partial u_z/\partial\eta(\eta_i,\lambda_1)$ are the exit lateral displacements, the exit altitudinal displacements and their partial derivatives to η of the nodal sections, respectively, $i=0,1,2,\cdots,n$, $j=0,1,2$; $\lambda_0=0$, $\lambda_1=\frac{1}{4}h_0$, $\lambda_2=\frac{1}{2}h_0$.

$$\begin{cases}\alpha_1(\eta)=\dfrac{(\eta_i-\eta)^2}{b_i^3}[3b_i-2(\eta_i-\eta)]\\ \alpha_2(\eta)=\dfrac{(\eta-\eta_{i-1})^2}{b_i^3}[3b_i-2(\eta-\eta_{i-1})]\\ \alpha_3(\eta)=\dfrac{(\eta_i-\eta)^2}{b_i^2}[b_i-(\eta_i-\eta)]\\ \alpha_4(\eta)=-\dfrac{(\eta-\eta_{i-1})^2}{b_i^2}[b_i-(\eta-\eta_{i-1})]\end{cases}. \tag{2.16}$$

$$\begin{cases}\varphi_0(\lambda)=1-3\left(\dfrac{\lambda}{h_0/2}\right)+2\left(\dfrac{\lambda}{h_0/2}\right)^2\\ \varphi_1(\lambda)=4\left[\dfrac{\lambda}{h_0/2}-\left(\dfrac{\lambda}{h_0/2}\right)^2\right]\\ \varphi_2(\lambda)=-\dfrac{\lambda}{h_0/2}+2\left(\dfrac{\lambda}{h_0/2}\right)^2\end{cases}. \tag{2.17}$$

Eqs. (2.14) and (2.15) may be simplified to

$$u_y(\eta,\lambda)=[\beta_y(\eta,\lambda)]^{\mathrm{T}}[U_y], \tag{2.18}$$

$$u_z(\eta,\lambda)=[\beta_z(\eta,\lambda)]^{\mathrm{T}}[U_z]+\frac{1}{2}[h_1(\eta)-h_0(\eta)]\varphi_2(\lambda), \tag{2.19}$$

where

$$[U_y]=\begin{bmatrix}u_{y(i-1,0)}\\u_{y(i-1,1)}\\u_{y(i-1,2)}\\u_{y(i,0)}\\u_{y(i,1)}\\u_{y(i,2)}\\u'_{y,\eta(i-1,0)}\\u'_{y,\eta(i-1,1)}\\u'_{y,\eta(i-1,2)}\\u'_{y,\eta(i,0)}\\u'_{y,\eta(i,1)}\\u'_{y,\eta(i,2)}\end{bmatrix},[\beta_y(\eta,\lambda)]=\begin{Bmatrix}\alpha_1(\eta)\varphi_0(\lambda)\\\alpha_1(\eta)\varphi_1(\lambda)\\\alpha_1(\eta)\varphi_2(\lambda)\\\alpha_2(\eta)\varphi_0(\lambda)\\\alpha_2(\eta)\varphi_1(\lambda)\\\alpha_2(\eta)\varphi_2(\lambda)\\\alpha_3(\eta)\varphi_0(\lambda)\\\alpha_3(\eta)\varphi_1(\lambda)\\\alpha_3(\eta)\varphi_2(\lambda)\\\alpha_4(\eta)\varphi_0(\lambda)\\\alpha_4(\eta)\varphi_1(\lambda)\\\alpha_4(\eta)\varphi_2(\lambda)\end{Bmatrix}, \tag{2.20}$$

$$[U_z]=\begin{bmatrix} u_{z(i-1,1)} \\ u_{z(i,1)} \\ u'_{z,\eta(i-1,1)} \\ u'_{z,\eta(i,1)} \end{bmatrix},\ [\beta_z(\eta,\lambda)]=\varphi_1(\lambda)\begin{Bmatrix} \alpha_1(\eta) \\ \alpha_2(\eta) \\ \alpha_3(\eta) \\ \alpha_4(\eta) \end{Bmatrix}. \tag{2.21}$$

The exit lateral displacement function $u_y(\eta,\lambda)$ and the exit altitudinal displacement function $u_z(\eta,\lambda)$, expressed from Eqs. (2.14)-(2.17) or from Eqs. (2.18)-(2.21) satisfy the condition that the first derivatives and the second derivatives of u_y and u_z with respect to η and λ are continuous, and also satisfy the boundary condition of the altitudinal displacement expressed by Eq. (2.13), where $u'_{y,\eta(i,j)}$ and $u'_{z,\eta(i,1)}$ $(i=0,1,2,\cdots,n,j=0,1,2)$ are determined by the recurrence method, according to the second kind of boundary conditions. The second kind of boundary conditions are

$$\begin{aligned} &u''_{y,\eta\eta(0,j)}=u''_{y,\eta\eta(n,j)}=0(j=0,1,2), \\ &u''_{z,\eta\eta(0,1)}=u''_{z,\eta\eta(n,1)}=0 \end{aligned} \tag{2.22}$$

where $u''_{y,\eta\eta}=\partial^2 u_y/\partial\eta^2$, $u''_{z,\eta\eta}=\partial^2 u_z/\partial\eta^2$. Therefore, there are $4(n+1)$ unknown parameters: $u_{y(i,j)}$ and $u_{z(i,1)}$ $(i=0,1,2,\cdots,n,j=0,1,2,)$.

3 Flow velocities and strain rates

3.1 The metal flow velocities in the deformation zone

As shown in Fig. 4, under the co-ordinate system x-y-z, a flow infinitesimal strip with entry width dy and entry thickness dz is considered. From the principle of constant flow volume, the longitudinal flow velocity v_x in the deformation zone can be derived:

$$v_x=\frac{dS_n}{dS_x}v_n=\frac{|J|_{\xi=x_n}}{|J|}v_n, \tag{3.1}$$

because in Eq. (2.6) $\frac{\partial W_y}{\partial\lambda}\frac{\partial W_z}{\partial\eta}$ is far less than $\left(1+\frac{\partial W_y}{\partial\eta}\right)\left(1+\frac{\partial W_z}{\partial\lambda}\right)$, and can be neglected,

$$v_x=\frac{\left[\left(1+\frac{\partial W_y}{\partial\eta}\right)\left(1+\frac{\partial W_z}{\partial\lambda}\right)\right]_{\xi=x_n}}{\left(1+\frac{\partial W_y}{\partial\eta}\right)\left(1+\frac{\partial W_z}{\partial\lambda}\right)}v_n, \tag{3.2}$$

where v_n is the longitudinal flow velocity at the neutral plane, and it can be expressed as

$$v_n=v_r\cos\gamma_n \tag{3.3}$$

where v_r is the roll line velocity, and γ_n is the neutral angle of the deformation zone.

The lateral flow velocity v_y and the altitudinal flow velocity v_z are respectively[13]

$$v_y=\frac{\partial W_y}{\partial\xi}v_x,\ v_z=\frac{\partial W_z}{\partial\xi}v_x \tag{3.4}$$

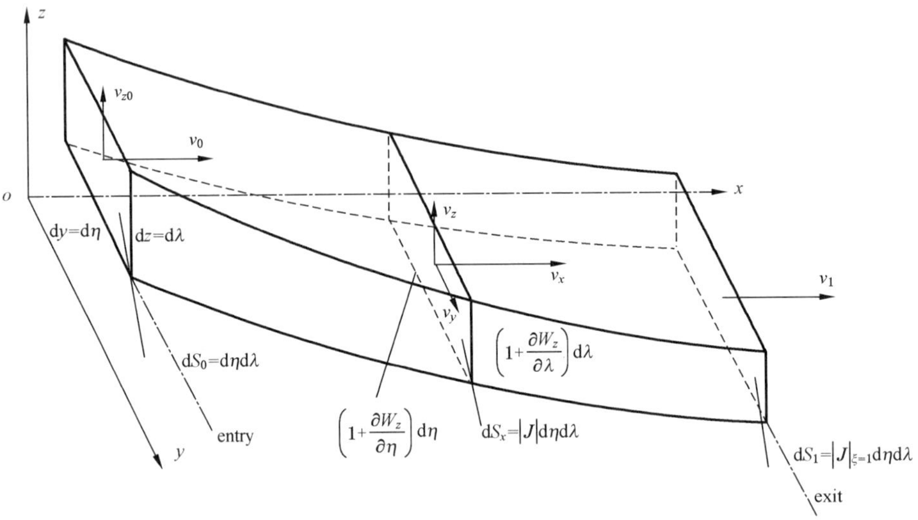

Fig. 4　The graphic expression of metal flowing in deformation zone.

At the interface, the longitudinal tangent sliding velocity v_{sx}, the lateral tangent sliding velocity v_{sy} and the resultant sliding velocity v_s of the plate (strip) in relation to the roll are [13]

$$v_{sx}=v_x\sqrt{1+\frac{1}{4}\left(\frac{\partial h}{\partial x}\right)^2}-v_r,\ v_{sy}=v_y\sqrt{1+\frac{1}{4}\left(\frac{\partial h}{\partial y}\right)^2},\ v_s=\sqrt{v_{sx}^2+v_{sy}^2} \tag{3.5}$$

3.2　The metal strain rates in the deformation zone

From Eqs. (2.4), (2.7) and (3.4), the normal strain rates $\dot{\varepsilon}_x, \dot{\varepsilon}_y, \dot{\varepsilon}_z$ and the shearing strain rates $\dot{\varepsilon}_{xy}, \dot{\varepsilon}_{yz}, \dot{\varepsilon}_{xz}$ in the deformation zone are derived as follows:

$$\dot{\varepsilon}_x=\frac{\partial v_x}{\partial x}=\frac{\partial v_x}{\partial \xi}+\frac{1}{|J|}\left[\frac{\partial W_y}{\partial \lambda}\frac{\partial W_z}{\partial \xi}-\frac{\partial W_y}{\partial \xi}\left(1+\frac{\partial W_z}{\partial \lambda}\right)\right]\frac{\partial v_x}{\partial \eta}+$$

$$\frac{1}{|J|}\left[\frac{\partial W_y}{\partial \xi}\frac{\partial W_z}{\partial \eta}-\frac{\partial W_z}{\partial \xi}\left(1+\frac{\partial W_y}{\partial \eta}\right)\right]\frac{\partial v_x}{\partial \lambda},$$

$$\dot{\varepsilon}_y=\frac{\partial v_y}{\partial y}=\frac{1}{|J|}\left[\left(1+\frac{\partial W_z}{\partial \lambda}\right)\frac{\partial v_y}{\partial \eta}-\frac{\partial W_z}{\partial \eta}\frac{\partial v_y}{\partial \lambda}\right]=$$

$$\frac{1}{|J|}\left[\left(1+\frac{\partial W_z}{\partial \lambda}\right)\left(\frac{\partial^2 W_y}{\partial \xi \partial \eta}v_x+\frac{\partial W_y}{\partial \xi}\frac{\partial v_x}{\partial \eta}\right)-\frac{\partial W_z}{\partial \eta}\left(\frac{\partial^2 W_y}{\partial \xi \partial \lambda}v_x+\frac{\partial W_y}{\partial \xi}\frac{\partial v_x}{\partial \lambda}\right)\right],$$

$$\dot{\varepsilon}_z=\frac{\partial v_z}{\partial z}=\frac{1}{|J|}\left[\left(1+\frac{\partial W_y}{\partial \eta}\right)\frac{\partial v_z}{\partial \lambda}-\frac{\partial W_y}{\partial \lambda}\frac{\partial v_z}{\partial \eta}\right]=$$

$$\frac{1}{|J|}\left[\left(1+\frac{\partial W_y}{\partial \eta}\right)\left(\frac{\partial^2 W_z}{\partial \xi \partial \lambda}v_x+\frac{\partial W_z}{\partial \xi}\frac{\partial v_x}{\partial \lambda}\right)-\frac{\partial W_y}{\partial \lambda}\left(\frac{\partial^2 W_z}{\partial \xi \partial \eta}v_x+\frac{\partial W_z}{\partial \xi}\frac{\partial v_x}{\partial \eta}\right)\right],$$

$$\dot{\varepsilon}_{xy}=\frac{\partial v_x}{\partial y}+\frac{\partial v_y}{\partial x}=\frac{1}{|J|}\left[\left(1+\frac{\partial W_z}{\partial \lambda}\right)\frac{\partial v_x}{\partial \eta}-\frac{\partial W_z}{\partial \eta}\frac{\partial v_x}{\partial \lambda}\right]+\left(\frac{\partial^2 W_y}{\partial \xi^2}v_x+\frac{\partial W_y}{\partial \xi}\frac{\partial v_x}{\partial \xi}\right)+$$

$$\frac{1}{|J|}\left[\frac{\partial W_y}{\partial \lambda}\frac{\partial W_z}{\partial \xi}-\frac{\partial W_y}{\partial \xi}\left(1+\frac{\partial W_z}{\partial \lambda}\right)\right]\left(\frac{\partial^2 W_y}{\partial \xi \partial \eta}v_x+\frac{\partial W_y}{\partial \xi}\frac{\partial v_x}{\partial \eta}\right)+$$

$$\frac{1}{|J|}\left[\frac{\partial W_y}{\partial \xi}\frac{\partial W_z}{\partial \eta}-\frac{\partial W_z}{\partial \xi}\left(1+\frac{\partial W_y}{\partial \eta}\right)\right]\left(\frac{\partial^2 W_y}{\partial \xi \partial \lambda}v_x+\frac{\partial W_y}{\partial \xi}\frac{\partial v_x}{\partial \lambda}\right),$$

$$\dot{\varepsilon}_{yz}=\frac{\partial v_y}{\partial z}+\frac{\partial v_z}{\partial y}=\frac{1}{|J|}\left[\left(1+\frac{\partial W_y}{\partial \eta}\right)\left(\frac{\partial^2 W_y}{\partial \xi \partial \lambda}v_x+\frac{\partial W_y}{\partial \xi}\frac{\partial v_x}{\partial \lambda}\right)-\frac{\partial W_y}{\partial \lambda}\left(\frac{\partial^2 W_y}{\partial \xi \partial \eta}v_x+\frac{\partial W_y}{\partial \xi}\frac{\partial v_x}{\partial \eta}\right)\right]+$$

$$\frac{1}{|J|}\left[\left(1+\frac{\partial W_z}{\partial \lambda}\right)\left(\frac{\partial^2 W_z}{\partial \xi \partial \eta}v_x+\frac{\partial W_z}{\partial \xi}\frac{\partial v_x}{\partial \eta}\right)-\frac{\partial W_z}{\partial \eta}\left(\frac{\partial^2 W_z}{\partial \xi \partial \lambda}v_x+\frac{\partial W_z}{\partial \xi}\frac{\partial v_x}{\partial \lambda}\right)\right],$$

$$\dot{\varepsilon}_{xz}=\frac{\partial v_x}{\partial z}+\frac{\partial v_z}{\partial x}=\frac{1}{|J|}\left[\left(1+\frac{\partial W_y}{\partial \eta}\right)\frac{\partial v_x}{\partial \lambda}-\frac{\partial W_y}{\partial \lambda}\frac{\partial v_x}{\partial \eta}\right]+\left(\frac{\partial^2 W_z}{\partial \xi^2}v_x+\frac{\partial W_z}{\partial \xi}\frac{\partial v_x}{\partial \xi}\right)+ \tag{3.6}$$

$$\frac{1}{|J|}\left[\frac{\partial W_y}{\partial \lambda}\frac{\partial W_z}{\partial \xi}-\frac{\partial W_y}{\partial \xi}\left(1+\frac{\partial W_z}{\partial \lambda}\right)\right]\left(\frac{\partial^2 W_z}{\partial \xi \partial \eta}v_x+\frac{\partial W_z}{\partial \xi}\frac{\partial v_x}{\partial \eta}\right)+$$

$$\frac{1}{|J|}\left[\frac{\partial W_y}{\partial \xi}\frac{\partial W_z}{\partial \eta}-\frac{\partial W_z}{\partial \xi}\left(1+\frac{\partial W_y}{\partial \eta}\right)\right]\left(\frac{\partial^2 W_z}{\partial \xi \partial \lambda}v_x+\frac{\partial W_z}{\partial \xi}\frac{\partial v_x}{\partial \lambda}\right),$$

where $\frac{\partial v_x}{\partial \xi}$, $\frac{\partial v_x}{\partial \eta}$ and $\frac{\partial v_x}{\partial \lambda}$ can be derived from Eq. (3. 2)

$$\frac{\partial v_x}{\partial \xi}=-v_x\left[\frac{\frac{\partial^2 W_y}{\partial \eta \partial \xi}}{1+\frac{\partial W_y}{\partial \eta}}+\frac{\frac{\partial^2 W_z}{\partial \lambda \partial \xi}}{1+\frac{\partial W_z}{\partial \lambda}}\right],$$

$$\frac{\partial v_x}{\partial \eta}=v_x\left[\left(\frac{\frac{\partial^2 W_y}{\partial \eta^2}}{1+\frac{\partial W_y}{\partial \eta}}+\frac{\frac{\partial^2 W_z}{\partial \lambda \partial \eta}}{1+\frac{\partial W_z}{\partial \lambda}}\right)_{\xi=x_n}-\frac{\frac{\partial^2 W_y}{\delta \eta^2}}{1+\frac{\partial W_y}{\partial \eta}}-\frac{\frac{\partial^2 W_z}{\partial \lambda \partial \eta}}{1+\frac{\partial W_z}{\partial \lambda}}\right], \tag{3.7}$$

$$\frac{\partial v_x}{\partial \lambda}=v_x\left[\left(\frac{\frac{\partial^2 W_y}{\partial \eta \partial \lambda}}{1+\frac{\partial W_y}{\partial \eta}}+\frac{\frac{\partial^2 W_z}{\partial \lambda^2}}{1+\frac{\partial W_z}{\partial \lambda}}\right)_{\xi=x_n}-\frac{\frac{\partial^2 W_y}{\partial \eta \partial \lambda}}{1+\frac{\partial W_y}{\delta \eta}}-\frac{\frac{\partial^2 W_z}{\partial \lambda^2}}{1+\frac{\partial W_z}{\partial \lambda}}\right].$$

The shearing strain rate strength

$$\Gamma=\sqrt{\frac{2}{3}}\sqrt{(\dot{\varepsilon}_x-\dot{\varepsilon}_y)^2+(\dot{\varepsilon}_y-\dot{\varepsilon}_z)^2+(\dot{\varepsilon}_z-\dot{\varepsilon}_x)^2+\frac{3}{2}(\dot{\varepsilon}_{xy}^2+\dot{\varepsilon}_{yz}^2+\dot{\varepsilon}_{xz}^2)}. \tag{3.8}$$

4 Stress models

4.1 Three-dimensional stresses

From the plastic flow equation of Levy-Mises, the yield condition of Von-Mises and the principle of constant volume, the three-dimensional stress models in the deformation zone are derived as

$$
\begin{aligned}
\sigma_x &= \sigma_z + \frac{2k_s}{\Gamma}(\dot{\varepsilon}_x - \dot{\varepsilon}_z),\\
\sigma_y &= \sigma_z + \frac{2k_s}{\Gamma}(\dot{\varepsilon}_y - \dot{\varepsilon}_z),\\
\tau_{xy} &= \frac{k_s}{\Gamma}\dot{\varepsilon}_{xy},\\
\tau_{yz} &= \frac{k_s}{\Gamma}\dot{\varepsilon}_{yz},\\
\tau_{xz} &= \frac{k_s}{\Gamma}\dot{\varepsilon}_{xz}.
\end{aligned}
\tag{4.1}
$$

where $\sigma_x, \sigma_y, \sigma_z, \tau_{xy}, \tau_{yz}$ and τ_{xz} are the normal stresses and the shearing stresses in the directions x, y and z, respectively, k_s is the yield strength of shearing stress, $k_s = 0.577\sigma_s$, and σ_s is the yield strength.

4.2 Differential equilibrium equations

Under the co-ordinate system x-y-z, the differential equilibrium equations are

$$
\begin{aligned}
&\frac{\partial \sigma_x}{\partial x} + \frac{\partial \tau_{xy}}{\partial y} + \frac{\partial \tau_{xz}}{\partial z} = 0\\
&\frac{\partial \tau_{xy}}{\partial x} + \frac{\partial \sigma_y}{\partial y} + \frac{\partial \tau_{yz}}{\partial z} = 0\\
&\frac{\partial \tau_{xz}}{\partial x} + \frac{\partial \tau_{yz}}{\partial y} + \frac{\partial \sigma_z}{\partial z} = 0
\end{aligned}
\tag{4.2}
$$

From Eqs. (2.4) and (2.7), Eqs. (4.2) are transformed into the differential equilibrium equations under the co-ordinate system ξ-η-λ. Then Eqs. (4.1) are combined, σ_x and σ_y are expressed by σ_z, $\frac{\partial \sigma_z}{\partial \eta}$ is removed, and then we have

$$
\begin{aligned}
\frac{\partial \sigma_z}{\partial \xi} =& \frac{1}{|J|}\left[\left(\frac{\partial W_y}{\partial \xi}\frac{\partial W_y}{\partial \lambda} - \frac{\partial W_z}{\partial \xi}\left(1+\frac{\partial W_z}{\partial \lambda}\right)\right)\frac{\partial \tau_{yz}}{\partial \eta} + \left(\frac{\partial W_z}{\partial \xi}\frac{\partial W_z}{\partial \eta} - \frac{\partial W_y}{\partial \xi}\left(1+\frac{\partial W_y}{\partial \eta}\right)\right)\frac{\partial \tau_{yz}}{\partial \eta}\right] -\\
& \frac{\partial W_z}{\partial \xi}\frac{\partial \tau_{xz}}{\partial \xi} + \frac{1}{|J|}\left[\frac{\partial W_y}{\partial \lambda}\left(1-\left(\frac{\partial W_z}{\partial \xi}\right)^2\right) + \frac{\partial W_z}{\partial \xi}\frac{\partial W_y}{\partial \xi}\left(1+\frac{\partial W_z}{\partial \lambda}\right)\right]\frac{\partial \tau_{xz}}{\partial \eta} -\\
& \frac{1}{|J|}\left[\frac{\partial W_z}{\partial \xi}\frac{\partial W_z}{\partial \eta}\frac{\partial W_y}{\partial \xi} + \left(1+\frac{\partial W_y}{\partial \eta}\right)\left(1-\left(\frac{\partial W_z}{\partial \xi}\right)^2\right)\right]\frac{\partial \tau_{xz}}{\partial \lambda} - \frac{\partial W_y}{\partial \xi}\frac{\partial \tau_{xy}}{\partial \xi} -\\
& \frac{1}{|J|}\left[\frac{\partial W_y}{\partial \xi}\frac{\partial W_y}{\partial \lambda}\frac{\partial W_z}{\partial \xi} + \left(1+\frac{\partial W_z}{\partial \lambda}\right)\left(1-\left(\frac{\partial W_y}{\partial \xi}\right)^2\right)\right]\frac{\partial \tau_{xy}}{\partial \eta} +\\
& \frac{1}{|J|}\left[\frac{\partial W_z}{\partial \eta}\left(1-\left(\frac{\partial W_y}{\partial \xi}\right)^2\right) + \frac{\partial W_y}{\partial \xi}\frac{\partial W_z}{\partial \xi}\left(1+\frac{\partial W_y}{\partial \eta}\right)\right]\frac{\partial \tau_{xy}}{\partial \lambda} - \frac{\partial(\alpha_x k_s)}{\partial \xi} -\\
& \frac{1}{|J|}\left[\frac{\partial W_z}{\partial \xi}\frac{\partial W_y}{\partial \lambda} - \frac{\partial W_y}{\partial \xi}\left(1+\frac{\partial W_z}{\partial \lambda}\right)\right]\frac{\partial(\alpha_x k_s)}{\partial \eta} -\\
& \frac{1}{|J|}\left[\frac{\partial W_y}{\partial \xi}\frac{\partial W_z}{\partial \lambda} - \frac{\partial W_z}{\partial \xi}\left(1+\frac{\partial W_z}{\partial \eta}\right)\right]\frac{\partial(\alpha_x k_s)}{\partial \lambda} - \frac{\partial W_y}{|J|\partial \xi}\left[\left(1+\frac{\partial W_z}{\partial \lambda}\right)\frac{\partial(\alpha_y k_s)}{\partial \eta} - \frac{\partial W_z}{\partial \eta}\frac{\partial(\alpha_y k_s)}{\partial \lambda}\right],\\
\frac{\partial \sigma_z}{\partial \lambda} =& \frac{1}{|J|}\left[\left(\left(\frac{\partial W_y}{\partial \lambda}\right)^2 - \left(1+\frac{\partial W_z}{\partial \lambda}\right)^2\right)\frac{\partial \tau_{yz}}{\partial \eta} + \left(\frac{\partial W_z}{\partial \eta}\left(1+\frac{\partial W_z}{\partial \lambda}\right) - \frac{\partial W_y}{\partial \lambda}\left(1+\frac{\partial W_y}{\partial \eta}\right)\right)\frac{\partial \tau_{yz}}{\partial \lambda}\right] -\\
& \left(1+\frac{\partial W_z}{\partial \lambda}\right)\left[\frac{\partial \tau_{xz}}{\partial \xi} + \frac{1}{|J|}\left(\frac{\partial W_z}{\partial \xi}\frac{\partial W_y}{\partial \lambda} - \frac{\partial W_y}{\partial \xi}\left(1+\frac{\partial W_z}{\partial \lambda}\right)\right)\frac{\partial \tau_{xz}}{\partial \eta} +\right.\\
& \left.\frac{1}{|J|}\left(\frac{\partial W_y}{\partial \xi}\frac{\partial W_z}{\partial \eta} - \frac{\partial W_z}{\partial \xi}\left(1+\frac{\partial W_y}{\partial \eta}\right)\right)\frac{\partial \tau_{xz}}{\partial \lambda}\right] -\\
& \frac{\partial W_y}{\partial \lambda}\left[\frac{\partial \tau_{xy}}{\partial \xi} + \frac{1}{|J|}\left(\frac{\partial W_z}{\partial \xi}\frac{\partial W_y}{\partial \lambda} - \frac{\partial W_y}{\partial \xi}\left(1+\frac{\partial W_z}{\partial \lambda}\right)\right)\frac{\partial \tau_{xy}}{\partial \eta} +\right.
\end{aligned}
\tag{4.3}
$$

$$\frac{1}{|J|}\left(\frac{\partial W_y}{\partial \xi}\frac{\partial W_z}{\partial \eta}-\frac{\partial W_z}{\partial \xi}\left(1+\frac{\partial W_y}{\partial \eta}\right)\right)\frac{\partial \tau_{xy}}{\partial \lambda}\Bigg]-$$

$$\frac{\partial W_y}{|J|\partial \lambda}\left[\left(1+\frac{\partial W_z}{\partial \lambda}\right)\frac{\partial(\alpha_y k_s)}{\partial \eta}-\frac{\partial W_z}{\partial \eta}\frac{\partial(\alpha_y k_s)}{\partial \eta}\right]. \tag{4.4}$$

where

$$\alpha_x=2(\dot{\varepsilon}_x-\dot{\varepsilon}_z)/\Gamma, \quad \alpha_y=2(\dot{\varepsilon}_y-\dot{\varepsilon}_z)/\Gamma. \tag{4.5}$$

4.3 Rolling pressure and friction stresses

Based on the basic assumption (1), the stress boundary conditions at the $z=0(\lambda=0)$ plane are

$$\tau_{xz}=0,\tau_{yz}=0(z=0). \tag{4.6}$$

At the interface, the stress boundary conditions can be assumed as

$$\sigma_z=-p,\tau_{xz}=\tau_x,\tau_{yz}=\tau_y. \tag{4.7}$$

Then from the stress boundary conditions at the entry and the exit of the deformation zone

$$\sigma_z=\begin{cases}\sigma_0-\alpha_x k_s(x=\xi=0),\\ \sigma_1-\alpha_x k_s(x=\xi=l),\end{cases} \tag{4.8}$$

the rolling pressure p on the interface can be calculated from Eqs. (4.3) and (4.4) by using a finite difference method, where τ_x and τ_y are the longitudinal tangent friction stress and the lateral tangent friction stress at the interface, respectively, and σ_1 and σ_0 are the front and back tension stresses, respectively. τ_x, τ_y and the resultant friction stress τ can be expressed as

$$\tau_x=\begin{cases}-\mu p\dfrac{v_{sx}}{v_s} & (\mu p<k_s)\\ -k_s\dfrac{v_{sx}}{v_s} & (\mu p\geqslant k_s)\\ -k_s\dfrac{v_{sx}}{v_s}\dfrac{|x-x_n|}{l_n/2} & \left(\dfrac{|x-x_n|}{l_n/2}\leqslant 1\right)\end{cases} \quad \tau_y=\begin{cases}-\mu p\dfrac{v_{sy}}{v_s} & (\mu p<k_s)\\ -k_s\dfrac{v_{sy}}{v_s} & (\mu p\geqslant k_s)\\ -k_s\dfrac{v_{sy}}{v_s}\dfrac{|x-x_n|}{l_n/2} & \left(\dfrac{|x-x_n|}{l_n/2}\leqslant 1\right)\end{cases}, \tag{4.9}$$

$$\tau=\sqrt{\tau_x^2+\tau_y^2} \tag{4.10}$$

where μ is the frictional coefficient between the plate (strip) and the roll, x_n and l_n are the longitudinal co-ordinate of the neutral plane and the length of the stagnant zone, respectively.

4.4 Front and back tension stresses

An infinitesimal strip element is considered, its length before rolling is l_0 and its length after rolling l_1. From Fig. 4 and the principle of constant volume,

$$l_1=l_0/|J|_{\xi=l}. \tag{4.11}$$

According to Refs. [12, 13], the front tension stress $\sigma_1(\eta,\lambda)$ is expressed as

$$\sigma_1(\eta,\lambda)=\bar{\sigma}_1+\frac{E}{1-\nu^2}\frac{\bar{l}_1-l_1(\eta,\lambda)}{\bar{l}_1}, \tag{4.12}$$

where

$$\bar{l}_1=\frac{1}{S_1}\int_{S_1}\!\!\int l_1\,\mathrm{d}S=\frac{2}{S_1}\int_{-\frac{B}{2}}^{\frac{B}{2}}\int_0^{\frac{h_0(\eta)}{2}}l_1\,|J|_{\xi=l}\,\mathrm{d}\lambda\,\mathrm{d}\eta=\frac{2}{S_1}\int_{-\frac{B}{2}}^{\frac{B}{2}}\int_0^{\frac{h_0(\eta)}{2}}l_0\,\mathrm{d}\lambda\,\mathrm{d}\eta=\frac{S_0}{S_1}\bar{l}_0,$$
$$S_1=\int_{S_1}\!\!\int\mathrm{d}S=2\int_{-\frac{B}{2}}^{\frac{B}{2}}\int_0^{\frac{h_0(\eta)}{2}}|J|_{\xi=l}\,\mathrm{d}\lambda\,\mathrm{d}\eta,\ S_0=\int_{S_0}\!\!\int\mathrm{d}S=2\int_{-\frac{B}{2}}^{\frac{B}{2}}\int_0^{\frac{h_0(\eta)}{2}}\mathrm{d}\lambda\,\mathrm{d}\eta, \tag{4.13}$$

$\bar{l}_1$ is the integral average of l_1 across the exit cross-section of the plate (strip), $\bar{l}_0$ the integral average of l_0 across the entry cross-section, S_1 the area of the exit cross-section, S_0 the area of the entry cross-section, $\bar{\sigma}_1$ the average front tension stress, E and ν the elastic modulus and the Poisson coefficient of the plate (strip), respectively.

According to Ref. [20], l_0 is concerned with the longitudinal residual stress σ_{00} of the entry plate (strip), and can be expressed as

$$l_0(\eta,\lambda)=\bar{l}_0\left[1-\frac{1-\nu^2}{E}\sigma_{00}(\eta,\lambda)\right]. \quad (4.14)$$

Eqs. (4.11), (4.13) and (4.14) are substituted into Eq. (4.12), Eqs. (2.6) and (2.12) are considered, the higher-order infinitesimal quantity in $|J|$ is neglected, we have

$$\sigma_1(\eta,\lambda)=\bar{\sigma}_1+\frac{E}{1-\nu^2}\left[1-\frac{S_1\left(1-\frac{1-\nu^2}{E}\sigma_{00}\right)}{S_0\left(1+\frac{\partial u_y}{\partial\eta}\right)\left(1+\frac{\partial u_z}{\partial\lambda}\right)}\right], \quad (4.15)$$

where σ_{00} can be expressed in terms of a polynomial function. When the shape of the entry plate (strip) is good, $\sigma_{00}(\eta,\lambda)=0$.

The back tension stress σ_0 is influenced by the longitudinal residual stress σ_{00} and the longitudinal flow velocity v_0 at the entry[12, 13], and the mathematical model of σ_0 is expressed as

$$\sigma_0(\eta,\lambda)=\bar{\sigma}_0+\sigma_{00}(\eta,\lambda)+\frac{E}{1-\nu^2}\left[\frac{v_0(\eta,\lambda)}{\bar{v}_0}-1\right], \quad (4.16)$$

Where $\bar{v}_0$ is the integral average of v_0 across the entry cross-section and $\bar{\sigma}_0$ is the average back tension stress.

From Eqs. (3.2) and (2.12), v_0 can be derived as

$$v_0(\eta,\lambda)=v_x(0,\eta,\lambda)=\left[\left(1+\frac{\partial W_y}{\partial\eta}\right)\left(1+\frac{\partial W_z}{\partial\lambda}\right)\right]_{\xi=x_n}v_n. \quad (4.17)$$

According to the principle of constant volume, there is

$$\bar{v}_0=\frac{S_n}{S_0}v_n, \quad (4.18)$$

where S_n is the area of the neutral cross-section.

Eqs. (4.17) and (4.18) are substituted into Eq. (4.16), and we have

$$\sigma_0(\eta,\lambda)=\bar{\sigma}_0+\sigma_{00}(\eta,\lambda)+\frac{E}{1-\nu^2}\left[\frac{S_0}{S_n}\left(\left(1+\frac{\partial W_y}{\partial\eta}\right)\left(1+\frac{\partial W_z}{\partial\lambda}\right)\right)_{\xi=x_n}-1\right]. \quad (4.19)$$

5 Plate and strip thickness

The entry thickness $h_0(\eta)$ and the exit thickness $h_1(\eta)$ of plate (strip) can be expressed in terms of polynomial functions:

$$h_0(\eta)=\sum_{i=0}^{m}A_{0i}\left(\frac{2\eta}{B}\right)^i, h_1(\eta)=\sum_{i=0}^{m}A_{1i}\left(\frac{2\eta}{B}\right)^i, \quad (5.1)$$

where $A_{00} \sim A_{0m}$ and $A_{10} \sim A_{1m}$ are regression coefficients.

The plate (strip) thickness $h(\xi,\eta)$ is the deformation zone can be expressed as

$$h(\xi,\eta)=h_1(\eta)+[h_0(\eta)-h_1(\eta)]\left(\frac{\xi}{l}-1\right)^2. \tag{5.2}$$

6　Determination of the exit displacements in nodal sections

The energy function of plate (strip) rolling consists of the following six parts:

(1) The metal plasticity deformation power N_p in the deformation zone is

$$N_p=\iiint_v k_s\Gamma \mathrm{d}x\mathrm{d}y\mathrm{d}z=\int_{-\frac{B}{2}}^{\frac{B}{2}}\int_0^{h_0(\eta)/2}\int_0^l k_s\Gamma\ |J|\ \mathrm{d}\xi\mathrm{d}\lambda\mathrm{d}\eta. \tag{6.1}$$

(2) The frictional power N_f on the interface between plate (strip) and roll is

$$N_f=\int_{-B/2}^{B/2}\int_0^1 \tau v_s\sqrt{1+\frac{1}{4}\left(\frac{\partial h}{\partial x}\right)^2+\frac{1}{4}\left(\frac{\partial h}{\partial y}\right)^2}\left(1+\frac{\partial W_y(\xi,\eta,h_0(\eta)/2)}{\partial\eta}\right)\mathrm{d}\xi\mathrm{d}\eta. \tag{6.2}$$

(3) The shearing power N_k caused by the flow velocity discontinuity on the entry section is

$$N_k=\int_{-B/2}^{B/2}\int_0^{h_0(\eta)/2} k_s\ |v_{z0}|\ |J|_{\xi=0}\mathrm{d}\lambda\mathrm{d}\eta=\int_{-B/2}^{B/2}\int_0^{h_0(\eta)/2} k_s\ |v_{z0}|\ \mathrm{d}\lambda\mathrm{d}\eta, \tag{6.3}$$

where v_{z0} is the altitudinal flow velocity at the entry, and is determined by Eq. (3.4).

(4) The power N_F of the front tension stress is

$$N_F=\int_{-B/2}^{B/2}\int_0^{h_0(\eta)/2}\sigma_1 v_1\ |J|_{\xi=l}\mathrm{d}\lambda\mathrm{d}\eta, \tag{6.4}$$

where v_1 is the longitudinal flow velocity at the exit, and is determined by Eq. (3.2).

(5) The power N_B of the back tension stress is

$$N_B=\int_{-B/2}^{B/2}\int_0^{h_0(\eta)/2}\sigma_0 v_0\ |J|_{\xi=0}\mathrm{d}\lambda\mathrm{d}\eta=\int_{-B/2}^{B/2}\int_0^{h_0(\eta)/2}\sigma_0 v_0\mathrm{d}\lambda\mathrm{d}\eta, \tag{6.5}$$

where v_0 is the longitudinal flow velocity at the entry, and is determined by Eq. (3.2).

(6) The elasticity power N_E saved in the rolled plate (strip) is

$$N_E=\frac{1-\nu^2}{2E}\int_{-B/2}^{B/2}\int_0^{h_0(\eta)/2}\sigma_1 v_1^2\ |J|_{\xi=l}\mathrm{d}\lambda\mathrm{d}\eta. \tag{6.6}$$

The total power function is given by

$$N=N_p+N_f+N_k-N_F+N_B+N_E=N(u_{y(i,0)},u_{y(i,1)},u_{y(i,2)},u_{z(i,1)})(i=0,1,2,\cdots,n). \tag{6.7}$$

From the energy variation principle, the correct solution of the exit displacements $u_{y(i,0)}, u_{y(i,1)}, u_{y(i,2)}$ and $u_{z(i,1)}$ ($i=0, 1, 2, \cdots, n$) on the nodal sections should satisfy the following equation:

$$\mathrm{Min}N=N(u_{y(i,0)},u_{y(i,1)},u_{y(i,2)},u_{z(i,1)})(i=0,1,2,\cdots,n). \tag{6.8}$$

This is an optimum problem that can be solved by using the Powell optimum method. The Powell method is a conjugate direction method in which function values are directly used to construct conjugate directions. In the reiterative computation of the Powell method, the conjugate directions are first formed by using a one-dimensional search method, then the minimum point of function is searched along the conjugate directions until the computation precision is met. The derivatives of the function are not used in computation. So this method is suitable for optimizing the complicated function.

7 Simulation and its comparison with experiment of thick plate rolling

The simulation of plain-barreled rolling rectangular stock (thick plate) was conducted. The rolled plate material is a medium carbon steel, the initial widths are 25.4, 50.8, 76.2 and 254.0 mm, respectively. The initial thickness is 25.4 mm. The ratios of width to thickness ($B/\bar{h}_0$, $\bar{h}_0$ is the transverse integral average of h_0) are 1, 2, 3 and 10, respectively, and the reduction ratios (ε) are 5%, 10%, 15% and 20%, respectively. Fig. 5 gives the comparison of the experimental regularities[4] and the computed results of lateral spread (ΔB), and it is clear that the computations tally with the experiments well. With the increasing of $B/\bar{h}_0$, the lateral spread ratio ($\Delta B/B$) reduces. Fig. 6 shows the deformation situations of the element meshes of the plate cross sections at different rolling moments, on the condition that $B/\bar{h}_0$ is 1 and the reduction ratios are 10% and 20%, respectively. With the proceeding of rolling, the side surfaces of the plates bulge gradually outwards, and form the drum shape, but the mesh deformations in the lateral centre area are rather small. With the increasing of the reduction ratio, the deformations of the element meshes enlarge. These results are in accord with the practical situation and the research results of the FEM in Ref. [4].

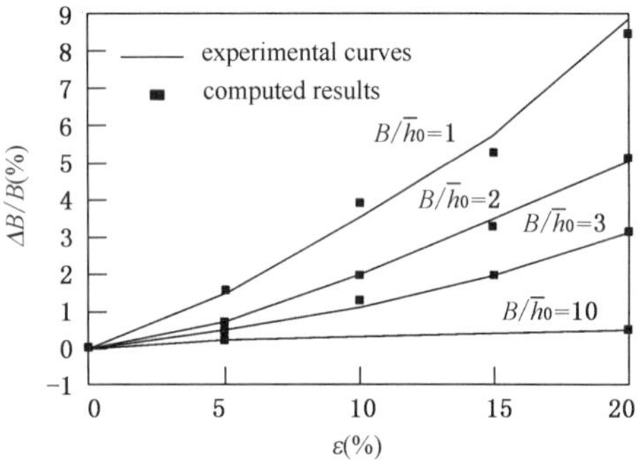

Fig. 5 The comparison of the computed results and the experimental regularities of the lateral spread of thick steel plate rolling

Fig. 7 shows the distributions of the rolling pressure (p) on the interface, the normal stress (σ_{z0}) in the direction z on the $z=0$ plane, the front tension stress (σ_1) and the back tension stress (σ_0), on the condition of that $B/\bar{h}_0$ is 3 and the reduction ratios are 5%, 10% and 20%, respectively. The fluctuation range of the rolling pressure (p) is less than that of σ_{z0}, but the distribution form of p is much more complex that of σ_{z0}, because p is influenced by the shearing stress gradients $\partial\tau_{xz}/\partial x$ and $\partial\tau_{yz}/\partial y$. The longitudinal distribution of σ_{z0} is similar to that of the rolling pressure on the condition of thin plate rolling, and both of them get to the extreme values near the neutral plane. With increase in the reduction ratio, changes of the tension stresses increase, which indicates that the unevenness of deformation is augmented.

Fig. 8 shows the distributions of the rolling pressure (p) on the interface, the normal stress (σ_{z0}) in the direction z on the $z=0$ plane, the front tension stress (σ_1) and the back tension stress (σ_0) on the condition of that the reduction ratio is 10% and $B/\overline{h}_0$ are 1, 3 and 10, respectively. With increase in $B/\overline{h}_0$, the changes of the tension stresses decrease along the altitudinal direction and increase along the lateral direction, which indicates that with the increasing $B/\overline{h}_0$, along the altitudinal direction the deformations and the stresses trend to evenness, but along the lateral direction, because the action width of the lateral fiction stress τ_y increases, the deformations and the stresses become more uneven. Therefore, when very thin and wide strip is rolled, such as cold strip rolling, the deformations and the stresses may be considered to be even along the altitudinal direction.

The above simulated results of the rolling pressure are in accord with the experimental results introduced in Ref. [20] and the simulated results of the FEM in Ref. [4]. The series simulated results of hot wide steel strip rolling will be given in the latter papers.

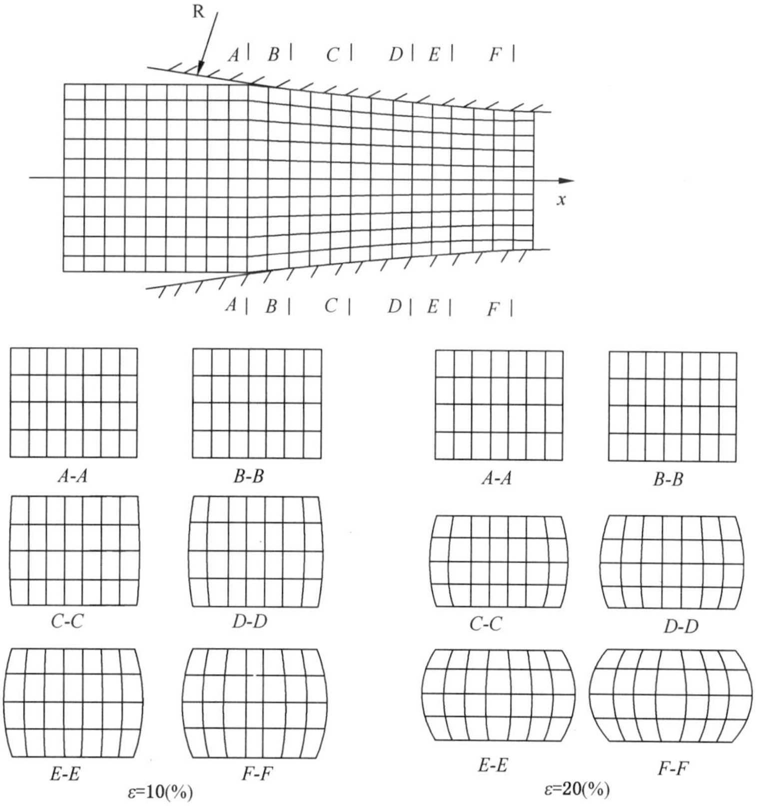

Fig. 6　The mesh distortions of the cross sections of thick steel plate rolling ($B/\overline{h}_0=1$)

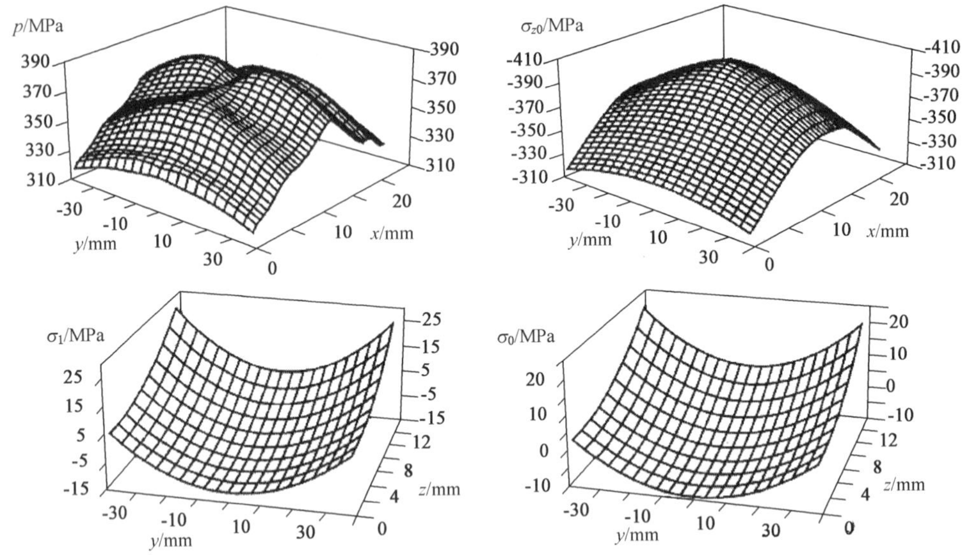
p/MPa
390
370
350
330
310
-30
-10
10
30
y/mm
0
10
20
x/mm
σz0/MPa
-410
-390
-370
-350
-330
-310
σ1/MPa
25
15
5
-5
-15
z/mm
4
8
12
σ0/MPa
20
10
0
-10

ε=5%

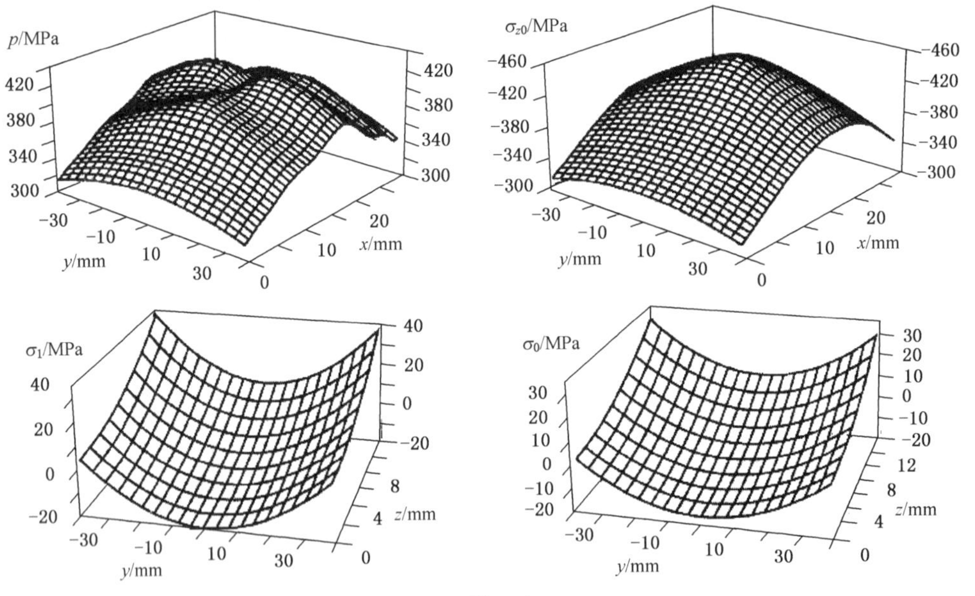
p/MPa
420
380
340
300
-30
-10
10
30
y/mm
0
10
20
x/mm
σz0/MPa
-460
-420
-380
-340
-300
σ1/MPa
40
20
0
-20
z/mm
4
8
σ0/MPa
30
20
10
0
-10
-20
12

ε=10%

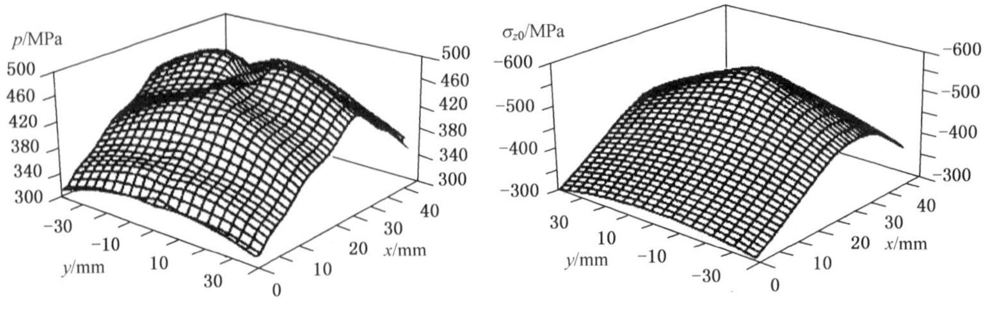
p/MPa
500
460
420
380
340
300
-30
-10
10
30
y/mm
0
10
20
30
40
x/mm
σz0/MPa
-600
-500
-400
-300

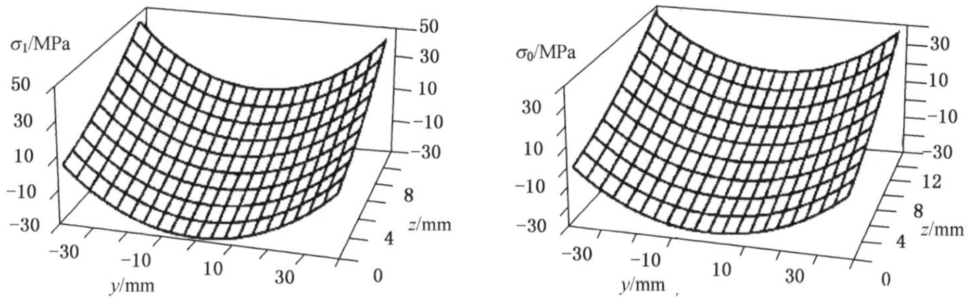

ε=20%

Fig. 7　The distributions of the stresses on the condition of different reduction ratios ($B/\overline{h}_0=3$)

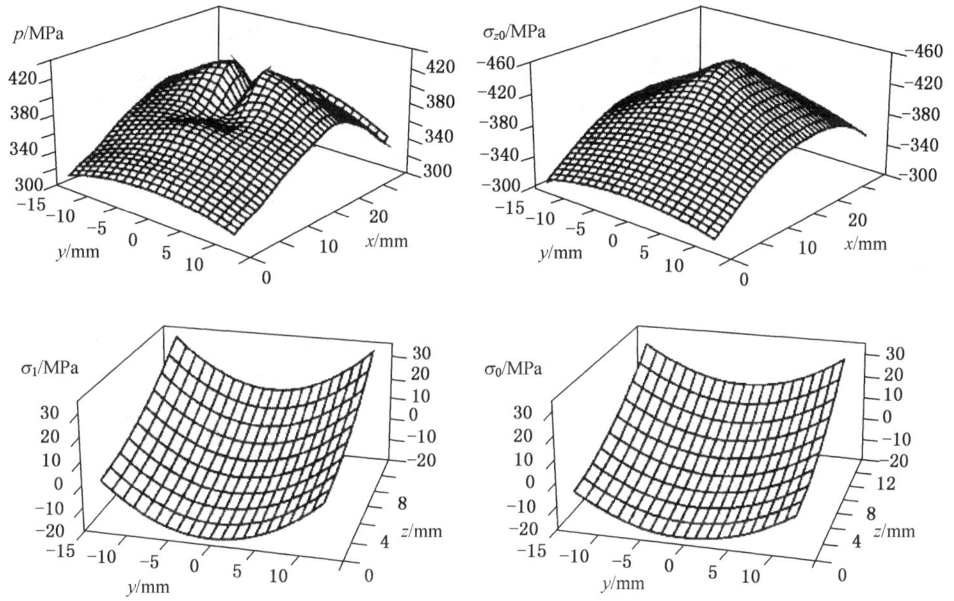

$B/\overline{h_0}$=1

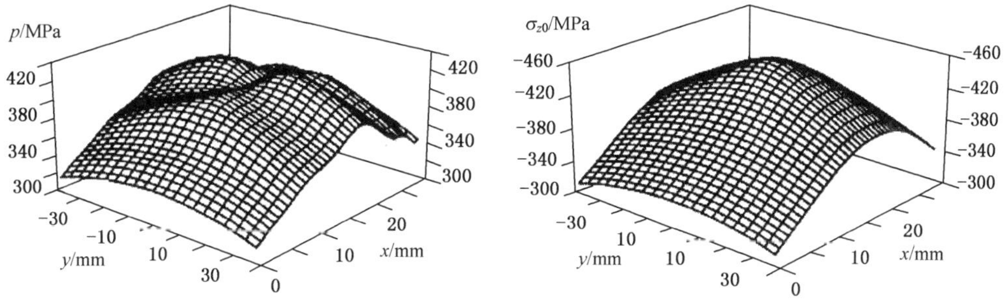

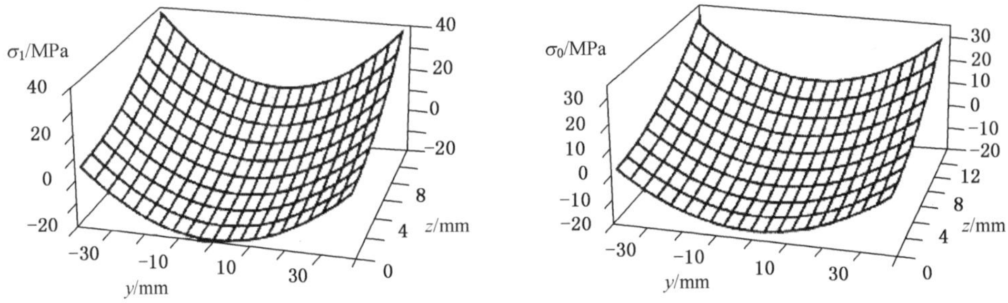

$B/\overline{h}_0=3$

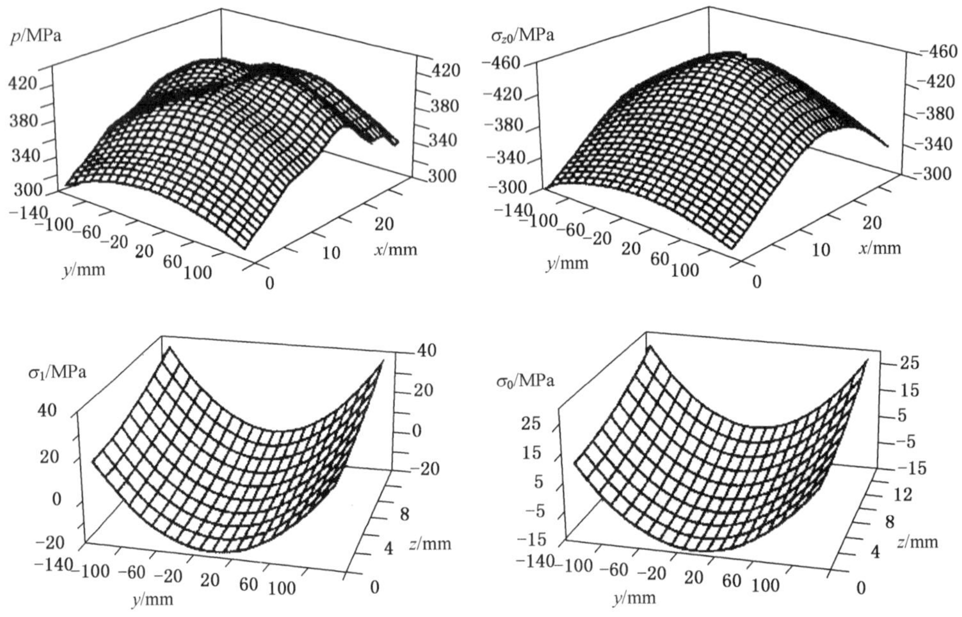

$B/\overline{h}_0=10$

Fig. 8　The distributions of the stresses on the condition of different $B/\overline{h}_0$ ($\varepsilon=10\%$).

8　Conclusion

Based on the streamline strip element method (SSEM), this paper proposes a new numerical method—the stream surface strip element method (SSSEM) for simulating the three-dimensional deformations of plate and strip rolling. The SSSEM divides the deformation zone into a number of stream surface strip elements along metal flow traces. The uneven distributions of stresses and strains are considered along the altitudinal direction. The simulated results of the thick steel plate rolling indicate that the SSSEM is a practical engineering numerical method.

Acknowledgements

Contract/Grant Sponsor: National Natural Science Foundation of China; Grant Number: 50175095.

References

[1] Tozawa Y, Ishikawa T, Iwata N. Improved three-dimensional analysis for strip rolling. Journal of Japan Society for Technology and Plastics, 1982(23):1181-1187.

[2] Lian J, Duan Z, Ye X. Analysis of lateral flow of metal in roll gap with three-dimensional finite difference method. Journal of Northeast Heavy Machine Institute, 1984(8):1-10. [in Chinese].

[3] Oh S I, Kobayashi S. An approximate method for a three dimensional analysis of rolling. International Journal of Mechanical Science, 1975(17):293-305.

[4] Liu C, Hartley P, Sturgess C E N, Rowe G W. Finite-element modeling of deformation and spread in slab rolling. International Journal of Mechanical Science, 1987(29):271-283.

[5] Liu C, Hartley P, Sturgess C E N, Rowe G W. Analysis of stress and strain distributions in slab rolling using an elastic-plastic finite-element method. International Journal of Numerical Methods in Engineering, 1988(25):55-66.

[6] Liu C, Du F, Lian J. The deformation and stress fields of sheet in continuous rolling. Chinese Journal of Mechanical Engineering, 1992(28):104-108.

[7] Kim N, Kobayashi S. Three-dimensional simulation of gap controlled plate rolling by the finite element method. International Journal of Machine Tools and Manufacture, 1990(30):269-281.

[8] Liu X, Jiang Z, Wang G. Analysis of 3-D deformation for crown strip rolling by rigid-plastic FEM. In: Wang Z R, He Y, editors. Advanced technology of plasticity. Beijing: International Academic Publishers, 1993:701-707.

[9] Xiao H, Shen G, Lian J. Simulation of rolling processes by the boundary element method of elastoplastic finite deformation problems. Chinese Journal of Mechanical Engineering, 1994, 30(suppl.):40-45.

[10] Huang Q, Shen G, Xiao H. Analysis of rolling by elastoplastic finite deformation contact boundary element method. Chinese Journal of Mechanical Engineering, 1997(10):289-294.

[11] Xiao H, Shen G, Lian J. Simulation of strip rolling process by three-dimensional elastoplastic boundary element method. Iron and Steel, 1993(28):39-43. [in Chinese].

[12] Liu H, Lian J. Linear strip element method for analyzing lateral flow of metal and transverse distributions of tension stresses of cold rolled strip. Journal of Iron and Steel Research, 1992(4):37-44. [in Chinese].

[13] Liu H, Lian J. Transverse distributions of front and back tension stresses in cold strip rolling. Chinese Journal of Metal Science and Technology, 1992(8):427-434.

[14] Liu H, Lian J. Simulation of cold strip rolling by third power B-spline finite strip method. In: Lee WB, editor. Advances in engineering plasticity and its applications. Amsterdam: Elsevier Science, 1993:703-707.

[15] Liu H, Lian J, Duan Z. Strip-element method for simulating strip rolling process. Chinese Journal of Mechanical Engineering, 1993(29):36-42. [in Chinese].

[16] Liu H, Lian J, Duan Z. Study on the asymmetrical cold strip rolling large width to thickness ratio. Journal of Material Science and Technology, 1996(12):232-234.

[17] Liu H, Lian J, Peng Y. Third-power spline function strip element method and its simulation of the three-dimensional stresses and deformations of cold strip rolling. Journal of

Materials Proceeding and Technology, 2001 (116): 235-243.

[18] Liu H, Zheng Z, Peng Y. Streamline strip element method for analysis of the three-dimensional stresses and deformations of strip rolling. International Journal of Numerical Methods in Engineering, 2001(50): 1059-1076.

[19] Lian J, Liu H. Control of thickness and shape. Beijing: Armament Industry Publishing House, 1996: 45-54. [in Chinese].

[20] Liu H. Three-dimensional rolling theory and its applications. Beijing: Science Publishing House, 1999: 76-79. [in Chinese].

Strip Layer Method for Simulation of the Three-dimensional Deformations of Plate and Strip Rolling①

Liu Hongmin, Jin Dan, Wang Yingrui
(School of Mechanical Engineering, Yanshan University, Qinhuangdao, Hebei Province, 066004, People's Republic of China)

Abstract: A new method—the strip layer method (SLM) is used to simulate the three-dimensional deformations of plate and strip rolling process. The rolling deformation zone is divided evenly into a number of layers along the altitudinal direction of plate or strip, every layer plate (strip) is divided into a number of streamline strip elements along metal flow traces, and the streamline strip elements are mapped onto the corresponding rectangle strip elements for analysis and computation. The longitudinal distribution model of the metal lateral displacement is constructed to be a quartic curve, its lateral distribution is expressed as the third-power spline function, and its altitudinal distribution is fitted to be a parabolic curve. Based on the flow theory of plastic mechanics, the three-dimensional deformations and stresses of the deformation zone are analysed and formulated. Compared with the streamline strip element method (SSEM), the strip layer method considers the uneven distributions of stresses and deformations along altitudinal direction, and realizes an accurate analysis and computation. The simulation examples indicate that the method and the model of this paper are in accord with facts, and provide a new reliable engineering-computation method for a three-dimensional mechanics simulation of plate and strip rolling process.

Key words: Plate and strip rolling; Three-dimensional analysis; Strip layer method; Unit rolling pressure; Friction stress; Tension; Shape

1 Introduction

Shape and profile are the important quality index of rolled plate and strip, and shape control is the key technology of plate and strip mills. With the development of shape control technology, shape theory is paid greater attention day by day and studied deeply.

In shape theory, the three-dimensional deformation theory of plate and strip rolling is an important and difficult study content. For nearly 20 years, researchers have put forward a number of numerical methods simulating the three-dimensional deformations of plate and strip rolling, such as the finite difference method (FDM) [1, 2], the boundary element method (BEM) [3, 4], the finite element method (FEM) [5-12], the rec-

① Communications in Numerical Methods in Engineering, 2004, 20(3): 183-191.

tangular strip element method (RSEM) and the streamline strip element method (SSEM) [13-16].

This paper puts forward a new numerical method—the strip layer method (SLM). Based on the streamline strip element method which divides the rolling deformation zone into a number of streamline strip elements along metal flow traces (in the lateral direction), the SLM divides the rolling deformation zone into a number of layers along the altitudinal direction again, and realizes accurate analysis and computation of the three-dimensional stresses and deformations of plate and strip rolling.

2 Strip layer division and lateral displacement model

2.1 Basic assumptions

(1) The rolling process is steady and symmetrical about the plane xoy and the plane xoz (Figures 1, 2).

(2) The plate (strip) is rigid-plastic material in the roll gap, and elastic material outside the roll gap.

(3) The longitudinal flow velocity does not change along the altitudinal direction.

2.2 Strip layer division and the mapping of co-ordinate system

Based on basic assumption (1), we take the rolling deformation zone's quarter as the investigated subject. According to the method shown in Figure 1, the deformation zone is evenly divided into m layers along the altitudinal direction, where H_0 and H_1 are respectively the entry thickness and the exit thickness of plate (strip), h_0 and h_1 the entry thickness and the exit thickness of every layer respectively. According to the method shown in Figure 2, every layer is divided into n streamline strip elements along metal flow traces. The lateral co-ordinates of the nodal lines of the strip elements at the entry ($x=0$) are expressed by y_i ($i=0,1,2,\cdots,n$), and the lateral co-ordinates of the nodal lines of the strip elements at other longitudinal place are unknown.

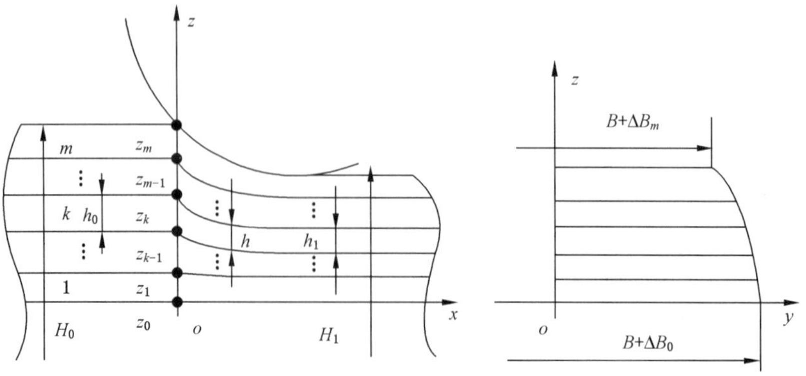

Figure 1　The layer division in deformation zone

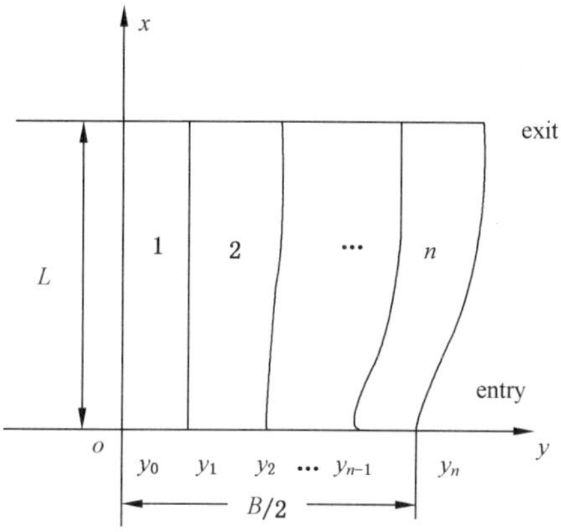

Figure 2 The streamline strip element division in deformation zone

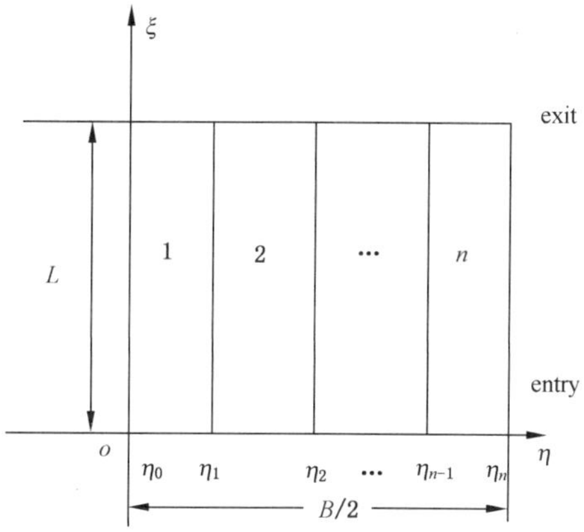

Figure 3 The strip elements in deformation zone under mapping co-ordinate system

The nodal lines of the streamline strip elements are unknown curves, which causes difficulty for analysis and computation. For the convenience of numerical analysis and computation, as shown in Figure 3, the streamline strip elements under the co-ordinate x-y-z are mapped onto the rectangular strip elements under the co-ordinate system ξ-η-λ. Between the above two co-ordinate systems, the mapping relationship of the co-ordinates is expressed as

$$x=\xi, y=\eta+W(\xi,\eta,\lambda), z=\lambda \quad (1)$$

where W is the lateral displacement of metal and is expressed as a function of ξ, η and λ.

The Jacobi matrix and its determinant, which are the transform relationships between the co-ordinates x, y, z and the co-ordinates ξ, η, λ, can be used to transform functions between the co-ordinate system x-y-z and the co-ordinate system ξ-η-λ[16].

2.3 Lateral displacement function

In the deformation zone, the lateral displacement function of metal is assumed to be

$$W(\xi,\eta,\lambda)=f(\xi)u(\eta,\lambda) \quad (2)$$

from Reference [16], there is

$$f(\xi)=1+4\left(\frac{\xi}{L}-1\right)^3+3\left(\frac{\xi}{L}-1\right)^4 \quad (3)$$

where $u(\eta,\lambda)$ is the lateral displacement function at the exit of deformation zone. Equations (2) and (3) satisfy the boundary conditions at the entry and the exit

$$W(0,\eta,\lambda)=0, W(L,\eta,\lambda)=u(\eta,\lambda) \quad (4)$$

The exit lateral displacement function $u(\eta,\lambda)$ is expressed as the third-power spline function along the lateral direction, and assumed to be the parabolic curve along the altitudinal direction, and there is

$$u(\eta,\lambda)=[\beta(\eta,\lambda)]^{\mathrm{T}}[U] \quad (5)$$

Where

$$[U]=[u_{(i-1,0)}, u_{(i-1,m)}, u_{(i,0)}, u_{(i,m)}, u'_{\eta(i-1,0)}, u'_{\eta(i-1,m)}, u'_{\eta(i,0)}, u'_{\eta(i,m)}]^{\mathrm{T}} \quad (6)$$

$[\beta(\eta,\lambda)]^{\mathrm{T}}$ is the shape function vector, $u_{(i,j)}=u_{(\eta_i,\lambda_j)}$ and $u'_{\eta(i,j)}=(\partial u/\partial\eta)(\eta_i,\lambda_j)$ the exit lateral displacements and their partial derivatives to η of the nodal lines respectively, $i=0,1,2,\cdots,n; j=0$,

$m;\lambda_0=0,\lambda_m=H_1/2$. Where $u'_{\eta(i,j)}(i=0,1,2,\cdots,n;j=0,m)$ are determined by the recurrence method, according to the second kind of boundary condition. Therefore, there are $2(n+1)$ unknown parameters: $u_{(i,j)}(i=0,1,2,\cdots,n;j=0,m)$.

Based on the basic assumptions and the relationships among the displacements, the flow velocities and the strain rates, the flow velocities v_x, v_y, v_z, the normal strain rates $\dot{\varepsilon}_x, \dot{\varepsilon}_y, \dot{\varepsilon}_z$ and the shearing strain rates $\dot{\varepsilon}_{xy}, \dot{\varepsilon}_{yz}, \dot{\varepsilon}_{xz}$ can be solved.

3 Stress models

3.1 Three-dimensional stresses

From the plastic flow equation of Levy-Mises, the yield condition of Von-Mises, and the principle of constant volume $\dot{\varepsilon}_x+\dot{\varepsilon}_y+\dot{\varepsilon}_z=0$, the three-dimensional stress models in the deformation zone are derived as

$$\sigma_x=\sigma_z+\frac{2k_s}{\Gamma}(2\dot{\varepsilon}_x+\dot{\varepsilon}_y)$$

$$\sigma_y=\sigma_z+\frac{2k_s}{\Gamma}(\dot{\varepsilon}_x+2\dot{\varepsilon}_y)$$

$$\tau_{xy}=\frac{k_s}{\Gamma}\dot{\varepsilon}_{xy},\tau_{yz}=\frac{k_s}{\Gamma}\dot{\varepsilon}_{yz},\tau_{xz}=\frac{k_s}{\Gamma}\dot{\varepsilon}_{xz} \tag{7}$$

where $\sigma_x, \sigma_y, \sigma_z, \tau_{xy}, \tau_{yz}$ and τ_{xz} are the normal stresses and the shearing stresses in the directions x, y and z respectively, Γ the shearing strain rate strength, k_s the yield strength of shearing stress, $k_s=0.577\sigma_s$, and σ_s the yield strength.

3.2 Differential equilibrium equations

Because the thickness of each layer of plate (strip) is thin, the stresses may be considered to be constant along the altitudinal direction within each layer, and the normal stress σ_z is approximatively considered to be

$$\sigma_z=-\frac{1}{2}(p_k+p_{k-1})(k=1,2,\cdots,m) \tag{8}$$

where p_k is the pressure on the upper surface of the kth layer, and p_{k-1} the pressure on the lower surface of the kth layer.

The differential equilibrium equations of the outermost layer or the mth layer in the directions x, y and z are

$$\frac{\partial}{\partial x}(\sigma_x h)+\frac{\partial}{\partial y}(\tau_{xy}h)+\tau_x-\tau_{xz}+\frac{1}{2}p_m\frac{\partial H}{\partial x}=0,$$

$$\frac{\partial}{\partial y}(\sigma_y h)+\frac{\partial}{\partial x}(\tau_{xy}h)+\tau_y-\tau_{yz}+\frac{1}{2}p_m\frac{\partial H}{\partial y}=0,$$

$$p_{m-1}-p_m+\frac{\partial(\tau_{xz}h)}{\partial x}+\frac{\partial(\tau_{yz}h)}{\partial y}+\frac{1}{2}\frac{\partial H}{\partial x}\tau_x+\frac{1}{2}\frac{\partial H}{\partial y}\tau_y=0 \tag{9}$$

Where p_m and p_{m-1} are respectively the pressures on the upper surface and the lower surface of the mth layer, τ_x and τ_y respectively the longitudinal tangent friction stress and the lateral tangent friction stress at the interface between plate (strip) and roll.

The stress boundary conditions at the entry and the exit of the deformation zone are

$$\sigma_z=\sigma_0-2k_s(2\dot{\varepsilon}_x+\dot{\varepsilon}_y)/\Gamma \quad (x=\xi=0)$$

$$\sigma_z=\sigma_1-2k_s(2\dot{\varepsilon}_x+\dot{\varepsilon}_y)/\Gamma \quad (x=\xi=L) \tag{10}$$

where σ_1 and σ_0 are respectively the front and back tensions.

Equations (9) and (10) are transformed into the equations under the co-ordinate system ξ-η-λ, Equations (7) and (8) are combined, σ_x and σ_y are expressed by σ_z, σ_z is expressed by p_m and p_{m-1}, and the upper surface pressure (rolling pressure) p_m and the lower surface pressure p_{m-1} of the outmost layer can be calculated finally by using a finite difference method.

The differential equilibrium equation of the element of the inner layer (the kth layer) in the direction z is

$$p_{k-1} - p_k + \frac{\partial(\tau_{xz} h)}{\partial x} + \frac{\partial(\tau_{yz} h)}{\partial y} = 0$$

$$(k = 1,2,3,\cdots,m-1) \qquad (11)$$

Equation (11) is transformed into the differential equilibrium equation under the co-ordinate system ξ-η-λ, and the upper surface pressure p_k and the lower surface pressure p_{k-1} of the kth layer can be also calculated by using a finite difference method.

4　Front and back tension stresses and determination of the lateral displacements at the exit in nodal lines

The solution of the front tension stress $\sigma_1(\eta, \lambda)$ and the back tension stress $\sigma_0(\eta, \lambda)$ of plate (strip) is similar to that in Reference [16]. However, the tension stress distributions are extended from one dimension to two dimensions in this paper.

The energy function N of plate (strip) rolling consists of six parts, they are the metal plastic power in the deformation zone, the frictional power on the interface between plate (strip) and roll, the shearing power caused by the flow velocity discontinuity on the entry section, the power of the front tension stress, the power of the back tension stress and the elasticity power saved in the rolled plate (strip). The solution of the six parts is similar to that in Reference [16].

From the energy variation principle, the real solution of the lateral displacements $u_{(i,0)}$ and $u_{(i,m)}$ $(i = 0,1,2,\cdots,n)$ of the nodal lines at the exit should satisfy the following equation:

$$\min N = N(u_{(0,0)}, u_{(1,0)}, \cdots, u_{(n,0)}; u_{(0,m)}, u_{(1,m)}, \cdots, u_{(n,m)}) \qquad (12)$$

This is an optimum problem that can be solved by using the Powell optimum method.

5　Simulation and its comparison with experiment of plate and strip rolling

5.1　Simulation and comparison of hot steel strip continuous rolling

Table Ⅰ gives the rolling conditions of 1450 mm hot steel strip continuous mills with 6 stands. The rolled strip material is Q215B (a Chinese Standard), the initial thickness is 24.7 mm, the initial width 1100 mm, the product thickness 4.19 mm. The work roll diameter of every stand is 650 mm. 27 strip elements (3 layers along the altitudinal direction and 9 strip elements of every layer along the lateral direction) are used in the simulation. Figure 4 shows the transverse distributions of the exit profile ($\Delta H_1(y)=H_1(y)-H_1(0)$) and the unit width pressure (p_l) of each pass, as well as the transverse distributions of the exit lateral displacement (u), the front tension (σ_1) and the back tension (σ_0) of the second pass, the fourth pass and the sixth pass. As shown in Figure 4, the exit lateral displacement of the outermost layer is less than that of the innermost layer, which indicates that the side surface of the rolled strip is drum shape, which is in accord with the practical situation. The σ_1 and σ_0 of the outermost layer are respectively close to the σ_1 and σ_0 of the innermost layer, which indicates that the altitudinal changes of the front and back tensions are little when the wide and thin strip is rolled. For each pass, the transverse distribution of the back tension is similar to that of the front tension, which is identical with the researched results in Reference [13-16]. Figure 5 gives the comparisons of the computed results (P_c) and experimental results (P_e) of total rolling force, and the computational results are rather close to the experimental values.

5.2 Simulation and comparison of thick steel plate rolling

The simulation of plain-barreled roll rolling rectangular stock (thick plate) was conducted. The rolled plate material is a medium carbon steel whose yield strength (flow stress) model is $\sigma_s = 326.5 + 110.4\varepsilon^{0.49}$ (Mpa), the initial widths are respectively 25.4, 50.8, 76.2 and 254.0 mm, the initial thickness is 25.4 mm. The ratios of width to thickness(B/H_0) are respectively 1, 2, 3 and 10, and the reduction ratios (ε) are respectively 5%, 10%, 15% and 20%. 25 strip elements (five layers along the altitudinal direction and five strip elements along the lateral direction) are used in the simulation. Figure 6 gives the comparison of the experimental regularities [6] and the computed results of lateral spread (ΔB), and it is clear that the computations tallies with the experiments well. With the increasing of the B/H_0, the lateral spread ratio ($\Delta B/B$) reduces.

Table Ⅰ The rolling conditions of 1450 mm hot steel strip continuous mills with 6 stands

Stand (pass) number	F1	F2	F3	F4	F5	F6
Entry thickness/mm	15.2	10.58	7.74	5.58	4.65	4.19
Rolling velocity/(m/s)	1.450	2.150	3.030	4.000	5.000	5.640
Yield strength/MPa	187.5	198.6	204.9	228.1	212.2	192.1
Frictional coefficient	0.281	0.254	0.215	0.171	0.125	0.130
Reduction/%	38.5	30.4	26.8	27.9	16.7	9.9
Rolling temperature/℃	954	931	910	890	870	860

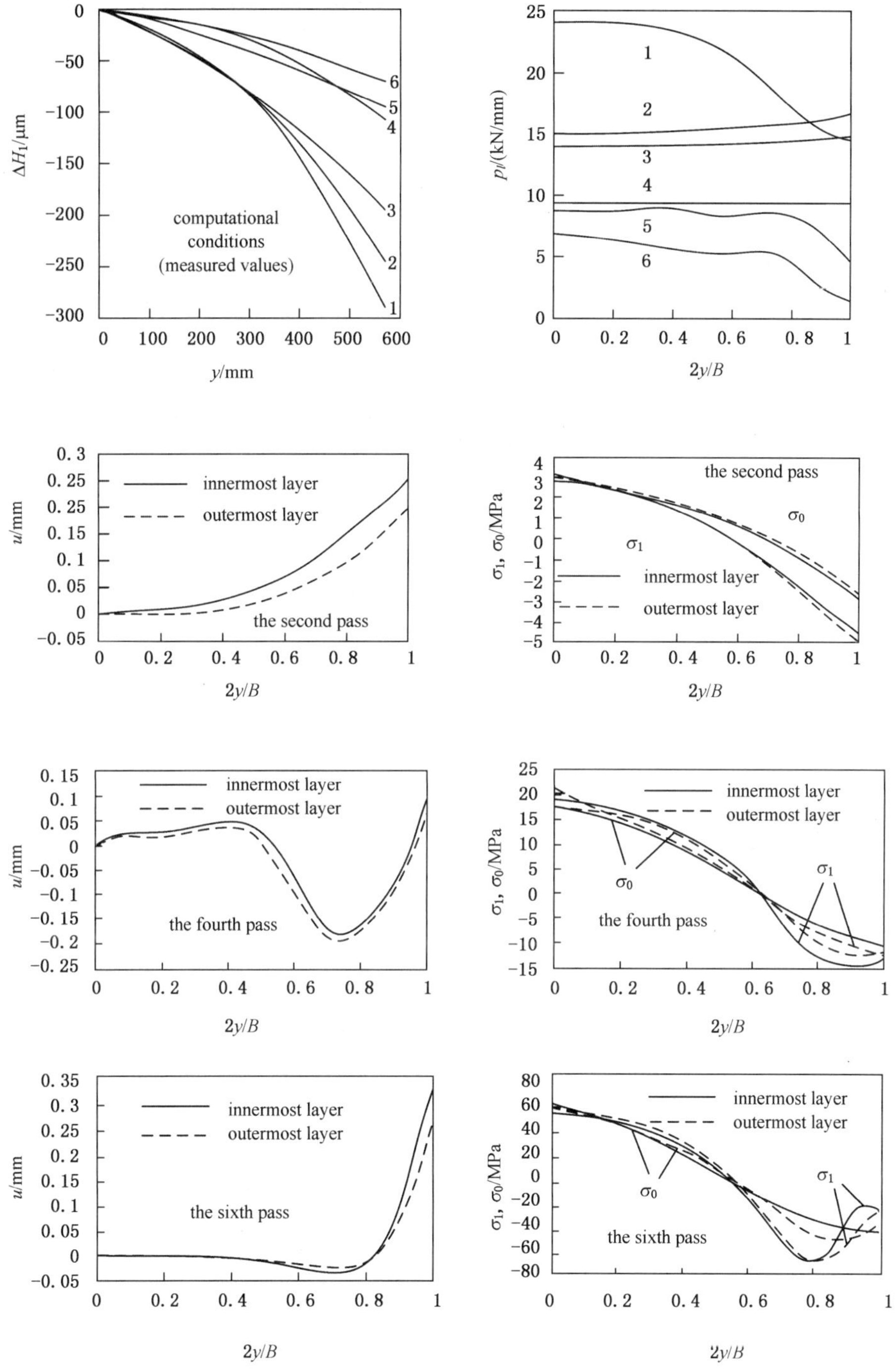

Figure 4　The computed results of hot steel strip continuous rolling

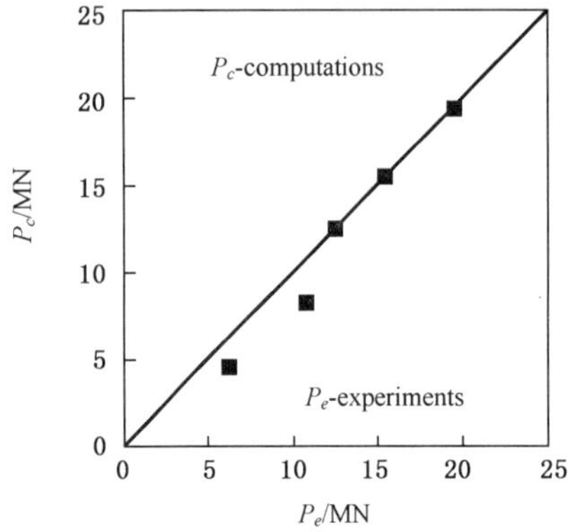

Figure 5　The comparison of the computations and the experiments of the total rolling force of hot steel strip continuous rolling

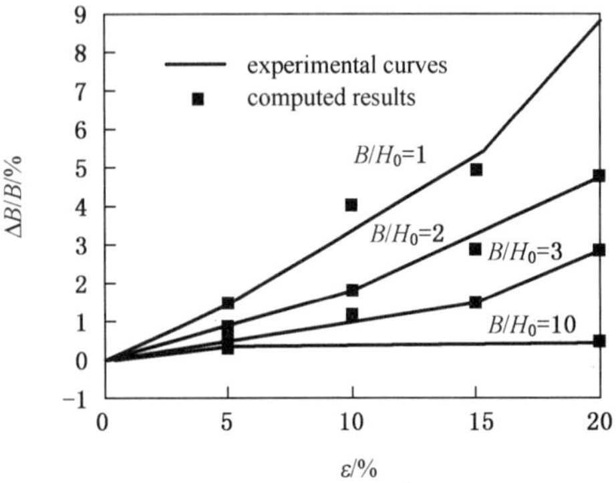

Figure 6　The comparison of the computed results and the experimental regularities of the lateral spread of thick steel plate rolling

6　Conclusion

Based on the streamline strip element method (SSEM), this paper puts forward a new numerical method—the strip layer method (SLM) for simulating the three-dimensional deformations of plate and strip rolling. The SLM divides the deformation zone into a number of streamline strips along the transverse direction, and a number of layers along the altitudinal direction. The uneven distributions of stresses and strains are considered along the altitudinal direction. The simulated results of hot steel strip continuous rolling and thick steel plate rolling indicate that the SLM is not only reliable to the wide strip rolling, but also has higher calculating precision for the thick plate rolling. The SLM is a practical engineering numerical method that has an extensive width/thickness application range.

References

[1] Tozawa Y, Ishikawa T, Iwata N. Improved three-dimensional analysis for strip rolling. journal of japanese society for technology and plastic, 1982, 23(263): 1181-1187.

[2] Lian Jiachuang, Duan Zhenyong, Ye Xing, Analysis of lateral flow of metal in roll gap with three-dimensional finite difference method. Journal of Northeast Heavy Machinery Institute, 1984, 8(4): 1-10(in Chinese).

[3] Xiao Hong, Shen Guangxian, Lian Jiachuang. Simulation of rolling processes by the boundary element method of elastoplastic finite deformation problems. Chinese Journal of Mechanical Engineering, 1994, 30(supp.): 40-45.

[4] Huang Qingxue, Shen Guangxian, Xiao Hong. Analysis of Rolling by elastoplastic finite deformation contact boundary element method. Chinese Journal of Mechanical Engineering, 1997, 10(4): 289-294.

[5] Oh S I, Kobayashi S. An approximate method for a three dimensional analysis of rolling. International Journal of Mechanical Sciences, 1975, 17(4): 293-305.

[6] Liu C, Hartley P, Sturgess C E N, Rowe G

W. Finite-element modeling of deformation and spread in slab rolling. International Journal of Mechanical Sciences, 1987, 29(4): 271-283.

[7] Liu Cai, Du Fengshan, Lian Jiachuang. The deformation and stress fields of sheet in continuous rolling. Chinese Journal of Mechanical Engineering, 1992, 28(1): 104-108.

[8] Kim N, Kobayashi S. Three-dimensional simulation of gap controlled plate rolling by the finite element method. International Journal of Machine Tools and Manufacture, 1990(30): 269-281.

[9] Cavaliere MA, Goldschmit MB, Dvorkin EN. Finite element simulation of the steel plates hot rolling process. International Journal for Numerical Methods in Engineering, 2001, 52(12): 1411-1430.

[10] Cavaliere M A, Goldschmit M B, Dvorkin EN. Finite element analysis of steel rolling processes. Computers and Structures, 2001 (79): 2075-2089.

[11] Hwang SM, Sun C G, Ryoo S R, Kwak WJ. An integrated FE process model for precision analysis of thermomechanical behaviors of rolls and strip in hot strip rolling. Computer Methods in Applied Mechanics and Engineering, 2002 (191): 4015-4033.

[12] Du Fengshan, Zhou Weihai, Zang Xin liang. Computer simulation of the hot continuous rolling of strip. Chinese Journal of Mechanical Engineering, 2001, 37 (12): 67-69.

[13] Liu Hongmin, Lian Jiachuang. Linear strip element method for analyzing lateral flow of metal and transverse distributions of tension stresses of cold rolled strip. Journal of Iron and Steel Research, 1992, 4(3): 37-44 (in Chinese).

[14] Liu Hongmin, Lian Jiachuang. Transverse distributions of front and back tension stresses in cold strip rolling. Chinese Journal of Metal Science and Technology, 1992, 8(6): 427-434.

[15] Liu Hongmin, Lian Jiachuang, Pen Yan. Third-power spline function strip element method and its simulation of the three-dimensional stresses and deformations of cold strip rolling. Journal of Materials Processing Technology, 2001, 116(2-3): 235-243.

[16] Liu Hongmin, Zheng Zhenzhong, Peng Yan. Streamline strip element method for analysis of the three-dimensional stresses and deformations of strip rolling. International Journal for Numerical Methods in Engineering, 2001(50): 1059-1076.

Strip Element Method for Shape Discrimination of Strip Rolling①

Liu Hongmin, Yan Peng, Yupeng Chu, Wang Yingrui
(School of Mechanical Engineering, Yanshan University, Qinhuangdao, Hebei Province, 066004, People's Republic of China)

Summary: A new method—the strip element method for discriminating the shape or the stability of the rolled strip subjected to the residual stress is proposed. The rolled strip is divided into a number of strip elements, and the deflection function model is constructed with the third-power spline function and the sine function. Based on the minimum potential energy principle, the shape discrimination is transformed into the solution of eigenvalue. The computed examples verify the reliability and the practicality of this method.

Key words: Rolled strip; Shape discrimination; Strip element method; Eigenvalue

1 Introduction

During strip rolling, because the deformation of metal is uneven, there is the longitudinal residual stress in the rolled strip. When the residual stress exceeds a certain value, the rolled strip will lose stabilization and result in buckling deformation, termed as the shape defect. The shape defect causes the operating difficulty of the subsequent processing of strip and debases the product quality. The shape discrimination model is very important in the mathematical models of shape control [1, 2]. The task of the shape discrimination model is to discriminate whether the shape is good or not, that is, whether the rolled strip loses stabilization or not, based on the transverse distribution of the longitudinal residual stress in the strip. The control system decides whether or not to adjust the shape based on the results of the shape discrimination.

On the stability discrimination of rolled strip, previous research achievement [1] was the half theoretical and half experiential criterion model based on the very simplified mechanics model, and the limitation of the model application is significant. With the rapid development of the shape control technology and the computer simulation technology, people have carried out a lot of in-depth and careful studies for discriminating the stability of rolled strip and calculating the

① Communications in Numerical Methods in Engineering, 2004, 20(9): 709-720.

buckling deformation of rolled strip. The main research methods are the analytical method, the finite element method and the finite strip method.

For the three different situations of single edge waves, both edge waves and centre waves, Lian *et al.* [2] assumed the different deflection functions, based on the energy variation principle of elastic system and the experimental results of the residual stress distribution, gave a method and a criterion model of destabilizing discrimination, and used the large deflection theory of thin plate to analyse and calculate the buckling deformation of rolled strip. Komori [3], on the basis of computing the residual stress after rolling by the analytical method, used the variational method to analyse and calculate the cross buckling deformation and the vertical buckling deformation of rolled strip. Fischer *et al.* [4] used the variational method to study the buckling deformation problem of strip after rolling and after leveling, and to analyse the influence of the dead weight of strip on the buckling deformation. The analytical method is simple, but the computation accuracy and the model generality are worse due to more simplifications and assumptions.

Ishikawa *et al.* [5], on the basis of solving the residual stress distribution by the three-dimensional finite difference method, used the finite element method to compute the buckling deformations on the conditions of centre waves and both edge waves. Zhang [6] and Qing *et al.* [7], based on the typical distribution forms of the residual stress, used the FEM softwares (SAP5 and ANSYS) to simulate the buckling deformations of centre waves, both edge waves and single edge waves, and to analyse the influence of the width/thickness of strip on the buckling deformation, and to calculate the critical buckling load. Zhang and Wang[8] used the finite element method to analyse the magnetoelastic buckling behaviour of simply supported rectangular plates.

Lin *et al.* [9] used the finite strip method to establish a destabilizing discrimination model and a buckling deformation model of rolled strip. The influence of the four typical distribution forms of the residual stress and the width/thickness of strip on the shape state was analysed. Bradford and Azhari[10] used the finite strip method to study the buckling deformations of plates with different end conditions. Dawe and Ge[11] studied the thermal buckling deformation of composite rectangular plates. Because the finite strip method is a finite element and half analytical method, compared with the finite element method, the computation time is short, and it is suitable to analyse the deformation of sheet and strip.

This paper proposes a new numerical method—the strip element method (SEM) to discriminate the destabilizing of rolled strip subjected to the residual stress. Its elementary principle is that the rolled strip is divided into a number of longitudinal strip elements, the deflection function model is constructed with the third-power spline function and the sine function. Based on the minimum potential energy principle of elastic system, the shape discrimination is transformed into the solution of the minimum eigenvalues of eigenmatrixes.

The strip element method of this paper is different from the traditional finite strip method. The traditional finite strip method divides elements in a physical sense, but the strip element method divides elements in a mathematical sense. The traditional finite strip method deduces the stiffness equation based on the variational principle, and solves the displacement parameters of nodal lines from the stiffness equation. The strip element method uses the variational principle for the whole deformation zone (all of the strip elements), searches the displacement parameters of nodal lines directly, which minimizes the total rolling power with a optimum method, and averts the variation and derivation operation and the operations of forming the load of nodal lines, the element stiffness matrixes and the total stiffness matrix.

Compared with the analytical method, the generality of the strip element method is better. Compared with the finite element method and the finite strip method, the computation amount of the strip element method is small, and the computation speed is high.

2 Theory Model of the Strip Element Method

2.1 Mechanical model

As shown in Figure 1, strip is rolled with the total front tension T_f and the total back tension T_b. During the rolling, the transverse distribution of the front tension stress σ_f is usually uneven. After the coiled strip is opened, as the total front tension T_f is released, the uneven part of the transverse distribution of the front tension stress σ_f is transformed into the residual stress σ_x that can be calculated according to the following equation:

$$\sigma_x(y) = \sigma_f(y) - \bar{\sigma}_f \tag{1}$$

where $\bar{\sigma}_f$ is the average value of $\sigma_f(y)$ across the strip width B. The transverse discrete values of σ_f can be measured by shape meters [12,13], or computed by analysing the three-dimensional deformations of strip in roll gap [14], then they are fitted into the distribution curve in terms of some mathematical model. $\sigma_x(y)$ obtained from Equation (1) should satisfy the self-balance condition of residual stress

$$\int_{-B/2}^{B/2} \sigma_x(y)\mathrm{d}y = 0 \tag{2}$$

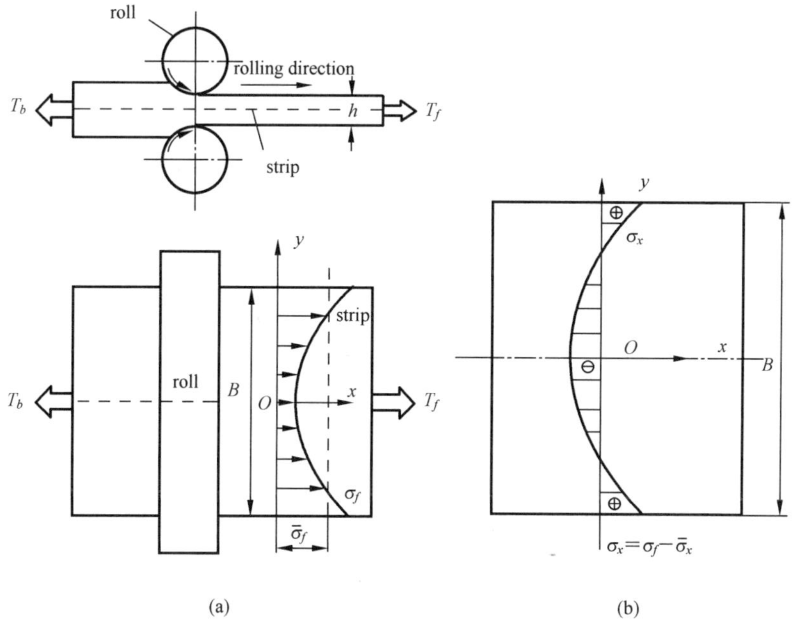

Figure 1　The generation of the residual stress in strip after rolling: (a) the transverse distribution of the front tension stress (σ_f) during rolling with the total front and back tensions (T_f and T_b); (b) the transverse distribution of the residual stress (σ_x) after the total front tension (T_f) is released

The buckling waveform of the strip subjected to residual stress, along the direction x (the longitudinal direction of strip) is usually a periodical and approximate sine waveform, and along the direction y (the lateral direction of strip) may not form a wavelength, which is dependent on the transverse distribution of σ_x [2].

As shown in Figure 2, a section of strip with a half wavelength l is intercepted along the direction x for study. The mechanical model is the simply supported rectangular sheet whose two opposite sides ($x=0,l$) are simply supported and other two opposite sides ($y=-B/2, B/2$) are free, and the two simply supported sides are subjected to the longitudinal residual stresses σ_x whose sizes are equal, directions are reverse and distribution regularities are same. For discriminating whether σ_x causes strip elasticity destabilizing or not, according to the method of Reference [2], σ_x is multiplied by a discrimination factor ξ, then a new residual stress $\sigma_x{}^*$ can be obtained from Equation (3).

$$\sigma_x{}^* = \xi\sigma_x(y) \tag{3}$$

$\sigma_x{}^*$ corresponds just to the critical elasticity destabilizing state of strip. From the computed value of ξ, the shape state corresponding to σ_x can be discriminated

$$\begin{aligned} &\xi<1\text{: destabilizing and buckling, bad shape} \\ &\xi=1\text{: critical destabilizing} \\ &\xi>1\text{: stabilizing and flat, good shape} \end{aligned} \tag{4}$$

So, the problem is transformed into a solution of the value of ξ at the critical destabilizing state.

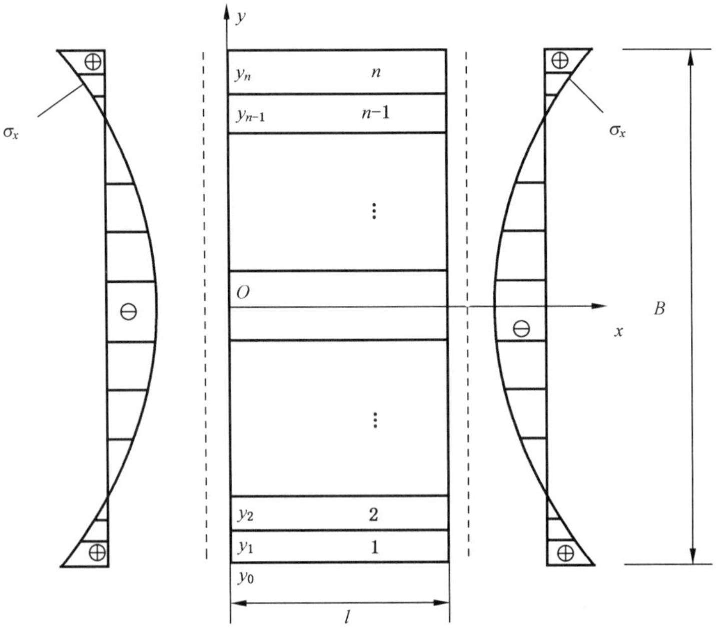

Figure 2 The mechanical model of the shape discrimination

2.2 Deflection function model

The strip is divided into n longitudinal strip element along the strip width direction (Figure 2), the strip element width is b. For the ith strip element, the deflection w is assumed to be

$$w(x,y)=\sum_{m=1}^{r}w_m(y)\sin\frac{m\pi}{l}x \quad (5)$$

Where w_m is the amplitude of the mth order sine waveform, its distribution in the direction y can be expressed as the third-power spline function

$$w_m(y)=[a_1(y)\quad a_2(y)\quad a_3(y)\quad a_4(y)][\delta_{i-1}^m\quad \delta_{i-1}^{m'}\quad \delta_i^m\quad \delta_i^{m'}]^{\mathrm{T}} \quad (6)$$

where

$$a_1(y)=(y_i-y)^2[3b-2(y_i-y)]/b^3$$
$$a_2(y)=(y_i-y)^2[b-2(y_i-y)]/b^2$$
$$a_3(y)=(y-y_{i-1})^2[3b-2(y-y_{i-1})]/b^3$$
$$a_4(y)=(y-y_{i-1})^2[b-2(y-y_{i-1})]/b^2 \quad (7)$$

δ_{i-1}^m, $\delta_{i-1}^{m'}$, δ_i^m and $\delta_i^{m'}$ are the w_m and their first derivatives of the $i-1$th nodal line and the ith nodal line, respectively.

The first derivate and the second derivate of $w_m(y)$ are

$$w'_m(y)=[a'_1(y)\quad a'_2(y)\quad a'_3(y)\quad a'_4(y)][\delta_{i-1}^m\quad \delta_{i-1}^{m'}\quad \delta_i^m\quad \delta_i^{m'}]^{\mathrm{T}} \quad (8)$$

$$w''_m(y)=[a''_1(y)\quad a''_2(y)\quad a''_3(y)\quad a''_4(y)][\delta_{i-1}^m\quad \delta_{i-1}^{m'}\quad \delta_i^m\quad \delta_i^{m'}]^{\mathrm{T}} \quad (9)$$

2.3 Elastic potential energy function at the critical destabilizing state

It is assumed that the lateral normal stress σ_y and the shear stress τ_{xy} are zero. The total elasticity potential energy of strip at the critical destabilizing state is the sum of the flexion deformation energy and the external force potential energy (the negative work done by the external forces), and can be expressed as [16]

$$\Pi = \frac{D}{2}\int_0^l\int_{-B/2}^{B/2}\left\{(\nabla^2 w)^2 - 2(1-\nu)\left[\frac{\partial^2 w}{\partial x^2}\frac{\partial^2 w}{\partial y^2} - \left(\frac{\partial^2 w}{\partial x\partial y}\right)^2\right]\right\}\mathrm{d}x\mathrm{d}y + \xi\frac{h}{2}\int_0^l\int_{-B/2}^{B/2}\sigma_x\left(\frac{\partial w}{\partial x}\right)^2\mathrm{d}x\mathrm{d}y \tag{10}$$

where D is the flexural rigidity of strip, $D=Eh^3/(12(1-\nu^2))$; ∇^2 is the Laplacian, $\nabla^2=(\partial^2/\partial x^2)+(\partial^2/\partial y^2)$; h is the strip thickness; E and ν are the elastic modulus and the Poisson coefficient of strip, respectively.

Equation (5) is substituted into Equation (10), and the orthogonal properties of the trigonometric function are used

$$\int_0^l \sin\frac{m\pi}{l}x\cdot\sin\frac{k\pi}{l}x\,\mathrm{d}x=\begin{cases}0 & (m\neq k)\\ \dfrac{l}{2} & (m=k)\end{cases}$$

$$\int_0^l \cos\frac{m\pi}{l}x\cdot\cos\frac{k\pi}{l}x\,\mathrm{d}x=\begin{cases}0 & (m\neq k)\\ \dfrac{l}{2} & (m=k)\end{cases}$$

then there is

$$\Pi=\frac{Dl}{4}\int_{-B/2}^{B/2}\left\{\sum_{m=1}^{r}\left[\left(\frac{m\pi}{l}\right)^2 w_m(y)-w''_m(y)\right]^2+2(1-\nu)\sum_{m=1}^{r}\left(\frac{m\pi}{l}\right)^2\cdot\left[w_m(y)w''_m(y)+(w'_m(y))^2\right]\right\}\mathrm{d}y+\xi\frac{hl}{4}\int_{-B/2}^{B/2}\sigma_x\sum_{m=1}^{r}\left[\left(\frac{m\pi}{l}\right)^2 w_m^2(y)\right]\mathrm{d}y \tag{11}$$

After the potential energy of each strip element is computed, the total potential energy of strip can be obtained

$$\Pi=\sum_{i=1}^{n}\Pi_i=\frac{\pi^2}{4l}\sum_{i=1}^{n}\Pi_i^* \tag{12}$$

where

$$\Pi_i^*=D\int_{y_{i-1}}^{y_i}\left\{\sum_{m=1}^{r}\left[\frac{m^2\pi}{l}w_m(y)-\frac{1}{\pi}w''_m(y)\right]^2+2(1-\nu)\sum_{m=1}^{r}m^2\cdot\left[w_m(y)w''_m(y)+(w'_m(y))^2\right]\right\}\mathrm{d}y+\xi h\int_{y_{i-1}}^{y_i}\sigma_x\sum_{m=1}^{r}m^2 w_m^2(y)\mathrm{d}y \tag{13}$$

2.4 Solution of the discrimination factor ξ

From the minimum potential energy principle of elastic system, there are

$$\frac{\partial\Pi_i^*}{\partial\delta_{i-1}^m}=0,\frac{\partial\Pi_i^*}{\partial\delta_{i-1}^{m'}}=0,\frac{\partial\Pi_i^*}{\partial\delta_i^m}=0,\frac{\partial\Pi_i^*}{\partial\delta_i^{m'}}=0 \tag{14}$$

Equations (6), (8) and (9) are substituted into Equations (13) and (14), and there are

$$\left\{\begin{bmatrix}f_{11}^{im} & f_{12}^{im} & f_{13}^{im} & f_{14}^{im}\\ f_{21}^{im} & f_{22}^{im} & f_{23}^{im} & f_{24}^{im}\\ f_{31}^{im} & f_{32}^{im} & f_{33}^{im} & f_{34}^{im}\\ f_{41}^{im} & f_{42}^{im} & f_{43}^{im} & f_{44}^{im}\end{bmatrix}-\xi\begin{bmatrix}g_{11}^{im} & g_{12}^{im} & g_{13}^{im} & g_{14}^{im}\\ g_{21}^{im} & g_{22}^{im} & g_{23}^{im} & g_{24}^{im}\\ g_{31}^{im} & g_{32}^{im} & g_{33}^{im} & g_{34}^{im}\\ g_{41}^{im} & g_{42}^{im} & g_{43}^{im} & g_{44}^{im}\end{bmatrix}\right\}\begin{bmatrix}\delta_{i-1}^m\\ \delta_{i-1}^{m'}\\ \delta^m{}_i\\ \delta_i^{m'}\end{bmatrix}=0 \tag{15}$$

where

$$f_{kj}^{im}=2D\int_{y_{i-1}}^{y_i}\left(\frac{m^2\pi}{l}a_k-\frac{1}{\pi}a''_k\right)\cdot\left(\frac{m^2\pi}{l}a_j-\frac{1}{\pi}a''_j\right)\mathrm{d}y+2D(1-v)\int_{y_{i-1}}^{y_i}m^2\cdot(a_ka''_j+a''_ka_j+2a'_ka'_j)\mathrm{d}y$$

$$(k,j=1,2,3,4)\qquad(16)$$

$$g_{kj}^{im}=-2h\int_{y_{i-1}}^{y_i}\sigma_x m^2 a_k a_j\mathrm{d}y$$

$$(k,j=1,2,3,4)\qquad(17)$$

In like manner, for the following equations:

$$\frac{\partial\Pi_{i+1}^*}{\partial\delta_i^m}=0,\frac{\partial\Pi_{i+1}^*}{\partial\delta_i^{m'}}=0,\frac{\partial\Pi_{i+1}^*}{\partial\delta_{i+1}^m}=0,\frac{\partial\Pi_{i+1}^*}{\partial\delta_{i+1}^{m'}}=0$$

there is

$$\left\{\begin{bmatrix}f_{11}^{(i+1)m}&f_{12}^{(i+1)m}&f_{13}^{(i+1)m}&f_{14}^{(i+1)m}\\f_{21}^{(i+1)m}&f_{22}^{(i+1)m}&f_{23}^{(i+1)m}&f_{24}^{(i+1)m}\\f_{31}^{(i+1)m}&f_{32}^{(i+1)m}&f_{33}^{(i+1)m}&f_{34}^{(i+1)m}\\f_{41}^{(i+1)m}&f_{42}^{(i+1)m}&f_{43}^{(i+1)m}&f_{44}^{(i+1)m}\end{bmatrix}-\xi\begin{bmatrix}g_{11}^{(i+1)m}&g_{12}^{(i+1)m}&g_{13}^{(i+1)m}&g_{14}^{(i+1)m}\\g_{21}^{(i+1)m}&g_{22}^{(i+1)m}&g_{23}^{(i+1)m}&g_{24}^{(i+1)m}\\g_{31}^{(i+1)m}&g_{32}^{(i+1)m}&g_{33}^{(i+1)m}&g_{34}^{(i+1)m}\\g_{41}^{(i+1)m}&g_{42}^{(i+1)m}&g_{43}^{(i+1)m}&g_{44}^{(i+1)m}\end{bmatrix}\right\}\begin{bmatrix}\delta_i^m\\\delta_i^{m'}\\\delta_{i+1}^m\\\delta_{i+1}^{m'}\end{bmatrix}=0\qquad(18)$$

Equation (15) is combined with Equation (18),

$$\left\{\begin{bmatrix}f_{11}^{im}&f_{12}^{im}&f_{13}^{im}&f_{14}^{im}&0&0\\f_{21}^{im}&f_{22}^{im}&f_{23}^{im}&f_{24}^{im}&0&0\\f_{31}^{im}&f_{32}^{im}&f_{33}^{im}+f_{11}^{(i+1)m}&f_{34}^{im}+f_{12}^{(i+1)m}&f_{13}^{(i+1)m}&f_{14}^{(i+1)m}\\f_{41}^{im}&f_{42}^{im}&f_{43}^{im}+f_{21}^{(i+1)m}&f_{44}^{im}+f_{22}^{(i+1)m}&f_{23}^{(i+1)m}&f_{24}^{(i+1)m}\\0&0&f_{31}^{(i+1)m}&f_{32}^{(i+1)m}&f_{33}^{(i+1)m}&f_{34}^{(i+1)m}\\0&0&f_{41}^{(i+1)m}&f_{42}^{(i+1)m}&f_{43}^{(i+1)m}&f_{44}^{(i+1)m}\end{bmatrix}-\xi\begin{bmatrix}g_{11}^{im}&g_{12}^{im}&g_{13}^{im}&g_{14}^{im}&0&0\\g_{21}^{im}&g_{22}^{im}&g_{23}^{im}&g_{24}^{im}&0&0\\g_{31}^{im}&g_{32}^{im}&g_{33}^{im}+g_{11}^{(i+1)m}&g_{34}^{im}+g_{12}^{(i+1)m}&g_{13}^{(i+1)m}&g_{14}^{(i+1)m}\\g_{41}^{im}&g_{42}^{im}&g_{43}^{im}+g_{21}^{(i+1)m}&g_{44}^{im}+g_{22}^{(i+1)m}&g_{23}^{(i+1)m}&g_{24}^{(i+1)m}\\0&0&g_{31}^{(i+1)m}&g_{32}^{(i+1)m}&g_{33}^{(i+1)m}&g_{34}^{(i+1)m}\\0&0&g_{41}^{(i+1)m}&g_{42}^{(i+1)m}&g_{43}^{(i+1)m}&g_{44}^{(i+1)m}\end{bmatrix}\right\}\begin{bmatrix}\delta_{i-1}^m\\\delta_{i-1}^{m'}\\\delta_i^m\\\delta_i^{m'}\\\delta_{i+1}^m\\\delta_{i+1}^{m'}\end{bmatrix}=0\qquad(19)$$

For n strip elements, the total linear equations are obtained according to the above methods.

$$([F^m]-\xi[G^m])[\delta^m]^{\mathrm{T}}=0\qquad(20)$$

where

$$[\delta^m]=[\delta_0^m\delta_0^{m'}\delta_1^m\delta_1^{m'}\cdots\delta_n^m\delta_n^{m'}]\qquad(21)$$

$[F^m]$ and $[G^m]$ are $2(n+1)$ order matrixes.

Equation (20) is transformed into

$$([G^m]^{-1}[F^m]-\xi[I])[\delta^m]^{\mathrm{T}}=0\qquad(22)$$

Based on the linear algebra theory [15], in order to make Equation (22) have a non-zero solution, its coefficient determinate $|[G^m]^{-1}[F^m]-\xi[I]|$ should be zero, that is

$$|[G^m]^{-1}[F^m]-\xi[I]|=0\qquad(23)$$

The solution of the critical load is actually the solution of the minimum longitudinal load which can cause the buckling deformation of strip, and is transformed into the solution of the minimum of ξ. The minimum eigenvalues ξ_m ($m = 1, 2, \cdots, r$) of the eigenmatrix $[G^m]^{-1}[F^m]$ are obtained by solving Equation (23). Then the minimum value among the r minimum eigenvalues is found, which is the shape discrimination factor ξ.

The engineering measurement indicates that the bad shape of rolled strip represents approximately the sine waveform along the rolling direction of strip [2, 13]. The computation of this paper indicates that the influence of m on ξ is very little as shown in Section 3.1, so in the computation, $m=1$ ($r=1$) is assumed, that is, the computation is conducted according to a linear waveform (the basic wave).

The influence of the half wavelength l on ξ is significant. During computation, it needs to search the half wavelength l which makes ξ reach the minimum. This paper gives the initial value l_0 and the search steplength Δl firstly, then iteration is carried out to search the half wavelength l minimizing ξ.

3 Simulation and Comparison

3.1 Influence of m and l on ξ

For explaining that the influence of m on ξ is very little, and the influence of l on ξ is significant, a group of computation examples are given. The width B of the steel strip is 742 mm, the thickness h is 1.28 mm, and the transverse distribution of the residual stress is shown in Figure 3. The computed results of the discrimination factor ξ are given in Table Ⅰ. It can be seen that the change of ξ is very little when m changes from 1 to 4, and the change of ξ is significant when l/B changes from 0.4 to 4.0. The change curve of ξ with l/B is shown in Figure 4, which indicates that there is a half wavelength l minimizing ξ, and it is the half wavelength at the critical destabilization.

In Table Ⅰ, when l/B is 4.0, the influence of m on ξ is large in some degree, but ξ is far more than 1, which indicates obviously that the strip does not lose stabilization. Therefore, it need not pursue the computation accuracy of ξ excessively, and selecting $m=1$ can meet the aim of the destabilizing discrimination of rolled strip.

3.2 Classical calculation example and comparison

The buckling problem of some thin rectangle plate ($\nu=0.25$) is calculated by the method (SEM). The two opposite sides of the thin rectangle plate are simply supported and subjected to the uniform pressure (p_x), and in its other two opposite sides, one side is simply supported and another side is free, as shown in Figure 5. The calculated results of the method (SEM) are compared with the calculated results of the analytical method (Ritz's method) in Reference [16]. Table Ⅱ gives the critical load coefficients (k_c) obtained by the SEM and the Ritz's method, respectively, under different length/width (L/B) conditions. The relationship between the critical load coefficient (k_c) and the critical load (p_{xc}) is $p_{xc}=k_c(\pi^2 D/B^2)$. From Table Ⅱ, the solution of the SEM is slightly larger than the solution of the Ritz's method, they are very close each other, and the maximum relative error is 5.61% in Table Ⅱ, which verifies the correctness of the SEM.

Table Ⅰ　The computed values of discrimination factor(ξ)

	$m=1$	$m=2$	$m=3$	$m=4$	…
$l/B=0.4$	1.663 96	1.664 01	1.664 90	1.665 37	…
$l/B=1.0$	1.083 00	1.083 90	1.085 04	1.085 29	…
$l/B=2.0$	1.663 96	1.663 82	1.660 96	1.659 48	…
$l/B=4.0$	4.887 43	4.875 01	4.634 33	4.520 43	…

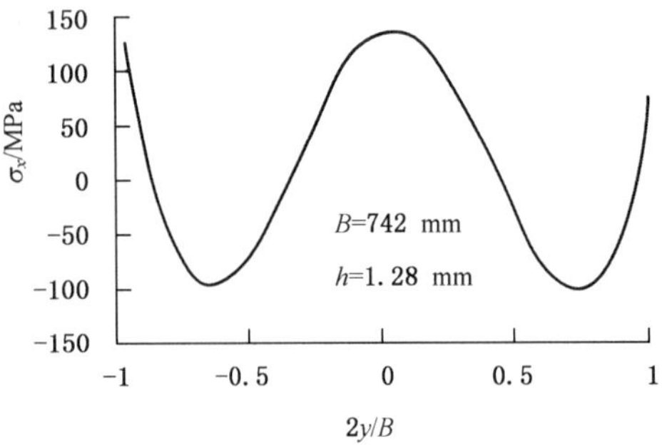

Figure 3　The transverse distribution of the residual stress of rolled steel strip

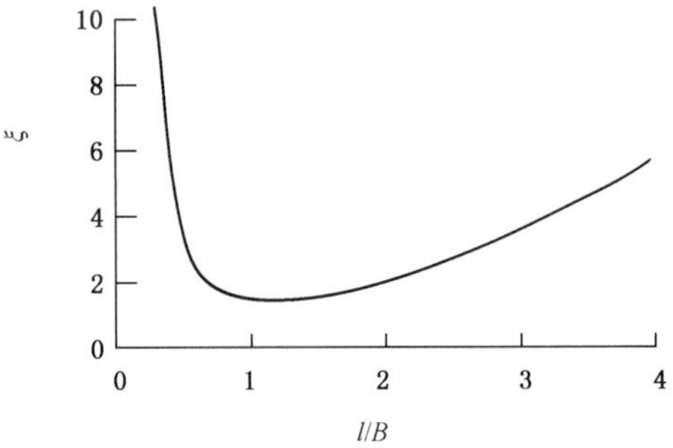

Figure 4　The relationship between ξ and l/B

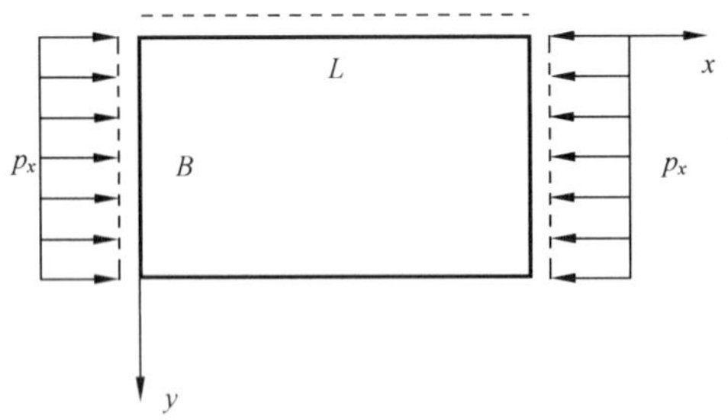

Figure 5　The loaded diagram of the thin rectangle plate

Table Ⅱ　The critical load coefficients

L/B	0.5	1.0	1.2	1.4	1.6	1.8	2.0	2.5	3.0
k_c Ritz's method [16]	4.4	1.44	1.14	0.95	0.84	0.76	0.70	0.61	0.56
SEM	4.512	1.469	1.204	0.964	0.878	0.781	0.732	0.628	0.589
Relative error (%)	2.55	2.01	5.61	1.47	4.52	2.76	4.57	2.95	5.18

3.3 Simulation examples and comparisons of cold rolled strip

The five experiment examples in Reference[2] are simulated by this method. The experiment of strip rolling was carried out on a 300 mm four-high cold rolling mill. The work roll diameter is 100 mm, the backup roll diameter is 200 mm, and the roll body length is 300 mm. All the rolls are plain-barreled rolls, and their crowns are zero. The mill is equipped with work roll bending equipment for adjusting the shape of strip and two shape meters which measure the front and back tension stresses. The rolling materials for the experiment are coiled steel strip and coiled aluminum strip, respectively. The thickness and the width of the steel strip are 0.5 and 260 mm, respectively, and the percent reduction is 15%. The thickness and the width of the aluminum strip are 0.45 and 250 mm, respectively, and the percent reduction is 20%. Figure 6 shows the residual stress distributions of the five examples[2], and Table Ⅲ gives the computed results of this study and the experimental results of Reference[2]. From Table Ⅲ, it can be seen that for the three examples St. 2, Al. 1 and Al. 2, the computed shape discrimination factors (ξ) are much less than 1, which indicates that the strip shapes are very bad, and the experimental results (the half wavelength l and the maximum deflection w_{max}) also indicate that the serious buckling waveforms appear. For the two examples St. 3 and St. 4, the computed results of ξ are more than 1, which indicates that the strip shapes are good, and any waveforms are not measured in the experiment. So, the computed results are in good agreement with the practical situations.

Table Ⅲ　The results of simulation and experiment

Strip	Discrimination factor ξ	Experiment[2]		Shape state[2]
		l/mm	w_{max}/mm	
St. 2	0.1471	125	1.55	bucking, bad
St. 3	1.1250	—	0	flat, good
St. 4	2.2463	—	0	flat, good
Al. 1	0.1528	89.0	1.87	bucking, bad
Al. 2	0.1493	118.0	1.60	bucking, bad

4 Conclusions

1. This paper proposes a strip element method for the discriminating shape of rolled strip. The concept of this method is clear, the computation is simple. The method is practical and reliable, and can be used to discriminate the shape state of rolled strip.

2. The influence of the order number m of sine waves on the shape discrimination factor ξ is very little, $m=1$

can be selected in computation. The influence of the half wavelength l on ξ is significant, it needs to search carefully the l minimizing ξ.

3. The difference between the method and the traditional finite strip method is that this method divides elements in a mathematical sense, but the traditional finite strip method in a physical sense.

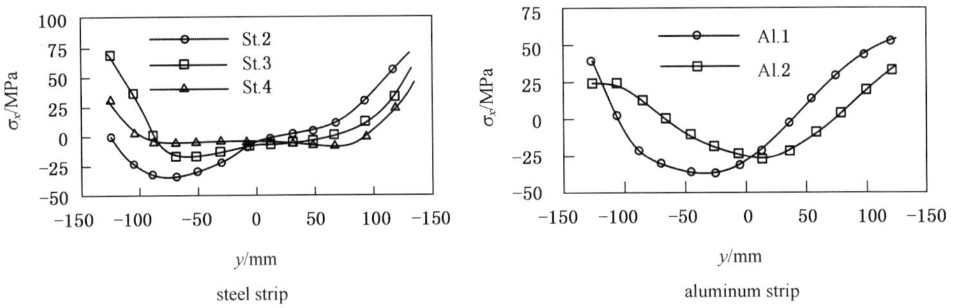

Figure 6　The transverse distributions of residual stress [2]

References

[1] Bryant G F. Automation of Tandem Mills. The Iron and Steel Inst. : London, 1973.

[2] Lian Jiachuang, Duan Zhengyong, Lu Shengjiang. Study on the large deflection buckling deformation for rolled strip losing stability. The Science and Technology of Flat Rolling, Proceedings of the 4th International Steel Rolling Conference, Deauville, France, 1987(2): E5.

[3] Kazutake Komori. Analysis of cross and vertical buckling in sheet metal rolling. International Journal of Mechanical Sciences, 1998, 40(12): 1235-1246.

[4] Fischer F D, Rammerstorfer F G, Friedl N, Wieser W. Buckling phenomena related to rolling and levelling of sheet metal. International Journal of Mechanical Sciences, 2000 (42): 1887-1910.

[5] Ishikawa T, Yukawa N, Tozawa Y. Analytical approach to occurrence and suppression of flatness defect in strip rolling. The Science and Technology of Flat Rolling, Proceedings of the 4th International Steel Rolling Conference, Deaville, France, 1987 (2): E7.

[6] Zhang Qingdong, Chen Xianlin, Chen Baoguan. Analysis on the shape deformation of on-line buckled strip. Steel Rolling, 1996, 13(1): 9-12 (in Chinese).

[7] Qing Weijie, Yang Quan. Study on the cold rolled strip global and local buckling, post-buckling using the finite element method. Journal of University of Science and Technology Beijing, 2000, 22(4): 377- 380 (in Chinese).

[8] Zhang Xiaojing, Wang Xingzhe. Analysis of magnetoelastic interaction of rectangular ferromagnetic plates with nonlinear magnetization. International Journal of Solids and Structures, 2001(38): 8641- 8652.

[9] Lin Zhenbo, Zhang Bo, Lian Jiachuang, Duan Zhenyong. Analysis and discussion on the shape discrimination model of cold strip. Iron and Steel, 1995, 30(8): 39-43 (in Chinese).

[10] Bradford M A, Azhari M. Buckling of plates with different end conditions using the finite strip method. Computers and Structures, 1995, 56(1): 75-83.

[11] Dawe D J, Ge Y S. Thermal buckling of

shear-deformable composite laminated plates by the spline finite strip method. Computer Methods in Applied Mechanics and Engineering,2000(185): 347- 366.

[12] Liu Hongmin, Duan Zhenyong, Lian Jiachuang. Comprehensive experiment study of the force parameters of cold strip rolling on a four-high mill. Chinese Journal of Mechanical Engineering, 1993, 6(2): 106-112.

[13] Ginzburg V B. High-Quality Steel Rolling: Theory and Practice. Marcel Dekker: New York, 1993.

[14] Liu Hongmin, Zheng Zhenzhong, Peng Yan. Streamline strip element method for analysis of the three- dimensional stresses and deformations of strip rolling. International Journal for Numerical Methods in Engineering,2001,50(5): 1059-1076.

[15] The Editorial Group of Mathematics Manual. Mathematics Manual. Higher Education Press: Beijing, China, 1979 (in Chinese).

[16] Xu Zhilun. Mechanics of Elasticity (next volume). People Education Publishing House: Beijing, China, 1980 (in Chinese).

Establishment Method of Shape Standard Curve Based on Stepwise Optimization and Its Compensation Models①

Sun Yabo[1,2], Liu Hongmin[1,2], Peng Yan[1,2]

(1. Engineering Research Center of Rolling Equipment and Complete Technology of Ministry of Education, Yanshan University, Qinhuangdao, 066004, China;
2. State Key Laboratory of Metastable Materials Science & Technology, Yanshan University, Qinhuangdao, 066004, China)

Abstract: There are very few researches on the shape standard curve currently, and they merely remain on the level of description of the general concept and production experiences, lacking of the in-depth theoretical analysis, and the concrete principle, method and steps for determining the shape standard curve are not put forward, therefore, they are not applicable in industrial production. This is the weakest spot in the research on the basic shape theory. In this paper, the basic shape standard curve and the transverse distribution curve of the exit thickness are attained with stepwise optimization, which is based on the theoretical calculation method of the shape standard curve of strip mills proposed by authors. By calculating the shape discrimination model and the shape forecast model separately, the simultaneous iterative calculation by the previous method is avoided, and the speed and stability of calculation are improved. The compensation models of the transverse temperature difference of the strip, the shape detection roller deflection and the shape of the strip coil are established, respectively, meantime, the basic shape standard curves are compensated, and the relatively perfect theoretical establishment method of the shape standard curve is formed. The simulation and calculation are done on a 1220 mm five-stand cold strip tandem mill. The simulation and calculation result shows that the principle, method and steps for determining the shape standard curve are correct and feasible, and the correctness of theoretical analysis and calculation is verified. This paper proposes an idea and a method for the establishment of the shape standard curve in the rolling processes of cold strip mills, which develop the theory and model of the shape standard curve and improve the quality and efficiency of the shape control in the rolling processes of cold strip mills.

Key words: Strip rolling; Shape; Crown; Shape standard curve; Stepwise optimization; compensation model

---

① Chinese Journal of Mechanical Engineering, 2011, 24(1): 105-112.

1 Introduction

The model of the shape standard curve is one of the basic models for shape control, which is the goal model for shape control, and it plays an important role in shape control. For some reasons, the advanced shape control system introduced by China in recent years is only the shape standard curves that may be chosen to use, but not the principle, method and model for establishing and choosing the shape standard curve. This has brought huge difficulties for rolling operation, especially for the development of new products. The current worldwide researches on the shape standard curve are very few. The segment enactment method and the parameter enactment method of the shape standard curve are introduced in Refs. [1-3], and they are depended on production experiences and comparatively coarse. Several common shape standard curves that are used in industrial production are introduced in Refs. [4-6]. The determination of the unknown coefficients is depended on production experiences. The current researches on the shape standard curve merely remain on the level of description of the general concept and production experiences, lacking of the in-depth theoretical analysis, and the concrete principle, method and steps for determining the shape standard curve are not put forward, therefore, they are not applicable in industrial production. This is the weakest spot in the research on the basic shape theory.

The shape standard curve is also called the shape target curve, which is the target that the shape control system regulates the strip shape (the uneven components of the transverse distribution of the forward tensile stress measured by shape meter) to reach. It represents the transverse distribution of the residual stress in the strip expected by the producers at the end of rolling, and reflects integrant true shape quality. When controlling, the actual strip shape stress curve is regulated to reach the shape standard curve, and the difference between these two curves is eliminated as far as possible.

The research on the shape standard curve has begun and gone through several development phases since the realization of the shape closed loop control on strip mills. In the first phase, the primary research is on how to describe the shape quality value (flat or waves with definite size) expected by the producers as the tensile stress value measured by shape meter which can be identified by computer, or how to use the forward tensile stress to express the shape quality value in the form of waves. In the second phase, the research is primarily on the compensation or elimination of the non-shape signal among measured signals by shape meter through setting the shape standard curve. Studies have been doing on the various additional stresses in the strip caused by various factors, such as the transverse temperature difference, the shape detection roller deflection and the shape of the strip coil, etc, and on the determination of these stresses and the compensation of them by setting the shape standard curve. In the third phase, demands on the strip shape by the following units are further put into consideration. In the preceding two phases, the main concern for setting the shape standard curve is to ensure the best exit strip shape. However, during cold strip rolling, most of the rolled strips need to be further processed by the following process, such as the hot-dip galvanizing, the annealing line, etc. The running stability of these units is influenced by the strip shape, moreover, the strip shape will be changed in the following process. Therefore, when we set the shape standard curve, the demands on the strip shape by the following units must be considered. The shape standard curve is usually set as the slight centre waves or the slight both edge waves.

In Ref. [7], the theoretical method for determining the shape standard curve is put forward under the combination of theoretical analysis and production experiences. However, non-convergence happens easily since the shape discrimination model and the shape forecast model are simultaneous iterative calculated, and the calculation is complex and slow. In this paper, by calculating the shape discrimination model and the shape forecast model separately, the basic shape standard curve and the transverse distribution curve of the exit thickness are attained with stepwise optimization (two steps), and the speed and stability of calculation are improved. Then the transverse temperature difference, the shape detection roller deflection and the shape of the strip coil are synthetically considered, the compensations of them are done on the basic shape standard curve, so the theoretical establishing method of the shape standard curve is relatively perfect.

2 Establishing method of the basic shape standard curve with stepwise optimization

2.1 Setting of the basic shape standard curve pattern

The basic shape standard curve is a certain form of the transverse distribution curve of the residual stress in rolled strip, i. e., the shape standard curve without compensation. During rolling, in order to meet the need of the strip crown control in the preceding several passes and the need of technology of the annealing line and other down stream processing in the final pass, the certain residual stress in rolled strip is allowed. The basic shape standard curve pattern $\sigma_i^0(y)$ is set as

$$\sigma_i^0(y) = a_0 + a_2 y^2 + a^4 y^4, i = 1, 2, \cdots, m \tag{1}$$

where y—Transverse relative coordinate, from a side to the other side of strip, varying from -1 to $+1$;

a_0, a_2, a_4—Fitting coefficients;

m—Number of tandem rolling passes.

The basic shape standard curve $\sigma_i^0(y)$ should satisfy the self-balance condition of the residual stress as follows:

$$\int_{-1}^{+1}\sigma_i^0(y)\mathrm{d}y=0. \tag{2}$$

Eq. (1) is substituted into Eq. (2), and there is

$$a_0=-\frac{a_2}{3}-\frac{a_4}{5} \tag{3}$$

It can be seen that there are only two unknown coefficients a_2, a_4 in the basic shape standard curve pattern (Eq. (1)).

The setting of the basic shape standard curve $\sigma_m^0(y)$ in the final pass should satisfy the special requirements of the strip shape by the following process. After rolled, the strip is hoped to have the slight both edge waves in order that the medium gas can be easily put into the interior of the strip coil to prevent strip coil from bonding during annealing in the batch annealing furnace. It is also hoped that the strip has the slight centre waves in the continuous annealing line in order to prevent strip from snaking during continuous annealing. When not considering the technology requirements of the annealing line and other down stream processing, there is $\sigma_m^0(y)=0$.

2.2 Idea and method of the simultaneous iterative calculation in Ref. [7]

An idea for establishing the basic shape standard curve is proposed in Ref. [7]: it is assumed that the raw crown is given, the strip crown is eliminated as far as possible under the restrictive condition of stabilization (the shape is good) of rolled strip in the preceding several passes, and the strip shape is controlled concentratedly in the final two passes in order to obtain the best final strip shape. In other words, the strip crown is mainly controlled and the good shape is attained simultaneously in the preceding several passes, and the strip shape is chiefly controlled in the final two passes, finally the best strip shape is obtained with the synthetic control of the shape and crown.

The shape forecast model[8] (the three-dimensional plastic deformation model of strip) and the shape discrimination model[9] (the stability discrimination model of rolled strip) are needed in the establishment of the basic shape standard curve according to the above idea. The two models are simultaneous iterative calculated again and again, then the transverse distribution of the strip crown which meets the need of the strip shape and the residual stress in each pass is attained, and this transverse distribution curve of the residual stress is the basic shape standard curve.

In the above arithmetic, the shape forecast model and the shape discrimination model are simultaneous iterative calculated again and again, so that the calculation process is complex and the calculation time is long. Because the transverse distribution of the residual stress in the strip is sensitive to the variation of the transverse distribution of the exit thickness, the shape forecast calculation results (the transverse distribution of the forward tension) vary within a large range, so that there is possibility for the shape discrimination factor ξ to be unable to fall within the pre-given range, the situation of non-convergence happened.

In addition, the shape standard curve established in Ref. [7] does not consider the compensation of various influence factors, so when it is used in shape control, a certain shape difference is brought.

2.3 Method and steps for establishing the basic shape standard curve with stepwise optimization

A new method for establishing the basic shape standard curve is put forward on the basis of Ref. [7].

It is assumed that the form of the transverse distribution of the residual stress in the strip is determined. Through the shape forecast model, it can be seen that there is a one-to-one correspondence between the transverse distribution of the exit thickness and the transverse distribution of the residual stress in the strip. And through the shape discrimination model, it can be seen that there is a one-to-one correspondence between the transverse distribution of the residual stress in the strip and the shape discrimination factor. So there is a one-to-one correspondence between the transverse distribution of the exit thickness and the shape discrimination factor. In other words, the transverse distribution of the exit thickness is also determined after the shape discrimination factor is determined. In order to avoid the simultaneous iterative calculation of these two models, these two models are separated and calculated independently, in this way, the basic shape standard curve and the transverse distribution curve of the exit thickness (the exit crown) are attained with stepwise optimization.

The transverse distribution of the exit thickness in the ith pass $h_i(y)$ is expressed as the following quartic polynomial:

$$h_i(y)=b_0+b_2y^2+b_4y^4,\quad i=1,2,\cdots,m \tag{4}$$

where b_0, b_2, b_4—Fitting coefficients.

The transverse average exit thickness in the ith pass $\bar{h}_i$ is

$$\bar{h}_i=\frac{1}{2}\int_{-1}^{+1}h_i(y)\mathrm{d}y \tag{5}$$

Eq. (4) is substituted into Eq. (5), and then we can obtain the following equation

$$b_0=\bar{h}_i-\frac{b_2}{3}-\frac{b_4}{5} \tag{6}$$

It can be seen that there are only two unknown coefficients b_2, b_4 in the transverse distribution of the exit thickness pattern (Eq. (4)).

Method and steps for establishing the basic shape standard curve with stepwise optimization are as follows.

(1) Calculation in the preceding several passes ($i=1,2,\cdots,m-1$). For the first step, let $a_4=0$, the unknown coefficient a_2 of the stylebook of the basic shape standard curve in the ith pass $\sigma_i^*(y)$ is optimized by the shape discrim-

ination model. Through making the shape discrimination factor ξ calculated by the shape discrimination model approach the set value as close as possible, the stylebook of the basic shape standard curve in the ith pass $\sigma_i^*(y)$ is obtained. The second step, the two unknown coefficients b_2, b_4 of the transverse distribution of the exit thickness $h_i(y)$ in the ith pass are optimized by the shape forecast model. Through making the transverse distribution of the residual stress calculated by the shape forecast model approach the stylebook of the basic shape standard curve in the ith pass $\sigma_i^*(y)$ as close as possible, the basic shape standard curve $\sigma_i^0(y)$ and the transverse distribution curve of the exit thickness $h_i(y)$ in the ith pass are obtained.

(2) Calculation in the final pass. For the first step, the two unknown coefficients a_2, a_4 are set according to special requirements of the strip shape by the following process, and the basic shape standard curve in the final pass $\sigma_m^0(y)$ is obtained. The second step, the two unknown coefficients b_2, b_4 of the transverse distribution of the exit thickness $h_m(y)$ in the final pass are optimized by the shape forecast model. Through making the transverse distribution of the residual stress calculated by the shape forecast model approach the basic shape standard curve in the final pass $\sigma_m^0(y)$ as close as possible, the transverse distribution curve of the exit thickness $h_m(y)$ in the final pass is obtained.

The coordinate alternation method is selected, and the calculation flow is shown in Fig. 1. In this method, since the transverse distribution of the exit thickness is expressed as the quartic polynomial, and the shape discrimination model and the shape forecast model are separately calculated, $\sigma_i^0(y)$ and $h_i(y)$ are attained with stepwise optimization, the simultaneous iterative calculation in Ref. [7] is avoided, so the speed and stability of calculation are improved.

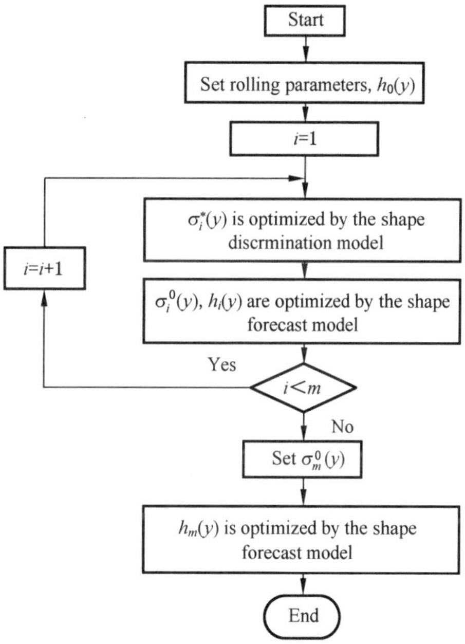

Fig. 1　Calculation flow of establishing the basic shape standard curve with stepwise optimization

3　Compensation model of the shape standard curve

3.1　Compensation model of the transverse temperature difference of the strip

During cold strip rolling, the transverse distribution of the thermal elongation is uneven because the temperature difference is generated along the strip width direction, so the thermal stress is generated and the on-line shape is changed. The compensation of which should be done on the basic shape standard curve.

The transverse distribution of the strip temperature $t(y)$ which is measured or calculated can be expressed as the quartic polynomial:

$$t(y)=c_0+c_2y^2+c_4y^4 \tag{7}$$

where c_0, c_2, c_4—Fitting coefficients.

The compensation quantity caused by the transverse temperature difference of the strip, i. e. , the thermal stress that should be added on the basic shape standard curve $\sigma_{th}(y)$ can be obtained:

$$\sigma_{th}(y)=\alpha_t E(\bar{t}-t(y)) \tag{8}$$

where α_t—Linear expansion coefficient of the strip;

E—Elastic modulus of the strip;

$\bar{t}$—Average value of $t(y)$ across the strip width B.

3.2 Compensation model of the shape detection roller deflection and the shape of the strip coil

During shape measuring, the additional stress is generated because the shape detection roller is pressed by the strip, whose deflection is brought, and the upper surface of which shows the concave state, then the transverse distribution of the elongation of the strip is changed. The transverse distribution of the tensile stress of the strip is changed, so that the transverse distribution of pressure measured by shape meter is not transformed from the forward tension which reflects the true shape, and the measuring error is brought, the compensation of which should be done on the basic shape standard curve.

After the rolled strip with crown is coiled, the crown of the strip coil is formed, and the outside radius of the strip coil is not equal along the strip width direction. So that the transverse distribution of the elongation of the strip is changed, the additional stress is generated, and the transverse distribution of the tensile stress of the strip is changed, the shape measuring precision is influenced, and the compensation of which should also be done on the basic shape standard curve.

3.2.1 Calculation of the shape detection roller deflection

The shape detection roller deflection is calculated with the intersected models influence coefficient method[10]. The mechanical model is shown in Fig. 2. The transverse distribution of the tensile stress of the strip contacting on the shape detection roller $\sigma_T(y)$ is expressed as

$$\sigma_T(y)=\bar{\sigma}_T+\sigma_m^0(y)+\sigma_{th}(y)+\sigma_{fr}(y) \tag{9}$$

where $\bar{\sigma}_T$—Average value of $\sigma_T(y)$ across the strip width;

σ_{fr}—Tensile stress caused by the shape detection roller deflection and the shape of the strip coil.

The transverse distribution of the unit width contact pressure acting on the shape detection roller $q(y)$ is obtained:

$$q(y)=2\sigma_T(y)h(y)\sin\left(\frac{\theta}{2}\right) \quad (10)$$

where $h(y)$—Transverse distribution of the strip thickness;

θ—Rounding angle, that is, the size of the shape detection roller circle covered by the strip.

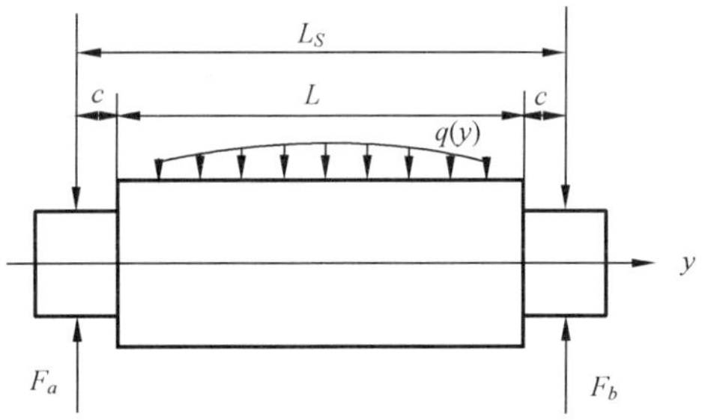

Fig. 2　Mechanical model of the shape detection roller

In Fig. 2, L is the length of the shape detection roller body, L_S is the distance between two force points, F_a and F_b are the counter forces. The shape detection roller body covered by the strip is averagely divided into n units along the shape detection roller axial direction, the unit width is Δy. $q(y)$ and the strip are also divided into the same units. The deflection of the ith unit of the shape detection roller, i. e. , the deflection in the point y_i caused by all the contact pressures $q_j\Delta y(j=1,2,\cdots,n)$ can be obtained:

$$f_i=\sum_{j=1}^{n}\alpha_{ij}\Delta y q_j, i=1,2,\cdots,n \quad (11)$$

where α_{ij}—Bending influence coefficient of the shape detection roller.

3. 2. 2　Calculation of the outside radius of the strip coil

Because the axial stress of the strip coil is very small, which can be averagely divided into n small strip coils along the axial direction, and the layered iteration method[11] is taken to calculate the outside radius of the strip coil.

During coiling, the radial displacement of the ith small strip coil u_i can be expressed as

$$u_i=\frac{r_i}{E}\left[\sigma_i+(1-\nu)p_{i,j}+r_i\frac{dp_{i,j}}{dr_i}\right]$$

$$i=1,2,\cdots,n, j=1,2,\cdots,p \quad (12)$$

where ν—Poisson coefficient of the strip;

σ_i—Coiling tensile stress of the ith small strip coil;

$p_{i,j}$—Inner radial pressure of the jth layer strip of the ith small strip coil;

r_i—Coiling radius of the ith small strip coil;

p—Number of layers of the strip coil.

During calculating, set $dr_i=h_i$ (h_i is the strip thickness of the ith small strip coil), and $dp_{i,j}$ is the radial pressure difference between the inside and outside surfaces of the jth layer strip of the ith small strip coil.

When coiling the $(j-1)$th layer strip, the radial displacement of the kth layer strip of the ith small strip coil $u_{i,k,j-1}$ can be obtained:

$$u_{i,k,j-1}=\frac{r_{i,k,j-1}}{E}\left[\sigma_i+(1-\nu)p_{i,k,j-1}+r_{i,k,j-1}\frac{p_{i,k+1,j-1}-p_{i,k,j-1}}{h_{i,k,j-1}}\right] \quad (13)$$

In the same way, when coiling the jth layer strip, the radial displacement of the kth layer strip of the ith small strip coil $u_{i,k,j}$ can be obtained:

$$u_{i,k,j}=\frac{r_{i,k,j}}{E}\left[\sigma_i+(1-\nu)p_{i,k,j}+r_{i,k,j}\frac{p_{i,k+1,j}-p_{i,k,j}}{h_{i,k,j}}\right] \tag{14}$$

where $r_{i,k,j}$, $h_{i,k,j}$—Coiling radius and the strip thickness of the kth layer strip of the ith small strip coil, respectively, when coiling the jth layer strip;

$p_{i,k,j}$, $p_{i,k+1,j}$—Radial pressure of the inside and outside surfaces of the kth layer strip of the ith small strip coil, respectively, when coiling the jth layer strip.

Therefore, the radial displacement increment of the kth layer strip of the ith small strip coil for a period of coiling time from the $(j-1)$th layer strip to the jth layer strip can be expressed as

$$\Delta u_{i,k,j}=u_{i,k,j}-u_{i,k,j-1} \tag{15}$$

Eq. (13) and Eq. (14) are combined with Eq. (15), and $p_{i,k,j}$ can be obtained from Eq. (16):

$$p_{i,k,j}=\frac{1}{(1-\nu)\dfrac{r_{i,k,j}}{E}-\dfrac{r_{i,k,j}^2}{Eh_{i,k,j}}}\cdot\left[\Delta u_{i,k,j}+u_{i,k,j-1}-\frac{r_{i,k,j}}{E}\cdot\left(\sigma_i+r_{i,k,j}\frac{p_{i,k+1,j}}{h_{i,k,j}}\right)\right] \tag{16}$$

The boundary conditions of the strip coil during coiling are as follows:

(1) The coiling tensile stress of the ith small strip coil σ_i can be expressed as $\sigma_i=\sigma_T(y_i)$ $(i=1,2,\cdots,n)$.

(2) When coiling the jth layer strip, the radial pressure of the outside surface of the outermost layer strip of the ith small strip coil is zero, i. e., $p_{i,j+1,j}=0$ $(i=1,2,\cdots,n)$.

The $p_{i,k,j}$ is calculated with iteration of layer by layer, and the specific calculating steps are as follows:

(1) From the boundary condition (2), there is $p_{i,j+1,j}=0$.

(2) It is assumed that $\Delta u_{i,k,j}$ and $u_{i,k,j-1}$ are both zero, then $p_{i,k,j}$ $(k=1,2,\cdots,j)$ is obtained from Eq. (16);

(3) $\Delta u_{i,k,j}$, $u_{i,k,j-1}$ and $r_{i,k,j}$ are calculated and substituted into Eq. (16), then a new radial pressure $p_{i,k,j}^*$ $(k=1,2,\cdots,j)$ is obtained.

(4) If $\sum_{k=1}^{j}|p_{i,k,j}-p_{i,k,j}^*|\leqslant\varepsilon$ (ε is the calculation precision), the calculation is ended; otherwise, set $p_{i,k,j}=p_{i,k,j}^*$ $(k=1,2,\cdots,j)$, then go to step (3), and repeat the calculation until the calculation precision is satisfied.

It can be seen that $r_{i,k,j}$ can also be obtained, synchronously. Then when coiling the jth layer strip, the outside radius of the ith strip coil $R_{i,j}$ can be expressed as

$$R_{i,j}=r_{i,j,j},\ i=1,2,\cdots,n,\quad j=1,2,\cdots,p \tag{17}$$

3.2.3 Calculation of the compensation quantity caused by the shape detection roller deflection and the shape of the strip coil

The additional stress caused by the shape detection roller deflection and the shape of the strip coil is acting on a section of the strip from the mill exit to the coiler and the outermost layer strip of the strip coil. It is assumed that the strip is always contacting with the upper surface of the shape detection roller under σ_a during coiling, the longitudinal profile of the ith unit is shown in Fig. 3.

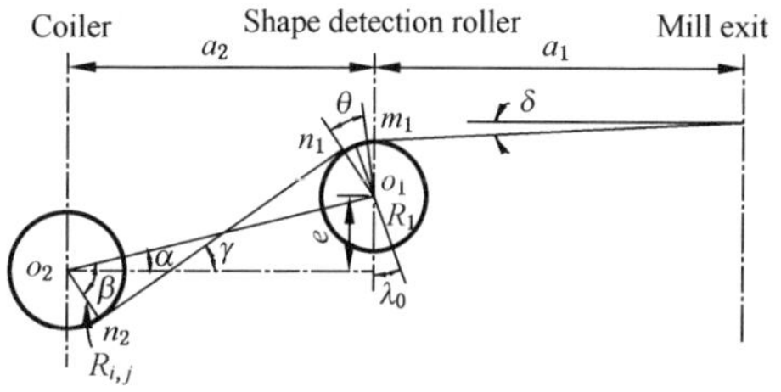

Fig. 3　Longitudinal profile of the ith unit

After the shape detection roller is bended, the geometric relationships in Fig. 3 are as follows:

$$\alpha = \arctan \frac{e}{a_2} = \arctan \frac{e_0 - f_i \cos\lambda_0}{a_{20} + f_i \sin\lambda_0} \tag{18}$$

$$\beta = \arccos \frac{(R_1 + R_{i,j})\sin\alpha}{e_0 - f_i \cos\lambda_0} \tag{19}$$

$$\gamma = \frac{\pi}{2} - (\beta - \alpha) \tag{20}$$

$$\delta = \arctan \frac{f_i \cos\lambda_0}{a_{10} - f_i \sin\lambda_0} \tag{21}$$

$$\theta = \gamma - \delta \tag{22}$$

where e_0, a_{10}, a_{20}—Center distances for the shape detection roller installation;

e, a_1, a_2—Center distances after the shape detection roller is bended;

R_1—Outside radius of the shape detection roller.

When coiling the jth layer strip, for the ith unit, the length of the strip from the mill exit to the coiler and the outermost layer strip of the strip coil $l_{i,j}$ is expressed as

$$l_{i,j} = \theta R_1 + (R_1 + R_{i,j})\tan\beta + \frac{a_{10} - f_i \sin\lambda_0}{\cos\delta} + R_1 \tan\delta + 2\pi R_{i,j} \tag{23}$$

The average length of $l_{i,j}$ across the strip width B is

$$\bar{l}_j = \frac{\sum_{i=1}^{n} l_{i,j}}{n} \tag{24}$$

The tensile strain of the strip caused by the shape detection roller deflection and the shape of the strip coil $\Delta\varepsilon_{i,j}$ is obtained:

$$\Delta\varepsilon_{i,j} = \frac{l_{i,j} - \bar{l}_j}{\bar{l}_j} \tag{25}$$

According to the planar deformation theory, the tensile stress of the strip caused by the shape detection roller deflection and the shape of the strip coil $\Delta\sigma_{i,j}$ is obtained

$$\Delta\sigma_{i,j} = \frac{E}{1-\nu^2}\Delta\varepsilon_{i,j},$$
$$i = 1,2,\cdots,n, j = 1,2,\cdots,p \tag{26}$$

When coiling the jth layer strip, the compensation quantity caused by the shape detection roller deflection and the shape of the strip coil, i. e., the tensile stress that should be added on the basic shape standard curve $\sigma_{frj}(y)$ can be expressed as

$$\sigma_{fri}(y_i) = \Delta\sigma_{i,j}, j = 1,2,\cdots,p \tag{27}$$

The specific calculating steps are as follows.

(1) Set $\sigma_{fr} = 0$, the initial value of σ_T is obtained from Eq. (9).

(2) q and σ_{frj} are obtained from Eq. (10) and Eq. (27), respectively;

(3) σ_T is obtained again from Eq. (9), and a new unit width contact pressure q^* is obtained from Eq. (10).

(4) If $\sum_{i=1}^{n} |q_i - q_i^*| \leqslant \varepsilon$ (ε is the calculation precision), the calculation is ended; otherwise, set $q = q^*$, then σ_{frj} is calculated again.

(5) Go to step (3), repeat the calculation until the calculation precision is satisfied.

(6) Go to step (2), repeat the calculation until the coiling is finished.

It can be seen from some calculations that the compensation quantity caused by the shape detection roller deflection and the shape of the strip coil $\sigma_{frj}(y)$ is variable with the increase of the coiling layers dynamically. It changes greatly in coiling the first 50 layers, and after which it is gradually stabilized with the increase of the coiling layers.

3.3 Synthetical compensation model of the shape standard curve

The transverse temperature difference of the strip is generated in the whole rolling process, so the compensation of which should be done on the basic shape standard curves in all the passes.

During cold strip rolling, because the shape closed loop control is popularly adopted on the final stand, the compensation of the shape detection roller deflection and the shape of the strip coil are only done on the basic shape standard curve in the final pass. The compensation quantity $\sigma_{frj}(y)$ is variable with the increase of the coiling layers, and the compensation of them is dynamically done on the basic shape standard curve in the final pass, a group of shape standard curves in the final pass that are dynamically changing are obtained consequently.

The shape standard curves in the preceding several passes $\sigma_i(y)$ are expressed as

$$\sigma_i(y) = \sigma_i^0(y) + \sigma_{th}(y),\quad i = 1, 2, \cdots, m-1 \tag{28}$$

The shape standard curves in the final pass $\sigma_{mj}(y)$ are expressed as

$$\sigma_{mj}(y) = \sigma_m^0(y) + \sigma_{th}(y) + \sigma_{frj}(y),\quad i = 1, 2, \cdots, p \tag{29}$$

The relatively perfect theoretical method for establishing the shape standard curve is formed by means of the above mentioned compensation. For the final pass, a group of shape standard curves in the final pass that are dynamically changing are established and taken into the shape closed loop control in order to acquire better control effect.

4 Calculation Example of the Shape Standard Curve

Calculation and analyses are done on a 1220 mm five-stand cold strip tandem mill with the above model and method for establishing the shape standard curve. The raw width is 722 mm, the raw thickness is 2.8 mm, and the elastic modulus is 210 Gpa, the Poisson coefficient of the strip is 0.3. The exit thickness, the total forward tension, the transverse temperature difference, the set value of the shape discrimination factor ξ and the exit crown of the strip in each pass are shown in Table.

Table. Primary rolling parameters and calculation results of the 1220 mm five-stand cold strip tandem mill

Parameter	Pass No.					
	0	1	2	3	4	5
Exit thickness h_i/mm	2.800	2.044	1.318	0.903	0.681	0.545
Total forward tension T_i/kN	—	216.1	137.7	106.9	77.0	27.0
The transverse temperature difference Δt /℃	—	10	10	10	10	10
Set value of the shape discrimination factor ξ	—	1.05	1.05	1.05	2.2	2.2
Exit crown C_i/μm	30.0	25.2	17.5	13.1	10.7	8.9

Note: The 0th pass is the raw material.

It can be seen that the strip crown is gradually eliminated from 30 μm of the raw material to 8.9 μm finally, and the main part of the strip crown is eliminated in the preceding three passes. The transverse distribution curves of the exit crown (the uneven component of the transverse distribution of the exit thickness) and the shape standard curves in each pass are shown in Fig. 4 and Fig. 5, respectively. It can be seen that the transverse distribution of the strip crown gradually becomes even, and the shape is remarkably improved in the 4th and 5th passes. It proves the idea that the strip crown is chiefly controlled and the good shape is attained simultaneously in the preceding several passes, and the shape is chiefly controlled in the final two passes. And the synthetical control of the shape and crown is realized.

The compensation of the transverse temperature difference of the strip is done on the basic shape standard curves in each pass. The compensation of the shape detection roller deflection and the shape of the strip coil is also done on the basic shape standard curve in the final pass, and a group of the shape standard curves in the final pass that are dynamically variable with the increase of the coiling layers are obtained, as shown in Fig. 6.

It can be seen that the shape standard curves in the final pass are variable greatly in coiling the first 50 layers, and after which they are gradually stabilized with the increase of the coiling layers. In the actual application, it can be assumed that the shape standard curves in the final pass are invariable after coiling the 50th layer, there is no need to recalculate for them.

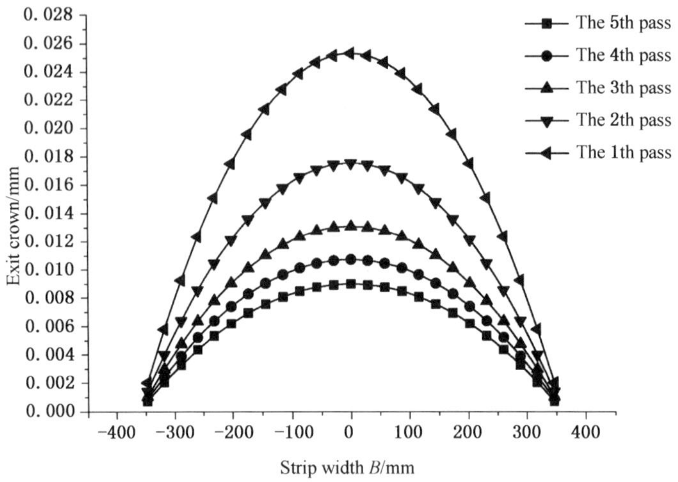

Fig. 4　Transverse distribution curves of the exit crown in each pass of the 1220 mm five-stand cold strip tandem mill

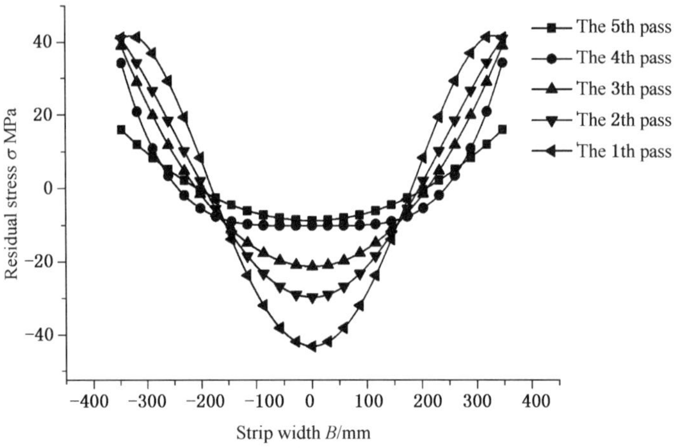

Fig. 5　Shape standard curves in each pass of the 1220 mm five-stand cold strip tandem mill

5　Conclusions

(1) The basic shape standard curve and the transverse distribution curve of the exit thickness are optimized step by step (two steps) through separating the shape discrimination model from the shape forecast model in order to calculate them independently, the simultaneous iterative calculation in Ref. [7] is avoided and the speed and stability of the calculation are improved. Then the transverse temperature difference, the shape detection roller deflection and the shape of the strip coil are synthetically considered, and some compensations are done on the basic shape standard curves, then the relatively perfect theoretical method for establishing the shape standard curve is formed.

(2) According to the method proposed by this paper, the shape standard curves are established and taken into the shape control, the strip crown control shows very notable effect, and the shape is relatively good in the preceding several passes, synchronously, the shape expected by the producer is obtained in the final pass, in such a case, the synthetically control of the shape and crown is realized.

(3) The compensation of the transverse temperature difference of the strip is done on the basic shape standard curves in each pass. The compensation of the shape detection roller deflection and the shape of the strip coil is also done on the basic shape standard curve in the final pass. A group of the shape standard curves in the final pass that are dynamically variable are established and taken into the shape closed loop control, the control effect is better.

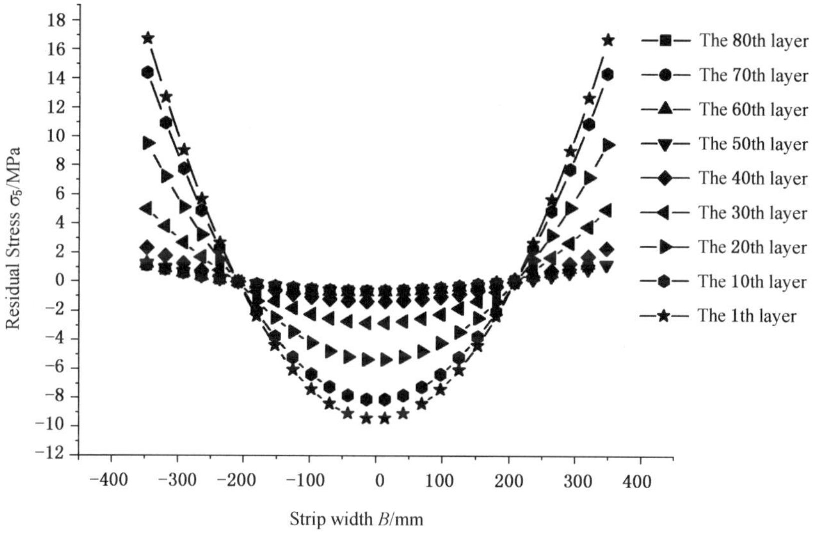

Fig. 6　Shape standard curves in the final pass of the 1220 mm five-stand cold strip tandem mill

References

[1] LIAN Jiachuang, LIU Hongmin. *Gauge and shape control* [M]. Beijing: Weapon Industry Press, 1996. (in Chinese)

[2] LIN Zhenbo. ABB shapemeasurment control system and shape standard curve[J]. *Steel Rolling*, 1994(4): 20-24. (in Chinese)

[3] ANDERS G Carlstedt, OLOV Keijser. Modern approach to flatness measurement and control in cold rolling[J]. *Iron and Steel Engineer*, 1991, 68(4): 34-37.

[4] XU Lejiang. *Flatness control in cold strip rolling and mill type selection* [M]. Beijing: Metallurgical Industry Press, 2007. (in Chinese)

[5] YAMAMOTO Hiroyasu, BABA Kanji, KAKIMOTO Sumitada, et al. Development of accurate control techniques of strip shape and edge-drop in cold rolling [J]. *Tetsu-to-Hagane*, 1993, 79(3): 388-394. (in Japanese)

[6] IKUO Yarita. *Recent activities in research of rolling technologies*[R]. KAWASAKI Steel Technical Report, 1999.

[7] LIU Hongmin, DING Kairong, LI Xingdong, et al. Theoretical computation method of shape standard curve[J]. *Chinese Journal of Mechanical Engineering*, 2008, 44(8): 137-142. (in Chinese)

[8] LIU Hongmin, ZHENG Zhenzhong, PENG Yan. Streamline strip element method for analysis of the three-dimensional stresses and deformations of strip rolling[J]. *International Journal for Numerical Methods in Engineering*, 2001, 50(5): 1059-1076.

[9] LIU Hongmin, PENG Yan, CHU Yupeng, et al. Strip element method for shape discrimination of strip rolling[J]. *Communications in Numerical Methods in Engineering*, 2004, 20(9): 709-720.

[10] LIU Hongmin. *Three-dimensional rolling theory and its applications*[M]. Beijing: Science Press, 1999. (in Chinese)

[11] LIAN Jiachuang, LI Junhong, SUN Jiquan. Calculating drums unit pressure by the iteration of layer by layer[J]. *Heavy Machinery*, 2001(6): 30-34. (in Chinese)

第二篇　板带轧机轧辊变形模型和板形控制性能分析

六辊 CVC 宽带轧机轧辊接触压力横向分布特性的计算机仿真①

刘宏民[1]，郑振忠[1]，彭　艳[1]，龙武山[2]
（1. 燕山大学机械工程学院；2. 中国重型机械总公司重型机械部）

摘　要：用条元法分析带材的三维塑性变形，用影响系数法分析辊系的弹性变形，将二者联立，对 1850 mm 六辊 CVC 轧机冷轧带材轧辊接触压力的横向分布进行了计算机仿真。结果表明，CVC 中间辊横向移动、工作辊弯辊和中间辊弯辊等手段，对轧制压力的横向分布影响很大，对辊间压力的横向分布也有明显影响。在各种情况下，辊间压力都呈 S 形分布。
关键词：六辊 CVC 轧机；冷轧带材；轧辊接触压力；仿真

Computer Simulation of the Roll Contact Pressure Characterstic for 6-High CVC Wide Strip Mill

Liu Hongmin[1]，Zheng Zhenzhong[1]，Peng Yan[1]，Long Wushan[2]
(1. School of Mechanical Engineering，Yanshan University；
2. China National Heary Machineru Corp.)

Abstract：The computer simulation of the roll contact pressure characteristic for 1850 mm 6-high CVC wide strip mill is carried out by using the strip element method to analyze the three-dimensional plastic deformation of strip and by using the influencing coefficient method to analyze the elastic deformation of rolls. The researched results indicate that the axial shift of CVC intermediate roll the bending of work roll and the bending of intermediate roll have outstanding influence to the transverse distribution of rolling pressure，and clear influence to the transverse distributions of the pressure between rolls. On various conditions，the transverse distributions of the pressures between rolls are always"S" form.
Key words：6-High CVC mill；Cold strip rolling；Roll contact pressure；Simulation

0　前言

在已出现的各种先进的板型控制技术中，CVC 技术是一种得到广泛应用的代表性技术。近些年，我国从发达国家引进了多套冷轧带钢和铝带 CVC 轧机，其形式有 2 种：六辊 CVC 轧机和四辊 CVC 轧机。为了合理地使用 CVC 轧机，掌握轧制压力和辊间压力的横向分布特点，制定优化的板形控制策略，缩短生产试验时间，减少试验消耗，全面评价 CVC 轧机的性能，对 CVC 轧机的力学行为进行仿真

① 机械工程学报，2000，36(8)：69-73.

研究，是十分必要的。目前，基于轧件的三维塑性变形理论和辊系的弹性变形理论，对 CVC 轧机的力学行为进行系统的仿真研究还很少。文献[1]对 1850 mm 四辊 CVC 轧机的板形控制特性进行了计算机仿真。本文对 1850 mm 六辊轧机各主要控制手段对单位宽度轧制压力和辊间接触压力横向分布的影响进行了系统的计算机仿真。

1　理论模型

1.1　整体模型

六辊 CVC 轧机轧制带材的力学模型如图 1 所示，其中中间辊为 CVC 轧辊。对其进行力学行为仿真的计算流程如图 2 所示。轧件三维塑性变形分析的任务是确定单位宽度轧制压力 $q_1(y)$ 和前、后张力 $\sigma_2(y)$、$\sigma_1(y)$ 等的横向分布。辊系弹性变形分析的任务是确定单位宽度工作辊与中间辊之间的接触压力 $q_{wm}(y)$ 和中间辊与支承辊之间的接触压力 $q_{mb}(y)$ 的横向分布，以及负载辊缝形状即出口板厚 $\delta_2(y)$ 的横向分布。改变 CVC 中间辊的横向位移量 u_m、工作辊弯辊力 F_w 和中间辊弯辊力 F_m，可以得到不同轧制条件下轧制压力和辊间接触压力的横向分布，从而考察轧辊接触压力分布的特点。

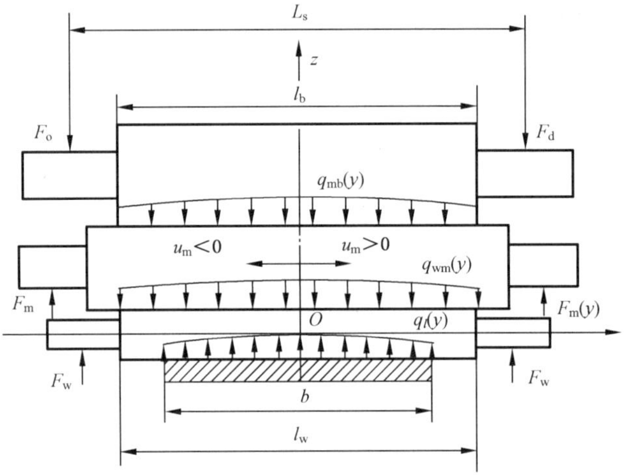

图 1　六辊 CVC 轧机轧制带材力学模型

1.2　轧件三维塑性变形计算模型

采用作者提出的流线条元法[2]，分析轧件的三维塑性变形。按照金属的流动迹线，将变形区划分为 n 个流线条元。为便于进行差分和积分计算，将 x-y 坐标系下的流线条元映射为 ξ-η 坐标系下的矩形条元。两个坐标系之间的映射关系为

$$x=\xi,\ y=\eta+u_w(\xi,\eta) \tag{1}$$

式中　$u_w(\xi,\eta)$——变形区金属的横向位移

$$u_w(\xi,\eta)=f(\xi)u(\eta) \tag{2}$$

式中

$$f(\xi)=1+4\left(\frac{\xi}{l}-1\right)^3+3\left(\frac{\xi}{l}-1\right)^4 \tag{3}$$

$u(\eta)$ 为出口横向位移函数，以条元节线上的出口横向位移 u_i（$i=0,1,2,\cdots,n$）为待定参数，用三次样条插值函数表示。根据最小能量原理，使用优化计算方法确定 u_i。

两个坐标系之间一阶导数的映射关系为：

$$\begin{bmatrix}\dfrac{\partial}{\partial x}\\[2ex]\dfrac{\partial}{\partial y}\end{bmatrix}=\begin{bmatrix}1 & -\dfrac{\partial u_{\mathrm{w}}}{\partial \xi}\dfrac{1}{1+\dfrac{\partial u_{\mathrm{w}}}{\partial \eta}}\\[3ex] 0 & \dfrac{1}{1+\dfrac{\partial u_{\mathrm{w}}}{\partial \eta}}\end{bmatrix}\begin{bmatrix}\dfrac{\partial}{\partial \xi}\\[2ex]\dfrac{\partial}{\partial \eta}\end{bmatrix} \tag{4}$$

轧件三维变形和应力的数值计算首先在 ξ-η 坐标系下进行，然后再映射到 x-y 坐标系下。

根据构造的横向位移函数式(2)和式(3)，可进行变形区三维变形分析[2]。根据 Levy-Mises 塑性流动方程和 Von-Mises 塑性条件，可以得到变形区三向应力模型[3]。

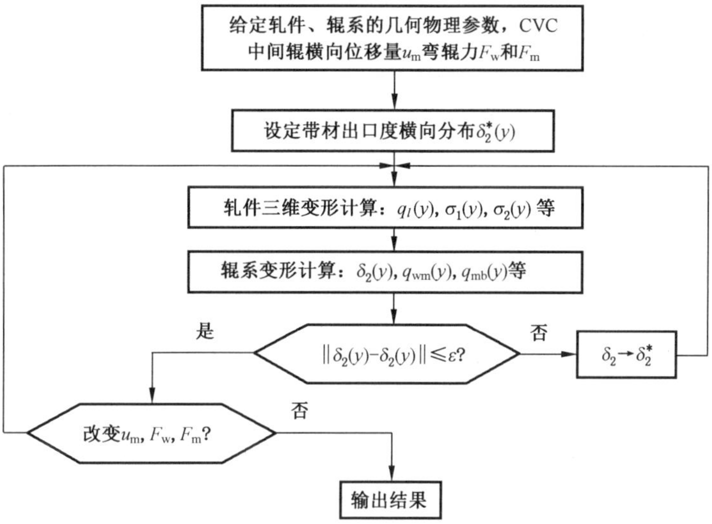

图 2　力学行为特性仿真计算流程

变形区纵向(x 方向)和横向(y 方向)的平衡微分方程为：

$$\frac{\partial(\sigma_x\delta)}{\partial x}+\frac{\partial(\tau_{xy}\delta)}{\partial y}+p\frac{\partial\delta}{\partial x}+2\tau_x=0 \tag{5}$$

$$\frac{\partial(\sigma_y\delta)}{\partial y}+\frac{\partial(\tau_{xy}\delta)}{\partial x}+p\frac{\partial\delta}{\partial y}+2\tau_y=0 \tag{6}$$

式中 σ_x，σ_y——x，y 方向的正应力

τ_{xy}——切应力

τ_x，τ_y——x，y 方向的摩擦应力

δ——变形区带材厚度。

联立式(4)式(5)和式(6)，根据入、出口的应力边界条件，用差分法求得变形区单位轧制压力 p 的分布[2]。

前后张应力 σ_2 和 σ_1 的数学模型采用文献[4,5]中所述张力数学模型。

1.3　辊系弹性变形计算模型

用分割模型影响系数法求解辊系弹性变形。在工作辊和支承辊的辊身长度范围内，将辊身分为 m 段，每段宽度为 Δy_i($i=1,2,\cdots,m$)。基本方程如下。

支承辊、中间辊和工作辊轴线相对压下支点的位移 f_{b}、f_{m} 和 f_{w} 为

$$f_{\mathrm{b}i}=\sum_{j=1}^{m}\alpha_{\mathrm{b}ij}q_{\mathrm{mb}j}\Delta y_j \tag{7}$$

$$f_{\mathrm{m}i}=\sum_{j=1}^{m}\alpha_{\mathrm{m}ij}(q_{\mathrm{wm}j}-q_{\mathrm{mb}j})\Delta y_j-\alpha_{\mathrm{Fm}i}F_{\mathrm{m}}+c_{\mathrm{mo}}+(c_{\mathrm{md}}-c_{\mathrm{mo}})\frac{0.5l_{\mathrm{b}}+y_i}{l_{\mathrm{b}}} \tag{8}$$

$$f_{\mathrm{w}i}=\sum_{j=1}^{m}\alpha_{\mathrm{w}ij}(q_{lj}-q_{\mathrm{wm}j})\Delta y_j-\alpha_{\mathrm{Fw}i}F_{\mathrm{w}}+c_{\mathrm{wo}}+(c_{\mathrm{wd}}-c_{\mathrm{wo}})\frac{0.5l_{\mathrm{w}}+y_i}{l_{\mathrm{w}}} \tag{9}$$

式中 α_{b}，α_{m}，α_{w}——支承辊、中间辊和工作辊的分布载荷影响系数

α_{Fm}，α_{Fw}——中间辊和工作辊的弯辊力影响系数

c_{wo}，c_{md}——与支承辊辊身两端接触处的中间辊轴线位移

c_{mo}，c_{wd}——工作辊辊身两端的轴线位移

l_{b}，l_{w}——支承辊和工作辊的辊身长度

中间辊与支承辊之间的压扁量 Δ_{mb}、工作辊与中间辊之间的压扁量 Δ_{wm}，采用半无限平面体模型计算，可表示为

$$\Delta_{\mathrm{mb}i}=\alpha_{\mathrm{mb}i}q_{\mathrm{mb}i}\,(i=1,2,\cdots,m) \tag{10}$$

$$\Delta_{\mathrm{wm}i}=\alpha_{\mathrm{wm}i}q_{\mathrm{wm}i}\,(i=1,2,\cdots,m) \tag{11}$$

式中 α_{mb}，α_{wm}——中间辊与支承辊、工作辊与中间辊之间的压扁系数

辊间变形协调方程：

$$f_{\mathrm{m}i}=f_{\mathrm{b}i}+\Delta_{\mathrm{mb}i}+\Delta D_{\mathrm{mb}i}\,(i=1,2,\cdots,m) \tag{12}$$

$$f_{\mathrm{w}i}=f_{\mathrm{m}i}+\Delta_{\mathrm{wm}i}+\Delta D_{\mathrm{wm}i}\,(i=1,2,\cdots,m) \tag{13}$$

式中 ΔD_{mb}、ΔD_{wm}——中间辊与支承辊、工作辊与中间辊之间的空载间隙

工作辊的力和力矩平衡方程：

$$\sum_{i=1}^{m}q_{\mathrm{wm}i}\Delta y_i=\sum_{i=1}^{m}q_{li}\Delta y_i+2F_{\mathrm{w}} \tag{14}$$

$$\sum_{i=1}^{m}q_{\mathrm{wm}i}\Delta y_i\left(y_i+\frac{L_8}{2}\right)=\sum_{i=1}^{m}q_{li}\Delta y_i\left(y_i+\frac{L_8}{2}\right)+F_{\mathrm{w}}L_{\mathrm{s}} \tag{15}$$

中间辊的力和力矩平衡方程

$$\sum_{i=1}^{m}q_{\mathrm{mb}i}\Delta y_i=\sum_{i=1}^{m}q_{\mathrm{wm}i}\Delta y_i+2F_{\mathrm{m}} \tag{16}$$

$$\sum_{i=1}^{m}q_{\mathrm{mb}i}\Delta y_i\left(y_i+\frac{L_8}{2}\right)=\sum_{i=1}^{m}q_{\mathrm{wm}i}\Delta y_i\left(y_i+\frac{L_8}{2}\right)+F_{\mathrm{m}}L_{\mathrm{s}} \tag{17}$$

式中 L_{s}——压下支点中心距

将式(7)至式(11)代入式(12)和式(13)，然后联立式(12)至式(17)组成 $2m+4$ 个线性方程，可解出 $q_{\mathrm{mb}i}$，$q_{\mathrm{wm}i}$ $(i=1,2,\cdots,m)$ 和 c_{mo}，c_{md}，c_{wo}，c_{wd} 等 $2m+4$ 个未知数，从而计算辊系的变形量。

与带材接触的工作辊的压扁量 Δ_{ws}，按半空间体模型计算，即

$$\Delta_{\mathrm{ws}i}=\sum_{j=1}^{m}\alpha_{\mathrm{ws}ij}q_{lj}\Delta y_j\,(i=1,2,\cdots,m) \tag{18}$$

式中 α_{ws}——与带材接触的工作辊的压扁影响系数

上、下支承辊轴线的刚性位移为

$$f_{\mathrm{b}i}^{k}=\frac{F_{\mathrm{o}}}{k}+\frac{F_{\mathrm{d}}-F_{\mathrm{o}}}{k}\frac{0.5L_{\mathrm{s}}+y_i}{L_{\mathrm{s}}}\quad(i=1,2,\cdots,m) \tag{19}$$

式中 F_{o}，F_{d}——操作侧和传动侧的压下载荷

k——单侧牌坊（包括支承辊轴承座）的刚度系数

轧后带材厚度为

$$\delta_{2i}=s_{\mathrm{o}}+2f_{\mathrm{w}i}+2\Delta_{\mathrm{ws}i}+2\Delta R_{\mathrm{w}i}+f_{\mathrm{b}j}^{k}\,(i=1,2,\cdots,m) \tag{20}$$

式中 s_{o}——空载辊缝

ΔR_{w}——工作辊与带材间的空载间隙

2 仿真结果

2.1 模型验证

在大型轧机上测量轧制压力和辊间接触压力的横向分布，以验证上述模型的正确性，是极其困难的，也是不经济的。为了检验上述理论模型的正确性，对某公司 1850 mm 六辊 CVC 轧机冷轧铝合金带轧后的板形和板凸度，进行了 10 余例的计算机仿真和试验研究[2]，仿真结果均与试验结果吻合较好。轧机的主要参数见表 1。其中两例的主要轧制参数见表

2，仿真结果与试验结果的对比如图3、图4所示。图中入口厚度δ_1横向分布的回归曲线，作为计算条件引入。

表1　1850 mm六辊CVC轧机主要技术参数

工作辊辊身直径 D_w/mm	440	工作辊弯辊力 F_w/kN	+1129.024 −774.916
工作辊辊身长度 l_w/mm	1850	中间辊弯辊力 F_m/kN	+2708.640 −1825.120
中间辊辊身直径 D_m/mm	520	CVC中间辊横移 u_m/mm	±100
中间辊辊身长度 l_m/mm	2050	CVC辊最大、最小半径差 ΔR_{min}/mm	0.066 229 2
支承辊辊身进径 D_b/mm	1250	最高轧制速度 v_{max}/(m·min^{-1})	1200
支承辊辊身长度 l_b/mm	1850	最大轧制力 F_{max}/kN	16 000

表2　两例主要轧制参数

带卷号和合金号	Sy251，alloy1145	Sy216，alloy1235
入口平均厚度 $\bar{\delta}_1$/mm	3.006	0.902
出口平均厚度 $\bar{\delta}_2$/mm	1.504	0.501
宽度 b/mm	1100	1490
轧制速 v/(m·min^{-1})	350	500
总后张力 $F_{t,1}$/kN	46.20	24.10
总前张力 $F_{t,2}$/kN	49.50	23.84
工作辊弯辊力 F_w/kN	282.256	164.724
中间辊夸辊力 F_m/kN	610.257	106.450
CVC中间辊位 u_m/mm	25.87	14

2.2　轧制压力和辊间压力横向分布的仿真结果

以轧制Sy216带卷为例研究。CVC中间辊横移对单位宽度轧制压力和辊间接触压力横向分布的影响如图5所示。横移量由67 mm变到−53 mm时，单位宽度轧制压力q_l的横向分布由中凸变为中凹，变化幅度很大。单位宽度工作辊与中间辊的接触压力q_{wm}、中间辊与支承辊的接触压力q_{mb}的横向分布均呈平放的S形，压力分布极值点位置的变化量与中间辊横移量一致，压力变化幅度的改变较小。

如图6所示，当弯辊力由1.083 456 MN变到−730.048 kN时，q_l的横向分布由中凸变为中凹，变化幅度很大。q_{wm}和q_{mb}的横向分布仍均呈平放的S形，其中q_{wm}变化幅度的改变较小，而q_{mb}变化幅度的改变较大，q_{wm}极值点位置的变化方向与q_{mb}极值点位置的变化方向相反。

如图7所示，当弯辊力由395.158 kN变到−193.729 kN时，q_l的横向分布由中凸变为中凹，变化幅度较大。q_{wm}和q_{mb}的横向分布仍均呈平放的S形，极值点位置的变化很小。其中q_{wm}变化幅度的改变较大，而q_{mb}变化幅度的改变较小。这说明，工作辊弯辊力变化对单位宽度轧制压力横向分布的影响较大，而对单位宽度辊间压力横向分布的影响较小。

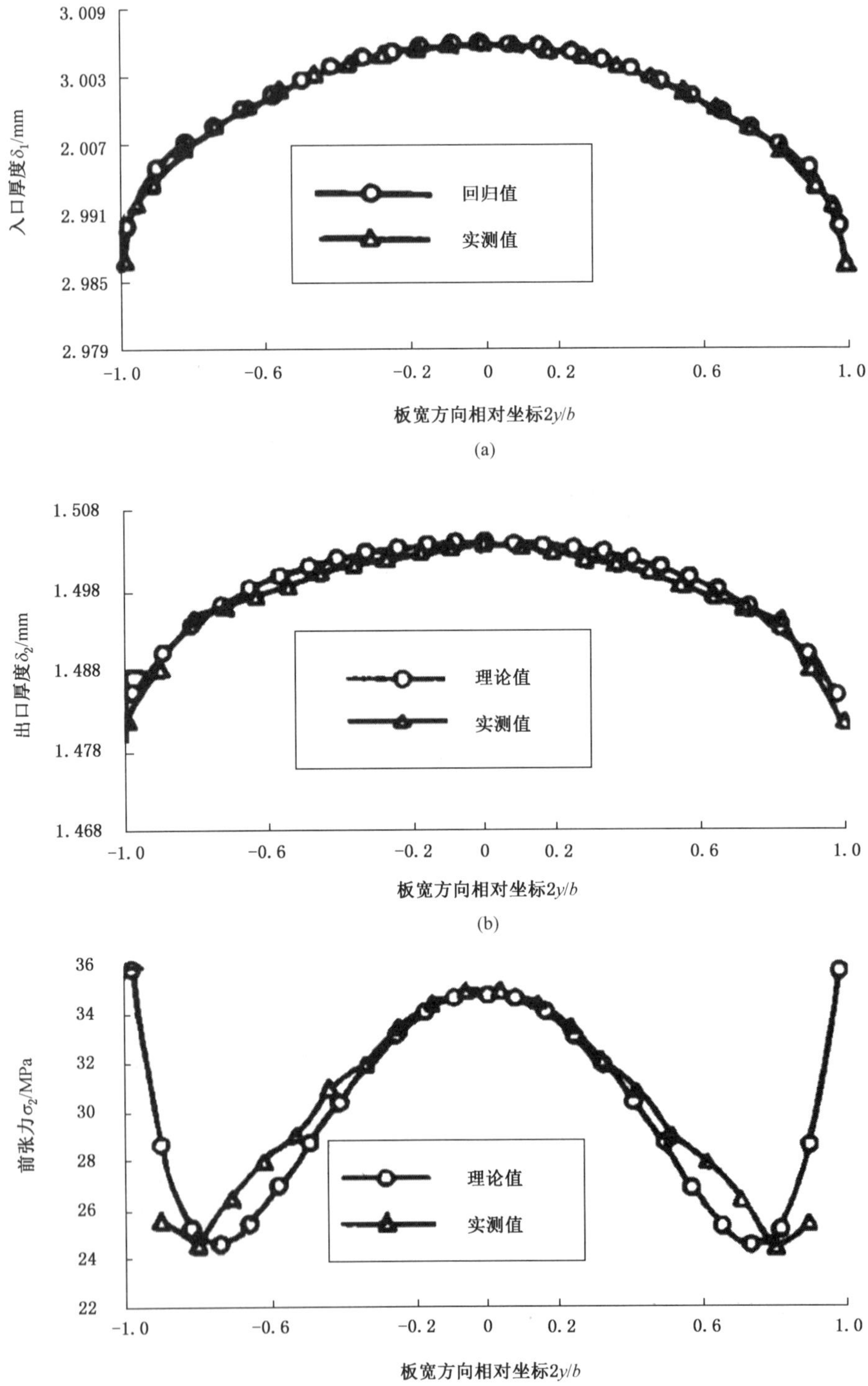

(c)

图 3　Sy251 的仿真与试验结果

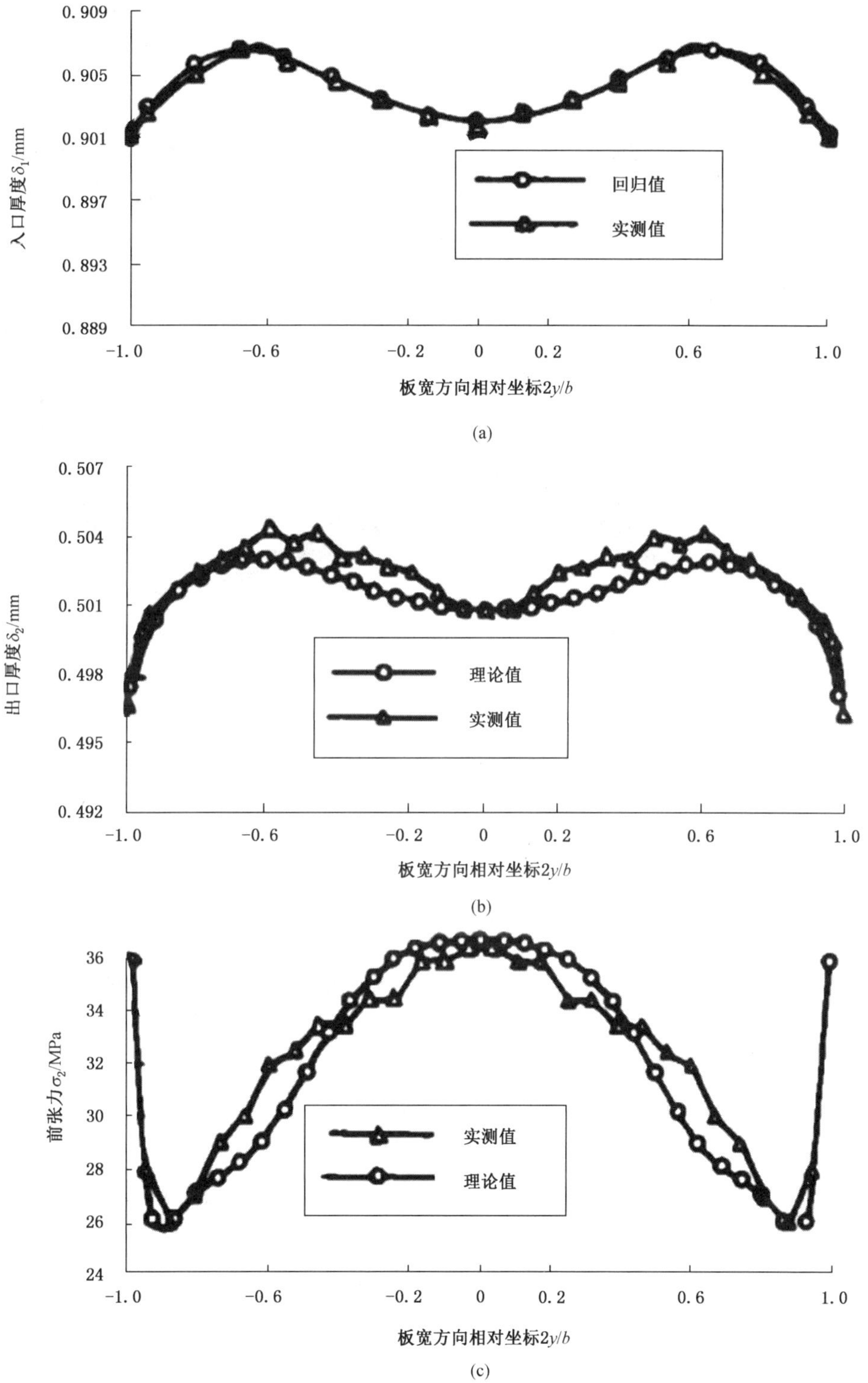

图 4　Sy216 的仿真与试验结果

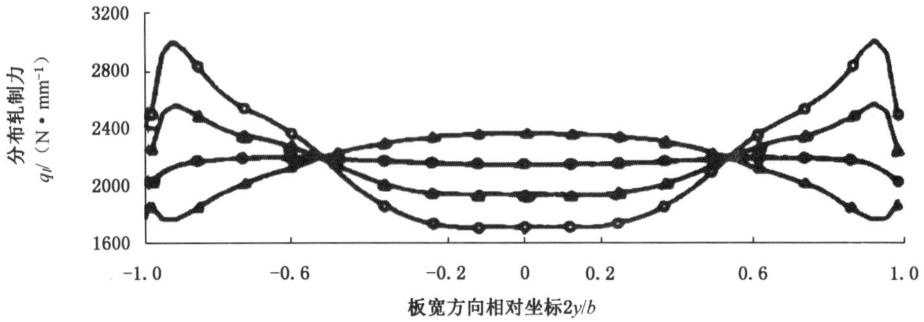

(a)

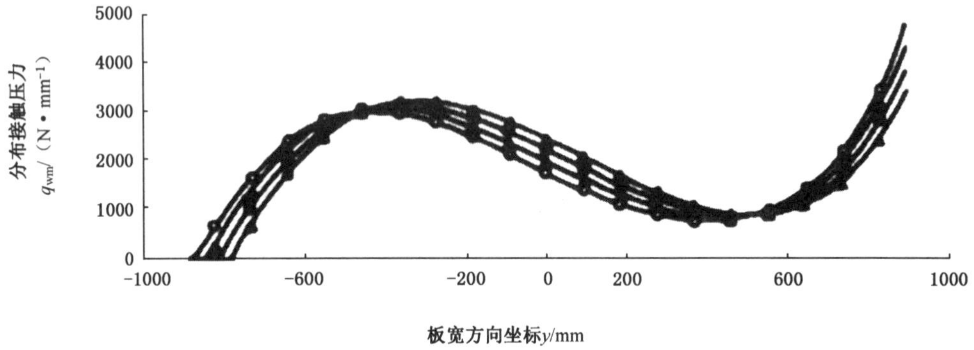

(b)

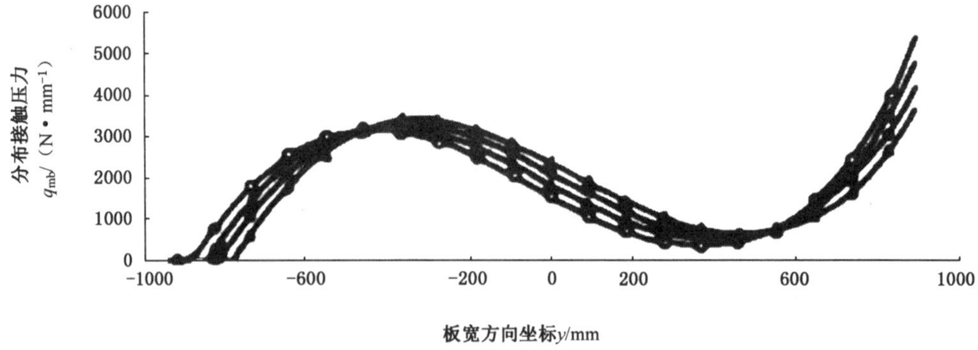

(c)

图 5　CVC 中间辊横移对单位宽度轧制压力和辊间压力的影响

（F_m=106.450 kN，F_w=164.724 kN）

⊖u_m=−53 mm；△u_m=−13 mm；

●u_m=27 mm；▲u_m=67 mm

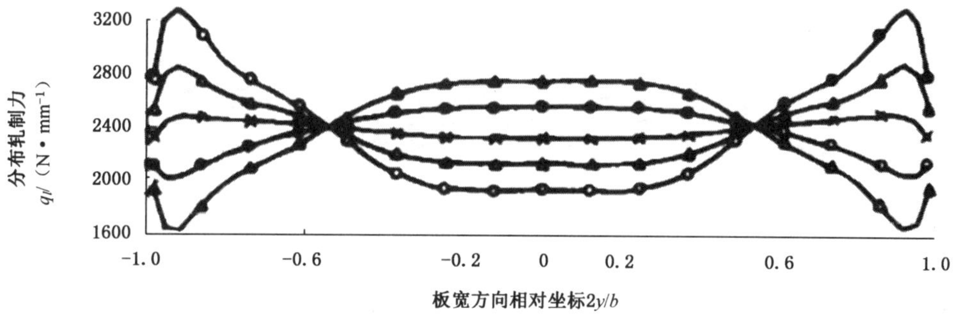

(a)

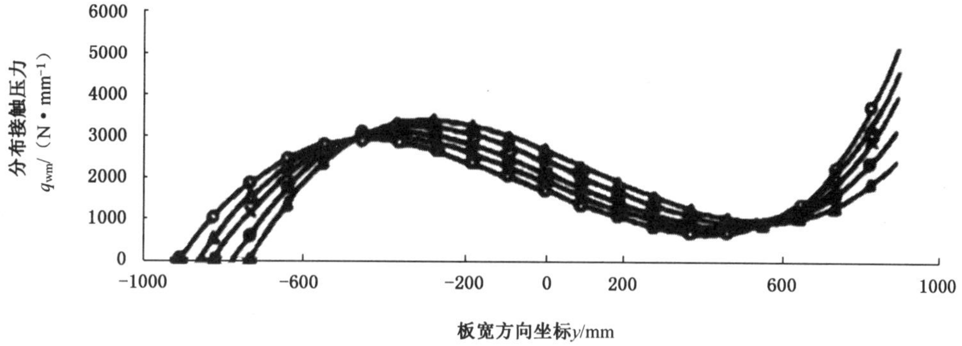

(b)

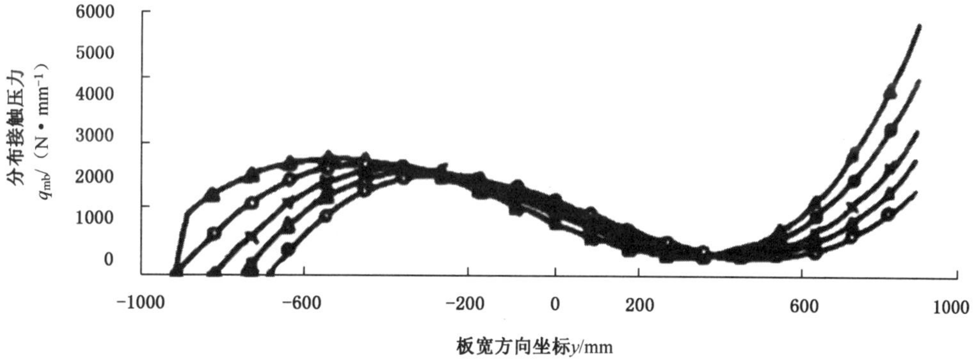

(c)

图 6　中间辊弯辊力对单位宽度轧制压力和辊间压力的影响

（u_m=14 mm，F_w=164.724 kN）

⊖F_m=−730.408 kN；△F_m=−365.024 kN；

×F_m=0 N；●F_m=541.728 kN；▲F_m=1.083 456 MN

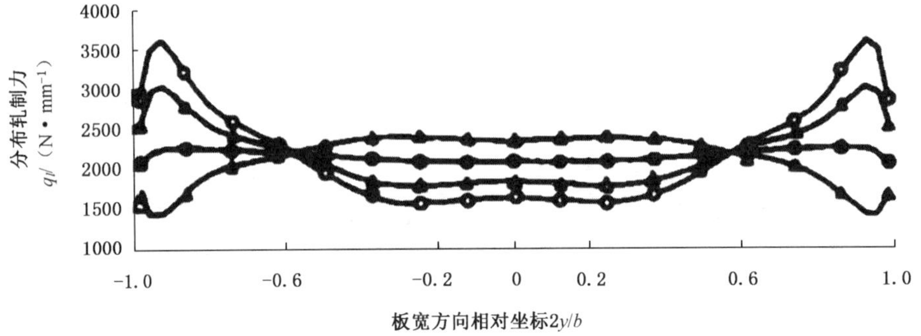

(a)

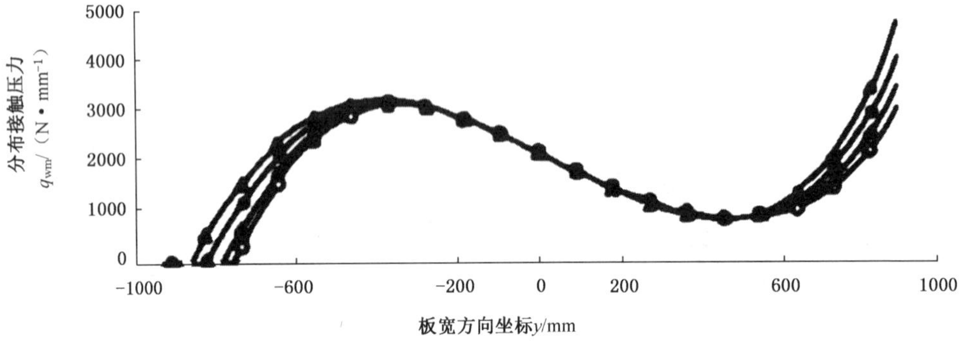

(b)

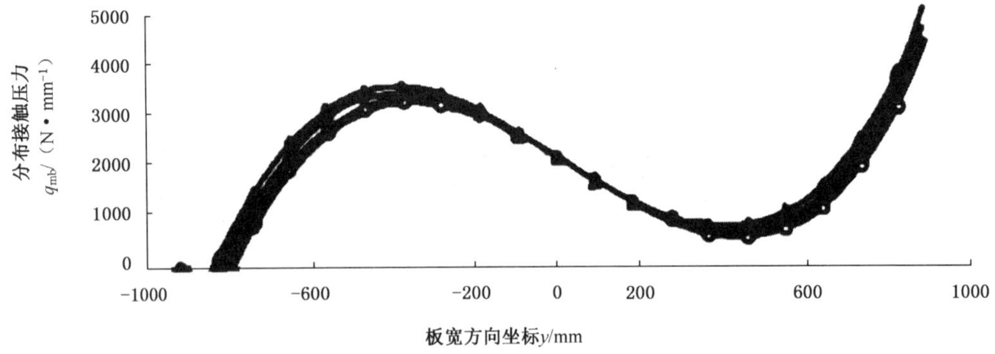

(c)

图 7　工作辊弯辊力对单位宽度轧制压力和辊间压力的影响

（u_m=14 mm；F_m=106.450 kN）

⊖F_w=−193.729 kN；△F_w=−38.746 kN；

●F_w=169.354 kN；▲F_w=395.158 kN

3 结论

(1) 本文基于轧件三维塑性变形和辊系弹性变形机理，建立的六辊 CVC 宽带轧机变形力学的仿真模型和软件，经板形和板凸度的试验验证，实用可靠，仿真精度已达到目前工程要求的程度。这为六辊 CVC 轧机冷轧带材的力学行为分析、板形控制方案的制定和轧机的综合性能评价，提供了理论基础和有力工具。

(2) 六辊 CVC 轧机的 CVC 中间辊横移、中间辊弯辊力和工作辊弯辊力的变化对单位宽度轧制压力的横向分布影响很大，对单位宽度辊间压力的横向分布也有明显的影响。其中，中间辊横移对两对辊间压力横向分布的影响程度基本相同；中间辊弯辊对中间辊与支承辊之间的压力横向分布影响较大，而对工作辊与中间辊之间的压力横向分布影响较小；工作辊弯辊对工作辊与中间辊之间的压力横向分布影响较大，而对中间辊与支承辊之间的压力横向分布影响较小。在各种情况下，辊间压力的横向分布都呈平放的 S 形。

参考文献

[1] 王宏旭，刘宏民．CVC 轧机冷轧宽带材板形控制特性的数值模拟．钢铁研究，1997，54(2)：21-23.

[2] 郑振忠．新型条元法及其对六辊 CVC 宽带轧机轧制过程的仿真研究：[博士学位论文]．秦皇岛：燕山大学，1999.

[3] 刘宏民，连家创，段振勇．模拟带材轧制过程的条元法．机械工程学报，1993，29(4)：36-43.

[4] 刘宏民，连家创．研究冷轧带材金属横向流动和张力横向分布的线性条元法．钢铁研究学报，1992，4(3)：37-44.

[5] Liu Hongmin, Lian Jiachuang. Transverse distributions of front and back tension stresses in cold strip rolling. Chinese Journal of Metal Science and Technology, 1992, 8(6): 427-434.

六辊CVC宽带轧机板形控制特性的计算机模拟①

刘宏民，郑振忠，彭　艳
（燕山大学机械工程学院，秦皇岛，066004）

摘　要：用条元法分析带材的三维塑性变形，用影响系数法分析辊系的弹性变形，将二者联立，对1850 mm六辊CVC轧机冷轧带材的板形和板凸度控制特性进行了计算机模拟。结果表明，改变CVC轧机中间辊横向位移量、工作辊弯辊力和中间辊弯辊力等手段，对控制板形和板凸度都有很好的效果。

关键词：六辊CVC轧机；冷轧带材；模拟

Computer Simulation of Shape Control Character for 6-High CVC Wide Strip Mill

Liu Hongmin，Zheng Zhenzhong，Peng Yan
（School of Mechanical Engineering，Yanshan University，Qinhuangdao，066004）

Abstract：The computer simulation of the shape and crown control character for 1850 mm 6-high CVC wide strip mill was carried out by using the strip element method to analyze the three-dimensional plastic deformation of strip and by using the influencing coefficient method to analyze the elastic deformation of rolls. The researched results indicated that the axial shift of CVC intermediate roll，the bending of work roll and the bending of intermediate roll can control the shape and the crown of strip. The results have the guiding significance for the reasonable use of 6-high CVC mill.

Key words：6-High CVC mill；Cold strip rolling；Shape；Simulation

符号总表

b——板带宽度；

c_{mo}，c_{md}——与支承辊辊身两端接触处的中间辊轴线位移；

c_{wo}，c_{wd}——工作辊辊身两端的轴线位移；

ΔD_{mb}，ΔD_{wm}——中间辊与支承辊和工作辊与中间辊之间的空载间隙；

F_o，F_d——操作侧和传动侧的压下载荷；

F_m，F_w——中间辊和工作辊弯辊力；

f_b、f_m和f_w——支承辊、中间辊和工作辊轴线相对压下支点的位移；

f_b^k——上、下支承辊轴线的刚性位移；

h_0，h_1——带材入、出口厚度；

$h_1{}^*$——假定带材的出口厚度；

K——单侧牌坊（包括支承辊轴承座）的刚度系数；

① 钢铁研究学报，2001，13(1)：14-18.

L_s—— 压下支点中心距；

l_b, l_w—— 支承辊和工作辊辊身长度；

i, j（下角）—— 轧辊分段序号；

p_l—— 单位宽度轧制压力；

q_{mb}—— 中间辊与支承辊之间的接触压力；

q_{wm}—— 单位宽度工作辊与中间辊之间的接触压力；

ΔR_w—— 工作辊与带材间的空载间隙；

s_0—— 空载辊缝；

y, z—— 横、纵坐标；

Δy_i—— 每段辊身的宽度；

Δ_{mb}—— 中间辊与支承辊之间的压扁量；

Δ_{wm}—— 工作辊与中间辊之间的压扁量；

Δ_{ws}—— 与带材接触的工作辊的压扁量；

T_b, T_m, T_w—— 支承辊、中间辊和工作辊的分布载荷影响系数；

T_{Fm}, T_{Fw}—— 中间辊、工作辊的弯辊力影响系数；

T_{ws}—— 与带材接触的工作辊的压扁影响系数；

T_{mb}, T_{wm}—— 中间辊与支承辊、工作辊与中间辊之间的压扁系数；

e_1, e_0—— 前、后张应力；

w——CVC 轧机中间辊的横向位移量；

X——计算精度。

板形和板凸度控制是板带轧制的关键技术和高难度技术。在已经出现的各种先进板形控制技术中，CVC 是一种得到广泛应用的代表性技术。近年，我国从发达国家引进了多套冷轧带钢和铝带 CVC 轧机，其型式有两种：六辊 CVC 轧机和四辊 CVC 轧机。为了合理地使用 CVC 轧机，制定优化的板形控制策略，缩短生产试验时间，减少试验消耗，对 CVC 轧机的板形控制特性进行模拟研究，是十分必要的。目前，很少有人根据轧件的三维塑性变形理论和辊系的弹性变形理论，对 CVC 轧机的板形控制特性进行系统的模拟研究，尽管文献[1]模拟了 1850 mm 四辊 CVC 轧机的板形控制特性。本文旨在对 1850 mm 六辊 CVC 轧机各主要控制手段对板形和板凸度的控制能力进行系统的计算机模拟。

1　理论模型

1.1　整体模型

六辊 CVC 轧机轧制带材的力学模型如图 1 所示。对其进行板形和板凸度控制特性模拟的计算流程如图 2 所示。轧件三维塑性变形分析的任务是确定单位宽度轧制压力和前、后张应力等的横向分布。辊系弹性变形分析的任务是确定单位宽度工作辊与中间辊之间的接触压力和中间辊与支承辊之间的接触压力的横向分布，以及负载辊缝形状，即出口板厚的横向分布。改变 CVC 中间辊的横向位移量、工作辊弯辊力和中间辊弯辊力，可以得到不同的轧后板形（前张力横向分布）和板凸度（板厚横向分布），从而考察轧机的板形和板凸度调节能力。

1.2　轧件三维塑性变形计算模型

采用作者提出的条元法分析轧件的三维塑性变形[2]。按照金属的流动迹线将变形区划分为许多流线（曲线）条元。为便于进行差分和积分计算，再将其映射为矩形条元。根据构造的横向位移函数和体积不变条件进行变形区三维变形分析。根据米塞斯塑性条件和本构关系导出变形区三向应力模型[3]。前、后张应力横向分布的计算采用作者在文献[4,5]中提出的模型。变形区单位轧制压力分布根据平衡微分方程和入、出口的张应力分布边界条件，用差分法计算[2]。

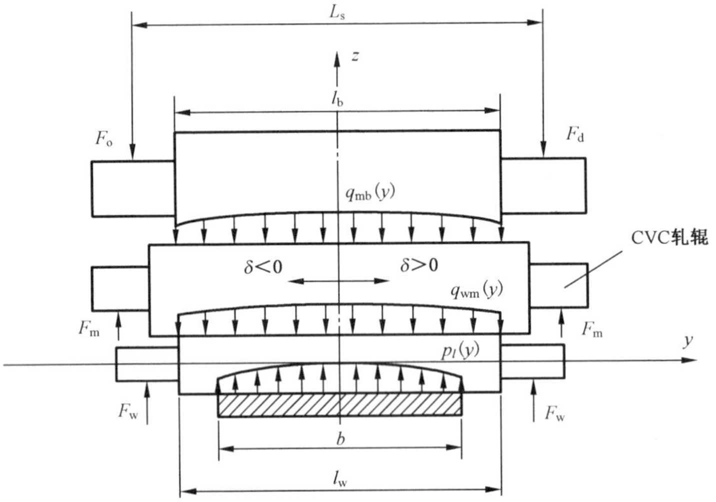

图 1　六辊 CVC 轧机轧制带材的力学模型

Fig. 1　Mechanical model for strip rolling in 6-high CVC mill

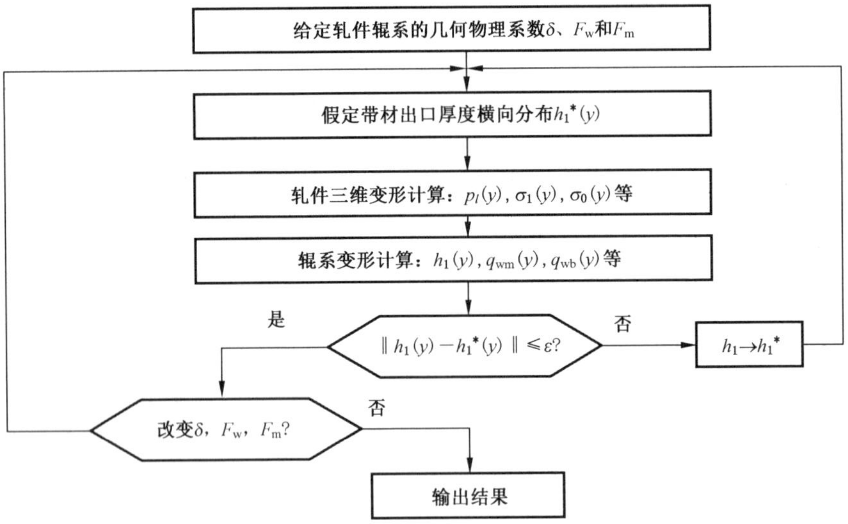

图 2　板形和板凸度控制特性模拟计算流程

Fig. 2　Flow chart for simulation of shape and crown control character

1.3　辊系弹性变形计算模型

用分割模型影响系数法求解辊系弹性变形。在工作辊和支承辊的辊身长度范围内，将辊身分为 m 段，每段宽度为 Δy_i。基本方程如下：

支承辊、中间辊和工作辊轴线相对压

下支点的位移为：

$$f_{bi}=\sum_{j=1}^{m}T_{bij}q_{mbj}\Delta y_j \qquad (1)$$

$$f_{mi}=\sum_{j=1}^{m}T_{mij}(q_{wmj}-q_{mbj})\Delta y_j - T_{Fmi}F_m + c_{mo} + (c_{md}-c_{mo})\frac{0.5l_b+y_i}{l_b} \qquad (2)$$

$$f_{wi}=\sum_{j=1}^{m}T_{wij}(p_{lj}-q_{wmj})\Delta y_j - T_{Fwi}F_w + c_{wo} + (c_{wd}-c_{wo})\frac{0.5l_w+y_i}{l_w} \qquad (3)$$

式中 $i,j=1,2\cdots,m$。

中间辊与支承辊之间的压扁量和工作辊与中间辊之间的压扁量，采用半无限平面体模型计算，可表示为：

$$\Delta_{mbi}=T_{mbi}q_{mbi}\quad (i=1,2,\cdots,m) \qquad (4)$$

$$\Delta_{wmi}=T_{wmi}q_{wmi}\quad (i=1,2,\cdots,m) \qquad (5)$$

辊间变形协调方程为：

$$f_{mi}=f_{bi}+\Delta_{mbi}+\Delta D_{mbi}\quad (i=1,2,\cdots,m) \qquad (6)$$

$$f_{wi}=f_{mi}+\Delta_{wmi}+\Delta D_{wmi}\quad (i=1,2,\cdots,m) \qquad (7)$$

工作辊力和力矩的平衡方程为：

$$\sum_{i=1}^{m}q_{wmi}\Delta y_i=\sum_{i=1}^{m}p_{li}\Delta y_i+2F_w \qquad (8)$$

$$\sum_{i=1}^{m}q_{wmi}\Delta y_i\left(y_i+\frac{L_s}{2}\right)=\sum_{i=1}^{m}p_{li}\Delta y_i\left(y_i+\frac{L_s}{2}\right)+F_wL_s \qquad (9)$$

中间辊力和力矩的平衡方程为：

$$\sum_{i=1}^{m}q_{mbi}\Delta y_i=\sum_{i=1}^{m}q_{wmi}\Delta y_i+2F_m \qquad (10)$$

$$\sum_{i=1}^{m}q_{mbi}\Delta y_i\left(y_i+\frac{L_s}{2}\right)=\sum_{i=1}^{m}q_{wmi}\Delta y_i\left(y_i+\frac{L_s}{2}\right)+F_mL_s \qquad (11)$$

将式(1)至式(5)代入式(6)和式(7)，然后联立式(6)至式(11)组成 $2m+4$ 个线性方程，可解出 q_{mbi}，q_{wmi} $(i=1,2,\cdots,m)$ 和 c_{mo}，c_{md}，c_{wo}，c_{wd} 等 $2m+4$ 个未知数，从而计算出辊系的变形量。

与带材接触的工作辊的压扁量，按半空间体模型计算，即：

$$\Delta_{wsi}-\sum_{j=1}^{m}T_{wsij}p_{lj}\Delta y_j\quad (i=1,2,\cdots,m) \qquad (12)$$

上、下支承辊轴线的刚性位移为：

$$f_{bi}^{k}=\frac{F_o}{K}+\frac{F_d-F_o}{K}\frac{0.5L_s+y_i}{L_s}\quad (i=1,2,\cdots,m) \qquad (13)$$

轧后带材厚度为：

$$h_{li}=s_0+2f_{wi}+2\Delta_{wsi}+2\Delta R_{wi}+f_{bi}^{k}\quad (i=1,2,\cdots,m) \qquad (14)$$

2　模拟结果

2.1　模型验证

为了检验上述理论模型的正确性，对某公司 1850 mm 六辊 CVC 轧机冷轧铝合金带轧后的板形和板凸度进行了 10 余例的计算机模拟和试验研究[2]，发现模拟结果与试验结果吻合较好。该轧机的主要参数见表 1 其中两例的主要轧制参数见表 2，模拟结果与试验结果的对比见图 3。图中带材入口厚度横向分布的回归曲线作为计算条件引入。

2.2　模拟结果分析

以轧制 Sy216 带卷为例。

CVC 中间辊横向位移量对板形和板凸度的调节作用如图 4 所示，当横向位移量由 67 mm 变到 −53 mm 时，轧后板形由明显中浪(约 48 I)变为明显边浪(约 100 I)；轧后板凸度由负凸度(约 4 μm)变为正凸度(约 20 μm)。

中间辊弯辊力对板形和板凸度的调节作用如图 5 所示。当中间辊弯辊力由

1.083 456 MN 变到−730.048 kN 时，轧后板形由明显中浪（约 100 I）变为明显边浪（约 125 I）；轧后板凸度由负凸度（约 15 μm）变为正凸度（约 25 μm）。

工作辊弯辊力对板形和板凸度的调节作用如图 6 所示。当工作辊弯辊力由 395.158 kN 变到−193.729 kN 时，轧后板形由明显中浪（约 70 I）变为明显边浪（约 154 I）；轧后板凸度由负凸度（约 13 μm）变为正凸度（约 35 μm）。

表 1　1850 mm 六辊 CVC 轧机主要技术参数

Table 1　Main technology parameters of 1850 mm 6-high CVC mill

工作辊辊身直径/mm	440	工作辊弯辊力/kN	1129.024 −774.916
工作辊辊身长度/mm	1850	中间辊弯辊力/kN	2708.640 −1825.120
中间辊辊身直径/mm	520	CVC 中间辊横向移位移量/mm	±100
中间辊辊身长度/mm	2050	CVC 中间辊最大，最小半径差/mm	0.066 229 2
支承辊辊身直径/mm	1250	最高轧制速度/m・min^{-1}	1200
支承辊辊身长度/mm	1850	最大轧制力/kN	16 000

表 2　两例主要轧制参数

Table 2　Main rolling parameters for two examples

参数	带卷号和合金号	
	Sy251，1145 合金	Sy216，1235 合金
带材入口平均厚度/mm	3.006	0.902
带材出口平均厚度/mm	1.504	0.501
带材宽度/mm	1100	1490
轧制速度/m・min^{-1}	350	500
总后张应力/kN	46.20	24.10
总前张应力/kN	49.50	23.84
工作辊弯辊力/kN	282.256	164.724
中间辊弯辊力/kN	610.257	106.450
CVC 中间辊横向位移量/mm	25.87	14.00

3　结论

（1）经过验证，作者建立的模拟模型和软件实用可靠，模拟精度已达到目前工程要求的程度。这为六辊 CVC 轧机冷轧带材的板形预报和板形控制提供了理论基础和有力工具。

（2）六辊 CVC 轧机的 CVC 中间辊横向位移、中间辊弯辊和工作辊弯辊等主要板形控制手段，都具有显著的板形和板凸度调控能力，将此 3 种控制手段合理配合使用，更能充分发挥此类轧机的板形控制能力。

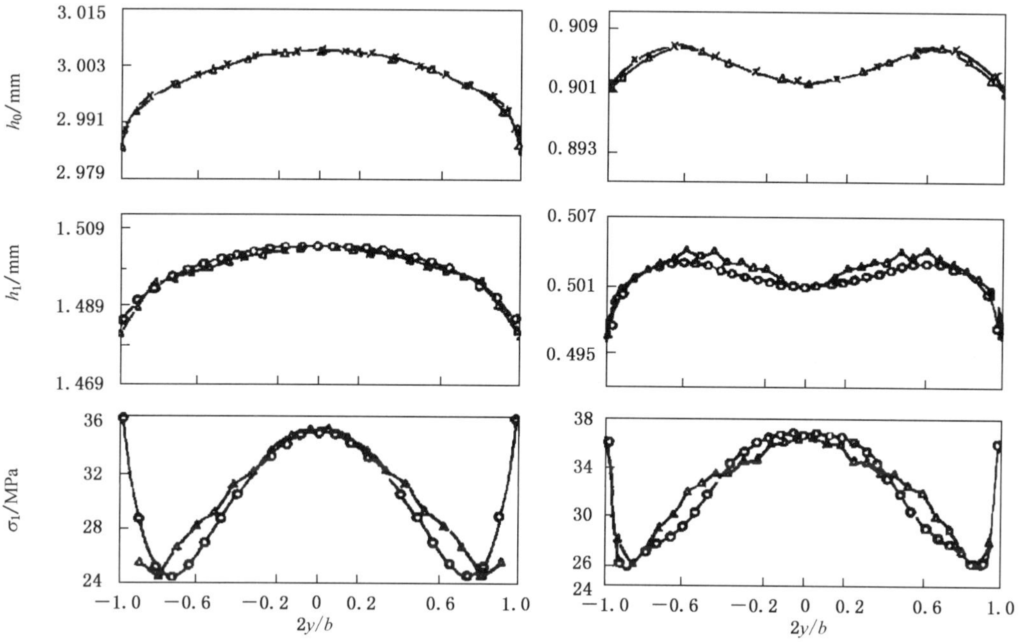

图 3　Sy251（左）和 Sy216（右）的模拟与试验结果

×—回归值；○—计算值；△—实验值

Fig. 3　Simulated and experimental results for Sy251(left) and Sy216(right)

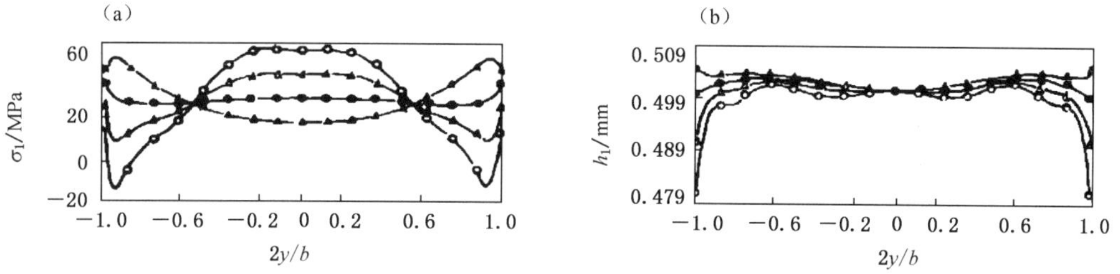

图 4　CVC 中间辊横向位移量对板形(a)和板凸度(b)的影响

F_m=106.450 kN；F_w=164.724 kN

○—w=−53 mm；△—w=−13 mm；●—w=27 mm；▲—w=67 mm

Fig. 4　Influence of CVC intermediate roll shift on shape(a) and crown(b)

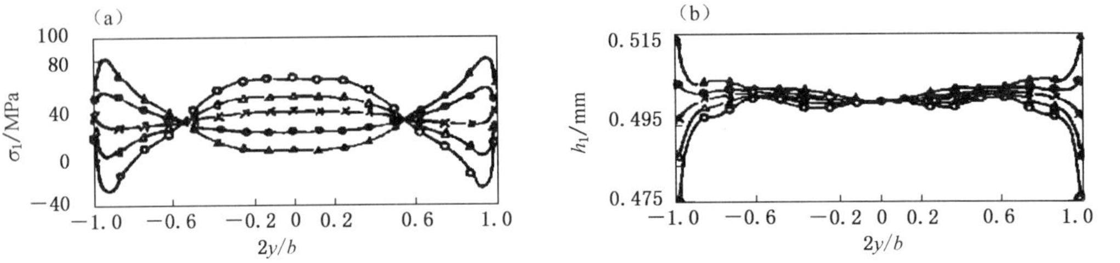

图 5　中间辊弯辊力对板形(a)和板凸度(b)的影响

w=14 mm;F_w=164.724 kN

○—F_m=−730.408 kN; △—F_m=−365.024 kN; ×—F_m=0 N;

●—F_m=541.728 kN; ▲—F_m=1.083 456 MN

Fig. 5　Influence of bending force of intermediate roll on shape(a) and crown(b)

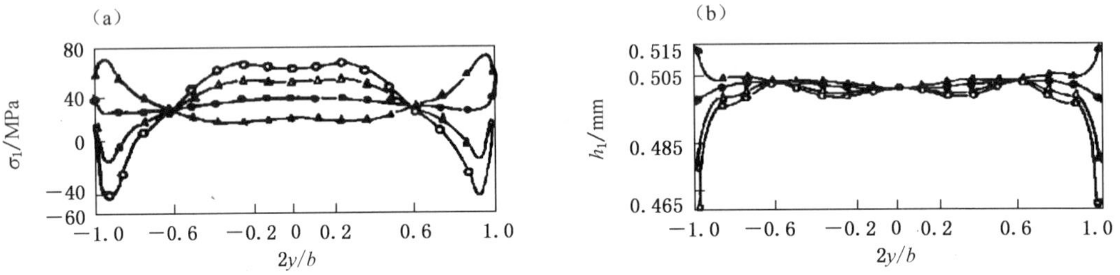

图 6　工作辊弯辊力对板形(a)和板凸度(b)的影响

w=14 mm;F_m=106.450 kN

○—F_w=−193.729 kN; △—F_w=−38.746 kN; ●—F_w=169.354 kN; ▲—F_w=395.158 kN

Fig. 6　Influence of bending force of work roll on the shape(a) and crown(b)

参考文献

[1] 王宏旭,刘宏民. 四辊 CVC 轧机冷轧宽带材板形控制特性的数值模拟[J]. 钢铁研究,1997,(2):21-23,54.

[2] 郑振忠. 新型条元法及其对六辊 CVC 宽带轧机轧制过程的仿真研究[D]. 秦皇岛:燕山大学,1999.

[3] 刘宏民,连家创,段振勇. 模拟带材轧制过程的条元法[J]. 机械工程学报,1993,29(4):36-43.

[4] 刘宏民,连家创. 研究冷轧带材金属横向流动和张力横向分布的线性条元法[J]. 钢铁研究学报,1992,4(3):37-44.

[5] Liu Hongmin, Lian Jiachuang. Transverse distributions of front and back tension stresses in cold strip rolling [J]. Chinese Journal of Metal Science an Technology,1992,8(6):427-434.

基于流面条元法的四辊热带钢连轧机整机仿真①

王英睿，江光彪，刘宏民

摘　要：用流面条元法分析带材的三维塑性变形，用影响系数法分析辊系的弹性变形，将二者联立，组成板形和板凸度的分析和计算模型，对 1450 mm 四辊热带钢连轧机的轧制过程进行了仿真，仿真结果与实测结果吻合良好，为四辊热带钢连轧机板形分析与控制的仿真提供了模型和方法。

关键词：四辊轧机；热带钢连轧；流面条元法；板形；板凸度；仿真

板形和板凸度是板带材的重要质量指标，板形控制是板带轧机的关键技术轧制过程的仿真对板形和板凸度的预设定控制，轧机板形控制性能的研究，以及板形控制技术的发展具有重要的意义。文献[1,2]对四辊热带钢连轧机的板形控制模型进行了研究，由于没有考虑金属横向流动对变形区形状的影响，并认为变形和应力沿厚度方向是均匀分布，所以不能精确分析轧件的三维变形。文献[3]采用有限元法对板材热连轧过程进行了仿真，由于将轧辊视为刚性体，故无法实现轧件三维塑性变形与轧辊弹性变形之间的耦合，不能进行真正意义上的轧制过程仿真。为了解决上述问题，本文采用流面条元法[4]分析带材的三维塑性变形，实现了轧件三维塑性变形的精确分析；采用影响系数法分析辊系的弹性变形，并考虑其热变形。

1　理论模型

1.1　整体模型

四辊轧机板形、板凸度的分析和计算流程见图 1，轧件三维塑性变形分析的任务是确定单位宽度轧制压力 p_l 和前后张应力 σ_1 和 σ_0 等的横向（y 方向）分布。辊系弹性变形分析的任务是确定工作辊与支撑辊之间单位宽度接触压力 q 的横向分布和负载辊缝形状 h_1（即出口板厚的横向分布）将二者耦合，便可得到给定轧制条件下的出口板形（σ_1 的横向分布）和板凸度（h_1 的横向分布）在图 1 中，h_1^* 是初始假设的出口板厚横向分布，ε 是 h_1^* 与 h_1 的耦合精度。

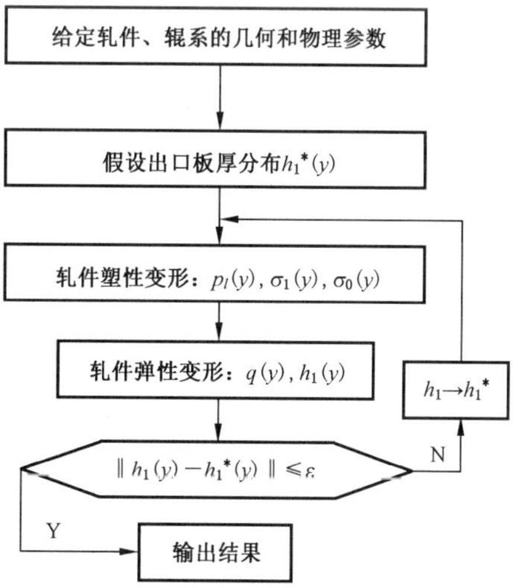

图 1　板形、板凸度分析和计算流程图

① 中国机械工程，2003，14(21)：1853-1856.

1.2　轧件三维塑性变形

采用流面条元法分析轧件的三维塑性变形按照图 2 所示的方法，沿着金属的流动轨迹，将变形区划分为个流面（曲面）条元，图中 l 为变形区长度，条元个数 n 为奇数。在入口处（$x=0$），条元节面的横向坐标为 $y_i(i=0,1,2\cdots,n)$，在纵向（x 方向）其他位置，条元节面的横向坐标是未知的为了便于数值分析和计算，将 $O\text{-}xyz$ 坐标系下的曲面条元映射为 $O\text{-}\xi\eta\lambda$ 坐标系下的平面条元，如图 3 所示。在变形区内，金属的横向位移函数 $W_y(\xi,\eta,\lambda)$ 和高向（轧件厚度方向）位移函数 $W_z(\xi,\eta,\lambda)$ 可假定为

$$\left.\begin{aligned}W_y(\xi,\eta,\lambda)&=f(\xi)u_y(\eta,\lambda)\\W_z(\xi,\eta,\lambda)&=g(\xi)u_z(\eta,\lambda)\end{aligned}\right\}\tag{1}$$

根据文献[5,6]有

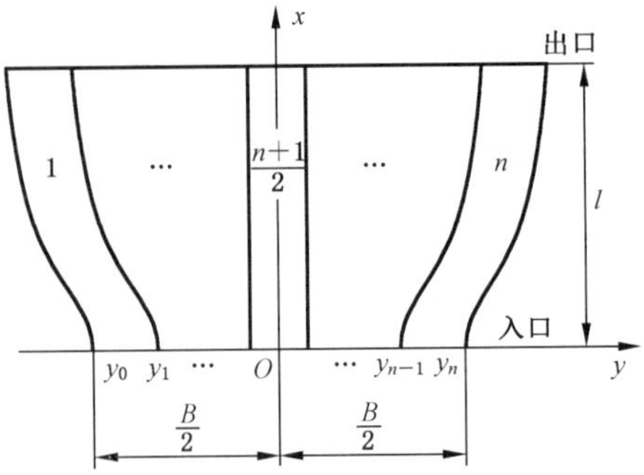

图 2　变形区流面条元划分

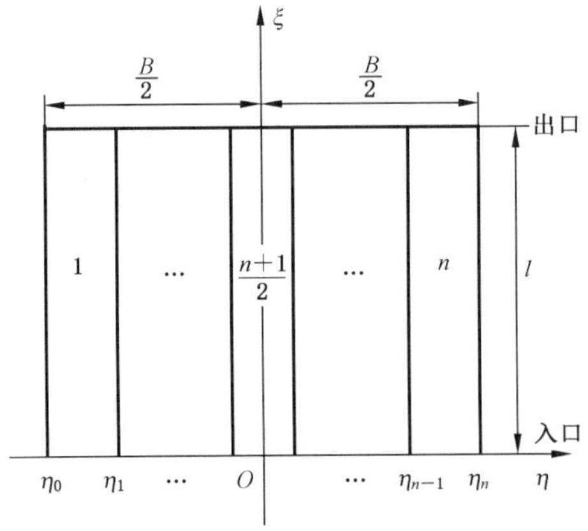

图 3　映射坐标系下变形区条元模型

$$\left.\begin{aligned}f(\xi)&=1+4\left(\frac{\xi}{l}-1\right)^3+3\left(\frac{\xi}{l}-1\right)^4\\g(\xi)&=1-\left(\frac{\xi}{l}-1\right)^2\end{aligned}\right\}\tag{2}$$

u_y 和 u_z 分别为出口（$x=l$）横向和高向位移函数。

条元上的出口横向和高向位移函数，沿横向采用拟合精度高、表达形式简便的三次样条插值函数拟合，沿高向根据实验[6]和有限元计算[7]的结果假设为二次曲线，可用出口截面上有限个点的位移插值求出。在此基础上，可以进行三维变形的分析。根据体积不变条件和文献[6-8]，可推出前张应力和后张应力的数学模型为：

$$\sigma_1(\eta,\lambda)=\bar{\sigma}_1+\frac{E}{1-\nu^2}\left[1-\frac{S_1\dfrac{1-\nu^2}{E}\sigma_{00}}{S_0\left(1+\dfrac{\partial u_y}{\partial\eta}\right)\left(1+\dfrac{\partial u_z}{\partial\lambda}\right)}\right]\tag{3}$$

$$\sigma_0(\eta,\lambda)=\bar{\sigma}_0+\sigma_{00}(\eta,\lambda)+\frac{E}{1-\nu^2}\left\{\frac{S_0}{S_n}\left[\left(1+\frac{\partial W_y}{\partial\eta}\right)\left(1+\frac{\partial W_z}{\partial\lambda}\right)\right]_{\xi=x_n}-1\right\}\tag{4}$$

式中，S_0，S_1 分别为入口截面和出口截面的截面积；S_n，x_n 分别为中性面的截面积和纵向坐标；$\bar{\sigma}_1$、$\bar{\sigma}_0$ 分别为平均前张应力和平均后张应力；E、ν 分别为带材的弹性模量和泊松比；σ_{00} 为来料纵向残余应力。

$\sigma_{00}(\eta,\lambda)$ 可以表示为多项式函数，当来料板形良好时，$\sigma_{00}(\eta,\lambda)=0$。

变形区三维应力根据列维－米塞斯塑

性流动方程、米塞斯屈服条件和体积不变条件求得。

平衡微分方程为：

$$\left.\begin{aligned}\frac{\partial \sigma_x}{\partial x}+\frac{\partial \tau_{xy}}{\partial y}+\frac{\partial \tau_{xz}}{\partial_z}=0\\ \frac{\partial \tau_{xy}}{\partial x}+\frac{\partial \sigma_y}{\partial y}+\frac{\partial \tau_{xz}}{\partial z}=0\\ \frac{\partial \tau_{xz}}{\partial x}+\frac{\partial \tau_{yz}}{\partial y}+\frac{\partial \sigma_z}{\partial z}=0\end{aligned}\right\} \quad (5)$$

式中，σ_x，σ_y，σ_z，τ_{xy}，τ_{yz}，τ_{xz} 分别为 x，y，z 方向的正应力和剪应力。

变形区单位轧制压力根据式(5)和入口、出口应力边界条件及接触面上的应力边界条件由差分法求出。

1.3　辊系弹性变形

采用影响系数法[6]分析辊系的弹性变形。在工作辊和支撑辊的辊身长度 L 范围内，将辊身分为 m 段，每段宽度为 Δy_i，每段中点的横向坐标为 $y_i(i=1,2,\cdots,m)$。基本方程如下：

支撑辊和工作辊轴线的位移分别为

$$f_{bi}=\sum_{j=1}^{m}\alpha_{bij}\Delta y_j q_j-\alpha_{F_{bi}}F_b \quad (6)$$

$$f_{wi}=\sum_{j=1}^{m}\alpha_{wi}\Delta y_j(p_{lj}-q_j)-\alpha_{F_{wi}}F_w+C_1+\frac{C_2-C_1}{L}(y_i-C) \quad (7)$$

工作辊与支撑辊之间的弹性压扁采用半平面体模型求解

$$\delta_{wbi}=\lambda_i q_i \quad (8)$$

与轧件接触的工作辊表面的压扁采用半空间模型求解

$$\delta_{wi}=\sum_{j=1}^{m}\beta_{ij}p_{ij} \quad (9)$$

工作辊与支撑辊之间的变形协调方程为

$$f_{wi}=f_{bi}+\delta_{wbi}+\frac{1}{2}(\Delta D_{wi}+\Delta D_{bi}) \quad (10)$$

工作辊凸度的计算模型为

$$\Delta D_{wi}=\Delta D_{w0i}+\Delta D_{wti} \quad (11)$$

工作辊热凸度的计算模型[6]为

$$\Delta D_{wti}=K_t D_w \beta_t \Delta t_w\left(\frac{y_i}{L/2}\right)^2 \quad (12)$$

轧后板厚横向分布为

$$h_{1i}=s_0+2f_{wi}+2\delta_{wi}+\Delta D_{wi}+f_{bbi}^{K} \quad (13)$$

式中，i，j 为轧辊分段标号，$i,j=1,2,\cdots,m$；α_{wij}、α_{bij} 分别为工作辊和支撑辊的弯曲影响系数，表示在 y_j 点作用单位力在 y_i 点引起的挠度；$\alpha_{F_{wi}}$、$\alpha_{F_{bi}}$ 分别为工作辊弯辊力和支撑辊弯辊力的影响系数，表示单位弯辊力在 y_i 点引起的挠度；C_1、C_2 分别为工作辊辊身左端和右端的轴线位移；C 为压下支点到辊身端部的距离；F_w、F_b 分别为工作辊和支撑辊的弯辊力；f_w、f_b 分别为工作辊和支撑辊的轴线挠度；λ、δ_{wb} 分别为工作辊与支撑辊之间的压扁系数和压扁量；β、δ_w 分别为与轧件接触的工作辊表面的压扁系数和压扁量；ΔD_w、ΔD_b 分别为工作辊和支撑辊的辊凸度；ΔD_{w0}、ΔD_{wt} 分别为工作辊的原始辊凸度和热凸度；K_t 为轧辊中心到表面的温度径向分布不均匀系数，一般可取 $K_t=0.9$，β_t 为轧辊的热膨胀系数，对钢辊 $\beta_t=0.000\,013/℃$，对铸铁辊 $\beta_t=0.000\,011/℃$；Δt_w 为工作辊辊身温差，即工作辊中间与端部的温度差；f_{bb}^{K} 为上下支撑辊的刚性位移之和，它决定于机架及其他有关受力零件的弹性变形；s_0 为原始辊缝。

将式(6)～式(8)代入式(10)，形成 m 个方程的方程组，加上工作辊的力和力矩平衡方程，方程的个数为 $m+2$ 个，方程组中 $q_i(i=1,2,\cdots,m)$、C_1 和 C_2 为 $m+2$ 个未知数，可求解。然后，将式(9)和式(10)代入式(11)，便可求出轧后板厚。

2　仿真实例

表1给出1450 mm六机架热带钢连轧机轧制宽为1100 mm，厚为4.19 mm带钢产品的轧制条件，轧件材质为Q215B，来料厚度为24.7 mm，工作辊直径 D_w 为650 mm，支撑辊直径 D_b 为1300 mm，辊身长度 L 为1450 mm工作辊和支撑辊均没有弯辊力，原始辊形均为平辊。

表1　1450 mm六机架热带钢连轧机轧制条件

机架号	F1	F2	F3	F4	F5	F6
出口速度/mm	15.2	10.58	7.74	5.58	4.65	4.19
轧制速度/(m/s)	1.450	2.150	3.030	4.000	5.000	5.640
摩擦系数	0.281	0.254	0.215	0.171	0.125	0.130
平均前张力/MPa	3.621	3.773	4.625	5.654	6.133	3.563
轧件温度/℃	954	931	910	890	870	860
轧辊辊身温差/℃	14.7	12.2	9.9	8.9	7.7	6.7

图4示出各机架的出口板凸度($\Delta h_1(y)=h_1(y)-h_1(0)$)工作辊与支撑辊之间的单位宽度接触压力($q$)和单位宽度轧制压力($p_l$)的横向分布，各机架总轧制压力计算值($P_c$)与实测值($P_e$)的对比结果，以及最后机架(第六机架)的前张应力(σ_1)和出口横向位移(u_y)在出口截面上的分布。从第1机架到第6机架，出口板凸度总的趋势是大大减小，从来料原始凸度322 μm减小到大约70 μm各道次板凸度的计算结果与生产实测结果吻合较好，最大误差为14.9%(第四道次)。辊间单位宽度接触压力 q 的横向分布，对所有机架均为从辊身中部到边部减小。由于工作辊和支撑辊均没有弯辊力，q 从辊身中部到边部变化较大，单位宽度轧制压力 p_l 的横向分布，第1机架和第6机架均为从轧件宽度中心到边部减小；第2机架到第5机架均为从轧件宽度中心到边部先减小，后增加。各机架总轧制压力的计算值 P_c 与实测值 P_e 比较接近，最大误差为12.5%(第五道次)最后机架前张应力 σ_1 在出口截面上的分布，沿高向(z 方向)，从接触表面到中心面($z=0$ 平面)逐渐减小，表明轧件厚度中部的纵向流动速度大于轧件表面的纵向流动速度，这与文献[9]给出的结果相一致；沿横向，从轧件宽度中心到边部增加，为潜在中浪板形，但是不引起轧后带材失稳，表明板形良好。生产实践也证明，成品板形平直。最后机架出口横向位移在出口截面上的分布，带钢接触表面上的出口横向位移小于中心面上的出口横向位移，表明轧后带钢侧面呈鼓形，这与实际情况是一致的；接触表面上的出口横向位移与中心面上的出口横向位移相差很小，表明当轧制厚度较薄、宽度较大时，可以认为变形沿厚度方向基本是均匀的。

3　结论

(1) 仿真结果表明，本文建立的仿真模型实用可靠，仿真精度达到目前工程要求的程度，为四辊轧机热轧带材板形、板凸度的仿真与分析提供了理论基础。

(2) 在没有弯辊力的情况下，辊间单位宽度接触压力的横向分布，从辊身中部到边部变化较大，在压力大的区域将加速轧辊磨损，影响轧辊的使用寿命，且不利于板形、板凸度控制。建议为轧机安装弯辊系统，合理设定原始辊型。

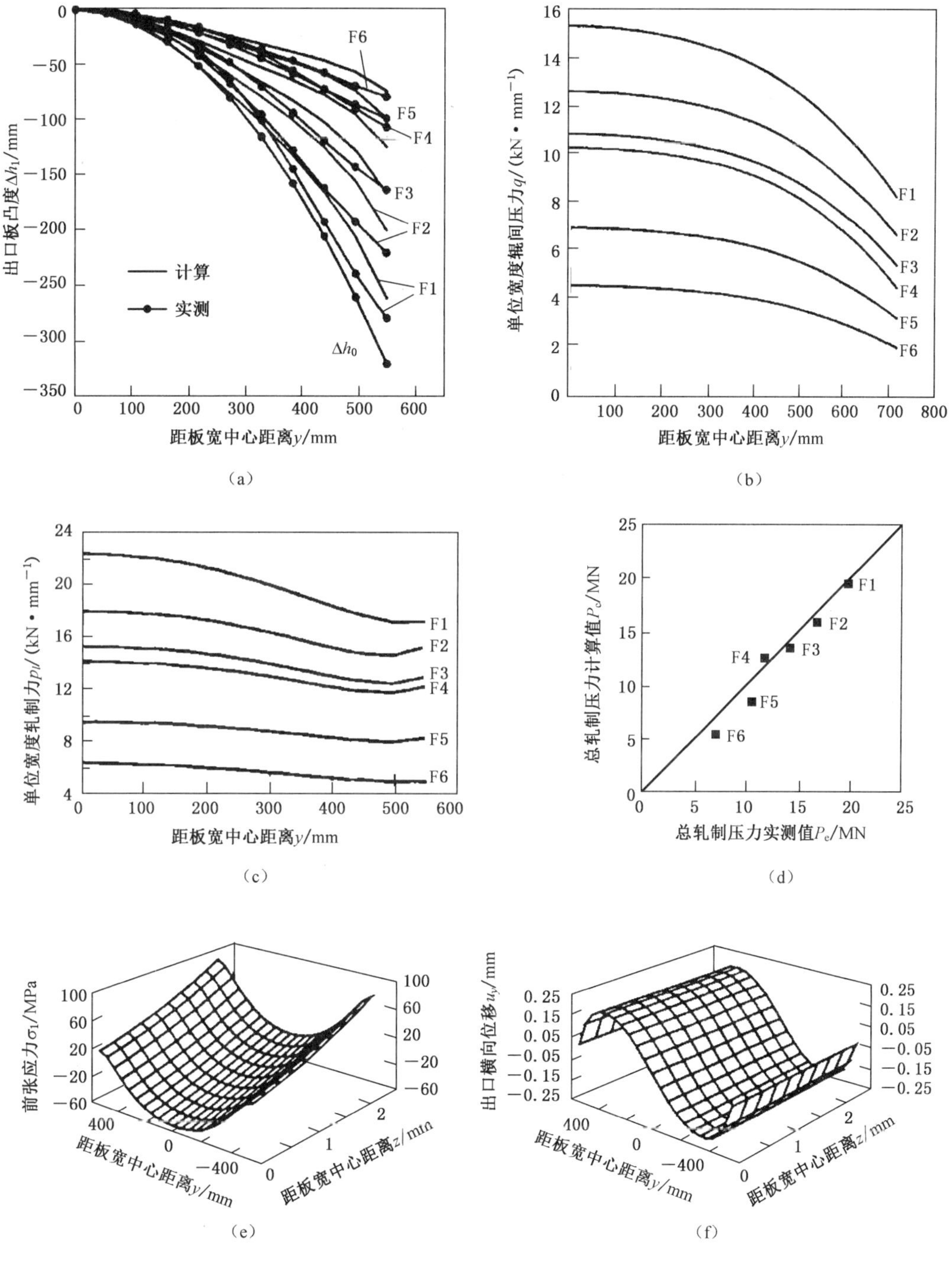

图 4　热带钢连轧计算与试验结果

参考文献

[1] 刘宏民,Sanfilippo F,Dolici F. 热带钢连轧机板形设定控制数学模型. 钢铁,1996,31(10):30-34.

[2] 郭剑波. 热带钢连轧机板凸度和板形控制技术的研究:[博士学位论文]. 秦皇岛:燕山大学,1998.

[3] 杜凤山,周维海,臧新良. 板材热连轧过程的计算机仿真. 机械工程学报,2001,37(12):67-69.

[4] 刘宏民,王英睿. 模拟板带轧制三维变形的流面条元法. 机械工程学报,2003,39(7):94-100.

[5] Liu Hongmin,Zheng Zhenzhong,Peng Yan. Streamline strip element method for analysis of the three-dimensional stresses and deformations of strip rolling. International Journal for Numerical Methods in Engineering,2001,50(5):1059-1076.

[6] 刘宏民. 三维轧制理论及其应用. 北京:科学出版社,1999.

[7] 刘宏民,连家创. 研究冷轧带材金属横向流动和张力横向分布的线性条元法. 钢铁研究学报,1992,4(3):37-44.

[8] Liu Hngmin,Lian Jiachuang. Transverse distributions of front and back tension stresses in cold strip rolling. Chinese Journal of Metal Science and Technology, 1992, 8 (6): 427-434.

[9] 曹鸿德. 塑性变形力学基础与轧制原理. 北京:机械工业出版社,1981.

热连轧机轧辊热辊型及冷却制度研究①

李兴东[1]，刘献东[2]，杨利坡[1]，刘宏民[1]
(1. 燕山大学机械工程学院；2. 宝山钢铁股份有限公司技术中心)

摘　要：针对热带钢连轧机由于带钢规格变化（主要指窄料和宽料）导致轧辊热辊型的大幅度波动，对轧辊温度场、热凸度和冷却效应进行了分析。采用有限差分法对轧辊温度场和热凸度进行了数值模拟，计算值和实测值吻合较好。进而应用该模型根据来料规格、压下规程等因素来确定工作辊冷却水轴向分布，为热带钢连轧机工作辊冷却系统的改造提供了可靠依据。

关键词：工作辊；温度场；热凸度；有限差分法；冷却

Research on the Hot Roll Shape and the Cooling System of the Hot Mill

Li Xingdong[1], Liu Xiandong[2], Yang Lipo[1], Liu Hongmin[1]
(1. School of Mechanical Engineering, Yanshan University;
2. Baoshan Iron and Steel Co., Ltd. Technology Center)

Abstract: Against wide-range fluctuation of hot roll shape about the roll of the tandem hot mill resulted from he change of the strip specification (chiefly the width and narrow material), the temperature field thermal camber and cooling effect of the roll are analyzed in this paper. The temperature field and thermal camber of the roll are made in numerical simulation by finite difference method and the calculation values coincide better with the measured values. Then based on factors such as incoming strip specification depress rules and etc, the axial distribution of cooling water of work roll is determined by this model. It provides reliable foundation for the cooling system modification of work roll of hot strip tandem mill.

Key words: Work roll; Temperature field; Thermal camber; Finite difference method; Cooling

热辊型是现代板形控制研究中的重点难点，在目前没有良好检测手段的情况下，热辊型的计算精度很大程度上依赖于模型精度，热带钢轧机轧辊的冷却效果则直接影响着轧辊的热辊型，冷却方式等边界条件的选取和优化对模型仿真精度有着重要的影响。近年来，随着钢铁行业的迅猛发展，热带钢连轧机的轧制品种和轧制规格也在不断拓展，一套生产线往往生产多种规格的产品，从几百毫米宽的窄料到一千多毫米宽的宽料。在轧制各种规格时，完全采取一种冷却方案会造成热辊型波动太大。在轧制窄规格产品时，容易形成轧辊热辊型中凸的形状；而在轧制宽规格时，又容易形成中凹（驼峰）的形状。因此，在轧制品种规格相当复杂的情况

① 冶金设备，2005(5)：1-4，56.

下，采取一种冷却方案是不可取的，设计出一种能够根据轧制规格在线调节轧辊轴向冷却水分布的装置就显得尤为必要。

热辊型计算方法一般采用有限差分法[1]，差分法计算速度较快，计算稳定，计算精度能够满足工程要求。根据有限差分法建立了轧辊热辊型优化模型，通过综合考虑水冷、空冷、轧件和轧辊间的摩擦热、轧件的塑性变形热以及工作辊与轧件间的接触热传导等复杂边界条件，对轧辊的冷却方式进行了实验和理论研究，通过改变冷却水沿横向的流量分布的优化，大大改善了热辊型的变化，工作辊温度场和热凸度计算值和实测值吻合较好。根据来料的规格，压下规程和轧制节奏等因素，利用模型优化确定轧辊冷却方案，为热带钢轧机冷却系统的改造提供了可靠依据。

1　热辊型优化数学模型的建立

1.1　温度场模型的建立

许多研究结果表明[2]，由于轧制时工作辊高速转动，工作辊圆周方向温度场的变化仅限于轧辊极薄的表层内，对工作辊的总体热辊型影响不大，因此，可忽略工作辊周向温度变化，即采用轴对称模型，仅考虑轴向和径向传热。为了简化计算，作如下假设：

1）工作辊各向同性，且为内部无热源的台阶形圆柱体；

2）工作辊温度相对于轴线和辊身中部呈对称分布。

在以上假设的基础上，取工作辊轴对称的四分之一（如图 1 所示）作为研究对象。在轴对称平面内热传导平衡微分方程[3]为：

$$\frac{\partial^2 T}{\partial r^2}+\frac{1}{r}\frac{\partial T}{\partial r}+\frac{\partial^2 T}{\partial y^2}=\frac{\rho c}{\lambda}\frac{\partial^2 T}{\partial t^2} \tag{1}$$

式中：T—— 工作辊温度；

r, y—— 分别为径向坐标和轴向坐标；

ρ—— 轧辊材料密度；

c, λ—— 比热和导热系数；

t—— 时间。

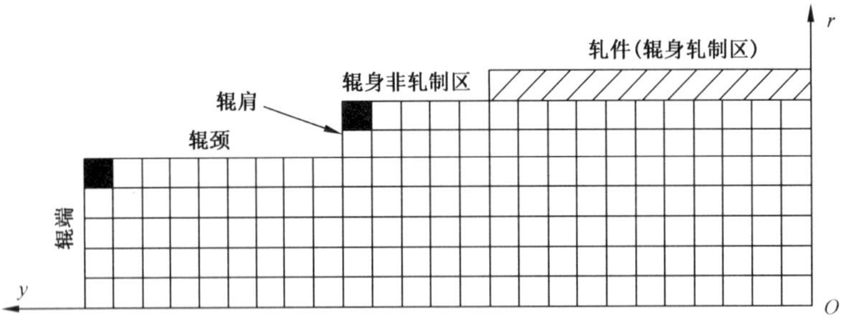

图 1　工作辊网格划分及其边界条

1.2　边界条件的计算和处理

在轧制过程中，轧辊与周围介质间相互作用，形成轧辊热量的输入流和输出流。对于热轧来说，轧件通过接触热传导向轧辊输入热流，轧件塑性变形热和轧件与轧辊间摩擦热系轧辊输入热流量，冷却液对流换热从轧辊带走的热流量占轧辊输出热流量的主要部分。此外，还考虑了工作辊与轴承座和工作辊与空气之间发生的热传导等因素的影响。在轧辊辊身轧制部分、辊身非轧制部分、辊肩部分、辊颈部分和辊端部分等热边界条件分别采用下列表达式：

$$\begin{cases}\alpha_1(T-T_1)+ \\ \quad \alpha_2(T-T_2)+q=-\lambda\dfrac{\partial T}{\partial r} \\ \alpha_2(T-T_2)=-\lambda\dfrac{\partial T}{\partial r} \\ \alpha_3(T-T_3)=-\lambda\dfrac{\partial T}{\partial y} \\ \alpha_4(T-T_4)=-\lambda\dfrac{\partial T}{\partial r} \\ \alpha_5(T-T_3)=-\lambda\dfrac{\partial T}{\partial y}\end{cases} \tag{2}$$

式中：$\alpha_1,\alpha_2,\alpha_3,\alpha_4,\alpha_5$—— 分别为轧辊与高温轧件、冷却水、轧辊轴承、室内空气间的热交换系数；

T_1,T_2,T_3,T_4—— 分别为轧件、冷却水、室内空气及轧辊轴承的温度；

q—— 传入工作辊的塑性变形热和摩擦热。

1.3　热凸度计算

辊身中部热膨胀量与边部热膨胀量之差称为热凸度，工作辊径向热膨胀量[3]为：

$$u_t=2(1+\nu)\cdot\frac{\beta_t}{R}\int_0^R[T(r,z)-T_0(r,z)]r\mathrm{d}r \tag{3}$$

式中：$T_0(r,z)$、$T(r,z)$—— 轧辊初始温度和稳态温度；

β_t—— 热膨胀系数；

ν—— 泊松比；

R—— 工作辊半径。

1.4　冷却水优化模型

通过改善在线轧制时的热辊型，调整辊缝形状，从而达到改善带钢板形的目的。为了达到有效消除下机后轧辊正凸度和驼峰的目的，即将工作辊板宽范围内轧辊下机热辊型小于 10 μm 作为目标函数，在保证各机架冷却水总量不变的前提下，对轧辊轴向冷却水分布进行优化。针对宝钢1580典型的窄料和宽料轧制计划，分别对冷却水沿横向的分布方式进行优化。当轧制窄料时，冷却水沿轧辊轴向分布为：

$$a+b\left[1-\left(\frac{2x}{L}\right)^6\right]\quad x\leqslant L/2 \tag{4}$$

$$a-b\left[1-\left(\frac{2(L-x)}{L}\right)^6\right]\quad x>L/2 \tag{5}$$

当轧制宽料时，冷却水沿轧辊轴向分布为：

$$a+b\left[1-\left(\frac{2x}{L}\right)^6\right] \tag{6}$$

在上面曲线方程中，a 和 b 为变量，取不同的值时表示不同的曲线。变量 b 用于调整曲线幅值的变化。b 值越大，则中部和边部的冷却水差值越大。L 为半辊身长。计算时，在保持冷却水总量不变的情况下，通过直接搜索 b 值对轧辊冷却水曲线进行优化。

2　实验与仿真

为了验证热辊型模型的实用性和准确性并合理确定工作辊边界换热系数，对宝钢 1580 热连轧精轧机组工作辊温度场和热凸度进行现场跟踪。带钢轧完后，及时记录该轧制计划的终轧时间；轧辊下机后，利用接触式测温仪迅速测量轧辊表面温度，从中部开始每隔 100 mm 测量一点并记录测量时间。考虑到因测量时间造成轧辊两端的温度误差，取轧辊两侧的平均值作为实测值。采用辊型仪测量轧辊下机后的热辊型以及水冷后的冷辊型，并记录测量时间。此外，从现场采集与轧辊热行为有关的因素：如带钢入出口厚度、温度、纯轧时间和轧制节奏等，其中 F_2 机架的轧制参数如表 1 所示。对多个轧制计划中的100多辊次进行了实验回归，确定不同边界条件下的轧辊表面换热系数。图2是F_2工作辊下机15 min后的表面温度实测值和计算值对比；图3是F_2工作辊下机20 min后热凸度实测值和计算值对比。从图2和图3中可以看出工作辊下机后辊温和热凸度的计算值和实测值吻合较好。

表1 F_2机架相关轧制参数

轧辊直径/mm	带钢宽度/mm	入/出口厚度/mm	带钢温度/℃	轧制压力/kN	纯轧时间/s	轧制节奏/s
820	1150	20/11	939	19 000	74	110

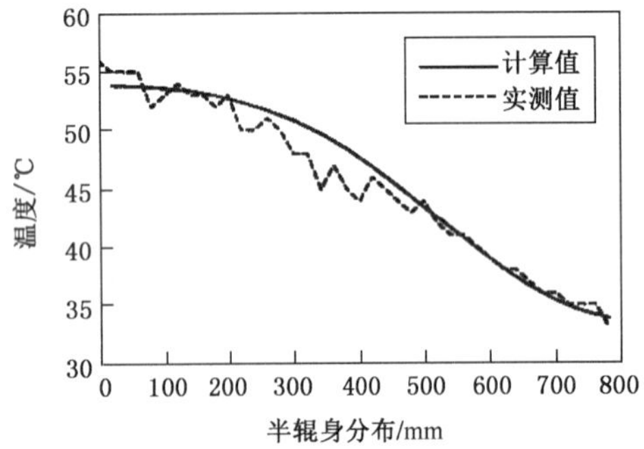

图2 工作辊温度实测值与计算值对比

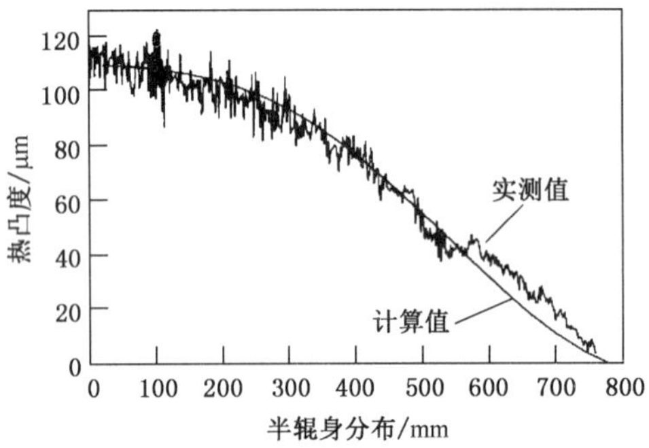

图3 工作辊热凸度实测值与计算值对比

从宝钢1580热轧厂采集典型窄料和宽料轧制计划下的轧制参数，如来料规格、压下规程和轧制节奏，各机架带钢温度等因素，进而利用上面的模型优化工作辊轴向冷却水分布。以F_2工作辊为例，典型窄料轧制计划带钢宽度以900 mm左右为主，典型宽料轧制计划带钢宽度以1200 mm左右为主。

从图4和图5可以看出，在原有冷却制度下轧制窄规格产品时，由于轧辊与带钢接触区域较窄，导致轧辊中部热膨胀仍然较大，而非接触部分，由于不接触带钢，轧辊表面温度较低，仅通过轴向热传导，从轧辊中部吸收热量，轧辊边部的热膨胀相对较小。所以在轧制窄料时，轧辊热凸度较大，造成工作辊下机热辊型达50 μm左右；而采用优化后的冷却水分布：适当增大轧辊中部冷却水流量而减小边部冷却水流量，在带宽范围内轧辊下机热辊型变化较小，约5 μm。

从图6和图7可以看出，采用原有分段冷却制度，由于轧辊与带钢接触区域较大，相对于窄带而言，轧辊沿横向均匀吸收热量，仅在边部非接触区域，轧辊通过热传导从接触区域吸收热量，因此相对于窄料情况，当轧制宽规格产品时，轧辊边部热膨胀较大，而中部可认为是均匀受热，中部热膨胀量也比较均匀，这样造成轧辊热凸度较小。因为工作辊上机前为凹辊型，且轧制宽料时轧辊热凸度不足以抵消上机前轧辊负凸度值，造成下机后轧辊热辊型依然为负凸度，约−20 μm。而采用优化后的冷却制度后，通过适当减小轧辊中部冷却水流量，增大边部冷却水流量，轧辊下机后热辊型变化较小，约9 μm。

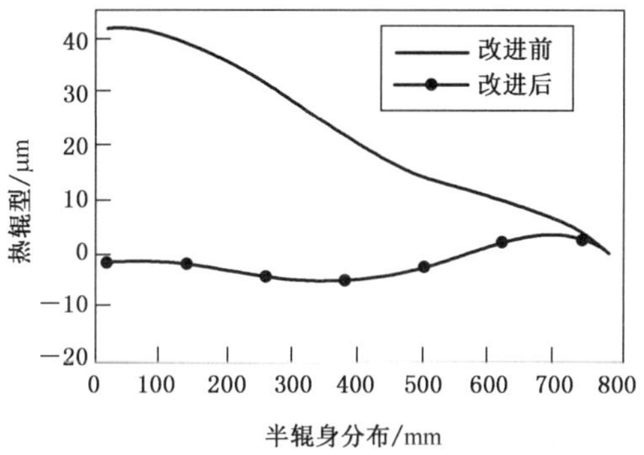

图 4　典型窄料优化前后工作辊热辊型比较

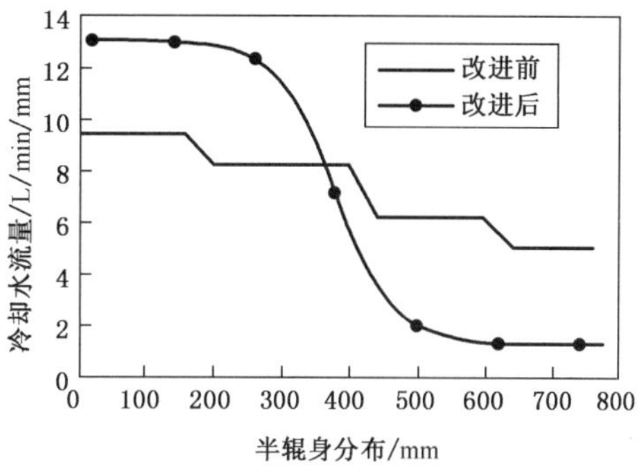

图 5　典型窄料优化前后工作辊轴向冷却水分布的比较

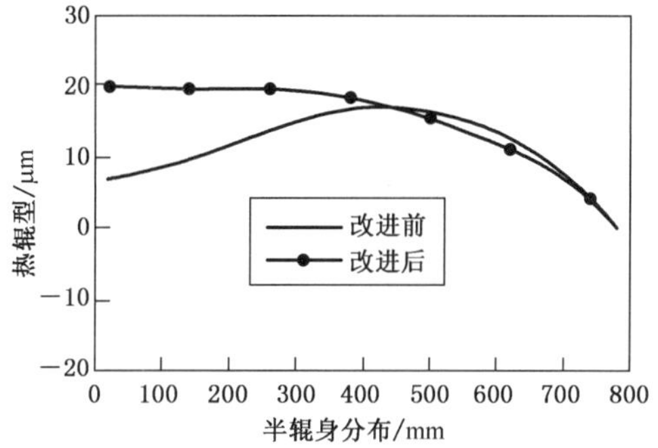

图 6　典型宽料优化前后工作辊热辊型的比较

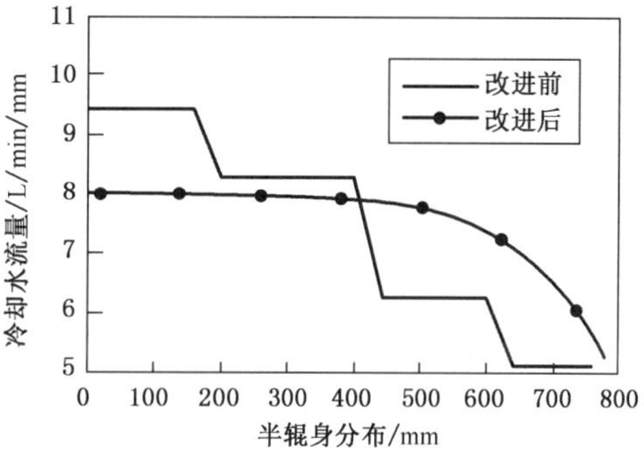

图 7　典型宽料优化前后工作辊轴向冷却水分布的比较

因此，设计出一种能够在线调整轧辊冷却水轴向分布的冷却装置就显得非常必要。如果中部凹陷太大，仅靠调节冷却水流量不能完全消除，需加以其他手段进行调节。

3　结论

1）结合宝钢 1580 热轧现场实际条件，综合考虑带钢温度、轧制节奏、轧件塑性变形热和轧辊摩擦热以及冷却方式等条件，建立了轧辊热辊型优化模型。通过大量辊次的轧辊温度场和热凸度实验与计算，回归确定轧辊边界换热系数，优化冷却方式，调整热辊型，计算值和实测值吻合较好，该模型具有较好的工程实用意义。

2）对宝钢 1580 典型窄料和宽料轧制计划，利用该模型根据来料规格、压下规程和轧制节奏等优化轧辊冷却水轴向分布以达到消除轧辊下机热辊型中凸或中凹的情况，为热带钢轧机轧辊冷却系统的改造提供了可靠的依据。轧制窄料时应适当增大轧辊中部冷却水流量而减小边部冷却水流量；轧制宽料时应适当减小轧辊中部冷却水流量而增大边部冷却水流量，如果中部凹陷太大，仅仅依靠调节冷却水流量不能完全消除，需加以其他手段进行调节。

参考文献

[1] Yang Lipo, Peng Yan, Liu Hongmin. Two-dimensional transient temperature field of finish rolling section in hot tandem rolling. Journal of Iron and Steel Research, 2004, 11(4): 29-33.

[2] 张绚丽，张杰，魏钢城，等. 带钢热连轧机工作辊温度场及热辊型的理论与实验研究. 冶金设备，2002(6)：1-3，15.

[3] 王国栋. 板形控制和板形理论. 北京：冶金工业出版社，1980.

[4] 姚玉玺，文成秀，杨玉东，等. 1150 初轧机轧辊温度场分析和冷却效应研究. 重型机械，1998(3)：16.

宝钢 1580 工作辊热变形的数值模拟与实验研究①

李兴东[1]，孙大乐[2]，连家创[1]，杨利坡[1]，刘宏民[1]
（1. 燕山大学，秦皇岛，066004；
2. 宝山钢铁股份有限公司，上海，201900）

摘　要：根据现场的复杂工况，将轧辊辊身分为辊颈、辊端、辊肩、轧制区和非轧制区，综合考虑分段冷却、支撑辊、摩擦热和变形热等因素的影响，建立符合实际的边界条件，并根据热平衡原理建立了工作辊温度场数学模型。在宝钢 1580 热轧机上进行实验，详细分析了热凸度的瞬态变化以及热凸度在每块带钢轧制前后的变化，对热凸度间断的原因进行了分析，模型计算值和实测值吻合较好，表明模型工程实用性较强，为轧辊热变形的在线预报和控制提供了一定的依据。

关键词：热连轧；工作辊；温度场；热凸度；有限差分法

Numerical Simulation and Experimental Research on Thermal Deformation of Work Roll of Bao Steel 1580

Li Xingdong[1], Sun Dale[2], Lian Jiachuang[1], Yang Lipo[1], Liu Hongmin[1]
(1. Yanshan University, Qinhuangdao, 066004;
2. Baoshan Iron and Steel Co. Ltd., Shanghai, 201900)

Abstract: The complex working conditions of the field were analysed, and the roll body was divided into roll neck, roll end, roll shoulder, rolling area and non-rolling area. The influence factors, such as the segmented cooling, the back-up roll, the friction heat and the deformation heat and etc. were synthetically considered, and the boundary conditions that agree with the practice were constructed, then a mathematical model of work roll temperature field was established based on thermal equilibrium principles. Through the experiments completed in the Bao Steel 1580 hot mill, the transient variation and the variations before and after each strip rolled of the thermal camber were analysed in detail, and the reasons for the discontinuity of thermal camber were accurately analysed. The calculation values coincide better with the measured ones, and good effects are obtained. It indicates that the model has better engineering practicability, and provides important basis for on-line prediction and control of the roll thermal deformation.

Key words: Hot-tandem rolling; Work roll; Temperature field; Thermal camber; Finite difference method

---

① 中国机械工程，2006，17(3)：279-283.

0　引言

近年来，轧辊热辊型的研究一直是板形控制中的难点和重点。由于检测设备的限制，很难在线测量轧辊辊型，往往需要通过轧辊温度场的计算来预报轧辊热辊型，因此，轧辊温度场和热凸度的计算精度成为板形控制精度的关键。轧辊热辊型的研究方法有解析法[1]、有限元(条)法[2]和有限差分法[3-5]。解析法都采用傅里叶变换和分离变量法对导热微分方程进行求解，需做大量假设，一般只能解决较简单的传热问题；有限元(条)法由于计算量大，其计算设备要求高，通用有限元软件的出现可以大量简化建模工作；有限差分法计算简便快捷，在满足工程要求的计算精度下，其计算速度较快，计算也较稳定。因此工程上的温度场问题一般采用有限差分法计算。本文根据宝钢 1580 热轧机现场复杂工况，将轧辊辊身分为辊颈、辊端、辊肩、轧制区和非轧制区，综合考虑分段冷却、支撑辊、摩擦热和变形热等因素的影响，建立符合实际的边界条件，根据热平衡原理建立了工作辊温度场数学模型，采用有限差分法准确计算了现场工作辊温度场和热凸度。

1　温度场数学模型

轧辊热凸度具有时间效应。在轧制过程中，轧辊表层温度呈周期性变化[3]。由于轧辊转速很高，在轧辊转动一个周期或几十个周期内，轧辊周向温度变化很小，且轧辊表面不断向内部传热，因此可近似认为轧辊温度轴对称分布。此外，由于轧辊表面沿横向存在轧制区和非轧制区等不同的边界条件，容易产生较大横向温差。因此，建立轧辊温度场模型时，忽略轧辊周向热传导，只考虑轧辊径向及轴向(即横向)传热，并把轧辊吸收的变形热和摩擦热看作外热源，在边界条件中进行考虑。考虑工作辊的对称性，取其 1/4 划分网格，如图 1 所示。

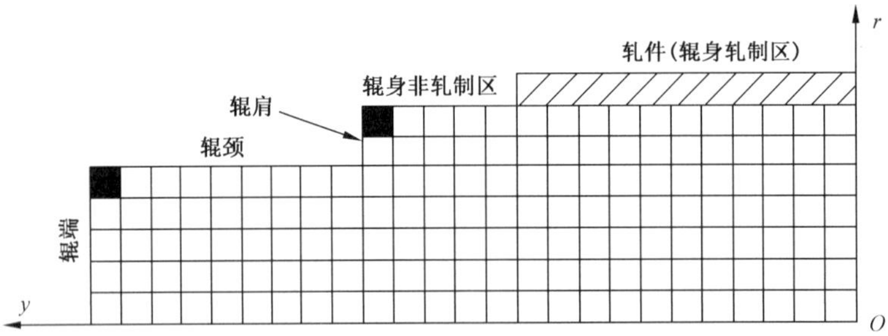

图 1　工作辊网格划分及其边界条件

轧件的塑性变形热和轧件与轧辊间的摩擦热根据文献[6]中的公式计算得到。精确的边界条件对温度场的计算精度影响很大，考虑到温度场的时间效应和导热效应，必须对轧辊的各个部位进行准确分析，并建立相应的边界条件。

1.1　内部温度场差分方程

从热平衡原理[7]出发，忽略轧辊周向影响，则轧辊内部节点热平衡方程差分式为

$$\left[\frac{T_{i,j+1}-2T_{i,j}+T_{i,j-1}}{(\Delta r)^2}+\frac{T_{i,j+1}-T_{i,j-1}}{2r\Delta r}+\frac{T_{i+1,j}-2T_{i,j}+T_{i-1,j}}{(\Delta y)^2}\right]=\frac{\rho c}{\lambda_t}\frac{T'_{i,j}-T_{i,j}}{\Delta t} \tag{1}$$

式中，T、T' 分别为 t、$t+\Delta t$ 时刻节点温度值；ρ、c、λ_t 分别为轧辊的密度、比热容、导热系数；r、Δr、Δy 分别为径向坐标、径向步长、横向步长。

对工作辊内部每个节点建立如式(1)所示的差分式，并组成线性方程组，利用边界条件，即可求解任意时刻的温度场。

1.2　建立精确边界条件

本文针对现场实际情况，将边界节点分为三种(图 1)：①辊身轧制区、辊身非轧制区、辊颈；②辊肩、辊端；③辊身非轧制区与辊肩连结部分角节点和辊颈与辊端连结部分角节点(图 1 中阴影部分为角节点)。同时，在计算过程中，通过大量实测数据的实验回归，轧辊与冷却介质间的对流换热采用等效传热系数进行计算，而对于轧制过程中轧件与轧辊间的热传导，则采用等效温度和等效换热系数进行计算。考虑工作辊的冷却或传热方式，均采用第三类边界条件进行计算。

(1) 辊身轧制区　如图 2 所示，曲面 $ABCD$ 为边界条件。由于从 2 点到 0 点的导热不再是内部节点之间的热传导，所以应遵循牛顿冷却定律。根据热平衡原理计算得辊身轧制区边界差分式为

$$\frac{\alpha_A \Delta r T_A - \left(\lambda_t + \alpha_A \Delta r + \alpha_A \dfrac{\Delta r^2}{2r} - \lambda_t \dfrac{\Delta r}{2r}\right) T_{i,j} + \lambda_t T_{i,j-1}}{(\Delta r)^2} +$$

$$\frac{\alpha_A \Delta r T_A - \lambda_t T_{i,j-1}}{2r\Delta r} + \lambda_t \frac{T_{i+1,j} - 2T_{i,j} + T_{i-1.i}}{(\Delta y)^2} = \rho c \frac{T'_{i,j} - T_{i,j}}{\Delta t} \tag{2}$$

式中，α_A 辊身轧制区的传热系数；T_A 为带钢温度。

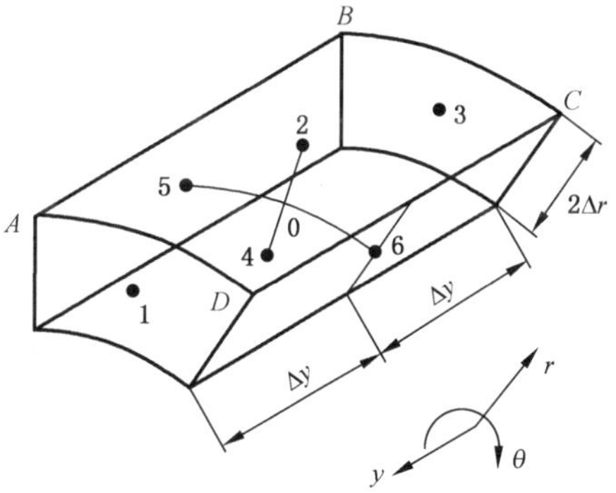

图 2　辊身轧制区边界条件

(2) 辊肩　与辊身轧制区差分式的建立方式类似，辊肩处的边界差分式为

$$\lambda_t \frac{T_{i,j+1} - 2T_{i,j} + T_{i,j-1}}{(\Delta r)^2} +$$

$$\lambda_t \frac{T_{i,j+1} - T_{i,j-1}}{2r\Delta r} +$$

$$\frac{\lambda_t T_{i-1,j} - (\lambda_t + \alpha_C \Delta y) T_{i,j} + \alpha_C \Delta y T_C}{(\Delta y)^2} =$$

$$\rho c \frac{T'_{i,j} - T_{i,i}}{\Delta t} \tag{3}$$

式中，α_C 为轧辊辊肩处的传热系数；T_C 为环境温度。

(3) 辊身非轧制区与辊肩部分连接的角节点位置　同理，该处的边界差分式为

$$\frac{\alpha_B \Delta r T_B - \left[\lambda_t + \alpha_B \Delta r + \alpha_B \dfrac{(\Delta r)^2}{2r} - \lambda_t \dfrac{\Delta r}{2r}\right] T_{i,j} + \lambda_t T_{i,j-1}}{(\Delta r)^2} + \frac{\alpha_B \Delta r T_B - \lambda_t T_{i,j-1}}{2r\Delta r} +$$

$$\frac{\lambda_t T_{i-1,j} - (\lambda_t + \alpha_C \Delta y) T_{i,j} + \alpha_C \Delta y T_C}{(\Delta y)^2} = \rho c \frac{T'_{i,j} - T_{i,j}}{\Delta t} \tag{4}$$

式中，α_B 为轧辊辊身非轧制区的传热系数；T_B 为冷却水温度。

1.3　热凸度计算

工作辊热凸度即为工作辊沿径向热膨胀量的横向差，该热膨胀量计算公式[7]为

$$u_t = 2(1+\nu)\cdot \frac{\alpha v}{R}\int_0^R [T(r,z) - T_0(r,z)]r\mathrm{d}r \quad (5)$$

式中，$T_0(r,z)$、$T(r,z)$ 分别为轧辊初始温度、稳态温度；αv、ν 分别为工作辊的体膨胀系数、材料泊松比；R 为工作辊半径。

2　仿真与实验研究

对宝钢 1580 热连轧精轧机组的温度场和热凸度进行跟踪，并利用本文建立的轧辊温度场模型进行仿真计算。带钢轧完后，记录该轧制计划的终轧时间；轧辊下机后，利用接触式测温仪迅速测量轧辊不同位置处的表面温度，并记录测量时间。此外，采用辊型仪测量轧辊下机后的热辊型以及水冷后的冷辊型，并记录测量时间。对几十个轧制计划中的 100 多辊次进行计算，通过实验回归，确定不同边界条件下的轧辊表面传热系数。现以其中一个计划的 F_2 和 F_4 工作辊为例进行说明：F_2 和 F_4 轧辊直径分别为 742.55 mm 和 643.70 mm；带钢成品平均宽度 1070 mm；一块带钢的平均纯轧时间为 79 s，平均轧制间隙时间为 64 s；带钢平均温度分别为 1254 K 和 1222 K；平均轧制压力分别为 1.796×10^7 N 和 1.116×10^7 N（取 $g=10\ \mathrm{m/s^2}$）。图 3 示出了 F_2 和 F_4 工作辊下机后的温度实测值和计算值对比；图 4 示出了 F_2 和 F_4 工作辊下机后的热凸度实测值和计算值对比；图 5 示出了 F_2 和 F_4 工作辊热凸度计算值随轧制时间变化规律曲线；图 6 示出了 F_2 和 F_4 工作辊热凸度计算值随带钢轧制前后变化规律曲线。

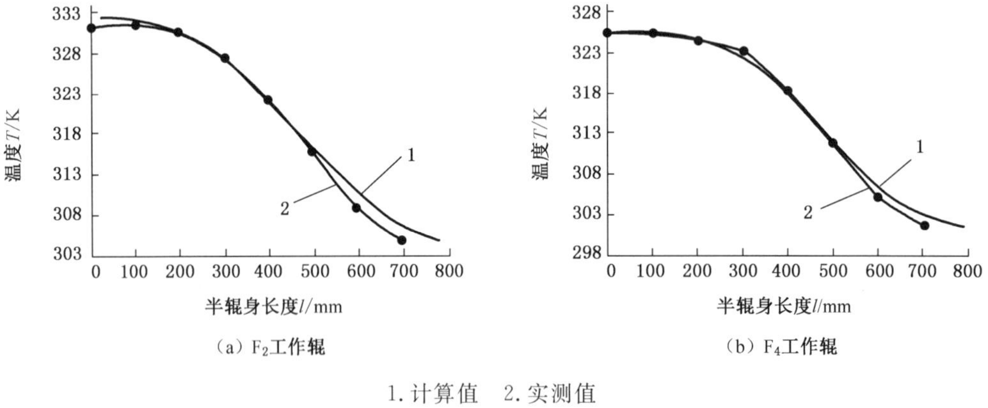

1. 计算值　2. 实测值

图 3　F_2 和 F_4 工作辊温度实测值与计算值对比

从图 3 可以看出，F_2 和 F_4 的工作辊下机后的温度和热凸度的计算值和实测值吻合较好。稳定轧制时，轧辊不断吸收变形热和摩擦热，并且由于与热带钢的接触，导致轧辊温度不断升高，其中中部最高，F_2 和 F_4 轧辊的最高温度分别约为 331 K 和 325 K。由于轧制中采用分段冷却，因此，轧辊的横向温度从轧辊中部到边部变化比较平滑，近似抛物线形状。在轧辊边部，由于没有接触热带钢，轧辊表面温度较低，边部的温度升高主要靠从轧辊中部吸收热量。在轧辊中部，由于吸热

相对均匀，仿真结果和实测结果基本吻合，直到非轧制区或轧辊边部的时候，由于轧辊温度变化只能通过内部热传导方式，因此，仿真结果与实测结果略有误差，F_2 轧辊非轧制区温度误差在±2 ℃以内，F_4 轧辊的温度误差在±1 ℃以内。从图 3 和图 4 还可以看出，F_2 工作辊下机后的温度和热凸度比 F_4 稍高，主要由于前几道次带钢温度较高，压下量比较大，产生的塑性变形热和摩擦热均比后面道次大的缘故。因此，利用上述模型，可以准确对某轧制计划工作辊轧制过程中的热凸度进行预报，包括热凸度随时间的变化和热凸度在每块带钢轧制前后的变化。

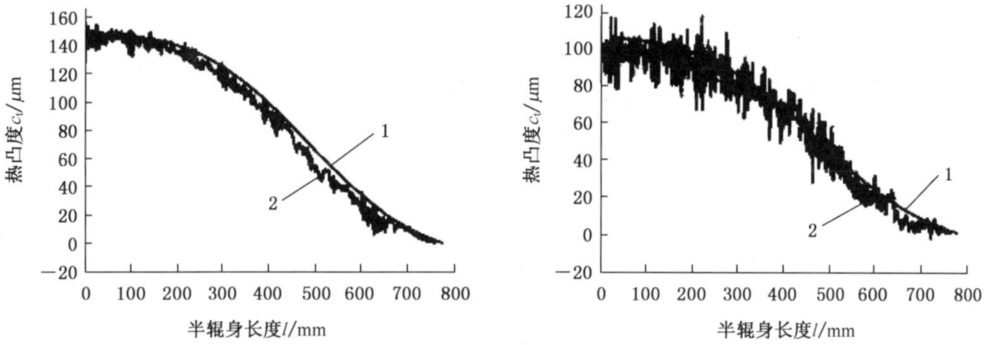

(a) F_2工作辊　　(b) F_4工作辊

1. 计算值　2. 实测值

图 4　F_2 和 F_4 工作辊热凸度实测值与计算值对比

从图 5 可以看出，在开始轧制后，工作辊热凸度随时间不断增加，在开始轧制大约 30 min 后，工作辊热凸度达到一个相对稳定状态。轧制过程中，由于有几次中间换辊，导致工作辊温度场和热凸度发生变化，重新轧制后，工作辊温度场和热凸度又逐渐达到稳定状态。图 5 中的三个间断部分表明轧制过程中发生了三次换辊，仿真结果完全符合实际情况。因此，本文计算模型能够很好地对非稳态轧制过程中的轧辊瞬态温度变化进行准确仿真。

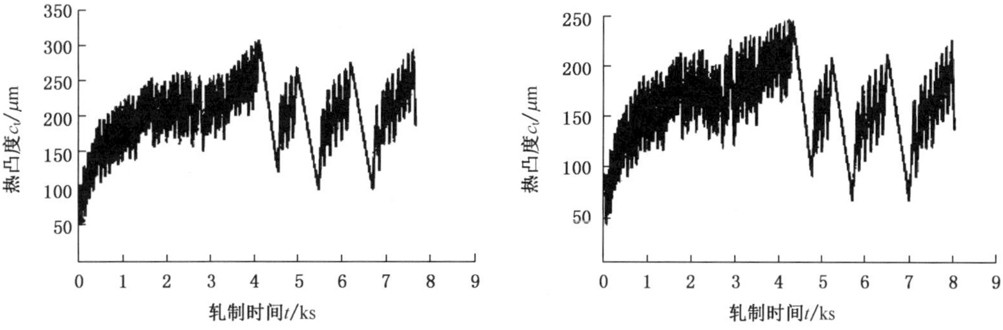

(a) F_2工作辊　　(b) F_4工作辊

图 5　F2 和 F4 工作辊热凸度计算值随轧制时间的变化

从图 6 可以看出，在开始轧制后，工作辊热凸度随轧制带钢数的增加而不断增加，在一块带钢的轧制过程中，工作辊热凸度变化在 50 μm 左右；同时，热凸度变化幅度与轧制节奏也有很大关系，轧制节奏可以用某一块带钢的轧制时间和两块带钢之间的咬钢时间差的比值来表示，比值越大，热凸度变化的幅度也越大。在生产过程中，由于待钢情况时有发生，因此，需要根据现场实际工况来准确分析相应的热辊型变化。图 6 中的曲线间断部分是由于中间换辊导致的。

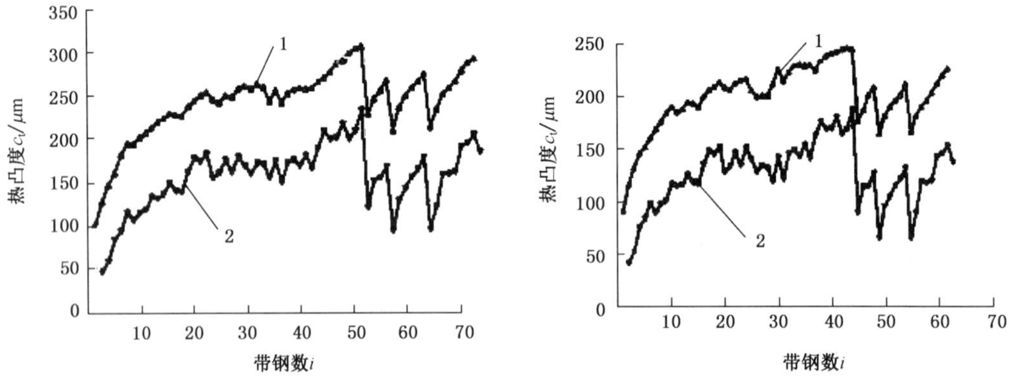

（a）F_2工作辊　（b）F_2工作辊

1. 工作辊抛钢时的热凸度 2. 工作辊咬钢时的热凸度

图 6 F_2 和 F_4 工作辊热凸度计算值随带钢数的变化

从以上分析可知，通过对热辊型的仿真计算，可以对工作辊的温度场和热凸度进行定量研究，通过准确控制分段冷却或调节冷却液流量大小，以控制热辊型变化，最终很好地控制辊缝形状。因此，热辊型的研究成果对实际生产中的板形控制有重要的指导意义，能够有效提高产品质量，减小废品率。

3 结论

（1）本文根据宝钢 1580 现场复杂工况，考虑复杂边界条件，将轧辊辊身分为辊颈、辊端、辊肩、轧制区和非轧制区，综合考虑分段冷却、支撑辊、摩擦热和变形热等因素的影响，在轧辊不同位置推导不同差分公式，建立符合实际的边界条件，根据热平衡原理建立了工作辊温度场数学模型。

（2）通过大量辊次的轧辊温度场和热凸度实验与计算，回归确定轧辊边界换热系数，仿真结果与实验结果的对比吻合较好，准确地预报了工作辊的温度场和热凸度，取得了良好的使用效果，详细分析了现场热凸度的瞬态变化热凸度和在每块带钢轧制前后的变化，并对热凸度间断的原因进行了合理分析。

（3）现场实验证明，带钢在轧制过程中，现场工况对轧辊热凸度的影响比较大，而轧辊热凸度的变化直接影响到轧辊在线辊型。因此，该模型为实现轧辊在线控制提供了理论基础，工程应用性强，具有现场指导意义，从而可以达到改善板形的目的，为热带钢连轧机的在线预报和控制提供了重要依据。

参考文献

[1] Tseng A A, Tong S X, Raudensky M. Thermal expansion and crown evaluations in roll-

ing processes. Steel Research, 1996, 67(5): 188-199.

[2] Zhang X M, Jiang Z Y, Tieu A K. Numerical modeling of the thermal deformation of CVC roll in hot strip rolling. Journal of Materials Processing Technology, 2002, 130 (12): 219-223.

[3] Yang Lipo, Peng Yan, Liu Hongmin. Two-dimensional transient temperature field of finish rolling section in hot tandem rolling. Journal of Iron and Steel Research, 2004, 11 (4): 29-33.

[4] 张绚丽，张杰，魏钢城，等. 带钢热连轧机工作辊温度场及热辊形的理论与实验研究. 冶金设备，2002(6)：1-3.

[5] 克罗夫特 D R，利利 D G. 传热的有限差分方程计算. 张风禄，译. 北京：冶金工业出版社，1982.

[6] 李俊洪. 板带轧机板形计算理论及其在宽带轧制中应用研究：[博士学位论文]. 秦皇岛：燕山大学，2003.

[7] 王国栋. 板形控制和板形理论. 北京：冶金工业出版社，1980.

面向辊形磨削的热带钢连轧机工作辊热变形研究①

李兴东[1]，孙大乐[2]，杨利坡[1]，刘宏民[1]

（1.燕山大学亚稳材料制备技术与科学国家重点实验室，河北，秦皇岛，066004；

2.宝山钢铁股份有限公司技术中心，上海，201900）

摘　要：热带钢连轧机工作辊下机后尚未完全冷却即进行磨削，残存的不均匀热变形导致磨削的工作辊辊形在空冷一段时间上机时很难达到工艺设定值。针对热辊形不易测量的特点，制定合理的物理测量方式，准确地测量了工作辊下机后的温度分布和热辊形。考虑复杂的工作辊换热边界条件，采用有限差分法对工作辊空冷时的温度场和热变形进行了数值模拟，计算结果与测试结果吻合良好。对工作辊下机后不同时刻的热变形进行仿真，通过将目标上机辊形和磨削时热辊形叠加来设定磨削辊形，为实现合理的辊形磨削提供了依据和计算方法。

关键词：辊形；工艺设定值；温度场；不均匀热变形；有限差分法

Shape Grinding Oriented Thermal Deformation Research of Work Roll of Hot Strip Rolling Mill

Li Xingdong[1], Sun Dale[2], Yang Lipo[1], Liu Hongmin[1]

(1. State Key Laboratory of Metastable Materials Science and Technology, Yanshan University, Qinhuangdao, 066004, Hebei;

2. Technology Center, Baoshan Iron and Steel Co., Ltd., Shanghai, 201900, China)

Abstract: For hot strip rolling mill the work rolls are ground at warm after rolling. The shape of ground cooled work rolls is difficult to reach the set value because of the remaining uneven thermal deformation. Due to difficulties of measurement, a reasonable physical measurement method was established, and the temperature distribution and thermal roll shape of work roll after rolling can be accurately measured. The complicated heat transfer boundary conditions of work roll were taken into account and the numerical simulation was made with finite difference analysis to determine the temperature field and thermal deformation of work rolls cooled in the air. The computed and measured results coincided satisfactorily. The thermal deformation of work roll at different time after rolling should be simulated and the shape of ground roll can be set by the superposition of target roll shape before rolling and the thermal roll shape at grinding, in this way a basis and computation method for appropriate roll shape grinding are provided.

Key words: Roll shape; Process set value; Temperature field; Uneven thermal deformation; Finite difference method

① 钢铁，2007，42(4)：38-41.

热带钢连轧机工作辊辊形设定(包括上机辊形、热膨胀辊形和磨损辊形)是板形控制最重要的手段之一。热膨胀辊形和磨损辊形随工作辊工作周期不断变化,且很难在线测量和控制。而工作辊上机辊形一旦确定就对整个工作周期轧制带钢的板形产生很大影响,是带钢板形良好条件的重要前提之一,不容忽视。

在热连轧生产中,由于生产节奏的加快和冷却设备限制等因素的影响,工作辊下机后有时不进行水冷,在室内放置一段时间,工作辊没有完全冷却即进行磨削,工作辊内部残存不均匀热变形的动态变化使得上机辊形并非磨削辊形[1,2]。而现场一般把磨削辊形作为轧辊上机辊形,是不科学的。为实现精确的工作辊上机辊形,进行面向辊形磨削的热带钢连轧机工作辊热变形研究具有重要意义。

假设目标上机辊形为 D_A,定义为温度均匀状态下的辊形;磨削辊形为 D_G,定义为在磨床上磨出的辊形;磨削时的热辊形为 D_T,定义为工作辊下机尚未完全冷却开始磨削的热辊形。为了达到目标上机辊形,工作辊的磨削辊形为:

$$D_G = D_A + D_T \tag{1}$$

由于磨削辊形考虑了现场的生产工艺和工况,因此具有很强的实际应用价值。从式(1)可知,如果能够准确计算工作辊下机后在磨床上磨削时的热辊形,使磨削辊形考虑残余热辊形的影响并对其进行补偿,就能保证理想的上机辊形。

1　温度场和热变形模型

工作辊热变形的研究包括温度场和热变形两部分。温度场计算目前最常用的数值计算方法是有限单元法[3]和有限差分法[4]。有限单元法计算精度高,但计算量大,计算速度很慢;有限差分法计算快捷,结果比较稳定,满足工程要求。故在工程计算中,一般采用有限差分法。本文采用有限差分法,综合各种因素的影响,精确回归换热系数等参数,建立了工作辊在机和下机温度场模型。

在轧制过程中,由于工作辊转速较高,考虑到工作辊的回转周期与温度场和热凸度对轧制条件的响应时间相比小 2 个数量级,所以可以忽略工作辊周向热传导,只考虑径向及轴向的传热。因为工作辊内部温度分布基本是轴对称的,取工作辊的 1/4 作为研究对象,如图 1 所示。

基于以上分析,建立工作辊的二维温度场模型。二维热传导平衡方程为:

$$\frac{\partial^2 T}{\partial r^2} + \frac{1}{r}\frac{\partial T}{\partial r} + \frac{\partial^2 T}{\partial z^2} = \frac{\rho c}{\lambda}\frac{\partial^2 T}{\partial t^2} \tag{2}$$

式中,T 为工作辊温度;r 为径向坐标;z 为轴向坐标;ρ 为工作辊材料密度;c 为比热容;λ 为导热系数;t 为时间。

工作辊边界条件分为辊身轧制部分、辊身非轧制部分、辊身端表面、辊颈和辊颈端表面,如图 1 所示。各边界条件下与工作辊交换的热流密度为:

$$\begin{cases} q_{rs} = \alpha_{rs}(T_s - T) \\ q_{rw} = \alpha_{rw}(T_w - T) \\ q_{ra} = \alpha_{ra}(T_a - T) \\ q_{rz} = \psi\mu P_{eq} v_n \\ q_f = \varepsilon_r A_1 \sigma_0 (T_a^4 - T^4) \end{cases} \tag{3}$$

式中,q_{rs}、q_{rw}、q_{ra}、q_{rz} 分别为工作辊与带钢、冷却水、空气和轴承之间热交换的等效热流密度;q_f 为工作辊与空气的辐射换热热流密度;α_{rs}、α_{rw}、α_{ra} 分别为工作辊与轧件、冷却水和空气之间的等效换热系数;T_s、T_w、T_a 为带钢、冷却水和空气温度;ψ 为轴承发热进入工作辊的热量分配系数；μ 为轴承摩擦因数；P_{eq} 为轴承的当量载荷；v_n 为辊颈处的圆周速度；ε_r 为工作辊材料的表面黑度；A_1 为工作辊辊面的面积；σ_0 为黑体辐射常数。

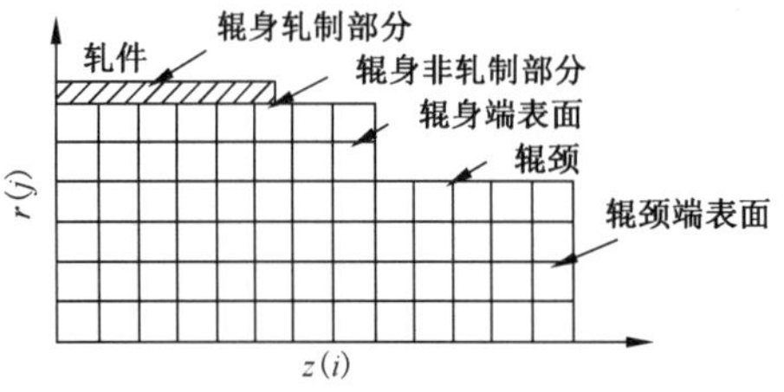

图 1　工作辊网格划分及其边界条件

Fig. 1　Boundary conditions and mesh of work roll

工作辊的热膨胀量计算公式[5]为：

$$u_t = 2(1+\nu)\frac{\beta_t}{R}\int_0^R \left[T(r,z) - T_0(r,z)\right] r\mathrm{d}r \quad (4)$$

式中，$T_0(r,z)$ 和 $T(r,z)$ 分别为工作辊初始温度和稳态温度；β_t 和 ν 分别为工作辊热膨胀系数和材料泊松比；R 为工作辊半径。

2　温度场和热辊型测量方法

工作辊下机后表面温度和热辊形随时间动态变化。为记录时间因素对测量结果的影响，在测量表面温度和热辊形时，应同时记录测量时间。

测量工作辊表面温度时，测量点不宜过密，一般 2 测量点间距 100 mm 即可。温度测量工具采用接触式测温仪。接触式测温仪比较简单、可靠。非接触式测温仪测温不需与被测介质接触，但受现场光线因素影响，测量误差比较大。

热辊形的绝对值很小，在短时间内变化就更小，需要高精度的测量设备进行测量。实验采用的是进口辊形仪 RP500，每隔 2 mm 自动存储测量值，测量精度为 0.1 μm。为了获得准确数据，在测量前应消除辊面粘附物；测量的起始点应该尽量靠近工作辊的辊身边部，所有的测量顺序应该一致，如统一从操作侧到传动侧进行测量。在测量时辊形仪沿辊面运行应尽量平稳。

3　复杂边界条件处理方式

准确确定不同边界条件下工作辊与介质间的换热系数是保证温度场和热变形计算精度的关键。而影响工作辊换热系数的因素很多，很难从理论上精确计算。因此，对宝钢热连轧精轧机组工作辊温度场和热辊形进行连续跟踪，应用工作辊动态温度场有限差分程序，对几十个轧制计划中的 100 多辊次进行了计算，通过实验对比及回归分析，准确确定工作辊不同边界条件下的换热系数。各边界条件下的等效换热系数为：带钢与工作辊间的等效换热系数为 0.35×10^{-3} J/(mm^2·s·℃)；冷却水与工作辊间的等效换热系数为 0.018 J/(mm^2·s·℃)；室内空气与工作辊间的等效换热系数为 0.11×10^{-4} J/(mm^2·s·℃)。

4　工作辊下机空冷温度场和热变形的仿真与实验研究

根据工作辊温度场的有限差分模型，采用回归的边界换热系数，计算了工作辊下机后的温度场和热变形。以轧制计划的 F3 工作辊为例：工作辊直径 797 mm，带钢平均宽度 1054 mm，平均纯轧时间 102 s，轧制间隙时间 25 s，带钢平均温度 960 ℃，平均轧制压力 12.5 MN。图 2 是 F3 工作辊下机后空冷 40 min 时的温度计算值和实测值对比。

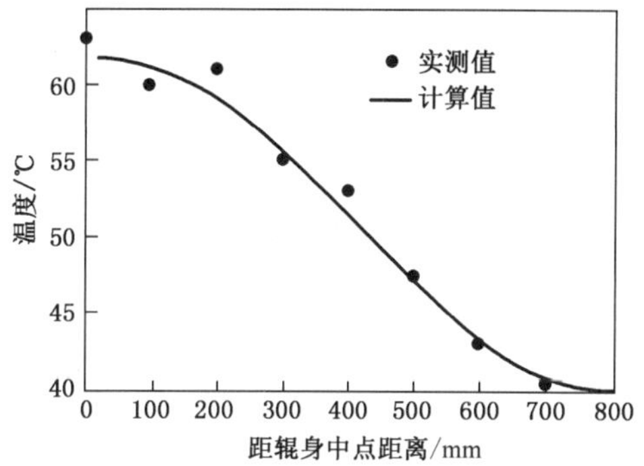

图 2　F3 工作辊下机 40 min 温度计算值与实测值对比

Fig. 2　Measured and computed temperatures of F3 work roll after air cooling for 40 minutes

从图 2 可以看出，工作辊下机后的辊温计算值和实测值吻合较好。在带钢轧制过程中，工作辊不断吸收热量导致辊温逐步升高。工作辊辊身轧制部分与高温带钢接触而辊身非轧制部分由于没有带钢接触且有冷却水的作用，使得工作辊辊身轧制部分温度高于非轧制部分温度。工作辊下机后空冷 40 min 时，辊身中部和边部温度分别为 62 ℃和 40 ℃。

以工作辊下机 40 min 时的温度场为初始条件，计算工作辊在空冷状态下温度场和热变形随时间的变化。图 3、4 分别是 F3 工作辊在空冷状态下温度场和热变形随时间变化的计算值和实测值对比。

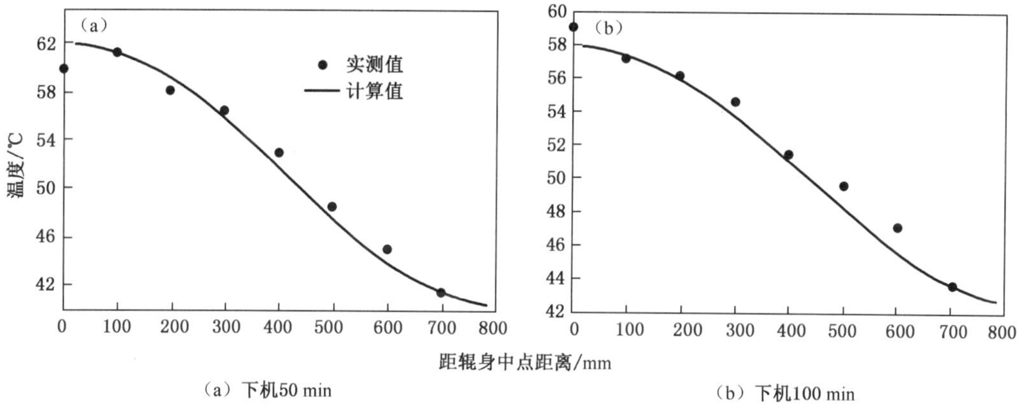

(a) 下机50 min　　(b) 下机100 min

图 3　F3 工作辊在空冷状态下温度场随时间变化计算值与实测值的对比

Fig. 3　Measured and computed temperatures of F3 work roll during cooling in air

从图 3 可以看出，F3 工作辊下机辊温各个时刻计算值和实测值吻合较好。工作辊下机时辊身中部温度高于辊身边部，且辊身圆周方向温度基本趋于一致，然后放置在均匀介质空气中冷却。此时，工作辊没有外热源和内热源，其本身作为一个热源通过辐射向空气释放热量，使得工作辊表面温度逐渐降低；而在工作辊内部由于中部温度大于辊身边部温度，热量不断从中部流向辊身边部。综合两方面因素的影响，工作辊下机后随时间的增长，中部温度逐渐降低，而辊身边部温度逐渐升高。工作辊下机空冷 50min 时，辊身中部和边部温度分别为 62 ℃和 40.3 ℃；下机空冷 100 min 时，辊身中部和边部温度分别为 58 ℃和 43 ℃。

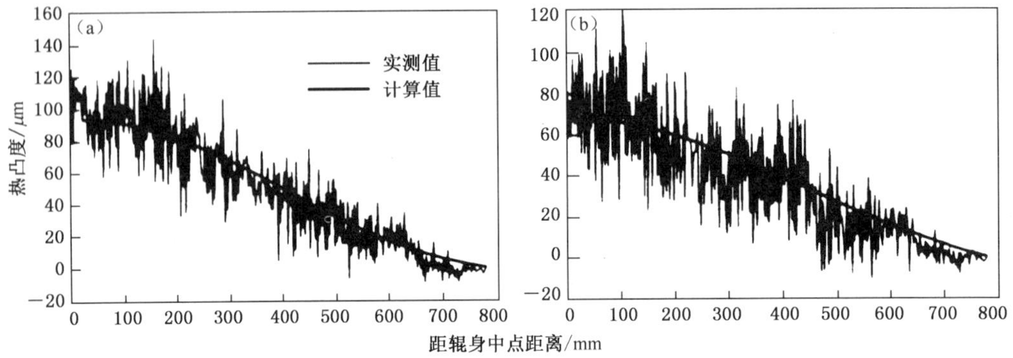

(a) 下机50 min　　(b) 下机100 min

图 4　F3 工作辊在空冷状态下热变形随时间变化计算值与实测值的对比

Fig. 4　Measured and computed thermal deformation of F3 work roll during cooling in air

从图 4 可以看出，工作辊下机后由于中部温度降低和辊身边部温度升高，导致工作辊热凸度随时间逐渐减小。下机空冷 50 min 后工作辊热凸度为 90 μm；下机空冷 100 min 后工作辊热凸度为 70 μm。工作辊下机空冷热变形计算值和实测值吻合较好。因此，可以利用上述模型对工作辊下机后空冷状态下各个时刻的热变形进行仿真计算，仿真结果如图 5 所示。

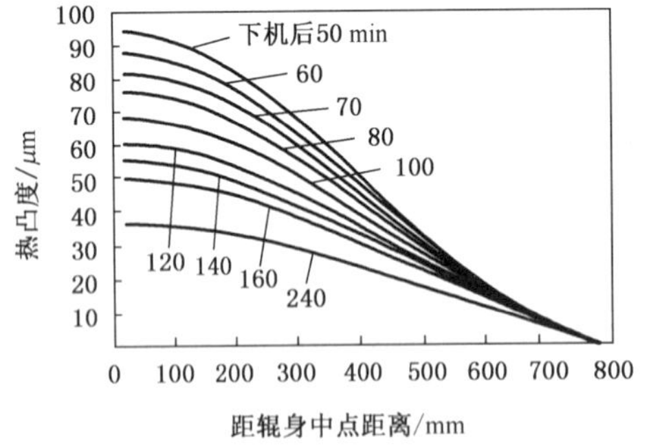

图 5　工作辊下机后空冷热变形的仿真结果

Fig. 5　Simulation results of thermal deformation of work roll during cooling in air after rolling

从图 5 可以看出，工作辊下机后空冷状态下热变形曲线呈抛物线形状，随着时间的增加热凸度不断减小，抛物线的幅值逐渐降低。在下机开始的 2 min 内，工作辊热变形变化显著，随着时间的延长工作辊热变形变化缓慢，空冷的效果不再明显。下机 2 h 后热凸度为 60 μm，下机 4 h 后热凸度为 36 μm。因此，工作辊下机后在空冷状态下很难完全冷却，为达到理想的工艺要求上机辊形，考虑轧辊残余热变形的影响就有重要的意义。

5　结论

（1）根据现场工作辊下机后尚未完全冷却即进行磨削的特点，为保证准确工艺设定上机辊形，工作辊磨削辊形应等于工艺辊形叠加残余热辊形。

（2）通过大量辊次的工作辊温度场计算和实测，回归确定工作辊边界换热系数，准确计算工作辊下机后各个时刻的温度场，仿真与实验结果表明，由于工作辊辊身中部热量向辊身边部传递和工作辊表面散热的综合影响，下机后工作辊在空冷状态下随时间增长辊身边部温度逐渐升高，中部温度逐渐降低。

(3) 以工作辊下机温度场为初始条件，对工作辊下机后空冷状态下的热变形进行仿真计算，仿真结果与实测结果吻合较好，表明下机后工作辊热变形在短时间内很难完全消失。考虑轧辊残余热变形的影响来设定轧辊磨削辊形非常必要。本文为热连轧板带轧机工作辊磨削辊形的设定提供了重要依据和计算模型。

参考文献

[1] 包仲南，陈先霖，张清东，等. 带钢热连轧机工作辊热磨辊的研究[J]. 钢铁，1999，34(9)：58-62. (BAO Zhong-nan, CHEN Xian-lin, ZHANG Qing-dong, et al. Research on work roll hot regrinding for strip hot rolling mill [J]. Iron and Steel, 1999, 34(9): 58-62.)

[2] 何安瑞，杨荃. 热带钢轧机工作辊热磨削制度[J]. 北京科技大学学报，2002，24(3)：306-308，312. (HE An-rui, YANG Quan. Hot grind schedule of work roll in hot strip mills [J]. Journal of University of Science and Technology Beijing, 2002, 24 (3): 306-308, 312.)

[3] Serajzadeh S, Karimi Taheri A, Mucciardi F. Unsteady state work-roll temperature distribution during continuous hot slab rolling[J]. International Journal of Mechanical Sciences, 2002, 44(12): 2447-2462.

[4] Zhang X M, Jiang Z Y, Tieu A K, et al. Numerical modelling of the thermal deformation of CVC roll in hot strip rolling[J]. Journal of Materials Processing Technology, 2002, 130-131: 219-223.

[5] 王国栋. 板形控制和板形理论[M]. 北京：冶金工业出版社，1980.

热轧工作辊换热系数的遗传算法优化模型①

李兴东，杨利坡，刘宏民

（燕山大学亚稳材料制备技术与科学国家重点实验室，河北，秦皇岛，066004）

摘　要：边界热交换系数的确定是热轧工作辊高精度温度场计算的关键参数。分析了热轧工作辊的热边界条件，建立了实用的轧辊温度场模型，采用改进的遗传算法——新的适应值标定方法对工作辊关键换热参数进行优化。仿真和实验结果表明，该优化模型实用可靠，可用于生产实践中工作辊换热系数的确定。

关键词：工作辊；换热系数；温度场；遗传算法；优化

Optimization Model of Genetic Algorithm About Heat Exchange Parameters of Hot Rolling Work Rolls

Li Xingdong，Yang Lipo，Liu Hongmin

（State Key Laboratory of Metastable Materials Science and Technology，Yanshan University，Qinhuangdao，066004，Hebei，China）

Abstract：The boundary heat exchange parameters are the critical parameters of high-accuracy temperature field computation of hot rolling work rolls. Heat boundary conditions of hot rolling work rolls are analyzed and the practical temperature field model is established. The key heat exchange parameters of work rolls are optimized using improved genetic algorithm and new calibration method of sufficiency value. Simulation and experiment results indicate that the optimization model is practical and reliable，and can be applied to the determination of heat exchange parameters of work rolls in the production practice.

Key words：Work roll；Heat exchange parameter；Temperature field；Genetic algorithm；Optimization

轧辊温度场模型是板形控制模型的重要组成部分。为提高热轧带钢的生产质量，必须对轧辊温度场进行准确计算。在生产实践中，通常采用有限差分法建立轧辊二维温度场模型，而模型的预报精度主要取决于模型中的关键系数——换热系数。热轧过程中，轧辊热边界状态非常复杂，与周围介质的换热系数很难准确计算和试验测定。目前一般通过现场实测轧辊表面温度修正轧辊边界换热系数[1]，这种方法不仅工作量大，而且难以达到最优或次优解。而一般的优化方法不适合轧辊温度场这样一个多峰、高度非线性的问题。因此，热轧工作辊边界上的换热系数一直是高精度轧辊温度场计算精度提高的难点。

① 钢铁研究学报，2007，19(10)：25-28.

本文根据热轧工作辊的工作特点，分析了工作辊的边界换热条件，建立了符合实际的轧辊温度场模型。采用改进的遗传算法对轧辊关键边界换热参数进行优化，并对下机后轧辊温度场进行仿真。仿真结果与测试结果吻合良好，表明该模型实用、可靠，可应用于工业轧机的计算。

1　工作辊表面热边界条件的处理

在轧制过程中随着工作辊的旋转，轧辊表面反复与带钢、冷却水和空气接触，轧辊热边界条件非常复杂。要准确定量地描述轧辊各种热边界条件，非常困难。因此，工程计算中可作如下假设：工作辊与支承辊接触区的摩擦生热和热交换对工作辊表层温度周期性变化的解析结果几乎不产生大的误差，可以忽略；由于轴承发热的绝大部分被冷却水带走[2]，特别是轴承发热部分距辊身温度场变化部位比较远，可以忽略；轧制过程中轧辊工作环境很难确切描述，使得轧辊与带钢和环境间的辐射换热很难精确计算，而它们占轧辊热流量的比例也不大，可以忽略。因此，轧辊与带钢间的接触换热、轧辊吸收带钢的塑性变形热和摩擦热、轧辊与冷却水和室内空气间的对流换热是工作辊边界换热的主要因素。

2　工作辊温度场模型

工作辊与带钢接触部分从高温带钢获得热量，而其余表面又被喷水冷却。由于工作辊转动周期很小，因此可作如下假设：

（1）工作辊为圆柱体，均质，各向同性，无内热源；

（2）忽略轧辊圆周方向热传导，热量只沿着轧辊轴向和径向传递；

（3）鉴于工作辊结构对称性，取工作辊四分之一作为研究对象。

在以上假设的基础上，工作辊内部热传导平衡微分方程如下：

$$\frac{\partial^2 T}{\partial r^2}+\frac{1}{r}\frac{\partial T}{\partial r}+\frac{\partial^2 T}{\partial z^2}=\frac{\rho c}{\lambda}\frac{\partial^2 T}{\partial t^2} \tag{1}$$

式中，T 为工作辊温度；r 为径向坐标；z 为轴向坐标；ρ 为工作辊材料密度；c 为比热容；λ 为导热系数；t 为时间。

带钢与轧辊接触面内有氧化铁皮、润滑液和水等物质，使得带钢与轧辊接触传热过程中产生热阻，带钢通过边界点向轧辊传递热量按牛顿冷却定律来计算。轧辊与冷却水和空气间的对流换热遵循牛顿冷却定律，因此，工作辊与带钢、冷却水和空气间的换热计算可统一用牛顿冷却定律来表示

$$q=\alpha(T_B-T) \tag{2}$$

式中，q 为工作辊与介质间单位面积单位时间内热交换的热流密度；α 为工作辊与介质间的换热系数；T_B 为介质温度。

轧辊和介质的温度可以得到精确值，但轧辊与带钢间的热交换系数 α_a 与润滑条件、氧化铁皮厚度等因素有关，从理论上很难准确计算。而实验测定只适应低压情况下的介质与固体表面换热系数，不适合高温高压的瞬态传热研究。

轧辊与冷却水间的对流换热系数 α_b 可用式(3)表示：

$$\alpha_b=f(h_1,h_2,h_3,h_4,h_5,h_6) \tag{3}$$

式中，h_1 为喷嘴水冷系数参考值；h_2 为与水流密度相关的水冷系数相对值；h_3 为与水压相关的水冷系数相对值；h_4 为与喷嘴喷射角相关的水冷系数相对值；h_5 为与轧辊表面温度相关的水冷系数相对值；h_6 为与喷嘴距离相关的水冷系数相对值。轧辊工作状态下的上式参数很难测定和计算，使得准确计算轧辊和冷却水间的对流

换热系数几乎不可能。

工作辊与室内空气的对流换热系数为 0.11×10^{-4} J/($m^2\cdot s\cdot K$)，带钢轧制过程产生的塑性变形热一般认为10%被轧辊吸收。带钢与轧辊间相对滑动产生的摩擦热一部分被轧辊吸收，是轧辊温度场的一个重要热流来源。而轧辊吸收摩擦热占总摩擦热的百分比无法实验测得，经验认为40%～68%。带钢的塑性变形热和带钢与轧辊间的摩擦热根据文献[3]中的公式计算。

综上所述，如何准确确定工作辊与带钢和冷却水间的换热系数和工作辊吸收摩擦热的百分比就成为高精度工作辊温度场计算的难点。

3　换热系数优化策略

轧辊关键边界换热参数的精确确定是一个多参数、多峰值的模型参数估计问题，传统的优化方法均不适用，通过修正边界换热系数也很难得到最优解。而遗传算法[4-6]是以自然选择和遗传理论为基础，融合了自然遗传学和计算机科学的群体进化优化方法，可以很好地将局部搜索和全局搜索协调起来，能以很大的概率找到整体最优解。基于基本遗传算法存在未成熟收敛和计算量大等缺点，本文采用一种新的指数排序法对适应度值进行标定。

3.1　编码策略

在多参数高精度的优化问题中，二进制编码长度过短容易产生映射误差，而编码长度过长又使搜索空间急剧扩大。实数编码采用的是估计参数的真实值，不需反复进行数据转换，能有效提高运算速度和精度。本文采用实数编码策略对所估计的参数进行编码。

3.2　适应度函数及其标定

换热系数的优化目标是使温度场计算值和实测值的差最小。为了保证优化目标非负，取测试点温度计算值和实测值差的平方和最小为优化目标。因为适应度高的个体遗传到下一代的概率比较大，因此取各测试点温度计算值和实测值差的平方和的倒数来评价个体的适应度，即

$$f(x_j)=\frac{1}{\left[\sum_{i=1}^{n}(T_i^{C}-T_i^{M})^2+0.001\right]} \tag{4}$$

式中，x_j 为群体中的第 j 个个体；$f(x_j)$ 为第 j 个个体的适应度；T_i^C 为第 i 个测试点的温度计算值；T_i^M 为第 i 个测试点的温度实测值；共 n 个测试点，0.001是为了防止被0除。

应用这种方法定义适应度存在两点不足：①在进化初期出现的一些超值个体会霸占选择过程，导致算法早熟，并迅速收敛于局部最优解；②在进化后期群体的平均适应度值与最优个体相差不大，个体竞争力减弱，优化过程走向随机搜索。

为解决问题，Baker[7]将排序引入遗传算法。首先根据式(4)计算的适应度将个体从大到小排序，根据它们在顺序中的位置按式(5)计算新的适应度值

$$f_k=s^{k-1} \tag{5}$$

式中，f_k 为种群中排在第 k 位个体的标定适应度值；s 为给定的标定参数。

该方法能够调解个体的竞争能力，但个体选择概率的合理程度决定于 s 值的选取。以种群中有15个个体为例，s 值与个体的选择概率关系如图1所示。

从图1可以看出，当 s 值为1.00时，各个体选择概率相等，优化过程为随机选择。当 s 值为0.80时，排序在前面的个体选择概率比较大，容易出现早熟现象。为使遗传算法在初期阶段进行随机搜索，而

在后期阶段鼓励优异个体保留，本文取 s 值随进化代数动态变化，按式(6)计算：

$$s = 0.96^{\beta g} \tag{6}$$

式中，β 为修正系数，它决定选择概率对进化代数的依赖程度，本文取 β 为0.02；g 为进化代数。

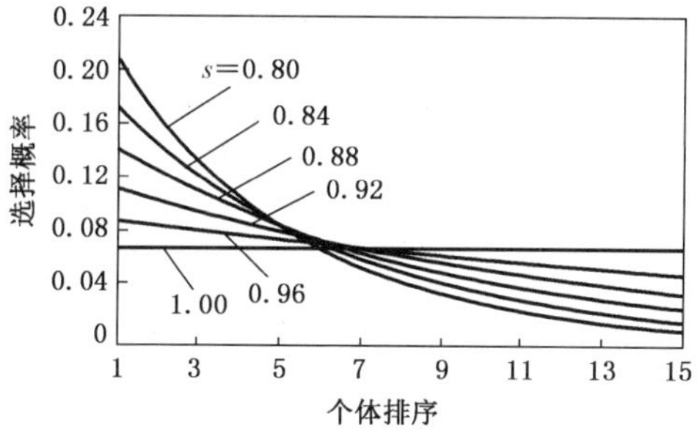

图1　选择概率与 s 值的关系

Fig. 1　Relationship between selection probability and value s

3.3　选择、交叉和变异

交叉算法在遗传算法中起着重要的作用，是产生新个体的主要方法。本文用轮盘赌算法来选择进入交配的父体，根据交叉概率从群体中选择出父本进行算术交叉。变异采用非均匀变异操作。

4　实验与仿真

以某钢厂热连轧机组的一个轧制计划为例进行仿真计算。取F5工作辊，工作辊直径 589.7 mm，带钢平均宽度 900 mm，带钢平均温度 937 ℃，平均纯轧时间 115 s，轧制节奏 129 s。选取轧辊与带钢间的换热系数 α_a 与冷却水间的换热系数 α_b 和轧辊吸收摩擦热量百分比 ξ 作为优化对象。优化计算时，根据工程先验经验，α_a、α_b 和 ξ 取值范围为 0.025～0.500 W/(m^2·K)，0.005～0.030 W/(m^2·K)，0.40～0.68。因为每代进化都需要计算群体中各个个体的温度场，计算量大，因此群体大小不宜过大，在满足精度的前提下，本文取群体大小为15，迭代次数为100，交叉概率为0.49，变异概率为0.003。遗传运算首先在参数区间随机生成15个个体，组成初始群体。每个个体由3个变量组成，如某个体的表现型为 x=(0.3，0.015，0.5)。根据从现场采取的工艺参数应用有限差分法计算轧辊表面温度，并按式(4)计算个体的适应度，对适应度值从大到小排序并按式(5)计算新的适应度。然后采用复制、交叉和变异遗传算子对群体进行操作，产生新一代的群体继续循环运算。

为使算法时间一定，本文取遗传进化运算到100代时终止。取测试点温度计算值和实测值差平方和最小的个体作为最终优化结果，得到的最优个体为 x=(0.27，0.015 3，0.495)。改进遗传算法和基本遗传算法的轧辊温度计算值和实测值对比如表1所示。

表1　改进遗传算法和基本遗传算法工作辊温度计算值与实测值比较

Table 1　Contrast between computation value and measured value of work roll temperature for using improved and elementary genetic algorithm

距辊身中心距离/mm	0	100	300	500	700	*Sa*
实测温度值/℃	68.0	67.0	62.0	47.0	37.5	
改进遗传算法计算值/℃	67.9	67.5	61.2	45.8	36.6	3.15
基本遗传算法计算值/℃	67.4	66.9	61.0	45.6	36.5	4.13

从表1可以看出，改进遗传算法工作辊表面温度实测值和计算值相差都很小，

5 个测试点的最大差值为 1.2 ℃。改进遗传算法的 Sa 精度比基本遗传算法提高了 23 个百分点，且在基本遗传算法的运算中发现，由于出现超值个体使得第 3 代后群体中的 15 个个体编码一样，失去个体竞争，早早陷入局部收敛。遗传算法和修正方法相比不仅工作量小，而且可移植到其他工业轧机应用，而修正方法应用到新的轧机要依赖科研人员的经验，且需要逐渐修正。

为了验证优化结果的可靠性，对不同轧制规格和工况下的几十个辊次的工作辊温度场进行了仿真和实测。图 2 是两个辊次的工作辊下机表面温度计算值和实测值对比。图 2(a)对应为 F1 工作辊，工作辊直径 824.2 mm，轧制带钢平均宽度为 1135 mm，带钢平均温度 1000 ℃，平均纯轧时间 84 s，平均轧制节奏 146 s。共轧了 55 块钢，轧完第 4 和第 23 块钢后，由于轧辊表面缺陷分别检修了 10 min 和 5 min；图 2(b)对应为 F2 工作辊，工作辊直径 738.1 mm，对应轧制带钢平均宽度为 1097 mm，带钢平均温度 990 ℃平均纯轧时间 74 s，平均轧制节奏 154 s。共轧了 65 块钢，轧完第 57 块钢后，由于换 F4 工作辊使轧制间隙时间比较大，达 25 min。

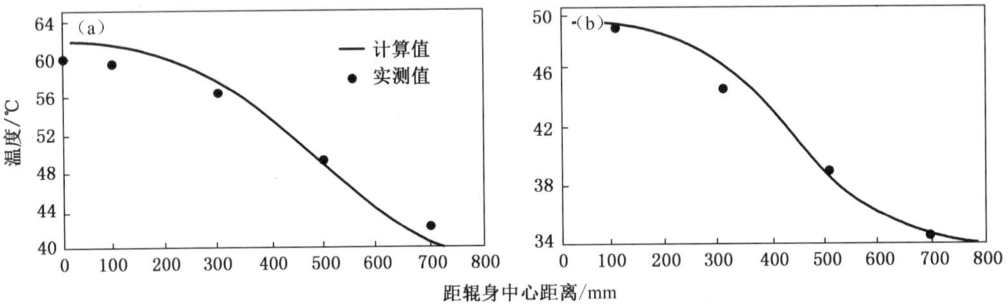

图 2　工作辊温度计算值与实测值的对比

Fig. 2　Contrast between computed value and measured value of temperatures of work rolls

从图 2 可以看出，两辊次的工作辊表面下机温度计算值和实测值吻合较好。图 2(a)的 F1 工作辊温度中部计算值和实测值相差约 2 ℃，图 2(b)的 F2 工作辊距辊身中点 300 mm 处温度计算值和实测值相差约 2 ℃，其余各点相差不大。两辊次对应的轧制计划中均有不正常轧制情况出现，但工作辊下机温度计算值和实测值吻合均较好。说明优化得到的边界换热参数是可靠的，可用于对热轧精轧机组工作辊温度场的预报和控制。

5　结论

(1) 根据热轧工作辊复杂边界换热条件对其工程简化，建立了实用的工作辊温度场模型。以测试点温度计算值与实测值差的平方和最小为目标函数，采用实数编码和新的适应度值标定方法设计了遗传操作，建立工作辊关键边界换热参数的改进遗传算法优化模型。

(2) 仿真结果表明改进遗传算法的精度优于基本遗传算法，优化得到的边界换热参数能够准确预报热轧工作辊的温度场。表明该模型是可靠的，可用于生产实践中工作辊换热系数的确定。

参考文献

[1] 李俊洪，连家创. 热带钢连轧机工作辊温度场和热凸度预报模型[J]. 钢铁研究学报，2003，15(6)：25-28.

[2] 杜凤山，于辉. 板带热轧工作辊温度场的研究[J]. 塑性工程学报，2005，12(2)：78-81.

[3] 李俊洪. 板带轧机板形计算理论及其在宽带轧制中应用研究[D]. 秦皇岛：燕山大学，2003.

[4] 何安瑞，张清东. 热轧工作辊磨损模型的遗传算法[J]. 钢铁，2000，35(2)：56-59.

[5] 王小平，曹立明. 遗传算法理论、应用与软件实现[M]. 西安：西安交通大学出版社，2002.

[6] 刘晓芳，赵万生. 基于改进遗传算法的工艺过程优化设计[J]. 中国机械工程，2003，14(2)：137-140.

[7] 玄光男，程润伟. 遗传算法与工程设计[M]. 北京：科学出版社，2000.

HC轧机平直度调节手段对各次平直度分量的影响规律研究①

刘宏民[1],单修迎[2],贾春玉[1],孙建亮[1]
(1.燕山大学国家冷轧板带装备及工艺工程技术研究中心,秦皇岛,066004;
2.济钢集团有限公司热连轧厂,济南,250101)

摘　要:现代轧机一般配备多种平直度调节手段,各种调节手段之间存在着一定的耦合关系,为分析各种平直度调节手段对各次平直度分量的影响规律,采用分割模型影响函数法和条元变分法建立 HC 轧机的平直度计算模型,利用该模型计算倾辊、工作辊弯辊、工作辊非对称弯辊和中间辊横移 4 种调节手段对 1 次、2 次、3 次和 4 次平直度分量的影响系数,分析发现,倾辊和工作辊非对称弯辊对平直度的影响规律类似,主要影响 1 次和 3 次平直度分量,并且对 1 次分量的影响程度要大于对 3 次分量的影响程度;工作辊弯辊和中间辊横移主要影响 2 次和 4 次平直度分量,并且对 2 次分量的影响程度要大于对 4 次分量的影响程度,该结果系统地揭示各种调节手段对各次平直度分量的影响规律,为平直度在线控制模型的建立、实现提供理论基础。

关键词:HC 轧机;平直度;影响矩阵;影响系数

Research on Effective Rules of Flatness Regulating Means on Various Order Flatness Components for HC Mill

Liu Hongmin[1],Shan Xiuying[2],Jia Chunyu[1],Sun Jianliang[1]
(1. National Engineering Research Center for Equipment and Technology of Cold Strip Rolling,Yanshan University,Qinhuangdao,066004;
2. Hot Continuous Rolling Plant,Jinan Iron and Steel Group Corporation,Jinan,250101)

Abstract: There are many flatness regulating means in modern mills and these means have coupling relations with each other reciprocally. In order to analyse the effective rules of various flatness regulating means on various order flatness components,taking HC mill for example and using the tilting roll,the bending work roll,asymmetry the bending work roll and the axial shifting intermediate roll as flatness regulating means,the effective coefficients of various regulating means on the linear,quadratic,cubic and biquadratic flatness components are calculated by theory model built by the partition model effective function method and the strip element variation method. It is indicated that the effective rules of the tilting roll and the

① 机械工程学报,2013,49(20):30-35.

asymmetry bending work roll on flatness are similar and they mainly affect the linear and cubic flatness components, where the effect extent on the linear flatness component is bigger than that on the cubic flatness component and the bending work roll and the axial shifting intermediate roll mainly affect the quadratic and biquadratic flatness components where the effect extent on the quadratic flatness component is bigger than that on the biquadratic flatness component. The result opens out the effective rules of various regulating means on various order components and provides the theory foundation for building on-line flatness control model.

Key words: HC mill; Flatness; Effective matrix; Effective coefficient

0　前言

带钢是最主要的钢材产品，在汽车、造船、桥梁、建筑、仪表、电子、食品包装和家用电器等工业上具有广泛而重要的应用[1,2]。随着钢铁产品需求层次的提高，用户对带材的尺寸精度和形状精度提出了更高的要求。平直度是带钢的一个重要质量指标，是带钢质量控制难度最大的一个质量指标，平直度不良容易导致产品出现侧弯或者浪形，影响产品的后续使用[3]。

现代高技术板带轧机通常具有多种平直度调节手段，如倾辊、弯辊、轧辊横移和分段冷却等[4-6]。实际应用中，要综合应用这些平直度的调节手段，通过控制效果的相互配合才能达到消除平直度偏差的目的。传统的研究方法是每种调节手段单独控制某一类平直度，实际上各种调节手段都是相互耦合的，每种调节手段对各种平直度分量都有影响，只有全面考虑各调节手段与各次平直度分量之间的关系，才能建立高精度的平直度控制模型。

平直度调节的影响矩阵模型是一种简单实用的显式模型[7]，它通过影响矩阵建立起各种调节手段与各次平直度分量之间的关系，可实现各种调节手段的并行控制。该方法实现的关键是平直度调节影响矩阵的计算，即各平直度调节手段对各次平直度分量的影响系数的计算。为此，本文选用倾辊、工作辊弯辊、工作辊非对称弯辊和中间辊横移作为平直度的调节手段，给出了平直度调节影响矩阵的计算方法，利用平直度计算的机理模型，详细计算了各平直度调节手段对 1 次、2 次、3 次和 4 次平直度分量的影响系数，全面揭示了现代轧机各种平直度调节手段对各次平直度分量的影响规律，为建立平直度在线控制模型提供了理论基础。

1　平直度调节的影响矩阵模型

以 HC 轧机为例，常用的平直度调节手段主要有倾辊调节、工作辊弯辊调节、中间辊横移调节等，为了全面考察各调节手段的平直度控制能力，这里增加了工作辊非对称弯辊调节手段。设操作侧和驱动侧的工作辊弯辊力分别为 F_{wo} 和 F_{wd}，则 $(F_{wd}-F_{wo})/2$ 可定义为工作辊非对称弯辊调节量，相应地，$(F_{wd}+F_{wo})/2$ 可定义为工作辊弯辊对称调节量（简称为工作辊弯辊调节量）。定义影响函数为平直度调节手段单位调节量引起的平直度改变量[8]。各种调节手段对平直度的影响函数如式(1)～(4)所示

$$f_1(y)=\frac{\Delta\sigma_1}{\Delta u_1}=c_{11}p_1(y)+c_{21}p_2(y)+c_{31}p_3(y)+c_{41}p_4(y) \tag{1}$$

$$f_2(y)=\frac{\Delta\sigma_2}{\Delta u_2}=c_{12}p_1(y)+c_{22}p_2(y)+$$

$$c_{32}p_3(y)+c_{42}p_4(y) \quad (2)$$

$$f_3(y)=\frac{\Delta\sigma_3}{\Delta u_3}=c_{13}p_1(y)+c_{23}p_2(y)+c_{33}p_3(y)+c_{43}p_4(y) \quad (3)$$

$$f_4(y)=\frac{\Delta\sigma_4}{\Delta u_4}=c_{14}p_1(y)+c_{24}p_2(y)+c_{34}p_3(y)+c_{44}p_4(y) \quad (4)$$

式中，$f_1(y)$、$f_2(y)$、$f_3(y)$ 和 $f_4(y)$ 分别为倾辊、工作辊弯辊、工作辊非对称弯辊和中间辊横移的影响函数，Δu_1、Δu_2、Δu_3 和 Δu_4 分别为倾辊量、工作辊弯辊力、工作辊非对称弯辊力和中间辊横移量的改变量，$\Delta\sigma_1$、$\Delta\sigma_2$、$\Delta\sigma_3$ 和 $\Delta\sigma_4$ 分别为倾辊、工作辊弯辊、工作辊非对称弯辊和中间辊横移分别引起的平直度变化量，$c_{ij}=(i,j=1,2,3,4)$ 为影响系数，$p_1(y)$、$p_2(y)$、$p_3(y)$ 和 $p_4(y)$ 分别为 1 次、2 次、3 次和 4 次勒让德多项式。

由 4 种调节手段共同作用所引起的平直度变化量如式(5) 所示

$$\Delta\sigma=\Delta\sigma_1+\Delta\sigma_2+\Delta\sigma_3+\Delta\sigma_4=f_1(y)\Delta u_1+f_2(y)\Delta u_2+f_3(y)\Delta u_3+f_4(y)\Delta u_4 \quad (5)$$

由式(1) ~ (5) 可以得到平直度变化量与各个调节手段的调节量之间的关系如式(6) 所示

$$\begin{bmatrix}\Delta e_1\\\Delta e_2\\\Delta e_3\\\Delta e_4\end{bmatrix}=\begin{bmatrix}c_{11}&c_{12}&c_{13}&c_{14}\\c_{21}&c_{22}&c_{23}&c_{24}\\c_{31}&c_{32}&c_{33}&c_{34}\\c_{41}&c_{42}&c_{43}&c_{44}\end{bmatrix}\begin{bmatrix}\Delta u_1\\\Delta u_2\\\Delta u_3\\\Delta u_4\end{bmatrix} \quad (6)$$

式中，Δe_1、Δe_2、Δe_3 和 Δe_4 分别为 1 次平直度分量 e_1、2 次平直度分量 e_2、3 次平直度分量 e_3 和 4 次平直度分量 e_4 的变化量。

令

$$\boldsymbol{C}=\begin{bmatrix}c_{11}&c_{12}&c_{13}&c_{14}\\c_{21}&c_{22}&c_{23}&c_{24}\\c_{31}&c_{32}&c_{33}&c_{34}\\c_{41}&c_{42}&c_{43}&c_{44}\end{bmatrix},$$

$$\Delta\boldsymbol{E}=\begin{bmatrix}\Delta e_1\\\Delta e_2\\\Delta e_3\\\Delta e_4\end{bmatrix},\Delta\boldsymbol{U}=\begin{bmatrix}\Delta u_1\\\Delta u_2\\\Delta u_3\\\Delta u_4\end{bmatrix}$$

则有

$$\Delta\boldsymbol{E}=\boldsymbol{C}\Delta\boldsymbol{U} \quad (7)$$

式中，$\boldsymbol{C}$ 为影响矩阵，矩阵元素 c_{ij} 为影响系数，其物理意义为第 j 种平直度调节量单位变化对第 i 种平直度模式的影响系数；$\Delta\boldsymbol{E}$ 为平直度特征参数的变化量；$\Delta\boldsymbol{U}$ 为平直度调节手段的改变量。

2　影响矩阵的计算方法

计算影响系数时，首先令倾辊量 u_1、工作辊弯辊力 u_2、工作辊非对称弯辊力 u_3 和中间辊横移量 u_4 分别在各自变化范围内取某一数值，此时计算得到的平直度

$$\boldsymbol{E}=(e_1,e_2,e_3,e_4)^{\mathrm{T}}$$

给 u_1 一微小增量 Δu_1，得到 $u'_1=u_1+\Delta u_1$，其他各调节量保持不变，此时计算得到的平直度

$$\boldsymbol{E}^{(1)}=(e_1^{(1)},e_2^{(1)},e_3^{(1)},e_4^{(1)})^{\mathrm{T}}$$

由此可以得到倾辊的影响系数

$$c_{11}=\frac{e_1^{(1)}-e_1}{\Delta u_1},c_{21}=\frac{e_2^{(1)}-e_2}{\Delta u_1},$$

$$c_{31}=\frac{e_3^{(1)}-e_3}{\Delta u_1},c_{41}=\frac{e_4^{(1)}-e_4}{\Delta u_1} \quad (8)$$

同理，也分别给 u_2、u_3 和 u_4 一增量 Δu_2、Δu_3 和 Δu_4，得到

$$u'_2=u_2+\Delta u_2,u'_3=u_3+\Delta u_3,$$

$$u'_4=u_4+\Delta u_4$$

此时，计算得到的平直度分别为

$$\boldsymbol{E}^{(2)}=(e_1^{(2)},e_2^{(2)},e_3^{(2)},e_4^{(2)})^{\mathrm{T}}$$

$$\boldsymbol{E}^{(3)}=(e_1^{(3)},e_2^{(3)},e_3^{(3)},e_4^{(3)})^{\mathrm{T}}$$

$$\boldsymbol{E}^{(4)}=(e_1^{(4)},e_2^{(4)},e_3^{(4)},e_4^{(4)})^{\mathrm{T}}$$

由此可得到工作辊弯辊、工作辊非对称弯

辊和中间辊横移的影响系数

$$c_{12}=\frac{e_1^{(2)}-e_1}{\Delta u_2},c_{22}=\frac{e_2^{(2)}-e_2}{\Delta u_2},$$

$$c_{32}=\frac{e_3^{(2)}-e_3}{\Delta u_2},c_{42}=\frac{e_4^{(2)}-e_4}{\Delta u_2}\quad(9)$$

$$c_{13}=\frac{e_1^{(3)}-e_1}{\Delta u_3},c_{23}=\frac{e_2^{(3)}-e_2}{\Delta u_3},$$

$$c_{33}=\frac{e_3^{(3)}-e_3}{\Delta u_3},c_{43}=\frac{e_4^{(3)}-e_4}{\Delta u_3}\quad(10)$$

$$c_{14}=\frac{e_1^{(4)}-e_1}{\Delta u_4},c_{24}=\frac{e_2^{(4)}-e_2}{\Delta u_4},$$

$$c_{34}=\frac{e_3^{(4)}-e_3}{\Delta u_4},c_{44}=\frac{e_4^{(4)}-e_4}{\Delta u_4}\quad(11)$$

将式(8) ~ (11) 综合写成矩阵形式，则可以得到影响矩阵

$$\boldsymbol{C}=\begin{bmatrix}\frac{e_1^{(1)}-e_1}{\Delta u_1} & \frac{e_1^{(2)}-e_1}{\Delta u_2} & \frac{e_1^{(3)}-e_1}{\Delta u_3} & \frac{e_1^{(4)}-e_1}{\Delta u_4}\\ \frac{e_2^{(1)}-e_2}{\Delta u_1} & \frac{e_2^{(2)}-e_2}{\Delta u_2} & \frac{e_2^{(3)}-e_2}{\Delta u_3} & \frac{e_2^{(4)}-e_2}{\Delta u_4}\\ \frac{e_3^{(1)}-e_3}{\Delta u_1} & \frac{e_3^{(2)}-e_3}{\Delta u_2} & \frac{e_3^{(3)}-e_3}{\Delta u_3} & \frac{e_3^{(4)}-e_3}{\Delta u_4}\\ \frac{e_4^{(1)}-e_4}{\Delta u_1} & \frac{e_4^{(2)}-e_4}{\Delta u_2} & \frac{e_4^{(3)}-e_4}{\Delta u_3} & \frac{e_4^{(4)}-e_4}{\Delta u_4}\end{bmatrix}\quad(12)$$

3　平直度计算机理模型的实现

计算平直度的机理模型主要用到辊系模型和带钢模型。辊系变形的求解方法主要有整体模型解析法、分割模型影响函数法和数值方法等[9,10]，其中分割模型影响函数法被广泛采用，所以这里采用此方法计算辊系变形。带钢变形的求解方法主要有变分法、有限差分法、有限元法、边界元法、条元法等，其中条元变分法是将变分法和条元法结合起来的一种方法[11]，避免了变分法精度差和条元法迭代计算量大、对初值依赖性强的缺点，所以这里采用条元变分法求解带钢变形。

辊系模型在已知带材轧制力横向分布的情况下可以求得带材的出口厚度分布，而带钢模型则是在已知带材出口厚度分布的情况下，计算出带材轧制力的分布，因而辊系模型和带钢模型具有耦合关系，需要反复的迭代运算才能计算出精确的平直度(前张力分布)。图 1 为两个模型耦合计算的流程图。

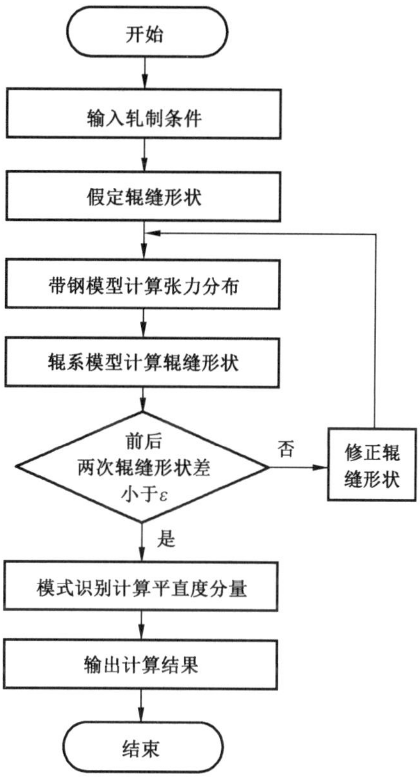

图 1　机理模型平直度计算流程图

4　平直度调节的影响规律

采用 VC＋＋语言，按照上述的平直度计算模型和影响矩阵计算模型编制了影响矩阵计算的程序，其中模式识别模型采用文献[12]中介绍的含有 3 次分量的新型平直度模式识别方法。对某 1800 mm 冷轧机进行了研究，支撑辊、中间辊和工作辊的直径分别为 1295 mm、

505 mm、430 mm，支撑辊、中间辊和工作辊的辊身长度分别为 1850 mm、2350 mm、1850 mm。带钢入口厚度和出口厚度分别为 2.5 mm、1.75 mm，宽度为 1400 mm，变形抗力为 600 MPa，摩擦因数为 0.015。

图 2 为倾辊对 1 次、2 次、3 次和 4 次平直度分量的影响系数，从中可以看出：倾辊对 1 次和 3 次平直度分量的影响系数较大，其数值随着倾辊量的变化基本不变，倾辊对 1 次平直度分量的影响系数要大于对 3 次平直度分量的影响系数；倾辊对 2 次和 4 次平直度分量的影响系数很小，比对 1 次和 3 次分量的影响系数小得多。

图 3 为工作辊弯辊对 1 次、2 次、3 次和 4 次平直度分量的影响系数，从中可以看出：工作辊弯辊对 2 次和 4 次平直度分量的影响系数较大，其数值随工作辊弯辊力的变化基本不变，工作辊弯辊对 2 次平直度分量的影响系数要大于对 4 次平直度分量的影响系数；工作辊弯辊对 1 次和 3 次平直度的影响系数几乎为零。

图 4 为工作辊非对称弯辊对 1 次、2 次、3 次和 4 次平直度分量的影响系数，从中可以看出：工作辊非对称弯辊对 1 次和 3 次平直度分量的影响系数较大，其数值随着工作辊非对称弯辊力的变化基本不变，工作辊非对称弯辊对 1 次平直度分量的影响系数要大于对 3 次平直度分量的影响系数；工作辊非对称弯辊对 2 次和 4 次平直度分量的影响系数很小，比对 1 次和 3 次分量的影响系数小得多。

图 5 为中间辊横移对 1 次、2 次、3 次和 4 次平直度分量的影响系数，从中可以看出：中间辊横移对 2 次和 4 次平直度分量的影响系数较大，其数值随着中间辊横移量的变化发生一定变化，中间辊横移对 2 次平直度分量的影响系数要大于对 4 次平直度分量的影响系数；中间辊横移对 1 次和 3 次平直度分量的影响系数几乎为零。

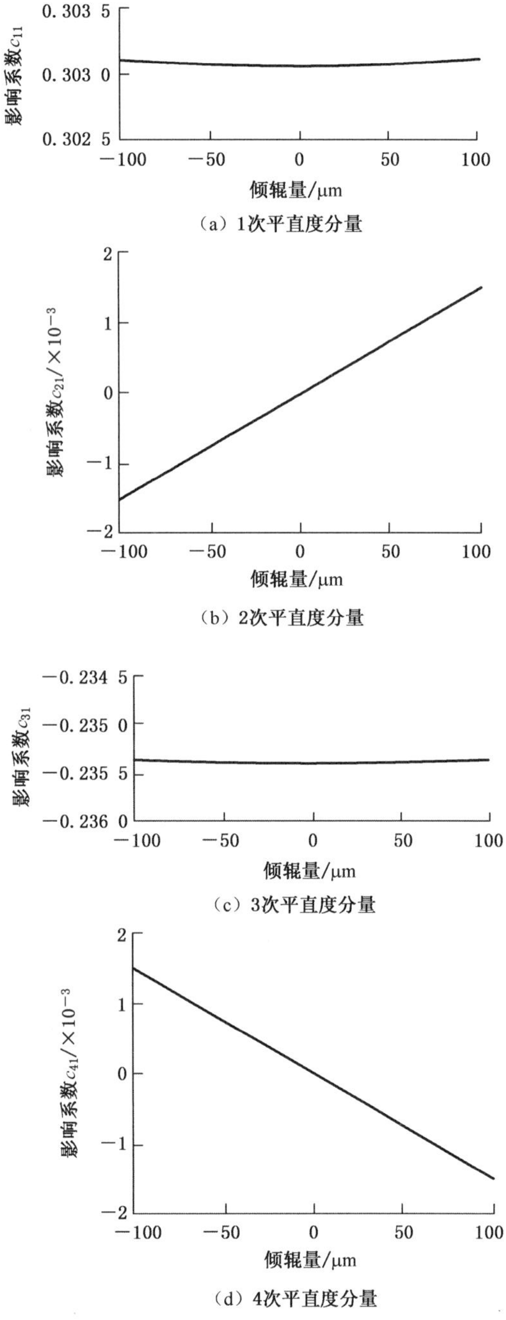

(a) 1次平直度分量

(b) 2次平直度分量

(c) 3次平直度分量

(d) 4次平直度分量

图 2　倾辊对各次平直度分量的影响系数

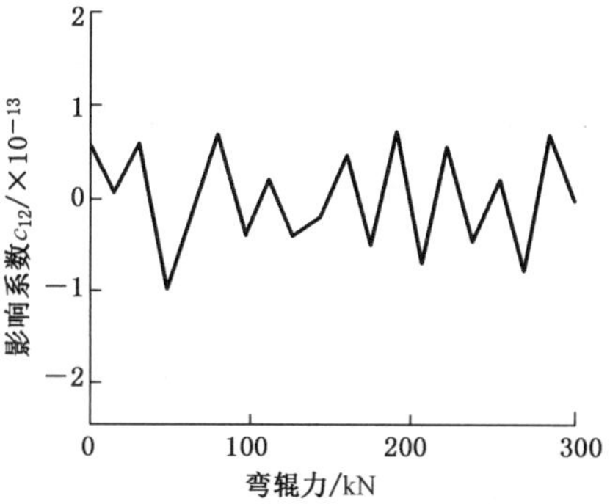

（a）1次平直度分量

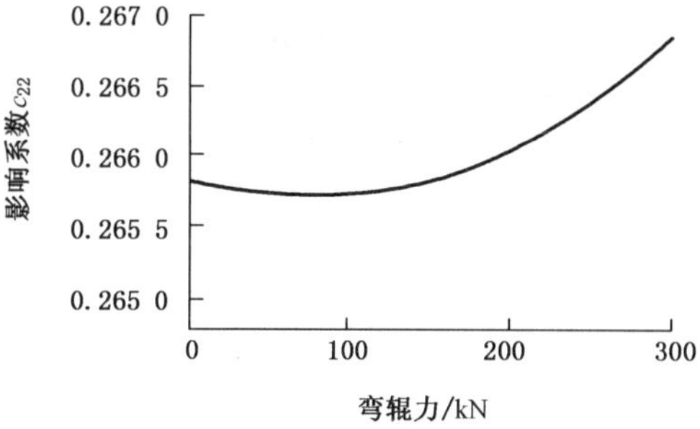

（b）2次平直度分量

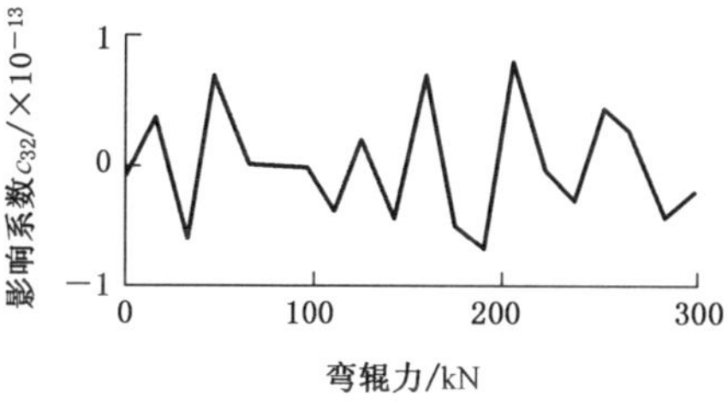

（c）3次平直度分量

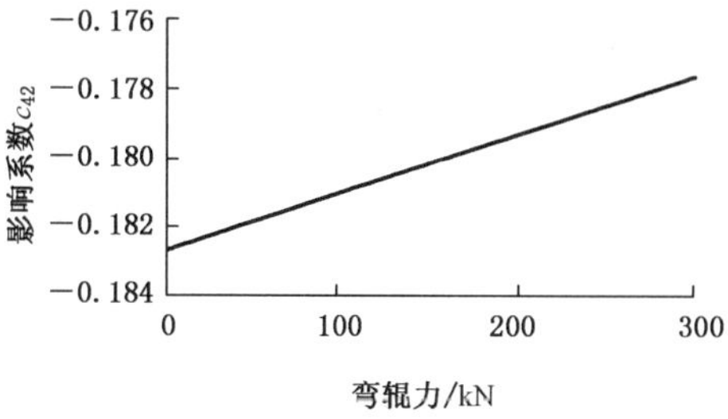

（d）4次平直度分量

图 3　工作辊弯辊对各次平直度分量的影响系数

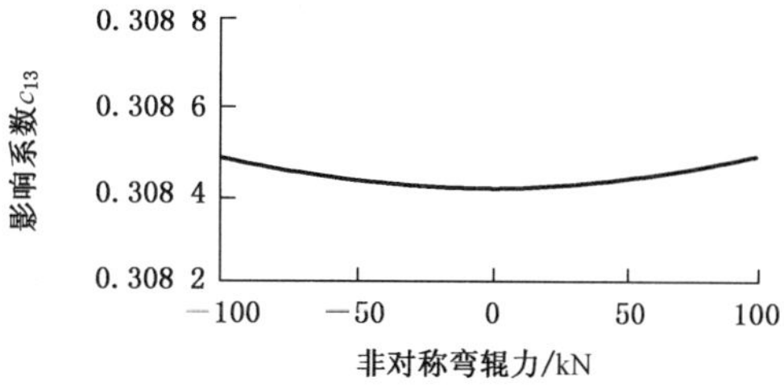

（a）1次平直度分量

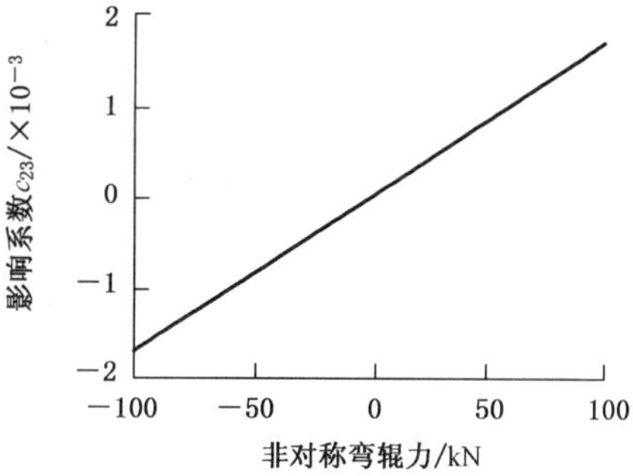

（b）2次平直度分量

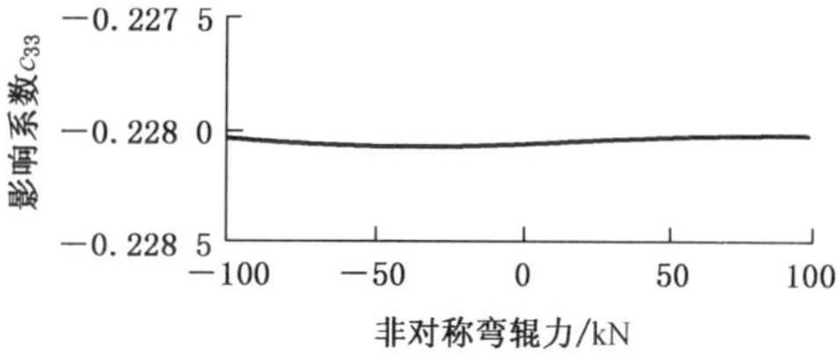

（c）3次平直度分量

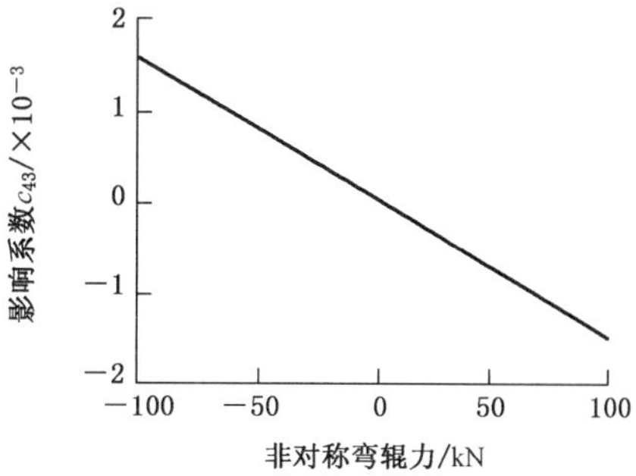

（d）4次平直度分量

图 4　工作辊非对称弯辊对各次平直度分量的影响系数

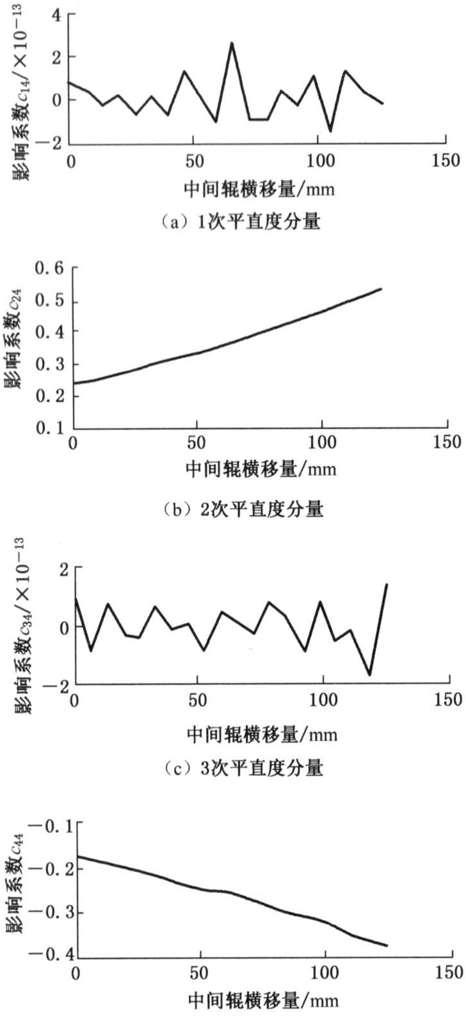

(a) 1次平直度分量

(b) 2次平直度分量

(c) 3次平直度分量

(d) 4次平直度分量

图5　中间辊横移对各次平直度分量的影响系数

5　结论

(1) 非对称调节手段对非对称平直度分量影响较大，对对称平直度分量影响很小；对称调节手段对对称平直度分量影响较大，对非对称平直度分量影响几乎为零，可忽略不计。

(2) 倾辊和工作辊非对称弯辊对平直度的影响规律类似，主要影响1次和3次平直度分量，并且对1次分量的影响程度要大于对3次分量的影响程度。

(3) 工作辊弯辊和中间辊横移主要影响2次和4次平直度分量，并且对2次分量的影响程度要大于对4次分量的影响程度。

(4) 随工作辊弯辊力的变化，工作辊弯辊对2次和4次平直度分量的影响系数基本不变；随中间辊横移量的变化，中间辊横移对2次和4次平直度分量的影响系数在一定范围内发生变化。

参考文献

[1] 刘宏民，贾春玉，单修迎. 智能方法在板形控制中的应用[J]. 燕山大学学报，2010，34(1)：1-5，17.
LIU Hongmin, JIA Chunyu, SHAN Xiuying. Application of intelligent methods in flatness control[J]. Journal of Yanshan University, 2010, 34(1): 1-5, 17.

[2] 彭艳，孙建亮，刘宏民. 基于板形板厚控制的轧机系统动态建模及仿真研究进展[J]. 燕山大学学报，2010，34(1)：6-12.
PENG Yan, SUN Jianliang, LIU Hongmin. Development of dynamic model building and simulation of rolling mill system based on shape and thickness control[J]. Journal of Yanshan University, 2010, 34(1): 6-12.

[3] 何海涛. 宽带钢冷轧机板形在线控制智能模型的研究与应用[D]. 秦皇岛：燕山大学，2008.
HE Haitao. Research on flatness on-line intelligent control for the wide strip steel cold mill[D]. Qinhuangdao: Yanshan University, 2008.

[4] 孔繁甫，何安瑞，邵健，等. 板带轧机工作辊混合变凸度辊形研究[J]. 机械工程学报，2012，48(22)：87-92.
KONG Fanfu, HE Anrui, SHAO Jian, et al. Research on mixed variable crown contour for work roll of strip mill[J]. Journal of Me-

chanical Engineering,2012,48(22):87-92.

[5] 刘玉礼,连家创,段振勇,等. DC轧机板厚板形综合控制功能的研究[J]. 东北重型机械学院学报,1991,15(2):95-99.
LIU Yuli, LIAN Jiachuang, DUAN Zhenyong, et al. On gauge and shape control function in DC mill[J]. Journal of Northeast Institute of Heavy Machinery, 1991, 15(2): 95-99.

[6] 李洪波,张杰,曹建国. 五次CVC工作辊辊形与板形控制特性[J]. 机械工程学报,2012,48(12):24-30.
LI Hongbo, ZHANG Jie, CAO Jianguo. Roll contour and strip profile control characteristics for quintic CVC work roll[J]. Journal of Mechanical Engineering, 2012, 48(12): 24-30.

[7] 张秀玲,刘宏民. 板形控制的传递矩阵方法[J]. 机械工程学报,2003,39(11):100-103.
ZHANG Xiuling, LIU Hongmin. Transfer matrix method of flatness control[J]. Chinese Journal of Mechanical Engineering, 2003,39(11):100-103.

[8] LIU Hongmin, HE Haitao, SHAN Xiuying, et al. Flatness control based on dynamic effective matrix for cold strip mills[J]. Chinese Journal of Mechanical Engineering, 2009,22(2):287-296.

[9] 彭艳. 基于条元法的HC冷轧机板形预设定控制理论研究及工业应用[D]. 秦皇岛:燕山大学,2000.
PENG Yan. Theoretical studies and engineering application of shape preset control for HC cold mil based on strip element method[D]. Qinhuangdao: Yanshan University,2000.

[10] 刘玉礼,胡锡增,赵永和. HC轧机板形控制机能的理论与实验研究[J]. 东北重型机械学院学报,1990,14(2):1-6.
LIU Yuli, HU Xizeng, ZHAO Yonghe. Theory and experiment study on the shape control function of HC mill[J]. Journal of Northeast Instituted of Heavy Machinery University,1990,14(2):1-6.

[11] 刘宏民. 三维轧制理论及其应用[M]. 北京:科学出版社,1999.
LIU Hongmin. Three-dimensional rolling theory and its applications[M]. Beijing: Science Press,1999.

[12] 单修迎,刘宏民,贾春玉. 含有三次板形的新型板形模式识别方法[J]. 钢铁,2010,45(8):56-60.
SHAN Xiuying, LIU Hongmin, JIA Chunyu. A new flatness pattern recognition method containing the cubic flatness[J]. Iron and Steel,2010,45(8):56-60.

冷轧带钢平整机支撑辊辊型优化技术的研究①

王东城[1,2],马庆龙[1,2],刘宏民[1,2]

(1. 燕山大学轧制设备及成套技术教育部工程研究中心,河北,秦皇岛,066004;
2. 燕山大学亚稳材料制备技术与科学国家重点实验室,河北,秦皇岛,066004)

摘　要:为提高板形控制效果,以板形最优为目标,建立了一套冷轧带钢平整机支撑辊辊型优化模型。为提高寻优速度,将目标函数进行转化,避免了金属模型与辊系模型的迭代计算,有效降低了计算时间,增加了算法的强壮性。将优化结果应用于凌钢 900 mm 平整机,生产实践表明,优化辊型可明显增强轧机的板形控制能力,降低弯辊负担,改善板形控制效果。

关键词:板形;平整;支撑辊;辊型优化

Study of Backup Roll Contour Optimization for Cold Strip Temper Rolling Mill

WANG Dong-cheng[1,2], MA Qing-long[1,2], LIU Hong-min[1,2]

(1. Education Ministry Engineering Research Center of Rolling Equipment and Complete Technology, Yanshan University, Qinhuangdao,066004, Hebei,China;
2. National Key Laboratory of Metastable Materials Science and Technology, Yanshan University, Qinhuangdao,066004, Hebei,China)

Abstract: To improve the precision of shape controlling taking best shape as object function, a set of models were developed for optimizing backup roll contour of temper rolling mill. To optimize calculation speed, the original object function was transformed into another form, which avoided the coupling calculation between metal model and rolls model, obviously decreased calculation time and increased models' robustness. The optimization result was used in 900 mm temper rolling mill of Ling Steel. Productive practice shows that shape control ability of the mill is apparently enhanced, and the bending force is decreased, and the effect of shape control is enhanced.

Key words: Shape; Temper rolling; Backup roller; Roll contour optimization

平整轧制作为板带材轧制生产的最后一道生产工序,直接决定产品质量。目前平整机多为四辊轧机,通常采用平辊轧制,主要依靠工作辊弯辊进行板形控制,一般可以满足产品质量要求。但当轧制较薄、较硬规格带材时,轧制力及弯辊力偏大,甚至当弯辊力达到极限状态仍不能满足板形控制需要。为有效提高平整机

① 钢铁,2009,44(8):56-59.

的板形控制能力，降低弯辊缸负担，针对平整轧制的特点，开发了一套冷轧带钢平整机支撑辊辊型优化模型。将优化结果应用于凌钢 900 mm 平整机。结果表明，该轧机的弯辊力负担降低，板形控制能力明显增强，成品板形质量达到较高水平。

在优化计算过程中，不可避免地存在金属变形模型和辊系变形模型的反复迭代，使计算时间较长[1]。本文以对应板形好坏的前张力横向分布作为优化目标，并将优化目标进行转化，以对应板形最优的工作辊挠度作为优化目标，从而避免了迭代过程，提高了计算速度；同时以工作辊挠度为优化目标，避免了前张力横向分布不易收敛的缺点，增强了算法的强壮性。

1　辊型优化数学模型

辊型优化数学模型主要由 3 部分组成：金属变形模型、辊系弹性变形模型和设计变量优化模型。

1.1　金属变形模型

金属变形模型主要是计算轧制压力和前、后张应力横向分布。平整过程压下量很小，轧件的弹性压缩与弹性回复对轧制力有很大影响，因此，轧件的弹性变形必须加以考虑。此外，由于压下量及接触长度很小，轧辊的接触轮廓不再是圆弧形，通常的圆弧形轧辊轮廓假设不再合理[2,3]。因此，本文采用非圆弧轧辊理论对平整轧制压力进行计算。对于此问题的研究，文献[4,5]已有详细介绍，在此不再赘述，单位宽度轧制压力 p 可用式(1)表示：

$$p = f_1(k_s, \sigma_0, \sigma_1, \mu, H, h) \tag{1}$$

式中，k_s 为材料变形抗力；σ_0、σ_1 分别为前、后张应力；μ 为摩擦因数；H、h 分别为平整前后带材厚度。

对于前、后张应力的计算，采用文献[6,7]所述模型，可用式(2)和式(3)表示：

$$\sigma_0 = f_2(H, h, L, B, \bar{\sigma}_0, \bar{\sigma}_1) \tag{2}$$

$$\sigma_1 = f_3(H, h, L, B, \bar{\sigma}_0, \bar{\sigma}_1) \tag{3}$$

式中，L 为带材来料长度横向分布值；B 为带材宽度；$\bar{\sigma}_0$、$\bar{\sigma}_1$ 分别为平均前、后张应力。

1.2　辊系变形模型

辊系弹性变形的计算采用影响函数法，根据文献[6]，带材出口厚度 h 可用式(4)表示：

$$h = f_4(p, S, \Delta D_w, \Delta D_b H, \bar{\sigma}_0, \bar{\sigma}_1) \tag{4}$$

式中，S 为弯辊力；ΔD_w、ΔD_b 为工作辊和支撑辊凸度分布值。

1.3　设计变量优化模型

采用十二次曲线描述支撑辊辊型优化设计曲线，如式(5)所示：

$$D_b(y) = D_{b0} + \sum_{j=1}^{6} a_{2j} \left(\frac{2y}{L_b}\right)^{2j} \tag{5}$$

式中，D_{b0} 为支撑辊名义直径；a_{2j} 为支撑辊辊型曲线各参数；L_b 为支撑辊辊身长度。

辊型优化的目标为带材板形最好，即：

$$f(x) = \min((\sigma_{1\max} - \sigma_{1\min})/\bar{\sigma}_1) \tag{6}$$

式中，$\sigma_{1\max}$ 为沿带宽前张应力分布的最大值；$\sigma_{1\min}$ 为沿带宽前张应力分布的最小值；$\bar{\sigma}_1$ 为平均前张应力。

由金属模型可知，在总前张力、板宽、来料板形和厚度横向分布、轧后平均厚度和轧件材质已知的条件下，前张应力的横向分布取决于轧后厚度横向分布。以式(6)为目标函数，进而根据金属模型可得到与板形最优对应的轧后厚度(有载辊缝)横向分布以及对应的工作辊弹性压扁量，将有载辊缝剔除工作辊弹性压扁量，即可得到与目标函数式(6)对应的理想工

作辊轧辊挠度 f_{wi}^T 分布情况，称为目标工作辊挠度横向分布。

将目标函数式(6)转化为目标工作辊挠度横向分布 f_{wi}^T，进而以 f_{wi}^T 为目标，以支撑辊辊型参数为变量，优化支撑辊辊型，此时优化的目标函数为：

$$F(x)=\min\sum_{i=1}^{n}(f_{wi}-f_{wi}^T)^2 \tag{7}$$

式中，i 为沿工作辊宽度所取的计算点数。

至此，问题归结为：求解 $\overline{X}=[a_2,a_4,a_6,a_8,a_{10},a_{12}]$ 使 f_{wi} 与 f_{wi}^T 尽量接近。考虑到优化变量较多，并且该问题并不一定具有唯一的奇点，采用普通的优化理论很难避免收敛于局部最优，因而采用遗传优化算法作为优化模型，可有效搜索全局最优。

辊型优化计算框图如图 1 所示，优化过程分两步进行：第一步先根据出口板形最好条件计算对应的目标工作辊挠度分布；第二步以工作辊挠度分布为目标，优化辊型。这样就避免了金属模型和辊系变形模型的反复迭代，降低了计算时间；同时以工作辊挠度为优化目标，避免了前张力不易收敛的缺点，增强了算法的强壮性。

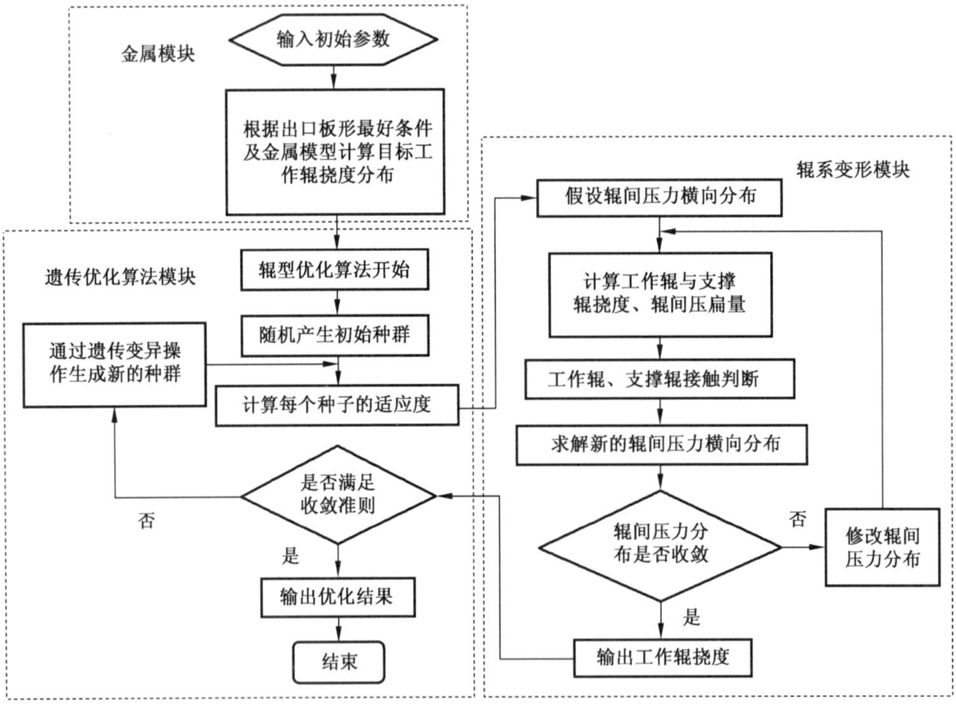

图 1　辊型优化计算框图

Fig. 1　Flow chart of roll contour optimization

2　优化计算及应用

2.1　支撑辊辊型优化计算

采用上述理论模型，以凌钢 900 mm 平整机的主流产品 195LD 为例进行优化计算，现场生产 9 种典型轧制产品为：0.20 mm×500 mm、0.35 mm×500 mm、0.35 mm×600 mm、0.55 mm×500 mm、0.55 mm×600 mm、0.75 mm×500 mm、0.75 mm×650 mm、1.00 mm×650 mm、

1.00 mm×700 mm。带钢的化学成分(质量分数,%)为:C≤0.08、Mn≤0.45、Si≤0.07、S≤0.03、P≤0.025,平整伸长率为1%。

优化设计的辊型不仅应适用于某种特定规格产品,还应适用于轧制计划中的所有产品,因此,根据上述辊型曲线优化方法及现场提供的数据,按照产量进行加权处理得到最终的支撑辊辊型磨削方案,结果如表1与图2所示。

表1　与195LD材质带材对应的支撑辊辊型参数最终结果

Table 1　Final optimization parameters for 195LD

mm

a_2	a_4	a_6	a_8	a_{10}	a_{12}
0.059	0.019	0.048	0.112	0.074	0.089

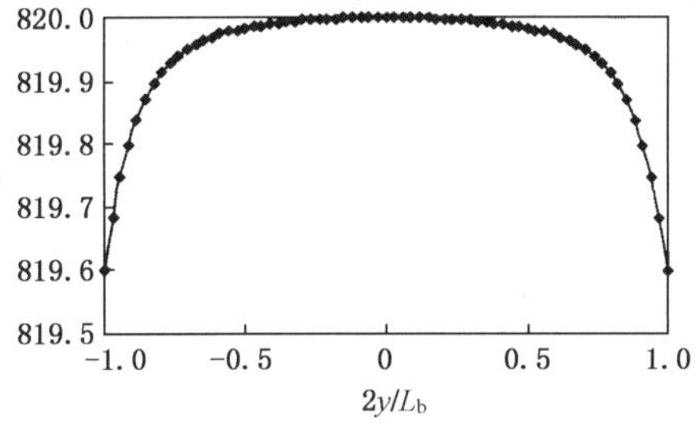

图2　与195LD材质带材对应的支撑辊最终辊型曲线

Fig.2　Final back-up roll contour for 195LD

2.2　辊型优化前后板形控制能力对比

选定轧辊原始磨削凸度的目的是使轧辊在轧制状态下,利用主要板形调节手段如弯辊力,尽可能使用同一套轧辊辊型以适应所有产品生产的需要。在辊型确定之后,板形的在线调整主要依靠弯辊力的调整,弯辊力对板形的调节效果决定了轧机的板形控制能力。根据文献[6],最佳弯辊力的设定可用式(8)表示:

$$2S = C_p p - C_1 \Delta D_1 - C_2 \Delta D_2 - K_s \Delta h_b + C_0 \Delta H_b - C_{\sigma_0} \Delta\sigma_{0b} \quad (8)$$

式中,S 为最佳弯辊力;ΔD_1 为工作辊凸度;ΔD_2 为支撑辊凸度;Δh_b 为轧后带材凸度,根据带材板形最好条件确定;ΔH_b 为来料凸度;$\Delta\sigma_{0b}$ 为横向后张力差;C_p、C_1、C_2、K_s、C_0、C_{σ_0} 为相应系数,具体意义见文献[6]。

由式(8)可知,在来料和轧机状况不变的情况下,弯辊力的调整主要与轧制力的变化有关,轧制过程中,要得到弯辊力随轧制力的变化规律,其他参数可视为常量,因此式(8)可写成如下形式:

$$S = A\left(\frac{p}{2}\right) + B \quad (9)$$

式中,A、B 为系数。

当轧制力发生变化时,弯辊力应进行相应的调整,以保证板形良好。本文以在板形良好的前提下,轧制力发生变化时,弯辊力调整量的大小作为判定轧机板形控制能力的准则,即:

$$\Delta S = A\Delta\left(\frac{p}{2}\right) \quad (10)$$

式中,ΔS 为弯力的调整量;$\Delta\left(\frac{p}{2}\right)$ 为单侧轧制力的改变量。

式(10)中,A 越大,即变化相同的轧制力所需弯辊力的调整值越大,说明弯辊力控制板形能力较弱,反之则较强。

根据现场实测数据对式(9)进行回归,针对0.9 mm×715 mm、0.6 mm×660 mm、0.35 mm×665 mm三种规格带材得到优化辊型与原始辊型最佳弯辊力与轧制力关系对比,如图3所示,图中直线的斜率即为相应的 A 值。从图中可以看出,在使用优化辊型后,弯辊力的绝对值减小，从而减小了弯辊负担；同时，辊型优化后，弯辊力控制板形的能力明显增强（A 值减小），轧制薄料时尤为明显。

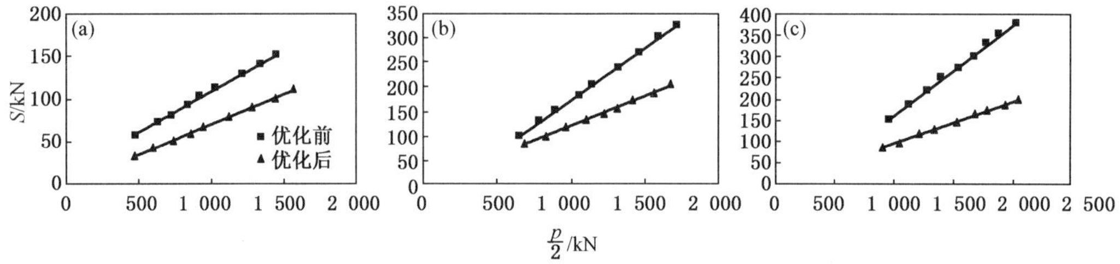

(a) 0.9 mm×715 mm；　(b) 0.6 mm×660 mm；　(c) 0.35 mm×665 mm

图 3　辊型优化前后最佳弯辊力与轧制力关系对比

Fig. 3　Contrast of bending force and rolling force before and after optimization

2.3　板形控制效果

为了验证优化辊型的板形控制效果，追踪了带钢平整前后的板形变化情况。由于平整机不设板形仪，采用切条测量的方法对带钢的板形进行定量描述，即将带材沿轧制方向分成若干块单元，测量各单元长度，然后将各单元切分为条状，测量切条后各条长度，得到各单元在切条前后的长度差，从而得到带钢的板形信息。

表 2 给出了带钢平整前后的板形变化，从中可以看出，在使用优化辊型并通过设定弯辊力后，板形控制精度达到了较高的水平，测量结果表明，在满足来料要求，即来料板形指标不大于 15 I 的前提下，轧后板形小于 4 I，板形控制精度达到较高水平。

表 2　平整前后板形变化

Table 2　Variation of shape before and after temper rolling

序号	钢卷号	材质	规格/mm	轧前板形/I	轧后板形/I
1	L644307-3	195LD	0.60×700	15.8	4.1
2	L644418-2	195LD	0.60×700	17.6	3.8
3	L644310-2	195LD	0.60×700	25.3	7.8
4	L644417-1	195LD	0.60×700	12.4	3.4
5	L666861-3	195LD	0.90×710	19.5	5.3
6	L665861-1	195LD	0.90×710	15.3	3.5
7	L666861-3	195LD	0.90×710	14.5	3.2
8	L647309-4	195LD	1.18×660	38.6	9.8

3　结论

（1）将辊系弹性变形模型与非圆弧轧辊理论相结合，采用十二次曲线描述支撑辊辊形曲线，采用遗传优化算法进行了辊型优化设计。将板形目标函数转化为工作辊挠度目标函数，避免了金属模型与辊系模型之间的迭代计算，增加了计算速度和模型的强壮性。

（2）将优化得到的支撑辊辊型曲线应用于生产实践，使用结果表明，优化辊型有效地降低了弯辊负担，提高了轧机的板形控制能力，成品带材板形控制在 4 I 以内（来料板形指标不大于 15 I）。

参考文献

[1] 白振华，连家创，刘峰．宝钢 2050 热轧厂平整机辊型优化技术的研究[J]．钢铁，2002，37（9）：35．（BAI Zhen-hua，LIAN Jia-chuang，LIU Feng. Research of the roll crown optimization on skin psas mill in Baosteel 2050 hot rolling plant [J]. Iron and Steel，2002，37(9)：35.）

[2] Yuli LIU，Won-ho LEE. Mathematical model for the thin strip cold rolling and temper rolling process with the influence function method [J]. ISIJ International 2005，45 (8)：1173.

[3] Le H R，Sutcliffe M P E. A robust model for rolling of thin strip and foil[J]. International Journal of Mechanical Sciences，2001，43：1405.

[4] 王东城，彭艳，刘宏民．冷轧带钢平整机高精度高速度轧制力模型开发[J]．塑性工程学报，2008，15(1)：172．(WANG Dong-cheng，PENG Yan，LIU Hong-min. A high-resolution high-speed rolling force model for cold strip temper rolling mill[J]. Journal of Plasticity Engineering，2008，15(1)：172.)

[5] Wang Dongcheng，Peng Yan，Liu Hongming. A high-speed rolling force model for thin strip and temper rolling[A]. Proceedings of the International Conference on Mechanical Engineering and Mechanics 2007[C]. Wuxi：International Conference on Mechanical Engineering and Mechanics，2007：808.

[6] 连家创，刘宏民．板厚板形控制[M]．北京：兵器工业出版社，1996：41．

[7] 刘宏民．三维轧制理论及其应用[M]．北京：科学出版社，1999：64.

冷轧带钢板形高效分析与设定软件及其应用①

王东城[1,2]，赵章献[1]，刘宏民[1,2]

（1. 燕山大学国家冷轧板带装备及工艺工程技术研究中心，河北 秦皇岛 066004；
2. 燕山大学亚稳材料制备技术与科学国家重点实验室，河北 秦皇岛 066004）

摘　要：针对目前板形分析机理模型计算速度慢、稳定性差的缺点，提出了板形高效预报模型、板形高效设定模型。以此为基础，开发了一套冷轧带钢板形高效分析软件，对目前常见的各种冷带钢四、六辊轧机均具有板形分析与设定计算功能，软件的主要特色是在不降低模型精度的前提下显著提高计算速度和稳定性。通过实例分析，表明软件计算结果可靠，常见的五机架冷连轧机完成一次板形预报或者板形设定的时间均小于 1 s。本软件可用于轧机设计与选型、辊型优化设计，其核心代码可直接用于板形在线设定。

关键词：冷轧带钢；板形；高效分析；高效设定；软件

High-efficiency Software and Its Application for Shape Analysis and Presetting of Cold Rolling Strip

Wang Dongcheng[1,2]，Zhao Zhangxian[1]，Liu Hongmin[1,2]

（1. National Engineering Research Center for Equipment and Technology of Cold Rolling Strip，Yanshan University，Qinhuangdao，066004，Hebei，China；
2. State Key Laboratory of Metastable Materials Science and Technology，Yanshan University，Qinhuangdao，066004，Hebei，China）

Abstract：In view of the low calculation speed and poor stability of theory models for shape analysis，high-efficiency shape prediction model and high-efficiency shape presetting model are presented. Based on the high-efficiency models，a set of high-efficiency software is developed for shape analysis and presetting. The software is universal for different four-high and six-high cold rolling mill，and its main feature is the significant high speed and high stability without sacrificing calculation precision. Through two examples，the software is proved to be reliable，and the calculation time of shape analysis and presetting for common cold tandem mill with five stands is less than 1 s. The software can be used to in the fields of mill design，mill selection and optimization roll contour，and its core code can be used to preset the shape on-line directly.

Key words：Cold rolling strip；Shape；High-efficiency analysis；High-efficiency presetting；Software

冷轧带材以其高性能、高精度的显著优点，广泛应用于汽车、家电、建筑和电子

① 钢铁，2015，50(7)：54-60.

等工业制造部门。目前中国钢铁产量位居世界第一，但钢铁产品中低端产品趋于饱和，高端产品少，特别是高品质冷轧带材产量只占钢材总量的12%，与发达国家30%以上的冷轧带钢相比仍然存在很大差距[1]。近几年，虽然中国冷轧带材装备与工艺技术水平整体提升，但与其他钢铁产品相比，冷轧带材的自给率和国内市场占有率仍然较低，每年仍需进口大量高品质冷轧带材[2,3]，一个重要原因是产品的板形质量达不到国际先进水平。

制约板形控制技术提高的瓶颈和关键在于板形理论和控制数学模型的研究滞后于技术的发展，缺乏精确、适用的板形控制模型。自20世纪60年代Shohet与Townsend提出第一套板形机理模型[4]之后，国内外对板形控制模型进行了广泛的研究，并取得了丰富的研究成果。但到目前为止，工程中进行板形控制依靠的仍然是板形仪实测信号和在线自适应等方法，关键原因是板形控制模型的精度仍然达不到工程需要，因此，如何进一步提高板形控制模型的精度是目前以及今后仍然需要深入探索的问题。计算速度与稳定性是模型直接在线应用的保障条件，在不降低模型精度的前提下，合理提高计算速度与稳定性是具有现实工程意义的，也是本文主要解决的问题。

1　基本模型

板形控制的核心机理模型是带材塑性变形模型与辊系弹性变形模型，2个模型的建模方法主要分为3类。第1类是完全基于有限元的建模方法，具有代表性的有曹建国等人采用辊系与轧件一体化有限元仿真模型对边缘降控制进行了研究[5]，时旭等人基于Marc软件用三维弹塑性有限元法对轧辊弯曲与压扁变形进行了研究[6]；第2类是非有限元方法，具有代表性的有刘宏民采用条元法与影响函数法对板形设定进行了研究[7]，白振华采用变分法与影响函数法进行了辊型优化[8]，于斌等人通过联立变分法与影响函数法对弯窜辊技术与同宽轧制公里数进行了研究[9,10]，梁勋国采用影响函数法对六辊冷连轧机弯辊力进行了设定计算[11]；第3类是有限元与机理模型相结合的方法，具有代表性的有北京科技大学与宝钢集团提出的将二维变厚度有限元与能量法或三维差分法相结合的方法[12,13]。其中，第1类方法普适能力最强，但是计算时间很长；第3类方法计算速度适中；第2类方法可以通过高级语言编程，调整灵活，计算速度相对最快，具有广阔的应用前景[14]。

目前，采用第2类方法进行板形分析与板形设定时，通常按照图1所示的原理将带材塑性变形模型与辊系弹性变形模型进行迭代计算，实现板形预报功能。以此为基础，按照图2所示的原理进行板形控制性能分析或板形控制参数的优化[7]。其中，图1所示的迭代过程极不稳定，当松弛因子选择较大时，可能出现计算不收敛的情况；松弛因子选择较小时，计算速度又变得很慢，这是第2类方法进一步提高计算速度与稳定性的瓶颈。采用图2所示的原理进行板形设定计算时，需要反复调用板形预报模型进行参数优化，使得整个计算过程变得更为低效。

为解决上述难题，本文作者提出一种板形高效预报模型——模型耦合法[15]。它是将带材塑性变形模型与辊系弹性变形模型按照其内在关系集成为一套方程组进行求解，避免两者之间的迭代运算，极大地提高了计算速度和稳定性。为提高板形设定速度，提出一种板形高效设定模型，将板形设定过程转化为：目标板形→目标横断面→参数最优化，避免了对板形预报模型的反复调用，使板形设定计算变得高效稳定。为方便指导生产实践，以上述高效模型为基础，开发了一套冷轧带钢板形高效分析与设定软件。本软件与笔者所在课题组前期开发的同类软件[16,17]相比，其主要特色是在不降低模型精度的前提下显著提高了计算速度和稳定性。通过实例分析，表明软件计算结果可靠，对常见的五机架冷连轧机完成一次预报分析或者设定计算的时间均小于1 s，可用于轧机设计与选型、辊型优化设计，其核心代码可直接用于板形在线设定。

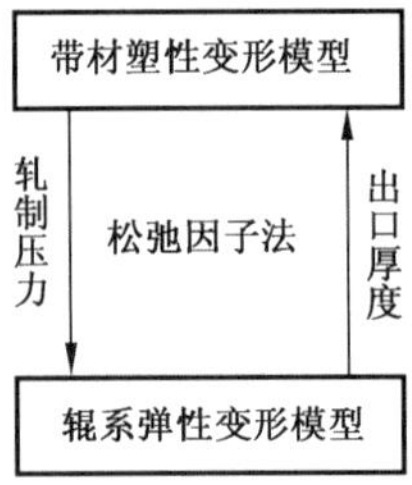

图1　板形预报原理图

Fig. 1　Schematic of shape prediction

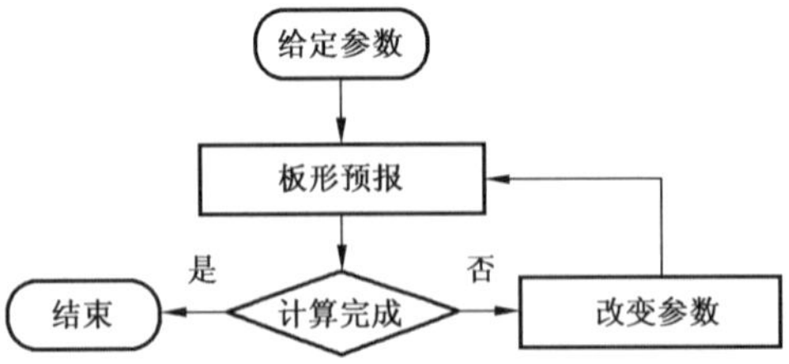

图2　板形分析与参数优化原理图

Fig. 2　Schematic of shape analysis and optimization

软件中采用条元变分法作为带材塑性变形模型，采用影响函数法作为辊系弹性变形模型，其具体方程参见文献[7]的附录1与附录2，本文主要介绍如何高效合理地利用这2种方法进行板形分析与板形设定。

1.1　高效预报模型

条元变分法的主要任务是在给定带材出口厚度横向分布的前提下计算轧制压力与板形横向分布，可以简单地表示为

$$(\tilde{\sigma}_1,\tilde{p}_l)=f_1(\sigma_s,\mu,\tilde{h}_0,\tilde{h}_1,B,T_0,T_1) \tag{1}$$

式中：σ_s 为带材平均变形抗力；μ 为摩擦因数；$\tilde{h}_0$、$\tilde{h}_1$ 分别为带材入口与出口厚度横向分布；B 为带材宽度；T_1、T_0 分别为前、后张力；$\tilde{\sigma}_1$、$\tilde{p}_l$ 分别为板形与轧制压力横向分布。

通常除出口厚度横向分布为未知参数外，其他参数均为已知，因此式(1)可以简化为

$$(\tilde{\sigma}_1,\tilde{p}_l)=f_1(\tilde{h}_1) \tag{2}$$

影响函数法的主要任务是在给定带材轧制压力横向分布的前提下，计算带材出口厚度横向分布，可以简单地表示为

$$\tilde{h}_1=f_2(\tilde{p}_l) \tag{3}$$

由式(2)和式(3)可知，带材出口厚度横向分布与轧制压力横向分布互为因果，必须如图1所示进行迭代计算。其中，式(2)的输出值 $\tilde{\sigma}_1$ 与 $\tilde{p}_l$ 对输入值 $\tilde{h}_1$ 的微小波动非常敏感，因此通常采用松弛因子法进行式(2)与式(3)的相互迭代，这严重影响了计算速度与稳定性。为解决上述问题，文献[18]提出了一种反向迭代法，其基本思想是采用函数 f_1 的逆函数 f_1^{-1} 计算出口厚度横向分布，采用函数 f_2 的逆函数 f_2^{-1} 计算轧制压力横向分布。它可以明显提高松弛因子的取值，其迭代次数与计算时间比常规算法有显著降低。

为彻底避免模型间的相互迭代，本文

作者将条元变分法与影响函数法按照内在关系进行了模型集成，提出了一种模型耦合法[15]，该方法可以简单地表示为

$$(\tilde{\sigma}_1,\tilde{p}_l,\tilde{h}_1)=f_3(\overline{Y},\overline{Z}) \tag{4}$$

式中：$\overline{Y}$ 为带材参数；$\overline{Z}$ 为轧机几何参数与板形控制参数。

反向迭代法与模型耦合法的基本原理如图 3 和图 4 所示。与图 1 对比可以发现三者基本思想的不同之处，其中，常规算法计算速度与稳定性最差，反向迭代法居中，模型耦合法彻底避免了带材塑性变形模型与辊系弹性变形模型之间的相互迭代，因而其计算速度与稳定性最高，是一种高效的板形预报模型。

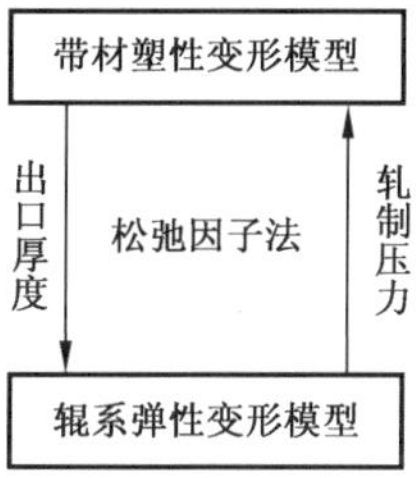

图 3　反向迭代法原理图

Fig. 3　Schematic of reverse iteration method

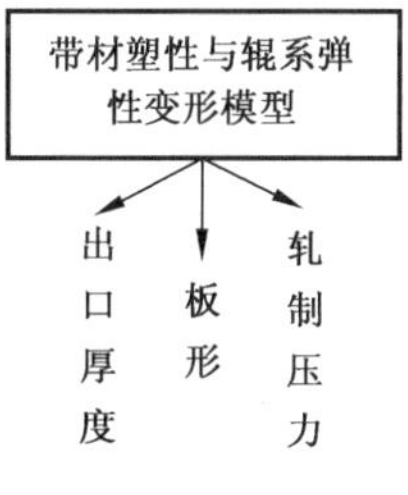

图 4　模型耦合法原理图

Fig. 4　Schematic of model coupling method

1.2　高效设定模型

目前采用第 2 类模型进行板形设定计算时，通常采用图 2 所示的原理，通过优化算法反复调用板形预报模型实现板形控制参数的最优化。整个计算过程包含了 2 个循环，内部循环为板形预报模型的内部迭代，外部循环为板形控制参数的优化，是一种低效的方法。

本质而言，板形设定计算是在已知板形控制目标的前提下进行板形控制参数优化的过程，由式(2)可知，出口板形与出口厚度横向分布互为函数，因此，当板形控制目标已知时，可以首先采用式(2)的逆函数求解对应的目标出口厚度横向分布，即：

$$(\tilde{h}_1,\tilde{p}_l)=f_1^{-1}(\tilde{\sigma}_1) \tag{5}$$

通过上述处理，原本的板形控制参数优化问题转化为以带材出口厚度横向分布与目标出口厚度横向分布相差最小为目标，以板形控制参数如弯辊力、窜辊量等为优化变量的经典优化问题，这一优化问题只涉及辊系弹性变形模型，消除了图 2 中的内部迭代环。

当板形控制手段只有一个工作辊弯辊力时，可以采用黄金分割法进行优化，为达到 1%的精度，只需要调用辊系弹性变形模型 10 次左右($0.618^{10}<1\%$)；但当板形控制手段比较多时，例如 UCM 轧机的板形控制手段包括工作辊弯辊力、中间辊弯辊力、中间辊窜辊量 3 个参数，此时即使采用多维优化算法中速度较快的 Powell 算法，仍然需要调用辊系弹性变形模型几十次以上，如果采用常规影响函数法作为辊系弹性变形模型，通常这一优化过程需要用时几秒至十几秒，而实际冷轧带材通常是多道次或多机架的，整机设定时间将达到几十秒之多。为进一步降低板形设定计算时间，本文作者提出一种快速影响函数法[19]，该方法将辊间压力与轧制压力用少量特征参数进行描述，最终求解辊间压力横向分布的线性方程组阶数将显著降低，计算速度获得极大提高。最终的板形高效设定模型计算流程如图 5

所示。

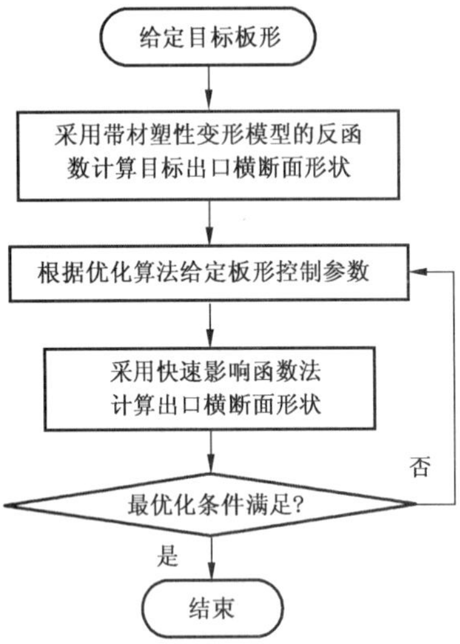

图 5　板形高效设定计算流程

Fig. 5　Calculation process of shape high-efficiency presetting

2　软件简介

以上节所示基本理论为基础，在 Windows 平台上采用 C++语言编制了核心计算程序，采用 VB 语言编制了软件的界面。软件操作简单，可视性化程度高；移植性强，其核心代码被制作成动态链接库文件，可以方便地进行移植；适用性强，可用于目前常见的各种冷带钢四、六辊可逆或连轧机；计算速度快，完成一次常见的五机架冷连轧机板形预报或者板形设定所需时间均小于 1 s；应用范围广，可用于轧机设计、轧机选型、辊型优化设计、板形控制性能分析、板形在线设定等多种用途。

软件界面包含 3 项主菜单，分别为“基本配置”“输入参数”与“输出结果”，核心代码包括 2 个动态链接库文件，以下分别对其进行简单介绍。

2.1　基本配置

基本配置主菜单用于对连轧机各机架或可逆轧机进行机型配置，包含“连轧机”与“可逆轧机”2 个子菜单。以连轧机为例，点击菜单后弹出图 6 所示的窗口。可供选择的主要机型有 7 类：普通四辊、HCW、CVC 四辊、PC、HC/UC、UCMW 与 CVC 六辊轧机。首先输入机架数，最多可扩充至 8 个机架，当输入机架数小于 8 时，其余机架自动隐藏，图 6 所示为典型的 5 机架连轧机，其中前 3 机架为 CVC 四辊轧机，后 2 机架为 CVC 六辊轧机。最后还要选择需要的功能：板形分析或板形设定，两者只能选一。

2.2　输入参数

软件输入参数主要包括 5 类，分别为：轧机参数，包括轧辊长度、弯辊缸间距、压下油缸间距等；轧辊参数，包括轧辊直径与轧辊辊型参数；工艺参数，包括带材宽度、来料横断面形状、入出口厚度、入出口张力、变形抗力与摩擦因数或轧制力等；板形控制参数，包括弯辊力、窜辊量、轧辊交叉角与倾辊量；板形控制目标及板形控制参数的上、下限，各机架或各道次出口板形目标。具体需要输入的参数与机型配置和功能有关系。当进行板形分析时，只需要前 4 类输入参数；当进行板形设定时，只需要前 3 类与最后 1 类参数。

2.3　输出结果

软件输出结果包括各机架或各道次残余应力、轧制压力、辊间接触压力、带材出口厚度横向分布值。当进行板形设定时，输出结果还包括各机架或各道次板形控制参数最佳设定值。计算结果采用图片与数据文件 2 种方式进行输出。其中，图片可以直接复制或者进行保存，用于结果的定性分析；数据文件保存在硬盘下，用于结果的定量分析，或者以之为基础进行二次开发。

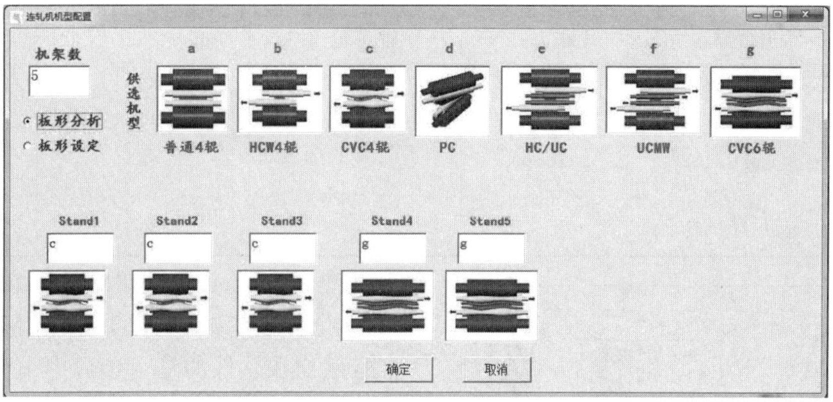

图 6　机型配置界面

Fig. 6　Interface of mill type selection

2.4　核心代码

核心代码采用 C＋＋语言编制，并生成 2 个动态链接库文件：Cold_Analysis.dll 与 Cold_Preset.dll，其中 Cold_Analysis.dll 文件用于板形预报，Cold_Preset.dll 文件用于板形设定，可以十分方便地供各种高级语言进行调用。用户无须关心其内部具体内容，只需按照要求格式给定输入参数即可，还可以将 2 个动态链接库文件作为目标函数计算工具，进行轧机参数、辊型参数或工艺参数的优化。

3　实例分析

为验证软件的可靠性，采用某 1420 mmUCM 冷连轧机实际生产数据进行了板形预报，将板形设定模型计算的板形控制参数与某 1420 mm 六辊 CVC 可逆冷轧机的实际设定参数进行了统计对比，在确定软件基本可靠的前提下，进行了轧制试验。

3.1　板形预报

1420 mmUCM 冷连轧机的主要参数：工作辊辊身长度为 1480 mm，中间辊辊身长度为 1490 mm，支撑辊辊身长度为 1420 mm。采用软件高效板形分析功能进行了板形预报，带材宽度为 850 mm，入口厚度为 1.987 mm，其他主要工艺参数见表 1，表 1 中的 UC-Δ 表示中间辊辊身端部距带材边部的距离。各机架板形与横断面形状计算结果如图 7 和图 8 所示。该卷带钢设定的板形目标为 10 I 的中浪，软件预报的第 5 机架出口最大残余应力差约为 23 MPa，换算为板形值约为 9.8 I 的中浪，这表明本软件的板形预报功能是可靠的。上述 5 机架连轧板形预报计算用时约为 0.98 s。

表 1　工艺参数

Table 1　Main technology parameters

机架	出口厚度/mm	轧制力/kN	工作辊弯辊力/kN	中间辊弯辊力/kN	UC-Δ/mm
第 1 机架	1.309	5769	319	353	64
第 2 机架	0.734	7113	343	435	30
第 3 机架	0.482	7086	324	403	50
第 4 机架	0.330	5525	344	297	60
第 5 机架	0.245	6340	187	57	9

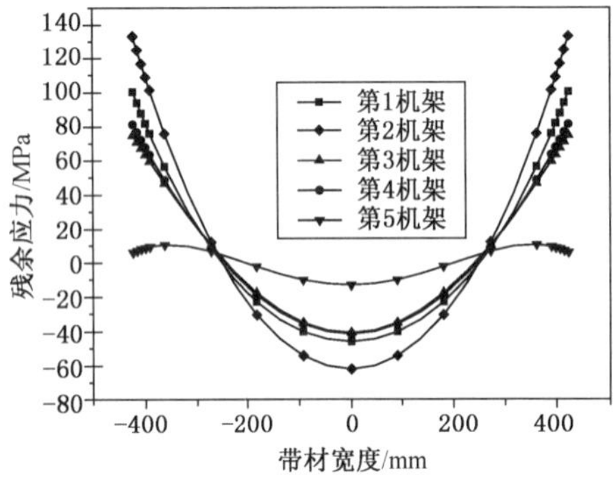

图 7　残余应力

Fig. 7　Residual stress

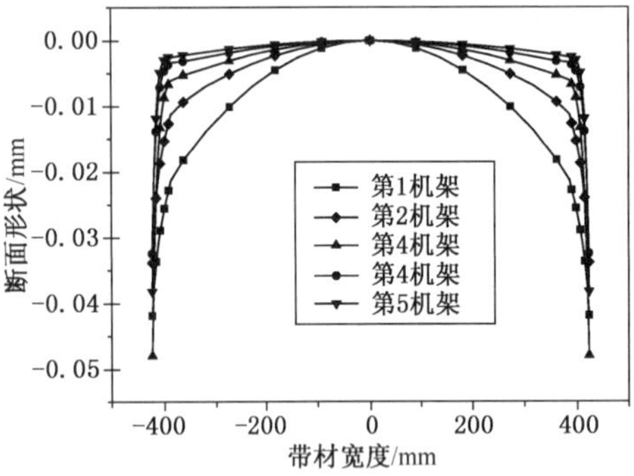

图 8　横断面形状

Fig. 8　Cross section shape

3.2　板形设定

1420 mm 六辊 CVC 可逆冷轧机的主要参数:工作辊辊身长度为 1420 mm,中间辊辊身长度为 1570 mm,支撑辊辊身长度为 1420 mm。在进行轧制试验前,首先将软件的设定结果与现场典型规格带钢的实际设定参数进行了统计对比。为避免板形控制参数分配策略的影响,采用固定 2 个控制参数、优化 1 个控制参数的办法,例如在软件的输入参数中中间辊窜辊量与中间辊弯辊力的上、下限均采用实际的设定参数,这样软件内部实际只优化工作辊弯辊力,这时的优化结果与实际工作辊弯辊力才具有对比性。最终对比结果如图 9～图 11 所示。由图可知,计算值与实际值吻合较好,绝大部分工作辊弯辊力、中间辊弯辊力的计算值与实测值偏差在±50 kN 之内,绝大部分中间辊窜辊量偏差在±20 mm 之内。软件计算值较实际值整体呈现偏小趋势,其原因可能是多方面的,如变形抗力、摩擦因数等输入参数的误差,模型本身的假设合理性,轧辊热膨胀与磨损的波动等。整体而言,软件的模型是可靠的,但仍然存在进一步提高的空间。

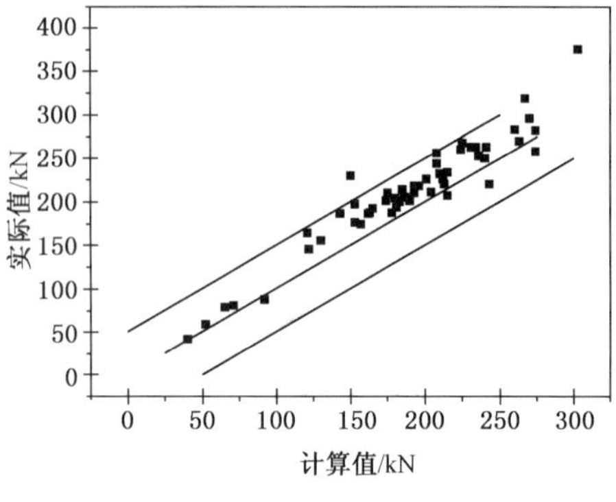

图 9　工作辊弯辊力对比

Fig. 9　Comparison of work roll bending force

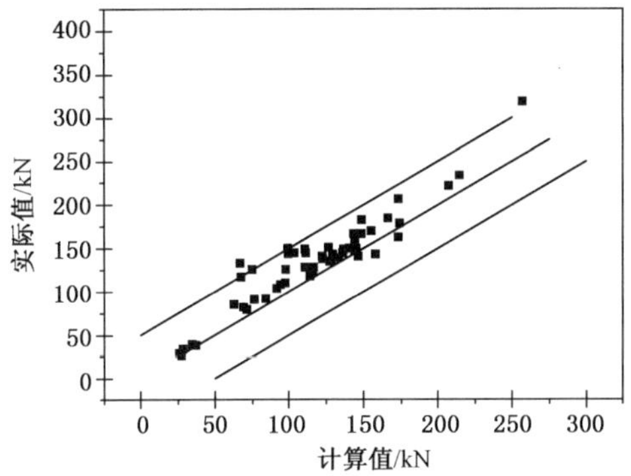

图 10 中间辊弯辊力对比

Fig. 10 Comparison of mid roll bending force

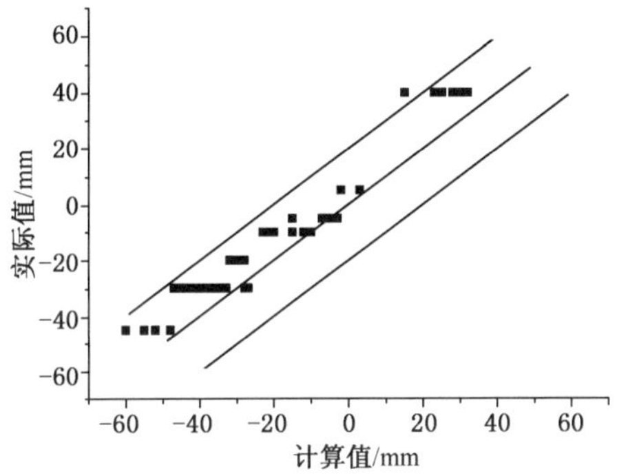

图 11 中间辊窜辊量对比

Fig. 11 Comparison of mid roll shift

在确定软件基本可靠的前提下进行了轧制试验。带材来料厚度为 2.5 mm，宽度为 1190 mm，其他主要输入参数见表 2。采用软件高效板形设定功能计算了最佳的板形控制参数(3 个参数同时优化)，结果见表 3。现场进行试轧时，为避免出现事故，首先根据现场经验并参考软件设定结果对 2FB431X00 号带钢进行了轧制，然后根据实测板形与目标板形的偏差对实际的板形设定参数进行了调整，对 2FB434X00 号带钢进行了轧制，在此基础上又进行了一次板形设定参数调整，最终轧制了 2FB435X00 号带钢，其实际板形与目标板形吻合良好。通过对比软件设定参数与最终的真实设定参数，除第 5 道次工作辊弯辊力外，其余弯辊力偏差均在 30 kN 以内，这进一步表明软件的板形设定功能是可靠的。上述 6 道次板形设定用时约为 0.75 s。

表 2 设定计算主要输入参数

Table 2 Main input parameters for shape preset

道次	出口厚度 /mm	变形抗力 /MPa	入口张力 /kN	出口张力 /kN	板形目标 2 次项 /MPa	板形目标 4 次项 /MPa
第 1 道次	1.800	420.0	23.62	131.80	2.94	0
第 2 道次	1.300	558.2	61.65	107.47	10.5	0
第 3 道次	0.955	618.0	50.66	83.46	10.5	0
第 4 道次	0.712	662.5	41.73	63.91	13.5	0
第 5 道次	0.533	694.5	33.66	47.84	16.5	0
第 6 道次	0.395	721.5	27.07	34.05	16.5	0

表 3 设定结果

Table 3 Preset results

项目		第 1 道次	第 2 道次	第 3 道次	第 4 道次	第 5 道次	第 6 道次
工作辊弯辊力/kN	计算	90	90	90	90	80	80
	2FB431X00	200	100	100	100	120	100
	2FB434X00	90	60	130	130	110	90
	2FB435X00	90	90	110	100	120	90
中间辊弯辊力/kN	计算	60	107.6	103.7	57.9	75.4	73.4
	2FB431X00	80	110	110	60	90	80
	2FB434X00	80	100	100	100	90	80
	2FB435X00	80	100	100	77	90	80
中间辊窜辊量/mm	计算	−41.6	−41.6	−41.6	−41.6	−41.6	−41.6
	2FB431X00	−41.6	−41.6	−41.6	−41.6	−41.6	−41.6
	2FB434X00	−41.6	−41.6	−41.6	−41.6	−41.6	−41.6
	2FB435X00	−41.6	−41.6	−41.6	−41.6	−41.6	−41.6

4 结论

(1) 以板形高效预报模型、板形高效设定模型为基础，开发了一套冷轧带钢板形高效分析软件，软件的主要特色是在不降低模型精度的前提下显著提高了计算速度和稳定性。

(2) 软件操作简单，可视性化程度高，应用范围广，可用于轧机设计、轧机选型、辊型优化设计、板形控制性能分析、板形在线设定等。

(3) 通过实例表明软件计算结果可靠，对于常见的五机架冷连轧机完成一次预报或者板形设定计算的时间均小于 1 s，比同类软件计算速度显著提高。

参考文献

[1] 解相朋. 中冶南方基于工控机的冷轧带钢板形控制技术[N]. 世界金属导报，2014-03-04(B16).

XIE Xiang-peng. Shape control technology of cold rolling strip based on industrial PC developed by WISDRI[N]. World Metals, 2014-03-04(B16).

[2] 中国金属学会，中国钢铁工业协会. 2011～2020 年中国钢铁工业科学与技术发展指南[M]. 北京：冶金工业出版社，2012.

The Chinese Society for Metals, China Iron & Steel Association. Technology Roadmap on Chinese Steel Industry 2011-2020[M]. Beijing: Metallurgical Industry Press, 2012.

[3] 姜晓东. 关于中国钢铁产能过剩的若干思考与建议[J]. 钢铁，2013，48(10)：1.

JIANG Xiao-dong. Several consideration and advices about steel over capacity[J]. Iron and Steel, 2013, 48(10): 1.

[4] Shohet K N, Townsend N A. Roll bending method of crown control in four-high plate mills[J]. Journal of The Iron and Steel Institute, 1968(11): 1088.

[5] 曹建国，毛娜，张杰，等. 冷连轧机边降控制窜辊数学模型研究[J]. 钢铁，2008，43(8)：57.

CAO Jian-guo, MAO Na, ZHANG Jie, et al. Study on shifting mathematical model of edge drop control in tandem cold rolling mill [J]. Iron and Steel, 2008, 43(8): 57.

[6] 时旭,刘相华,王国栋,等. 四辊冷轧机轧辊弯曲和压扁变形的有限元分析[J]. 东北大学学报:自然科学版,2004,25(10):957.
SHI Xu, LIU Xiang-hua, WANG Guo-dong, et al. FEM analysis for roll deformation of a 4-high cold strip mill[J]. Journal of Northeastern University: Natural Science, 2004, 25 (10): 957.

[7] 刘宏民. 三维轧制理论及其应用[M]. 北京:科学出版社,1999.
LIU Hong-min. Three Dimensional Rolling Theory and Its Application[M]. Beijing: Science Press, 1999.

[8] 白振华,连家创,刘峰. 宝钢 2050 热轧厂平整机辊型优化技术的研究[J]. 钢铁,2002,37(9):35.
BAI Zhen-hua, LIAN Jia-chuang, LIU Feng. Research of the roll crown optimization on skin pass mill in Baosteel 2050 hot rolling plant[J]. Iron and Steel, 2002, 37(9): 35.

[9] 于斌,王义栋,杨旭,等. 面向板形控制的辊型窜辊与弯辊技术应用[J]. 钢铁,2014,49(11):42.
YU Bin, WANG Yi-dong, YANG Xu, et al. Application of roll contour shifting roll and bending roll for shape control[J]. Iron and Steel, 2014, 49(11): 42.

[10] 于斌,王义栋,杨旭,等. 面向局部高点控制的工作辊同宽轧制公里数[J]. 钢铁,2013,48(4):40.
YU Bin, WANG Yi-dong, YANG Xu, et al. Research of work roll same width rolling kilometer for local high point control[J]. Iron and Steel, 2013, 48(4): 40.

[11] 梁勋国. 六辊冷连轧机弯辊力设定模型[J]. 钢铁,2014,49(10):40.
LIANG Xun-guo. Preset model of bending force for six-high tandem cold rolling mill [J]. Iron and Steel, 2014, 49(10): 40.

[12] 朱简如,林秀贞,吴平,等. 宽带 UCMW 冷连轧机辊系与轧件一体化仿真模型的开发[J]. 冶金设备,2005,8 (4):7.
ZHU Jian-ru, LIN Xiu-zhen, WU Ping, et al. Development of unified simulation model of rolling for 6 Hi UCMW wide strip cold mill [J]. Metallurgical Equipment, 2005, 8 (4): 7.

[13] 杨铁婷,张清东,王文广,等. 带钢冷连轧轧件辊系一体化仿真研究[J]. 轧钢,2007,24 (5): 13.
YANG Yi-ting, ZHANG Qing-dong, WANG Wen-guang, et al. Research on an integrative simulating model for strip shape prediction during cold rolling [J]. Steel Rolling, 2007, 24 (5): 13.

[14] 梁治国,王晓晨. 我国钛合金板带产业现状及生产技术研究热点分析[J]. 新材料产业,2012(3):13.
LIANG Zhi-guo, WANG Xiao-chen. Analysis of China's titanium alloy plate and strip industry status and production technology research hot spot [J]. Advanced Materials Industry, 2012(3): 13.

[15] WANG Dong-cheng, LIU Hong-min. A model coupling method for shape prediction[J]. Journal of Iron and Steel Research, International, 2012, 19(2): 22.

[16] 彭艳,刘宏民,胡建平,等. 冷轧带材板形分析及预设定控制软件(FAPCSR)及其应用[J]. 钢铁,2003,38 (2):34.
PENG Yan, LIU Hong-min, HU Jian-ping, et al. Software for flatness analysis and presetting control of cold strip rolling (FAPCSR) and application[J]. Iron and Steel, 2003, 38 (2): 34.

[17] 彭艳,刘宏民,胡建平,等. 冷轧带钢板形控制仿真分析软件(FCEACSR) [J]. 冶金设备,2003(3): 13.

PENG Yan, LIU Hong-min, HU Jian-ping, et al. Software of flatness control emulation analysis of cold strip rolling (FCEACSR) [J]. Metallurgical Equipment, 2003 (3):13.

[18] Tarnoplskaya T, F R De Hoog. An efficient method for strip flatness analysis in cold rolling [J]. Math Engng Ind, 1998, 7 (1):71.

[19] 王东城. 基于机理的板形在线设定模型研究[D]. 秦皇岛:燕山大学,2009.
WANG Dong-cheng. Research on Theory Models of Online Shape Pre-set Control for Strip Tandem Mill[D]. Qinhuangdao: Yanshan University, 2009.

四辊轧机辊系弹性变形高效计算方法①

王东城[1,2]，吴燕林[1]，刘宏民[1,2]
（1. 燕山大学国家冷轧板带装备及工艺工程技术研究中心，河北，秦皇岛，066004；
2. 燕山大学亚稳材料制备技术与科学国家重点实验室，河北，秦皇岛，066004）

摘 要：为解决普通影响函数法计算速度慢的缺点，在分析了普通影响函数法计算精度与计算速度主要影响因素的基础上，提出了一种新型四辊轧机辊系弹性变形高效计算方法。该方法采用高次多项式描述辊间压力与轧制压力的横向分布，减少了轧辊挠度的计算量；与普通影响函数法相比，求解辊间压力的线性方程组阶数显著降低，大大降低了计算时间。采用该方法后，四辊轧机辊系弹性变形的单次计算时间不超过 1 ms，计算精度与划分单元数为 100 的普通影响函数法计算精度相差很小，为板形在线设定提供了理想的必要条件，并可推广应用于其他机型。

关键词：四辊轧机；辊系弹性变形；影响函数法；高效计算方法

High-efficiency Calculation Method for Roll Stack Elastic Deformation of Four-high Mill

WANG Dong-cheng[1,2], WU Yan-lin[1], LIU Hong-min[1,2]
(1. National Engineering Research Center for Equipment and Technology of Cold Rolling Strip, Yanshan University, Qinhuangdao, 066004, Hebei, China
2. State Key Laboratory of Metastable Materials Science and Technology, Yanshan University, Qinhuangdao, 066004, Hebei, China)

Abstract: The calculation of the general influence function method is slow. To solve the problem a new high-efficiency calculation method of roll stack elastic deformation for four-high mill was proposed based on the analysis of the main factors affecting the calculation precision and speed of general influence function method. In this method, the transverse distribution of the pressure between rolls and rolling pressure are described by high-order polynomial, avoiding a number of superposition calculation by general influence function method when calculating the roll deflection; Compared with the general influence function method, the order of linear equations to solve the pressure between rolls is significantly reduced, and the computing time is greatly reduced. With this method, the single computing time of roll stack elastic deformation for four-high mill was reduced to less than 1ms. Meanwhile, the computing accuracy matched well with that obtained by general influence function when dividing into 100 elements. It provided the ideal necessary condition for on-line setting of flatness, and it could be applied to other mill type.

Key words: Four-high mill; Roll stack elastic deformation; Influence function method; High-efficiency calculation method

① 钢铁，2015，50(11)：69-74.

辊系弹性变形模型是板形控制的核心模型之一[1]，在进行板形设定计算时，需要多次反复调用辊系弹性变形模型才能获得各机架或各道次的最佳弯辊力与窜辊量等参数。为实现板形在线设定，辊系弹性变形模型必须同时具备精确与快速 2 个特点[2,3]。现有的辊系弹性变形模型可分为 2 大类即解析法与数值法，2 类方法各有优缺点。

本城模型是早期比较完善的解析模型，但运算与表达复杂，为其实际应用造成困难[4]。龚寄等人研究了普通四辊轧机辊系弹性变形解析模型[5]，提高了计算效率与计算精度，但模型推导过程中假设辊间压力与轧制压力均为二次分布，无法应用于 CVC 轧机。陈杰等人研究了 CVC 四辊轧机辊系弹性变形解析模型[6]，通过辊间变形协调条件直接获得辊间压力分布解析式，更加符合物理本质，但模型推导过程中假设辊间压力与弹性压扁为线性关系，必然会造成一定误差。总体而言，解析法计算速度快，但由于数学方程求解的困难，需引入较多假设，必然牺牲一定计算精度。

数值法又可分为有限元法与影响函数法。有限元法的代表性文献如张清东等[7]与魏娟等[8]分别采用 ANSYS 软件对六辊 CVC 轧机与 HC 轧机辊系变形进行了分析，时旭等采用 Marc 有限元软件对轧辊弯曲与压扁变形进行了研究[9]，曹建国等采用辊系与轧件一体化有限元模型对边缘降控制进行了研究[10]；还有麻永林、董占斌、周禹成等也做过相关的研究[11-13]；影响函数法的代表性文献如梁勋国采用影响函数法对六辊冷连轧机弯辊力进行了设定计算[14]，于斌等采用影响函数法对热连轧机的弯辊、窜辊与同宽轧制公里数进行了研究[15,16]，刘光明等采用影响函数法对 CVC 四辊冷轧机辊间压力影响因素进行了分析[17]。总体而言，由于减少了模型的假设，数值法的计算精度高于解析法，但由于计算量增加，速度变慢，目前仍较难实现在线应用。

在不降低数值模型精度的前提下，合理提高计算速度具有重要工程意义。为此，董立杰等提出一种计算辊系变形的递推法[18]，将单次时间减少到 20 ms；孔繁甫等提出一种基于有限差分法的快速辊系变形计算方法[2]，计算速度比普通影响函数法提高了一倍；秦剑等提出一种矩阵迭代法[19]，并用于多辊轧机辊系变形分析，有效提高了计算速度。

1　普通影响函数法分析

普通影响函数的基本思路是将辊系沿轴向划分一定数量的单元，假设每个单元上承受均布压力，即通过分段均布压力逼近真实的曲线分布力，因此其计算精度与单元划分数直接相关。图 1 所示为采用普通影响函数法计算的某四辊轧机有载辊缝形状的误差与时耗随单元划分数的变化规律，其中最大误差指当前计算有载辊缝形状与单元划分数为 100 时有载辊缝形状的最大差值，均方差指当前计算有载辊缝形状与单元划分数为 100 时有载辊缝形状的均方差。

由图 1 可知，当单元划分数超过 40 时，随着单元划分数的增加，计算精度的提高极为有限；当单元划分数小于 10 时，随着单元划分数的减少，计算误差急剧增加；随着单元划分数的增加，计算时间按照抛物线规律增加，这是由于普通影响函数的计算时间主要消耗在线性方程组的求解上，而求解线性方程组的运算量与单元划分数的平方近似呈正比。通过上述分析可知，要达到较高的精度，普通影响函数的单元划分数不应小于 40，对于四辊轧机而言，相应的计算时间不小于 20 ms。

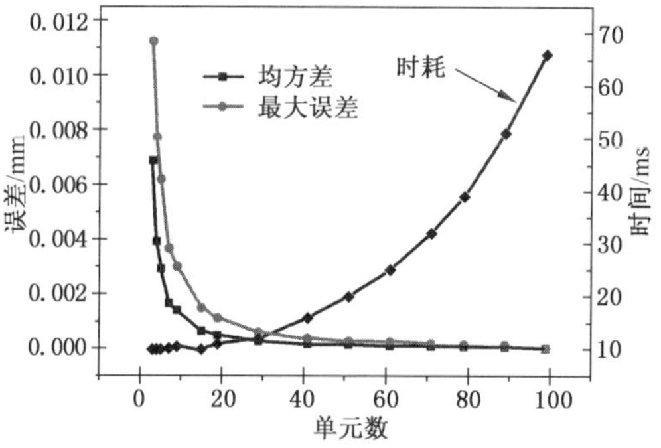

图 1　误差与时耗随单元数变化图

Fig. 1　Error and time variation with element number

为进一步提高影响函数法的计算速度，本文提出一种新型四辊轧机辊系弹性变形快速计算方法，该方法采用高次多项式描述辊间压力与轧制压力的横向分布，减少了轧辊挠度的计算量，并使求解辊间压力的线性方程组阶数较普通影响函数法显著减小，计算时间大大降低，单次计算时间不超过 1 ms，并且其计算精度与普通影响函数相差很小。这是一种实用高效的计算方法。

2　高效影响函数法

对四辊轧机辊系受力状态简化后，可得图 2 所示的力学模型。图中，$p_l(y)$为单位宽度轧制压力；$q_{wb}(y)$为工作辊与支撑辊间单位宽度接触压力；F_s^l 和 F_s^r 分别为左、右压下支点的支反力；L_s 为左、右压下支点距离；L_w 和 L_b 分别为工作辊、支撑辊辊身长度；F_w 为工作辊弯辊力；L_{fw} 为工作辊弯辊缸间距；C 为支撑辊辊身端部距同侧压下支点的距离；D 为工作辊辊身端部距同侧压下支点的距离；B 为带材宽度。

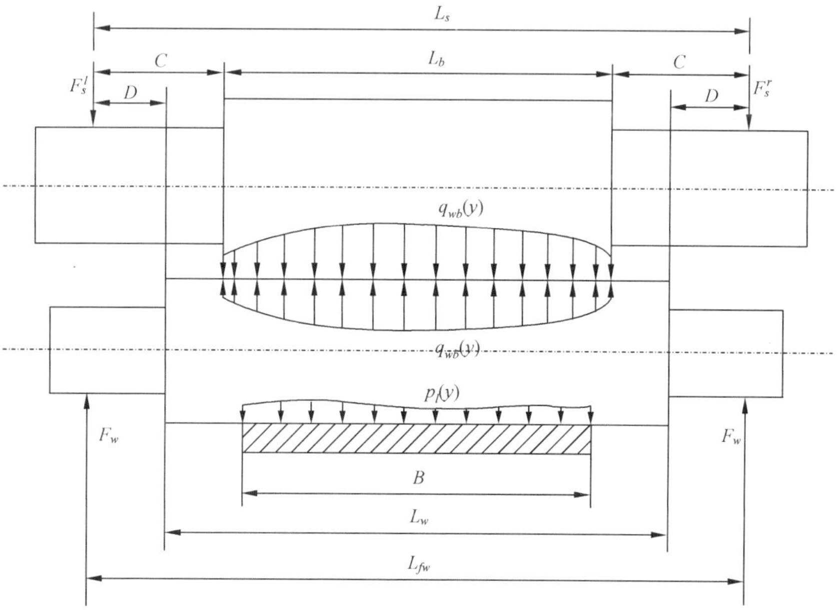

图 2　四辊轧机辊系受力示意图

Fig. 2　Load graph of rolls for 4-high mill

2.1　支撑辊轴线挠度

将支撑辊从图 2 中取出进行单独受力分析，以左压下支点作为坐标原点，其轴线挠度由工作辊与支撑辊间单位宽度接触压力引起。假设作用在支撑辊上的辊间压力的左边界坐标为 y_1，右边界坐标为 y_2，辊间压力横向分布采用多项式形式见式(1)

$$q_{wb}(y)=\sum_{i=0}^{n}a_iy^i,\quad (y_1<y<y_2) \tag{1}$$

式中：a_i 为辊间压力横向分布系数；n 为辊间压力多项式最高次数。

根据莫尔积分法，可得在式(1)分布力作用下支撑辊的挠曲位移见式(2)

$$f_b(y)=\sum_{i=0}^{n}a_i\alpha_b(i,y) \tag{2}$$

式中，α_b 为 i 与 y 的函数，具体表达式见式(3)。

$$\begin{aligned}\alpha_b(i,y)=&\frac{C^3}{3E_bI_b^rL_s^2}\left[\frac{(y_2^{i+1}-y_1^{i+1})}{i+1}(L_s^2-L_sy)+\frac{(y_2^{i+2}-y_1^{i+2})}{i+2}(2y-L_s)\right]+\\&\frac{\alpha_QC}{G_bA_b^rL_s^2}\left[\frac{(y_2^{i+1}-y_1^{i+1})}{i+1}(L_s^2-L_sy)+\frac{(y_2^{i+2}-y_1^{i+2})}{i+2}(2y-L_s)\right]+\\&\frac{\alpha_Q}{G_bA_b^RL_s^2}\left\{\frac{(y_2^{i+1}-y_1^{i+1})}{i+1}(-L_s^2C+L_sCy)+\frac{(y_2^{i+2}-y_1^{i+2})}{i+2}[L_sC-(2C+L_s)y]+\right.\\&\left.\frac{(y_2^{i+1}-y^{i+1})}{i+1}L_s^2y+\frac{(y^{i+2}-y^{i+2})}{i+2}L_s^2\right\}+\\&\frac{1}{6E_bI_b^RL_s^2}\left\{\frac{(y_2^{i+1}-y_1^{i+1})}{i+1}(-2L_s^2C^3+2L_sC^3y)+\frac{(y_2^{i+1}-y^{i+1})}{i+1}(-L_s^2y^3)+\right.\\&\frac{(y_2^{i+2}-y_1^{i+2})}{i+2}[2L_sC^3+(2L_s^3-4C^3)y+L_sy^3]+\frac{(y^{i+2}-y_1^{i+2})}{i+2}(-3L_s^2y^2)+\\&\left.\frac{(y_2^{i+3}-y^{i+3})}{i+3}(-3L_s^2y)+\frac{(y_2^{i+4}-y_1^{i+4})}{i+4}(L_sy)+\frac{(y^{i+4}-y_1^{i+4})}{i+4}(-L_s^2)\right\}\end{aligned} \tag{3}$$

式中：α_Q 为截面系数，取值 1.11；E_b、G_b 分别为支撑辊弹性模量、剪切弹性模量；I_b^R、I_b^r 分别为支撑辊辊身、辊颈惯性矩；A_b^R、A_b^r 分别为支撑辊辊身、辊颈横截面积。

2.2　工作辊轴线位移

工作辊轴线位移由 4 部分组成[20]：刚性位移；轧制压力引起的挠曲位移；工作辊与支撑辊间接触压力引起的挠曲位移；工作辊弯辊力引起的挠曲位移。其中刚性位移见式(4)

$$f_w^K(y)=C_1+\frac{C_2-C_1}{L_w}(y-D) \tag{4}$$

式中：C_1、C_2 分别为工作辊辊身左、右端轴线刚性位移。

假设作用在工作辊上的轧制压力左边界坐标为 y_3，右边界为 y_4，轧制压力横向分布采用多项式形式见式(5)

$$p(y)=\sum_{j=0}^{m}b_jy^j\quad (y_3<y<y_4) \tag{5}$$

式中：b_j 为轧制压力横向分布系数；m 为轧制压力分布多项式最高次数。

在轧制压力作用下，工作辊挠度 $f_w^p(y)$ 计算方法与支撑辊类似，最终得到式(6)。

$$f_w^p(y)=\sum_{j=0}^{m}b_j\gamma_w^p(j,y) \tag{6}$$

其中：γ_w^p 为 j 与 y 的函数。

工作辊轴线在辊间压力作用下的挠度表示见式(7)

$$f_w^{wb}(y)=\sum_{i=0}^{n}a_i\gamma_w^{wb}(j,y) \tag{7}$$

其中：γ_w^{wb} 为 i 与 y 的函数

由工作辊弯辊力造成的挠曲位移为

$$f_w^F(y)=\frac{F_w(L_w-y+D)(y-D)(L_{fw}-L_w)}{4E_wI_W^R} \tag{8}$$

工作辊轴线总位移见式(9)

$$f_w(y)=f_w^K(y)+f_w^p(y)-f_w^{wb}(y)-f_w^F(y) \tag{9}$$

2.3　辊间弹性压扁

工作辊与支撑辊之间的弹性压扁量，即两轧辊中心线的接近量，按照弹性半平面体模型求解，得到式(10)。

$$\delta_{wb}(y)=\sum_{i=0}^{n}a_i\lambda_{wb}(i,y) \tag{10}$$

式中：δ_{wb} 为工作辊与支撑辊之间的弹性压扁量；λ_{wb} 为辊间弹性压扁影响系数，λ_{wb} 见式(11)。

$$\lambda_{wb}(i,y)=\left[\frac{2(1-\nu_b^2)}{\pi E_b}\left(\ln\frac{2R_b}{b_{wb}(y)}-\frac{1}{8}\times\frac{1-4\nu_b}{1-\nu_b}\right)+\frac{2(1-\nu_w^2)}{\pi E_w}\left(\ln\frac{2R_w}{b_{wb}(y)}-\frac{1}{8}\times\frac{1-4\nu_w}{1-\nu_w}\right)\right]y^i \tag{11}$$

式中：R_w、R_b 分别为工作辊与支撑辊半径；ν_w 与 ν_b 分别为工作辊与支撑辊泊松比；$b_{wb}(y)$为辊间接触压扁半宽度，按照赫兹公式进行计算。$b_{wb}(y)$见式(12)。

$$b_{wb}(y)=\sqrt{\frac{4}{\pi}q_{wb}(y)\left(\frac{1-\nu_b^2}{E_b}+\frac{1-\nu_w^2}{E_w}\right)\frac{R_bR_w}{R_b+R_w}} \tag{12}$$

2.4　轧辊之间位移协调方程及辊间压力求解

由工作辊与支撑辊之间的位移协调性原理见式(13)。

$$f_w(y)=f_b(y)+\delta_{wb}(y)+\Delta D_{wb}(y) \tag{13}$$

式中：ΔD_{wb} 为工作辊与支撑辊间无载间隙，根据轧辊原始磨削辊型计算。

将式(2)、式(9)与式(10)代入式(13)，得到式(14)。

$$\sum_{i=0}^{n}\alpha_i(\alpha_b(i,y)+\gamma_w^{wb}(i,y)+\lambda_{wb}(i,y))+\frac{y-L_w-D}{L_w}C_1+\frac{D-y}{L_w}C_2=\sum_{j=0}^{m}b_j\gamma_w^p(j,y)-f_w^F(y)-\Delta D_{wb}(y) \tag{14}$$

由工作辊力与力矩平衡可得到式(15)。

$$\begin{cases}\displaystyle\sum_{i=0}^{n}a_i\frac{y_2^{i+1}-y_1^{i+1}}{i+1}=\sum_{j=0}^{m}b_i\frac{y_4^{j+1}-y_3^{j+1}}{j+1}+2F_w\\ \displaystyle\sum_{i=0}^{m}a_i\frac{y_2^{2+1}-y_1^{2+1}}{i+2}=\sum_{j=0}^{m}b_i\frac{y_4^{j+2}-y_3^{j+2}}{j+2}+F_wL_s\end{cases} \tag{15}$$

式(14)与式(15)中包含 $a_i(i=0,1,2,\cdots,n)$、C_1、C_2 共 $n+3$ 个未知量，为求得全部未知量，需将式(14)扩展为 $n+1$ 个方程，考虑到式(14)对于任意 $y_1\leqslant y\leqslant y_2$ 均成立，选取见式(16)。

$$\bar{y}_i=y_1+i\frac{(y_2-y_1)}{n}(i=0,1,2,\cdots,n) \tag{16}$$

分别在 $\overline{y}_i(i=0,1,2,\cdots,n)$将式(14)的系数具体化,则可得 $n+1$ 个方程。与普通影响函数法类似,辊间弹性压扁影响系数 $\lambda_{wb}(j,y)$与辊间压力有关,需进行迭代求解,具体计算过程如图 3 所示。

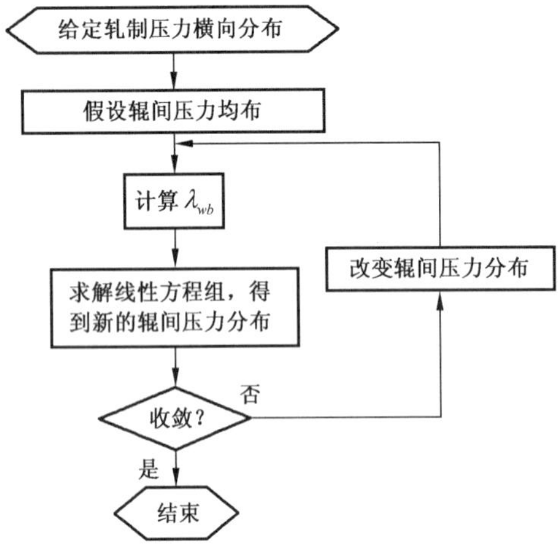

图 3　辊间压力分布迭代计算流程图

Fig. 3　Roll pressure distribution iterative calculation flow diagram

求得辊间压力后,可根据式(17)计算有载辊缝形状。

$$s(y)=2f_w(L_s/2)-[f_w(y)+f_w(L_s-y)]+2\delta_{ws}(L_s/2)-[\delta_{ws}(y)+\delta_{ws}(L_s-y)]+[R_w(y)+R_w(L_s-y)]-2R_w(L_s/2) \quad (17)$$

式中:δ_{ws} 为工作辊与带材之间弹性压扁量,可根据弹性半空间理论计算[20]。

3　实例分析

分别采用普通影响函数法[20]与本文方法计算了普通四辊轧机与 CVC 四辊轧机的辊间压力与有载辊缝形状,计算参数见表 1,计算结果如图 4 和图 5 所示,其中普通影响函数法的单元化划分数为 100,本文方法的辊间压力多项式最高次数为 4。图 4 中曲线标识符的数值为工作辊弯辊力;图 5 中所有曲线的工作辊弯辊力均为 500 kN,曲线标识符的数值为工作辊窜辊量。轧制压力作为参数已给定,表达式见式(18)。

$$p(y)=8000-400\times\left(\frac{y-1\,450}{500}\right)^2,\quad 950\leqslant y\leqslant 1950 \quad (18)$$

CVC 四辊轧机的辊型曲线见式(19)

$$R_w(y)=350-0.226\,3\times\left(\frac{2y-L_s}{L_w}\right)+0.464\,4\times\left(\frac{2y-L_s}{L_w}\right)^3-0.039\,8\times\left(\frac{2y-L_s}{L_w}\right)^5 \quad (19)$$

由图 4 和图 5 可以看出,不论对于普通四辊轧机还是 CVC 四辊轧机,不同弯辊力与窜辊量下的辊间压力横向分布与有载辊缝形状与普通影响函数法均吻合很好。所有工况下本文方法计算的有载辊缝形状与普通影响函数的误差最大值均不超过 0.8 μm,计算时间均小于 1 ms,为实现高精度板形在线设定提供了必要条件,并可推广应用于六辊轧机或多辊轧机。

表 1　计算参数

Table 1　Calculation parameters

参数	R_w/mm	R_b/mm	L_w/mm	L_b/mm	L_{fw}/mm	L_s/mm
数值	350	750	2 000	1 750	3 000	2 900

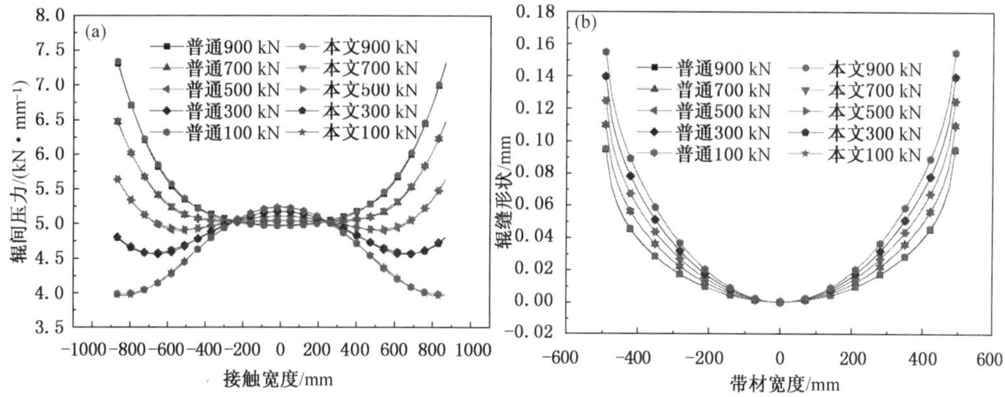

(a) 辊间压力分布　　(b) 有载辊缝形状

图 4　普通四辊轧机计算结果

Fig. 4　Results of common 4-high mill

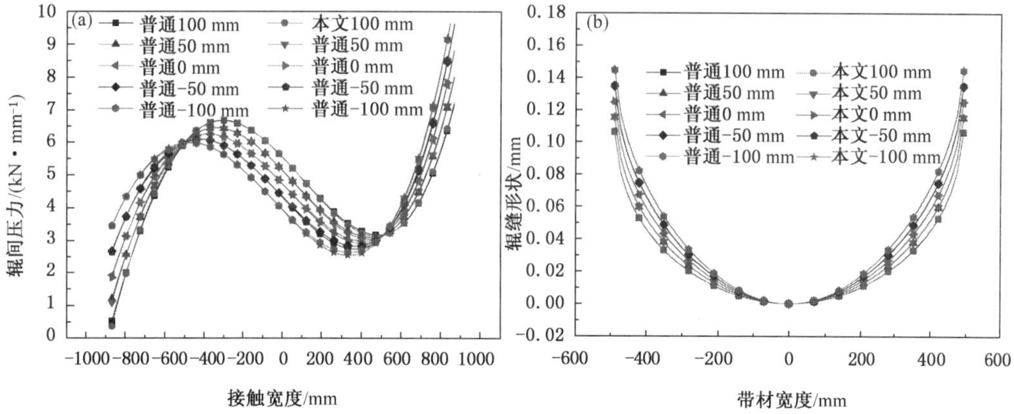

(a) 辊间压力分布　　(b) 有载辊缝形状

图 5　CVC 四辊轧机计算结果

Fig. 5　Results of CVC 4-high mill

4　结论

（1）随着普通影响函数法单元划分数的增加，计算精度不断提高，计算时间呈抛物线规律增长，要达到较高的精度，单元划分数不应小于40。

（2）采用高次多项式描述辊间压力和轧制压力的横向分布，可减少轧辊挠度的计算量，并使求解辊间压力的线性方程组阶数显著降低，在几乎不降低计算精度的前提下显著提高计算速度。

（3）本文方法单次计算时间小于1 ms，为实现高精度板形在线设定提供了必要条件，并可推广应用于六辊轧机或多辊轧机。

参考文献

[1] 刘宏民，丁开荣，李兴东，等. 板形标准曲线的理论计算方法[J]. 机械工程学报，2008，44(8)：137.
LIU Hong-min，DING Kai-rong，LI Xing-dong，et al. Theoretical computational method of shape standard curve[J]. Chinses Journal of Mechanical Engineering，2008，44(8)：137.

[2] 孔繁甫，何安瑞，邵健. 快速辊系变形在线计算方法研究[J]. 机械工程学报，2012，48(2)：121.
KONG Fan-fu，HE An-rui，SHAO Jian. Research on rapid online calculation methods of roll stack deformation[J]. Chinses Journal of Mechanical Engineering，2012，48(2)：121.

[3] 王东城，赵章献，刘宏民. 冷轧带钢板形高效分析与设定软件及其应用[J]. 钢铁，2015，50(7)：54.
WAND Dong-cheng，ZHAO Zhang-xian，LIU Hong-min. High-efficiency software and its application for shape analysis and presetting of cold rolling strip[J]. Iron and Steel，2015，50(7)：54.

[4] 王国栋. 板形控制和板形理论[M]. 北京：冶金工业出版社，1986.
WANG Guo-dong. Shape Control and Shape Theory[M]. Beijing：Metallurgical Industry Press，1986.

[5] 龚寄，王艾伦，骆拓. 四辊轧机有载辊缝解析模型研究[J]. 中国机械工程，2007，18(22)：2752.
GONG Ji，WANG Ai-lun，LUO Tuo. Study on modeling of the roll gap with load for 4-h mill[J]. China Mechanical Engineering，2007，18(22)：2752.

[6] 陈杰，钟掘，周鸿章，等. CVC四辊轧机有载辊缝解析模型[J]. 重型机械，1998(6)：42.
CHEN Jie，ZHONG Jun，ZHOU Hong-zhang，et al. Analytical model of the roll gap with load for CVC 4-h mill[J]. Heavy Machinery，1998(6)：42-44.

[7] 张清东，孙向明，白剑. 六辊CVC轧机辊系变形的有限元分析[J]. 中国机械工程，2007，18(7)：789.
ZHANG Qing-dong，SUN Xiang-ming，BAI Jian. Analysis of rolls′ elastic deformation on CVC 6-h mill by FEM[J]. China Mechanical Engineering，2007，18(7)：789.

[8] 魏娟，杨荃，何安瑞. 六辊轧机辊系变形的有限元分析[J]. 冶金设备，2006(4)：5.
WEI Juan，YANG Quan，HE An-rui. Finite element analysis of rolls deformation on a six-high mill [J]. Metallurgical Equipment，2006(4)：5.

[9] 时旭，刘相华，王国栋，等. 四辊冷轧机轧辊弯曲和压扁变形的有限元分析[J]. 东北大学学报(自然科学版)，2004，25(10)：957.
SHI Xu，LIU Xiang-hua，WANG Guo-dong，et al. FEM analysis for roll deformation of a 4-high cold strip mill[J]. Journal of Northeastern University：Natural Science，2004，25(10)：957.

[10] 曹建国，毛娜，张杰，等. 冷连轧机边降控制窜辊数学模型研究[J]. 钢铁，2008,43(8):57.
CAO Jian-guo, MAO Na, ZHANG Jie, et al. Study on shifting mathematical model of edge drop control in tandem cold rolling mill[J]. Iron and Steel, 2008,43(8):57.

[11] 麻永林，宫美娜，邢淑清，等. 304 不锈钢带板形控制的有限元分析[J]. 钢铁，2015,50(2):48.
MA Yong-lin, Gong Mei-na, Xing Shu-qing, et al. FEM analysis of 304 stainless steel strip flatness control[J]. Iron and Steel, 2015,50(2):48.

[12] 董占斌，王雪松，才春辉，等. 基于 ANSYS 的立-平轧制过程的有限元模拟[J]. 中国冶金，2015,25(4):18.
DONG Zhan-bin, WANG Xue-hui, et al. Finite element simulation of V-H rolling process based on ANSYS[J]. China Metallurgy, 2015,25(4):18.

[13] 周禹成，梁国平. 热塑有限元的理论分析及应用[J]. 中国冶金，2014,24(6):36.
ZHOU Yu-cheng, LIANG Guo-ping. Theoretical analysis and application of thermo-plastic finite element[J]. China Metallurgy, 2014,24(6):36.

[14] 梁勋国. 六辊冷连轧机弯辊力设定模型[J]. 钢铁，2014,49(10):40.
Liang Xun-guo. Preset model of bending force for six-high tandem cold rolling mill[J]. Iron and Steel, 2014,49(10):40.

[15] 于斌，王义栋，杨旭，等. 面向板形控制的辊型窜辊与弯辊技术应用[J]. 钢铁，2014,49(11):42.
YU Bin, WANG Yi-dong, YANG Xu, et al. Application of roll contour shifting roll and bending roll for shape control[J]. Iron and Steel, 2014,49(11):42.

[16] 于斌，王义栋，杨旭，等. 面向局部高点控制的工作辊同宽轧制公里数[J]. 钢铁，2013,48(4):40.
YU Bin, WANG Yi-dong, YANG Xu, et al. Research of work roll same width rolling kilometer for local high point control[J]. Iron and Steel, 2013,48(4):40.

[17] 刘光明，邸洪双，郝亮. 四辊 CVC 冷轧机辊间压力影响因素分析[J]. 中国冶金，2010,20(2):11.
Liu Guang-ming, DI Hong-shuang, HAO Liang. Analyses on contact pressure between rolls of 4-high CVC cold rolling mill.[J]. China Metallurgy, 2010,20(2):11.

[18] 董立杰，何安瑞，宋勇，等. 热带钢轧机辊系纵向刚度在线计算模型[J]. 北京科技大学学报，2009，31(11):1452.
DONG Li-jie, HE An-rui, SONG Yong, et al. Online calculation model of roll vertical stiffness in a hot rolling-mill[J]. Journal of University of Science and Technology Beijing, 2009, 31(11):1452.

[19] 秦剑，缪谦. 基于影响函数法的多辊轧机辊系变形矩阵迭代法[J]. 工程力学，2013，30(5):271.
QIN Jian, MIAO Qian. The matrix iteration method for elastic deformation of multi-roll mill based on influence function method[J]. Engineering Mechanics, 2013, 30(5):271.

[20] 刘宏民. 三维轧制理论及其应用[M]. 北京：科学出版社，1999.
LIU Hong-min. Three Dimensional Rolling Theory and Its Application[M]. Beijing: Science Press, 1999.

六辊冷轧机板形快速预报方法①

王东城[1,2]，张 威[1]，王志杰[1]，刘宏民[1,2]

（1.燕山大学国家冷轧板带装备及工艺工程技术研究中心，河北 秦皇岛 066004；
2.燕山大学亚稳材料制备技术与科学国家重点实验室，河北 秦皇岛 066004）

摘 要：与四辊轧机的板形预报问题相比，六辊轧机的未知量更多，计算速度更慢。为此，将模型耦合法拓展到到六辊轧机，建立相关的带材塑性变形模型与辊系弹性变形模型的线性方程组。考虑到板形问题的输入参数中通常并不包含空载辊缝值，根据带材出口平均厚度已知的条件提出一个新的线性方程，将空载辊缝值纳入到未知量中，提高了模型耦合法的适用性。两个计算实例表明，六辊轧机板形快速预报的模型耦合法的计算结果与松弛因子法吻合良好，但可使计算速度提高100倍左右。

关键词：六辊轧机；板形预报；模型耦合法；空载辊缝

Fast Shape Prediction Method for Six-high Cold Rolling Mill

Wang Dongcheng[1,2], Zhang Wei[1], Wang Zhijie[1], Liu Hongmin[1,2]

(1. National Engineering Research Center for Equipment and Technology of Cold Strip Rolling, Yanshan University, Qinhuangdao, 066004, Hebei, China;
2. State Key Laboratory of Metastable Materials Science and Technology, Yanshan University, Qinhuangdao, 066004, Hebei, China)

Abstract: Compared with the shape prediction of the four-high mill, there are more unknowns about the six-high mill, and the calculation speed is slower. Therefore, the model coupling method is extended to the six-high mill, and the linear equations of the strip plastic deformation models and the elastic deformation model of roll system are established. Considering the input parameters of flatness problems usually does not include the no-load roll gap value, a new linear equation is proposed according to the average thickness of the stirp at exit. The value of the no-load roll gap is incorporated into the unknown quantity. Therefore, the applicability of the model coupling method is improved. Two calculation examples show that, when applied to six-high mill, the calculation results of model coupling method are in well agreement with the calculation results of relaxation factor method, but it can increase the calculation speed by about 100 times.

Key words: Six-high mill; Shape prediction; Model coupling method; No-load roll gap

① 钢铁，2016，51(9)：51-56.

板形问题的内涵十分丰富，涉及弹性力学、塑性力学、传热学、摩擦磨损学、控制理论等一系列相关学科。尽管国内外对于板形问题从理论到实践都进行了大量的研究，但仍然没有达到完美解决的程度。截至目前，每年仍有大量相关文献对板形问题涉及的各个方面进行更加深入系统的研究。何安瑞[1]等人对热连轧机板形控制系统的模型与功能进行了研究，并成功进行了工业应用；王晓晨[2]等人对六辊冷轧机的弯辊力组合板形控制策略进行了研究；包仁人[3]等人研究了非对称板形对连退炉中带钢跑偏的影响；张殿华[4]等人对冷轧机板形功效系数自学习模型进行了研究；郝亮[5]等人对箔材轧机板形控制原理进行了研究；麻永林[6]等人采用有限元软件分析了十二辊轧机中间辊横移对板形的影响规律；李耀辉[7]等人对CSP热轧板形模型进行了分析；丁顺风[8]等人对冷轧带钢的板形评价进行了研究。

在冷轧机的板形预报方面，如何进一步提高模型的精度仍然是目前以及今后仍然需要深入探索的问题[9]，提高模型的计算速度与稳定性也具有重要的工程意义[10]。板形预报的两个核心模型为带材塑性变形模型与辊系弹性变形模型，学者们针对这两个模型进行了大量研究。朱简如与杨铁婷等人[11,12]提出了冷轧机辊系与轧件一体化板形预报模型，将二维变厚度有限元与能量法或三维差分法相结合，有效提高了计算速度；孔繁甫[13]等人提出一种基于有限差分法的辊系弹性变形快速计算方法；秦剑[14]等人提出一种用于计算多辊轧机辊系弹性变形的矩阵迭代法，显著降低了计算时间。但目前进行板形预报时一般仍通过松弛因子法[15]进行带材塑性变形模型与辊系弹性变形模型的迭代计算，计算效率低下，甚至会出现计算不收敛的现象。

为避免带材塑性变形模型与辊系弹性变形模型之前的相互迭代，本文作者曾提出一种四辊轧机板形预报的模型耦合法[16]，在保证模型精度的前提下极大地提高了计算速度。实际使用的大部分带材冷轧机均为六辊轧机，其板形预报模型的未知数比四辊轧机更多，也更容易出现计算不收敛的现象，因此本文将把这一方法拓展到六辊轧机。同时，在文献[16]中作者将空载辊缝值当作了已知量，但是板形问题的输入参数通常并不包含这一参数，因此使用起来十分不便。为此，本文将根据带材出口平均厚度已知的条件提出一个新的线性方程，将空载辊缝值纳入未知量中，提高了模型耦合法的适用性。

1　基本方程

1.1　单元划分

带材与辊系单无划分如图 1 所示，坐标原点选在带材宽度中心点，将轧辊与带材整体进行单元划分，共分为 m 个单元。每个单元宽度中心点的坐标为 $y_i(i=1,2,\cdots,m)$，每个单元宽度为 $\Delta y_i(i=1,2,\cdots,m)$。其中，支撑辊与中间辊接触部分的起始单元号（从传动侧算起，下同）为 m_1，终了单元号为 m_2；中间辊与工作辊接触部分的起始单元号为 m_3，终了单元号为 m_4；工作辊与带材接触部分的起始单元号为 m_5，终了单元号为 m_6；带材宽度中心的单元号为 m_0。

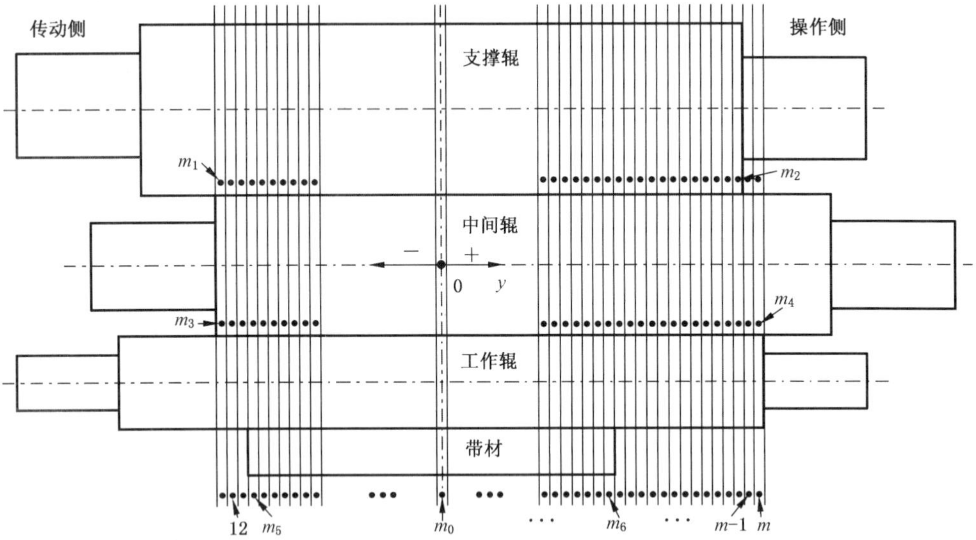

图 1　带材与辊系单元划分

Fig. 1　Elements division of strip and rolls

在进行带材塑性变形计算时，需要将带材单元节线的出口横向位移作为未知量。因此，如图 2 所示对带材单元节线进行重新编号。单元 m_5 对应的两条节线号为 0 与 1，单元 m_6 对应的两条节线号为 $n-1$ 与 n（$n=m_6-m_5+1$），其他单元的节线号可类推得到。

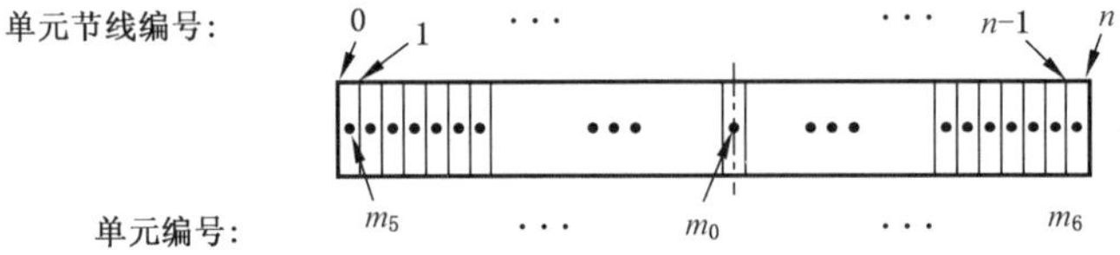

图 2　单元节线号与单元号对应关系

Fig. 2　Corresponding relations between elements' number and nodel lines' number

1.2　带材塑性变形模型

带材塑性变形模型采用本文作者提出的条元变分法[16]的变形形式，表示为式(1)。

$$\begin{cases}(\alpha_{m_5}-\rho_{m_5})u_0+(\beta_{m_5+1}+\rho_{m_5+1})u_1+\eta p_{m_5}=-\sigma_s\sqrt{3}+\sigma_s^{eq}\\ \vdots\\ (\beta_i+\rho_i)u_{j-1}+(\alpha_i+\alpha_{i+1}-\rho_i-\rho_{i+1})u_j+(\beta_{i+1}+\rho_{i+1})u_{j+1}-\\ \eta p_i+\eta p_{i+1}=0\quad(j=1,2,\cdots,n-1,i=j-1+m_s)\\ \vdots\\ (\beta_{m_6}+\rho_{m_6})u_{n-1}+(\alpha_{m_6}-\rho_{m_6})u_n-\eta p_{m_6}=\sigma_s/\sqrt{3}-\sigma_s^{eq}\end{cases}\tag{1}$$

式中：$u_0,u_1,\cdots,u_n$ 分别为带材单元节线出口横向位移，为未知量；$p_{m_5} \sim p_{m_6}$ 为轧制压力横向分布，为未知量；$\alpha_{m_5} \sim \alpha_{m_6}$，$\beta_{m_5} \sim \beta_{m_6}$、$\rho_{m_5} \sim \rho_{m_6}$、$\eta$ 分别为与单元宽度、变形区长度、应力状态系数等参数有关的常数，其具体表达式见文献[16]；σ_s 为带材变形抗力；σ_s^{eq} 为等效变形抗力，表达式为式(2)。

$$\sigma_s^{eq} = \sigma_s - 0.7\bar{\sigma}_0 - 0.3\bar{\sigma}_1 \tag{2}$$

式中：$\bar{\sigma}_1$ 与 $\bar{\sigma}_0$ 分别为带材平均前、后张应力。

1.3 辊系弹性变形

辊系弹性变形模型采用影响函数法。根据中间辊与支撑辊之间的位移协调关系可以得到方程式(3)。

$$\sum_{j=m_1}^{m_2}(\alpha_{bij} + \alpha_{mij})q_{mbj}\Delta y_j - \sum_{m_3}^{m_4}\alpha_{mij}q_{wmj}\Delta y_j - A_iE_1 - B_iE_2 + \alpha_{mbi}q_{mbi} = -\alpha_{Fmi}F_m - \Delta D_{mbi} \quad (i = m_1 \sim m_2) \tag{3}$$

式中：$q_{mbj}(j = m_1 \sim m_2)$、$q_{wmi}(j = m_3 \sim m_4)$ 分别为中间辊与支撑辊之间以及工作辊与中间辊之间的压力分布，均为未知量；E_1、E_2 分别为传动侧与操作侧中间辊辊身端部刚性位移，为未知量；α_{mbi} 为中间辊与支撑辊之间的弹性压扁影响系数，是辊间压力 q_{mbi} 的函数；α_{bij} 与 α_{mij} 分别为辊间压力对支撑辊和中间辊挠度的影响系数；α_{Fmi} 为中间辊弯辊力对中间辊挠度的影响系数；F_m 为中间辊弯辊力；ΔD_{mbi} 为辊型引起的中间辊与支撑辊之间的间隙；A_i 与 B_i 的表达式为式(4)

$$\begin{cases} A_i = -(y_i - l_m/2 - \delta_m)/l_m \\ B_i = (y_i + l_m/2 - \delta_m)/l_m \end{cases} \tag{4}$$

式中：l_m 为中间辊辊身长度；δ_m 为中间辊绝对窜辊量。

根据工作辊与中间辊之间的位移协调关系可以得到方程式(5)

$$-\sum_{j=m_1}^{m_2}(\alpha_{mij}q_{mbj}\Delta y_j) + \sum_{j=m_3}^{m_4}(\alpha_{wij} + \alpha_{mij}) \cdot q_{wmj}\Delta y_j + A_iE_1 + B_iE_2 - C_iE_3 - D_iE_4 + \alpha_{wmi}q_{wmi} - \sum_{j=m_5}^{m_6}(\alpha_{wij}p_j\Delta y_i) = -\alpha_{Fwi}F_w + \alpha_{Fmi}F_m - \Delta D_{wmi} \quad (i = m_3 \sim m_4) \tag{5}$$

式中：E_3、E_4 分别为传动侧与操作侧工作辊辊身端部刚性位移，为未知量；α_{wmi} 为工作辊与中间辊之间的弹性压扁影响系数，是辊间压力 q_{wmi} 的函数；α_{wij} 为辊间压力对工作辊挠度的影响系数；α_{Fwi} 为工作辊弯辊力对工作辊挠度的影响系数；F_w 为工作辊弯辊力；ΔD_{wmi} 为辊型引起的工作辊与中间辊之间的间隙；C_i 与 D_i 的表达式为式(6)。

$$\begin{cases} C_i = -(y_i - l_w/2 - \delta_w)/l_w \\ D_i = (y_i + l_w/2 - \delta_w)/l_w \end{cases} \tag{6}$$

式中：l_w 为工作辊辊身长度；δ_w 为工作辊绝对窜辊量。

根据工作辊的力与力矩平衡得到式(7)。

$$\begin{cases} \sum_{i=m_3}^{m_4}(q_{wmi}\Delta y_i) - \sum_{i=m_5}^{m_6}(p_i\Delta y_i) = 2F_w \\ \sum_{i=m_3}^{m_4}(q_{wmi}\Delta y_i) - \sum_{i=m_5}^{m_6}(p_i\Delta y_iy_i) = 0 \end{cases} \tag{7}$$

根据工作辊与中间辊整体的力与力矩平衡得到式(8)

$$\begin{cases} \sum_{i=m_1}^{m_2}(q_{mbi}\Delta y_i) - \sum_{i=m_5}^{m_6}(p_i\Delta y_i) = 2F_w + 2F_m \\ \sum_{i=m_1}^{m_2}(q_{mbi}\Delta y_iy_i) - \sum_{i=m_5}^{m_6}(p_i\Delta y_iy_i) = 0 \end{cases} \tag{8}$$

1.4 带材出口厚度分布

从辊系弹性变形的角度出发，带材出

口厚度分布表示为式(9)。

$$h_{1i}=s_0+f_{wi}+f_{wk}+\Delta_{wi}+\Delta_{wk}+\Delta R_{wi}+\Delta R_{wk}\quad(i=m_5\sim m_6,\ k=2m_0-i)\tag{9}$$

式中：s_0 为空载辊缝值，为未知量；h_{1i} 为带材出口厚度分布，为中间变量；ΔR_{wi} 为工作辊半径差分布值；f_{wi} 为工作辊轴线位移，包括轧制压力、辊间压力、工作辊弯辊力引起的挠度与刚性位移4部分，表达式为式(10)。

$$f_{wi}=\sum_{j=m_5}^{m_6}(\alpha_{wij}p_j\Delta y_j)-\sum_{j=m_3}^{m_4}(\alpha_{wij}q_{wmj}\Delta y_j)-\alpha_{Fwi}F_w+C_iE_3+D_iE_4\tag{10}$$

Δ_{wi} 为带材与工作辊间弹性压扁量，表达式为式(11)。

$$\Delta_{wi}=\sum_{j=m_5}^{m_6}\beta_{swij}p_j\tag{11}$$

式中：β_{swij} 为轧制压力对工作辊弹性压扁影响系数。

从带材塑性变形的角度出发，带材出口厚度分布表示为式(12)[16]。

$$h_{1i}=-\eta\frac{(1-\nu_s^2)\overline{h_1}}{E_s}p_i+\frac{(1-\nu_s^2)\overline{h_1}}{E_s}\sigma_s^{eq}+F_i\overline{h_1}u_{i-m_5}-F_i\overline{h_1}u_{i-m_5+1}+\frac{\overline{h_1}}{B}(u_n-u_0)+\frac{h_{0i}}{\overline{h_0}}\overline{h_1},i=m_5\sim m_6\tag{12}$$

式中：E_s、ν_s 分别为带材弹性模量与泊松比，$\overline{h_0}$、$\overline{h_1}$ 分别为带材入、出口平均厚度；B 为带材宽度；h_{0i} 为带材入口厚度横向分布，为已知量；F_i 为与单元宽度、摩擦系数等参数有关的常数，其具体表达式见文献[16]。

将式(9)与式(12)联合，得到式(13)。

$$\begin{aligned}&-\sum_{j=m_3}^{m_4}[(\alpha_{wij}+\alpha_{wkj})q_{wmj}\Delta y_j]+(C_i+C_k)E_3+(D_i+D_k)E_4+\\&\sum_{j=m_5}^{m_6}[(\alpha_{wij}+\alpha_{wkj})\Delta y_j+\beta_{swij}+\beta_{swkj}]p_j+\eta\frac{(1-\nu_s^2)\overline{h_1}}{E_d}p_i-\\&F_i\overline{h_1}u_{i-m_5}+F_i\overline{h_1}u_{i-m_5+1}-\frac{h_1}{B}(u_n-u_0)+s_0=\\&\frac{h_{0i}}{\overline{h_0}}\overline{h_1}+\frac{(1-\nu^2)\overline{h_1}}{E}\sigma_s^{eq}+(\alpha_{Fwi}+\alpha_{Fwk})F_w-\\&\Delta R_{wi}-\Delta R_{wk},i=m_5\sim m_6,k=2m_0-i\end{aligned}\tag{13}$$

至此，未知数包括 $q_{mbj}(j=m_1\sim m_2)$、$q_{wmj}(j=m_3\sim m_4)$、E_1、E_2、E_3、E_4、$u_i(i=0\sim n)$、$p_i(j=m_5\sim m_6)$与 s_0，线性方程组包括式(1)、式(3)、式(5)、式(7)、式(8)、式(13)。其中式(1)的线性方程个数与 u_i 个数相同，式(3)的线性方程个数与 q_{mbj} 个数相同，式(5)的线性方程个数与 q_{wmj} 个数相同，式(7)与式(8)的4个线性方程对应于 $E_1\sim E_4$ 这4个未知数，式(13)的线性方程个数与 p_j 个数相同。要想一次性求得所有未知数，仍然缺少一个与 s_0 对应的线性方程。

1.5 空载辊缝处理

在文献[16]中将空载辊缝 s_0 看作了已知量，这样就不存在缺少方程的问题。但是在分析板形问题时，通常输入参数中并不包含这一参数，而是直接给定带材出口平均厚度$\overline{h_1}$，这时就必须建立一个新的线性方程。基于这一状况，本文根据带材平均厚度等于$\overline{h_1}$这一条件，对式(9)的左右两边进行离散积分，方程左边积分后为式(14)。

$$\sum_{i=m_5}^{m_6}(h_{1i}\cdot\Delta y_i)=\overline{h_1}B \tag{14}$$

对式(9)方程右边积分后，将式(14)代入，得到式(15)。

$$s_0B+\sum_{j=m_5}^{m_6}\left\{\sum_{j=m_5}^{m_6}[(\alpha_{wij}+\alpha_{wkj})\Delta y_i]p_j\Delta y_j\right\}-\sum_{j=m_3}^{m_4}\left\{\sum_{i=m_5}^{m_6}[(\alpha_{wij}+\alpha_{wkj})\Delta y_i]q_{wmj}\Delta y_j\right\}+$$
$$\sum_{j=m_5}^{m_6}\left\{\sum_{j=m_5}^{m_6}[(\beta_{swij}+\beta_{swkj})\Delta y_i]p_j\right\}+\sum_{j=m_5}^{m_6}[(C_i+C_k)\Delta y_j]E_3+\sum_{j=m_5}^{m_6}[(D_i+D_k)\Delta y_i]E_4=$$
$$\overline{h_1}B+\sum_{j=m_5}^{m_6}[(\alpha_{Fi}+\alpha_{Fk})\Delta y_i]F_w-\sum_{i=m_5}^{m_6}[(\Delta R_i+\Delta R_k)\Delta y_i],k=2m_0-i \tag{15}$$

2　结果分析

以某2350 mm铝带冷轧机为例，该轧机为UCM可逆轧机。支撑辊辊身长度为2350 mm，中间辊辊身长度为2360 mm，中间辊小头段长度为820 mm，工作辊辊身长度为2400 mm，工作辊直径为470 mm，中间辊直径为510 mm，支撑辊直径为1300 mm。针对宽度为1652 mm×1.9 mm与1579 mm×0.219 mm两种规格带材，分别采用本文提出的六辊轧机的模型耦合法与普通方法进行模拟计算，两种宽度规格其他工艺参数见表1。表1中的UC－Δ为中间辊小头侧辊身端部距离带材边部的距离。当UC－Δ＝0时，表示中间辊小头侧辊身端部与带材边部重合；当UC－Δ＞0时，表示中间辊小头侧辊身端部距离轧制中心线的距离大于带材边部距离轧制中心线的距离；UC－Δ＜0的情况与UC－Δ＞0相反。

表1　工艺参数

Table 1　Technology parameters

规格	入口厚度/mm	出口厚度/mm	摩擦系数	入口张力/MPa	出口张力/MPa	轧制力/kN	工弯辊力/kN	中弯辊力/kN	UC-Δ/mm
1	2.800	1.900	0.0300	15.4	27.7	8500	227.1	886.6	100
2	0.305	0.219	0.0274	29.7	34.9	5350	73.7	603.0	31

带材出口厚度、残余应力、轧制压力、工作辊与中间辊间压力、中间辊与支撑辊间压力分布分别如图3～图7所示。由图可知，模型耦合法的所有计算结果与普通方法(松弛因子法)的计算结果整体吻合良好。在带材中间绝大部分区域两种方法的计算结果几乎完全吻合，只有带材最边部区域的计算结果略有差别，但相对误差不超过7%，证明模型耦合法基本保持了模型体系的原有精度。采用普通方法计算时，第1与第2种规格计算时间分别为7.6 s与6.9 s；采用模型耦合法计算时，第1与第2种规格计算时间分别为0.043 s与0.056 s，速度均比普通算法提高100倍左右。

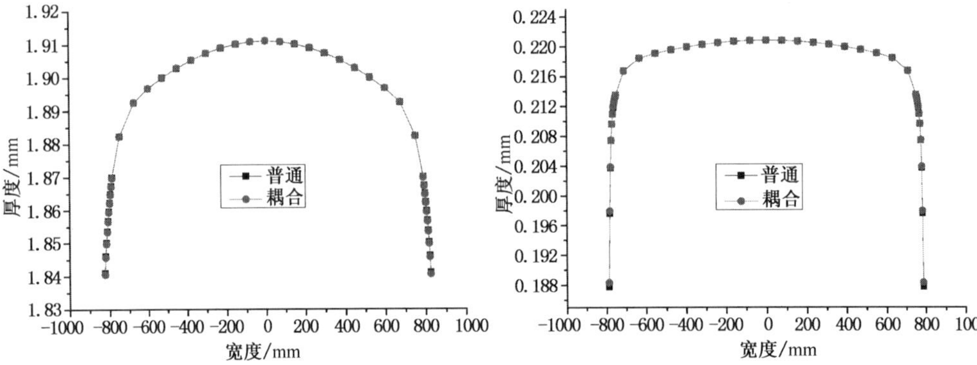

（a） 规格1　　（b） 规格2

图 3　带材出口厚度分布

Fig. 3　Distribution of strip thickness at exit

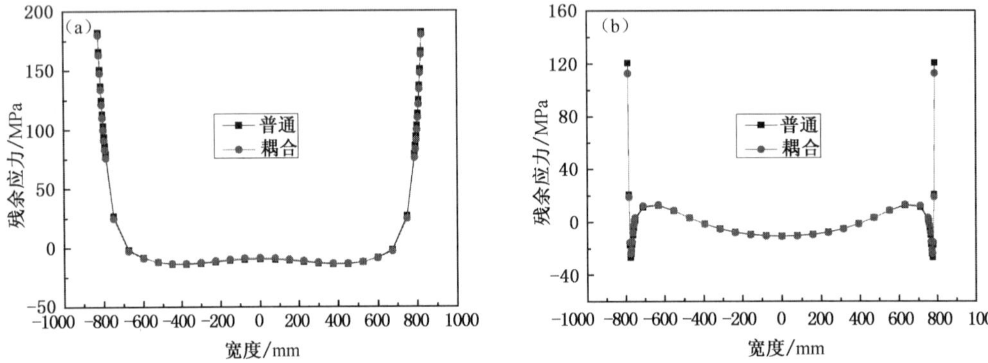

（a） 规格1　　（b） 规格2

图 4　残余应力分布

Fig. 4　Distribution of residual stress

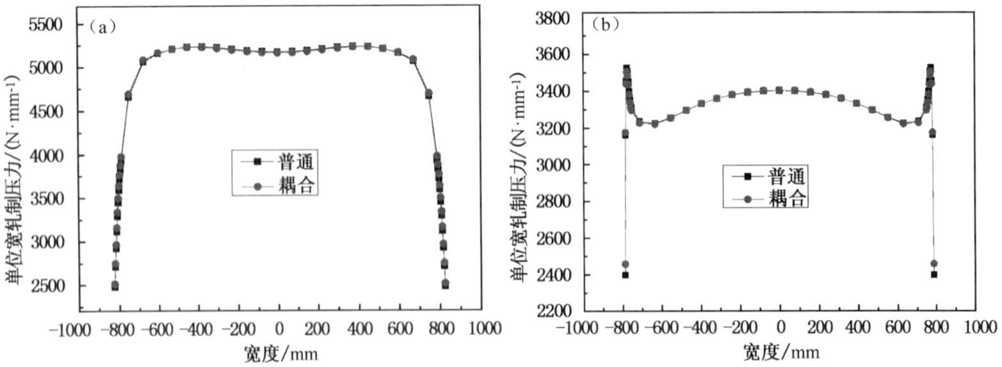

（a） 规格1　　（b） 规格2

图 5　轧制压力分布

Fig. 5　Distribution of rolling force

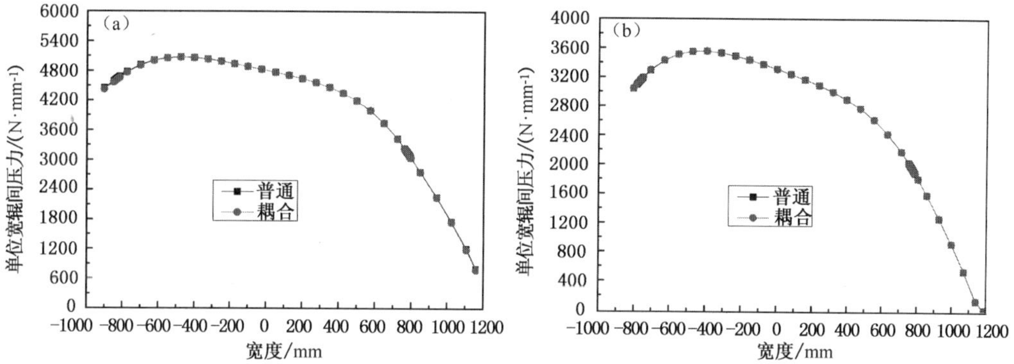

（a） 规格1　　（b） 规格2

图 6　工作辊与中间辊之间压力分布

Fig. 6　Distribution of force between work roll and middle roll

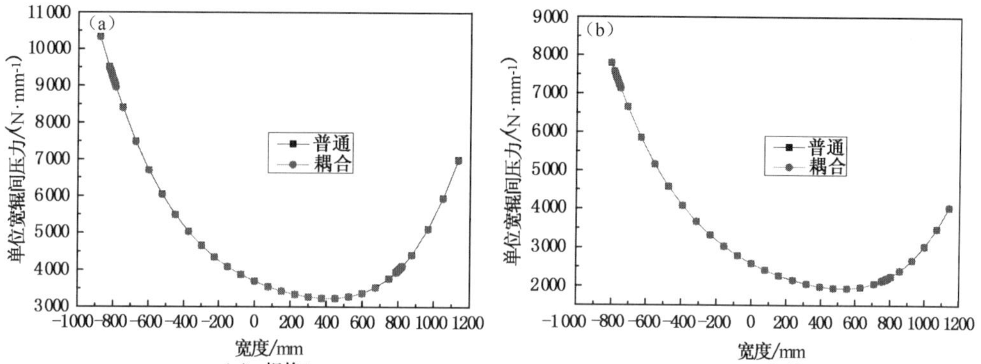

（a） 规格1　　（b） 规格2

图 7　中间辊与支撑辊之间压力分布

Fig. 7　Distribution of force between middle roll and back roll

3　结论

（1）通过带材出口平均厚度已知的条件可建立一个新的线性方程，将空载辊缝值纳入未知量中，提高了模型耦合法的适用性。

（2）六辊轧机板形快速预报方法的计算结果与普通方法（松弛因子法）的计算结果整体吻合良好，相对误差不超过 7%，基本保持了模型体系的原有精度，但可使计算速度提高 100 倍左右。

参考文献

[1] 何安瑞，邵健，凌智，等. 1580 mm 热带钢轧机板形控制系统[J]. 钢铁，2011，46(3)：47.
HE An-rui, SHAO Jian, LING Zhi, et al. Strip shape control system of 1580 mm hot strip mill [J]. Iron and Steel, 2011, 46 (3): 47.

[2] 王晓晨，杨荃，孙友昭. 六辊冷轧机的弯辊力组合板形控制策略[J]. 北京科技大学学报，2014，36(6)：824.
WANG Xian-chen, YANG Quan, SUN You-zhao, et al. Combination of plate shape control strategy of six roll cold rolling mill bending roll force [J]. Journal of University of Science and Technology Beijing, 2014，36(6)：824.

[3] 包仁人，张杰，李洪波，等. 非对称板形对连续退火炉内带钢跑偏的影响[J]. 钢铁，2015，50(5)：34.

BAO Ren-ren, ZHANG Jie, LI Hong-bo, et al. Effect of continuous annealing furnace strip shape of asymmetrical plate [J]. Iron and Steel, 2015,50(5):34.

[4] 张殿华，刘佳伟，王军生，等. 带钢冷连轧板形功效系数自学习计算模型[J]. 钢铁，2010，45(3)：52.

ZHANG Dian-hua, LIU Jia-wei, WANG Jun-sheng, et al. Self-learning model of cold-strip mill based on the actuator efficiency factor of shape control [J]. Iron and Steel, 2010, 45(3): 52.

[5] 郝亮，邸洪双，龚殿尧，等. 箔材轧机板形控制原理的研究[J]. 中国冶金，2011，21(3)：1.

HAO Liang, DI Hong-shuang, GONG Dian-yao, et al. Study on automatic flatness control principle of foil mill [J]. China Metallurgy, 2011, 21(3): 1.

[6] 麻永林，宫美娜，邢淑清，等. 304不锈钢带板形控制的有限元分析[J]. 钢铁，2015，50(2):48.

MA Yong-lin, GONG Mei-na, XING Shu-qing, et al. Finite element analysis of shape control of 304 stainless steel strip[J]. Iron and Steel, 2015,50(2):48.

[7] 李耀辉，李定国. 马钢CSP热轧PFC板形模型的分析与应用[J]. 中国冶金，2015，25(11)：40.

LI Yao-hui, LI Ding-guo. Analysis and application of Ma steel CSP hot rolling PFC shape model [J]. China Metallurgy, 2015, 25(11): 40.

[8] 丁顺风，杨利坡，于丙强. 基于模糊评判规则的冷轧带钢智能板形评价模型[J]. 钢铁，2014，49(9)：61.

DING Shun-feng, YANG Li-po, YU Bing-qiang. Study on automatic flatness control principle of foil mill [J]. Iron and Steel, 2014, 49(9): 61.

[9] 王东城，赵章献，刘宏民. 冷轧带钢板形高效分析与设定软件及其应用[J]. 钢铁，2015，50(7):54.

WANG Dong-cheng, ZHAO Zhang-xian, LIU Hong-min. High-efficiency software and its application for shape analysis and presetting of cold rolling strip [J]. Iron and Steel, 2015, 50(7):54.

[10] 王东城，吴燕林，刘宏民. 四辊轧机辊系弹性变形高效计算方法[J]. 钢铁，2015，50(11):69.

WANG Dong-cheng, WU Yan-lin, LIU Hong-min. High-efficiency calculation method for roll stack elastic deformation of four-high mill [J]. Iron and Steel, 2015, 50(11):69.

[11] 朱简如，林秀贞，吴平，等. 宽带UCMW冷连轧机辊系与轧件一体化仿真模型的开发[J]. 冶金设备，2005(4):7.

ZHU Jian-ru, LIN Xiu-zhen, WU Ping, et al. Development of unified simulation model of rolling for 6-Hi UCMW wide strip cold mill [J]. Metallurgical Equipment, 2005(4):7.

[12] 杨铁婷，张清东，王文广，等. 带钢冷连轧轧件辊系一体化仿真研究[J]. 轧钢，2007，24 (5)：13.

YANG Yi-ting, ZHANG Qing-dong, WANG Wen-guang, et al. Research on an integrative simulating model for strip shape prediction during cold rolling[J]. Steel Rolling, 2007,24 (5): 13.

[13] 孔繁甫，何安瑞，邵健. 快速辊系变形在线计算方法研究[J]. 机械工程学报，2012，48(2)：121.

KONG Fan-fu, HE An-rui, SHAO Jian. Research on rapid online calculation methods of roll stack deformation[J]. Chinses Journal of Mechanical Engineering, 2012, 48(2): 121.

[14] 秦剑，缪谦. 基于影响函数法的多辊轧机辊系变形矩阵迭代法[J]. 工程力学，2013，30(5):271.

QIN Jian, MIAO Qian. The matrix iteration method for elastic deformation of multi-roll mill based on influence function method[J]. Engineering Mechanics, 2013, 30(5): 271.

[15] 范群，孙大乐，戚向东. 热连轧机工作辊动态负载辊缝计算与应用分析[J]. 钢铁研究学报，2015，27(1)：40.

FAN Qun, SUN Da-le, QI Xiang-dong. Calculation and application analysis on the dynamic loaded roll gap of work roll in hot strip mill[J]. Journal of Iron and Steel Research, 2015, 27(1): 40.

[16] WANG Dong-cheng, LIU Hong-min. A model coupling method for shape prediction [J]. Journal of Iron and Steel Research, International, 2012, 19(2):22.

工作辊驱动 UCM 轧机支撑辊配辊策略①

马晓宝[1]，王东城[1,2]，张　龙[1]，刘宏民[1,2]，曲义振[3]

（1. 燕山大学国家冷轧板带装备及工艺工程技术研究中心，河北，秦皇岛，066004；
2. 燕山大学亚稳材料制备技术与科学国家重点实验室，河北，秦皇岛，066004；
3. 马鞍山钢铁股份有限公司冷轧厂，安徽，马鞍山，243000）

摘　要：轧辊是钢铁企业的重要消耗品，降低轧辊消耗是当前钢铁企业降本增效要求之一，硅钢断带和粘钢容易引起支撑辊辊面掉肉及裂纹，造成支撑辊磨削差异大、配辊难。合理设计配辊辊径差可以方便轧辊管理，减小支撑辊下机后不必要磨削量，显著降低辊耗成本。但是支撑辊是影响轧制稳定性的重要部件，为此从动力学原理分析了工作辊驱动的 UCM 轧机上下支撑辊辊径差异对加减速过程驱动力矩的影响，根据弹性力学原理分析上下支撑辊和中间辊压扁量差异对带钢厚度设定和控制精度的影响。生产应用最新配辊方案表明，合理的配辊策略不仅不会影响生产，而且方便轧辊管理，降低辊耗成本。

关键词：UCM 轧机；支撑辊；配辊策略；驱动力矩；辊间压扁

Backup Roll Matching Strategy for UCM Mill Driven by Work Roll

Ma Xiaobao[1], Wang Dongcheng[1,2], Zhang Long[1], Liu Hongmin[1,2], Qu Yizhen[3]

(1. National Engineering Research Center for Equipment and Technology of Cold Rolling Strip, Yanshan University, Qinhuangdao, 066004, Hebei;
2. State Key Laboratory of Metastable Materials Science and Technology, Yanshan University, Qinhuangdao, 066004, Hebei;
3. Cold Rolling Plant of Ma'anshan Iron and Steel Co., Ltd., Ma'anshan, 243000, Anhui)

Abstract: Roll is an important consumable in iron and steel enterprises. The reduction of roll consumption is also one of the requirements to reduce costs and increase benefits for iron and steel enterprises. Strip broken and adhesion are prone to happen in silicon steel production. It maybe cause backup roll (BUR) to generate surface spalling and crack. Therefore, the wear and tear of rolls increase and the matching between rolls becomes difficult. Reasonable strategy for the matching among various roll diameters can facilitate roll management and reduce unnecessary roll grinding quantity and cost. However, backup roll is one of the important components affecting the rolling stability. The effects of the difference between backup roll diameter difference in work roll driving UCM mill on driving torque in acceleration

① 钢铁，2016，5(11)：55-60.

and deceleration process was analyzed according to dynamics principle. The effect of the flattening rate between backup roll and intermediate roll (IMR) on strip thickness setting and the controlling precision were analyzed based on principle of elastic mechanics. The latest application shows that a reasonable strategy for the matching among various roll diameters not only will not affect the manufacturing process, but also is benefit to the roll management and the cost reduction.

Key words: UCM mill; Backup roll; Roll matching strategy; Driving torque; Roll flattening

近年来世界范围内钢铁产能严重过剩，钢铁企业的利润越来越小，在钢铁企业进入产业升级和转型调整的关键期，开展科学管理，深挖降本增效途径是企业渡过难关的重要举措[1]。轧机支撑辊直接影响产品质量，是轧钢企业主要消耗部件之一，由于其体积大、强度和刚度要求高、制造和加工困难，是钢铁企业核算成本的重要组成之一。

目前研究支撑辊管理的比较少，研究较多的是关于工作辊的配辊策略。商存亮等[2]从轧制工艺角度考虑，为防止带钢头部下扣，中厚板上工作辊直径一般大于配对的下工作辊 5～20 mm；冯若游[3]分析了冷轧薄带材厚度精度和轧辊配辊尺寸精度的关系；赵万顺[4]等通过改进型钢轧机辊型的配置方式使轧件均匀延伸，减小轧辊在线磨损；刘宝珩等[5]以工作辊辊径差为变量，对冷轧板带轧制参数进行定性分析，并进行实验测定，指出辊径差可以降低轧制压力，增加延伸；刘冠军[6]指出，轧机万向接轴传递扭矩分配、咬入和轧制打滑、轧辊磨削难度及轧辊管理 4 个方面是影响中小型带材冷轧机配辊的重要因素，但是作者并没有给出明确详细的定量分析。已有的研究主要是工作辊辊径差对轧制的影响，本文针对工作辊传动的 UCM 轧机，通过理论计算定量分析了支撑辊辊径差对轧制过程的影响，对适当扩大支撑辊配辊辊径差给予理论支撑。在钢铁企业利润下滑的环境下，增大配辊辊径差，有利于轧辊管理，减小磨削辊耗，实现降本增效，这也完全符合工业 4.0 和中国制造 2025[7-9]对钢铁行业科学及精细化的管理要求。

1　工作辊驱动 UCM 轧机支撑辊对轧制过程的影响

某硅钢厂支撑辊成本见表 1。

表 1　某硅钢厂支撑辊成本

Table 1　Cost of backup rolls in a steel works

支撑辊编号	轧辊价格/(万元・支$^{-1}$)	最大辊径/mm	最小辊径/mm	单位辊耗成本/(元・mm^{-1})
ⅡB001	118.9	1200	1050	7924
ⅡB011	92.5	1200	1050	6166
B0011	176.2	1200	1050	11 747
B0018	125.4	1200	1050	8361

支撑辊消耗主要包括两部分：一是轧制过程中的正常磨损；二是下线后磨床上磨削。实际生产中，上下辊系工况存在差异，上下支撑辊在线磨损是不一致的，因

此，造成下机后上下支撑辊直径的差异。另一方面，上下支撑辊的质量存在差异，一旦发生事故，轧辊内部裂纹及表面掉肉等缺陷深度可能不同，下机磨削量差异大。综合上述两方面原因，最终使磨削后的轧辊直径产生差异。从提高轧制过程稳定性和设备安全的角度出发，需要根据辊径差进行配辊。特别是硅钢生产采用紧边轧制工艺，将平直度目标曲线设为中浪，带钢边部处于大拉伸应力状态，发生断带及粘钢事故频率较高。严重粘钢会引起局部辊间压力瞬间增大，造成支撑辊辊面的裂痕和剥落，因而硅钢磨辊间单支未配对支撑辊很多。根据配辊要求，为使轧辊配对，就要增加配对支撑辊的磨削量。如果配辊辊径差的限制过于严格，就会导致支撑辊下机磨削量大，降低支撑辊寿命，增加辊耗成本；如果配辊辊径差的限制过于宽松，则可能影响轧制稳定性。合理制定配辊策略不仅可以方便轧辊管理，提高轧辊寿命，而且能保证轧制过程的稳定性和设备安全。

支撑辊配辊策略要根据具体的轧机机型、传动方式和轧机加减速情况而定。某钢厂单机架可逆冷轧机是典型的 UCM 轧机，其轧辊参数见表 2。UCM 轧机具有中间辊横移、中间辊弯辊和工作辊弯辊等板形控制手段，能有效控制带材的边部减薄，具有较强的板形控制能力。

表 2 某钢厂单机架 UCM 可逆轧机轧辊参数

Table 2 Parameters of a single stand reversing UCM mill roll mm×mm

支撑辊参数	中间辊参数	工作辊参数
ϕ(1200～1050)×1420	ϕ(440～390)×1445	ϕ(385～340)×1420

该 UCM 轧机主要用于轧制硅钢，支撑辊从动，工作辊传动。支撑辊主要起到支撑中间辊和工作辊及增加辊系刚度的作用。该轧机常规轧制力 1200～1300 kN，最大轧制速度 1000 m/min，最快升速时间 30 s，轧机最大升降速加速度为 0.56 m/s^2。工作辊通过辊间摩擦力拖动中间辊和支撑辊转动。工作辊传动的六辊轧机上下支撑辊的辊径差异对轧制稳定性的影响主要包括两方面：一方面，在轧机加减速过程中，上下支撑辊转动惯量不同造成上下工作辊驱动力矩的差异；另一方面，支撑辊属于弹性体，辊径大，轧制过程中发生弹性压扁，上下支撑辊直径不同导致支撑辊和中间辊辊间压扁量差异，进而影响轧制稳定性、厚度设定和精度控制。此外，配对支撑辊辊径差异大还可能影响辊系振动，但振动的发生主要受到激励（张力及轧制力等）的影响，其他因素还包括轧机刚度、扭矩及摩擦润滑等[10]。支撑辊辊径差异并不是导致辊系振动的主要因素，在此不讨论辊径差异对辊系振动的影响。

2 上下支撑辊直径差异对工作辊驱动力矩的影响

圆柱体绕定轴转动的转动惯量 J 表达式为(1)。

$$J=\frac{1}{2}mR^2 \tag{1}$$

式中：m 为支撑辊质量；R 为支撑辊半径。

圆柱体的转动力矩表达式为式(2)。

$$T=J\beta=\mu FR \tag{2}$$

式中：μ 为中间辊和支撑辊辊间摩擦因数；F 为压下支反力；β 为支撑辊角加速度。

支撑辊结构如图1所示，将支撑辊分为与辊颈等直径的长圆柱(简称辊径圆柱体)和辊面到辊颈面的环形圆柱(简称辊面环形圆柱)两部分。支撑辊的质量 m 表达式为式(3)。

$$m = m_j + m_h \tag{3}$$

式中：m_j 为支撑辊辊颈圆柱体质量，$m_j=\rho\pi R_j^2 L_j$，其中 ρ 为轧辊钢材密度，R_j 为支撑辊辊颈半径，L_j 为支撑辊辊颈圆柱体长度；m_h 为支撑辊辊面环形圆柱质量，$m_h=\rho\pi(R^2-R_j^2)L_h$，其中 R 为支撑辊辊面半径，L_h 为支撑辊辊面环形圆柱长度，即辊面长度。

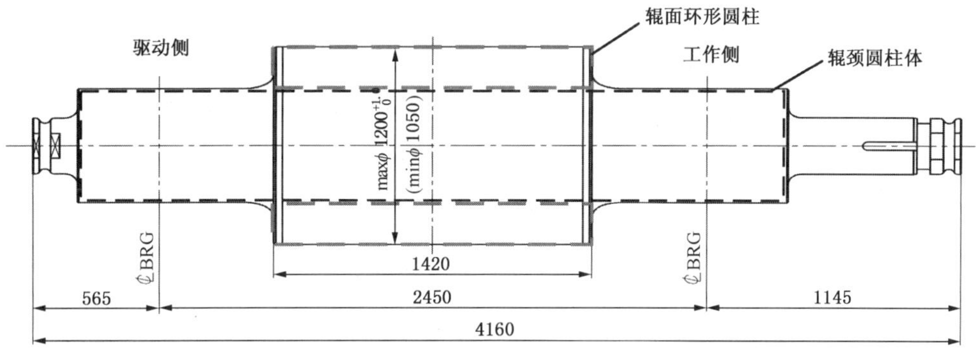

图1　支撑辊结构图

Fig. 1　Structure of backup roll

上下支撑辊质量差 Δm 表达式为式(4)。

$$\Delta m = m_s - m_x = m_{sh} - m_{xh} = \rho\pi(R_s^2 - R_j^2)L_h - \rho\pi(R_x^2 - R_j^2)L_h = \rho\pi(R_s^2 - R_x^2)L_h \tag{4}$$

式中：m_s 为上支撑辊质量；m_x 为下支撑辊质量；m_{sh} 为上支撑辊辊面环形圆柱质量，$m_{sh}=\rho\pi(R_s^2-R_j^2)L_h$；$R_s$ 为上支撑辊辊面半径；m_{xh} 为下支撑辊辊面环形圆柱质量，$m_{xh}=\rho\pi(R_x^2-R_j^2)L_h$；$R_x$ 为下支撑辊辊面半径。

支撑辊转动惯量 J 表达式为

$$J = J_j + J_h$$

式中：J_j 为支撑辊辊颈圆柱体转动惯量，$J_j=\frac{1}{2}m_j R_j^2$；J_h 为支撑辊辊面环形圆柱转动惯量，$J_h=\frac{1}{2}m_h(R^2+R_j^2)$。

上下支撑辊转动惯量差 ΔJ 的表达式为式(5)。

$$\Delta J = J_s - J_x = (J_{sh} + J_j) - (J_{xh} + J_j) = J_{sh} - J_{xh} \tag{5}$$

式中：J_s 为上支撑辊转动惯量；J_x 为下支撑辊转动惯量；J_{sh} 为上支撑辊辊面环形圆柱转动惯量，$J_{sh}=\frac{1}{2}m_{sh}(R_x^2+R_j^2)$；$J_{xh}$ 为下支撑辊辊面环形圆柱转动惯量，$J_{xh}=\frac{1}{2}m_{xh}(R_x^2+R_j^2)$。

对式(5)进一步整理可得到式(6)。

$$\Delta J = \frac{1}{2}m_{sh}(R_s^2 + R_j^2) - \frac{1}{2}\mathrm{m}_{sh}(R_x^2 + R_j^2) = \frac{1}{2}\rho\pi(R_s^2 - R_j^2)L_h(R_s^2 + R_j^2) - \frac{1}{2}\rho\pi(R_x^2 - R_j^2)L_h(R_x^2 + R_j^2) = \frac{1}{2}\rho\pi L_h(R_s^4 - R_x^4) \tag{6}$$

在轧制过程中，工作辊、中间辊和支撑辊辊系间不能发生相对滑动，可表达为式(7)。

$$v_{br}=v_{mr}=v_{wr},v_{br}=\omega_{br}R_b,$$
$$v_{mr}=\omega_{mr}R_m,v_{wr}=\omega_{wr}R_w \quad (7)$$

式中：ω_{br}、ω_{mr}、ω_{wr} 分别为支撑辊转动角速度、中间辊和工作辊转动角速度；R_b、R_m、R_w 分别为支撑辊、中间辊和工作辊半径。

当上下工作辊同时升速或者降速轧制，那么上下支撑辊也相应同时加减速，可表达为式(8)和式(9)。

$$\frac{\beta_{br}}{\beta_{wr}}=\frac{\dot{\omega}_{br}}{\dot{\omega}_{wr}}=\frac{R_w}{R_b} \quad (8)$$

$$\beta_{br}=\beta_{wr}\frac{R_w}{R_b}=\frac{a_s}{R_w}\frac{R_w}{R_b}=\frac{a_s}{R_b} \quad (9)$$

式中：$\beta_{br}=\dot{\omega}_{br}$、$\beta_{wr}=\dot{\omega}_{wr}$ 分别为支撑辊转动角加速度和工作辊转动角加速度；a_s 为带钢轧制加速度。

由于支撑辊辊径差异导致的上下工作辊主传动齿轮的驱动力矩差异 ΔT 可表达为式(10)。

$$\Delta T=\Delta J\beta_{br}=\frac{1}{2}\rho\pi L_h(R_s^4-R_x^4)\frac{a_s}{R_b} \quad (10)$$

UCM 单机架可逆轧机的轧制工艺参数见表 3。

表 3　典型规格轧制工艺参数

Table 3　Typical specifications rolling process parameters

来料规格/(mm×mm)	成品规格/(mm×mm)	轧制力/kN	轧制力矩/(N·m)
2.2×1200	0.5×1200	13 000	60 000

根据式(10)计算可得到由于上下支撑辊辊径差异造成的上下工作辊驱动力矩差异，结果见表 4 和表 5。

表 4　支撑辊辊径差异对工作辊主传动系统力矩的影响

Table 4　Effect of difference among backup roll diameters on torque of main system driven by work rolls

转动力矩差异/(N·m)	上支撑辊直径/mm	下支撑辊直径/mm	支撑辊最大角加速度 β/(rad·s^{-2})
39.78	1200	1195	1.058 3
35.92	1160	1155	1.058 3
32.33	1120	1115	1.058 3
30.62	1100	1095	1.058 3
27.39	1060	1055	1.058 3

表 5　上下工作辊辊驱动力矩差异随支撑辊辊径差异的变化关系

Table 5　Relationship between work roll driving torque difference and backup roll diameters

上下支撑辊直径差异/mm	转动力矩差异/(N·m)	力矩差异占轧制力矩百分比/%	上支撑辊直径/mm	下支撑辊直径/mm	支撑辊最大角加速度 β/(rad·s^{-2})
5	39.78	0.07	1200	1195	1.058 3
60	445.47	0.74	1200	1140	1.058 3
120	825.89	1.38	1200	1080	1.058 3
150	993.81	1.66	1200	1050	1.058 3
20	137.28	0.23	1150	1130	1.058 3
50	329.97	0.55	1150	1100	1.058 3
100	617.88	1.03	1150	1050	1.058 3
15	90.62	0.15	1100	1085	1.058 3
35	205.73	0.34	1100	1065	1.058 3
50	287.91	0.48	1100	1050	1.058 3

表 4 表明，当上下支撑辊辊径差异为定值 5 mm 时，支撑辊直径越大，辊径差异导致的上下工作辊驱动力矩差异越大，大小约为 27～40 N·m，不到常规总轧制力矩的 0.1%。表 5 表明，当上支撑辊处于最大直径 1200 mm 时，上下支撑辊辊径差异从 5 变化到 150 mm，上下工作辊驱动力矩差异从约 40 增大到 995 N·m，上下工作辊驱动力矩差异随着支撑辊辊径差增大而增大，最大约占总轧制力矩的 1.7%，完全小于轧机过载和打滑时上下工作辊驱动力矩波动。就常规轧制力在 1000 t 以上、轧制速度小于 1000 m/min 的工作辊传动六辊轧机来说，其轧机设备和工艺参数近似，支撑辊辊径差导致上下驱动力矩的差异并不是限制该类型轧机支撑辊配辊的主要因素。

3　上下支撑辊直径差异对辊间压扁量的影响

支撑辊辊径差异一方面影响工作辊驱动力矩；另一方面造成辊间弹性压扁量发生差异。根据平面应变条件下的半平面体模型，计算中间辊与支撑辊之间的弹性压扁量 $\delta_{\mathrm{mb}i}$，可表达为式(11)。

$$\delta_{\mathrm{mb}i}=\lambda_i q_i,\ i=1,2,\cdots,m \tag{11}$$

式中：λ_i 为辊间弹性压扁影响函数，是单位宽度辊间压力 q_i 的函数。

$$\lambda_i=\frac{2(1-\nu_{\mathrm{b}}^2)}{\pi E_{\mathrm{b}}}\ln\frac{2R_{\mathrm{b}}}{b_i}+\frac{2(1-\nu_{\mathrm{m}}^2)}{\pi E_{\mathrm{m}}}\ln\frac{2R_{\mathrm{m}}}{b_i}-\left(\frac{1-\nu_{\mathrm{b}}^2}{4\pi E_{\mathrm{b}}}\cdot\frac{1-4\nu_{\mathrm{b}}}{1-\nu_{\mathrm{b}}}+\frac{1-\nu_{\mathrm{m}}^2}{4\pi E_{\mathrm{m}}}\cdot\frac{1-4\nu_{\mathrm{m}}}{1-\nu_{\mathrm{m}}}\right)$$

式中：R_{b}、R_{m} 分别为支撑辊和中间辊半径；ν_{b}、ν_{m} 分别为支撑辊和中间辊的泊松比；E_{b}，E_{m} 分别为支撑辊和中间辊的弹性模量；b_i 为辊间接触压扁宽度的一半。

按照赫兹公式有

$$b_i=\sqrt{\frac{4}{\pi}q_i\left(\frac{1-\nu_{\mathrm{b}}^2}{E_{\mathrm{b}}}-\frac{1-\nu_{\mathrm{m}}^2}{E_{\mathrm{m}}}\right)\frac{R_{\mathrm{b}}R_{\mathrm{m}}}{R_{\mathrm{b}}+R_{\mathrm{m}}}}$$

根据上述表 2 轧辊参数，在总轧制力为 13 000 kN 情况下，单位宽度辊间压力约 9000 N/mm 的情况下，结合式(11)计算上下辊间压扁量差异，结果见表 6 和

表 7。

表 6　支撑辊辊径对支撑辊和中间辊辊间压扁量的影响

Table 6　Effect of difference of backup roll diameter on flattening rate between backup roll and intermediate roll

上支撑辊直径/mm	下支撑辊直径/mm	上下辊间压扁量差/μm
1200	1185	0.230 961
1170	1155	0.277 854
1110	1095	0.291 209
1065	1050	0.302 122

表 7　支撑辊和中间辊辊间压扁量差异随支撑辊辊径差异变化的关系

Table 7　Relationship between flattening rate difference and backup roll diameter difference

上支撑辊直径/mm	下支撑辊直径/mm	上下辊间压扁量差/μm
1200	1195	$7.674\ 87\times10^{-2}$
1200	1170	0.546 343
1200	1150	0.917 527
1200	1050	2.863 869

表 6 表明，在上下中间辊直径相同的情况下，当上下支撑辊直径差为定值 15 mm 时，随着支撑辊直径减小，上下支撑辊和中间辊辊间压扁量差异增大，当支撑辊达到极限小辊径 1050 mm 时，上下辊间压扁量差异仅约为 0.3 μm；表 7 表明，当上支撑辊达到极限大状态 1200 mm 时，随着上下支撑辊辊径差异增大，上下辊间压扁量差异也增大。当上下支撑辊辊径差异为 30 mm 时，上下辊间压扁量差异约为 0.55 μm；当辊径差异为 50 mm 时，上下辊间压扁量差异约为 1 μm；当辊径差异为 150 mm 时，上下辊间压扁量差异约为 2.9 μm；按照硅钢带材目标厚度 0.490～0.505 mm 的范围，在支撑辊辊径差小于 50 mm 时，上下支撑辊辊间压扁量差为 1 μm，这和高精度测厚仪测量精度一致，基本不会影响厚度二级设定和闭环控制精度。

4　支撑辊配辊策略应用

综合上述单机架 UCM 轧机设备和工艺参数进行计算，当上支撑辊辊径为最大极限直径 1200 mm、下支撑辊辊径为 1170 mm 时，由此导致的上下工作辊驱动力矩差异约为 231 N·m，按照常规轧制力矩 60 000 N·m 计算，支撑辊辊径差导致的上下工作辊驱动力矩差异约占总轧制力矩的 0.36%，此时辊径差异引起的上下辊间压扁量差异约为 0.55 μm；当上支撑辊辊径为 1130 mm、下支撑辊辊径为 1100 mm 时，支撑辊辊径差导致的上下辊驱动力矩差异约为 193 N·m，约占总轧制力矩的 0.32%，上下辊间压扁量差异为 0.58 μm；当上支撑辊辊径为 1080 mm、下支撑辊达到极限最小辊径

1050 mm时，支撑辊辊径差导致的上下辊驱动力矩差异约为168 N·m，约占总轧制力矩的0.28%，上下辊间压扁量差异为0.6 μm。在支撑辊的有效直径（1050～1200 mm）范围内，当上下支撑辊直径差为30 mm时，引起的最大驱动力矩差异为231 N·m，仅占总轧制力矩的0.36%。从设备安全角度分析，上下驱动力矩差异完全在轧机设计安全系数1.5的设计能力范围内，不会造成传动系统的破坏。最大上下辊间压扁量差异为0.6 μm，也基本不影响厚度二级设定和闭环控制精度，能保障轧制过程稳定。考虑到实际生产中上辊系斜楔和阶梯垫的均匀磨损，为防止意外事故的发生，最终确定轧机上下支撑辊直径差异控制在30 mm以内。

该工作辊驱动的UCM可逆轧机由日立设计。根据日方设计的轧制工艺和磨削制度要求，上下支撑辊参考辊径差要求小于5 mm，换辊吨位3.0万～4.5万t。如果换辊吨位在要求范围内没有发生辊面剥落等意外情况，同时下线后进行涡流探伤和超声探伤显示无裂纹，则最小磨削量为3 mm。由于硅钢生产中高速断带及轧辊粘钢事故率较高，部分支撑辊下线后，涡流探伤和超声探伤显示内部存在裂纹，常常需要对支撑辊配辊进行额外磨削，因此降低了支撑辊寿命，造成轧辊管理上的困难。此外，与工作辊相比，支撑辊直径大，单次磨削量大，磨削面积和时间成倍增加，导致磨床砂轮损耗严重。2015年，将上下支撑辊配辊直径差由5扩大到30 mm。由于该轧机主液压缸位于下支撑辊下方，因此采用压上式进行板形和板厚控制。为减小主液压缸振动，增加下辊系刚度，通常将大直径支撑辊放置在下侧。目前根据生产现场的跟踪，支撑辊辊径差约为30 mm，不仅不会影响轧制过程的稳定性和带材质量，而且方便了支撑辊管理，减小了磨辊间的负担。根据该厂支撑辊成本表，单位辊耗成本为6200元/mm，按照约两周一次的支撑辊换辊周期、下线单次磨削最小3 mm的制度要求进行计算，支撑辊离线单次磨削辊耗成本至少为18 600元/次；如果按照单位辊耗11 747元/mm计算，则支撑辊离线单次磨削辊耗成本至少为35 242元/次。根据硅钢分厂的单套支撑辊辊耗实绩统计，发现支撑辊辊耗速度从之前的6下降到5.2 mm/月，相比2014年1～4季度支撑辊辊耗同比节约成本约59 520～112 771元。

5 结论

（1）轧机配辊策略受到轧机机型的限制。针对工作辊传动的单机架六辊轧机，支撑辊直径差异造成上下辊系传动力矩和辊间压扁量的差异，不同轧机传动力矩差异和辊间压扁量差异可参考式(10)和式(11)进行计算。

（2）传动力矩差异和辊间压扁量差异对轧制过程的影响与轧机轧制能力和产品控制精度相关，常规冷轧板厚控制精度在1 μm、轧制吨位在1000 t以上、轧制速度小于1000 m/min的工作辊传动六辊轧机，支撑辊辊径差异引起的辊间压扁量差异和上下驱动力矩差异不是影响支撑辊配辊的重要因素。

（3）适当放大配辊辊径差可以方便轧辊管理，减小轧辊不必要的线下磨削磨损，降低辊耗成本。

参考文献

[1] 朱逸惊. 自动配辊模型在热轧轧辊配辊中的应用研究[D]. 上海：复旦大学，2012. (ZHU Yi-jing. Application of Rollers Auto-

matic Assignation Model in Hot Rolling Mill [D]. Shanghai: Fudan University, 2012.)

[2] 商存亮，李庆川，孙斌. 改变传统配辊方式降低轧辊消耗[J]. 宽厚板，2001(3):26. (SHANG Cun-liang, LI Qing-chuan, SUN Bin. To modify traditional roll-arranging mode to reduce roll consumption[J], Wide and Heavy Plate, 2001(3):26.)

[3] 冯若游. 轧辊辊径误差的定向组合——提高冷轧薄带材轧制精度的一个有价值的措施[J]. 重型机械，1988(5):29. (FENG Ruo-you. An oriented combination method for the roller dia. errors—a valuable measure of enhancing the rolling accuracy for cold thin strip[J]. Heavy Machinery, 1988(5): 29.)

[4] 赵万顺，周庆红，牛晋录. 改进粗轧机孔型配置、降低轧辊消耗[J]. 山西冶金，2000(增刊1):34. (ZHAO Wan-shun, ZHOU Qing-hong, NIU Jin-lu. Reformed roughing mill technology and equipment, cutting down the consumption of roller[J]. Shanxi Metallurgy, 2000(增刊1): 34.)

[5] 刘宝珩，陶洪畴. 辊径差对冷轧板带轧制过程的影响[J]. 北京科技大学学报，1983(3): 91. (LIU Bao-heng, TAO Hong-chou. The influence of the difference of the roll diameter on the cold strip rolling process[J]. Journal of University of Science and Technology Beijing, 1983(3): 91.)

[6] 刘冠军. 中小型带材冷轧机辊径差计算[J]. 重型机械，1985(11): 27. (LIU Guan-jun. Calculation of roll diameter difference of medium and small strip cold rolling mill[J]. Heavy Machinery, 1985(11): 27.)

[7] 张春霞，王海风，张寿荣，等. 中国钢铁工业绿色发展工程科技战略及对策[J]. 钢铁，2015, 50(10): 1. (ZHANG Chun-xia, WANG Hai-feng, ZHANG Shou-rong, et al. Strategic study on green development of Chinese steel industry[J]. Iron and Steel, 2015,50(10): 1.)

[8] 李新创，施灿涛，赵峰. "工业4.0"与中国钢铁工业[J]. 钢铁，2015,50(11): 1. (LI Xin-chuang, SHI Can-tao, ZHAO Feng. Industry 4.0 meets with China iron and steel industry [J]. Iron and Steel, 2015, 50(11): 1.)

[9] 毕学工，李九林，李鹏，等. 德国工业4.0、中国制造2025与智能冶金浅议[J]. 钢铁，2016, 51(3): 1. (BI Xue-gong, LI Jiu-lin, LI Peng, et al. Brief discussions on German industry 4.0, Chinese manufacture 2025 and intelligent metallurgy [J]. Iron and Steel, 2016,51(3): 1.).

[10] 侯福祥，张杰，曹建国，等. 带钢冷轧机振动问题的研究进展及评述[J]. 钢铁研究学报，2007, 19(10): 6. (HOU Fu-xiang, ZHANG Jie, CAO Jian-guo, et al. Review of chatter studies in cold rolling[J]. Journal of Iron and Steel Research, 2007, 19(10): 6.)

[11] 王东城，吴燕林，刘宏民. 四辊轧机辊系弹性变形高效计算方法[J]. 钢铁，2015,50(11): 69. (WANG Dong-cheng, WU Yan-lin, LIU Hong-min. High-efficiency calculation method for roll stack elastic deformation of four-high mill [J]. Iron and Steel, 2015,50(11): 69.)

Study on Strip and Roll Deformation Coupling of Cold Strip Rolling on 4-H Mill①

Liu Hongmin, Hu Guodong
(Yanshan University)

Abstract: The cold strip rolling process on a 4-h mill is studied by coupling the 3 dimensional plasticity deformation of the strip with the elastic deformation of the rolls. On the conditions of that the width to thickness ratio of the strip is 660 and the exit strip shapes are respectively edge wave, centre wave and good, the computed results of the transverse distributions of the roll gap, the rolling pressure, the inter-roll pressure, and the front and back tension agree with the experimental results well. The studying methods and the studied results are of great importance to forming shape theory and guiding the development of shape control technology.

Key words: 4-H mill; Cold strip rolling; Plastic deformation; Elastic deformation; Coupling

0 Introduction

A shape is the important quality index of sheet and strip, the shape control is the key technology of sheet and strip mills. With the development of the shape control technology, the shape theory is paid attention day by day and studied deeply.

Studying the shape theory aims at predicting and controlling the shape, improving the shape quality. Because the rolled shape relates to the plastic deformation of strip in the roll gap and the elastic deformation of rolls, it is necessary to couple them up for forming the shape theory. At present, a lot of papers have studied the 3 dimensional plasticity deformation of strip[1-5] or the elastic deformation of rolls[6-7] respectively, a few papers have coupled them up but lacked comprehensive experiment verifications[8-9].

In order to make the shape theory tally with and serve engineering practice better, this paper conducts the computer numeral simulation and the experiment study of the transverse distributions of the loaded roll gap, the rolling pressure, the inter-roll pressure, and the front and back tensions of the cold strip rolling on a 4-h mill by coupling the 3 dimensional plasticity deformation of the strip with the elastic deformation of the rolls.

① Chinese Journal of Mechanical Engineering, 1997, 10(4): 268-274.

1 Theoretical models

1.1 Coupling model of the strip and the rolls

For the cold strip rolling on a 4-h mill, the mechanics model and the computation flow chart of the deformation coupling of the strip and the rolls are shown in Fig. 1 and Fig. 2. The model of the 3 dimensional plasticity deformation of the strip is used to compute the transverse distributions of the unit width rolling pressure $p_r(y)$, the front tension stress $\sigma_1(y)$ and the back tension stress $\sigma_b(y)$, the model of the elastic deformation of the rolls is used to compute the transverse distributions of the unit width inter-roll pressure $p_c(y)$ and the loaded roll gap $d_{ex}(y)$ (the exit strip thickness). The convergence criterion of the coupling computation is that the reiteration error of $d_{ex}(y)$ is less than or equals the positive ε.

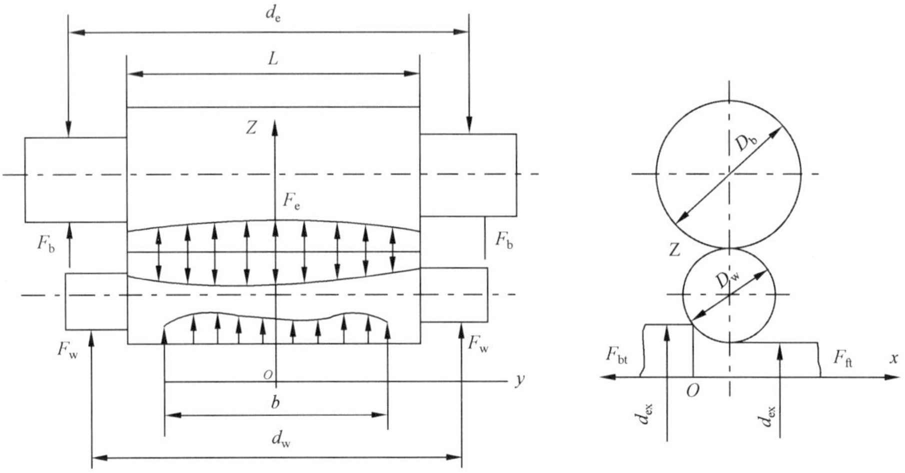

Fig. 1 Mechanics model of the rolling strip on a 4-h mill

1.2 Three dimensional plasticity deformation of the strip

The 3 dimensional plasticity deformation of the strip is analyzed by using the strip element method [3-5] proposed by the authors of this paper, that is, the deformation zone of the strip is divided into many longitudinal(x direction) strip elements, and the exit lateral(y direction) displacements in the nodal lines of the strip elements, which are unknown parameters, are solved by using the minimum potential principle and the optimum method.

The lateral displacement $\boldsymbol{D}$ of the metal in the deformation zone is expressed by Eq. (1)

$$\boldsymbol{D}(x,y)=f(x)\boldsymbol{D}_{ex}(y) \tag{1}$$

where $f(x)$—Third power function of x[3]

$\boldsymbol{D}_{ex}(y)$—Exit lateral displacement function which can be expressed in terms of the third power spline function

$$\boldsymbol{D}_{ex}(y)=\boldsymbol{\varphi}_i^{T}\boldsymbol{A}\boldsymbol{D}_{exi} \tag{2}$$

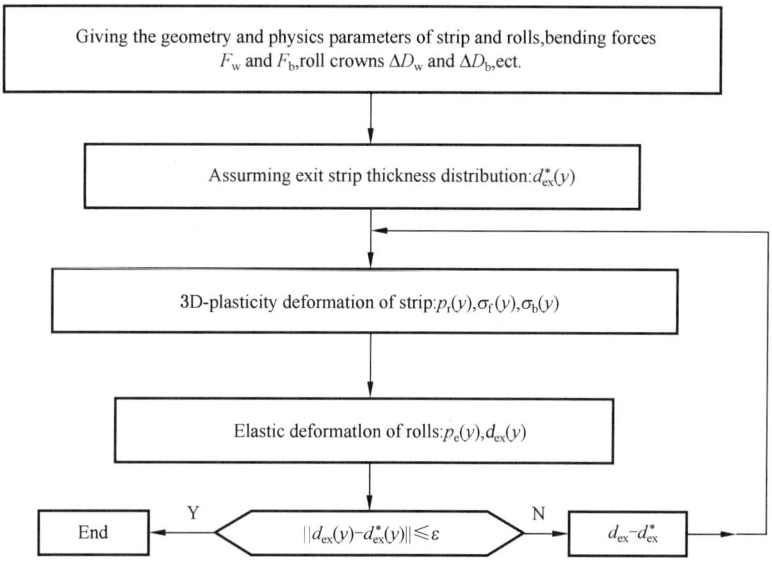

Fig. 2　Coupling computation flow chart of the rolls and strip deformations

where $\boldsymbol{\varphi}_i$—Array of the third power B-spline function

$\boldsymbol{A}$—Interpolating matrix

$\boldsymbol{D}_{exi}$—Array of the exit lateral displacements in the nodal lines

Then, the 3 dimensional deformations of the metal in the deformation zone can be analysed[3-5].

The mathematical models of the front tension stress $\sigma_f(y)$ and the back tension stress $\sigma_b(y)$ are[3]

$$\begin{cases} \sigma_f = \dfrac{F_{ft}}{b\overline{d}_{ex}} + \sigma_{r_0} + \dfrac{E}{1-\nu^2}\left(\dfrac{d_{ex}}{\overline{d}_{ex}} - \dfrac{d_{in}}{\overline{d}_{in}} + D'_{ex} - \dfrac{\Delta b}{b}\right) \\ \sigma_b = \dfrac{F_{bt}}{b\overline{d}_{in}} + \sigma_{r_0} + \dfrac{E}{1-\nu^2}\left[\dfrac{\overline{d}_{in} d_{ex}(1+D_{ex})}{\overline{d}_{ex} d_{in}(1+\Delta b/b)} - 1\right] \end{cases} \tag{3}$$

where F_{ft}, F_{bt}—Total front and back tension forces

E, ν—Elasticity modulus and Poisson coefficient of the strip

d_{in}, d_{ex}—Entry thickness and exit thickness of the strip

$\overline{d}_{in}$, $\overline{d}_{ex}$—Integral averages of d_{in} and d_{ex} across the strip width b

σ_{r_0}—Initial residual stress in x direction

b, Δb—Strip width and spread

The 3 dimensional stresses in the deformation zone are derived from Levy-Mises plasticity flow equation and Von Mises plasticity condition[4], the frictional stresses in the sliding zone and the stagnation zone are determined from the Coulomb's friction law and the preliminary displacement friction principle respectively[5].

The rolling pressure p_z is computed from the differential equation of equilibrium in x direction

$$\frac{\partial}{\partial x}(\sigma_x d)+\frac{\partial}{\partial y}(\tau_{xy} d)+2\tau_x+p_z\frac{\partial d}{\partial x}=0 \tag{4}$$

and the boundary stress conditions ($\sigma_x=\sigma_b$, $\sigma_x=\sigma_f$) at the entry and the exit, and by using the finite difference method, where σ_x is the normal stress in x direction, τ_{xy} is the shear stress, τ_x is frictional stress in x direction, and d is the strip thickness in the deformation zone.

The energy functional of the strip rolling is

$$N=\int_V \tau_s\dot{\varepsilon}_s \mathrm{d}V+\int_{S_c}\sqrt{\mu_x^2+\mu_y^2}\,p_z v_s \mathrm{d}S+\int_{S_b}\sigma_b v_{in}\mathrm{d}S-\int_{S_t}\sigma_t v_{ex}\mathrm{d}S \tag{5}$$

where τ_s— Yield strength of shearing stress

$\dot{\varepsilon}$— Shearing strain rate strength

μ_x, μ_y— Frictional coefficients in x and y direction

v_{in}, v_{ex}— Flow velocity in x direction at the entry and the exit

v_s— Sliding velocity between the strip and the rolls

From the rigid-plastic variation principle, the correct solution of the array (D_{exi}) of the exit lateral displacements in the nodal lines makes the total potential N minimum, which is an optimum problem that is solved by using the Powell method.

1.3 Elastic deformation of the rolls

The elastic deformation of the rolls is analyzed by using the influence function method. One half of the roll body length L is divided into m segments of width Δy each, and n segments of them are loaded by the rolling pressure. The basic control equations are as follows.

Deflection d_b of the backup roll

$$d_{bi}=\sum_{j=1}^{m}\alpha_{bij}p_{cj}\Delta y-\alpha_{bFi}F_b \quad (i=1,2,\cdots,m) \tag{6}$$

Deflection d_w of the work roll

$$d_{wi}=\sum_{j=1}^{m}\alpha_{wij}(p_{rj}-p_{cj})\Delta y-\alpha_{wFi}F_w+d_e(i=1,2,\cdots,m) \tag{7}$$

Elastic press flat f_{wb} between the work roll and the backup roll

$$f_{wbi}=\lambda_i p_{ci} \quad (i=1,2,\cdots,m) \tag{8}$$

Harmonious equation of the deformation between the work roll and the backup roll

$$d_{wi}=d_{bi}+f_{wbi}-\frac{1}{2}(\Delta D_{wi}+\Delta D_{bi}) \quad (i=1,2,\cdots,m) \tag{9}$$

Equilibrium equation of the work roll

$$\sum_{i=1}^{n}p_{ri}\Delta y+F_w=\sum_{i=1}^{m}p_{ci}\Delta y \tag{10}$$

Elastic press flat f_{ws} of the work roll contacting with the strip

$$f_{wsi}=\sum_{j=1}^{2n}\beta_{ij}p_{rj}\Delta y(i=1,2,\cdots,n) \tag{11}$$

Exit strip thickness d_{ex} (the loaded roll gap shape)

$$d_{exi}=d_0+2d_{wi}+2f_{wsi}-\Delta D_{wi}+\frac{p_r+2F_w+2F_b}{K}(i=1,2,\cdots,n) \tag{12}$$

where i, j— Segment indices of the rolls

α, β— Influence functions of the bending and the press flat of the rolls

p_r, p_c— Unit width rolling pressure and inter-roll pressure

λ— Flexibility coefficient of the press flat between the work roll and the backup roll

d_e— Axis displacement of the end of the work roll body

d_0— Unloaded roll gap

p_1— Total rolling pressure

K— Stiffness coefficient of the stand except the rolls

The press flat deformation between the work roll and the backup roll is computed by using the half-plane body mechanics model, and the press flat deformation of the work roll contacting with the strip is computed by using the half-space body mechanics model. From the coupled equations of Eq. (6) to Eq. (10), the unit width inter-roll pressure $p_{ci}(i=1,2,\cdots,m)$ can be solved, and from the coupled equations of Eq. (7), Eq. (11) and Eq. (12), the exit strip thickness d_{exi} $(i=1,2,\cdots,n)$ can be solved.

2 Experimental study

2.1 Experimental conditions

The experiment of the cold strip rolling is carried out on a 300 mm 4-h reversible cold rolling mill of Rolling Mill Institute in Yanshan University. The diameter of the work roll of the mill is 100 mm, the diameter of the backup roll is 200 mm, and the length of the roll body is 300 mm. The mill is equipped with the work roll bending equipment adjusting the shape of strip.

The rolled material is the coiled aluminium strip, the specifications of which are $\overline{d}_{in}=0.372$ mm, $b=250$ mm, and the width to thickness ratio $b/\overline{d}_{in}=660$. The percent reduction is about 7%. The strip is rolled under the conditions of the front and back tensions and lubrication. When the strip is being rolled, the exit shape is flat. After the front tension is removed, the light waves or the good shape appear. The main parameters of the rolling conditions are seen in Table[10]

Table　Main rolling parameters

Work roll diameter D_w/mm	100	Backup roll bending force F_b/N	0
Backup roll diameter D_b/mm	200	Strip width b/mm	250
Roll body length L/mm	300	Entry strip thickness $\overline{d}_{in}$/mm	0.372
Work roll crown ΔD_w/mm	0	Exit strip thickness $\overline{d}_{ex}$/mm	0.346
Backup roll crown ΔD_b/mm	0	Total front force F_{ft}/N	3900
Screwdown centre distance d_c/mm	550	Total back force F_{bt}/N	3500
Work roll bending distance d_w/mm	450	Rolling velocity ν_t/(m · s^{-1})	1.0
Work roll bending force F_w/N	1962	Frictional coefficient μ	0.1
	3925		
	5401		

2.2 Experimental method

Nine pins measuring pressure, which measure the rolling pressure and the inter-roll pressure, are symmetrically fixed into the upper work roll body in the axial direction of the roll[10]. The transverse distributions of the front and back tensions are measured by two flatness meters each of which can measure the tensions of 15 different positions in the range of length 300 mm. The transverse distribution of the initial residual stress is measured by one flatness meter before the strip is rolled.

The transverse distributions of the entry thickness and the exit thickness of the strip are measured by two contact type precision gauge meters, in which the transverse distribution of the exit thickness represents the shape of the loaded roll gap. The bending force of the work roll is measured by one precision pressure meter. For looking into the deformation states of the rolls and the strip under the different exit shapes, the light edge wave, the good shape and the light centre wave can be obtained respectively by using the different bending forces (1 962 N, 3 925 N, 5 401 N) of the work roll.

3 Theoretical and experimental results

In the computation, the elasticity modulus and the Poisson coefficient of the rolls are taken as 210 GPa and 0.30 respectively, the elasticity modulus and the Poisson coefficient of the strip are taken as 70 GPa and 0.33 respectively, and the other main parameters are seen in Table. The simulated results and the experimental results are shown in Fig. 3. For the initial shape being good, the initial residual stress σ_{r_0} is nearly zero, the experimental curve of it is not given.

As shown in Fig. 3, the computed results of the transverse distributions of the loaded roll gap (the exit thickness d_{ex}), the unit width rolling pressure p_r, the unit width inter-toll pressure p_c, and the front tension σ_f and the back tension σ_b agree with the experimental results well. The transverse distributions of the entry thickness d_{in} being approximately equal, with the increasing of the bending force F_w of the work roll, the shape of the loaded roll gap changes from the convex to the concave, the exit strip shape from the light edge wave to the light centre wave, the unit width rolling pressure changes from small at the strip centre area and large near the strip edge to large at the centre and small at the edge, the increasing extent of the unit width inter-roll pressure from the centre of the roll body to the end of it changes large, the front and back tensions and the exit lateral displacement D_{ex} also change from the transverse distributions under the edge wave to those under the centre wave. In this paper, both the roll diameter ratio $D_w/D_b=0.5$ and the strip width to the roll body length ratio $b/L=0.83$ are relatively large, the positive bending forces are used, and the roll crowns are zero, so the unit width inter-roll pressure increases from the centre of the roll body to the end of it.

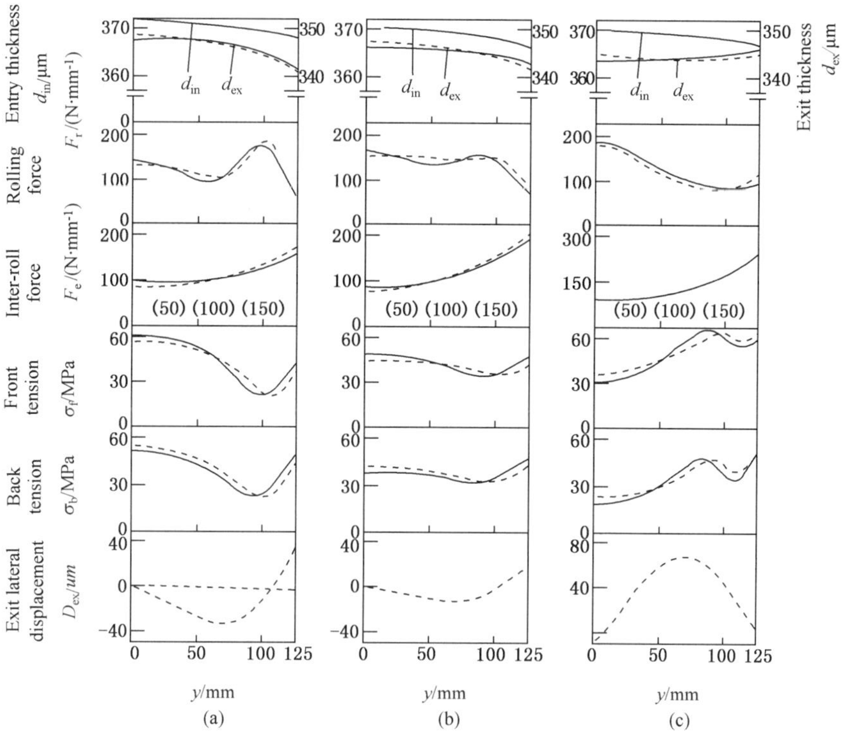

Fig. 3 Computed results (-----) and experimental results (——)

4 Conclusions

(1) This paper studies the mechanics behavior of the deformation coupling of the strip and the rolls for the cold strip rolling on a 4-h mill combining the strip element method with the influence function method. The computed results of the transverse distributions of the loaded roll gap, the rolling pressure, the inter-roll pressure, and the front and back tensions, agree with the experimental results well, which verifies the correctness of the studying methods and the studied results of the paper.

(2) The studied results of the transverse distributions of the mechanics parameters under the different exit shapes are of great reference value to forming the shape theory and guiding the development of the shape control technology.

(3) Based on this paper, the further studying orientation is to simulate the shape control modern wide strip mill in industry and seek optimum shape control strategy.

References

[1] 戸沢康寿，石川孝司，岩田德利. 薄板圧延の3次元変形に対する改良した解析. 塑性と加工，1982，23(263)：1181-1187.

[2] Liu Xiangshua, Jiang Zhengyi, Wang Guodong. Analysis of 3-D deformation for

crowning strip rolling by rigid plastic FEM. In: Wang Z R, He Yuxin eds. Advanced Technology of Plasticity 1993, Fourth International Conference on Technology of Plasticity, Beijing, China, 1993, Beijing: International Academic Publishers, 1993: 701-707.

[3] Liu Hongmin, Lian Jiachuang. Transverse distributions of front and back tension stresses in cold strip rolling. Chinese Journal of Metal Science and Technology, 1992, 8(6): 427-433.

[4] Liu Hongmin, Lian Jiachuang. Simulation of cold strip rolling by third power B-spline finite strip method. In: Lee W B ed. Advances in Engineering Plasticity and its Applications, Asia-Pacific symposium on Advances in Engineering plasticity and its Applications, Hong Kong, 1992, Amsterdam, The Netherlands; Elsevier science Publishers B. V. , 1993:703-710.

[5] Liu Hongmin, Bian Yuhong, Lian Jiachuang. Study of the 3 dimensional stresses of cold strip rolling under centre wave. Chinese Journal of Mechanical Engineering, 1994, 7(2): 91-96.

[6] Chen xianlin, Zou Jiaxiang. A specialized finite element model for investigating controlling factors affecting behavior of rolls and strip flatness, In: The Science and Technology of Flat Rolling, Fourth International steel Rolling Conference, Deauville, France, 1987, Deauville, 1987: E4. 1-E4. 7.

[7] Wang G, Pan D; Wang T. The roll elastic deformation in the mill with rolls shifted transversely. In: The Science and Technology of Flat Rolling, Fourth International Steel Rolling Conference, Deauville, France, 1987, Deauville, 1987: E2. 1-E2. 8.

[8] 刘玉礼,连家创,段振勇. DC 轧机板厚板形综合控制特性研究. 机械工程学报,1994,30(增刊):33-39.

[9] 刘宏民,Sanfilippo F,Dolci F,et al. 热带钢连轧机板形控制数学模型. 钢铁,1996,31(10):30-34.

[10] Liu Hongmin, Duan Zhenyong, Lian Jiachuang. Comprehensive experiment study of the force parameters of cold strip rolling on a 4-h mill. Chinese Journal of Mechanical Engineering,1993,6(2):106-112.

A Model Coupling Method for Shape Prediction①

Wang Dongcheng, Liu Hongmin
(State Key Laboratory of Metastable Materials Science and Technology, National Engineering Research Center for Equipment and Technology of Cold Rolling Strip, Yanshan University, Qinhuangdao 066004, Hebei, China)

Abstract: The shape of strip is calculated by iterative method which combines strip plastic deformation model with rolls elastic deformation model through their calculation results, which can be called results coupling method. Because the shape and rolling force distribution are very sensitive to strip thickness transverse distribution's variation, the iterative course is rather unstable and sometimes convergence cannot be achieved. In addition, the calculating speed of results coupling method is low, which restricts its usable range. To solve the problem, a new model coupling method is developed, which takes the force distribution between rolls, rolling force distribution and strip's exit transverse displacement distribution as basic unknowns, and integrates strip plastic deformation model and rolls elastic deformation model as a unified linear equations through their internal relation, so the iterative calculation between the strip plastic deformation model and rolls elastic deformation model can be avoided. To prove the effectiveness of the model coupling method, two examples are calculated by results coupling method and model coupling method respectively. The results of front tension stress, back tension stress, strip's exit gauge, the force between rolls and rolling force distribution calculated by model coupling method coincide very well with results coupling method. However the calculation course of model coupling method is more steady than results coupling method, and its calculating speed is about ten times as much as the maximal speed of results coupling method, which validates its practicability and reliability.

Key words: Shape prediction; Results coupling method; Model coupling method; Strip plastic deformation; Rolls elastic deformation

The shape is an important quality index of strip, while the shape control is a key and high level technology. The domestic level of shape control is relatively backward than the international advanced level, and the bottleneck restricting improvement of shape control technology is that the research on shape theory and mathematical models falls behind the technology's development. The whole shape control models system includes eight aspects [1]: 1) strip plastic deformation model; 2) rolls elastic deformation model; 3) strip temperature field and

① Journal of Iron and Steel Research, International, 2012, 19(2): 22-27.

rolls thermal deformation model; 4) rolls wear model; 5) shape discrimination model; 6) shape deviation pattern recognition model; 7) shape control object model; 8) shape feedback control model. If the eight aspects could be integrated in whole, many specific shape control models and technologies can be developed, such as shape prediction model, shape preset model, roll shape optimization technology and so on.

The core of shape prediction model is strip plastic deformation model and rolls elastic deformation model, which are usually integrated by results coupling method[2-8]. That means the two models are calculated independently, and the link between them is their calculation results. Convergence can be achieved only by introducing a relaxation factor. The substantial computation cost and the fact that the relaxation factor requires adjustment for different mill schedules represent the main trouble to on-line application. The basic reason of the trouble is that the transverse distribution of tension stress (shape) and rolling force distribution are very sensitive to the transverse distribution of strip's exit gauge, especially when the strip is very thin. In this case, minute change of the transverse distribution of strip's exit gauge may cause considerable change of tension stress and rolling force, and the rolling force even becomes negative (that is impossible in practice), at which time no convergence will appear. To solve this problem, a new model coupling method is put forward. The model coupling method integrates strip plastic deformation model and rolls elastic deformation model as one set of linear equations through their internal relation, which avoids the unstable phenomenon of results coupling method. At the same time the calculating speed is enhanced remarkably. So it is more applicable and reliable than results coupling method.

1 Basic mathematic equations

Through analyzing the characteristics of every model, strip element variation method[9] and influence function method[2,8] are adopted as strip plastic deformation model and rolls elastic deformation model respectively. To display the model coupling method in detail, the basic mathematic equations of the two methods need to be given.

1.1 Strip element variation method

As shown in Fig. 1, the strip's width B is divided into n (that is an odd) independent strip elements in the deformation zone's length l. The transverse coordinate of strip element's line is expressed as y_i, and the exit transverse displacement of strip element's line is expressed as u_i, Strip elements width $s_i = y_i - y_{i-1}$.

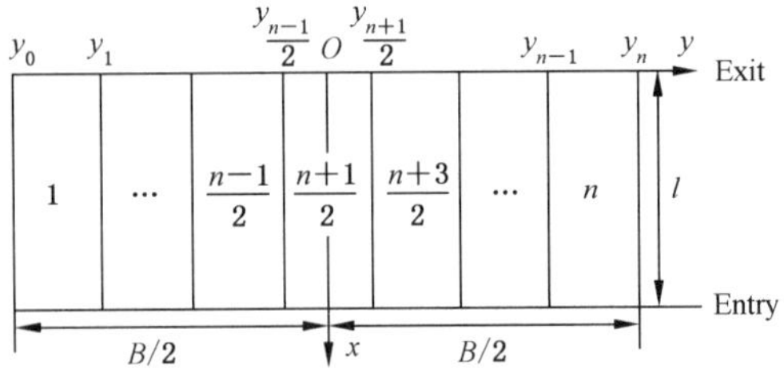

Fig. 1 Strip element partition in deformation zone

According to the theory of minimum energy, variation calculation is applied on every strip element and the whole deformation zone. Finally $n+1$ linear equations can be got and shown in Eqn. (1):

$$\begin{cases}(\alpha_1 - e_b)u_0 + \beta_1 u_1 + e_b u_n = -k_s + c_1 \\ \beta_j u_{j-1} + (\alpha_j + \alpha_{j+1})u_j + \beta_{j+1}u_{j+1} = \\ c_{j+1} - c_j \quad (j = 1 \sim (n-1)) \\ e_b u_0 + \beta_n u_{n-1} + (\alpha_n - e_b)u_n = k_s - c_n\end{cases} \tag{1}$$

where, α_i and β_i are parameters corresponding to the strip's exit gauge distribution; $c_i = \dfrac{E}{1-\nu^2}\left(1 + \dfrac{h_{1i}}{\overline{h_1}} - \dfrac{h_{0i}}{\overline{h_0}} - \dfrac{l_{0i}}{\overline{l_0}}\right)$, $e_b = \dfrac{E}{(1-\nu^2)B}$, $\overline{h_0}$, $\overline{h_1}$ and $\overline{l_0}$ are strip's entry mean gauge, exit mean gauge and entry mean length; h_{0i}, h_{1i} and l_{0i} are every strip element's entry gauge, exit gauge and entry length; E is strip's elastic modulus; and ν is strip's Poisson's ratio.

When the displacements $u_0 - u_n$ of every strip element's line are got, the transverse distribution of front tension stress, back tension stress and rolling force can be calculated by Eqn. (2) to Eqn. (4).

$$\sigma_{1i} = \bar{\sigma}_1 + \frac{E}{1-\nu^2}\left[1 + \frac{h_{1i}}{\overline{h_1}} - \frac{h_{0i}}{\overline{h_0}} - \frac{l_{0i}}{\overline{l_0}} + u_i' - \frac{u_n - u_0}{B}\right] \quad (i = 1 \sim n) \tag{2}$$

$$\sigma_{0i} = \bar{\sigma}_0 + \frac{E}{1-\nu^2} \cdot \left\{\frac{h_{1i}\overline{h_0}(1+u_i')}{h_{0i}\overline{h_1}\left(1 + \dfrac{u_n - u_0}{B}\right)} - \frac{l_{0i}}{\overline{l_0}}\right\} \quad (i = 1 \sim n) \tag{3}$$

$$p_{li} = \omega^o \omega_i^T l \sigma_s \quad (i = 1 \sim n) \tag{4}$$

where, σ_{1i}、σ_{0i} and p_{li} are the front tension stress, back tension stress and rolling force of every strip element; σ_s is strip's deformation resistance, ω^o is the influence coefficient of every factor except tension action on rolling force; ω_i^T is the influence coefficient of tension action on rolling force; $\omega_i^T = 1 - \dfrac{0.7\sigma_{0i} + 0.3\sigma_{1i}}{\sigma_s}$, $\overline{\sigma_1}$ and $\overline{\sigma_0}$ are mean front and back tension stress; $u_i' = \mathrm{csch}(K_i s_i) K_i [-\mathrm{ch}(K_i s_i/2) u_{i-1} + \mathrm{ch}(K_i s_i/2) u_i]$; and K_i is the parameter corresponding to the strip's exit gauge distribution.

1.2 Influence function method

Fig. 2 shows the force diagram of 4-high roll mill. As shown in Fig. 3, during the length L_b of backup roll, rolls are divided into m sections (The sections of strip must be coincided with strip element variation method, and be numbered alone, and its number range is 1—n), the forces action on strip and rolls are divided into the same sections, while the width of every section is Δy_i, the midpoint coordinate of every section is y_i.

Taking the left pressure cylinder as the origin of coordinates, every section's deflection f_{bi} of backup roll's axis can be expressed as

$$f_{bi} = \sum_{j=1}^{m} \alpha_{bij} \Delta y_j q_j \quad (i = 1 \sim m) \tag{5}$$

where, a_{bij} is the bending influence function of backup roll caused by the force between rolls.

Every section's displacement f_{wi} of work roll's axis can be expressed as

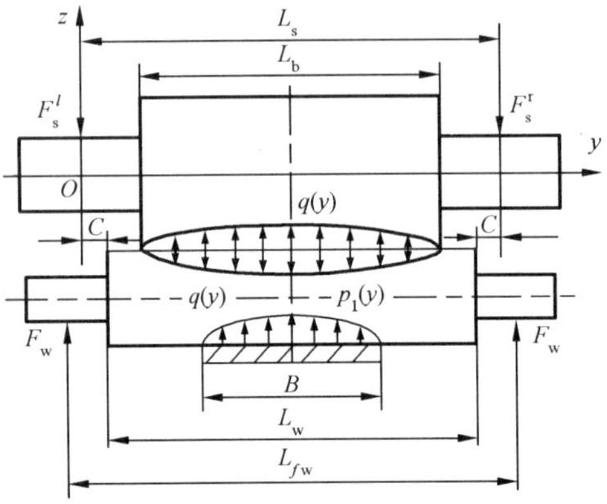

$p_l(y)$—Rolling force action on unit width;
$q(y)$—Force between rolls action on unit width;
F_s^l, F_s^r—Counterforce of left and right pressure cylinder;
L_s—Distance between left and right pressure cylinder;
L_w, L_b—Length of work roll and backup roll;
F_w—Bending roll force;
L_{fw}—Distance between left and right bending roll cylinder

Fig. 2　Force diagram of 4-high roll mill

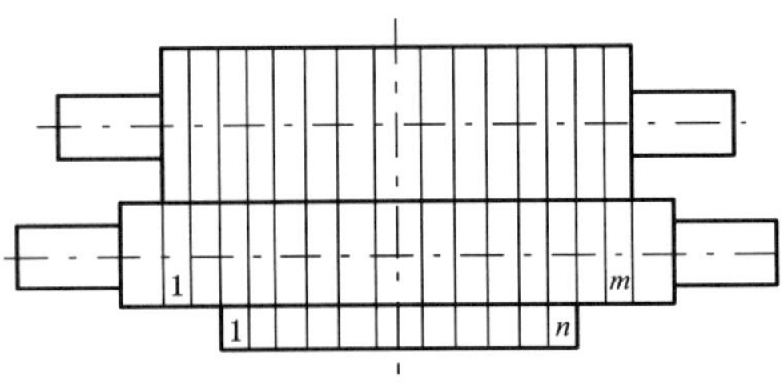

Fig. 3　Section partition diagram of 4-high roll mill

$$f_{wi} = f_{wi}^K + \sum_{j=1}^{m} \alpha_{wij} \Delta y_j (p_{lj} - q_j) + \alpha_{Fwi} F_w \quad (i = 1 \sim m) \tag{6}$$

where, a_{wij} is the bending influence function of work roll caused by the rolling force and the force between rolls; α_{Fwi} is the bending influence function of work roll caused by the bending roll force; and f_{wi}^K is rigid displacement of work roll's axis, which can be expressed as:

$$f_{wi}^K = C_1 + \frac{(C_2 - C_1)}{L_w}(y_i - C) \quad (i = 1 \sim m) \tag{7}$$

where, C_1 and C_2 are rigid displacement of work roll axis's left and right end; and $C = (L_s - L_w)/2$.

The elastic squashed quantity between work roll and backup roll can be expressed as

$$\delta_{wbi} = \gamma_{wbi} q_i \quad (i = 1 \sim m) \tag{8}$$

where γ_{wbi} is elastic squashed influence function between rolls, which is the function of q_i.

The deformation compatibility equations between rolls can be expressed as

$$f_{wi} = f_{bi} + \delta_{wbi} + \Delta D_i \quad (i = 1 \sim m) \tag{9}$$

where ΔD_i is the no load clearance caused by roll shape.

Force and torque balance equations are

$$\begin{cases} \sum_{i=1}^{m} q_i \Delta y_i = \sum_{i=1}^{n} p_{li} \Delta y_i + 2F_w \\ \sum_{i=1}^{m} q_i y_i \Delta y_i = \sum_{i=1}^{n} p_{li} y_i \Delta y_i + F_w L_s \end{cases} \tag{10}$$

Combining Eqn. (9) with Eqn. (10), m+2 linear equations can be got, while the number of unknowns $q_i (i = 1 \sim m)$, C_1 and C_2 is m + 2 too, so it can be solved. But the linear equation's coefficient matrix contains γ_{wbi}. It is the function of q_i, so an iteration calculation is necessary. The calculation low is shown as Fig. 4.

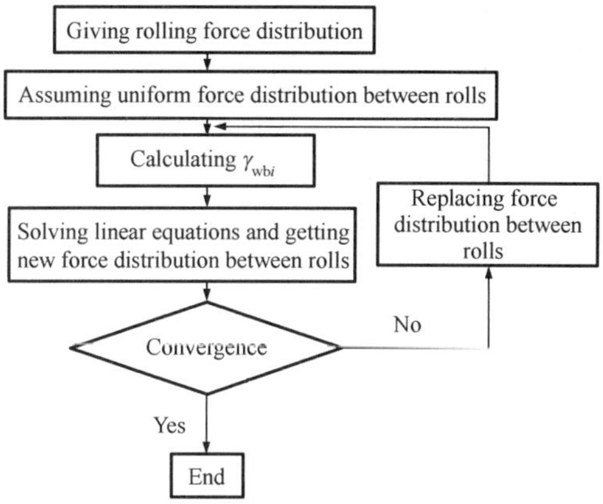

Fig. 4 Iteration flow for calculating force between rolls

When the iteration calculation is over, strip's exit gauge distribution can be expressed as

$$h_i = s_0 + 2f_{wi} + 2\delta_{wi} + \Delta D_{wi} \quad (i = 1 \sim n) \tag{11}$$

where, s_0 is the set value of initial roll gap; δ_{wi} is elastic squashed quantity between work roll and strip; and $\delta_{wi} = \sum_{j=1}^{n} \gamma_{wij} p_{lj}$, γ_{wij} is elastic squashed coefficient of rolling force action on work roll, ΔD_{wi} is no load clearance between work roll and strip caused by roll shape.

2 Model coupling method

As mentioned above, the calculation course of results coupling method is slow and unstable, which may influence its engineering application. Considering the calculation courses of strip element variation method and influence function method can all attribute to linear equations, if integrating and solving them at the same time, the iteration calculation between the strip plastic deformation model and roll elastic deformation model can be avoided. But for the problem, not only the force between rolls and strip's exit transverse displacement but also the strip's exit gauge distribution, rolling force distribution, front tension stress and back tension stress distribution are unknown, so the linear equations cannot be integrated easily. Through in-depth analysis and research, the force between rolls, rolling force distribution and strip's exit transverse displacement are taken as basic unknowns. Except for Eqn. (1), Eqn. (9) and Eqn. (10), Eqn. (11) is taken as other linear equations. Now the number of unknowns is $m+2n+3$, while the number of linear equations is $m+2n+3$ too, so it can be solved.

In the $m+2$ linear equations of Eqn. (9) and Eqn. (10), the only unknowns are the force between rolls and rolling force distribution, and can be used directly. But for Eqn. (1), the constant matrix of linear equations contains unknowns c_i (because h_{1i} are unknowns) which must be expressed by basic unknowns including the force between rolls, rolling force distribution and strip's exit transverse displacement. Substitution of Eqn. (2) and Eqn. (3) in to Eqn. (4), and the relational expression between rolling force distribution and strip's exit transverse displacement with h_{1i} can be derived. However the back tension stress is nonlinear to strip's exit transverse displacement, which makes a trouble. A lot of previous studies[2] show a rule that the distribution shape of back tension stress is very similar to front tension stress, so Eqn. (3) can be substituted approximatively by linear Eqn. (12) as follows

$$\sigma_{0i}=\bar{\sigma}_0+\frac{E}{1-\nu^2}\left[1+\frac{h_{1i}}{\bar{h}_1}-\frac{h_{0i}}{\bar{h}_0}-\frac{l_{0i}}{\bar{l}_0}+u_i'-\frac{u_n-u_0}{B}\right]\quad(i=1\sim n)\quad(12)$$

Substitution of Eqn. (2) and Eqn. (12) into Eqn. (4), Eqn. (13) can be derived

$$p_{li}=\omega^{\circ}l\sigma_s^{eq}-\frac{\omega^{\circ}lE}{1-\nu^2}\left[-A_iu_{i-1}+A_iu_i-\frac{u_n-u_0}{B}\right]-\frac{\omega^{\circ}lE}{1-\nu^2}\frac{h_{1i}}{\bar{h}_1}-\frac{\omega^{\circ}lE}{1-\nu^2}\left(1-\frac{h_{0i}}{\bar{h}_0}-\frac{l_{0i}}{\bar{l}_0}\right)\quad(13)$$

where, $A_i=\operatorname{csch}(K_is_i)K_i\operatorname{ch}(K_is_i/2)$

$\sigma_s^{eq}=\sigma_s-0.7\bar{\sigma}_0-0.3\bar{\sigma}_1$.

From Eqn. (13), the relational expression between rolling force distribution and strip's exit transverse displacement with h_{1i} and c_i can be expressed as

$$h_{1i}=-\frac{(1-\nu^2)\bar{h}_1}{\omega^{\circ}lE}p_{li}+\frac{(1-\nu^2)\bar{h}_1}{E}\sigma_s^{eq}+A_i\bar{h}_1u_{i-1}-A_i\bar{h}_1u_i+\frac{\bar{h}_1}{B}(u_n-u_0)-\left(1-\frac{h_{0i}}{\bar{h}_0}-\frac{l_{0i}}{\bar{l}_0}\right)\bar{h}_1\quad(14)$$

$$c_i=-\frac{p_{li}}{\omega^{\circ}l}+\sigma_s^{eq}+\frac{E}{1-\nu^2}\cdot\left(A_iu_{i-1}-A_iu_i+\frac{u_n-u_0}{B}\right)\quad(15)$$

Substitution of Eqn. (15) into Eqn. (1), new linear equations are got as

$$\left\{\begin{array}{c}(\alpha_1-e_{a1})u_0+(\beta_1+e_{a1})u_1+\dfrac{p_{l1}}{\omega^{\circ}l}=-k_s+\sigma_s^{eq}\\ \vdots\\ (\beta_j+e_{aj})u_{j-1}+(\alpha_j+\alpha_{j+1}-e_{aj}-e_{aj+1})u_j+(\beta_{j+1}+e_{aj+1})\beta_{j+1}u_{j+1}-\dfrac{p_{lj}}{\omega^{\circ}l}+\dfrac{p_{lj+1}}{\omega^{\circ}l}=0\\ {[j=1\sim(n-1)]}\\ \vdots\\ (\beta_n+e_{an})u_{n-1}+(\alpha_n-e_{an})u_n-\dfrac{p_{ln}}{\omega^{\circ}l}=k_s-\sigma_s^{eq}\end{array}\right.\quad(16)$$

where, $e_{ai}=EA_i/(1-\nu^2)$.

To solve the problem, Eqn. (11) has to be introduced as other n linear equations. Substitution of Eqn. (14) and Eqn. (6) into Eqn. (11), new linear equations are got as

$$2\sum_{j=1}^{m}\alpha_{wij}\Delta y_jq_j+\frac{2(y_i-L_w-C)}{L_w}C_1+\frac{2(C-y_i)}{L_w}C_2-2\sum_{j=1}^{n}(\alpha_{wij}\Delta y_j+\mu_{ij})p_{lj}-\frac{2(1-\nu^2)\bar{h}_1}{\omega^{\circ}lE}p_{li}+A_i\bar{h}_1u_{i-1}-A_1\bar{h}_1u_i+\frac{\bar{h}_1}{B}(u_n-u_0)=\left(1-\frac{h_{0i}}{\bar{h}_0}-\frac{l_{0i}}{\bar{l}_0}\right)\bar{h}_1-\frac{(1-\nu^2)\bar{h}_1}{E}\sigma_s^{eq}+s_0-2\alpha_{Fwi}F_w+\Delta D_{wi}\quad(i=1\sim n)\quad(17)$$

Combining the Eqn. (9), Eqn. (10), Eqn. (16) with Eqn. (17), the linear equations can be solved. But we need to pay attention to the linear equations' coefficient matrix, which contains γ_{wbi}, α_i, and β_i that are the function of q_i and h_{1i}, so an iteration calculation is necessary, the calculation flow is shown as Fig. 5.

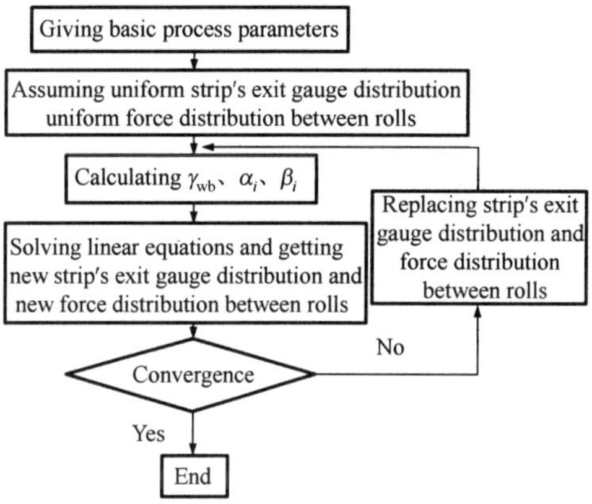

Fig. 5　Calculation flow of model coupling method

3　Results analysis

To prove the effectiveness of the model coupling method put forward by this paper, two examples are calculated using a 1220 mm four-high cold rolling mill's parameters. Work roll's diameter is 500 mm, backup roll's diameter is 1250 mm, work roll's length is 1220 mm, and backup roll's length is 1092 mm. The process parameters of two examples are listed in Table 1. The two examples are calculated by results coupling method and model coupling method respectively. The comparison of calculation time and stability between the two methods are listed in Table 2, while the results of front tension stress, back tension stress, strip's exit gauge, the force between rolls and rolling force distribution are shown in Fig. 6 and Fig. 7.

Table 1　process parameters of two examples

Example	Width/mm	Entry gauge /mm	Exit gauge /mm	Entry tension /kN	Exit tension /kN	Deformation resistance/MPa	Bending force /kN
1	900	1.00	0.60	100	100	500	200
2	900	0.3	0.22	50	50	800	320

Table 2　Calculation time and stability

Example	Calculation time of results coupling method/ms				Calculation time of results coupling method/ms
	$\theta=0.03°$	$\theta=0.02°$	$\theta=0.01°$	$\theta=0.005°$	
1	No convergence	1765	3468	6953	172
2	No convergence	No convergence	No convergence	7205	179

In Fig. 6 and Fig. 7, the results of front tension stress, back tension stress, strip's exit gauge, the force between rolls and rolling force distribution calculated by model coupling method coincide very well with results coupling method, which indicates the model coupling method is precise. From Table 2, if results coupling method is used for example 1, the calculation time decreases remarkably along with increasing relaxation factor. When the value of relaxation factor is about 0. 02, the calculation speed achieves maximum and the calculation time is 1 765 ms, while the value of relaxation factor is 0. 03, there is no convergence. If model coupling method is used example 1, the calculation time is only 172 ms, and its calculation speed is ten times as much as results coupling method's maximum speed. If results coupling method is used for example 2, when the value of relaxation factor is bigger than 0. 01, there is no convergence, while the value of relaxation factor is 0. 005, the calculation time is 7205 ms.

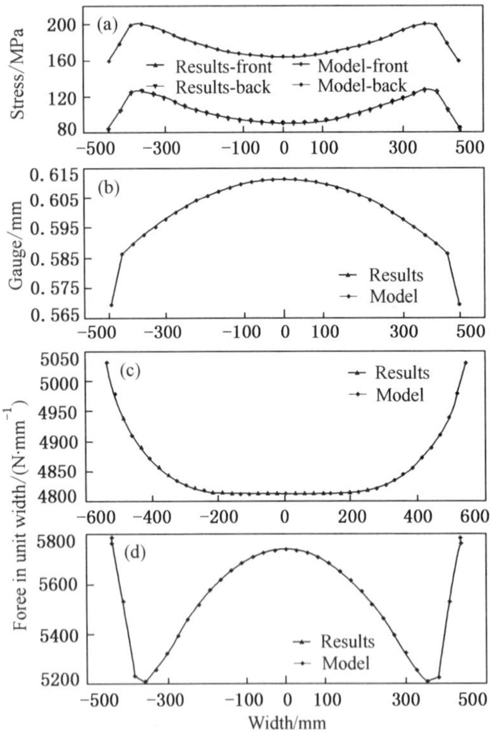

(a) Transverse distribution of front and back tension stress; (b) Transverse distribution of strip' s exit gauge; (c) transverse distribution of the force bet ween rolls; (d) Transverse distribution of rolling force.

Fig. 6 Calculation results of example 1

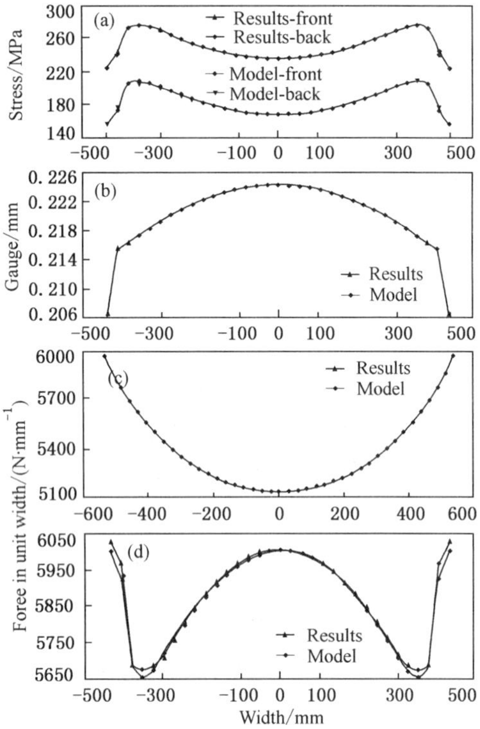

(a) Transverse distribution of front and back tension stress; (b) Transverse distribution of strip's exit gauge; (c) Transverse distribution of force between rolls; (d) Transverse distribution of rolling force.

Fig. 7 Calculation results of example 2

If model coupling method is used for example 2, the calculation time is only 179 ms, and its calculation speed is forty times as much as results coupling method's maximum speed. Through above analysis, a conclusion can be obtained that is when results coupling method is used for shape prediction, the best choice is decreasing the relaxation factor's value when strip gauge becomes smaller, or else no convergence will appear. On the contrary the model coupling method's calculation course is very stable and need not to change parameters, namely the model coupling method has better universality. In addition, even when the most appropriate relaxation factor's value is adopted, the calculation speed of model coupling method is about ten times as much as results coupling method. For five stands tandem rolling mill, if results coupling method is used for whole mill's shape prediction, its calculation time is above 10 000 ms, while the calculation time of model coupling method is only 1200 ms, so the computation efficiency can be improved significantly.

4 Conclusions

1) A model coupling method is put forward which combines strip plastic deformation model with rolls elastic deformation model through their basic equations, and the defect of general results coupling method can be avoided.

2) The results of front tension stress, back tension stress, strip's exit gauge, the force between rolls and rolling force distribution calculated by model coupling method coincide very well with results coupling method, which indicates the model coupling method is precise.

3) The calculation speed of model coupling method is at least ten times as much as results coupling method. The computation efficiency can be improved significantly by employing model coupling method.

References

[1] LIU Hong-min, DING Kai-rong, LI Xing-dong, et al. Theoretical computational method of shape standard curve [J]. Chinese Journal of Mechanical Engineering, 2008, 44(8): 137 (in Chinese).

[2] LIU Hong-min. Three-Dimensional Rolling Theory and Its Application [M]. Beijing: Science Press, 1999: 128 (in Chinese).

[3] LIAN Jia-chuang, LIU Hong-min. Gauge Control and Shape Control of Strip [M]. Beijing: Arms Industry Press, 1996: 65 (in Chinese).

[4] YANG Yi-ting, ZHANG Qing-dong, WANG Wen-guang, et al. Research on an integrative simulating model for strip shape prediction during cold rolling [J]. Steel Rolling, 2007, 24(5): 13 (in Chinese).

[5] BAI Jing-lan, ZHANG Rui, LIU Hong, et al. Calculation of rolling pressure distribution in strip cold rolling [J]. Journal of Shenyang Institute of Aeronautical Engineering, 2004, 21(4): 26 (in Chinese).

[6] LIU Yu-li, HU Xi-zeng, ZHAO Yong-he. Calculation of contact pressure distribution between rolls [J]. Journal of Northeast Institute of Heavy Machinery, 1989, 13(4): 39 (in Chinese).

[7] LIU Xue-feng, WANG Ling-yun. Analysis of elastic deformation of rollers system in rolling mill based on influential function and prediction of plate shape [J]. Journal of Chongqing University (Natural Science Edition), 2000, 23(6): 87 (in Chinese).

[8] WANG Guo-dong. Shape Control and Shape Theary [M]. Beijing: Metallurgical Industry Press, 1986: 289 (in Chinese).

[9] ZHENG Zhen-zhong, PENG yan, LIU Hong-min. A new strip element variation method for analysing lateral flow of metal and transverse distribution of front tension stress of cold rolled strip [J]. Journal of Iron and Steel Research, 1999, 11(5): 21 (in Chinese).

Large Concave Roll Technology for Hot Rolled Silicon Steel①

Ma Xiaobao[1], Wang Dongcheng[1,2], Liu Hongmin[1,2],
Wen Chengcai[3], Zhou Yun[3]

(1. National Engineering Research Center for Equipment and Technology of Cold Rolling Strip, Yanshan University, Qinhuangdao 066004, Hebei, China;
2. State Key Laboratory of Metastable Materials Science and Technology, Yanshan University, Qinhuangdao 066004, Hebei, China;
3. No. 4 Steel Making and Rolling General of Ma'anshan Iron & Steel Co., Ltd., Ma'anshan 243011, Anhui, China)

Abstract: It has a strict demand for the transverse thickness difference of silicon steel. To reduce the transverse thickness difference of the cold rolled strip, it must reduce the crown and the wedge of the hot rolled strip. 7-stands continuously variable crown (CVC) hot rolling mills are conventionally applied to roll silicon steel. However, the CVC rolling mills have many defects to roll silicon steel as a result of the strict demands for the crown and the wedge and the characteristics of the CVC rolling mill. The large concave roll (LCR) technology was puts forward to solve that problem. The LCR technology includes the design of the roll contour and the roll free shifting strategies. The results of simulations and experiments show that the LCR technology can not only ensure the crown target of silicon steel, but also enlarge the coil quantity in a rolling schedule and improve the hot rolled strip edge-drop in the late of rolling schedule. This technology provides guidance for the crown control of the hot rolled silicon steel.

Key words: Hot rolling; Silicon steel; Large concave roll; Roll free shifting; Edge-drop

1 Introduction

Non-oriented silicon steel is widely used in the manufacturing of the motor that strips are mainly stacked in layers to produce motor rotors and stators. Reducing the gap between stacks as small as possible is advantageous for improving the efficiency of motors and reducing energy loss. Therefore, the ideal shape of the silicon steel strip is rectangular, keeping the minimum transverse thickness difference of strips. The downstream users of silicon steel have increasingly strict demands for the transverse thickness difference with the continuous improvement of industry technology. It continuously impels iron and steel enterprises to carry out technical research for reducing the transverse thickness difference of the

① Ironmaking & Steelmaking, 2018, 45(1): 66-75.

cold rolled silicon steel. Many new technologies of controlling the cross-section shape are emerging continuously. They included the continuously variable crown. (CVC) rolling mill technology[1,2], the pair crossed [3,4] rolling mill technology, the work roll shifting (K-WRS) technology [5], the taper work roll shifting(T-WRS)[6] technology, the taper work roll shifting and crossing (T-WRS&C) [7,8] technology and the edge variable crown[9] work roll technology. The main technologies for improving the strip cross-section shape during the cold rolling process is to reduce the strip edge-drop, but the control ability of the cold rolling is limited. Moreover, the control of both the strip transverse thickness difference and the strip flatness have coupling natures. The technology of controlling the strip edge-drop usually induces flatness defects, edge cracks, strip broken and other unstable factors for cold rolling.

The cross-section shape of the hot rolled strip has a significant effect on the control of the transverse thickness difference during cold rolling. If the incoming strip of cold rolling has a wedge, the reductions of both sides of strip are kept the same by adjusting levelling during the cold rolling so that the actual flatness can approach the target of the closed loop control system. It is almost impossible to eliminate the wedge of the hot rolled strip during cold rolling. Li et al. [10] pointed out that, the greater the crown and the wedge of the hot rolled silicon steel strip, the more serious the edge-drop of the cold rolled strip. Zhang and Liu[11] found that the crown reduction of the hot rolled strip can effectively decrease the transverse thickness difference of the silicon steel in cold rolling. The central crown of the cold rolling strip is mainly affected by the crown of the incoming strip. In addition, the crown and the edge-drop of the hot rolled strip also affect the flatness control in cold rolling, which weakens the ability of controlling the edge-drop during cold rolling process. It reaches broad consensus on that the cross-section shape of the hot rolled strip must be controlled to decrease the transverse thickness difference of the silicon steel during cold rolling. Ou et al. [12] measured the work roll (WR) wear and contrasted the strip cross-section shape in the whole rolling process. It pointed out that the key to reduce the transverse thickness difference of cold rolled non-oriented silicon steel is hot rolling. The main reason of the large crown in hot rolling is that the serious wear of the WR will increase the strip edge-drop.

Owing to the increasing demands for the cross-section shape of the hot rolled strip, many new technologies for the cross-section shape control in hot rolling are emerging continuously. For the purpose to control the continuously increasing wear of the WR, Kitahama et al. [13] developed the working roll shifting (K-WRS) mill and applied in hot rolling. Zhang et al. [14] proposed asymmetric self-compensation work roll (ASR) technology to achieve the free rolling. Wang et al. [15] proposed rectangular section control technology for silicon steel. High performance variable crown work roll contour and variable crown back-up roll contour were applied in hot rolling to improve the strip crown. And limited shifting technology for schedule-free rolling was applied to the downstream stands of hot rolling. Aiming at solving the effects of the serious wear of the WR in the downstream stands in the hot rolling of silicon steel, Cao et al. [16,17] applied ASR technology and the WR shifting and bending strategy to achieve the control of the silicon steel crown of 1700 hot rolling mill in the Wuhan Iron and Steel Company Limited. In order to enhance the ability of controlling the crown and the edge-drop for silicon steel, container plate and high strength steel, He et al. [18] developed the asymmetrical Ansteel strip product work roll and applied it in Ansteel 1700 mill downstream stands. It well realized both the WR uniform wear and the strip shape control.

The optimal crown and wedge of the hot rolled strip are required for the sake of reducing the transverse thickness difference of the cold rolled silicon steel. However, the crown control and the wedge control are in the contradiction relationship. The small target crown lead to poor rolling stability, which prone to make the strip wedge more serious. Silicon steel is mostly rolled by the CVC mills in hot rolling. The crown control field of the CVC roll is large, which can satisfy the controlling demands of the strip crown of different specifications. It is especially suitable for applying in the upstream mills of hot rolling. Downstream stands of the hot rolling mill mainly control strip flatness, and do not need the strong control ability for the strip crown. Actually, the shifting stroke of the CVC WR in the downstream is always small. It does not give full play to the strong adjustment ability for the strip crown. On the contrary, the small shifting stroke of the CVC WR results in that the "U" shape wear become serious in the downstream, which will aggravate the strip edge-drop gradually with the rolling schedule increasing. The schedule-free technology of hot rolling is gradually becoming more and more popular. The serious "U" shape groove wear of the WR in the downstream mill is the most important factor to limit the schedule-free hot rolling [19]. The rolling force of silicon steel is much greater than conventional steels, and specification range vary little, and the "U" shape wear of the WR becomes serious in the late of rolling schedule. Fig. 1 is the WR wear distribution of the 7th finishing stand (F7) of the CVC rolling mill after rolling silicon steel. Fig. 2 is the change of the strip crown in the hot rolling schedule. The rolling length of F7 CVC WR in Fig. 1 is 37 km, the gross weight reaching to 900 metric tons. The WR wear profiles are typical "U" shape. The opening degree of wear profiles is so small that it is extremely unfavorable to control edge-drop. The crown of the position of 40mm from the strip edge (C40) is the control objective of silicon steel in Fig. 2. The target crown, C40, is relatively stable in the whole rolling schedule, but the crown of the position of 25 mm from the strip edge (C25) and the crown of the position of 10 mm from the strip edge (C10) in the late of the rolling schedule present the increasing trend, so do the difference values of C25-C40 and C10-C40.

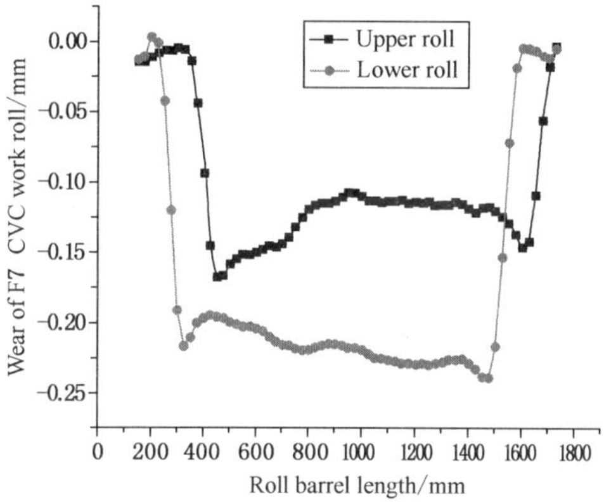

Fig. 1　CVC WR wear distribution of F7 stand

However, silicon steel has higher demands for the cross-section shape in hot rolling, which not only need to ensure the stability of the target crown but also need to reduce edge-drop in the whole hot rolling schedule. The problem of correcting both crown control and edge-drop in a CVC mill is that edge-drop compensation requires the positioning of local features of the roll close to the strip edge, whereas the CVC principle causes the effective roll camber to vary as a function of the shift position. The CVC mill is well suited to controlling one or the other parameter, but not both together. For the purpose of controlling edge-drop, the new technique for controlling the cross-section shape of the silicon steel strip must achieve roll free shifting and large stroke to improve strip edge-drop, and keep silicon steel crown and wedge stability in the whole rolling schedule at the same time.

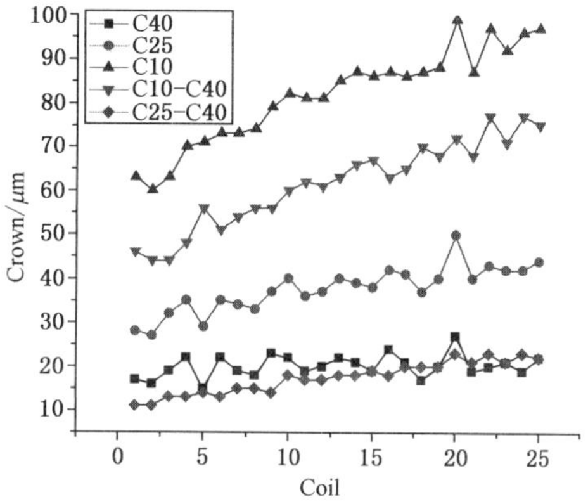

Fig. 2　Change of crown indexes of silicon steel strip in rolling schedule

2　Design of large concave roll

The novel roll technology should guarantee the silicon steel crown stable before and after roll shifting. Meanwhile, the novel roll needs to compensate the initial roll gap crown formed by the CVC rolls so that it can ensure the stability of rolling process. Based on the above demands, the large concave roll (LCR) was designed for rolling silicon steel. The form of the LCR is quadratic curve.

The upper roll curve　$y_s = ax^2 + b$　(1)

The lower roll curve　$y_x = -(ax^2 + b)$　(2)

Where a and b are formula factors, x is the roll barrel length.

Formula (1) minus (2), obtaining the corresponding formation of roll gap under no load condition:

$$h(x)=y_s-y_x=2(ax^2+b) \quad (3)$$

The crown of the roll gap at the position x obtained by formula (3) is

$$C(x)=h(0)-h(x)=$$
$$2b-2(ax^2+b)=-2ax^2 \quad (4)$$

When the upper roll shifting position is e, and the lower roll shifting position is $-e$, the roll curves change to

$$y_{cs}=a(x+e)^2+b=$$
$$ax^2+2aex+ae^2+b$$
$$y_{cx}=-a(x-e)^2-b=$$
$$-ax^2+2aex-ae^2-b \quad (5)$$

The roll gap under no load condition $h_c(x)$ and the crown of the roll gap $C_c(x)$ at the position x obtained by formula (5) respectively are

$$h_c(x)=y_s-y_x=2(ax^2+ae^2+b)$$
$$C_c(x)=h_0-h_x=2(ae^2+b)-$$
$$2(ax^2+ae^2+b)=-2ax^2 \quad (6)$$

$h_c(x)$ and $C_c(x)$ in the formula (6) minus $h(x)$ in the formula (3) and $C(x)$ in the formula (4), respectively. $\Delta h(x)$ and $\Delta C(x)$ are obtained as follows:

$$\Delta h(x)=h_c(x)-h(x)=2ae^2$$
$$\Delta C(x)=C_c(x)-C(x)=0 \quad (7)$$

The roll gap difference $\Delta h(x)$ is a variable value relating to the factor a and the roll shifting position e, but the roll gap crown difference $\Delta C(x)$ under no load condition is constant value 0. All of these indicate that before and after roll shifting the roll gap shape does not change with x. When the roll crown is about -0.15 mm, the order of magnitude of a is about 10^{-7}, and the order of magnitude of e is about 10^2. So the order of magnitude of $\Delta h = 2ae^2$ is about 10^{-3} which will not affect the initial control accuracy of the strip thickness.

The back-up roll (BUR) is also the CVC profile paired with the WR in a steel rolling plant. Its rolling cycle is long. So the BUR curve cannot be modified arbitrarily. However, the LCR and the CVC BUR are not well paired with each other, Which is easy to cause corner contact, effecting the roll body safety. So it is needed to modify the LCR edge to the taper curve. The middle position of the WR adopts quadratic curve and the edge position of the WR adopt double taper curve. Finally, the WR profile is fitted to a sextic curve. The sextic curve need to keep the center of the roll as quadratic curve, and the WR edge corresponding to the strip edge position keep the curve sextic components as small as possible. The final formation of the sextic and quadratic WR curve is shown as the curves 1 and 2 in Fig. 3. Furthermore, the roll curve corresponding to the edge of strip can be modified to the curve 3.

The roll gape crowns formed by the curves 1, 2 and 3 under no load condition are shown in Fig. 4. The positions of those crowns are corresponding to the strip edge. The crown of roll gape formed by curve 1 is constant, while those crowns of the roll gapes formed by the curves 2 and 3 change with the roll shifting position. Although the roll gape at the strip edge will vary with the roll shifting position, the strip crown under load condition can be compensated by adjusting roll bending force. The curve 3 is benefit for reducing the edge-drop of the hot rolled strip.

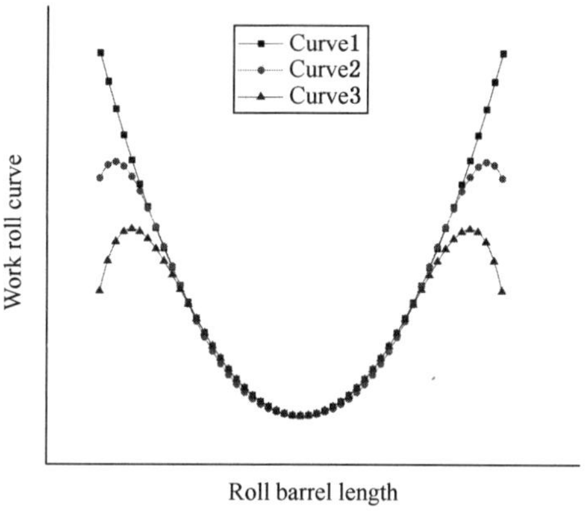

Fig. 3　Large concave roll shape

Curve 1-LCR of quadratic curve, Curve 2- LCR with center quadratic curve and edge taper curve, Curve 3-LCR with center quadratic curve and edge large taper curve

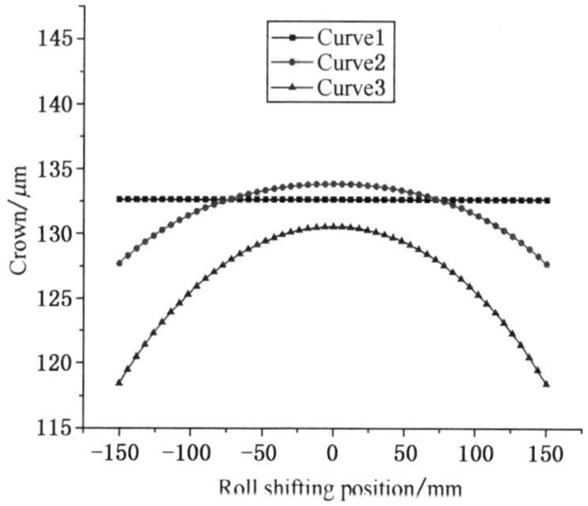

Fig. 4　Crown of roll gape at edge of strip

Curve 1-LCR of quadratic curve, Curve 2- LCR with center quadratic curve and edge taper curve, Curve 3-LCR with center quadratic curve and edge large taper curve

3　Roll shifting strategy of large concave roll

The free shifting strategy is very helpful to keep the uniform wear of the WR, which is benefit for controlling the strip cross-section shape and expanding the number of rolling kilometers. The crown regulating range in the hot continuous rolling is large because of the various grades and specifications. However, the crown of the LCR is fixed, and it can merely compensate the insufficient control ability for the strip crown by the WR bending force. Therefore, it is not available for the upstream stands. At present, the WR shifting strategy is mainly based on empirical setting, lack of theoretical basis. Shao et al. [20] established the quantitative relations between the WR wear characteristic parameters and roll shifting strategy parameters. It analyses the effect of roll shifting strategy on the WR wear feature parameters. The optimization of roll shifting strategy is a complicated math problem. The wear evaluation function has many parameters and it is difficult to guarantee the accuracy of the results. In this paper, the different roll shifting strategies are simulated by the hot rolling calculation software developed by our research group. Besides, the conclusion of the Shao et al. [20] is also consulted. Finally, the optimum roll shifting strategy was determined.

Fig. 5 shows the F7 WR shifting schemes. The upper and lower WRs symmetrically and periodically shift. According to the characteristic of the CVC roll shifting stroke ±150 mm, the initial step lengths were set to 25 mm, 37.5 mm, 50 mm, 75 mm, respectively. The step attenuation factor of the initial step length 25 mm is 0.8, and the stroke attenuation factor is 0.8. The other step attenuation factors and the stroke attenuation factors of the WR shifting scheme are 0.8 and 0.9, respectively.

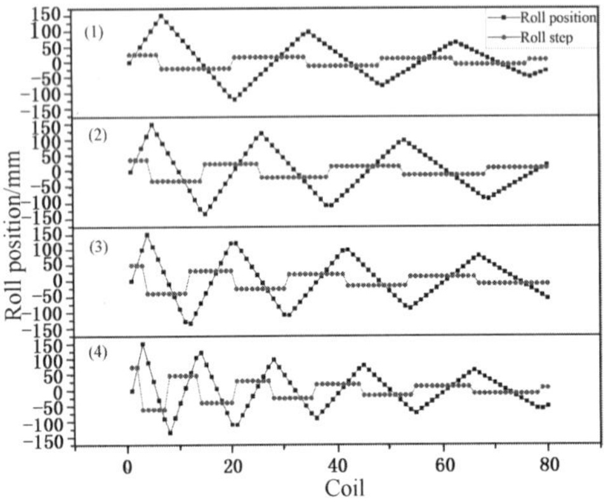

Fig. 5　F7 WR free shifting strategies

(1) initial step length-25 mm, (2) initial step length-37.5 mm, (3) initial step length-50 mm, (4) initial step length-75 mm

The simulation input parameters are the conventional rolling process parameters applying the original CVC profile. The LCR adopts periodically shifting strategies showed in Fig. 5. The calculated wear distribution of the F7 WR are shown in Fig. 6. The corresponding values of C25-C40 and C10-C40 of each strip in the rolling schedule are shown in Fig. 7. The legend 'CVC roll' in the Figs. 6 and 7 indicates the F7 WRs adopt CVC profile, and the shifting strategy is the actual CVC roll shifting position in the actual rolling performance. 'LCR-25' represents that the F7 WRs adopt the large concave roll, and '25' indicates the initial step length of roll shifting is 25 mm which is the same with the strategy in Fig. 5. The meanings of other legends are similar. As is shown in the simulation results, after the 40th strip has been rolled with the original CVC profile and the corresponding roll shifting strategy applied, the WR wear distribution of the simulation result is consistent with the measured "U" shape wear of the CVC WRs shown in Fig. 1. The wear distributions of the CVC WR from 10th to 40th strip always present "U" shape, and the depth of the "U" shape wear increases linearly with the increase of the rolling length. The wear distributions of the LCRs adopting the shifting strategies of 'LCR-25' and 'LCR-37.5' are more uneven than the LCR adopted the shifting strategies of 'LCR-50' and 'LCR-75' when the 10th coil strip has been rolled, but the wears of the LCR adopted the different shifting strategies has little difference after the 20th coil of strip has been rolled. Compared with the CVC WR, the free shifting strategies are very beneficial to improve the wear of the WR. It makes the opening degree of the "U" shape more wide and the edge of the wear profile becomes more smooth.

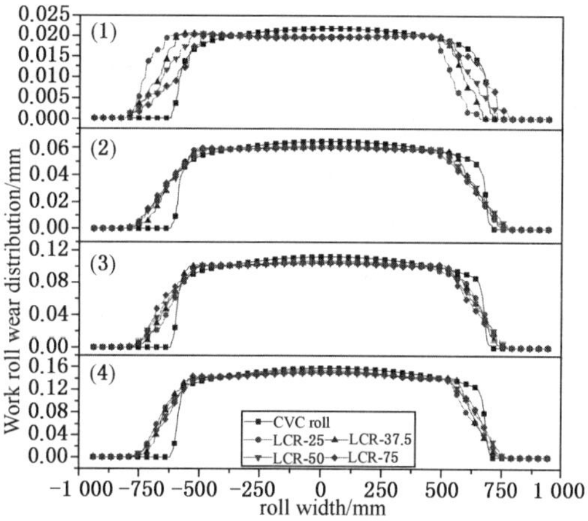

Fig. 6　Simulation results of F7 WR wear distribution with different roll shifting strategies -(a)

(1) 10th strip is rolled, (2) 20th strip is rolled, (3) 30th strip is rolled, (3) 40th strip is rolled

The values of C25-C40 and C10-C40 reflect the control ability of the WR profile for the strip edge-drop in the whole rolling schedule. In Fig. 7, the changes of C25-C40 and C10-C40 in a rolling schedule applying the LCR is less than those applying the CVC WR. It shows that the control ability of the LCR for edge-drop is stronger than the CVC WR, especially the control ability of C10. Owing to the simulation input parameters derived from the original CVC rolling process data, it can't comprehensively reflect the strip crown control ability of the LCR. In the real practical rolling process, although the crown of the LCR is fixed under no load condition, it can ensure the strip target crown by adjusting the WR bending force to compensate for the control ability of the WR under load condition.

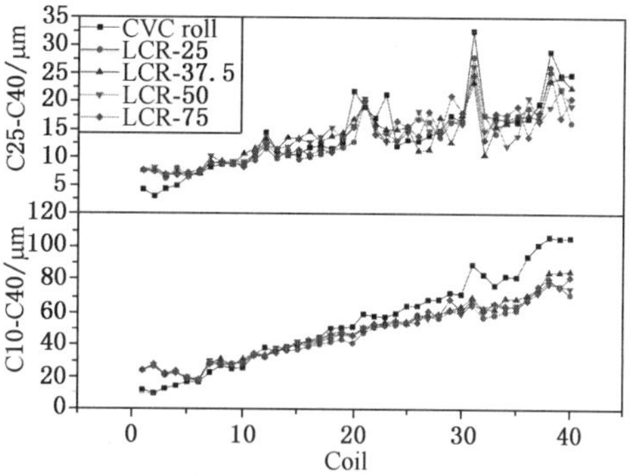

Fig. 7　Simulation results of C25-C40 and C10-C40 vary with different roll shifting strategies in rolling schedule-(a)

When the LCR of the F7 adopts the shifting strategy of the equal step length of 25 mm, the calculation results of C25-C40 and C10-C40 and the WR wear in the whole rolling schedule are shown in Figs. 8 and 9, respectively. In the two figures, the 'LCR attenuation' indicates that the shifting strategy of the F7 LCR is the periodic attenuation of the initial step length of 25 mm in Fig. 5. The 'LCR - no attenuation' indicates that the F7 LCR adopts the roll shifting strategy of the equal step length of 25 mm. In Fig. 8, when the 10th strip has been rolled, the wear profile of the LCR adopting the shifting strategy of the equal step length of 25 mm is more smooth than the wear profile of the LCR adopting the periodic attenuation shifting strategy of the initial step length of 25 mm. The shifting strategy of the equal step length of 25 mm makes the opening degree of the "U" wear shape wide and symmetric. However, the wear profiles with different shifting strategies are similar after the 20th strip has been rolled.

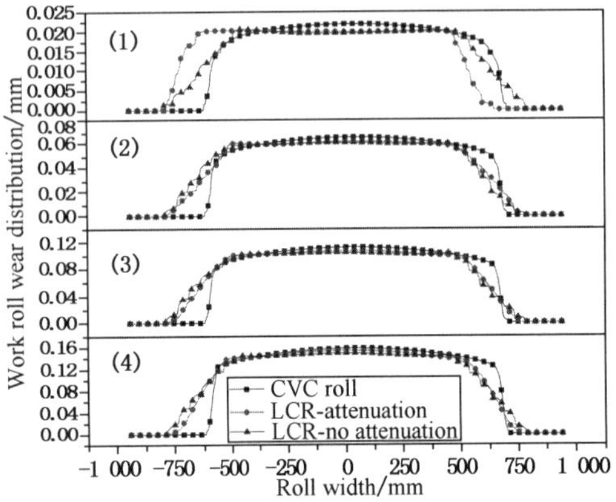

Fig. 8　Simulation results of F7 WR wear distribution with different roll shifting strategies-(b)

(1) 10th strip is rolled,(2) 20th strip is rolled,(3) 30th strip is rolled,(4) 40th strip is rolled

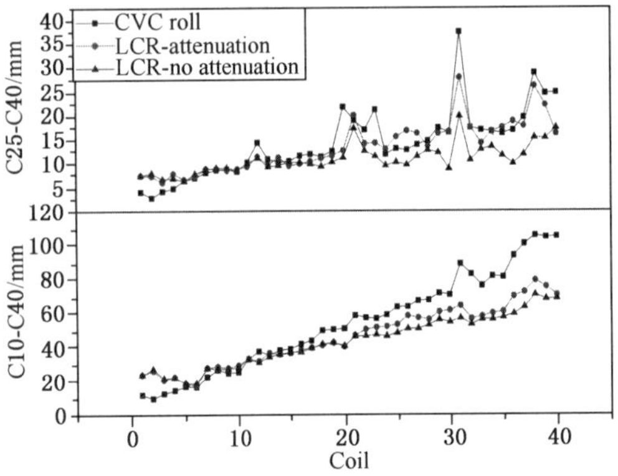

Fig. 9　Simulation results of C25-C40 and C10-C40 vary with different roll shifting strategies in rolling schedule-(b)

Fig. 9 shows that the strip crown difference C25-C40 and C10-C40, adopting the shifting strategy of the equal step length of 25 mm, are less than those adopting the periodic attenuation shifting strategy of the initial step length of 25 mm. In addition, the effects of different step lengths (37. 5mm, 50mm and 75mm) on the control ability of the edge-drop in the whole rolling schedule were also analyzed. The results show that too small (25 mm) or too large (75mm) step length of roll shifting is not good for controlling the strip edge-drop. Because the coil quantity of the silicon steel schedule is relatively small and the strip specifications in a schedule is from wide to narrow, the simulation results show that the effect of the roll shifting strategy of the equal step length on the strip crown and edge-drop is little. However, it had better consider the effects of attenuation factors of both the step length and stroke for the large schedule and schedule-free rolling based on the wear effect mechanism.

4　Hot Rolling experiments of large concave roll

Based on the above analyses and conclusions, 5 times rolling experiments adopted the LCR with edge taper curve were carried out. The roll shifting strategy is periodic shifting of the equal step length of 25 mm. The previous 3 experiments were carried out on the carbon steel, and the following 2 experiments were carried out on the silicon steel. The 3rd experiment totally rolled 70 coils of strip. The grades include MRTRG00101, MRTRG00301, SPHC-YH, MRTP121001, MRTHY26001, MRTLA42002, MRTLA30001. The whole rolling process was very stable. The strip crowns varying with the specifications changing in the whole rolling schedule are shown in Fig. 10. The changes of the strip crown difference and wedge in the whole schedule are shown in Figs. 11 and 12, respectively.

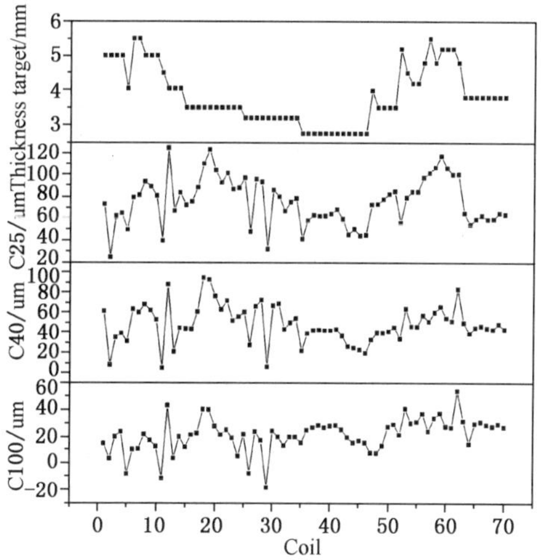

Fig. 10　Strip crown indexes vary with specification changing in the 3rd experiment

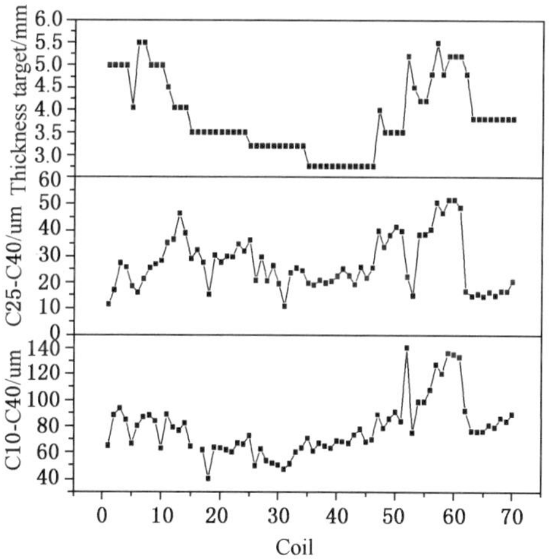

Fig. 11　C25-C40 and C10-C40 vary with specification changing in the 3rd experiment

Fig. 10 shows the crown of first coil of strip changes dramatically at the time of specification changing. This is due to the lack of self-learning coefficients in the control system, but the strip crown would hit the crown target as long as 2 or 3 coils of strip of the same specifications have been rolled. And the hit rate of the crown target could reach more than 95%. It indicated that the self-learning coefficients could quickly become very accurate after 2 coils of strip have been rolled. Owing to the reasonable concave of the WR, the roll bending force in the experiment was relatively small, basically less than 500 kN. The experiment result shows that the new strategy could increase the shape control capability to utmost extent. In Fig. 11 the values of C25-C40 and C10-C40 did not increase with the rolling schedule, they can still maintain relatively stable even in the late phase of rolling schedule. we could also conclude that the wedges of all the strips in the schedule were very small in Fig. 12. All the results showed that the LCR would not have an adverse impact on the strip wedge.

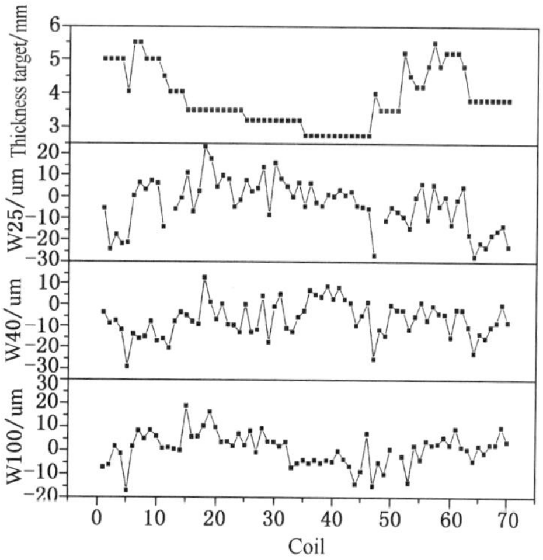

Fig. 12　Strip wedge indexes vary with specification changing in the 3rd experiment

Based on three times experiment on the carbon steel, we can conclude that the LCR had no effect on the rolling stability, and the experiment was finally carried out in the silicon steel schedule. The number of the strip in the schedule was 58 coils. The strips of silicon steel, the grade W470, were rolled from the 11th coil to 42th coil, a total of 32 coils. All the strips from the coil of the 1th to the 10th and the 43th to the 58th were the carbon steel (MRTRG00101, SPHC-YH), a total of 26 coils. Roll shifting strategy was the periodic and equal step length of 25 mm. The results of the strip crown and wedge compared with those rolled by the original CVC roll are shown in Figs. 13 and 14, respectively. Fig. 13 show that the C40 and the C25 of strips were all stable in the rolling process adopting the LCR. They were smaller than those strip rolled by the original CVC roll. The hit rate of the C40 was more than 99%. The strip crowns were stable in the late of the whole rolling schedule. And the cross-section of the strips at the late stage were consistent with those in the middle segment.

In Fig. 14, the wedge of the position of 25 mm from the strip edge (W25), the wedge of the position of 40mm from the strip edge (W40), and the wedge of the position of 100mm from the strip edge (W100) were mainly concentrated at the $-10\mu m$, which were the similar with those rolled by the original CVC roll.

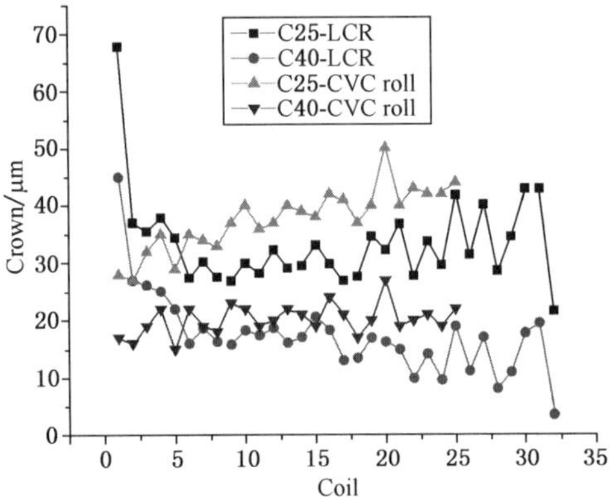

Fig. 13　Comparison of C25 and C40 distribution in hot rolled silicon steel schedule

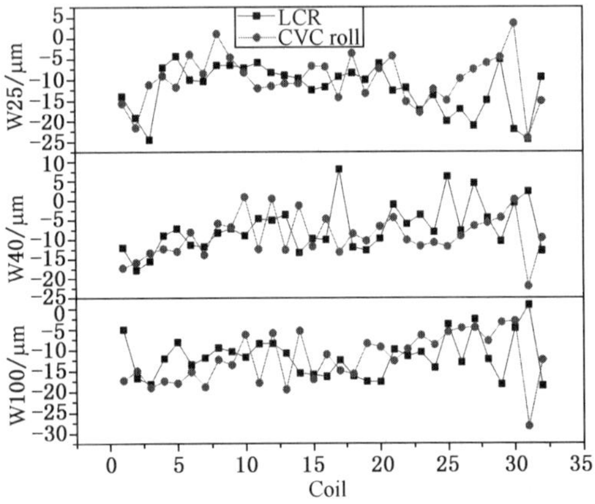

Fig. 14　Comparison of W25, W40 and W100 distribution in hot rolled silicon steel schedule

After the first experiment on silicon steel, another experiment of the LCR on two rolling schedule of silicon steel was carried out. The strip quantity of one rolling schedule was 81, and the other was 73. The wear profiles of the upper and lower LCRs in the three rolling schedules were compared with the wear profiles of the original CVC WRs applied to roll silicon steel in Fig. 15. The graph (1) in Fig. 15 is the profiles of the CVC

WR by which more than 40 coils of strip had been rolled. The total rolling weight was 900 metric tons, and rolling length was 37 kilometers. The graph (2) in Fig. 15 is the profiles of the LCR by which 58 coils of strip had been rolled in the first experiment. The profiles in the graphs (3) and (4) are also the LCR after rolling in the second experiment, in which 81 and 73 coils of strip had been rolled, respectively. The results show that the opening degree of the wear profiles of the LCR becomes smooth, which is consistent with the simulation results. The step length of the roll shifting in the second experiment was about 5~10 mm which was different from the equal step length of 20 mm in the first experiment. Meanwhile, the strip quantity in the second experiment was 23 and 15 more than that in the first experiment, respectively. The wear losses in the graph (3) and (4) were less than or nearly equal to that of the CVC roll in the graph (1). However, the opening degree of the WR wear profiles was improved compared with the "U" shape wear profiles of the conventional CVC rolls. The results prove that the periodic roll shifting strategy is favorable for improving the WR wear profiles, and it also indirectly indicates that the LCR is benefit to the edge-drop control in the late of rolling schedule. If the roll shifting strategy of the second experiment on silicon steel keep consistent with the strategy of the first experiment, or is further optimized, the strip quantity in a rolling schedule can be further increased on the basis of the current 45 coils when the LCR is adopted.

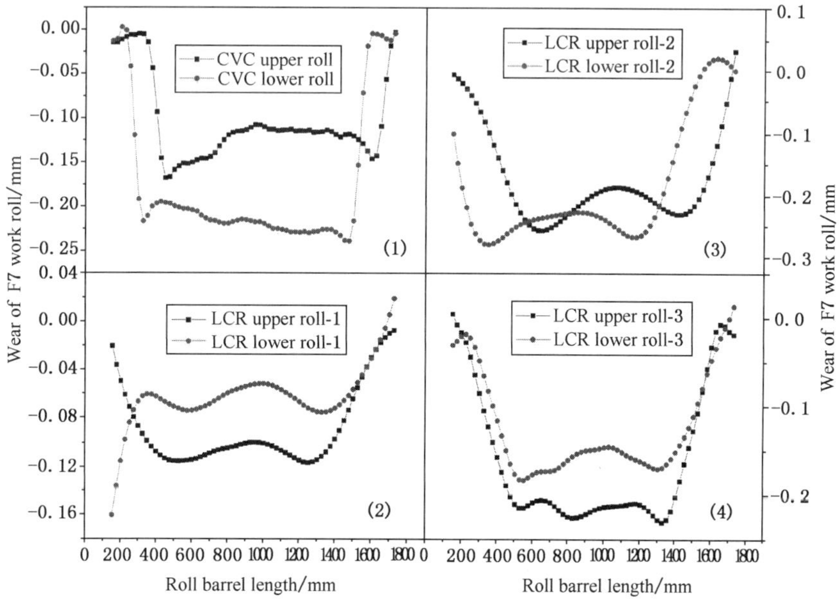

Fig. 15 Wear profiles of CVC roll and LCR

The experiments on both carbon steel and silicon steel showed that the LCR can be widely applied to the downstream stands. As a result of a wide and general product mix in the hot rolling line, the LCR with a suitable crown can be applied to different steel grades whose crown targets are similar to each other. Therefor, 2 or 3 kinds of the LCRs with different crowns are needed, which is mainly determined by the rang of the strip crown target. It may increase the difficulty of the preparation of the WR. If the LCR is applied to all kinds grades, the BUR curve is needed to modify to accommodate the LCR profile. A quadratic BUR curve is designed to accommodate the LCR. Simulation is done to analyze the influence of the quadratic BUR curve paired with the LCR on the pressure between rolls and the strip edge-drop. Fig. 16 is the profiles of the novel quadratic BUR and the original CVC BUR.

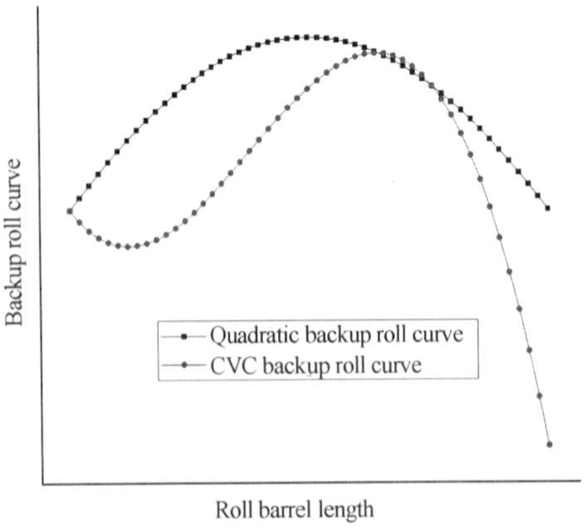

Fig. 16　Profiles of CVC BUR and quadratic BUR

Fig. 17 is the comparison of strip profiles. If the LCR is paired with the quadratic BUR, the strip rolled by them can improve the strip edge-drop compared with the strip rolled by the original CVC WR and the CVC BUR. The strips rolled by the LCR paired with the quadratic BUR are similar with those rolled by the LCR paired with original CVC BUR. It shows that the profile of BUR has little influence on the strip edge-drop, but a little influence on the central profile. However, the profile of the BUR paired with the WR has a significant impact on the pressure distribution. Fig. 18 shows that the pressure between the original CVC WR and the CVC BUR is symmetrical, but becomes uneven with the increase of rolling length. The novel quadratic BUR paired with the LCR improves the pressure distribution compared with the CVC BUR paired with the LCR. The results indicate that it had better to modify the original CVC BUR to accommodate the LCR profile. Optimization of the BUR can not only increase the stiffness of the roll gap to improve the strip profile but also make the pressure distribution between rolls uniform.

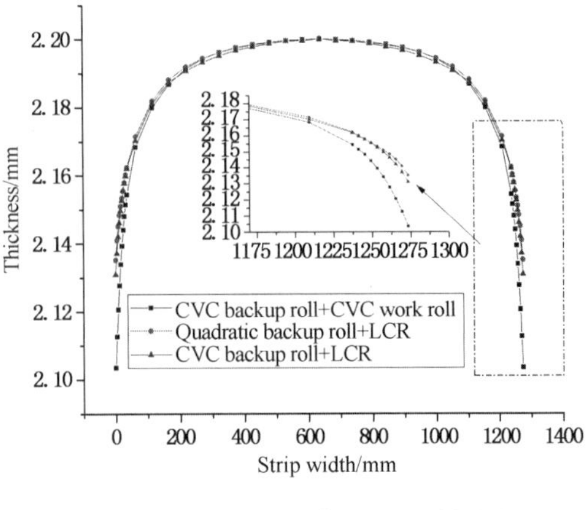

Fig. 17　Profiles of strip rolled by CVC BUR and quadratic BUR

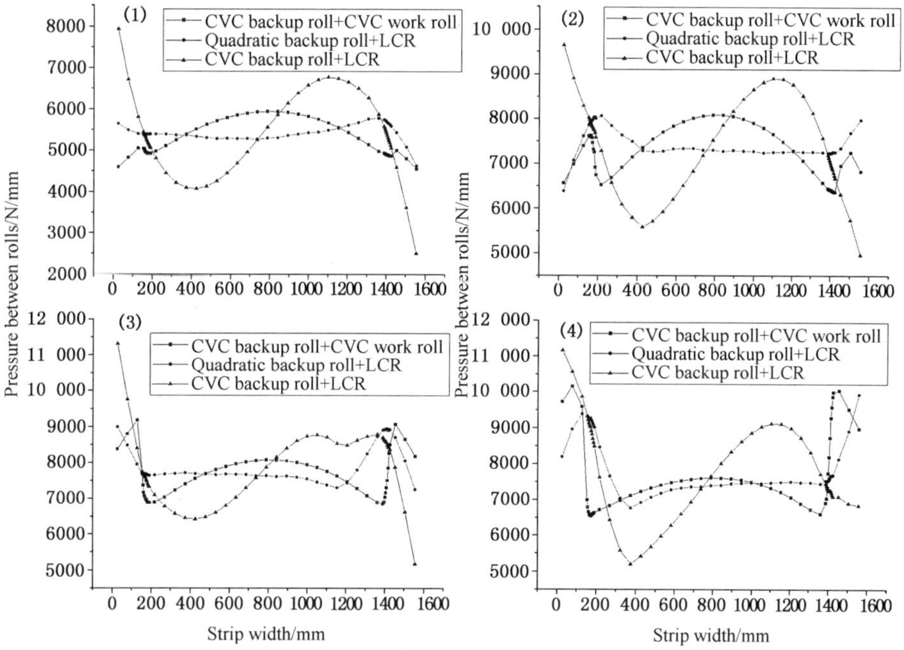

Fig. 18　Pressure comparison of CVC BUR and quadratic BUR

The transverse thickness difference of the strips rolled by the LCR was tracked after cold rolling. The data was compared with the strip rolled by the original CVC roll in the same grade and specification. The average crowns of hot rolled strip, C25 and C40, are shown in Table 1. The corresponding cold rolling information of the strips is shown in Table 2.

The crown target of the hot rolled strip, C40, is 20 μm. So the actual C40 of the strips rolled by both the LCR and the original CVC roll is approximately equal. Owing to the increase of thermal crown of the LCR, the mean value of the C40 is less than that rolled by the original CVC WR. In addition, the C25 of the strips rolled by the LCR is less than that rolled by the original CVC roll. In Table 2, the corresponding transverse thickness differences of the strips rolled by the LCR decrease 0.2～1 μm than the previous months after cold rolling. The percentage of the transverse thickness difference less than 8 μm increases by 13%～28%, and about 92.6% of the transverse thickness differences were less than 10 μm. The results show that it can decrease the transverse thickness difference of the cold rolled strip by reducing the edge-drop of the hot rolled strip. The roll edge of the LCR modified to the taper curve can further reduce the hot rolled strip edge-drop.

Table 1　Mean value of crowns of hot rolled strip in the same specification

	Coils	Average C25/μm	Average C40/μm	Average C25-C40/μm
LCR	162	34.6	18.28	16.32
CVC roll	49	42.64	20.16	22.48

Table 2　Transverse thickness difference of cold rolled strip of in the same specification

Month	coils	Transverse thickness difference				
		$\delta \leqslant 8\ \mu m$	$\delta \leqslant 10\ \mu m$	Average value	Maximum value	Minimum value
2015.11	32	55.63%	93.75%	7.89	12	4
2015.12	17	47.06%	88.24%	8.29	12	5
2016.1	160	60.63%	91.25%	8.04	14	3
2016.2	105	61.90%	91.43%	8.05	11	4
2016.3	73	46.58%	75.34%	8.84	14	3
2016.4	124	46.77%	80.65%	8.79	15	4
LCR	162	74.69%	92.59%	7.8	13	5

5　Conclusions

Based on the above experimental data, we can draw the following conclusion:

(1) Both the upper and lower WRs are designed to the LCR with the quadratic curve, and the symmetric shifting of both the upper and lower WRs can ensure roll gap constant under no load condition.

(2) The shifting strategies, that both the step and the stroke are equal without any attenuation or not equal with attenuation, can improve the WR wear uniform. The shifting strategy of the equal step and stroke is conductive to improving the strip edge-drop in the late of the rolling schedule in case that the quantity of silicon steel in a rolling schedule does not exceed 70 coils.

(3) The LCR with the quadratic curve can be applied to roll silicon steel. Compared with the original CVC roll, the LCR can significantly reduce the C25 and C10. It can realize the free shifting under the condition of achieving the stable control of the crown target. The LCR can improve silicon steel edge-drop in the late of rolling schedule and extend rolling schedule with roll free shifting.

(4) It is benefit for the reduction of the transverse thickness difference of the silicon steel strips in the subsequent cold rolling to decrease the edge-drop of the hot rolled strip.

(5) However, there are shortcomings of the LCR. First, it is not conducive to the frequent change of strip specifications. The strip crown is not stable before and after specifications changing. The control system needs to learn a lot of new self-learning coefficients of models. Besides, the free roll shifting strategy and the original CVC shifting strategy are different, and the control system need to be modified.

Acknowledgements

This research is sponsored by the Hebei Provincial Natural Science Foundation of China (Grant No. E2016203482), Hebei Provincial Science and Technology Research Foundation of China (Grant No. ZD2014034) and Youth Independent Research Program of Yanshan University (Grant No. 14LGA003).

References

[1] Klamma K CVC technology in cold rolling mills[J]. Metallurgical Plant and Technology, 1985, 8(3): 60-62, 66.

[2] Bald W, Beisemann G, Feldmann H, et al. Continuously variable crown (CVC) rolling [J]. Iron and Steel Engineer, 1987, 64(3): 32-40.

[3] Omori S, Kajiwara T, Hino H, et al. Analysis of rolling load generated by pair crossed rolling mill[J]. Ironmaking and Steelmaking, 2004, 31(1): 71-80.

[4] Hamada R, Kamada S, Eto M, et al. Characteristics of the pair-cross cold rolling mill applied to a production mill-development of technology for reducing edge-drop of cold rolled strips by pair-cross mill V-[J]. Journal of the Japan Society for Technology of Plasticity, 1997, 38, (437), 571—576.

[5] Yarita I, Kitahama M, Hiruta T, et al. Transverse thickness profile control in hot and cold strip rolling by tapered-crown work roll shifting(K-WRS) mill[J]. South East Asia Iron and Steel Institute Quarterly(Malaysia), 1998, 27(3): 26-34.

[6] Kitamura K, Nakanishi T, Yarita I, et al. Edge-drop control of hot and cold rolled strip by tapered-crown work roll shifting mill[J]. Iron and Steel Engineer, 1995, 72 (2): 27-32.

[7] Jun-Ichi T, Kenmochi K, Yarita I, et al. Controlling edge drop by tapered-crown work roll shifting mill and work roll crossing mill in cold strip rolling[J]. Journal of the Japan Society for Technology of Plasticity, 1999, 40: 653-657.

[8] Aljabri A, Jiang Zheng-yi, Wei Dong-bin, et al. Thin strip profile control capability of roll crossing and shifting in cold rolling mill [J]. Materials Science Forum, 2014, 773-774, 70-78.

[9] He Anrui, Shao Jian, Sun Wenquan, et al. Transverse thickness deviation control of non-oriented silicon steel during cold rolling [J]. Journal of Mechanical Engineering, 2011, 47(10): 25-30.

[10] Li Guang-lin, Chen Wei, Liu Yu-jin, et al. Impact analysis for section profile of hot-rolled raw materials to dimensional accuracy of cold-rolled silicon steel[J]. Journal of Iron and Steel Research, 2014, 26 (1): 33-36.

[11] Zhang Feng-quan, Liu Ben-ren. Analysis on increasing the rolling yield strip shape quality and traverse thickness accuracy of finished silicon sheet[J]. Research on Iron and Steel, 2005, 33(4): 40-44.

[12] Ou Yang-yun, Cao Jian-guo, Zhang Jie, et al. Relation between profile and flatness control and rolling trait of the hot strip mill for non-oriented silicon steel[J]. Metallurgical equipment, 2005(1): 6-9.

[13] Kitahama M, Yarita I, Abe H, et al. Profile control of hot rolled strip by work roll shifting(K-WRS) mill[J]. Iron and Steel Engineer, 1987, 64(11): 34-43.

[14] Zhang Qing-dong, He An-rui, Huang Lun-wei, et al. Shape control in schedule free hot strip rolling[J]. Iron and Steel, 2001, 36(2): 72-75.

[15] Wang Xiao-chen, Yang Quan, Sun You-zhao. Rectangular section control technology for silicon steel rolling[J]. Journal of Iron & Steel Research International, 2015, 22(3): 185-191.

[16] Cao Jian-guo, Zhang Jie, Song Ping, et al.

ASR technology for controlling profile and flatness of non-oriented electrical steel strip in hot rolling[J]. Iron and Steel, 2006, 41 (6): 43-46.

[17] Cao Jian-guo, Dai Bao-quan, Zhang Jie, et al. Profile and flatness control technology of wide non-oriented electrical steel in hot strip mills[J]. Journal of Centeral South University: Science and Technology, 2008, 39(4): 771-775.

[18] He An-rui, Yang Quan, Chen Xian-lin, et al. Development and application of the asymmetry work roll for hot strip mills[J]. Journal of University of Science and Technology Beijing, 2008, 30(7): 805-809.

[19] Cao Jian-guo, Ya Nan, Mi Kai-fu, et al. Profile and flatness control technology for schedule-free rolling in hot wide strip mills [J]. Journal of University of Science and Technology Beijing, 2009, 31(4): 481-486.

[20] Shao Jian, He An-rui, Yang Quan, et al. Varying shifting stroke strategy of work rolls in hot rolling[J]. Journal of University of Science and Technology Beijing, 2011, 33(1): 93-97.

Coupling Mechanism of Control on Strip Profile and Flatness in Single Stand Universal Crown Reversible Rolling Mill①

Ma Xiaobao[1], Wang Dongcheng[1,2], Liu Hongmin[1,2]

(1. National Engineering Research Center for Equipment and Technology of Cold Rolling Strip, Yanshan University, Qinhuangdao 066004, Hebei, China;
2. State Key Laboratory of Metastable Materials Science and Technology, Yanshan University, Qinhuangdao 066004, Hebei, China)

Abstract: Taper roll contours are widely applied in the single stand universal crown mill (UCM) to control the edge-drop of silicon steel, but bilateral symmetrical quarter buckles always happen in the last pass. It shows that the control on the strip profile and flatness has strong coupling nature. In this paper, the strip profile and the rolling parameters are obtained by simulations, and influences of the rolling parameters on the strip profile and flatness are revealed. The anthors put forward a cantilever end model of the work roll influenced by the bending force, and analyze the rule of the influence the work roll taper curve on the additional pressure on the strip. Moreover, the rolling process characteristics of the UCM reversible rolling are expounded. One of the reasons for the coupling nature of the control on the strip profile and flatness is that the roll taper curve increases the concentration and peak value of the additional pressure on the strip, and another is that the roll taper curve limits the lateral displacement of metal, increasing the longitudinal prolongation of metal. The optimization principle of the roll contour is determined based on the above influence mechanism.

Key words: Cold-rolled strip; Profile and flatness; Bilateral symmetrical quarter buckles; Coupling mechanism; Single stand universal crown reversible rolling mill

1 Introduction

Non oriented silicon steel is widely used in the manufacturing of the motor that strips are mainly stacked in layers to produce motor rotors and stators. Reducing the gap between stacks as small as possible is advantageous for improving the efficiency of motors and reducing energy loss. Therefore, the ideal strip profile of the silicon steel is rectangular, keeping the minimum transverse thickness difference. A higher requirement is put forward for the thickness accuracy and the strip profile. Both, the crown and the edge drop of the hot rolled strip are

---

① Steel Research International, 2017(87): 1-10.

the main factors that affect the transverse thickness deviation of finished products. The continuously variable crown (CVC) roll technology and the pair crossed (PC) roll technology are widely applied on the hot rolling. [1] They all have strong control capability for the strip crown, and are especially suitable for applying in the upstream mills of hot rolling. At present, one of advanced technologies for controlling the hot rolled strip profile includes the asymmetric self-compensation work rolls (ASR) technology. The ASR technology, that could eliminate the work roll "U" groove-type wear by changing the work roll wear contour from U-type to L-type and make strips always rolled in a relatively flat region by the asymmetrical roll contour and irreversible shifting with the same shifting device as the K-WRS (Kawasaki Steel Work-Roll Shifting) technology and CVC technology, realizes the multiple functions for the control on strip edge-drop, crown and wear in hot strip mills. [2]. The control technology of rectangular section is another advanced technology[3]. The technique pointed out that the high-performance variable crown (HVC) work rolls were used in the upstream stand of hot rolling mills to improve the strip crown, and the varying contact backup rolls (VCR) were applied to improve the work roll wear and the control capability for the strip shape. Hot rolling is generally multi-stands continuous rolling, upstream stands control the strip crown, and downstream stands control the strip flatness. In addition, the lateral flow of metal is significant and the rolling temperature is high. All of those make hot rolling much easier to decouple the control of the strip flatness and the strip profile than cold rolling.

Compared with the hot rolling control system, the flatness is the single control target of the cold rolled strip for most rolling lines. and many new technologies mainly realize stable and perfect of the strip flatness. A new flatness control strategy including the time delay compensation has been developed to improve the feedback stability of flatness control system during the acceleration and deceleration rolling process. [4] And an advanced dynamic adjustment model of flatness target curve, the hybrid intelligent algorithm called ZOGE, shows a more powerful ability to eliminate strip flatness defects than conventional regulation modes. [5] In addition, the intermediate roll contour technology was also reported to improve the strip flatness. [6] Recently, many researches are about the control of asymmetric shape defects in cold rolling. [7] The studies above only aim at the strip flatness control, while do not involve the coupling characteristics of the control on the strip profile and flatness.

Some strict requirements of the silicon steel decide that it need to control not only the strip flatness but also the strip profile in the cold rolling. Few researches focus on the prediction of the strip profile and flatness. [8] The most widely studied focus is to control the strip edge-drop,[9] which can be defined as the thickness difference between the 100 mm position and the 5 mm position from the cold rolled strip edge. The classic control technology includes both the K-WRS and the roll crossing and shifting technology. [10] However, the UCM rolling mill cannot achieve the work roll axial shifting. In order to enhance the control capability of the strip edge-drop in the UCM rolling mill, taper work roll contour technologies were widely applied in the UCM tandem rolling line [11] Due to different flatness control strategies and different rolling ways, the technical scheme of the single taper roll has certain limitations for reversing rolling mills. To this end, the scheme of the edge variable crown (EVC) roll contour was proposed. [12] However, no matter whether it is tandem rolling or reversing rolling, the taper roll technology is easy to cause the strip flatness problem, especially the bilateral symmetrical quarter buckles. Quarter buckles mainly happen in the downstream stand of the tandem cold rolling. [13] In addition, the problem of the bilateral symmetrical quarter buckles also appears in the advanced UCMW rolling mill. An independent module of the work roll bending compensation was proposed to weaken the coupling relationship between the flatness and the edge-drop. [14] Zhang Q. D. et al. adopted the technology of optimizing the intermediate roll contour to improve the coupling problem. [15] The above research on decoupling the relationship of the strip flatness and the strip profile aimed at the UCMW rolling process. It main focused on the influence of the shape control means on the quadratic and quartic crowns, which were used for equivalently evaluating strip flatness, and ignored the mechanical root of the coupling nature of the control on the strip profile and flatness.

In general, single stand UCM reversible rolling mills are only equipped with the strip flatness control system and the thickness control system, and lack of edge-drop control system. All of those are obviously different from the advance UCMW rolling process. Although the means of rolls bending and the intermediate roll shifting can realize the control on the strip profile and flatness, the profile control is limited by the requirement of the good flatness. In particular, it put forward more stringent requirements for the strip flatness due to the nature of the silicon steel's brittle and hard and the characteristics of the continuous annealing process, which makes the function of both the roll bending and the roll shifting for controlling the strip edge-drop become passive. Roll contour technology is the most direct and effective means for controlling the strip profile of the cold rolled silicon steel.

Rolling experiments were carried out on a single stand UCM reversible rolling mill with 3 kinds of roll contours as shown in Figure 1. The strip rolled by the flat roll would not show the bilateral symmetrical quarter buckles except for the significant edge-drop. Although the taper roll 1 has an outstanding capability to control the strip edge-drop, it is also easy to cause the remarkable bilateral symmetrical quarter buckles in the strip. (please see the silicon steel flatness video in the Supporting Information). In order to inhibit the significant strip edge-drop and prevent the occurrence of the bilateral symmetrical quarter buckles at the same time, a lot of improvement measures have been adopted. Finally, the taper roll 2 is obtained. However, the coupling nature of the control on the strip profile and flatness is so strong, that it becomes an optimization process to improve roll contours. It is very important for optimization principles to seek out the coupling mechanism in the single stand UCM reversible rolling. In this paper, simulations are carried out based on the rolling process parameters. The relationship between the formation mechanism of the bilateral symmetry quarter buckles and the function of the taper roll on the strip edge-drop is sorted out. The mechanical balance analysis is done according to both characteristics of roll structures and the distribution of bilateral symmetry quarter buckles encountered in practice. It provides theoretical guidance for solving the coupling problem.

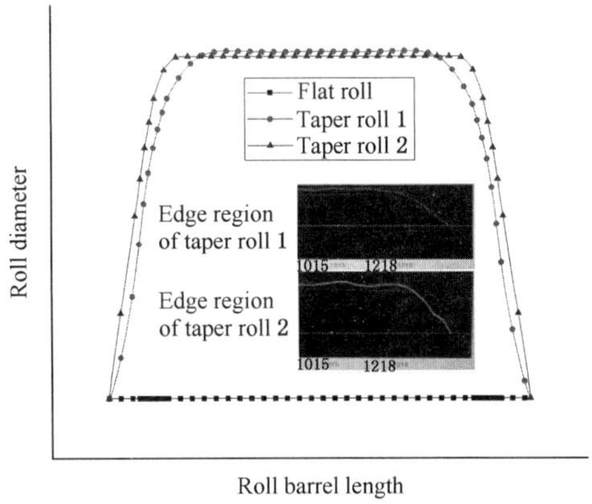

Figure 1　Work roll contours in experiments

2　Coupling mechanism of control on strip profile and flatness in single stand UCM reversible rolling mill

2.1　Relationship between strip profile and flatness

The three-dimensional deformation of strips include thickness reduction, longitudinal prolongation and width expanding. The transverse thickness difference represents the uniformity of the strip thickness, and the flatness characterizes the uniformity of the strip prolongation in the longitudinal direction. The relationship between the strip flatness I and the longitudinal elongation ε is expressed as:

$$I = \varepsilon(y)/10^{-5} \tag{1}$$

The strip longitudinal elongation ε is as follows:

$$\varepsilon(y) = -\left(1 + \frac{h_1(y)}{\overline{h}_1} - \frac{h_0(y)}{\overline{h}_0} - \frac{l_0(y)}{\overline{l}_0} + u'(y) - \frac{\Delta b}{b}\right) \tag{2}$$

According to the relationship of the plane strain and of the plane stress, the distribution of the strip tension stress of the outlet, under the condition that the flatness of the incoming is good, is as follows:[16]

$$\sigma_1(y)=\bar{\sigma}_1+\frac{E}{1-\nu^2}\cdot\left[\frac{h_1(y)}{\bar{h}_1}-\frac{h_0(y)}{\bar{h}_0}+u'(y)-\frac{\Delta b}{b}\right]\tag{3}$$

Where, y is the coordinates along the direction of the strip width, and the origin of the coordinates is selected at the center of the strip width. E, ν are elastic modulus and Poisson's ratio of the strip, respectively. b, Δb are the strip width and the amount of the width expanding, respectively. $\bar{h}_0$, $\bar{h}_1$ are the strip average thickness of the inlet and the outlet, respectively. $h_0(y)$, $h_1(y)$ are the strip thickness of the inlet and the outlet, respectively. $u'(y)$ is the derivative of the lateral displacement of metal.

Equations (1) and (2) show that main factors affecting the strip flatness are both the inlet and the outlet strip thickness and the strip width expanding. Due to the small unit of the flatness, even small changes of the thickness or the width expanding will have notable influence on the strip flatness. The influence of the thickness or the width expanding on the strip flatness will increase with the outlet strip thickness decreasing. Therefore, the coupling nature of the control on the strip profile and flatness will become obvious in the last rolling pass. Under the precondition for reducing the strip edge-drop, the flatness of the strip, especially in the edge region, is bound to be affected by the lateral displacement of metal. According to the constant volume principle in the process of the metal plastic deformation, strip edge thickening will not only directly lead to the decrease of the strip flatness, but also indirectly reduce of the lateral displacement of metal. If the derivative of the lateral displacement of metal decreases, the flatness of the strip will be also deteriorated as shown in Equation (2). So it should ensure that the lateral displacement of metal change as small as possible in the whole range of the width under the precondition for reducing the strip edge-drop.

The right side of Equation (3) can be divided into two part. One is the average tension stress of the outlet, $\bar{\sigma}_1=\frac{T_1}{b\bar{h}_1}$. T_1 is the total tension of the outlet, the other is the strip residual stress. It shows that the essence of the flatness variation is the change of the strip residual stress. If the flatness is negative, the strip will suffer the residual compressive stress.

The strip flatness is mainly affected by the rolling force. The increase of the rolling force will aggravate rolls deflection and the flattening of the strip and the work roll, thereby enlarging the strip longitudinal elongation in the rolling direction. According to Equations (2) and (3), it can conclude that the strip is subjected to the residual compressive stress in case that the strip flatness is positive, namely the longitudinal elongation rate is too large. And the residual compressive stress will result in the decrease of the outlet tension stress, leading to the increase of the rolling pressure. Therefore, the change of the lateral displacement of metal will indirectly affect the rolling pressure and the tension stress, which may in turn, enlarge the strip longitudinal elongation, deteriorating the bilateral symmetry quarter buckles.

Under the condition that the incoming flatness and thickness are constant, the relationship between the variation of the strip flatness and the variations of both the outlet strip thickness and the lateral displacement of metal, is obtained according to Equations (1) and (2).

$$\Delta I = \Delta\varepsilon(y)/10^{-5} = -\left(\frac{\Delta h_1(y)}{\bar{h}_1} + \Delta u'(y)\right) \times 10^5 \quad (4)$$

Equation (4) shows that, the thinner the strip, the more significant the influence of the variation of both the strip thickness and the lateral displacement on the strip flatness. Although, the width expanding of the cold rolled strip is small, it has markedly influence on the uniformity of the strip flatness. Based on the analysis, it can conclude that the strip profile and flatness are affected by the lateral displacement of metal.

2.2 Effect of lateral displacement of metal on strip profile and flatness

The essence of the control on the profile of silicon steel is to improve the strip edge-drop in cold rolling, and the essence of the control on the strip flatness is to control the strip residual stress so as to prevent the strip buckling. In order to reveal the effect of roll contours on the strip flatness and the strip profile, simulations are done based on the parameters of a UCM 1420 mm reversing cold mill. Where, the screw-down cylinder distance is 2480 mm, and the bending cylinder distance of both the work roll and the intermediate roll are 2170 mm and 2785 mm, respectively. The diameters of the work roll, the intermediate roll and the backup roll are 230-260 mm, 440-490 mm, and 1050-1200 mm, respectively. The strip width is 1230 mm, the incoming thickness is 2.2 mm. Parts of the actual process parameters are shown in Table 1

Aiming at the shape problem of the cold rolled strip, we established a set of efficient analysis models [17]. The strip plastic deformation model is established based on the strip element method, and the elastic deformation model of rolls is established by the influence function method. The strip plastic deformation model is used to calculate the transverse distribution of the rolling pressure and the flatness in the premise that the thickness distribution of the outlet strip has been solved. It can be simplified as follows.

$$(\tilde{\sigma}_1, \tilde{p}_l) = f_1(\sigma_s, \mu, \tilde{h}_0, \tilde{h}_1, B, T_0, T_1) \quad (5)$$

Where, σ_s is the average deformation resistance of strip. μ is the friction factor. $\tilde{h}_0$, $\tilde{h}_1$ are thickness distributions of both the inlet and the outlet, respectively. B is the strip width. T_1, T_0 are total tensions of both the outlet and the inlet, respectively. $\tilde{\sigma}_1$, $\tilde{p}_l$ are distributions of the flatness and the rolling pressure of unit width.

In general, the thickness distribution of the outlet is unknown, and the other parameters are known, so Equation (5) can be simplified as

$$(\tilde{\sigma}_1, \tilde{p}_l) = f_1(\tilde{h}_1) \tag{6}$$

The elastic deformation model of rolls is to calculate the thickness distribution of the outlet under the condition of the rolling pressure distribution. It can be simplified as follows.

$$\tilde{h}_1 = f_2(\tilde{p}_l) \tag{7}$$

According to Equations (6) and (7), the thickness distribution of the outlet and the distribution of the rolling pressure are reciprocal causation. The relaxation factor method is usually used to carry out Equations (6) and (7), which has a serious impact on the calculation speed and stability. For this reason, the strip model and the rolls model are combined in accordance with the intrinsic relationship, forming a model coupling method. [18] A set of linear equations are established, and the flatness, the strip profile, the rolling pressure, and the pressure between rolls can be solved at the same time without mutual iteration between the calculation results, and it has advantages of high precision, fast speed and good stability. It can be simplified as follows.

$$(\tilde{\sigma}_1, \tilde{p}_l, \tilde{h}_1) = f_3(\bar{Y}, \bar{Z}) \tag{8}$$

Where, $\bar{Y}$ is strip parameters, and $\bar{Z}$ is the geometric parameters of rolling mill and shape control parameters.

Table 1　Process parameters

Parameter	Pass			
	1	2	3	4
Outlet thickness/mm	1.342	0.859	0.618	0.500
Rolling pressure /kN	10 299	9174	8331	7191
Intermediate roll shifting distance/mm	20	20	20	20

Figure 2(a) is the distribution of the lateral displacement of metal along the width direction in 4 passes. Results are calculated based on the flat roll contours. The width of the strip is partitioned into three regions, the center region, the transition region and the edge region. The metal in the center region hardly laterally expands in each pass. Apart from the first pass, the lateral displacement of the metal in the transition region is also almost zero. Thus, the deformation state of metal is similar to plane strain, and almost all of the reduction in the thickness direction is converted to the prolongation in the longitudinal direction. Minor changes of the proportion of the strip crown will lead to a sharp deterioration of the strip flatness, which is not allowed in the production practice. The lateral displacement of the metal in both the edge region and the transition region in the first pass is significantly greater than that in other passes. The large deformation of width expanding leads to the serious edge drop so that the first pass is the most important and effective for inhibiting the strip edge-drop, and the edge width of the first pass is about 100 mm. Therefore, the means of roll contour for controlling the edge-drop of the cold rolled strip should aim at the 100 mm width range in the edge region. As can be seen, the width of the deformation in plane strain state is gradually increased with the strip thinning, and the width of the edge deformation region in the mixed state of both the plane strain and the plane stress is gradually reduced, which makes the sensitive region extended.

Figure 2(b) is the distribution of the lateral displacement of metal in the first pass or stand with different taper rolls. Taper rolls make the lateral displacement of the metal in the edge region less than that rolled by the flat roll, but make the lateral displacement of metal in the transition region increase than that rolled by the flat roll. Generally, the difference of the lateral displacement of the metal rolled by taper rolls and the flat roll is smaller than the total amount of strip width expanding. In addition, the greater the thickness, the smaller the influence of the transverse thickness difference of the strip edge, as shown in Equation (4). Therefore, it is not prone to lead the significant flatness problem in the first pass or stand.

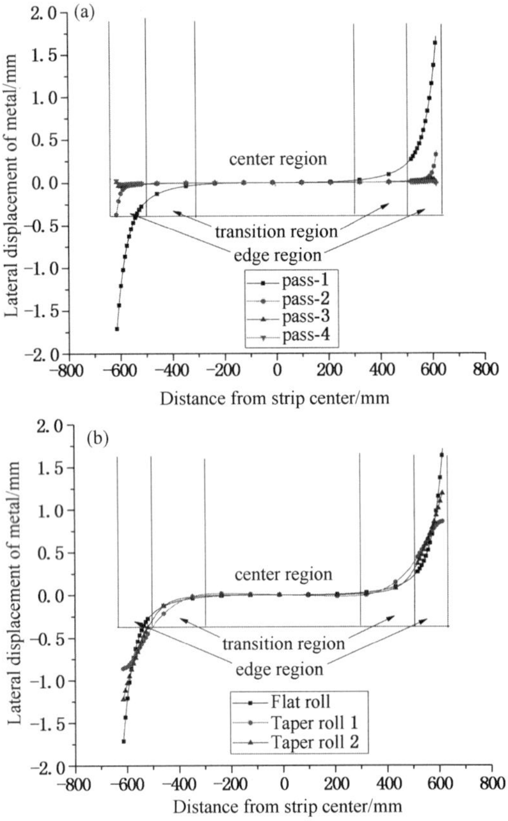

Figure 2　Distribution of lateral displacement of metal

The results show that, not only the strip in first pass has obvious edge-drop, but also it can avoid flatness problems in the first pass. Therefore, the task of reducing the strip edge-drop should be mainly distributed in upstream 1-2 stands or initial two passes of the reversible rolling, and the function of downstream stands or later passes is mainly to ensure the good flatness of strip.

Figure 3(a) shows that profiles of strips rolled by the flat roll and taper rolls are almost the same in the center region. In the edge region, the edge-drop of the strip rolled by the flat roll is the most prominent. The control ability of the edge-drop of the strip rolled by the taper roll 1 and the taper roll 2 are equivalent, but it is improved significantly than that of the flat roll. In the transition region, the strip rolled by the taper rolls is relatively thinner than that rolled by the flat roll. Under the circumstance that the incoming profiles are the same, the thinner thickness means the increase of the strip longitudinal prolongation or the lateral displacement of metal. However, the lateral displacement of metal in Figure 3(b) shows that, there is almost no influence on the lateral displacement of the metal in the center region of the strip. In the strip edge region, especially the strip edge, the metal has the inward flow trend. In the transition region and the position of 50-100 mm from the strip edge, taper rolls cause the relative reduction of the lateral displacement of metal, that is, the taper roll would restrain the outflow of the metal in the transition region. Based on the contrast change of profiles in Figure 3(a) and the lateral displacement of metal in Figure 3(b), it can conclude that the strip thickness is thinner and the lateral displacement is smaller than those rolled by the flat roll in the transition. According to the constant volume principle of the metal plastic deformation, taper rolls will increase the strip longitudinal prolongation in the transition region, where the bilateral symmetrical quarter buckles happen in the case that the flatness mode is the micro center wave.

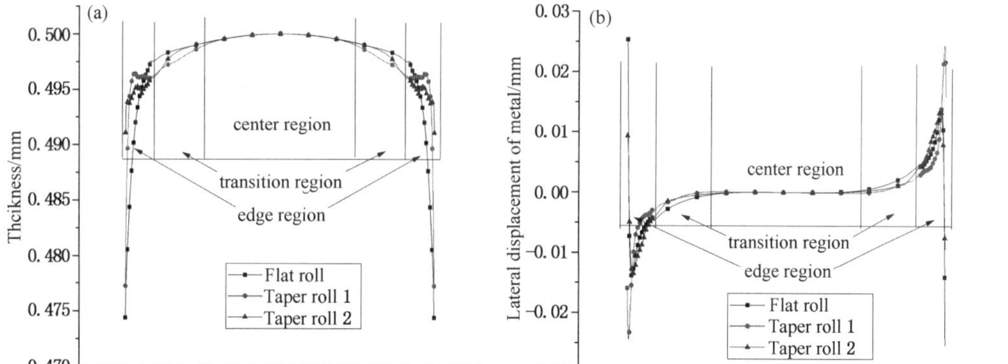

Figure 3　Strip cross-section profile and lateral displacement of metal

The most significant effect of taper rolls on the deformation zone is characterized in that the reduction in the strip edge region is less than that of the flat roll. It is precisely the change of the reduction in the deformation zone that affects the rolling force balance between strip and work rolls, leading to the change of the strip profile. The transverse distributions of the rolling force in Figure 4(a) show that the rolling force of taper rolls in the transition region is larger than that of the flat roll. Under the plane strain condition, the larger the compressive stress, the more the longitudinal extension of metal. The distributions of the strip residual stress in Figure 4(b) show that, taper rolls make the residual compressive stress in the transition region increase compared with the flat roll, which will make the local tension at the outlet decrease. According to the relationship between the tension and the rolling force, the decrease of the tensile stress will lead to the increase of the rolling force, and the increase of the rolling force will enlarge the strip longitudinal prolongation, which, in turn, makes the residual compressive stress increase and the local tension reduce. Both of them deteriorate each other, and eventually reach a balance. The result is that the bilateral symmetrical quarter buckles have an increasing tendency.

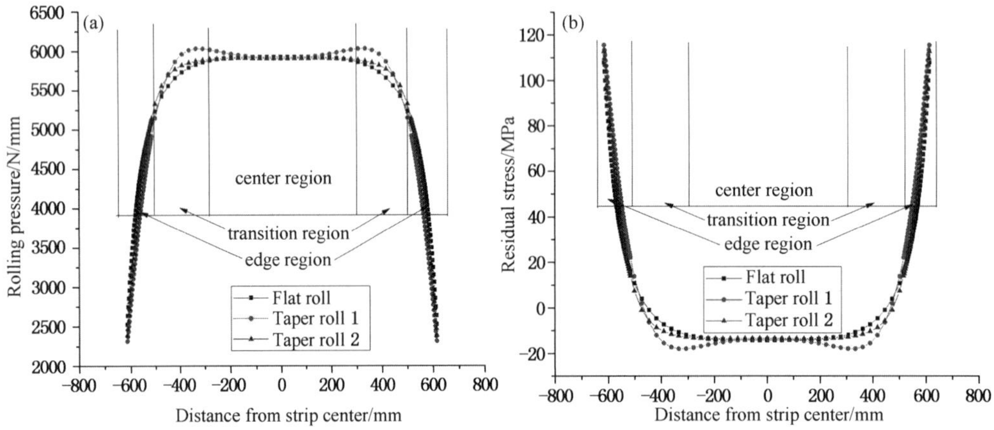

Figure 4　Distribution of rolling force and strip residual stress

The above results show that roll contours have a significant impact on the lateral displacement of metal in the last pass. The decrease of the strip lateral displacement of metal in the last pass enlarges the strip longitudinal prolongation in the transition region, and the excessive longitudinal prolongation, in turn, deteriorates the rolling force and the strip residual stress in the transition region. All of these would aggravate the bilateral symmetrical quarter buckles.

2.3　Effect of roll bending force on strip flatness and strip profile of UCM rolling mill

Bilateral symmetrical quarter buckles usually happen in the last pass or stand of the UCM rolling mill when the taper work roll is used to roll the silicon steel as shown in Figure 5(a). However, they also happen in a 5 stands tandem mill, as shown in Figure 5(b) (please see the figures of the actual strip flatness in the Supporting information). The tandem mill adopts flat work rolls to roll high strength steel. It seems that the lateral displacement of metal, the strip residual stress and the rolling force are not easy to be affected by the flat work roll contour. The appearance of the bilateral symmetrical quarter buckles in the tandem rolling illustrates that, the influence of the taper work roll contour on the lateral displacement of metal, the strip residual stress, and the rolling force is only part of the main reasons for the coupling nature of the control on the strip profile and flatness. There are also other reasons for the bilateral symmetrical quarter buckles in the single stand UCM reversing mill and the tandem mill.

The remarkable feature of the taper work roll of the single stand UCM rolling mill is the bilateral taper curve. Meanwhile, the intermediate roll of the UCM rolling mill has a single taper curve, and the backup roll contour is flat. While the work roll contour of the 5 stand tandem mill is flat, and both the intermediate roll and the backup roll are CVC roll. Although work rolls of the rolling mills of both the silicon steel and the high strength steel are different, the contact between the work roll and the intermediate roll has a similar characteristic. The contact position 1 in Figure 5(a) is away from the end of the work roll because of the taper curve. The CVC intermediate roll, as shown in Figure 5(b), is essentially equivalent to the taper curve, which also makes the contact position between the work roll and the intermediate roll far away from the end of the work roll. The change of the contact point of rolls affects the local moment balance of the work roll bending force. The control effect of the work roll bending force mainly acts on the strip edge because the work roll is constrained by the intermediate roll and the strip. The constraint is strengthened as a result of the great ratio of the work roll length and diameter. The moment balance model of the work roll bending force can be simplified as the cantilever beam model in Figure 6, and the work roll bending force acting on the work roll chocks is simplified to the bending moment at the end of the work roll. The contact position of the work roll and the intermediate roll is simplified as the cantilever end. Constraint reactions acting on the work roll from the intermediate roll and the strip, which realize the bending moment balance of the work roll, are simplified to concentrated forces.

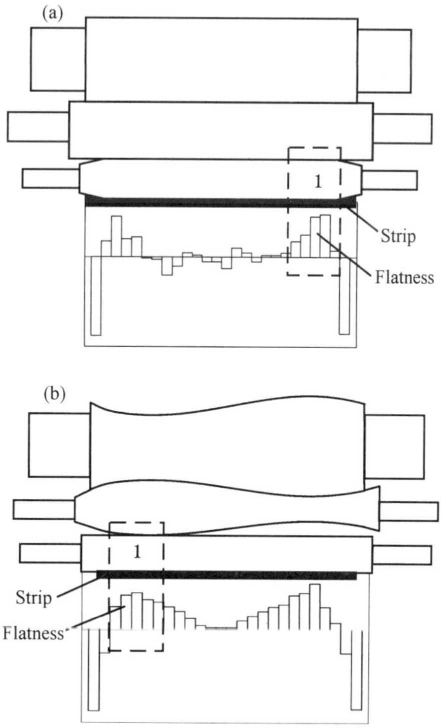

Figure 5　Relationship between flatness distribution and CVC rolls and taper rolls

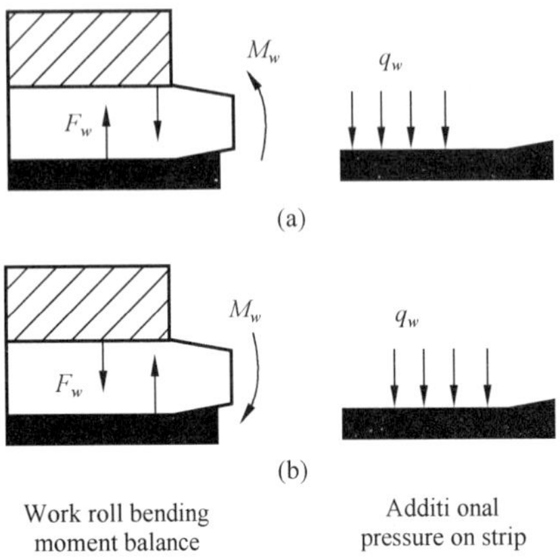

Figure 6　Cantilever end model of work roll and strip under bending moment

According to the relationship between the action and the reaction, an additional pressure is applied to the strip due to the work roll bending force, as shown in Figure 6. The greater the work roll bending force, the greater the additional pressure on the strip. The direction of the bending moment of the work roll will affect the distance of the additional pressure from the strip edge. If the work roll bending force is positive, the additional pressure is far from the cantilever end. If the work roll bending force is negative, the additional pressure is close to the cantilever end. According to the Saint Venant' principle, the additional pressure is mainly distributed on the strip near the cantilever end, which happens to be located in the transition region in which the bilateral symmetrical quarter buckles appear. The gap between the intermediate roll and the taper work roll makes the additional pressure becomes larger and more concentrated, which aggravates the influence of the taper curve of work roll on the bilateral symmetrical quarter buckles. Furthermore, with strip work-hardening and the deformation resistance increasing, the moment balance model becomes more similar to the cantilever beam structure, so the influence of the additional pressure on the bilateral symmetrical quarter buckles will intensify in the last pass. It is also the reason that the bilateral symmetrical quarter buckles usually occur in the high grade silicon steel and the high strength steel.

3　Characteristics of single stand UCM rolling process

The taper roll is widely used to roll silicon steel in different types of rolling mills and different rolling processes. However, there are notable differences between the reversible rolling process and the continuous rolling process. The object of the closed loop control system is the strip flatness in the UCM reversible cold rolling mill, and all or most of passes adopt the mode of the automatic closed loop control of the flatness, while the mode of the automatic closed loop control of the flatness mainly opens in the end stand in the tandem rolling process. Therefore, the effect of shape control means will interfere with each other in different passes in the UCM reversible rolling process, especially the taper work roll contour is bound to repeat to participate in the control of the strip edge-drop in every pass because the work roll cannot shift in the reversible rolling process. The control on the strip profile and flatness shows strong coupling relationship in the reversible rolling. Compared with the single stand UCM reversing mill, the conventional 5 stands tandem cold mill can avoid the defect that the work roll taper curve is reused in the rolling process. Upstream stands mainly control the strip edge-drop with taper roll contours, and downstream stands control the strip flatness with flat roll contour. It can decouple, to a certain extent, the control on the strip profile and flatness to different stands.

Currently, the 6-high UCMW mill is an advanced cold rolling mill with powerful shape control means. It increase the function of the work roll shifting compared with the UCM rolling mill, and usually equipped with a profile gauge at the inlet and an edge-drop meter at the outlet. The UCMW mill equipped with the K-WRS edge-drop automatic control system can achieve the closed loop control of the strip edge-drop and ensure the transverse thickness difference in the entire coil. [19] The axial shifting of the work roll can freely determine the length of the taper curve used in different stands or passes. From this aspect, it can also decouple, to some extent, the control on the strip profile and flatness to different stands or passes.

The process characteristics of the single stand UCM reversible rolling mill decide that the coupling nature is more remarkable than that in the tandem rolling process or UCMW rolling mills. The practical application of the taper work roll showed that serious bilateral symmetry quarter buckles always appeared in the last pass, and a few local lateral buckling arise in the annealed strip at the position corresponding to the location of bilateral symmetry quarter buckles. Characteristics of the single stand UCM reversing rolling process should be taken account during the optimization of roll contours.

4 Optimization of taper roll contour of cold rolled silicon steel

According to the simulation results and practical experiences, the control capability of the strip profile is limited by the flatness. The profile of the cold rolled strip which can be controlled is mainly the 100 mm from the strip edge. Thus, the taper curve of the work roll should be designed at the corresponding position of the roll barrel. The heavy thickness, small deformation resistance and significant lateral flow of metal in upper stands or passes can effectively restrain the strip flatness. Meanwhile, upper stands are the most favorable for the control on the strip edge-drop. It can achieve the decoupling of the control on the strip profile and flatness. For the UCM rolling mill, the use of the taper work roll will inevitably bring about the flatness problem. Two aspects about the taper work roll should be paid special attention to effectively inhibit the bilateral symmetric quarter buckles. First, the starting position of the taper curve should be as close as possible to the work roll end. It can improve the contact stiffness between the work roll and the intermediate roll, and keep the additional pressure caused by the work roll bending force close to the strip edge. Second, the crown of the work roll should be appropriate. The taper curve not only improves the control effect of the work roll bending force, but also leads to the residual tensile stress in the strip edge. It makes the strip flatness significantly less than the target value, resulting in the negative bending force in the last pass. The negative bending force in turn restrain the control ability of the taper work roll for the strip edge-drop. The two principles can achieve, a certain extent, the decoupling of the control on the strip profile and flatness as far as possible.

In order to realize the optimal control on the strip profile and flatness, the taper roll 2 is designed based on principles above, as shown in Figure 1. The function of the taper roll 2 for the control on both the strip edge-drop and flatness is superior to the taper roll 1. One of the prominent differences between the taper roll 1 and the taper roll 2 is that the starting position of the taper curve of the taper roll 1 is more far away from the work roll end than that of the taper roll 2. It will make the additional pressure far to the strip edge, which may expand the width of the bilateral symmetric quarter buckles. In addition, the effective crown of the taper roll 1 is far greater than the taper roll 2, which inhibits rolls bending force. In practice, the work roll bending force of the taper roll 1 is always negative, while the work roll bending force of the taper roll 2 is approximately 0 in the last pass, as shown in Table 2. Where the "FW" indicates the work roll bending force, the "FIM" represents the intermediate roll bending force.

The bending force of the taper roll 2 is larger than that of the taper roll 1, but the control capability of the two taper rolls for the strip edge-drop is almost equivalent. The larger the work roll bending force, the greater the influence of the additional pressure on the bilateral symmetric quarter buckles. In fact, the width of the bilateral symmetric quarter buckles corresponding to the taper roll 1, as shown in Figure 7(a), is larger than that corresponding to the taper roll 2, as shown in Figure 7(b), so is the amplitude. The roll crown of the previous taper roll is smaller than those of both the taper roll 1 and 2. The data of the transverse thickness difference corresponding to the taper roll 2 is obviously better than that corresponding to the previous taper roll, but slightly worse than that corresponding to the taper roll 1 in Figure 7(c). However, the roll stability is improved after applying the taper roll 2, which shows the advantage of the taper roll 2.

Table 2　Roll bending force corresponding to different work rolls

	Flat Roll				Taper roll 1				Taper roll 2			
	pass1	pass2	pass3	pass4	pass1	pass2	pass3	pass4	pass1	pass2	pass3	pass4
FW/kN	12	6	8	5	10	3	−4	−5	8	3	5	−1
FIM/kN	26	15	17	15	17	9	8	5	23	14	15	11

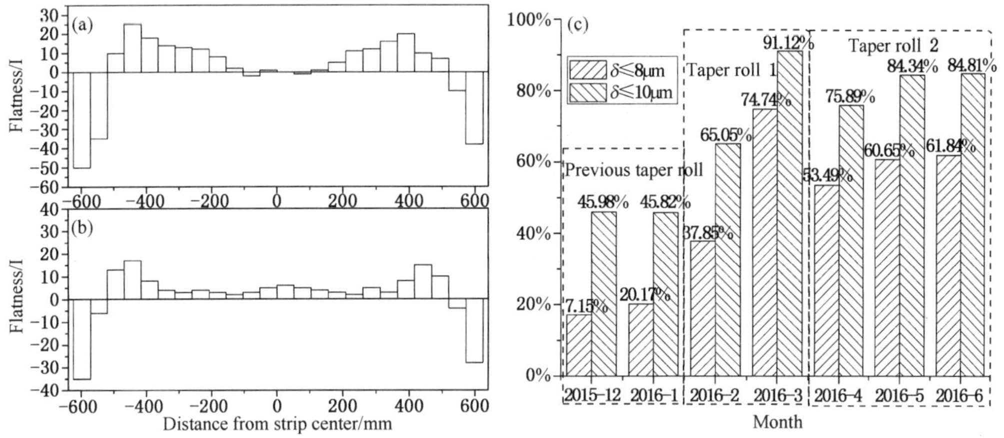

Figure 7　Strip flatness and transverse thickness difference statistical data corresponding to taper roll 1 and taper roll 2

5　Conclusion

(1) The heavy thickness, small deformation resistancem and significant lateral flow of metal in the upper stand or pass can effectively prevent the occurrence of strip flatness problems. The taper work roll contour should be arranged in the upstream stand in the cold rolling for the purpose of controlling the strip edge-drop.

(2) The reason for the coupling nature of the control on the strip profile and flatness in the last pass of the single stand UCM reversible rolling mill mainly includes two aspects: First, the taper roll contour causes the strip thickening in the edge region and the strip reduction in the transition region. Meanwhile, the lateral flow of metal is blocked in both the edge region and the transition region All of them result in the increasing of the longitudinal flow of metal. Second, the taper roll contour changes both the control effect and acting position of the work roll bending, and it ultimately lead to the additional pressure on the strip in the transition region.

(3) The taper curve of the work roll in the single stand UCM reversing mill mainly control the width 100mm of the strip edge. The starting position of the taper curve should be as close as possible to the strip edge and the crown of the work roll should be appropriate. It can weaken the effect of the additional pres-

sure on the strip so as to decouple the control on the strip profile and flatness, reducing the bilateral symmetric quarter buckles.

Acknowledgements

This research is sponsored by Natural Science Foundation of Hebei Province, China (Grant No. E2016203482), Science and Technology Research Foundation of Hebei Province, China (Grant No. ZD2014034) and Youth Independent Research Program of Yanshan University (Grant No. 14LGA003).

References

[1] a) W. Bald, G. Beisemann, H. Feldmann, T. Schultes, Iron Steel Eng. 1987, 64, 32; b) R. Hamada, S. Kamada, M. Eto, T. Kajihara, S. Hashimoto, Y. Matsuda, J. Jpn. Soc. Technol. Plast. 1997, 38, 571.

[2] a) J. G. Cao, J. Zhang, P. Song, Y. Su, T. L. Yan, Iron Steel 2006, 41, 43; b) J. G. Cao, G. C. Wei, J. Zhang, X. L. Chen and Y. Z. Zhou, J. Cent. South Univ. Sci. Technol. 2008, 15, 264; c) J. G. Cao, S. J. Liu, J. Zhang, P. Song, T. L. Yan and Y. Z. Zhou, J. Mater. Process. Technol. 2011, 211, 1768.

[3] X. C. Wang, Q. Yang and Y. Z. Sun, J. Iron Steel Res. Int. 2015, 22, 185.

[4] P. F. Wang, Y. Peng, D. C. Wang, J. Sun, D. H. Zhang, H. M. Liu, Steel Res. Int. 2016, 88, 252.

[5] Z. W. Yan, H. N. Bu, D. H. Zhang, Steel Res. Int. DOI: 10.1002/srin.201600326.

[6] J. G. Cao, Y. Zhang, G. H. Yang, X. M. Meng, L. C. Cao, X. H. Zhou, Z. K. Wang, J. Cent. South Univ. Sci. Technol. 2011, 42, 966.

[7] a) X. C. Wang and Q. Yang, J. Mech. Eng. 2012, 48, 58; b) Z. H. Bai, Q. Y. Guo, Y. Xing, C. Qian, Y. X. Liu, R. Wang, J. Z. Li, Ironmaking Steelmaking 2016, 43, 137.

[8] J. S. Lee, T. J. Shin, S. J. Yoon, S. M. Hwang, Steel Res. Int. 2016, 87, 930.

[9] a) H. G. Hartung, F. W. Hollmann, R. Holz, H. P. Richter, Steel Res. 1998, 69, 143; b) J. G. Cao, N. Mao, J. Zhang, X. Q. Yin, W. Zeng, Iron Steel 2008, 43, 57; c) J. G. Cao, J. Zhang, G. H. Yang, X. Q. Yin, W. Zeng, G. L. Gong, The Proc. of the 10th Int. Conf. on Steel Rolling, Metallurgical Industry Press, Beijing, China 2010, p. 1065

[10] a) I. Yarita, M. Kitahama, T. Hiruta, K. Kenmochi, J. Tateno, South East Asia Iron Steel Inst. Q. 1998, 27, 26; b) T. Jun-Ichi, K. Kenmochi, I. Yarita, T. Kaneko, Y. Yamada, J. Jpn. Soc. Techno. Plast. 1999, 40, 653.

[11] a) W. Q. Sun, Q. Yang, J. Shao, A. R. He, M. X. Li, J. Univ. Sci. Technol. Beijing (Chin. Ed.) 2010, 32, 1340; b) W. T. Xiong, D. F. Guo, M. L. Ding, L. Sun, Iron Steel 2016, 51, 65.

[12] A. R. He, J. Shao, W. Q. Sun, C. L. Guan, X. Y. Shen, J. P. Zhang, J. Mech. Eng. 2011, 47, 25.

[13] G. H. Yang, J. G. Cao, J. Zhang, C. Wang, S. H. Jia, Metall. Equip. 2008, 6, 1.

[14] X. M. Zhou, Q. D. Zhang, C. S. Wang, P. Wu, Iron Steel 2007, 42, 55.

[15] Q. D. Zhang, B. Li, J. Univ. Sci. Technol. 2009, 31, 240.

[16] H. M. Liu, Three Dimensional Rolling Theory and Its Application—Simulate the Rolling Process of Strip Element Method, Science Press, Beijing, China 1999, p. 66.

[17] a) D. C. Wang, J. Iron Steel Res. Int. 2012,19,19; b) D. C. Wang, Y. L. Wu, H. M. Liu, Iron Steel 2015,50,69; c) D. C. Wang, Z. X. Zhao, H. M. Liu, Iron Steel 2015,50,37.
[18] D. C. Wang, Liu Hong-min, J. Iron Steel Res. Int. 2012,19,22.
[19] a) H. T. Lu, J. G. Cao, J. Zhang, J. S. Zeng, W. Zeng, S. G. Qin, J. Univ. Sci. Technol. Beijing 2006,28,774; b) X. M. Zhou, Q. D. Zhang, C. S. Wang, P. Wu, Iron Steel 2007,42,56.

Influence of Profile Indicators of Hot-rolled Strip on Transverse Thickness Difference of Cold-rolled Silicon Steel①

Ma Xiaobao[1], Wang Dongcheng[1,2], Liu Hongmin[1,2], Zhang Shuai[1]
(1. National Engineering Research Center for Equipment and Technology of Cold Strip Rolling, Yanshan University, Qinhuangdao, 066004, Hebei, PR China; 2. State Key Laboratory of Metastable Materials Science and Technology, Yanshan University, Qinhuangdao, 066004, Hebei, PR China)

Abstract: In order to evaluate the transverse thickness difference of cold-rolled strips according to the information of hot-rolled strips and scientifically guide the setting of the indicators of the hot-rolled silicon strip, the influence model about the relation of the transverse thickness difference of cold-rolled strip to the profile indicators of hot-rolled strip is established in this paper based on simulation results. The transverse thickness difference of cold-rolled strip predicted based on the influence model have strong correspondences to the measured data. Based on the influence model and the statistical analysis of the measured data, the control criterion of the profile indicators of hot-rolled silicon steel according to the requirements for the transverse thickness difference of cold-rolled strip are finally recommended. The simulation results show that the transverse thickness difference of cold-rolled strip is quadratic nonlinearly related to the wedge and crown of hot-rolled strip. The influence model and statistical data analysis indicate that reducing the edge-drop of hot-rolled strip is beneficial to restrain the transverse thickness difference of cold-rolled strip.

Key words: silicon steel; hot-rolled strip profile; edge-drop; transverse thickness difference; influence model

1 Introduction

Strip profile and flatness are two important aspects of shape control in strip rolling researches. Increasing the thickness uniformity of the cross-section profiles not only becomes an important means to improve yield rate of products, but also is the basic requirement for making silicon steel strips and tin plates for drawn and ironed (DI) cans [1]. The comprehensive control of strip profile and flatness gradually becomes the hotspot of technological innovation. In order to keep the uniform thickness and good flatness, a lot of control devices and technologies were put forward. The most famous technology for schedule-free rolling is the K-WRS technology, that is, the roll shifting

① Metallrugical Research & Technology, 2019, 116(1): 105.

free technology of taper roll [2]. It was widely used to control the strip edge-drop. The pair-cross technology used in stands 1 to 3 in Kashima steel works was another typical control technology for the strip edge-drop and flatness [3]. With the increasing demand of quality improvement for flatness and edge-drop in cold-rolled strip, the functions of both dynamic feedforward control for the strip edge-drop and the closed-loop feedback control for strip flatness were realized on a 5-stands tandem mill [4]. The application of feedforward and closed-loop feedback control system has greatly improved the strip profile [5]. In addition, the rectangular section control technology for silicon steel was established to realize comprehensive control of strip profile and flatness in the whole rolling processes [6].

No matter how advanced technology is applied to control strip profile, the incoming strip crown is a major factor that alter strip profiles for a given mill together with a rolling schedule [7]. Strip crown is an important reference and control object for achieving good flatness of hot rolling. In order to accurately predict the shape of hot-rolled strip, a large number of on-line calculation models of crown are established [8], and some conclusions about the influence of the transfer slab crown on the subsequent strip shape were also proposed. The most famous theory about the heredity of the strip shape is Shohet and Townsend' discrimination model of strip shape [9]. Many theories or improved theories of proportional crown distribution strategy of hot rolling based on Shohet and Townsend' discriminant principle have been widely developed and applied [10-13]. Guo found that the heredity of the strip crown showed cascade effect in hot tandem rolling [14] and developed a mathematical model for investigation of cascade effect of tandem mills based on the transport matrix method [15]. In addition, another important heredity law in hot rolling is the relationship between wedge and camber [16]. The theories above constitute two basic aspects of the heredity of the strip profile in hot rolling and have made remarkable progress.

The previous research mostly focused on the heredity laws of the hot-rolled slab to the hot-rolled strip, and the purpose is to guarantee good flatness in the process of hot tandem rolling. However, the profile heredity law of hot-rolled strip (HRS) to cold-rolled strip (CRS) have not been extensively and deeply studied. Current reports are mainly about the heredity laws of local high point of HRS to CRS [17-18], and influence of cross-section profiles of HRSs on flatness defects in cold rolling [19-20]. At present, the research on the influence of the profile of HRS on that of CRS is mainly based on the simple statistics and qualitative comparisons about the profiles of both HRS and CRS [21]. Most of strips have no strict requirements for cross-section profiles, and the crown of CRS is inherited approximately 100% from HRS except the edge-drop region [22]. Non-oriented silicon steel is widely used in the manufacturing of motors that the silicon steel strips are mainly stacked in layers to produce motor rotors and stators. Minimizing the transverse thickness difference(TTD) as small as possible is the key to ensure the yield and quality of downstream stamping process, and it is also an important requirement for improving the efficiency of motors, which leads to the strict requirement of thickness uniformity for silicon steel [23]. The influence of the profile of HRS on the TTD of CRS is significant, so it makes sense to study the heredity law. Zhang FQ, et al. carried on an in-depth research to the heredity laws of silicon steel crown and wedge in the 20-high Sendzimir cold-rolling mill [24]. He defined the equivalent crown to evaluate the heredity influence of strip wedge and proposed the evaluation method of pass heredity coefficient. Li [25] and Ou [26] analyzed the influence of the profile of HRS on the TTD of CRS based on the simple statistics and qualitative comparisons.

The researches about the influence of the profile of HRS on the TTD of CRS above are qualitative. Market demands for the TTD of silicon steel is more and more stringent, and the control technologies for the TTD of CRS have been extended to the whole process of hot and cold rolling, and the allocation of the control task is becoming more and more clear. According to the heredity principle of the proportion crown, reducing the crown of HRS as small as possible is advantageous for restraining the TTD of CRS. However, at present, silicon steel has been widely rolled with small crown, under certain technical conditions, the crown and the wedge of HRS are inversely-proportional relationship. The small crown control target of HRS easily lead to the trend increasing of the central wave and poor centering control. Strip running deviation eventually lead to the severe fluctuation and increase of wedge. In practice, the larger the crown control target, the smaller the wedge, and the smaller the crown control target, the larger the wedge. The relationship is verified in the analysis of the following data. It cannot meet the requirements of the precision control of silicon steel to simply and extensively reduce the profile indicators of HRS. Therefore, in order to further dig out the profile control capability of hot-rolled silicon steel and formulate control criterion, it is necessary to finely explore the influence law of the profile indicators of HRS on the TTD of CRS. A feasible method is to establish the quantitative relationship between the profile indicators of HRS and the TTD of CRS, which can in turn scientifically guide the optimal setting for the crown and wedge target in hot rolling according to the TTD of CRS.

The significance for establishing the impact assessment of the profile indicators of HRS on the TTD of CRSs is also reflected in the classification of cold-rolled products according to the hot rolling indicators. At present, most single stand lines of universal crown cold rolling mill are not equipped with the expensive scanning profile meters of the strip crown and edge-drop and the corresponding control systems, it cannot realize the feedforward control for the strip crown and the negative feedback control [27]. Therefore, the transverse and longitudinal thickness differences of the whole coil strip are easily affected by HRSs, and is always evaluated according to several cross-section profiles measured on off-line samples at finishing lines. It is obviously one-sided. Due to the lack of a comprehensive monitoring on the quality of the whole coil strip, there are many quality objections about the strip cross-section profiles, causing great economic losses to cold rolling plants. Thus, if the quantitative relationship between the profile indicators of HRS and the TTD of CRS is established, it is expected to evaluate the TTD of the whole coil CRS based on the profile indicators of HRS, helping the cold rolling plants, who lack the on-line profile meter, make scheduling and grading according to customer requirements.

In this paper, the qualitative influence laws of both the crown and wedge indicators of HRS on the TTD of CRS are analyzed based on a fast prediction model of 6-high cold rolling mill [28], in which the cross-section profile of HRS are set as the input parameters. Then, a quantitative influence model between the profile indicators of HRS and the TTD of CRS is established and validated. Finally, the profile indicators of HRS for the specific mill is recommended according to influence model and statistical analysis.

2 Description of cross-section profile of hot-rolled strip and model principle

In order to facilitate the description of accuracy and conciseness, the TTD is about the profile description of CRS and C_{25}, C_{40} and W_{40} all refer to the profile indicators of HRS. The method for identifying the cross-section characteristics of HRS is the foundation of analyzing the influence of the cross-section profile of HRS on the TTD [29]. In this paper, the strip is divided into three intervals along the width direction. The strip profiles of both the central and the edge region are described by the quadratic function, and the first derivative of the strip profiles at the junction between the edge and the central region maintains equal. Specific equations are as follows:

$$C(y)=h_0(y)-h_m=\begin{cases} m_l y^2+n_l y+p_l & (-b/2\leqslant y\leqslant -b/2+b_{\mathrm{tran}}) \\ qy^2 & (-b/2+b_{\mathrm{tran}}\leqslant y\leqslant b/2-b_{\mathrm{tran}}) \\ m_r y^2+n_r y+p_r & (b/2-b_{\mathrm{tran}}\leqslant y\leqslant b/2) \end{cases} \tag{1}$$

Where h_m is the thickness at the strip center. $m_l, n_l, p_l, m_r, n_r, p_r, c$ are all equation coefficients. b_{tran} is the width of strip edge region, which is approximately 30-50 mm according to the measured cross-section profiles. In this paper, it is set as the mean value, 40 mm. To determine the specific coefficients in Eq. (1), only the coordinates of 4 positions based on three parameters are required: both the crown and the wedge at the position 40 mm from strip edge, namely the C_{40} and the W_{40}, and the crown at the position 25 mm from strip edge, the C_{25}, as shown in Fig. 1. Where $C_{40}=h_0-\frac{1}{2}(h_{40}^l+h_{40}^r)$, $C_{25}=h_0-\frac{1}{2}(h_{25}^l+h_{25}^r)$, $W_{40}=h_{40}^l-h_{40}^r$. The three parameters have important significance in the actual control, where the C_{40} and the W_{40} are generally control targets of HRSs, while the C_{25} generally characterize the border of the finished product of cold-rolled strip after trimming the edge region.

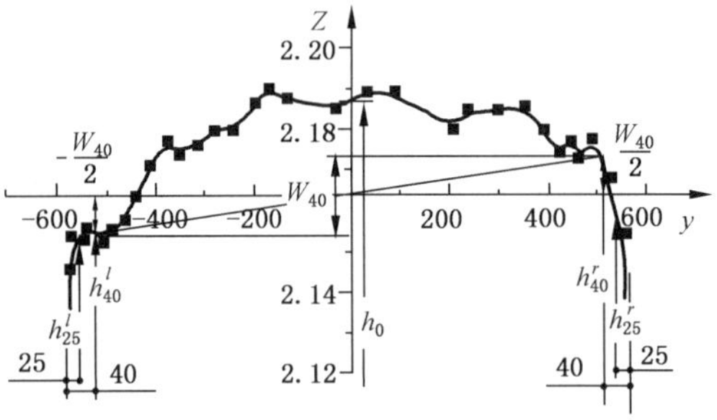

Fig. 1　Typical measured wedge profile of strip

According to Fig. 1, the coordinates of the 4 positions based on the three parameters are:

$$y_{1l}=-\frac{b}{2}+40, C_{1l}=-C_{40}+\frac{W_{40}}{2}; y_{1r}=\frac{b}{2}-40, C_{1r}=-C_{40}-\frac{W_{40}}{2}$$

$$y_{2l}=-\frac{b}{2}+25, C_{2l}=-C_{25}+\frac{W_{40}}{2}; y_{2r}=\frac{b}{2}-25, C_{2r}=-C_{25}-\frac{W_{40}}{2}$$

The constraints of the three section curves are:

$$\text{s.t.}\quad C_{1l}=qy_{1l}^2 \quad \text{or} \quad C_{1r}=qy_{1r}^2,\quad \begin{cases} C_{1l}=m_l y_{1l}^2+n_l y_{1l}+p_l \\ C_{2l}=m_l y_{2l}^2+n_l y_{2l}+p_l \\ 2qy_{1l}=2m_l y_{1l}+n_l \end{cases},\quad \begin{cases} C_{1r}=m_r y_{1r}^2+n_r y_{1r}+p_r \\ C_{2r}=m_r y_{2r}^2+n_r y_{2r}+p_r \\ 2qy_{1r}=2m_r y_{1r}+n_r \end{cases}$$

According to the parameters and constraints above, we can get the fitting profile of strip. The comparison of the measured and fitting profiles is shown in Fig. 2.

The measured cross-section profile is usually affected by a variety of factors, it is not easy to determine the quantitative relationship between the HRS and CRS profiles. However, simulations can avoid the interaction of multiple factors to achieve a single factor analysis. Aiming at the shape problem of CRSs, we established a set of high efficient analysis models, which is used to calculate the distribution of both the pressure between rolls and the rolling pressure under the known condition of total rolling force so as to predict the strip profile and flatness. The plastic deformation model of strip is established based on the strip element method [30], and the elastic deformation model of rolls is established by the influence function method. The flattening model is based on the semi-plane body model in the plane strain state, where the half width of contact flattening between rolls is obtained according to Hertz' theory.

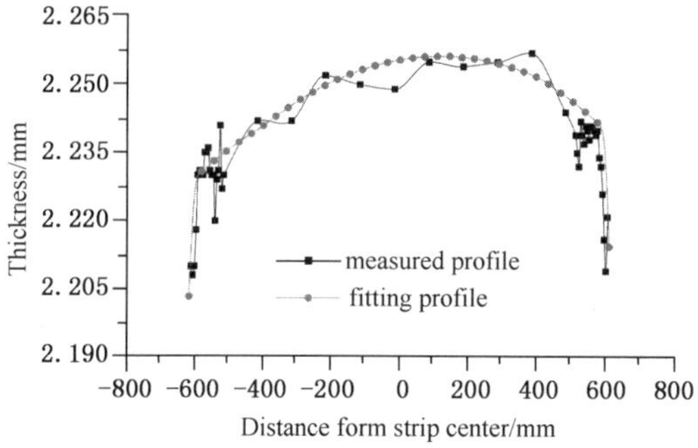

Fig. 2　Comparison of fitting and measured profile of HRS (Color figure on-line version only)

The plastic deformation model of strip is used to calculate the transverse distribution of rolling pressure and pressure between rolls in the premise that the thickness distribution of the outlet strip has been solved. It can be simplified as follows.

$$F=\phi(D,h) \tag{2}$$

Where the unknown array F mainly includes the rolling pressure, p , the back tension stress, σ_0, and the front tension stress, σ_1. The thickness distribution at the outlet, h , is an unknown, and the array D includes the rolling process parameters and the structure parameters of rolling mill, which are known parameters.

After transposition of the plastic deformation model of strip according to the tension model of the strip element method, the outlet thickness can be expressed as a variant, which is a linear equation about the lateral spread and the rolling pressure. Finally, a set of linear equation about the unknown rolling pressure and lateral spread can be established by substituting the variant of the outlet thickness into the linear equations of lateral spread based on the strip element method, eliminating the unknown variables of the outlet thickness as shown in Appendix A.

The elastic deformation model of rolls is to calculate the thickness distribution of the roll gap outlet according to the distribution of the rolling pressure and the pressure between rolls. It can be simplified as follows.

$$h=\varphi(F) \tag{3}$$

The elastic deformation model of rolls is essentially a set of linear equations about the rolling pressure and the pressure between rolls based on the coordination relationship between rolls' displacements and the balance relationship of rolls' forces and moments. In fact, a coupling model [31] can be established according to the linear equations of lateral spread of the strip element method and the elastic deformation model of the influence function method, which forming a set of linear equations about the unknowns, such as the rolling pressure, the pressure between rolls, the lateral spread. It realizes the coupling of the elastic deformation model of rolls and the plastic deformation model of strip, avoiding mutual iteration between the calculation results of the two types of models, thickness and rolling pressure. After solving the variables above, the outlet thickness distribution can be calculated according to the influence function method. In addition, the linear equations' coefficient matrix contains the influence coefficients of elastic flattening between intermediate roll and work roll or backup roll, α_{wmi} and α_{mbi}, and the coefficients of the linear equations of lateral spread, α_i, β_i and ρ_i, which are functions of the pressures between rolls or the outlet thickness. Thus, an iteration calculation is necessary. Finally, the algorithm flow chart is shown as Fig. 3.

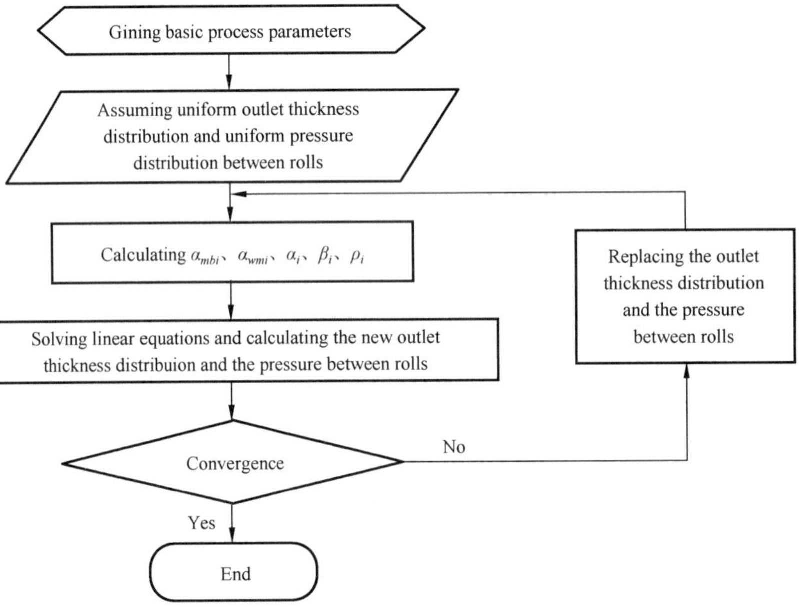

Fig. 3　Algorithm flow chart

A single stand UCM is used for silicon steel rolling. Its structural parameters are shown in Table 1. Both the backup roll and intermediate roll are flat roll contours, and work roll is dual tapered roll contour shown in Fig. 4.

Table 1　Structure parameters of 1420 mm single stand reversible UCM (mm)

Diameter and barrel length			Center distance		
Backup roll	Intermediate roll	Work roll	Screw-downs	Intermediate roll bending cylinders	Work roll bending cylinders
Φ1150×1420	Φ470×1445	Φ250×1420	2150	2150	2800

In order to verify the accuracy of the coupling model above, a 1230 mm width wedge profile is selected at the pickling outlet, and the rolling parameters are shown in Table 2. Based on the coupling prediction method, the rolling of silicon steel in the UCM is simulated.

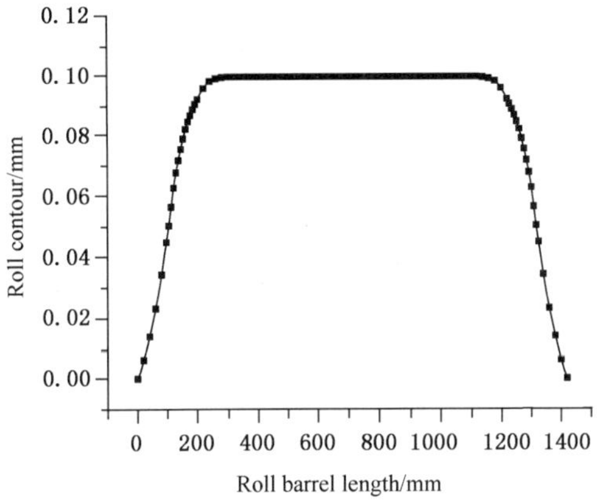

Fig. 4　Work roll contour of 1420 mm single stand reversible UCM

The comparison between the measured profiles of the cold and hot-rolled strips and the simulation results of the cold-rolled strip are shown in Fig 5. The wedge W_{100} of the measured HRS is about -12 μm, and the crown C_{40} is about 22 μm. The measured TTD is 8 μm, and the wedge W_{100} is about -3 μm. The predicted and the measured profiles of CRSs are very close, especially in the position of edge-drop. The tapered roll can reduce the edge-drop effectively, and the theoretical calculation is in good agreement with the measured edge-drop. So are the measured and calculated flatness in the first and last passes as shown in Fig. 6. The central of the calculated flatness is roughly the same with the measured flatness, and the calculated flatness in the edge region show quarter buckles trend. The results show that the calculation precision of the coupling model can effectively meet the requirements of the engineering and has considerable reliability, providing a favorable support for the following analyses.

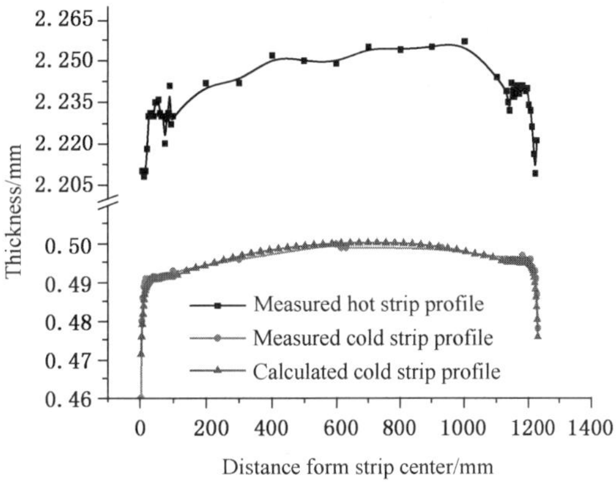

Fig. 5　Cross-section profiles of silicon steel strip

Table 2　Parameters of rolling process

Passes	Pass 1	Pass 2	Pass 3	Pass 4
Entry thickness /mm	2.2	1.342	0.859	0.618
Delivery thickness /mm	1.342	0.859	0.618	0.5
Rolling Force/10 kN	1029.9	917.4	833.2	719.1
Front tensile stress/MPa	100	125	110	120
Back tensile stress/MPa	22	80	90	95
Work roll bending force /10 kN	7.28	1.23	4.19	2.53
Intermediate roll bending force /10 kN	18.09	10.86	12.94	10.45
Intermediate roll shifting UC_{δ}/mm	20	20	20	20

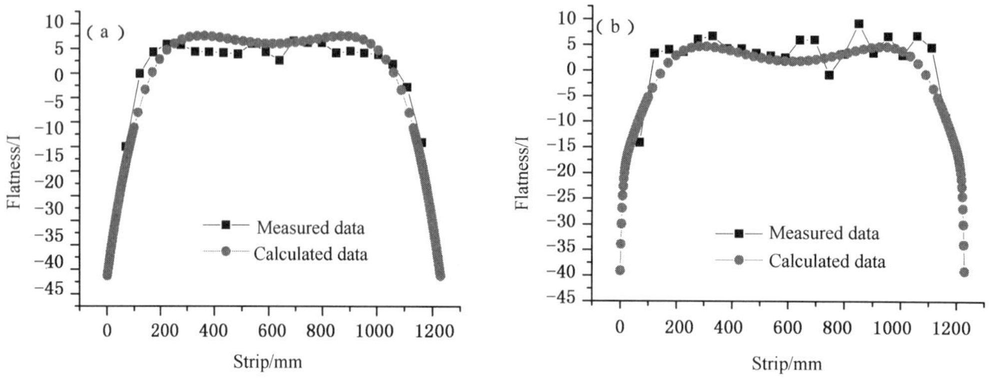

Fig. 6 Comparison of measured and calculated flatness

3 Simulation analysis of influence of profile indicators of hot-rolled strip on transverse thickness difference of cold-rolled strip

As mentioned in the Section 2, the cross-section profile of CRS is affected by many factors. The simulation method can avoid the influence of multiple factors in the actual rolling process, which is convenient for a single factor analysis. In fact, under the condition that the strip specifications of thickness and width, steel grade and tension are constant, the cold rolling process parameters of total rolling force and roll bending vary little. In order to seek out the influence of profile indicators of HRS on the TTD, the subsequent simulation takes the cross-section profile of HRS as a variable, and the other control means and process parameters keep constant. The rolling parameters and the work roll contour used in the simulation are shown in Table 2 and Fig. 4, respectively.

First, the different profiles of CRSs are predicted by changing the three indicators of HRS, C_{40}, C_{25} and W_{40}, and then the TTD can be analyzed. δ, h, H in the following sections are the TTD, the thickness of cold and hot rolled strip, respectively. In Fig. 7, the ratio of C_{40} to C_{25} maintains the proportion of 1/2, and the W_{40} keeps zero, the TTD keeps almost linear relation with the profile indicator C_{40} of HRS and increases significantly with the increase of the C_{40} in case of the same specification. The C_{40} increasing by 5 μm will lead the δ/h to add about 0.002.

In case of $W_{40}=0$, the ratios of C_{40} to C_{25} are changed to 3/5, 2/3 and 3/4, respectively. The change law of the TTD is similar to that of the ratio of 1/2. As shown in Fig. 8, if the ratio of C_{40} to C_{25} is constant, the TTD increases linearly with the increase of the C_{40} of HRS. In addition, the TTD decreases a little with the ratio of C_{40} to C_{25} increasing at a certain C_{40}. The larger the C_{40}, the greater the variation of the TTD. That is, the smaller the absolute difference between the C_{25} and the C_{40}, the more conducive to reduce the TTD.

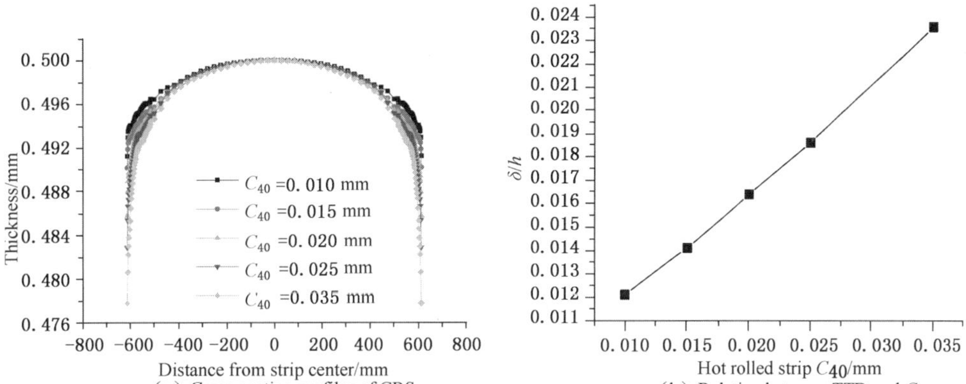

(a) Cross-section profiles of CRS (b) Relation between TTD and C_{40}

Fig. 7 Strip profiles and TTDs under condition of $W_{40}=0$, $C_{40}:C_{25}=1/2$ (Color figure on-line version only)

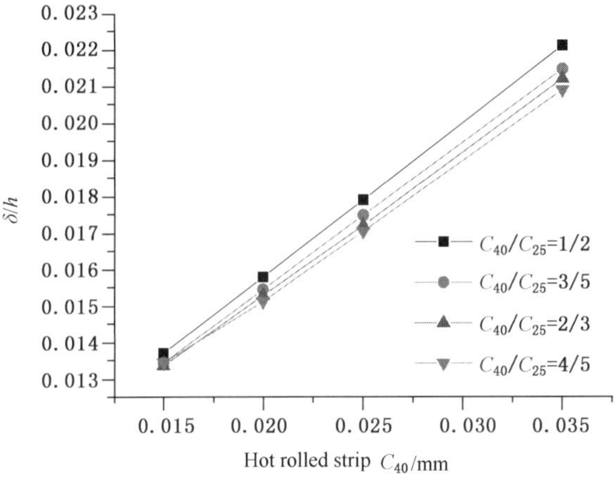

Fig. 8 Relationship between TTD and C_{40} under condition of $W_{40}=0$ and different ratio of C_{40} to C_{25} (Color figure on-line version only)

In Fig. 9, the ratio of C_{40} to C_{25} is equal to 3/4 while the W_{40} is equal to 30 μm. The TTD and the C_{40} no longer keeps strictly linear relationship, showing a quadratic distribution. In fact, the cases that the W_{40} is equal to 10 μm ,20 μm and 40 μm, respectively, are also analyzed, the results show that, the smaller the W_{40}, the closer to the linear distribution the relationship between the TTD and the C_{40}, while the larger the W_{40}, the closer to the quadratic distribution the relationship between the TTD and the C_{40}.

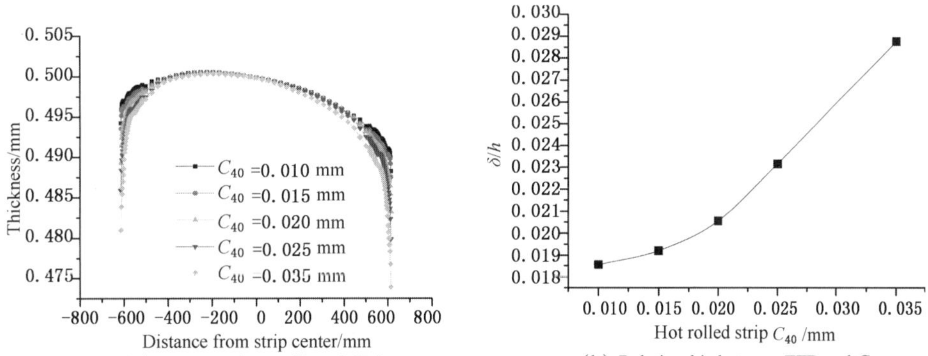

(a) Cross-section profiles of CRS (b) Relationship between TTD and C_{40}

Fig. 9 Strip profiles and TTDs under condition of $W_{40}=0.030$ mm, $C_{40}/C_{25}=3/4$ (Color figure on-line version only)

In Fig. 10, the TTD increases rapidly and nonlinearly with the W_{40} increasing at a certain C_{40}, especially if the C_{40} is small. Under the condition of a certain W_{40}, the TTD also increases significantly with the increase of the C_{40}. Moreover, if the C_{40} gradually reduces, the TTD will no longer increase linearly with the increase of the W_{40}. That is, in case that the C_{40} is very small, the wedge is the main factor that affects the TTD. The W_{40} increasing by 5 μm makes the δ/h increase at least by 0.001 25.

4 Influence model of profile indicators of hot-rolled strip on transverse thickness difference of cold-rolled strip

4.1 Establishment of influence model

The results above show that not only the individual profile indicator of HRS has an effect on the TTD, but also the comprehensive indicators, consisting of several profile indicators of HRS, are quadratically correlated with the TTD. Based on the conclusions above, the C_{40}, C_{25} and W_{40} are taken as the basic independent variables, the TTD is taken as the dependent variable, a full quadratic regression model is obtained based on the simulation data as shown in Eq. (4), and the corresponding coefficients are listed in Table 3:

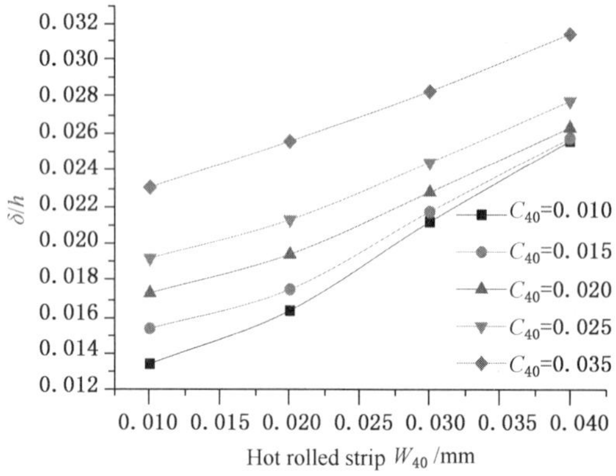

Fig. 10 Relationship between TTD and W_{40} with ratio of $C_{40}/C_{25}=3/4$ (Color figure on-line version only)

$$\delta=a_0+a_1C_{40}+a_2C_{40}^2+a_3C_{25}+a_4C_{25}^2+a_5|W_{40}|+a_6|W_{40}|^2+ a_7C_{40}C_{25}+a_8C_{40}|W_{40}|+a_9C_{25}|W_{40}| \tag{4}$$

Where $a_0 \sim a_9$ are the regression coefficients, respectively.

Table 3 Regression coefficients

Coefficients	a_0	a_1	a_2	a_3	a_4	a_5	a_6	a_7	a_8	a_9
Value	0.004 065	−0.002 88	−7.945 97	0.088 693	−4.07 536	0.154 285	0.539 162	1.249 062	1.641 376	−2.348 06

The comparison between the regression results and the original simulation results is shown in Fig. 11. It can be seen that these data are well matched. Therefore, once the control target of the TTD is set, the control criterion of the profile indicators of HRS, C_{40}, C_{25} and W_{40}, can be determined according to Eq. (4).

4.2 Comparison of predicted and measured data of transverse thickness difference of cold-rolled strip

In order to verify the reliability of the influence model (4), the measured transverse thickness difference of medium and high-grade cold rolled silicon steel has been collected. For the sake of one to one correspondence between the predicted and measured data, first, the profile position of HRS corresponding to the sampling position of TTD is calculated according to the compression ratio, and then the measured indicators of HRS are obtained. For example, the thickness of hot and cold rolled silicon steel are 2.2 mm and 0.5 mm, respectively, and the position of the measured TTD is 1000 m from the head of CRS. Thus, the compression ratio is 4.4 (namely 2.2/0.5), then we collect the profile indicators of HRS, the C_{40}, C_{25} and W_{40} at the position of 227 m (namely 1000/4.4) from the head of HRS. Finally, the predicted value of TTD can be obtained based on the profile indicators of HRS and the influence model.

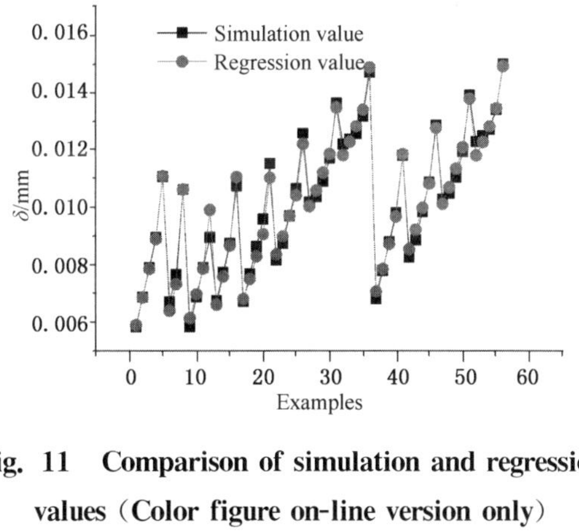

Fig. 11　Comparison of simulation and regression values (Color figure on-line version only)

The measured and predicted TTDs are taken as the abscissa and ordinate axes, respectively, as shown in Fig. 12, where a point represents a local measurement. Although the measured and predicted data are not exactly equal, they approximately distribute in the vicinity of the diagonal, and the deviation is about 2 μm. The important reasons for this result is that Eq. (4) is not best and optimal and the profile indicators of HRS may be also not the most proper for evaluating the relation with the TTD. It is actually a process of continuous optimizations to solve the two problems, which is never perfect. The results that the predicted data are approximately in agreement with the measured date reflect the influence model has a fair accuracy and reliability.

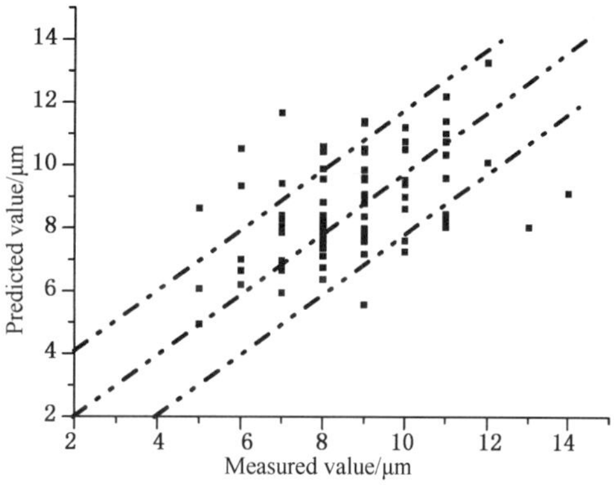

Fig. 12　Relationship between measured and predicted TTDs based on Eq. (4)

One of the important functions of the influence model is to evaluate the fluctuation of the TTD along the rolling direction according to the profile indicators of HRS, becoming an auxiliary evaluation method of the off-line measured TTD. Although the verification of the discrete point data above reflects the accuracy of the model to a certain extent, it cannot reflect the reference value of the model to the variation trend of TTD of the whole coil CRS. For this reason, we compare the TTD measured by the scanning profile meter and the predicted ones based on the profile indicators of HRS, as shown in Fig. 13.

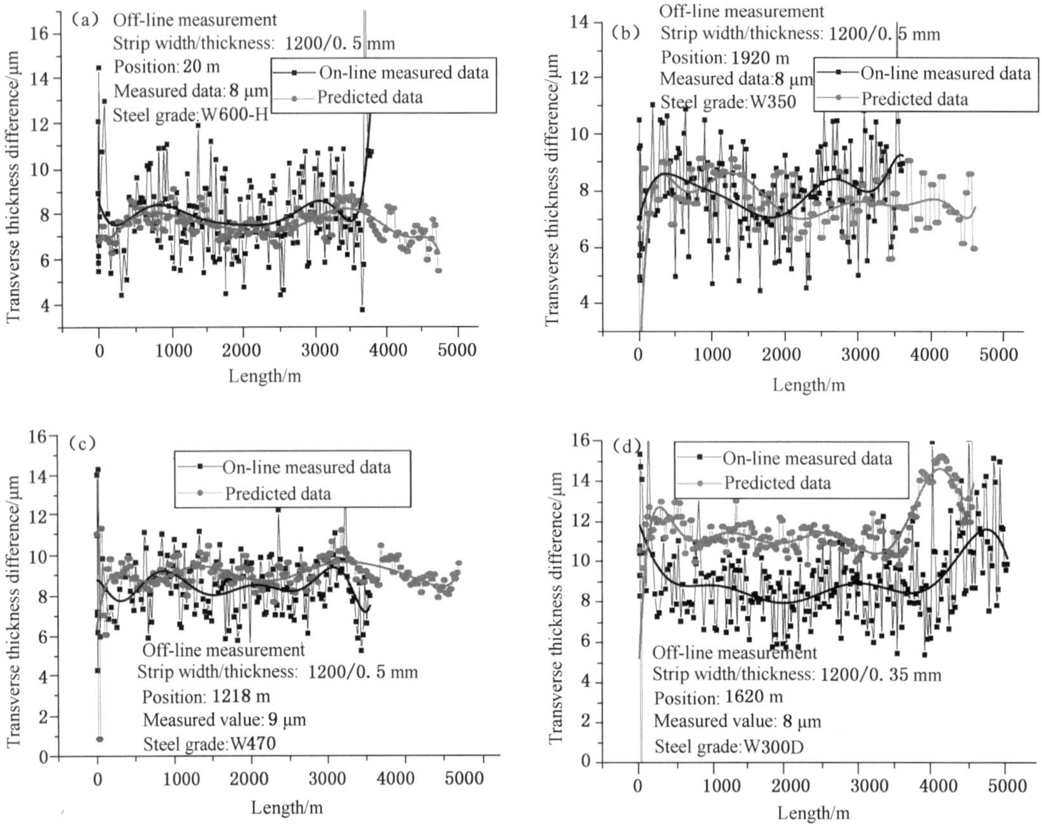

Fig. 13 Comparison of both predicted and measured TTD (Color figure on-line version only)

The on-line profile meter at the outlet of the continuous annealing line adopts the scanning measurement mode of single channel. The actual scanning section is an oblique profile, which is not perpendicular to the rolling direction. In addition, there is a significant vibration in the moving strip. All of these result in the significant fluctuation of the on-line measured TTD. The text in Fig. 13 shows the information of the off-line measured TTD to verify the accuracy of online measurement data. Compared with the off-line measured data marked in Fig. 13, the polynomial fit curves of the on-line measured data roughly reflect the real results.

The strip thicknesses in Fig. 13 (a), (b) and (c) are 0. 5 mm, while that in Fig. 13 (d) is 0. 35mm. A point in Fig. 13 represents a local measurement. Compared with the on-line measured TTD, the calculation results of 0. 5 mm thick strips of different steel grades, as shown in Fig. 13 (a), (b) and (c), roughly coincide with the polynomial fit curves, and the fluctuation trend of the predicted data correspond well with that of the measured data. In addition, the off-line measured TTD are also approximately consistent with the predicted data. But the predicted data of 0. 35 mm thick strip is obviously greater than the measured data as shown in Fig. 13 (d).

The reason is that the regression coefficients of the Eq. (4) are obtained according to the simulation results of the medium-low-grade silicon steel, of which the thickness of the hot and cold-rolled strip are 2. 2 mm and 0. 5 mm, respectively. While these of the high-grade silicon steel are 2. 2 mm and 0. 35 mm, respectively. Therefore, the compression ratios of the medium or low and high-grade are 4. 4 and 6. 29, respectively. There is no significant difference between the two kinds of rolling process parameters. The simulations and practice indicate the compression ratio has a certain influence on the heredity law between hot and cold-rolled strip. For this reason, the full quadratic regression model is optimized, and the improved model is

$$\delta=\frac{\lambda_r}{\lambda}\delta_r \tag{5}$$

Where δ_r is the regression model of TTD obtained based on the rolling process parameters of the compression ratio, λ_r. λ is the compression ratio of a new specification, $\lambda=\frac{H}{h}$.

The TTD of 0. 35 mm high-grade silicon steel predicted by the improved model is compared with the on-line measured data, as shown in Fig. 18. The predicted results have been effectively improved. It shows that the influence model of profile indicators of HRS on the TTD has reference value.

5 Control criterion of profile indicators of hot-rolled strip for transverse thickness difference of cold-rolled strip

5. 1 Regression model analysis of influence of profile indicators of hot-rolled strip on transverse thickness difference of cold-rolled strip

Once the control target of the TTD is set, the control target of the profile indicators of HRS, the C_{40}, C_{25} and W_{40}, can be determined by giving the relation of two of the three indicators according to Eq. (5).

Under the existing technical conditions, the ratio of C_{40} to C_{25} is distributed between 1/2 and 3/4 in a plant. Based on Eq. (5) and keeping the ratio of C_{40} to C_{25} equal to 1/2 and 3/4, respectively, the profile indicators of HRS, C_{25}, C_{40} and W_{40}, are calculated when the TTD target is set to 8 μm. The distribution laws of the indicators are shown in Fig. 14

To ensure the TTD no larger than 8 μm, it cannot be simply realized by the specific tolerance range of each parameters. According to the results of Fig. 14, in order to keep the TTD no more than 8 μm, three criteria for profile indicators of HRS, C_{40}, C_{25} and W_{40} must be satisfied simultaneously. When the TTD is required to be no larger than 8 μm, and the actual indicators C_{40} is equal to 20 μm, if the C_{25} is between the point (a) and (c) as shown in Fig. 14, the value $|W_{40}|$ must be less than the ordinates value of the point (b), especially the C_{25} is larger than the point (c), the value $|W_{40}|$ must be less than the ordinates value of the point (d). For example, the single specific tolerance ranges of two parameters are stipulated as $C_{40}=20\pm10$ μm and $W_{40}=0\sim\pm15$ μm, respectively. Although the actual $C_{40}=30$ μm and $C_{40}=15$ μm meet the individual parameter requirements, respectively, the TTD will be larger than 8 μm according to the comprehensive requirements in Fig. 14. Therefore, in addition to stipulate the specific tolerance range of single parameter, it must guarantee the combinatorial relation specified in Fig. 14.

In addition, the section 3 analyses show that the extent of the influence of crown and wedge on the TTD is affected by the ratio of crown. Fig. 14 shows that, the larger the ratio of C_{40} to C_{25}, the larger the tolerance range for the wedge, $|W_{40}|$, to ensure the TTD no larger than 8 μm. If both the C_{25} and C_{40} increase significantly, the requirement for the HRS wedge becomes more and more severe in order to guarantee a certain TTD. That is, under the condition of a certain control level of wedge, it is good for restraining the TTD to reduce both the C_{40} and the equivalent edge-drop $C_{25}-C_{40}$ at the same time. Moreover, under condition that the $|W_{40}|$ is larger than 10 μm, the extent of the influence of the $|W_{40}|$ is significantly less than the influence of the ratio of the C_{40} to C_{25}, namely the equivalent edge-drop $C_{25}-C_{40}$. The results show that when the $|W_{40}|$ increases about 12 μm the TTD will increase by 1.6 μm at least.

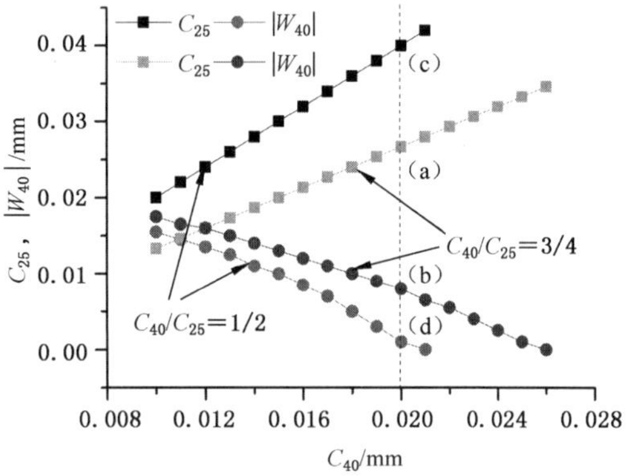

Fig. 14 Comprehensive requirements for indicators of HRS when TTD target is set to 8 μm (Color figure on-line version only)

In order to study the extent of the influence of the C_{25} and C_{40} on the TTD, Eq. (4) above is further arranged as follows:

$$\delta=a_0+C_{40}(a_1+a_8|W_{40}|)+C_{40}(a_{71}C_{25}+a_2C_{40})+C_{25}(a_3+a_9|W_{40}|)+C_{25}(a_{72}C_{40}+a_4C_{25})+a_5|W_{40}|+a_6|W_{40}|^2=a_0+b_1C_{40}+b_2C_{25}+a_5|W_{40}|+a_6|W_{40}|^2 \quad (6)$$

Where $b_1=a_1+a_8|W_{40}|+a_{71}C_{25}+a_2C_{40}$, $b_2=a_3+a_9|W_{40}|+a_4C_{25}+a_{72}C_{40}$, $a_7=a_{71}+a_{72}$. The value of b_1 and b_2 represents the weight of the influence of the C_{40} and the C_{25} on the TTD.

$$b_1-b_2=a_1-a_3+(a_8-a_9)|W_{40}|+(a_{71}-a_4)C_{25}+(a_2-a_{72})C_{40} \quad (7)$$

According to the simulation results, it can be found that the TTD is positively correlated with the C_{25} and C_{40}, the following conclusions can be obtained:

$$\begin{aligned} b_1 &= a_1 + a_8 |W_{40}| + a_{71} C_{25} + a_2 C_{40} > 0 \\ b_2 &= a_3 + a_9 |W_{40}| + a_4 C_{25} + a_{72} C_{40} > 0 \end{aligned} \quad (8)$$

Among the regression coefficients, $a_1 \approx 0$, $a_2 < 0$, $a_2/a_8 = -4.84$, $a_3 \approx 0$, $a_9 < 0$, $a_4 < 0$, and the actual measured data show $|W_{40}| < C_{40} < C_{25}$, it can be concluded that: $a_{71} > 0$, $a_{72} > 0$. Ignoring the effect of the small terms, $a_1 + a_8|W_{40}|$ and $a_3 + a_9|W_{40}|$, $b_1 - b_2$ is determined as in Eq. (9)

$$b_1 - b_2 = (a_{71} - a_4)C_{25} + (a_2 - a_{72})C_{40} \quad (9)$$

When $\frac{(a_{71} - a_4)}{-(a_2 - a_{72})} > \frac{C_{40}}{C_{25}}$ is set up, then $b_1 - b_2 > 0$, otherwise, $b_1 - b_2 < 0$. In other words, C_{40}/C_{25} is an important factor affecting the positiveness or negativeness of $b_1 - b_2$. According to the coefficient relationship in Table 3, $\frac{(a_{71} - a_4)}{-(a_2 - a_{72})}$ is about 0.2～2. (In limit condition, $a_{71} = a_7$, $\frac{(a_{71} - a_4)}{-(a_2 - a_{72})} \approx 2$ or $a_{72} = a_7$, $\frac{(a_{71} - a_4)}{-(a_2 - a_{72})} \approx 0.2$)

If the ratio of C_{40} to C_{25} is close to 3/4, the relationship, $b_1 - b_2 < 0$, may be set up in case of the small $|W_{40}|$. That is, the influence of the C_{25} and $|W_{40}|$ on the TTD is larger than the C_{40} under condition that the edge-drop of HRS, $C_{25} - C_{40}$, is smaller than the C_{40}. If the ratio of C_{40} to C_{25} is close to 2/5, the relationship, $b_1 - b_2 > 0$, may be set up. That is, the influence of the C_{40} and $|W_{40}|$ on the TTD is larger than the C_{25} under condition that the edge-drop of HRS, $C_{25} - C_{40}$, is larger than the C_{40}. The analyses above indicate that the TTD is also related to the ratio, $(C_{25} - C_{40})/C_{40}$. It is arbitrarily to draw any conclusions that the most influential factor on the TTD is attributed to the C_{40} or C_{25}. Usually, the influence of the C_{25} on the TTD is more significant in case of the small C_{40}, the edge-drop of HRS should be reduced as much as possible.

According to the results of Fig. 14 and the actual condition that the C_{40} is the main target whereas the $|W_{40}|$ is less strictly controlled and mainly distributes between 10 μm and 15 μm, it is suggested that reducing the edge-drop of HRS is beneficial to decrease the TTD. Finally, the theoretical control criterion for hot-rolled silicon steel is recommended as follows to ensure the TTD no larger than 8 μm:

$$\begin{cases} C_{25} + \dfrac{|W_{40}|}{2} < 50\ \mu\text{m} \\ C_{25} - C_{40} < 15\ \mu\text{m} \end{cases} \quad (\delta \leqslant 8\ \mu\text{m}) \quad (10)$$

5.2 Measured data statistical analysis of influence of profile indicators of hot-rolled strip on transverse thickness difference of cold-rolled strip

In order to accurately grasp the correlation between profile indicators of HRS on the TTD and formulate the control criterion for the profile indicators of HRS, statistical analyses are carried out on the measured data of the profile indicators of HRS and the TTD. Data statistics are carried on according to two thickness specifications of CRS, 0.5mm and 0.35 mm. Where the sample size of 0.35 mm thick specification is 1341, and that of 0.5 mm thick specification is 1061. A point of the C_{25}, C_{40} in Fig. 15 and Fig. 16 below is a mean along a whole coil strip, while a point of the $|W_{40}|$ in Fig. 17 below is an absolute value of the mean of W_{40} along a whole coil strip.

Fig. 15 shows that the TTD of the 0.35mm thick CRS increases with the C_{25} increasing. The report of Table 4 shows that the linear correlation coefficient of them is about 0.131, and the probability is approximately 0 at a significance level of 0.01, which means that the positive correlation between the TTD and the C_{25} is very strong. (The reason for the small correlation coefficient is mainly that the sample size n is far more than 300). The results above indicate there is a strong linear relationship between the C_{25} and the TTD. Compared with the 0.35 mm thick CRS, the linear correlation coefficient between the TTD of 0.5 mm thick CRS and the C_{25} is 0.419. It suggests that the C_{25} has greater influence on the TTD of medium-low-grade CRS.

Table 4 Descriptive statistics and relevance of TTD and C_{25} (0.35 mm)

	Mean /μm	Standard deviation	Sample size N	Pearson relevance	Significance (one sided test)	Covariance	Sum of square and cross product
δ	7.14	1.553	1341	0.131 * *	0.000	1.530	2049.9
C_{25}	42.29	7.49	1341				

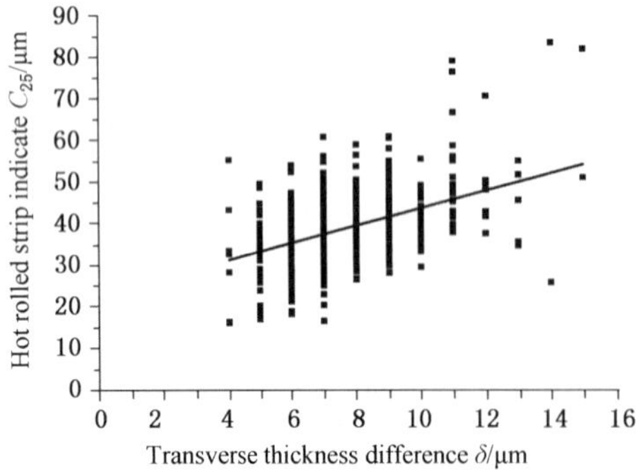

Fig. 15 Relationship between C_{25} and TTD of 0.35mm thick CRS

Fig. 16 shows the TTD of 0.35 mm thick CRS is also positively and linearly correlated with the C_{40}. The report of Table 5 shows that the linear correlation coefficient of them is about 0.16, and the probability is approximately 0 at a significance level of 0.01. It indicates that the linear correlation of the TTD of 0.35 mm thick CRS to the C_{40} is stronger than that of the C_{25} and suggests that the influence of the C_{40} on the TTD of high-grade CRS is more significant and direct, which means that reducing the C_{40} is very helpful to restrain the TTD of high-grade CRS.

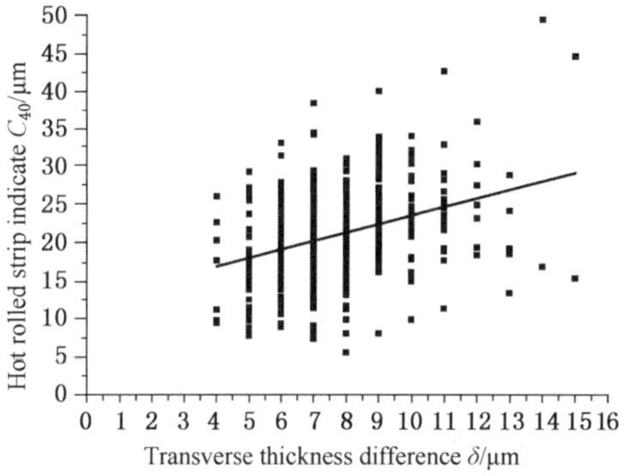

Fig. 16 Relationship between C_{40} and TTD of 0.35 mm thick CRS

Compared with the 0.35 mm thick CRS, the linear correlation coefficient between the TTD of 0.5 mm thick CRS and the C_{40} is 0.403. For the correlations between the 0.5 mm thick CRS and the C_{25} and C_{40}, the TTD of medium-low-grade CRS is more easily affected by the C_{25}. It suggests that reducing the C_{25} is very helpful to restrain the TTD of medium-low-grade CRS.

Table 5 Descriptive statistics and relevance of TTD and C_{40} (0.35 mm)

	Mean /μm	Standard deviation	Sample size N	Pearson relevance	Significance (one sided test)	Covariance	Sum of square and cross product
δ	7.14	1.553	1341	0.160 * *	0.000	1.339	1794.5
C_{40}	28.40	5.39	1341				

The reasons for the phenomenon, that the TTD of medium-low-grade CRS is more related to the C_{25} while that of high-grade CRS is more related to the C_{40}, may be that, the C_{40} target of the high-grade HRS is 5~10 μm larger than that of the medium-low-grade silicon steel, and the edge-drop of high-grade HRS is more obvious. That is to say, the extent of the influence of the edge-drop of HRS on the TTD is less than that of the C_{40} under condition that the C_{40} is large. The phenomena above essentially reflect that reducing the absolute crown C_{25}, which corresponds to the edge of cold-rolled finished strip, or edge-drop is beneficial to the TTD.

Fig. 17 shows very poor linear relation between the TTD of the 0.35 mm thick CRS and the absolute value of the W_{40} average of the whole coil strip. This is because the simple average value of the whole coil strip covers a large amount of valid information. Compared with the point to point wedge data, the reference value is reduced. The report of Table 6 shows that their correlation coefficient is about 0.068 while the probability is approximately 0.006 at a significance level of 0.01, which means that they have a poor linear correlation. Moreover, the correlation analyses show that the correlation coefficients between the TTD of the 0.35 mm thick CRS and $C_{25} * C_{25}$, $C_{40} * C_{40}$, $C_{25} * C_{40}$, $C_{25} * W_{40}$ and $C_{40} * W_{40}$ are 0.141, 0.178, 0.166, 0.115 and

0.102, respectively. All of the probabilities are approximately 0 at a significance level of 0.01. A very interesting phenomenon is that, the correlation of the TTD to the wedge average is poor while that to the product of the wedge average and the crown has been significantly improved. It is indirectly indicated that the influence of profile indicators of HRS on the TTD will interact with each other.

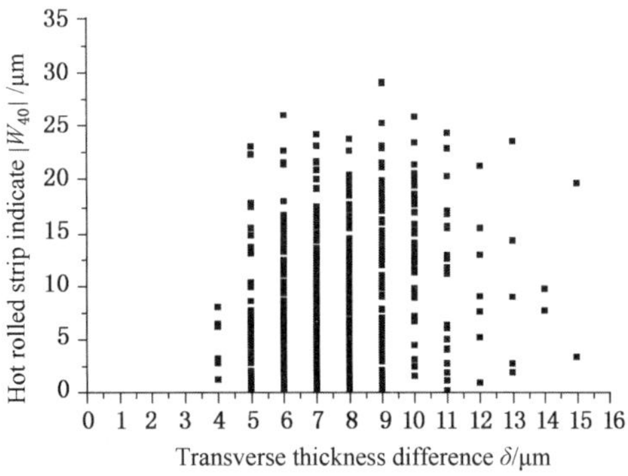

Fig. 17 Relationship between $|W_{40}|$ and TTD of 0.35mm thick CRS

Table 6 Descriptive statistics and relevance of TTD (0.35mm) and $|W_{40}|$

	Mean /μm	Standard deviation	Sample size N	Pearson relevance	Significance (one sided test)	Covariance	Sum of square and cross product
δ	7.14	1.553	1341	0.068 * *	0.006	0.706	945.5
$\|W_{40}\|$	8.81	6.69	1341				

In addition, the $|W_{40}|$, C_{25} and C_{40} of 0.35 mm thick high-grade CRS are 8.81 μm, 42.29 μm, 28.4 μm, respectively, while those of 0.5 mm thick medium-low-grade CRS are 9.43 μm, 33.88 μm, 20.5 μm, respectively. That is to say, the larger the crown control target, the smaller the wedge, and the smaller the crown control target, the larger the wedge, the crown and the wedge are inversely-proportional relationship. That is why the TTD cannot be decreased by simply and blindly reducing the crown of HRS. On the contrary, the decrease of the crown of HRS will affect the rolling stability and cause the increase of wedge.

In order to intuitively reflect the correlation between the profile indicators of HRS and the TTD, the point to point fluctuation correlation of the measured indicators of the whole coil of hot and cold rolled high-grade silicon steel, W300D, are compared. A point in Fig. 18 represents a local measurement.

Fig. 18 (a) shows the TTD also obviously fluctuates at the position at which the C_{25} or the wedge of HRS are large or sharply change as shown in the frames selected in the figure. A large number of statistics show similar laws, indicating that the correlation between the TTD of both 0.5 mm thick medium-low-grade and 0.35 mm thick high-grade silicon steel and the C_{25} is more significant. In Fig. 18 (b), the off-line measured TTD at the 20 m and 2300 m from the strip head are 6 μm and 7 μm, respectively, which are in agreement with the measured values of on-line profile meter at the outlet of the continuous annealing line. Meanwhile, the predicted TTDs based on the improved influence model are coincided with the measured data.

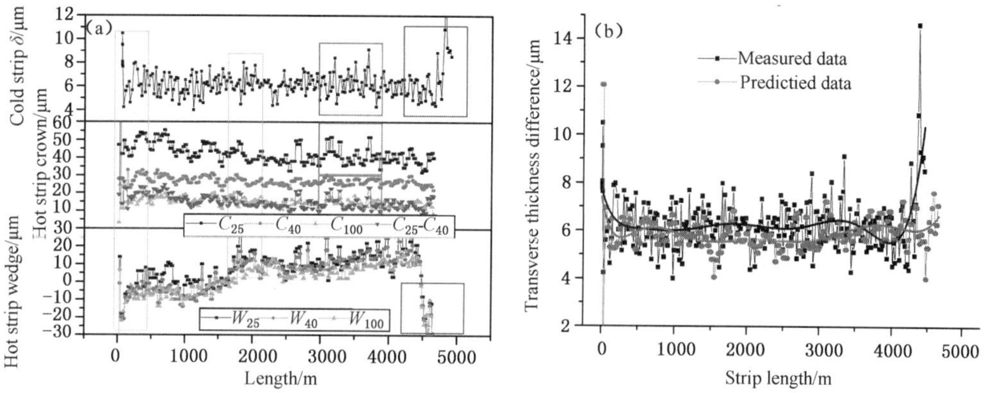

Fig. 18　Comparison of profile indicators of both hot and cold-rolled strip of grade W300D (h=0.35 mm) (Color figure on-line version only)

5.3　Control criterions for profile indicators of hot-rolled strip

In general, the influence model and measured data indicate that the reduction of edge-drop of hot-rolled high-grade or low grade silicon steel is conducive to restrain the TTD. Because the hot rolling line takes the C_{40} as the control object, both the C_{25} and the wedge of the HRS should be reduced to restrain the edge-drop the basis of ensuring hit rate of the C_{40}.

Based on the influence model and the practical experience, the control criterion for the profile indicators of HRS is proposed to ensure the TTD $\leqslant$ 8 μm:

① $C_{25} \leqslant 40$ μm;

② $|W_{40}| \leqslant 15$ μm;

③ $C_{25} - C_{40} \leqslant 15$ μm.

In addition, Eq. (5) has been used as an assessment method for the TTDs of the whole coil finished strip based on the profile indicators of HRS. The statistical and hierarchical results are output to the txt format file in the form of reports. It provides an operable method and an important reference for the classification of CRS.

6　Conclusions

(1) The TTD of CRS is quadratic nonlinearly related to the wedge and crown of HRS. The TTD of CRS is almost linear correlation with the C_{40} of HRS in case of no wedge of HRS. And the same specification, the TTD of CRS will rapidly and nonlinearly increase with the increasing of the W_{40} at a certain C_{40}.

(2) The influence model can be chosen as an alternative to evaluate the influence of the profile indicators of HRS on the TTD of CRS. Once two of the three profile indicators of HRS and the requirement for the TTD of CRS are given, the upper bound of the third indicator is calculated on the basis of the given evaluation Eq. (5), making the setting of the hot rolling indicators more scien-

tific.

(3) The TTD of CRS is mainly affected by the C_{25} of HRS which characterize the crown at the edge of CRS. The smaller the edge-drop of HRS, the more favorable to reduce the TTD of CRS

(4) The influence model can be as an assessment method for the TTDs of a whole coil CRS.

This research is sponsored by the Natural Science Foundation of Hebei Province, China (Grant No. E2016203482), the Science and Technology Research Foundation of Hebei Province, China (Grant No. ZD2014034). Both of them are gratefully acknowledged.

References

[1] J. L. Rendueles, J. A. Gonzalez, R. González, et al., *Rev. Metall.*, 102 (2005), 289-299.

[2] M. Kitahama, I. Yarita, H. Abe, et al., *Iron Steel Eng.*, 64 (1987), 34-43.

[3] K. Jojima, S. Iyama, S. Kamada, et al., *Rev. Metall.*, 93 (1996), 1421-1429.

[4] H. Yamamoto, K. Baba, S. Kakimoto, et al., *Trans. Iron Steel Inst. Jpn.*, 79 (1993), 388-394.

[5] Q. Hu, X. C. Wang, Q. Yang, *Metall. Industry Autom.*, 40 (2016), 34-39.

[6] X. C. Wang, Q. Yang, Y. Z. Sun, J. *Iron Steel Res.* Int., 22 (2015), 185-191.

[7] Y. Hu, D. Y. Gong, Z. Y. Jiang, Effect of initial crown on shape of hot rolled strip, *J. Iron Steel Res. Int.*, 16 (2009), 32-34.

[8] M. Finnila, R. Korhonen, *Rev. Metall.*, 86 (1989) 783-790.

[9] K. N. Shohet, N. Townsend, J. *Iron Steel Inst.*, 209 (1971), 769-775.

[10] W. J. Wang, J. X. Hou, Q. Yang, et al., *Heavy Mach.*, 6 (2015), 27-31.

[11] H. W. Ma, *Steel Rolling*, 26 (2009), 13-14, 17.

[12] S. B. Zheng, S. Zhou, H. Wang, et al., *Adv. Mater.* Res., 602-604 (2013), 2050-2053.

[13] L. Z. Liu, C. Lu, X. H. Liu, et al., J. *Northeast. Univ.*, *Nat. Sci.*, 22 (2001), 95-98.

[14] R. M. Guo, *Iron Steel Eng.*, 65 (1988), 29-38.

[15] R. M. Guo, *Iron Steel Eng.*, 67 (1990), 32-39.

[16] T. Shiraishi, H. Ibata, A. Mizuta, et al., ISIJ Int., 31 (1991), 583-587.

[17] H. D. Park, I. J. Kim, J. J. Yi, et al., *J. Mater. Process. Technol.*, 41 (1994), 349-360.

[18] M. Q. Guo, C. C. Chen, Z. S. Qiu, et al., *JiangXi Metall.*, 34 (2014), 12-16, 28.

[19] Irsal, Widada, *South East Asia Iron Steel Inst.*, *Q.*, 38 (2009)17-22.

[20] B. Li, Q. D. Zhang, X. F. Zhang, *J. Univ. Sci. Technol. Beijing*, 37 (2015), 231-237.

[21] P. Hollebeke, *Rev. Metall.*, 98 (2001), 873-879.

[22] M. Ataka, *ISIJ Int.*, 55 (2015), 89-102.

[23] X. B. Ma, D. C. Wang, H. M. Liu, et al., *Ironmak. Steelmak.*, 45 (2016), 66-75.

[24] F. Q. Zhang, B. R. Liu, Y. L. Kang, et al., *Iron Steel*, 40 (2005), 40-45.

[25] G. L. Li, W. Chen, Y. J. Liu, et al., *J. Iron Steel Res.*, 26 (2014), 33-36.

[26] Y. Y. Ou, J. G. Cao, J. Zhang, et al., *Metall. Equip.*, 1 (2005), 6-9.

[27] H. T. Lu, J. G. Cao, J. Zhang, et al., *J. Univ. Sci. Technol. Beijing*, 28 (2006),

774-777.

[28] D. C. Wang, W. Zhang, Z. J. Liu, et al., *Iron Steel*, 51 (2016), 51-56.

[29] D. C. Wang, Y. L. Wu, H. M. Liu, *Iron Steel*, 50 (2015), 37-44.

[30] H. M. Liu, Three Dimensional Rolling Theory and Its Application—Strip Element Method for Simulating Rolling Process, Science Press, Beijing, China, (1999), 54-94.

[31] D. C. Wang, H. M. Liu, *J. Iron Steel Res. Int.*, 19 (2012), 22-27.